软件项目管理与素质拓展

张大平 殷人昆 陈超 编著

U0283367

清华大学出版社
北京

内 容 简 介

本书以 PMBOK 知识体系为框架,系统地介绍项目管理五大过程组与十个知识领域,突出软件行业的特殊性,内容涵盖心理学、管理学、组织行为学及软件工程等领域。

分析软件项目特点,回归管理本质,回答管理是什么、为何学管理、如何学管理、管理怎么管等基本问题。通过成功故事、案例分析、问题思辨、团队游戏、自主任务、课堂互动等多种形式,实践"左脑计划、右脑管理",进行思维的启发与训练,引导学生独立思考、自主探求,理解项目管理的基本思想、基本原则、核心问题及因应之道。紧紧围绕"人"这一最活跃的因素,深入剖析管理大师的思想精髓,讲述项目管理平衡之道,荟萃国内外知名 IT 公司及信息化建设领先行业的成熟做法,融入作者多年项目管理实践的经验与教训,希望能使后来者少走弯路、少碰壁,更顺利地融入项目团队,完成团队交付的任务,进而培养管理软件项目的基本能力。

本书可作为高等院校计算机、软件工程及相关专业本科生、专科生和研究生的项目管理课程教材,也可作为从事信息化工作的相关人员培训教材或参考书。

图书在版编目(CIP)数据

软件项目管理与素质拓展/张大平,殷人昆,陈超编著. —北京:清华大学出版社,2015(2024.1 重印)
ISBN 978-7-302-40918-2

Ⅰ.①软… Ⅱ.①张… ②殷… ③陈… Ⅲ.①软件开发－项目管理 Ⅳ.①TP311.52

中国版本图书馆 CIP 数据核字(2015)第 166344 号

责任编辑:刘向威 王冰飞
封面设计:文 静
责任校对:梁 毅
责任印制:沈 露

出版发行:清华大学出版社
　　网　　　　址:https://www.tup.com.cn,https://www.wqxuetang.com
　　地　　　　址:北京清华大学学研大厦 A 座　　　　　　　邮　　编:100084
　　社 总 机:010-83470000　　　　　　　　　　　　　　　邮　　购:010-62786544
　　投稿与读者服务:010-62776969,c-service@tup.tsinghua.edu.cn
　　质量反馈:010-62772015,zhiliang@tup.tsinghua.edu.cn
　　课件下载:https://www.tup.com.cn,010-83470236
印 装 者:三河市龙大印装有限公司
经　　销:全国新华书店
开　　本:185mm×260mm　　印　张:31.75　　　　　　　字　　数:793 千字
版　　次:2015 年 10 月第 1 版　　　　　　　　　　　　　印　　次:2024 年 1 月第 8 次印刷
印　　数:5301～5800
定　　价:69.00 元

产品编号:064044-02

作者简介

张大平，福建福州人，清华大学控制理论与控制工程工学硕士，现任教于福建师范大学数学与计算机科学学院，身体力行地践行启发式教学。曾先后在福建实达、福建新大陆、福建亿力科技等公司从事技术及管理工作，拥有多年丰富的电力、电信、移动、卫生、政府等行业信息化工作经验。长期从事电力信息化建设及规划，参与国家电网相关信息化标准制定。IT从业经历丰富，拥有业务运营、呼叫中心、商业智能等多种类别数十个项目的开发与管理经验，涵盖咨询、设计、研发、实施及运维，涉及自主研发项目的售前交流、售中开发与售后运维，第三方合作项目的售前审核、售中监理与售后监管。

殷人昆，江苏苏州市人，清华大学计算机软件工学硕士，日本东京理科大学工学部经营工学科客座研究员。曾任清华大学计算机系软件工程实验室主任，中国科学院研究生院远程教育部兼职教授，中央广播电视大学主讲教师，长期从事数据结构、软件工程和软件项目管理的教学及与相关科研，已出版教材二十余部，发表论文多篇。

陈超，福建福州人，高级工程师，福建省计算机学会副理事长，安徽继远软件有限公司党委书记、副总经理，曾任福建电力有限公司信息化主管、福建亿力科技副总经理。从事电力信息化建设工作三十年，是福建电力信息化的构想者与推动者之一，在电力信息化规划、标准体系创建及一体化平台建设等方面见解独到、超前，并取得突出成果。主持过财务管理、营销管理、安全生产管理、物流管理、人资管理、办公自动化、ERP、数据中心等数十个千万级软件开发与硬件集成项目，拥有丰富的大型信息化项目规划、组织与管理经验。曾多次获得国家电网公司科技进步一、二、三等奖，福建省科技进步二、三等奖。目前致力于大数据在智能电网建设中的应用研究。

美国国防部的一份报告表明，所有失败的项目中，70%是因为管理不善引起的。软件项目管理是一门融合了管理学、心理学、组织行为学、计算机科学、软件工程等多个学科的交叉性综合课程，对培养全面均衡发展的卓越软件工程师起到积极的作用。

劳厄说过："重要的不是获得知识，而是发展思维能力。教育无非是一切已学过的东西都忘掉后所剩下的东西。"美国普林斯顿大学对 10 000 份人事档案进行分析，结果显示："智慧""专业""经验"只占成功因素的 25%，其余 75% 决定于良好的人际沟通。

决定一个人在职场能走多远的，不是今天学校里所学的专业知识，而是其养成的心胸格局、思维方式、行为习惯、人际能力。理工专业的学生从小到大接受的训练大部分都是要求在最短时间内寻求标准答案。高校课程设置，主要集中在左脑理性思维的训练上，而对人的一生产生决定性影响的右脑感性思维较少触及。软件项目管理课程恰好弥补了这一空白。健全人格、有效沟通、理解包容是伴随学生一生的财富。

本书秉持"授之以渔"与"授之以鱼"并重的思想，遵循疏通思想→树立意识→学会方法→掌握工具的顺序，融项目管理、素质拓展及职前引导于一体，有助于促进学生心智成熟，塑造健全人格，树立工程观点、质量意识与责任意识，培养良好思维方式与行为习惯，提高协作精神与自主学习能力，提升被管理力，促进良好职业素养的养成，尽快跨越学校教育与社会需要的鸿沟。希望本书的出版能给高校计算机教育带来一丝新意。

本书涵盖项目管理五大过程组，十个知识领域，体系完整，知识全面。充分吸纳国内外知名 IT 公司及信息化建设领先行业的成熟做法，融入几位作者多年项目管理实践的经验与教训，具有现实的指导意义。使学生切实掌握软件项目管理基本理论，熟悉软件项目管理的方法、流程和工具，并能应用于项目实践，有助于今后顺利融入项目团队，完成团队交付任务，进而培养管理软件开发项目的基本能力。

本书遵循教学相长、学以致用的原则，有别于单向知识灌输的传统模式，更多地采用与启发式教学相适应的方式来组织结构，是教学创新的一次有益尝试。通过典型案例的分析讨论、团队游戏的体验思考、集体任务的协作达成，剖析影响项目建设与事业发展的关键要素，讲解项目管理的核心思想，引导学生在思考中、互动中和协作中学习。推动学生合理定位目标，合理管理时间，以包容的心正确看待自己和他人，在团队建设中扮演好自己的角色，在良好互动沟通中成长。

　　本书行文既有理工科的严谨性,又体现了文科的人文思维。以图文并茂的形式穿插介绍了大量与管理相关的背景知识,使学生知其然亦知其所以然。

　　"纸上得来终觉浅,绝知此事要躬行。"希望各位读者学以致用,并且谨记"项目管理是残缺的美,管理就是沟通、沟通再沟通。"

殷人昆

2015 年 9 月于北京

PREFACE 前言

　　十五年前,心比天高、踌躇满志地跨出清华园,步入 IT 职场。六年前,折戟沉沙,怀着无尽失落来到长安山下的百年师大。

　　青春的校园充满活力,青春的校园充满矛盾。年轻的一代个性张扬、敢想敢干却又敏感脆弱、眼高手低;有人勇于求新、渴求认同,有人心浮气躁、叛逆自我;有人随性而为、挣脱一切,有人沉迷游戏、追逐韩剧。

　　"师者,所以传道授业解惑也。"保持一颗年轻的心,敬畏学生,享受教学。站在三尺讲台上,如履薄冰。从那些执著于语言算法,而又不谙世事的莘莘学子身上,依稀看到当年的自己。成功难以复制,失败或可避免。虽然没有圣人先贤们的智慧,但过来者的一些曲折相信有助于后来者少走弯路。

　　"项目造就人生,人生享受项目。"湖南大学王如龙教授的鼓励,使笔者鼓足勇气提起笔,从一个失败者的角度诠释对软件项目管理的理解。

编撰思路

　　软件项目管理教材大体上有两种编排体例,各有千秋。一是以 PMBOK 为主线,基于严密的知识体系,进行内容的组织与编排,便于读者从整体上把握项目管理的知识要点;二是以软件项目开发过程为主线,强调项目管理的应用实践,按各项工作/过程的先后关联关系展开,便于读者体会项目管理的应用情境。

　　大部分教材形式上都采用"理论讲解＋案例分析＋模板规范＋工具使用"的方式,只是侧重点有所不同。有的教材也力图将 CMMI 思想与项目管理知识体系进行有机结合。"学院派"教材,侧重于知识介绍与案例分析,容易将课程导向理论探讨,使缺乏项目经验的生手望而却步。"实践派"教材,注重实际操作,强调工具使用,提供按部就班的工作指南,容易使项目管理庸俗化、死板化、误导即将走上社会的 IT 菜鸟。

　　项目管理是思想与行动、理论与实践的高度结合。如何在"学院派"与"实践派"间找到一个合适的平衡点,是本书重点考虑的问题。

　　"学院派"将其作为一门专业技术课程,从技术角度来演绎项目管理。"实践派"将其作为一门工具性课程,试图传播一种可复制的成功模式。使得不少人,包括一些没出过校门的任课教师,在课程终结时还无法回答"为何学管理,管理为什么?"这一基本问题。

　　将管理与技术交叉性的综合课程蜕变成某种程度上的技术性、工具性课程,是一些教材以及教学实践中的一大误区。如果不谈管理学、心理学、组织行为学的本源性内容,抄近道直切具体的流程、方法、工具,撇开对项目中最重要的要素——"人"的研究和分析,将"管理"蜕化为机械的"管事",很大程度上将会误导学生甚至授课教师。

管理的本质是"使他人产生绩效",管理者最重要的工作就是沟通、沟通再沟通。很多教材中浓墨重彩讲解的"计划、决策、控制"实际上只占有效管理者日常活动的"19%",占成功管理者日常活动的"13%"。对成功管理者而言,绝大部分精力是放在上下内外的沟通以及高效团队的建设上,这正是本书重点和亮点所在。

内容组织

第 1 章:分享诸多专家学者关于目标管理与时间管理的观点,介绍时间管理四象限法则,使学生明白培养良好习惯,实现均衡发展的重要性,激发学生阅读本书的兴趣。

第 2 章:回答何谓管理、何谓项目、何谓项目管理以及为何要学软件项目管理,讲解项目管理平衡之道,探讨项目成败标准,提出对管理者与被管理者的要求。

第 3 章:阐述软件过程管理基本概念与运行机制,介绍 PDCA 循环原理,剖析项目管理五大过程组与十个知识领域,简介 CMM/CMMI 与项目管理的关系。

第 4 章:介绍思维导图、六顶思考帽、SWOT 分析、思维工具,分析东西方管理模式差异,强调项目管理是科学与艺术的结合,要注重时与位的把握,为人处事应外圆内方。

第 5 章:描述项目计划、执行、监督、控制的整体管理流程,给出项目章程与项目启动会指南,提出项目计划的策略、方法,突出执行力重要性,强调项目监控与配置管理。

第 6 章:阐明项目干系人管理的重要性,介绍如何识别项目干系人,理解干系人关注点,分析干系人重要程度及对项目的支持度,确定干系人管理策略。

第 7 章:介绍沟通过程、沟通障碍、沟通模式、沟通手段,说明沟通的重要性,指出上下沟通与内外沟通的注意事项,总结项目中的沟通方法和工具,分析冲突解决机制。

第 8 章:探讨人性假设与制度设计的关系,讲解典型项目组织结构设计,分析优秀团队角色构成,聚焦团队组建、团队协作、团队激励以及绩效管理的实务问题。

第 9 章:剖析需求获取的困难,比较需求获取的方法,说明软件需求与项目范围的关系,讲述如何制定工作分解结构以进行范围定义,重点阐述如何进行范围验证及变更控制。

第 10 章:分析软件项目成本的基本构成项,介绍项目规模估算、工作量估算、工期估算及费用估算的方法,说明预算编制方法、挣值分析法以及降低成本的措施。

第 11 章:介绍制订进度计划的方法、步骤和工具,说明关键路径法、计划评审技术、关键链法的特点及适用场合。分析影响项目进度的因素,提出进度优化控制的常用方法。

第 12 章:剖析质量大师的质量理念,讲解质量管理基本过程,分析软件质量关注点,介绍质量保证与质量控制的工作内容、方法工具以及工作误区,探讨缺陷管理流程。

第 13 章:说明树立风险意识的重要性,列举项目常见风险因素,介绍风险识别方法,讲解如何进行风险分析,阐述风险应对策略,列举风险监控的方法和工具。

附录 A:以项目日记形式,记录一位项目经理曲折的项目经历。作为完整案例分析素材,引导读者思考在一个相对复杂项目中可能遇到的各种问题以及应该如何应对。

附录 B:实例分析统一开发、多点实施的大型复杂项目,在项目管理方面面对的主要挑战,提出相应的建设原则、应对策略、人员架构及职责分工。

　　建议读者在学习过程中不要直接翻阅每个章节最后的"课堂讨论提示"。主要原因有三点:一是只有思考感悟后才能有所得;二是不希望束缚读者的思路;三是相关观点并非完全正确,更非唯一正确。

　　本书除了常规教材所侧重的"计划—执行—反馈—改进"之外,结合素质拓展教育,将重点放在探讨如何做人、如何做事上,交流生活中的经验与误区,帮助学生认识自己、认识他人、认准方向,推动学生学会感恩、学会思考、学会沟通、学会宽容、学会协作,学习用项目管理的方法管理自己的人生。

教学建议

　　项目管理与一般理工专业不同,是在一定时空条件下的最佳实践总结,没有放之四海皆准的定律。项目实践中采用的流程、方法、工具要因时、因地、因人、因事而异。

　　教学上,推荐依照疏通思想→树立意识→学会方法→掌握工具的顺序展开。

　　首先要灌输管理的思想(如分解量化、集成综合、全局最优),训练管理的思维(如发散思维、平行思维、权变思维),养成良好的习惯(如主动积极、换位思考、谨言慎行),思考五个维度问题(自我管理、向上管理、向下管理、同级管理、外部管理)。

　　其次要培养管理的意识,被管理的意识,树立工程意识、沟通意识、团队意识、责任意识、质量意识、风险意识、成本意识、时间意识等。

　　再次是学会一些方法,如项目启动、范围确认、成本估算、风险识别、计划编排、资源调配、质量控制、团队激励、项目追踪、变更控制、项目收尾等。

　　最后才是掌握一些具体的工具,如 Project、SVN 以及项目章程、各类计划、审查报告、工作报告等的模板。

　　这就如同张三丰临场指导张无忌学习太极剑。张无忌不记招式,而把注意力全部集中在领会其"神在剑先,绵绵不绝"之意上,想通想透之后,就能以无招胜有招。

　　因此,本书没有如惯例般附上推荐的项目管理文档模板。在思想打通、意识养成的情况下,方法学习与工具掌握不是很困难的事,尤其是在网络资源高度发达的今天。而且,不同的企业在具体的项目实践做法上也会有比较大的差异,但只要把握其原则实质,顺势而为,就能做到"条条大路通罗马"。

　　建议结合学习、思考、实践三个环节,充分采用互动式情境教学。

　　(1) **讲授环节**:通过课堂讲授、教材学习,使学生了解管理学、心理学、项目管理学的一些基本思想、方法、技术。尽量压缩纯理论的教学,以启发式教学为主,引导学生思考问题,了解软件项目管理中常见的典型问题及正确的应对办法。

　　(2) **互动探讨**:一是典型案例的分类角色扮演讨论;二是争议性管理问题的对抗性辩论;三是观看完管理学、心理学题材视频后的心得体会交流;四是各类团队协作游戏的体验与思考;五是设定主题后由学生自主上课、自主讨论。

　　(3) **自助学习**:本课程牵涉面广,容量大。限于课时,不可能全部讲授。因此一些内容可安排学生课下自学,课上检测。本课程同时收集、整理了大量教学辅导材料,任课教师可从清华大学出版社网站下载。

（4）**工具实践**：建议不设置实验课以腾出时间进行思维碰撞。课下，以小组为单位，集体完成一个项目（可以是非软件项目），参考网络资料，编制项目文档，撰写总结报告。

建议本课程融项目管理思想于平时课堂教学的组织管理工作，以过程性考核为主，注重知行合一，重在考查学生主动思考，积极互动，学以致用以及团队纪律精神。

本教材覆盖了项目管理的基本知识点，所以同样适用于采用传统方式讲授的课堂，并能为其提供大量延伸性阅读材料，以加深对基本知识点的理解。

课时安排

本书融项目管理、素质拓展及职前引导于一体，内容覆盖较广，如同丰盛的满汉全席。透彻、系统地讲述教材全部内容，大致需要 64 学时，课时安排建议如下：

课次	章	节	内　　容
1	1	1.1、1.3	个人目标管理，课程定位及要求
2		1.2	个人时间管理的重要性与方法
3	2	2.1、2.2	为何学管理，什么是项目，项目三角形
4		2.3、2.4	项目管理是残缺的美，人月神话
5		2.3.8	专题讨论：西天取经谁的贡献最大
6	3	3.1～3.4	过程管理思想，项目管理十个知识领域和五个过程组
7	4	4.2	团队互动：了解思维导图思想及方法后，集体绘制思维导图
8		4.3	团队互动：以六顶思考帽为指导进行头脑风暴，集体完成雨点变奏曲
9		4.1、4.4～4.9	东西方管理模式差异，方圆之说，时与位，刘易斯项目管理法，SWOT 分析
10	5	5.1、5.2	项目章程与启动会的指南及实例分析
11		5.3.1	课堂辩论：计划重于应变与应变重于计划
12		5.3	项目计划的策略、方法、内容及实例讲解
13		5.4～5.6	项目执行故事分享，追踪监控工具介绍，配置管理方法说明
14	6	6.1～6.4	专题分析：干系人管理
15	7	7.1.1	团队互动：驿站传书（沟通过程）
16		7.1.2、7.1.3、7.2.1	沟通过程，沟通漏斗，团队互动：集体作业（沟通方向）
17		7.2.2～7.2.4	向上沟通、向下沟通及水平沟通的注意事项与经验分享
18		7.3～7.5	沟通心理效应，倾听与提问，肢体语言，项目中的沟通，冲突管理
19	8	8.1、8.2	人性假设与管理介绍，课堂讨论：人格与管理
20		8.3、8.4、附录 B	项目组织形式，团队组建，实例分析
21		8.5.1、8.6、8.7	团队激励，绩效管理，团队互动：大家共同的责任（默契报数）
22		8.5.2	团队互动：演好自己的角色（叠纸牌）
23	9	9.1、9.2	项目范围管理概述，需求开发，课堂讨论：李大嘴做月饼
24		9.3～9.6	范围定义，创建 WBS，范围确认，范围控制案例分析
25	10	10.1、10.2	软件成本构成，成本估算方法及实例介绍
26		10.3、10.4	成本预算方法，成本控制策略
27	11	11.1～11.4、11.5.1	进度计划过程，活动定义，活动排序，活动估算，关键路径法实例讲解
28		11.5、11.6	计划评审实例讲解，关键链思想及实例讲解，进度控制方法

续表

课次	章	节	内　容
29	12	12.1、12.2、12.3	质量管理基本概念与大师观点,质量规划重要性及指南,质量保证工作内容与机制
30		12.4、12.5	质量控制的方法,工具与实例,缺陷管理闭环控制流程
31	13	13.1～13.2	风险基本概念与风险意识,风险识别方法实例讲解
32		13.3～13.5	定性与定量风险分析实例讲解,风险决策因素与应对策略,风险监控手段

实践中,48学时的教学需要根据实际情况做出取舍,不要奢求面面俱到,样样出彩。青菜萝卜各有所好,学生们各取所需,只要其中几道菜合其口,能真正学到心里,我们的教学目的即已达到。

对于尝试进行思维训练、素质拓展的创新教学,常规的知识性内容由学生课下自学,课堂重点进行思维碰撞。对于侧重项目管理基础知识完整性的传统教学,可将个人管理、心理学、组织行为学等延展性内容作为课下阅读材料,精简课堂互动讨论环节。

一个折中的课时安排建议如下:

课次	章	节	内　容
1	1	1.1～1.3	目标管理,时间管理,课程定位及要求
2	2	2.1、2.2	为何学管理,什么是项目,项目三角形
3		2.3、2.4	项目管理是残缺的美,人月神话
4	3	3.1～3.4	过程管理思想,项目管理十个知识领域和五个过程组
5	4	4.2～4.4、4.7	思维导图,六顶思考帽,东西方管理模式差异,刘易斯项目管理法
6	5	5.1、5.2	项目章程与启动会的指南及实例分析
7		5.3	项目计划的策略、方法、内容及实例讲解
8		5.4～5.6	项目执行故事分享,追踪监控工具介绍,配置管理方法说明
9	6	6.1～6.4	专题分析:干系人管理
10	7	7.1、7.2.1	沟通过程,团队互动:集体作业(沟通方向)
11		7.2.2～7.2.4	向上沟通、向下沟通及水平沟通的注意事项与经验分享
12		7.3～7.5	沟通心理效应,倾听与提问,肢体语言,项目中的沟通,冲突管理
13	8	8.3、8.4、附录B	项目组织形式,团队组建,实例分析
14		8.5.2	团队互动:演好自己的角色(叠纸牌)
15		8.1、8.6、8.7	人性假设与管理,团队激励,绩效管理
16	9	9.1、9.2	项目范围管理概述,需求开发,课堂讨论:李大嘴做月饼
17		9.3～9.6	范围定义,创建WBS,范围确认,范围控制案例分析
18	10	10.1、10.2	软件成本构成,成本估算方法及实例介绍
19		10.3、10.4	成本预算方法,成本控制策略
20	11	11.1～11.4、11.5.1	进度计划过程,活动定义,活动排序,活动估算,关键路径法实例讲解
21		11.5、11.6	计划评审实例讲解,关键链思想及实例讲解,进度控制方法
22	12	12.1～12.3	质量管理基本概念与大师观点,质量规划重要性及指南,质量保证工作内容与机制
23		12.4、12.5	质量控制的方法,工具与实例,缺陷管理闭环控制流程
24	13	13.1～13.5	风险基本概念,风险识别方法,定性风险分析,风险应对策略,风险监控手段

结束语

福建师范大学张大平负责总体策划，主体部分编写及最后统稿。清华大学殷人昆教授负责把握总体结构，设计启发式教学环节，审查知识体系的正确性与完整性，执笔项目管理入门与项目过程管理。福建软件行业协会副理事长陈超负责编排典型案例分析，拟定项目文档规范，审查实务操作的可行性与有效性，执笔项目整体管理与项目干系人管理。

感谢朗新科技林华晶、赞同科技吴燕、亿力科技谢炳钧、网能科技蔡春秤，这些曾经的共事伙伴认真审阅了书稿，并提出许多宝贵的建议。

福建师大软件工程专业高秀明、郭哲恺、蒋伊晴、兰林亮、林朝阳、林键、刘学霞、缪谦、宋勤、王世勋、辛志婷、郑斌、郑圣洁、郑圣、魏燕妨等同学参与了稿件校对工作。

本书插图由石静雯、叶嘉炜编辑制作，同时参考引用了一些报刊、杂志、图书及互联网上的图画作品，增强了文章的可读性，在此对相关作者表示感谢。

本书成稿前，曾以电子讲义形式在福建师大数计学院、信息学院、软件学院、协和学院讲授六年。互动式教学让学生们"爱之深，恨之切"，坚定了笔者实践启发式教学的信念。学生们的反馈意见，使得最终教材更贴近教学现实。

本书参考了众多经典教材、名家观点、电子课件、网络文章、培训资料、网络插图，在此谨向所有参考文献的著作者和网站版权所有者表示谢意。本书体例风格及内容组织从相关书籍中得到很大启发(林锐，2000；李涛，2005；王如龙，2008；邹欣，2008；张友生，2009；房西苑，2010；张志，2010；吴亚峰，2011)，从一些经典巨著中获益良多，从奥巴马、郎咸平、李开复、乔布斯、于红梅、余世维、曾仕强、翟鸿燊、张艺谋、赵启光等众多专家名人的讲座中亦汲取很多营养，在此对未曾谋面的前辈先进们表示谢意。

本书的出版是一个痛苦反思的过程，二十载寒窗，十年迷惘，六年酝酿。

感谢成长路上的所有帮助者与见证者。

感谢福建师大数计学院郭躬德院长、蒋建民老师对教材编写的大力支持和指导。

感谢清华大学出版社的鼎力支持，感谢出版社编辑的辛勤付出。

特别感谢至爱的夫人佘雪凤，可爱的女儿张灵熙，她们是支撑我完成此书的支柱。

编写过程中，深感个人的浅薄无知，唯恐误人子弟。敬请各位读者以思辨的眼光阅读此书，以宽容的心看待本书谬误之处，并请特别注意时空条件的假定，切勿陷入僵化教条。

教材的出版需要勇气，选择本书同样需要勇气。启发式教学的相关资料可从清华大学出版社网站(http://www.tup.tsinghua.edu.cn)下载。要进行与教学相关问题的探讨，可以联系 5172983@qq.com。"微斯人，吾谁与归？"愿与各位同道中人共勉。

最后，衷心祝愿年轻学子们早日找到适合自己的目标，做最好的自己。

青春没有地平线，世界等着你们去改变！

张大平　于长安山下
2015 年 9 月

CONTENTS  目录

第1章

正是扬帆远航时

对于不少年轻的学子,这可能是一门迟到的课程。新鲜好奇的大一转瞬已逝,懒散游戏的大二恍如昨日,忙忙碌碌的大三正在上演,不经意间毕业季悄然接近,就业的压力隐隐浮现。选择漂泊还是航行,或是继续迷茫踟躇中,成了大家必须直面的问题。

作为课程的开篇导引,本书引述一些知名学者的观点,与大家一起共同探讨人生追求及时间管理的话题。希望一切珍视生命,并且愿意有所作为的同学,通过静心的反思,能够重拾最初的梦想,确立远航的坐标。如果本书能够为准备扬帆远航的你提供些许帮助,那将是该课程的最大造化。

1.1 你的船驶向哪个港口

1.1.1 写下使命宣言

下面是美国著名作家阿瑟·高登(Arthur Golden)亲身体验的一段心路历程(林清玄,2012)。

有一个中年人,年轻时追求的家庭事业都有了一定的基础,但是却觉得生命空虚,感到彷徨而无奈,而且这种情况日渐严重,到后来不得不去看医生。

医生听完了他的陈述,说:“我开几个处方给你试试!”于是开了四张药方放在药袋里,对他说:“你明天九点钟以前独自到海边去,不要带报纸杂志,不要听广播,到了海边,分别在九点、十二点、三点和五点,依序各服用一贴药,你的病就可以治愈了。”

那位中年人半信半疑,但第二天还是依照医生的嘱咐来到海边,一走近海边,尤其是清晨,看到辽阔的海,心情为之清朗。

九点整,他打开第一张药方,里面没有药,只写了两个字“谛听”。他真的坐下来,谛听风的声音、海浪的声音,甚至听到自己心跳的节拍与大自然的节奏合在一起。他已经很多年没有如此安静地坐下来听,因此感到身心都得到了清洗。

到了中午,他打开第二个处方,上面写着"回忆"两字。他开始从谛听外界的声音转回来,回想起自己从童年到少年的无忧快乐,想到青年时期创业的艰困,想到父母的慈爱、兄弟朋友的友谊,生命的力量与热情重新从他的内心燃烧起来。

下午三点,他打开第三张药方,上面写着"检讨你的动机"。他仔细回忆早年创业的时候,为了服务人群而热情地工作,等到事业有成了,则只顾赚钱,失去了经营事业的喜悦,为了自身利益,失去了对别人的关怀。想到此,他已深有所悟。

到了黄昏的时候,他打开最后的处方,上面写着"把烦恼写在沙滩上"。他走到离海最近的沙滩,写下"烦恼"两个字,一波海浪随即淹没了他的"烦恼",沙滩上一片平坦。

这个中年人在回家的路上,再度恢复了生命的活力,他的空虚与彷徨也就治愈了。

假如船不知道该驶向哪个港口,那么吹什么风都没有用处! 所以请拿起你的笔,仔细聆听内心的声音,尝试追溯过去,重新检视你的动机,写下自己的使命宣言。

课堂讨论 1-1 写下使命宣言(王昌国,2011)

1. 我是什么样的人?
   (1) 当驰骋于想象时,看见自己在做什么?

   (2) 没有时间和资源限制,我会选择做什么?

   (3) 工作中,哪些是我认为最有价值的活动?

   (4) 生活中,哪些是我认为最有意义的活动?

   (5) 什么是我未来对别人最重要的贡献?

   (6) 什么事应该去做,却找不同的借口不干?

2. 我想获得的结果
   (1) 列出自己珍视并想要拥有的东西。

   (2) 逐一划去最不重要的一项,直到只剩一项,它就是你最珍视的东西。现在,所有你想要的东西,在你心目中的地位与分量就清晰了。

3. 回想一个对自己产生重大影响的人士
   (1) 谁在我一生中对我产生过正面影响?

   (2) 为什么他对我会有这么大的影响?

（3）他的哪些品格是我愿意效仿的？

（4）别人的哪些品格特质是我平日最敬佩的？

4．生命中留下来的影响

（1）想出自己在生活中所扮演的 7 种主要角色。

（2）下一步，想象一下你的 80 岁生日庆祝会，你的人生角色中有关的重要人物被你请来参加庆祝会，请简单描述你希望他们如何看待你，以及给你什么样的评价。

使命宣言激励你更深刻地思考你的人生，确定你这一生要扮演的最重要角色；督促你反躬自省，体察你对自己的期待，看清什么对你而言是最重要的；帮助你明确价值观，确立想和做的基本原则。价值观有两方面的表现：

（1）价值取向、价值追求，凝结为一定的价值目标，也就是你追求的是什么。有人想轰轰烈烈干一番事业，有人只要潇洒走一回……

（2）价值尺度和准则，成为有无价值及价值大小的评价标准。你朝哪个方向走，选择什么样的行动，往往是基于你对各个选项的价值评判结果。

1.1.2 锁定人生目标

目标源于你的价值观，是你的需求和愿望，就是你想得到什么。只有明确自己需要的是什么，然后才能朝那个方向走。如果不知道自己的目的，很可能会东碰西撞且得非所愿。假设你是个追求财富的人，你的目标可能是赚够 1 个亿，也可能是想当全国首富，然后这辈子你就会想尽办法，挣取更多的财富。

赵启光（2009）提到：有个人，大学毕业时读到一本书，叫《如何掌控自己的时间和生活》，于是按照书中要求列出了自己的人生目标：做个好人，娶个好老婆，养几个好孩子，交几个好朋友，做个成功的政治家，写本了不起的书。他就是克林顿，凭这个计划做到了美国总统。

人生目标应与价值观是一致的。如果不一致，你需要问下自己，你写下的是你最珍视的东西吗？ 或者，这个人生目标是你的最大期望吗？

可以按如下方法，梳理自己的想法：

（1）把你这辈子期望达成的目标，罗列出来。

（2）分为 ABC 三类：A 类是最想达成的目标、B 类是愿意努力的目标、C 类是无所谓的目标。

（3）从 A 类目标中选出最重要的目标 A1 类、次重要的目标 A2 类、第三重要的目标 A3 类。

（4）如果你愿意，可以对 B 类目标进行类似的分类。

你对各类目标的重视程度取决于你的价值观，也决定了具体任务的优先顺序与取舍。

汉武帝时的年轻将军霍去病，饮马瀚海，封狼居胥，为国立下不朽功业。汉武帝很倚重

他，曾下令给他建造府第，但他却拒绝了，气概豪迈地声言："匈奴未灭，何以家为？"他的远大抱负与爱国情怀，激励了一代代的仁人志士。

价值观相对比较稳定，目标则会随人生不同阶段的情况而发生调整。

近代革命先行者孙中山先生，从小立志报国，以天下为己任。他的人生目标与轨迹发生过几次重大转变，医学救国→实业救国→宪政救国（三民主义→新三民主义）。

小人恒立志，君子立恒志。目标不在宏伟，贵在不变。有些人，学校里学业虽然不突出，但是设定一个目标后，踏踏实实往前走；即使遇到一些障碍，想办法绕过后，仍然会继续朝同一个方向前行；一天一小步，即使再慢，十年下来亦有所成。有些人却在反复的犹豫踟蹰与左右摇摆中一事无成，荒废了时光，磨灭了激情，迷失了自己。

杨康的悲剧在于小聪明，郭靖的成功在于若愚。郭靖认准一个事情，可以一直坚持下去，可以把不知何意的《九阴真经》一字不落地背下来。

目标需要量身打造，适合自己才是最好的。怎么跳都够不到的宏伟目标，很快会让人放弃努力。一次次地够不到目标，就会对自己的能力产生怀疑，这也是一些人频繁转换目标的一个主要原因。反之，伸手可及的目标，因为得来太过容易不懂珍惜，追求成功的渴望也不会太强烈。久而久之，惰性渐生，人生犹如逆水行舟，不进则退。所以，踮起脚尖可以够得着的目标是最合适的，不妨逼逼自己，努力地去完成那些跳一跳才能够得着的任务，你会在一次次的突破自我中变得更为自信。

1.1.3 自我认知与定位

人可以通过照镜子知道自己长什么样，通过他人对自己的评价，体察自己的美或丑，明白哪些事做"对"了，哪些事做"错"了。所谓的"对"与"错"就是一定社会环境下的价值评判。不同社会环境下的评判标准也会有所不同，例如，唐时以丰腴健康为美，宋时以纤瘦病态为美。社会反光镜喻指他人的语言或行为反映出对我们的意见和看法，而我们借此形成对自己的认知。

大家应该都有过照哈哈镜的体验，不知道有没有设想过这么一个场景：

弱小的青蛙，如果出生的第一天起，天天只照"胖镜"，它一定自信心鼓鼓，因为"胖镜"中的青蛙状如大象。反之健壮的公牛，如果从来都只照"瘦镜"，它却会异常自卑，因为"瘦镜"中的公牛小若蚂蚱。

图/吕军，韩彪 另类幽默 台湾出版社 2002

假使，哪天青蛙与公牛狭路相逢，你觉得谁会让路呢？答案是不言而喻而又发人深思的。"壮如大象"的青蛙怎么可能给"小若蚂蚱"的公牛让路，自卑渺小的公牛又怎敢不给自信满满的青蛙让路呢？

个人的自我认知与定位同从小到大的成长环境有很大关系,决定了你会成为什么样的人。你就是你自己想成为的那种人,你就是你自己认为的那种人。

为什么很多计算机专业的女生毕业后没有从事本专业的工作,尤其是做程序员?很大程度上是源于社会对女生的偏见,认为女生不适合做软件开发,只适合做软件测试、质量保证或者界面设计之类的外围工作。周边的这种声音多了,大部分女生也就慢慢地接受了这种角色安排,畏惧、回避程序开发相关的课业,最后真的做不了软件开发了。这就是教育心理学中很著名的"罗森塔尔效应",它指的是人们基于对某种情境的知觉而形成的期望或预言,会使该情境产生以适应这一期望或预言。

可是各位知道吗,被广泛公认的世界上第一位程序员可是一名女性——英国著名诗人拜伦(L. Byron)的女儿艾达·洛夫莱斯(Ada Lovelace)。1981 年,美国国防部将其花费十数年时间研制的一种军用开发语言正式命名为 ADA 语言,以纪念"世界上第一位软件工程师"。

你期望什么,你就会得到什么。只要充满自信地期待,只要真的相信事情会顺利进行,事情一定会顺利进行;反之,如果你相信事情将不断地受到阻力,这些阻力就会产生。所以咱们的女生也要自信地喊出,"谁说女子不如男!"所有同学也都要相信自己能够成为一名优秀的程序员,只要相信自己并为此而努力,你就一定能成为一名优秀的程序员。

行业应用软件的开发中,起决定作用的往往不是语言工具的使用,而是领域知识的掌握、客户期望的理解及团队的沟通与管理。女性恰恰因其"柔"而在这些方面具有相对的优势,能够给团队作出决定性的价值贡献。只要找准自己的定位,发挥自己的优势,任何人都可以在 IT 大潮中劈波斩浪。

1.1.4 追求全面的成功

成功的标准是什么?正如"一千个人眼中有一千个哈姆雷特",一千个人心中也会有一千个成功的标准——财富、权位、济世、救人、事业、贡献、责任、家庭、健康……

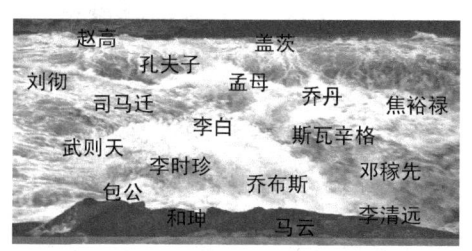

- 孔夫子:至圣先师,诲人不倦,万世师表。
- 孟母:三次择邻,育成一代儒家大师。
- 赵高:指鹿为马,权倾朝野,阉人宗师。
- 汉武帝:开疆拓土,文治武功,响彻西域。
- 武则天:上下五千年,有作为的女皇帝。
- 司马迁:以残疾之身,书写不朽史书。
- 李白:一代诗仙,讴歌时代,豪迈奔放。

- 邓稼先:两弹元勋,一生隐姓埋名于戈壁。
- 马云:为千百万创业者打造事业的舞台。

……

这些人中最不为大家熟悉的就是李清远。他的上榜可是有原因的,据说他是中国有史以来最长寿的人,长寿到接近"活神仙"了。

或许杨慎的《临江仙·滚滚长江东逝水》能告诉我们一些什么。

滚滚长江东逝水,浪花淘尽英雄。是非成败转头空,青山依旧在,几度夕阳红。

白发渔樵江渚上，惯看秋月春风。一壶浊酒喜相逢，古今多少事，都付笑谈中。

今天，社会价值的取向是多元化的，成功的标准也是多元化的。为什么一些在学校里成绩很突出的人，步入社会后默默无闻，甚至郁郁不得志。关键就在于，学校的价值评判标准单一化，以学业成绩为主要指标；而社会价值评判标准则是多元化的，如果你没有摆对自己的位置，如果你不能很快适应价值体系的转变，很容易因此而受挫乃至沉沦。

国外有这么一种描绘人生成功定义的幽默说法：人生不同阶段的成功连在一起就是一个钟形曲线；到头来，成功不过是不尿湿裤子。

• 4 岁的时候成功就是	不尿湿自己的裤子	//迈向独立的开始
• 6 岁的时候成功就是	有一群要好的朋友	//融入社会的开始
• 16 岁的时候成功就是	有自己的驾照	//自我负责的开始
• 26 岁的时候成功就是	有一份好的职业	//承担责任的开始
• 36 岁的时候成功就是	有钱	//获得价值认可
• 46 岁的时候成功仍然	是钱	//保有价值认可
• 50 岁的时候成功就是	还有一份好的职业	//轻松地活着
• 60 岁的时候成功是	仍有性生活	//有质量地活着
• 66 岁的时候成功就是	保住自己的驾照	//健康地活着
• 76 岁的时候成功就是	还有一群要好的朋友	//不孤单地活着
• 86 岁的时候成功就是	不尿湿自己的裤子	//有尊严地活着

人生的上半截是努力求"得"，而人生的下半截是力保不"失"，可惜努力求"得"比力保不"失"还较为容易（阿浓，2007）。人生起于"零"终归于"零"，品味人生的过程，听从内心的感召，活在当下，努力做最好的自己才是生命最终的意义所在。

起初，我想进大学，想得要死；

随后，我巴不得大学赶快毕业；

接着，我想结婚，想有小孩，想得要死；

再来，我又巴望小孩快点长大，好让我回去上班；

之后，我每天想着退休，想得要死；

现在，我真的快死了……

忽然间，我突然明白了——我忘了真正去活（Angelis，2010）！

著名作家周国平在他的随笔《把心安顿好》中，对人生的圆满是这样理解的（周国平，2011）：

老天给了每个人一条命、一颗心，把命照看好，把心安顿好，人生即是圆满。把命照看好，就是要保护生命的单纯，珍惜平凡生活。把心安顿好，就是要积累灵魂的财富，注重内在生活。平凡生活体现了生命的自然品质，内在生活体现了生命的精神品质。换句话说，人的使命就是尽可能做好老天赋予的两个主要职责，好好做自然之子，好好做万物之灵。

1.1.5　成长的三部曲

2002 年,福布斯将史蒂芬·柯维(Stephen R. Covey)博士所著的《高效能人士的七个习惯》评为有史以来最具影响力的十大管理类书籍之一。该书高居《纽约时报》最畅销书籍排行榜之首,被《首席执行官杂志》评为 20 世纪两大最具影响力的经济类书籍之一。柯维博士本人曾被《时代》杂志誉为"人类潜能的导师",并入选为全美 25 位最有影响力的人物之一。

他认为人的成长要经历"依赖"→"独立"→"互赖"三个阶段,从需要靠别人完成愿望,到凭自己努力打天下,再到融入团队共同开创新天地,见图 1-1。

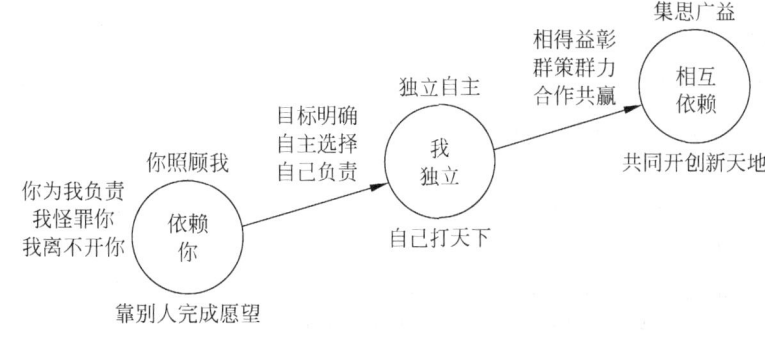

图 1-1　从依赖走向独立再到互赖

生命中最漫长的一千米,就是从依赖走向独立的那段距离,虽然有点长但大部分人还能将其走完。而从独立到互赖的这段路,许多人终其一生都没能走完,一些人走着走着走岔了,一些人始终在兜圈子,还有一些人甚至从来没上过正道。

1. 依赖阶段

呱呱坠地的那天起,父母就成了我们天然的依靠。只要哇哇一哭,大人们就要紧张地看看是什么状况,饿了、渴了、困了、难受或是生病。拉得多了要操心,拉不出来更操心;牙长早了会担心,牙长晚了也担心。一把屎一把尿拉扯大,没有一天不操心。稍微粗心些的年轻父母,甚至为此会受到长辈们的责怪抱怨。你有什么愿望要求,张嘴就行,只要不是天上的月亮,他们一定想方设法予以满足。

渐渐地你长大了,学会了自己走路、自己穿衣、自己吃饭、自己方便、自己玩耍、自己上学、自己做作业、自己买文具、自己做一些决定。

在你没有真正独立之前,父母会照顾你,会为你的一切负责。养不教父之过,教不严师之惰。你犯的任何错误,都由你的监护人——父母来兜底负责。出现任何状况,很多时候即使是你自己的过失,你也会不假思索地怪罪父母。上课忘带了东西,那是因为父母没检查你的书包;天气转变生病了,那是因为父母没有及时给你添减衣服;高考志愿没填好,都是因为父母消息不灵通;工作不好找,都是因为父母社会关系不够……

2. 独立阶段

从法律意义上，18岁以上即为成年人，但这仅表明你需要为自己的行为负完全的法律责任。真正的独立还有两层含义，经济独立与人格独立，二者相辅相成。没有经济上的独立就没有完全意义上的人格独立。

靠家里供养上大学，一心等着家里帮你找份工作，需要家里操心你的终身大事，能说你已经独立了吗？

当你还没有想明白自己是什么样的人，想过什么样的生活，想走什么样的路，还需要别人一步步告诉你要做什么、怎么做时，你就不是独立。

时间掌控在别人手中，面对抉择经常犹豫不决，为自己的决定而后悔，经常抱怨命运的不公，为自己的过错找各种理由……这些都是你还没有独立的表现。

从"依赖你"到"我独立"是争取个人成功，实现真正意义独立的过程。为此，柯维博士建议我们要养成三个习惯："主动积极、操之在我""锁定目标、全力以赴""掌握重点、要事为先"。

3. 互赖阶段

互赖不是依赖，而是实现了人际上的成功，是在个体真正独立基础上的沟通信赖与团队协作。柯维博士认为，"利人利己、互利共赢""设身处地、换位思考""集思广益、接纳差异"是从独立迈向互赖的三个法宝。

二分法的世界里，一切非此即彼、非对即错、非赢即输，不是反对就是接受，因为他们认为资源是匮乏的，机会是排他的，竞争大于协作，猜忌大于信任，他人之得即为自己之失。利人利己者把生活看成一个合作的舞台，而不是一个角斗场。人人都有足够的立足空间，他人之得不必就视为自己之失。要取人之长，补己之短；更要容人之短，容人之长。合作共赢，共同把"蛋糕"做大，在更高层次上合作竞争，才是有远见的做法。

马云的淘宝购物平台与他的阿里商业帝国，诠释了最高形式的互赖。阿里集团创新商业模式，确立商业规则，维持交易秩序，为千百万自主创业者搭建了实现商业梦想的舞台。商户的成功即是马云的成功，而淘宝平台的人气集聚与发展壮大，又进一步助推淘宝商户的业务发展。"11.11"商业时点、淘宝商业生态以及淘宝品牌是阿里与千百万商户共同努力营造的结果，一荣俱荣，一损俱损。淘宝信誉是商户与阿里都要共同珍视并坚决维护的东西。那些售假、刷单、围攻商家、围攻淘宝的行为是对所有以淘宝为事业舞台人的挑战。

图/邝野 羊城晚报 2013-06-08

他人的成功即是我的成功，我的成功铺就他人的成功，这是成功的最高境界，是马云的成功秘笈，也是区别于一般成功者为这个社会所做的最大贡献。

1.2 行进在时间长河中

未来姗姗来迟，现在像箭一样飞逝，过去永远静立不动！

——席勒

你的时间用完了，你的生命也就到头了。

——本杰明·富兰克林

1.2.1　五天日程如何安排

课堂讨论 1-2　五天日程如何安排

假设现在是星期一的晚上,你要计划未来五天的日程,以下是这五天要做的事情:

	二	三	四	五	六
8:00					
8:30					
9:00					
9:30					
10:00					
10:30					
11:00					
11:30					
12:00					
12:30					
13:00					
13:30					
14:00					
14:30					
15:00					
15:30					
16:00					
16:30					
17:00					
17:30					
18:00					
18:30					
19:00					
19:30					
20:00					
20:30					
21:00					
21:30					
22:00					
22:30					

(1) 近来脖子有点僵硬,想到医院检查下颈椎有没有问题。

(2) 周六一个从小玩到大的朋友结婚,想买个礼物送他。

(3) 下周单位举行羽毛球赛,需要找时间练练手。

(4) 好久没有回家,父母打电话说想你了。

(5) 要换季了,衣服被子什么要洗洗晒晒。

(6) 收到朋友的邮件一个星期了,还没有回复。

(7) 需要请你的一位重要客户吃顿饭,维系客户关系。

(8) 家里热水器坏了一星期,洗不了澡,要请人修修。

(9) 有个私活,明后天晚上要抽1小时跟客户聊聊。

(10) 明晚9点有1个小时的电视评论,与工作有密切关系。

(11) 明晚有偶像刘德华的演唱会。

(12) 图书馆借的书明天到期。

(13) 你的手机欠费要被停机了,需要充值缴费。

(14) 久违的一个老同学出差到你这儿,周末你需要陪他转转。

(15) 明天下午2:00~3:30要参加一个重要会议。

(16) 明天早上从9点到11点要参加一个产品发布会。

(17) 项目组明天下午6点开会,预计1小时。

(18) 领导给你留言,要你尽快与他见面,有要事相商。

(19) 单位同事约好明天晚上7:00要聚餐。

(20) 你身上没什么现金,需要去取点钱。

(21) 需要花2小时整理一份材料,下周一例会需要。

(22) 你请女友后天到你家,给她过生日,要准备些吃的。

(23) 一周后,你要参加证券分析师考试,还要复习10小时。

(24) 周日领导要听取工作汇报,要花10小时业余时间准备。

(25) 你很喜欢的一位知名作家,周六要现场签售新作。

(26) 领导家的计算机出问题了,让你帮忙处理下。

思考:(1) 哪些事情可以放弃不做? 为什么?

　　　(2) 哪件事情有最高的优先级? 为什么?

1.2.2　赵启光的三个故事

课堂讨论 1-3　赵启光的三个故事（赵启光，2009）

观看美国卡尔顿大学亚洲语言文学系主任赵启光教授，在中央电视台"我们"栏目中，与一群大学生就如何管理时间展开的对话。谈话围绕三个话题展开：

话题一：为啥一天忙忙碌碌，时间总是不够用？

小王同学刚进大学，便被大学丰富的校园生活彻底迷住了。她一口气加入了三个社团和两个协会。日程安排从每天早上一睁眼到晚上睡觉前都是满的，有时甚至连吃饭的时间都没有。刚开始，这种忙碌让小王很充实。但是不久就有了问题：由于疲于奔命地完成各种任务，有些工作和计划只能一拖再拖，小王也被同学误会说，"工作效率低下"。小王很困惑：为什么每天这么努力，但时间却总是不够用？

话题二：如何才能不懒散，生活才会提起劲儿？

自从小赵进了大学之后，就过上了和高三完全不同的生活。高三是两点一线，写不完的作业，背不完的书，而大学压力很小，没有人管，简直是天堂。于是小赵一下子松懈下来，变成了时下流行的"宅"一族，除了上课完全窝在宿舍里。上网购物看电视，游戏聊天煲电话，几天不出门，照样能生活。但是小赵同学偶尔也会困惑：每天都如此，时间长了也没劲。可是面对自己提不起兴趣的专业，不这样打发时间还能怎样呢？

话题三：如何才能把工作提前，跨过 Deadline？

已经大四的小张同学，突然发现 Deadline 这个词的真实含义。大学的头三年，无论是平时的作业，还是期末的考试，他都是要临到最后一刻才匆忙应对。虽然每次都有惊无险，但总是留下很多遗憾。而到了大四，小张忽然发现，英语四级还没过，论文选题没着落，实习工作八字没一撇，考研复习尚在犹豫，所有大学需要完成的任务，都被他拖到了毕业之前不得不面对。现在小张最想知道的就是，怎样才能跨过面前的这个最后期限呢？

问：你有没有类似的烦恼与困惑，你觉得应该怎么办？

三位同学的情况，基本上可以用李宗盛的一首歌《忙与盲》来总结。

"茫"（没有目标，一点方向没有），
"盲"（没有计划，走一步算一步），
"忙"（忙忙碌碌，忙得没意义）。
目标不明确，缺乏计划，不分主次，不善于说"不"，无法恰当处理外部干扰。

1.2.3　珍惜你的时间银行

世界上有家特殊的银行,不论贫富贵贱,每天早晨会向每个人的账户里拨款 86 400 元。在这一天,你可以随心所欲地花钱,想怎么用就怎么用,想用多少就用多少,用完为止。用剩的钱不能留到第二天用,也不能节余归自己。前一天的钱用光也好,分文不花也好,第二天你又有 86 400 元。这就是我们的时间银行,每天 24 小时,每小时 3600 秒,每天 86 400 秒,一秒不多,一秒不少。

图/刘道伟 上海证券报 2010-06-07

人获得的最平等的资产也许就是时间。对时间的不同运用,往往会使人生变得富有或者贫穷。时间最公平,给每个人都是 24 小时;时间也最偏心,给每个人都不是 24 小时。

时间的特性

供给毫无弹性:时间的供给量是固定不变的,在任何情况下不会增加也不会减少,每天都是 24 小时,所以我们无法开源。

无法蓄积:时间不像人力、财力、物力和技术那样被积蓄储藏。不论愿不愿意,我们都必须消费时间,所以我们无法节流。

无法取代:任何一项活动都有赖于时间的堆砌,这就是说,时间是任何活动所不可缺少的基本资源。因此,时间是无法取代的。

无法失而复得:时间无法像失物一样失而复得。它一旦丧失,则会永远丧失。花费了金钱,尚可赚回,但倘若挥霍了时间,任何人都无力挽回。

每天的 86 400 秒,如同每月薪资,一部分用于基本消费(衣食住行),一部分储蓄理财(不时之需及资产增值),还有的可能以各种形式被浪费掉(丢失或乱花),见图 1-2。

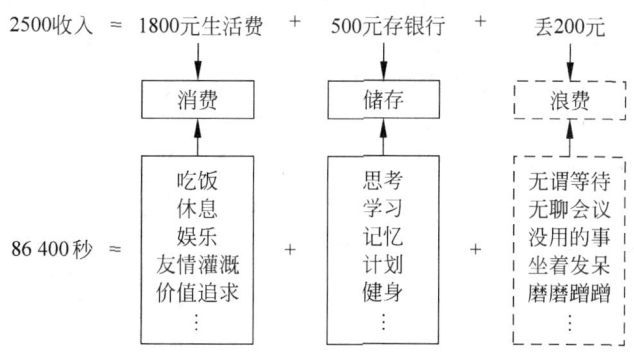
图 1-2　你的 86 400 秒哪些是有价值的

(1) 正常的消费:如吃饭睡觉、休闲娱乐、家庭生活、友情灌溉、价值追求等,这是我们的自由时间,是丰富生活的主体部分,也是生命的意义所在。

(2) 白白浪费掉:如做些无意义的事,漫长的无聊等待,办事拖拖拉拉等,生活中总是有些无奈,但我们应该看好自己的荷包,力求避免这样的无谓损失。

（3）投资与增值：如思考、学习、记忆、计划、健身等活动，在这方面的每一分、每一秒投入都是值得的，都能使我们的人生更加全面、更加丰富。

所谓时间增值指的是拥有更多的自由时间以追求自己的价值理想，做自己想做的事，过自己向往的生活。如何使你的时间增值，主要有以下几种方式：

（1）减少时间浪费：合理统筹规划时间，就等于节约时间本身。养成良好作息习惯，每天早起一小时，为短暂的人生好好规划真正属于自己的这一个小时。

（2）提高工作效率：提升技能，保持活力，恰当地运用方法和工具，提高工作的效率与质量，从而能够花更少的时间做更多的事，使自己拥有更多的自由时间。

（3）提高单位产出：全面提升自己的综合素质，把握人生的机会，积极争取从事附加值更高的劳动，用更少的时间创造更多的价值，从而获得更多自由时间。

同时，要避免把时间增值手段当作人生的终极目标，而使自己成为这些手段的奴隶。努力工作、多挣钱可以使我们拥有更大的自由；但是，如果生活中除了工作还是工作，忽视了近在眼前的亲情，忽视了个体的均衡发展，我们的人生也将是不圆满的。

同样是赵启光教授，讲过另一则故事（赵启光，2009）：

有一个李先生，他是公司的职员，他工作做得很好，不断在晋升。

有一天，他突然丢了手机，朋友的电话号码都丢了，他在办公室就像热锅上的蚂蚁一样。

下班以后，李先生回到家里，走到自己小区，突然看到门前的小树长成了大树，出了花草。这是怎么回事呢？原来他每天走到家门口的时候都是低头打电话，而忘了欣赏。

这时候他看到门前的清洁工人，他向清洁工人微笑，清洁工人也还他以微笑。

走进了家门，坐在桌旁，吃饭的时候他第一次没有打手机。

这时候他发现，坐在桌子对面的中年妇人是谁呀？头发已经添了一缕灰发，但是依然那样端庄美丽。坐在桌旁的这个小女孩，已经长成了少女。曾几何时，她不在门前跳猴皮筋呢？连地下的狗也觉得非常奇怪，看着这个不打手机的主人，他第一次低下头摸摸他的狗，这时候他突然意识到，自己在一生中放弃了很多东西，没有注意到周围瞬间即逝的美丽。

现在，全家都深情地看着他，连长大的狗都仰望他，好像是一幅伦勃朗的名画。

他说，"你们比一切手机，一切足球赛都珍贵"。他丢了手机，却找回了简朴的美和近在眼前的亲情。只有在这时，他明白了美丽转瞬即逝的道理。

匆匆中也有其美丽，也有其从容。如果说人生是不归之旅，我们不妨从列车上走下来，闻闻两岸的花香，看看天上的蓝天。在珍惜时间的同时，我们要懂得生活中静的美，空灵的美，适时地驻足，给自己三分钟沉浸的时间欣赏生活过程中的美，这样的生活才是全面的、丰富的。

1.2.4 有多少时光可以把握

课堂讨论 1-4 有多少时光可以把握

青春的岁月像条河，岁月的河会唱歌，会唱歌。

一支歌，一支深情的歌；一支拨动着人们心弦的歌。

一支歌,一支深情的歌;幸福和欢乐是那么多。

诶……

青春的岁月像条河,岁月的河会唱歌,会唱歌。

一支歌,一支难以忘怀的歌;

一支歌,一支难以忘怀的歌。

接下来,请给自己、给他人 10 分钟的沉静时间。

请准备一张长条纸用笔将它画成十等份,分别写上 10,20,30,…;最左边的空余部分写上"生"字,最右边的空余部分写上"死";假定现在你个人的生命处于 0～100 岁之间。

下面我出几个问题,请大家按我提的要求去做:

(1) 请问你现在几岁?

　　请把相应的部分从前面撕掉。过去的时光一去不复返,不要有太多的留念与后悔。重要的是现在与将来。所以请把它彻底撕掉、揉掉、扔掉。

(2) 请问你想活到几岁?

　　请从后面把那部分撕掉、揉掉,这也不是你生命的一部分。

(3) 请问你想几岁退休?

　　大部分人正常退休,有人活到老、干到老,有人想提早退休。

　　撕下代表退休以后的部分,放在桌子上,不要扔掉,它属于你未来的一部分。

　　现在剩下的就是你毕业后可以用来打拼,实现人生价值的时间,就剩这么长了。

(4) 请问每天有效工作时间会有多长?

　　① 早上、午饭前、午饭后、下班前:1 小时

- 早上上班,前面的十几分钟,很多时候是在吃早点、闲聊、擦桌子……
- 十点多就想着中午要吃什么,忙活着订餐。
- 十一点多,肚子开始咕咕叫,就等着快餐早点送来。
- 下午刚上班时,脑袋瓜还有点迷糊,提不起神,需要时间缓缓神。
- 下班前半小时,大部分人没什么心思上班了。

　　② 开会汇报、收发邮件、行政杂事:0.5 小时

　　③ 电话或其他打岔:保守估计 1.5 小时

　　(每次打岔 5 分钟重新进入状态 5 分钟)×10＝100 分钟＝1.5 小时

　　如果按照日本学者的统计,因外界打扰而浪费的时间更为惊人。

　　④ 内急、喝水、聊天:0.5 小时

　　⑤ 无用功:保守估计 1 小时

- 这点在软件行业尤为明显。因为需求理解不到位,系统设计纰漏,或者代码编写失误所造成的工作返工触目惊心,甚至会让你几个月的工作辛劳全部打水漂。
- 你的无效工作将浪费他人的劳动,他人的无效工作也会浪费你的劳动。

　　⑥ 一周有效工作时数:最乐观估计 21 小时

- 刨去前述时间耗费,每天的有效工作时间能达到 3.5 小时的就很不错了。
- 软件公司工作强度比较大,经常加班,所以按一周 6 天工作计算。

一周有效工作时数＝3.5 小时／天×6 天＝21 小时
- 其他脑力劳动行业的工作时数一般会比软件行业低。

⑦ 平均每天工作比率＝21/(24×7)＝1/8

(5) 请将剩下来的纸条折成八等份，撕下 7/8，与退休后的纸条并排放在桌子上。

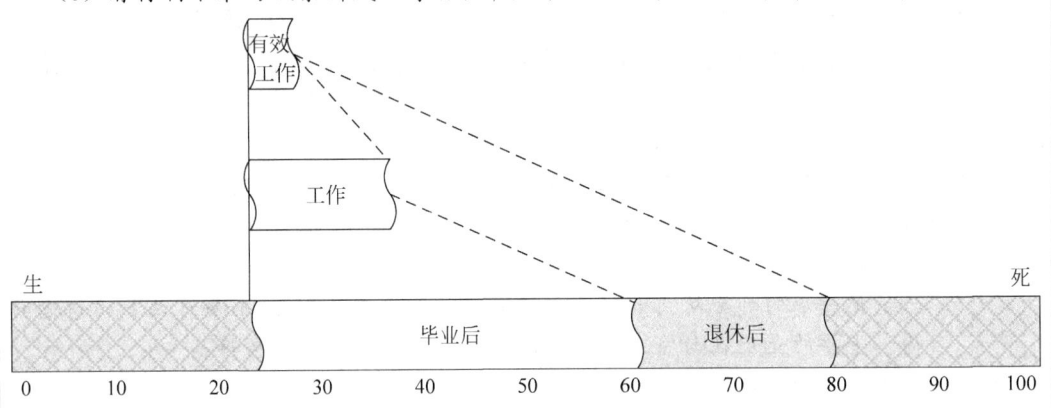

(6) 比比你手中的纸条与桌上的纸条，请你想一想：

① 你要怎样地利用好每天 1/8 的时间，养活自己，养活父母、子女和配偶？

② 请问你现在有何感想，你如何看待你的未来？

③ 如果每天找回半小时，你将多出 15％ 的有效时间，你的世界将会怎样？

生命属于我们只有一次，我们每个人都应该有一个目标，这个目标不一定太高，适合自己的就是最好的。我们每个人都是自己人生的统帅，时间就是你的千军万马。我们每个人，都有能力迎接时间的考验，掌握暂时属于我们的生命之船，在人生长河的惊涛骇浪中，划出一段有声有色的航程。

到你生命的最后关头，你回忆自己的一生，说：“我这一生值了”。那么环绕你的亲人、朋友、医生，都应该为你鼓掌，祝贺你完成了自己的使命，祝贺你成功地管理了自己的时间，祝贺你成功地管理了自己的人生。

——赵启光

1.2.5　二八法则，要事为先

1. 小实验

课堂讨论 1-5　石块、碎石、细沙和水的实验

道具：

铁桶一只，大石头一块，碎石若干，细沙一堆，水一罐。

要求：

想办法，让铁桶尽可能装更多的东西。

提问：

（1）如果请你做这个实验，你将会按怎样顺序把以上物品装进铁桶？

（2）生活中哪些事情是石头？哪些是石块？哪些是细沙？哪些是水？

2. 小调查

课堂讨论 1-6 你活在第几象限？

"二战"盟军司令艾森豪威尔将军为应付战时纷繁事务，争取迅速处理而不贻误，发明了著名的"十字法则"，亦称"艾森豪威尔法则"或"四象限法则"。如图 1-3 所示，画一个"十字"，分成四个象限，分别是Ⅰ重要紧急，Ⅱ重要不紧急，Ⅲ不重要紧急，Ⅳ不重要不紧急，把自己要做的事都放进去。图 1-4 列出了落在Ⅰ、Ⅱ、Ⅲ、Ⅳ四个象限的一些典型事务。

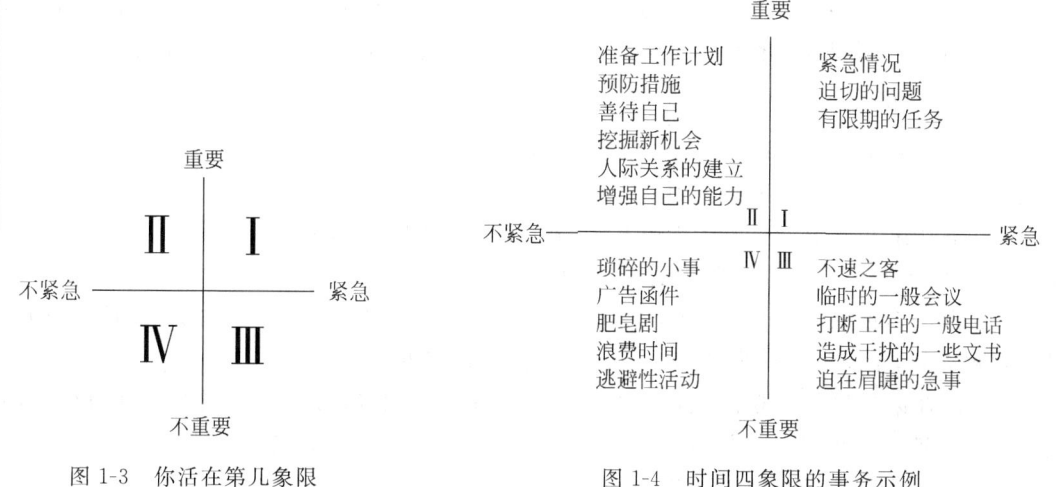

图 1-3 你活在第几象限

图 1-4 时间四象限的事务示例

问 1：石头、石块、细沙、水分别应该装入哪个象限？

问 2：以下五种情况同时发生时，你会先做什么，后做什么？

（1）外面有人按门铃；

（2）家里的电话响；

（3）宝宝在哭；

（4）炉子上的水开了；

（5）开始下雨，刚刚洗好的衣服还挂在外面。

问 3：统计下活在Ⅰ、Ⅱ、Ⅲ、Ⅳ象限的同学分别有多少？

问 4：活在第Ⅱ象限的同学：你是如何活在第Ⅱ象限的？

问 5：诸葛亮活在第几象限？

问 6：Ⅰ、Ⅱ、Ⅲ、Ⅳ象限的事务，分别应该如何应对？

- 重要任务：如果成功完成，对你的使命、价值观、首要目标有重大意义或收益。收益越大，任务也就越重要。

- 紧急任务：如果不能按期完成，它对你或别人的价值会减少甚至消失。你或别人认为有必要立刻处理。

- 发展任务：使你的人生价值增值的事，完成这些任务，你的现状会得到显著改善。例如，职称可以得到提升，住房条件可以改善。
- 维持任务：不得不做的事情，完成这些任务，可维持你的现状。例如，每月要挣够基本的生活费及房租，否则房东就要赶人。
- 重要紧急任务：这是需要跨越 Deadline 的碎石型任务。你别无选择，只有全力以赴，Do it now！从现在就开始做，在规定时限内完成。
- 重要不紧急任务：这是需要花一段时间执行，但不那么紧急的石块型任务。需要未雨绸缪，定出时间表，Do it latter！有计划、有条不紊地进行。
- 紧急不重要任务：这是分散精力、干扰主要任务执行的细沙型事务。你不好闪避，但必须讲求应对的策略，尽量授权别人去做，或者花点时间集中处理这类事。
- 既不紧急又不重要任务：这是耗费你的时间，而没有什么产出的水型事务。你要做的就是考虑下，真的有必要做这些事吗？有空选择性做一些，没空就别做了。

3. 做时间的主人

（1）活在第Ⅰ象限：四面危机，火烧眉毛，屋漏偏逢连夜雨。整天处于高压之下，焦虑不安，频频地拆东墙补西墙，四处救火，疲于奔命，精疲力竭。

（2）活在第Ⅱ象限：生活井井有条，松弛有道，举重若轻，闲庭信步，做时间的主人。能认清发展型的重要事务，做出明确的规划，细水长流，按部就班地稳步推进。

（3）活在第Ⅲ象限：不分轻重，本末倒置，时间掌握在别人手中，自己则沦为时间的奴隶。短视近利，走一步算一步，缺乏自制与判断，被人被事牵着鼻子走。

（4）活在第Ⅳ象限：糊里糊涂，浑浑噩噩，对自己毫无责任感，个人没有任何有效的时间资产。生活得过且过，不招人待见，最终结果往往要依赖他人来收拾残局。

关于时间管理有两个重要的二八法则：

- 20％的关键任务，产生 80％的成效；80％的次要任务，产生 20％的成效。
- 20％的高效时间，产生 80％的成效；80％的低效时间，产生 20％的成效。

所以我们要努力辨识用 20％的努力就可得到 80％成效的任务，集中精力解决少数重要问题，在每天中思维最活跃的时间里做最有挑战和最有创意的工作。

普通人与高效能人士的时间安排有显著差别，见图 1-5 和图 1-6。一般人大都被急事牵着鼻子走，而且更多的是应对不怎么重要的急事。校园里常见到一些人平时不烧香，结果本该置于第Ⅱ象限的英语四六级考试，转到了第Ⅰ象限，最后只能临时抱佛脚，听天由命。

Ⅱ	Ⅰ
15%	25%~30%
2%~3%	50%~60%
Ⅳ	Ⅲ

图 1-5 普通人的时间安排

Ⅱ	Ⅰ
65%~80%	20%~25%
<1%	15%
Ⅳ	Ⅲ

图 1-6 高效能人士的时间安排

4. 学会弹钢琴

永新人（2011）指出各项工作就像一架钢琴的琴键，是一个整体，少了哪个都不行。我们必须学会动用十个指头，轻重有分、缓急有别，才能弹奏出动听的曲子。首先，对自己担负的工作心中要有数，不能有遗漏。其次，要分轻重缓急，抓住主要，照顾次要。主要工作当调动主要力量去抓，但同时又不能忽略其他工作。次要工作并不是不重要，若是忽略了它，就会影响大局，变得十分重要；从缓工作也不是不要去做，若不及时处理，也会干扰大局，变得十分紧急。

现在，我们再看一下诸葛亮活在第几象限。刘备在白帝城托孤，对诸葛亮寄予厚望，希望他能辅佐后主刘禅，匡扶汉室。鞠躬尽瘁，死而后已的诸葛亮，真的尽职尽责了吗？

六出祁山时，司马懿闭门不出，诸葛亮屯兵五丈原，无计可施。诸葛亮派人送了套女人的衣服给司马懿，司马懿一点不生气，反是向来使详细询问了诸葛亮的饮食起居。来使告知，丞相日夜操劳，军中凡四十军棍以上案件必定亲自过问，唯恐有所疏失。司马懿听后，发出感叹，诸葛亮活不长久了。果不其然，没过多久，诸葛亮就辞世了，留下"出师未捷身先死，长使英雄泪满襟"的千古叹息。

对诸葛亮而言，什么才是真正的大事、要事，他的有限精力都用对地方了吗？罔顾刘备生前多次提醒，重用马谡，招致街亭之败；忽视人才培养，以致人才凋零，蜀中无大将；忙于北伐，未能引导刘禅上进，致其陷于声色犬马和小人包围。诸葛亮是个优秀的幕僚，却是个不合格的主事者。全局谋划、整肃朝纲、培养人才、休养生息才应该是诸葛亮的首要任务。

1.2.6 发现时间的主人

子在川上曰："逝者如斯夫，不舍昼夜！"你的时间的主人是谁？是家人、网游、课表，还是同学。在你没有仔细规划自己的时间以前，你的时间是"公共资源"，任何人、任何事都可以随意占用，而你甚至没有感觉。

我们知道，理财之前首先要盘点自己的收入，分析基本开支情况，看看钱都花在哪些方面：哪些该花，哪些不该花，哪些要多花，哪些要少花，然后想办法开源节流。同样地，要管理好时间——这一宝贵的资产，也需要先了解自己的日常开销情况：时间都用在哪了，用对地方了吗，哪个时间段效率高，哪个时间段效率低……

下面大家可以用一周或者再多点的时间，跟踪记录下自己的日常时间开销情况，见表 1-1。在这方面花费的每一分钟，收益将是长期持久的。

表 1-1　你的时间日志

_____年_____月_____日

时间	做什么	地点	效率	完成率	中断说明
6:30					
7:00					
7:30					
⋮					
23:30					

记录下：每天的各个时段你在哪？在做什么？任务完成情况？效率怎样？有没有被打断过？打断过几次？主要原因有哪些？每次占用多少时间？要花多少时间重新进入状态？

课堂讨论 1-7　你的时间都用在哪了

1. 了解你的生物时钟

　　（1）你每天花多少时间睡觉才感到舒适？实际上花多少时间睡觉？

　　（2）一天中哪个时段精力最充沛，反应最敏锐？这段时间一般你在做什么事？

　　（3）一天中什么时候效率最低，反应最迟钝？这段时间一般你在做什么事？

　　（4）你在什么样的环境下工作效率最高？什么样的环境下工作效率最低？

2. 你的时间都用在哪了

　　（1）按周统计你的各项活动每周占用多少小时？

　　（2）每周除睡觉外你的可支配时间有多少？其中，自己支配、自己负责的时间有多少？

　　（3）每周花在课业学习、健身锻炼、兴趣爱好、友情浇灌、社会体验……上的时间是多少？

　　（4）每周花在课业上的有效时间是多少？

　　（5）每天分别花在四象限时间的比例大致是多少？

　　（6）每天有没有给自己一段安静的时间？大致有多长？

　　（7）每天平均花多少时间来计划以后的时间安排？

　　（8）按顺序列出每周占用时间最多的前九项活动。

No	活动内容	时间	No	活动内容	时间	No	活动内容	时间
1			4			7		
2			5			8		
3			6			9		

　　你可以找出更多与你的时间有关的数字。

3. 数字后的反思

　　（1）开始一项工作很难，要拖延很长时间，常常把事情留到最后一分钟才做？

　　（2）是否在不同任务间频繁地切换？或是长时间连续做同样的事，如一整天复习数学？

　　（3）工作起来没有规律，往往在某件事上花费很多时间后又置之不理？

　　（4）有没有做计划？对下一步要做什么是不是很确定？是否能肯定自己会坚持到底？

　　（5）你如何浪费自己的时间？未来有何好方法预防或减少时间的浪费？

　　（6）你如何浪费别人的时间？你浪费了谁的时间？应如何预防不使其发生？

　　（7）哪些活动你现在可以减少、不予考虑或交给别人做？

　　（8）其他人有没有浪费你的时间？未来有没有方法减少或排除其发生？是什么方法？

　　（9）你做的哪些事既重要又紧急？有哪些是因为自己的原因而从第Ⅱ象限跑到第Ⅰ象限？

4. 措施

　　针对目前情况，谈谈你的下一步改进计划，大学的后续时光如何安排？

　　一般来说，浪费时间的主要因素有以下这些，请问你占了其中的几条呢？

□ 目标不明确	□ 缺乏沟通,指示不明确	□ 马拉松式会谈
□ 次序无优先	□ 缺乏自律,情不自禁	□ 会前缺乏准备
□ 不设定期限	□ 生活作息没有规律	□ 过分客套,闲谈过多
□ 常被来电打断	□ 试图一口气做太多事	□ 通信过多
□ 大量会议	□ 对任务缺乏足够了解	□ 过多文书记录
□ 不速之客干扰	□ 惰性严重,漫不经心	□ 什么都想知道
□ 做事拖拉,犹豫不决	□ 缺乏协调和团队精神	□ 等待时间过长
□ 责任和权利混淆	□ 信息不完全不及时	□ 办事急躁,缺乏耐性
□ 不会说"不"	□ 做事不能善始善终	□ 事必躬亲,不懂授权
□ 桌面杂乱,整天找东西	□ 注意力容易被转移	□ 交派下去的工作很少检查

归根结底一句话,你才是自己时间的终极杀手。各种时间浪费,源于价值观不明确的人不知道什么对自己最重要,什么要最先完成,什么一定要去做,什么要自己做,什么可以交给别人做,什么可以不做。

1.2.7　时间管理的方法

1. 时间规划之前

时间规划从你的使命宣言开始,明确自己的价值观,锁定人生的目标。计划之前,不妨先静下心来思考下:如果今年是你生命中的最后一年,你将如何去度过? 如果今天是你生命中的最后一天,你又将如何去度过?

接着想清楚为了达成人生的总目标,需要经过哪些必要的中转,你现在又处在哪个位置。每个中转就是你的一个阶段目标,阶段目标要服从于整体目标。

明确阶段目标后,将其进一步细化,重点考虑接下来一年的安排:

- 我希望一年过去后,身在哪里? 得到什么?
- 这一年中,我要做哪些事情,要什么时候完成?
- 哪些是关键的任务? 需要多少时间,什么样的资源?
- 怎么围绕这些关键任务安排时间?
- 预计有哪些事会干扰下一年计划的执行?
- 一年中哪段时期的时间最充裕、压力最小? 准备如何充分利用这段时间?
- 一年中哪段时期的时间最紧张、压力最大? 准备怎样应对?

对这些问题心中有数以后,你就能自如地安排这一年的时间了。

2. 时间管理的加减乘除

1）加法

找回被隐藏、被遗忘的时间。

（1）擅于利用等候和空档时间

排队、等车、等人、等电梯、上下班的路上等均有空闲时间可以利用。上班的路上,可以简单规划下今天要做的事,脑海中预演一下一些重点工作的细节;下班的路上,则可以稍微回顾一下今天的工作,看看得在哪里,失在哪里。当然,前提是不要错过站。

（2）利用零碎时间

把不愿意做的事分成小段，在做其他事的间隙每次完成一小片，不知不觉做完讨厌的事情。例如，背单词采用短时记忆、多次重复的效果要大大好于长时记忆。

（3）创造时间区

比大家早来一小时，既可以免去路上的拥堵，找到更近的停车位，又可以创造一小时无人干扰的时间做认真的思考。

（4）逆势操作

体检的时候，哪个项目人少，先做哪个项目，不去扎堆，减少排队等候时间。另外条件允许，人多的项目可以先排个号，其他项目检测完再回来。

（5）批量处理

一些零碎的事情或者同类的事情集中起来批量处理，可以节省不少时间。例如，定时收发邮件；跑一趟银行，同时办理多个业务；集中审查客户的需求变更请求。

2）减法

减少无谓浪费，集中于 I、II 象限。

（1）学会授权

紧急不重要的事情，可能的话尽量授权合适的人完成，并对事情的进展予以一定指导、保持适度关注。这样，既可以省下时间做更重要的事，又可以锻炼、培养自己的下属。

（2）学会放弃

不重要不紧急的事，能不做就不做。时间、精力有限的情况下，要懂得舍弃一些相对次要的任务，或者适当降低要求，以确保 20% 关键任务能够产出 80% 优质结果。

（3）学会说不

对别人委托的工作，要量力而为，既是对自己负责，也是对别人负责。否则，不仅浪费自己的时间，也耽误别人的时间。"拒绝"上司不是拒绝服从，不是推卸责任，而是要站在帮助上司解决问题的角度，看看有没有更好的办法，更合适的人选，提升整体绩效。

（4）谢绝打扰

保持自己的工作韵律，对于无意义的打扰要礼貌地中断，多采用打扰性不强的沟通方式。与他人的韵律相协调也是减少干扰的有效方式，如集体生活中保持一致的作息。

（5）5 分钟思考法（TEC）

在小事情上不要犹犹豫豫，反复思考，白白浪费过多时间。1 分钟决定目标和任务，明确要做什么，要达到什么目的；接下来 2 分钟拓展思考，分析各种条件和情境，寻找类似案例，探讨各种可能；最后 2 分钟整理思路，权衡利弊，得出结论，获得结果。

3）乘法

提高工作效率，提高单位产出。

（1）提升业务素质

不断地学习新知识、总结经验教训、改进工作方法、提升业务素质，这是提升工作效率的根本之道。

（2）与生物钟合拍

把你的空余时间按你的效率和外界干扰给予不同分值，把重要的任务安排在效率高、干扰少的时间段。

（3）提高"复种"指数

学会"边走路边嚼口香糖"，同时做几件事。烧水、拖地板、听新闻同时做，边干活，边放松，效率又高。

（4）营造良好工作环境

桌面保持整洁，文件分类存放，定期清理归档，养成物归其所，物归原处的习惯，喜欢的话，还可以伴些轻柔的音乐，这些都有助于集中注意力，保持好心情，提高工作效率。

（5）交叉"轮作"

不同性质的工作以适当的间隔交替进行，让大脑的不同区块交替工作，交替休息，保持工作的兴奋。当你被数学题搅得头昏脑胀时，不妨转换思维学学英语。

4）除法

根除拖延的习惯，移除自己设立的障碍。

（1）任务分成小块

小块任务易于管理控制，易于取得进展，可降低任务难度，减轻畏难情绪，增强自信。

（2）学会列清单

把要做的每件事情，分轻重缓急写下来，长长的工作单，应该能给你带来紧迫感。

（3）设定明确起止时间

防止任务之间互相干扰，防止把事情拖到最后一分钟才做。帕金森定律指出，"你有多少时间完成工作，工作就会自动变成需要那么多时间"。而如果你只有一小时的时间可以做这项工作，你就会更迅速有效地在一小时内做完它。

（4）克服失败恐惧

因缺乏自信，害怕做不好而迟迟不肯动手。这时，不妨有点阿 Q 精神，成败评判的是结果而不是你本人，你不是失败，只是没成功。如果你不喜欢结果，那就调整计划后再来。

（5）转换思维方式

不少人将越难办、越不喜欢的事越往后拖，其实这类事如果回避不了，你应该想："做一件就少一件，做完就再也不用想了，否则总是如鲠在喉"。这样，你就会变得更主动、更乐意去做这件事。

3. 需要日程清单

红绿灯前的等待，是为了更快速、安全地通过路口。如果不约束和控制自己的行为，我们就无法达到人生的目标。

在二八法则，要事为先的基础上，列出每日三件事，见图 1-7。每天在固定时段总结当天的事，计划第二天的安排。第二天用这份表格提示自己，坚持 30 天。建议设立一个小的基金，完成了就奖励下自己，没完成就请好友下顿馆子，既警醒了自己，又联络了感情。坚持这一简单有效的做法，做起事来就会逐渐变得游刃有余。

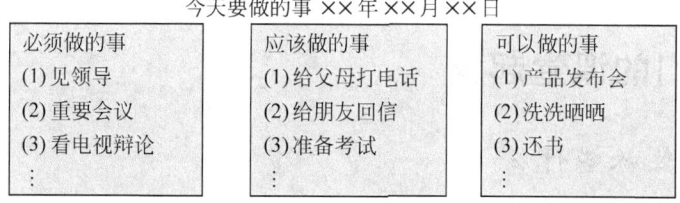

图 1-7 今日三件事示例

时间管理是在帮助你组织时间，而不是加重你的负担。所以要找到适合自己的日程表。

4. 重排五天日程

可将"五天日程"中的任务做个简单归类，当然，也可以有更细致的其他分类。

- 健康：看医生、练球、洗澡、洗晒衣物……
- 亲情：回家、过生日……
- 社交：买礼物、陪老同学、聚餐、请吃饭、修计算机……
- 事业：会议、见领导、准备考试、工作汇报、电视评论、整理材料……
- 金钱：接私活……
- 精神：看演唱会、新书签售……

现在，重新审视这些任务的排序，看看：哪些放在重要的位置？哪些放在次要的位置？哪些无关紧要？这反映了你的价值倾向。

如图 1-8 所示，在周末一对矛盾的活动中，你可以选择陪久违的老同学好好转转、叙叙情谊，你的目标可能是保持友谊、哪怕事业上有些牺牲，你觉得拥有交心的朋友是你最大的满足；你可以选择全力以赴准备周日的工作报告，你的目标是出色完成工作、达成业绩目标，人生只有追求卓越才有价值。

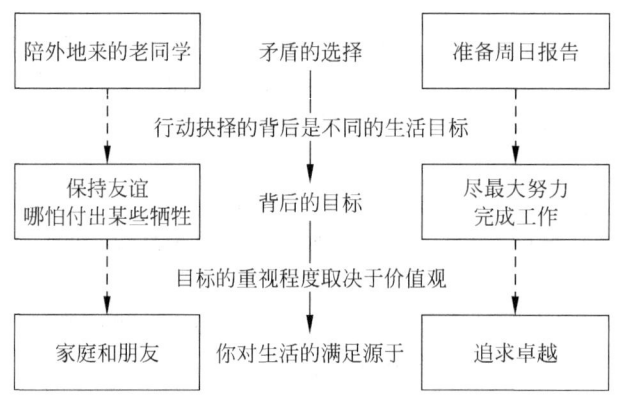

图 1-8　目标重视程度取决于价值观

如果发现排序杂乱无章，那多半是因为没想清楚自己最想要的是什么。这时，你需要一个不受打扰的时间，谛听、回忆、检讨之后，把烦恼写在沙滩上。

生活是多样化的，作为一个和谐健康的人，均衡发展才是正道，要避免单纯地以某一生活重心作为选择的唯一出发点。虽然最后的一些决定是排他性的，但你做出决策的依据与过程，应是"和谐"的，应是综合多方情况，平衡各类目标后的理智决定。

当你想通这些问题后，请按"重要/不重要""紧急/不紧急""发展/维持"对任务进行分类，而后重新排序，看看与之前的排序有何区别。

1.3　从我们的课堂起锚

1.3.1　学校教你些什么

如图 1-9 所示，显而易见的是，通过基础课、专业基础课、专业课以及选修课的学习，可以获取知识,培养专业技能。但是,知识获取与技能培养仅仅是大学教育最低层次的目标。

创新工厂创办者李开复先生,在2011级大学新生学习规划讲座(李开复,2011)中指出:"大学四年,必须要认清你自己,弄清楚自己想要成为一个什么样的人,特别要知道,自己的兴趣在哪里,天赋在哪里。"

学习不能太急功近利,只学"有用、实用"的技能,不学"没用、务虚"的课程,更不能只做应试的机器,为奖学金而学习。各类课程的学习,最重要的作用不是获取知识,而是在于发现你的兴趣所在,发现你的潜能所在。通过选修课程、实习工作、参加社团、网上求知等各种形式,花足够的时间去尝试、寻找自己可能有兴趣的东西。

乔布斯在2005年斯坦福毕业典礼的演讲中,有这样一段话:

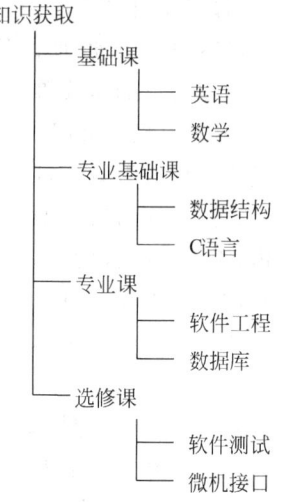

图 1-9　学校给了你什么

"我们的人生面临各种选择,应该追随我们的心……你在憧憬未来时不可能将以前积累的点点滴滴串连起来,你只能在回顾过去时将它们串连起来。所以你必须相信,当前积累的点点滴滴,会在你未来的某一天串连起来。必须相信某些东西——勇气、目的、生命、因缘等,相信它们会串联起你的生命,这会让你更加自信地追随你的心,甚至,这会指引你不走寻常路,使你的生命与众不同。"

那些令你昏昏欲睡的课程,可以让你更早地划掉今后可能的选项;那些可以让你不吃饭、不睡觉,主动学习的课程,前生可能真的与你有某种约定;那些很感兴趣学习,但一时不知道有什么用的课程,就是乔布斯所说的,"这都是人生中积累的点点滴滴,也许未来有一天,你会把这些点点滴滴串联起来"。

"大学之道,在明明德,在亲民,在止于至善"。教育的首要目标是培育健全心智,塑造完善人格,养成正确思维与良好习惯。今天,你所学习的任何知识,在未来的岁月中都将持续加速老化。当你所学的全部知识都忘掉之后,所剩下的那些东西,就是教育的本质。如何做人、如何生活以及思维方式与善恶分辨,这些才是引领你实现圆满人生的真正财富。

课堂学习与之直接相关的比较少,更多的是通过校园综合环境氛围来影响。校风学风对人格心智的养成起着潜移默化的作用,包括老师的言传身教、后勤的生活服务、校园的文体活动、社团的交流讨论、宿舍的集体生活、同学的日常往来。

我们希望通过这门课,能够给各位提供这样一个机会:更好地认识自己,发现自己兴趣所在,启发正确思维,树立沟通协作意识,争取比较全面的发展,以后能少走一些弯路。

1.3.2　课程给你的养分

首先要思考一个问题,**学习的目的是什么**？是启发思维,还是学习技能,还是改善行为。

注重知识的识记,慢待思维的培养,不提应用的背景;注重程式化的解题思路,忽视问题本身的意义。然后以这样的标准,用同一个模子培养学生,来考核、分流我们的学生,扼杀多元化的想法。设想一下:你学了很多知识,掌握了很多技能,但你不知道用在哪里、怎么用，那你只是百度文库的一个小小子集；你有很多想法，知道要做什么，也拟了完美的计划，但却没有付之行动，那你就只是"空谈"。

学习的目的是改善行为，只有学以致用，知识才能产生价值。不妨大声地念下这句绕口令："不是知识没有用，而是你没用！因为你没用，所以你没用！"学习技能、启发思维不是为了成为知识的看管人，而是为了驾驭知识以改善行为。

常规的项目管理课，重点围绕在项目管理的"计划"—"执行"—"反馈"—"改进"的相关知识、工具及模板的体系化介绍上。缺乏项目实践经验的学生，很容易将项目管理理解成简单机械的纸上作业，以为一纸"漂亮"的计划书即是项目管理的全部。

我们的焦点更多地集中在以下方面（见图1-10）：

（1）强调"态度—习惯—责任—纪律"对个人成功、团队成功的决定性影响。

（2）探讨分享做人做事的经验与误区，绕开他人走过的弯路，从别人的成功轨迹中得到启发。

（3）学会如何思考，如何学习，学会认清自己的目标，专注地做事，坚持不懈地做事。

（4）努力实践沟通与协作，懂得宽容，懂得分享，客观看待自己，看待他人。

	态度	习惯	
做人	做事	经验	误区
思考	学习	专注	坚持
沟通	协作	宽容	分享
计划	执行	反馈	改进
	责任	纪律	

图 1-10　课程关注的内容

我们希望这个课程能够成为职场菜鸟的学习营，成为同学间增进了解的联谊会，成为扬帆远行前的起锚地。学期结束之后，同学们能够追随内心的感召，自信满满地唱出"我相信"。

想飞上天，和太阳肩并肩，世界等着我去改变。
想做的梦，从不怕别人看见，在这里我都能实现。
大声欢笑让你我肩并肩，何处不能欢乐无限。
抛开烦恼，勇敢的大步向前，我就站在舞台中间。
我相信我就是我，我相信明天，我相信青春没有地平线。
在日落的海边，在热闹的大街，都是我心中最美的乐园。
我相信自由自在，我相信希望，我相信伸手就能碰到天。
有你在我身边，让生活更新鲜，每一刻都精彩万分。
I do believe!

1.3.3　有你参与更精彩

身在教室里的你，可能有四种心态：

（1）囚徒：课堂的要求让我不自在，如坐针毡，就等着下课铃解放的那一刻。

（2）度假者：左右脑结合的课程挺有趣，权当是枯燥数理课程中场的轻松一刻。

（3）学习者：老师的话是至理名言，我要认真听讲，努力记住，努力按老师说的做。

（4）探索者：老师的话我要想想，什么情况下是对的，什么情况下是不对的。

对于"热爱学习"的好学生，**尤其要谨记的是**：管理学上没有绝对的正确。如图1-11所示，再睿智、再博学的老师，其所讲的内容中，也只是50%基本正确，30%有条件成立，10%

值得推敲,另有 10% 需要打很大的问号。

其实,说话一听就不着边的人,并不可怕;最值得警醒的反倒是 100 句中 99 句对,只有 1 句错的人。因为他之前的 99 句是对的,所以你深信这最后的 1 句也是对的。很多情况下,恰恰是最后错误的这句,使你误入歧途却不察觉。

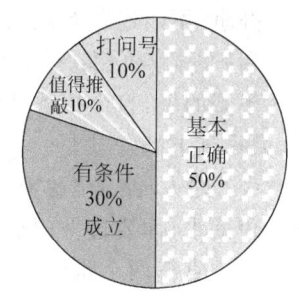

图 1-11　管理没有绝对的正确

所以要努力做"不唯书,不唯上,只唯实"的探索者,在思考感悟中学习,在实践反思中学习。《道德经》有云:"上士闻道,勤而行之;中士闻道,若存若亡;下士闻道,大笑了之,不笑不足以为道。"囚徒? 度假者? 学习者? 探索者? 态度决定一切,既来之则安之。决定权在你的手中,你就是你想成为的那种人。

2009 年 9 月 8 日,奥巴马在阿林顿市中小学开学典礼上,讲过这样一段话:"哪怕我们有最尽职的教师、最好的家长和最优秀的学校,假如你们不去履行自己的责任,那么这一切努力都会白费。除非你每天准时去上学,除非你认真地听老师讲课,除非你把父母、长辈和其他大人们说的话放在心上,除非你肯付出成功所必需的努力,否则这一切都会失去意义……你的生活状况——你的长相、出身、经济条件、家庭氛围,都不是疏忽学业和态度恶劣的借口,这些不是你去跟老师顶嘴、逃课或是辍学的借口,这些不是你不好好读书的借口。"

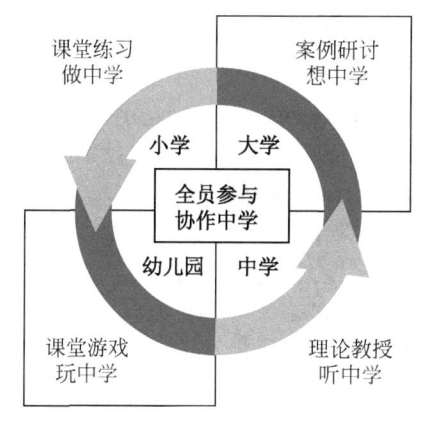

图 1-12　课堂——需要共同完成的项目

如图 1-12 所示,我们的课程本身就是以一个项目的形式展开,是项目管理的一个具体实践。项目经理——老师,项目成员——同学,项目目标——同学们能够喜欢这门课,能够有所收获,能够学以致用。这是个团队协作的项目,离不开每一个你的参与和支持!

我们会在团队互动、集体作业中感受沟通协作的重要性,我们会在教学相长、聆听智者声音中共同成熟,我们会在案例研讨、思维碰撞中擦出智慧的火花,我们会在笔头文章、总结提高中提升自己的认识。需要你的积极参与,需要你的令行禁止。

管理的学习无分课上课下,管理就在身边。管理不是教条,从生活中来,到生活中去,根本的学习之道就是向生活学管理。

1.3.4　别把自己当学生

我们周围常见的大学师生关系有以下几种(邹欣,2008):

(1)阿姨/宝宝:宝宝没有自理能力,自主意识不够,不懂事,常耍小性子;阿姨要小心呵护,哄着捧着,事事关心,步步指导,不厌其烦。

(2)名角/票友:台上的名角要兢兢业业亮出自己的绝活,否则饭碗不保;台下的票友轻松自在,精彩时叫声好,平淡时唠嗑,无聊时打盹,迟到早退无所谓,散场后一拍两散,余音出不了剧场更谈不上绕梁。

(3)老板/员工:学生是很好的廉价资源,老师要好好利用。老师跑路拉活,学生埋头干活,既是学业要求,又能赚点外快。员工领了这份工资,就要替老板创造价值,就要按老板指令办事，不能违背老板意愿，否则没有外快不说，学业也是堪忧。

（4）哥们/哥们：要求高了可以降低，任务重了可以减轻，和和气气一切好商量。没什么大不了的事，打个招呼，睁一眼闭一眼就过去了。你轻松，我轻松，你给我好评，我给你好评，大家日子都好过。

（5）路人/路人：你有你的目的地，我有我的目的地，课堂的短聚是不期的相逢。我要领一份薪水，你要过一门课，匆匆的路人在课堂上擦肩而过。路人甲，"请问鼓楼怎么走"；路人乙，"直行两个路口右拐"。一声"谢谢"后，谁也不认识谁了。

（6）狱警/犯人：狱警严格看管犯人，实行高压管束，时刻提防犯人逾越雷池；犯人则与狱警斗智斗法，一方面夹着尾巴做人、防止被穿小鞋，另一方面又时不时闹事；点名与反点名、抄袭与反抄袭、评价与反评价的场景一幕幕持续上演着。

那么你认为正确的关系应该是以上的哪一种？而你现在又属于哪一种？

李开复（2011）建议大学生们要把大学四年当作成为精英的实习期；要寻找兴趣和天赋，避免成为迷茫困惑的人；要学会学习和思考，避免成为应试机器；要培养情商，避免成为孤独、被动的人；要脚踏实地，避免成为浮躁贪婪的人。学校小社会，社会大学校，这是两个不同而又相似的社会系统。要保有象牙塔里的求真精神、包容精神、自由精神，走出你的象牙塔，勇敢地拥抱社会。

学校区别于社会的最大不同在于，允许学生犯各种各样的错误，见图1-13。从失败中汲取教训，向错误的行为说再见，这本身也是非常有效的学习手段。

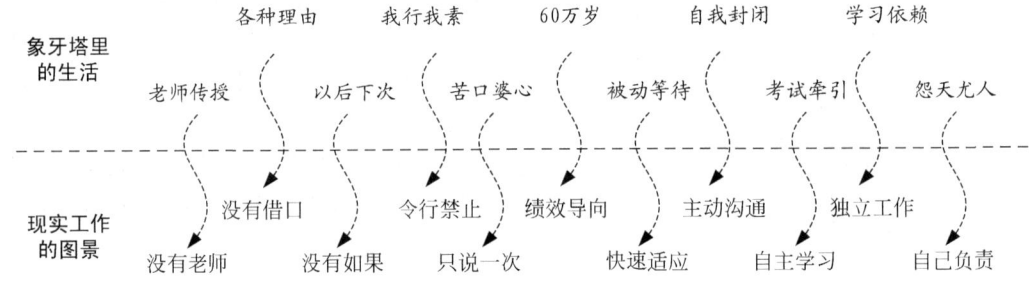

图1-13   走出你的象牙塔

因为年轻允许犯错，因为年轻还有资本犯错。学校里犯错误的代价很小，可以一次次NG（暂停），一次次重来。社会则不同，不经意的一次疏忽，可能造成终身的遗憾。成功人士与一般人士的不同在于"不贰过"：同样的错误不会再犯第二次，可以预见的低级错误不犯，看到别人犯错后不会再犯。因此在高校里，把这辈子你能犯的错误尽量都犯了，未尝不是件好事。

邹欣（2008）认为高校教师与学生关系的最佳类比是教练与学员。教练的职责在于：规划训练方案，灌输健身意识，传授健身方法，发现问题不足，指出改进方向，敲打偷懒学员。学员的职责在于：对自己的健康负责，选择感兴趣的健身项目，根据自身条件，设定合理的健身目标与计划，遵循教练指导，严守计划，坚持健身训练，为自己的健康多流汗。

1.3.5　远行前的准备

"会当凌绝顶,一览众山小"是众多年轻学子心中的梦想。我们也曾在电视中,与勇攀高峰的珠峰勇士们共享登顶一刹那的成功喜悦与万丈豪情。但又有多少人,留意过他们为此付出的努力以及攀登路上经历的一系列生死考验:严寒、狂风、冰缝、雪崩。

斯巴达是古代希腊城邦之一,四面强敌环顾,整个斯巴达就是个管理严格的大军营。斯巴达勇士的战场生存之道便是以比实战更严酷的方式来训练。

父母从小就注意培养男孩子们不爱哭、不挑食、不吵闹、不怕黑暗、不怕孤独的习惯。7岁,即被编入团队过集体的军事生活。他们要求对首领绝对服从,要求增强勇气、体力和残忍性,他们练习跑步、掷铁饼、拳击、击剑和殴斗等。12岁,编入少年队。生活更加严酷,不许穿鞋,无论冬夏只穿一件外衣,睡在草编上。满20岁后,斯巴达男青年正式成为军人。30岁成亲,但每天还要参加军事训练。60岁时退伍,但仍是预备军人。

作为即将步入社会的大学生,你是纸上谈兵不经过训练,毫无实战经验直接上阵;还是用跟实战一样重的武器训练,抑或是用更轻或更重的武器训练。

用比实际工作要求更低的水平训练,只能指望天上掉馅饼,砸到谁算谁。用和实际工作一样的要求训练,等OFFER(录取通知书)等到你心焦。用比实际工作高一倍的要求训练,选OFFER选到你犯难。不用准备、我爹叫阿刚,这是上辈子修的,羡慕也没用。

今天你要做的就是如表1-2所示,由远及近,目标倒推,努力用优秀员工的标准来要求自己。

表1-2　由远及近的目标倒推(吴亚峰,2011)

年　限	目　标	所　需　要　求
5年	项目经理	丰富的开发经验,精深的领域知识,突出的分析能力,到位的管理实践
4年	核心骨干	在公司需要有一定的不可或缺性
3年	小组长	某个领域有丰富的经验,技术能力水平较高
1年	站稳脚跟	掌握主流技术,建立职业自信
学校	一份好工作	成绩中上,肯学习,勤动手,具备一定项目经验

在英国西敏寺的地下室,圣公会主教的墓志铭上刻着这样的一段话:

少年时,意气风发,踌躇满志,当时曾梦想改变世界。

但当我年事渐长,阅历增多,发现自己无力改变世界。于是,我缩小了范围,决定先改变我的国家,可这个目标还是太大了。

接着我步入了中年,无奈之余,我将试图改变的对象锁定在最亲密的家人身上。但天不遂人愿,他们个个还是维持原样。

当我垂垂老矣之时,终于顿悟:我应该先改变自己,用以身作则的方式影响家人。若我能先当家人的榜样,也许下一步就能改善我的国家,再以后,我甚至可能改造整个世界。

为了实现人生的总目标,我们别无他法,唯有接受与生俱来的个别差异(家庭出生、身体特质、成长环境等),努力改造自己,通过修己来修得圆满。明确目标,知道自己为何而来,要到何处去；掌握方法，知道如何去完成，要走哪条路；懂得改善，知道如何做得更好、有没有更快的捷径——这就是人生要做的三件事（曾仕强，2005）。

改变世界从改变自己开始！改变可以改变的自己，改变自己的习惯，改变自己的方法，改变嘴角的线条，以微笑、真诚、平和的态度接纳不可改变的事实（柯维，2010）。

> 你不能控制生命的长度——但可控制生命的宽度和深度！
>
> 你不能左右天气——但可以改变心情！
>
> 你不能改变容貌——但可以展现笑容！
>
> 你不能控制别人——但可以掌握自己！
>
> 你不能预测明天——但可以利用今天！
>
> 你不能要求结果——但可以掌握过程！
>
> 你不能样样顺利——但可以事事尽力！

1.3.6　我们出发吧

人的一生就是你要倾尽全力完成的一个项目！

项目经理：渴望不枉世间走一回的你！

项目目标：心安理得，做最好的自己！

项目范围：生存、安全、社交、尊重、自我实现！

项目时间：你这辈子！

项目成本：赤条条去，时间是你唯一的成本！

项目质量：快乐生活每一天、价值、有尊严！

项目风险：迷失自我！

实施方法：改造自己，修得圆满！

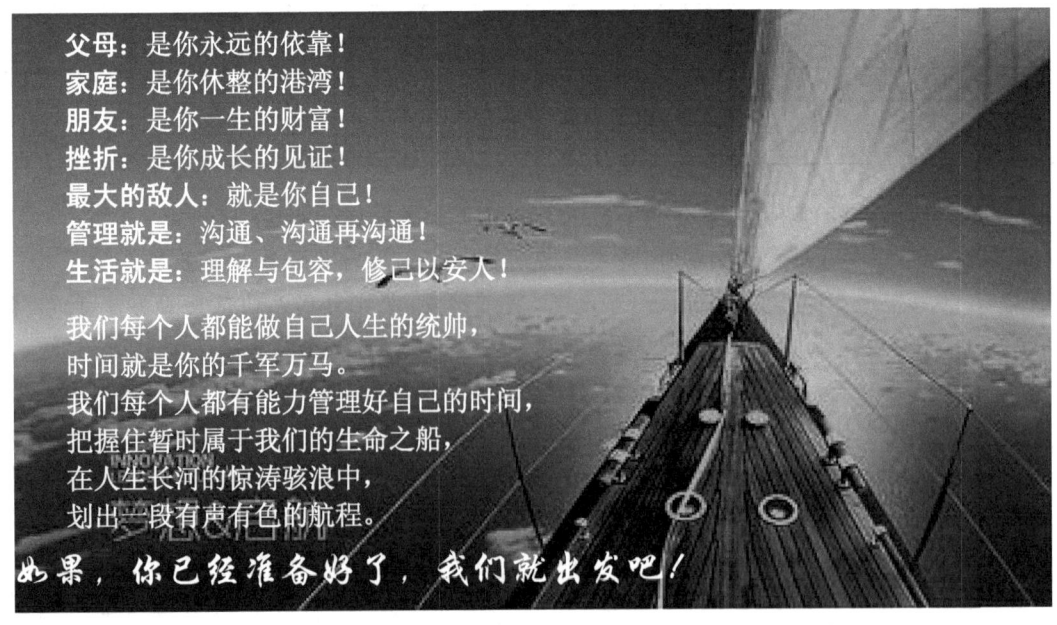

父母：是你永远的依靠！

家庭：是你休整的港湾！

朋友：是你一生的财富！

挫折：是你成长的见证！

最大的敌人：就是你自己！

管理就是：沟通、沟通再沟通！

生活就是：理解与包容，修己以安人！

我们每个人都能做自己人生的统帅，
时间就是你的千军万马。
我们每个人都有能力管理好自己的时间，
把握住暂时属于我们的生命之船，
在人生长河的惊涛骇浪中，
划出一段有声有色的航程。

如果，你已经准备好了，我们就出发吧！

第2章

项目管理入门

不少执著于算法与工具的学子,甚至一些未走出象牙之塔的任课教师,常会有些疑问:为什么要学项目管理?没有踏出象牙之塔的老师能讲好吗?缺乏项目经验的学生能听懂吗?毕竟只有少数人今后会走上管理岗位,那些一心一意只想着踏踏实实搞技术的人,学管理不是在浪费时间吗?

对这些问题的理解,很大程度上影响着老师教什么、怎么教,学生学什么、怎么学。下面,我们一起走进项目管理,探讨这些问题,理解什么是项目,什么是管理,项目管理管什么、怎么管,成功的标准又是什么。希望大家能从中感受到这门课的价值与魅力,从人生的自我管理入手,向生活学管理,努力实现技术与管理的融合。

2.1 为何学管理

2.1.1 管事与管人

管理简单地说就是"管事"+"管人"。事是"死"的,人是"活"的,这就决定了"管事"与"管人"的思路、方法有着天壤之别。

高尔夫球场上的潇洒一击,面对的球洞是死的,只需规划好球的飞行轨迹、找准击球点与击球方向、控制好击球的力度即可。江湖中的单打独斗,对手人是活的,要攻也要防,要用力更要用脑,找准对手破绽给予致命一击。战场上长枪大戟的冲杀,讲究的是总揽大局、排兵布阵、战术配合、令行禁止。

拿破仑曾经说过,三名法国步兵打不过一名彪悍的盎格鲁-撒克逊骑兵,但一千名法国步兵组成的方阵可以轻而易举地抵御三千名盎格鲁-撒克逊骑兵的攻击。法国步兵的制胜之宝就是严密的组织纪律与娴熟的战术配合。

"事"无感情,只受理性的自然规律支配,机械定律、因果定律主宰着客观世界,有因才有果,有果必有因。牛顿的三大定律(惯性定律、加速度定律、作用力-反作用力定律)就完全构筑了日月星辰交相辉映、飞虫鱼兽相伴相生的宏观世界。

"人"是有感情、有情绪的,思维可能是跳跃的。由"人"构成的世界里,有因未必有果,有果未必有因。人与人之间说不清理由的一见钟情与老死不相往来的现象比比皆是。

软件开发是一项逻辑思维密集的工作。一名程序员端坐在计算机前,拼命敲键盘、点鼠标,也许只是在制造一些垃圾代码抑或是在发泄自己的情绪。一名对着屏幕发呆的程序员,他的CPU可能正在满负荷地思考一个问题的最优算法,灵感出现后,是程序的一气呵成。

有一天,如果一名程序员因为失恋或其他原因情绪消沉,比较开明的上级会给他一小段的调整期,让他暂时放下手中比较重要的编程任务,歇一歇或者打打杂做些事务性工作。因为精明的领导知道:这种情况下,那名程序员不大可能写出符合质量要求的程序,他所制造的每一行垃圾代码,不仅会浪费他自己的时间,也会浪费其他程序员的联调时间,影响其他人的工作情绪。

有效的管理是科学和艺术的结合。管理作为一个活动过程,存在一些客观规律和必须遵守的法则,在实践中也需要灵活运用管理知识和技能的技巧和诀窍。

按照儒家的观点,管理就是"修己以安人",做好自我管理,提升自我德行修为,然后才能齐家、治国、平天下。

2.1.2 从技术到管理

软件行业从业人员的职场生涯一般是从程序编码开始。只要你能管好自己、做好份内的事、按时提交符合要求的程序代码,就是一名合格的程序员。

但人总是有个成长过程,总有一部分人会逐步走上各级的管理岗位——"小组长→项目经理→部门经理→公司高管"。这些岗位技术性工作的比重逐渐减少,管理性工作的比重逐渐加大。对技术领域管理者的评价标准不是看他技术水平有多高、解决了多少技术问题、写了多少行代码,而是看他是否能够有效整合各方面的资源、指导督促下属达成绩效指标、实现团队的整体目标。

管理学是一门非严格的社会科学,不存在统一的定理和法则。管理是通过对资源进行计划、组织、协调和控制,以实现预定目标,使他人及组织产生绩效的过程。

从技术到管理的转变就是从"管事"到"管人"的转变,从$1+1\equiv2$的机械思维到$1+1=2$、$1+1>2$、$1+1<2$,只要条件具备,一切皆有可能的人性思维的转变,从力求个人成功到促成团队成功的转变。而对人的管理,更准确地讲是对与相关人员之间关系的管理,这样才会把管理变成良性的互动,而不是区分上下尊卑的命令与服从。

管理有三层境界,《韩非子·八经》中是这样说的:"下君尽己之能,中君尽人之力,上君尽人之智。"

(1)初级的管理者:大部分都是由技术能力突出的技术人员培养而来。因为国内的软件业信奉一条:没有蹲过战壕成不了军事主官,写不好代码难以服众。这些刚刚从技术转入管理的编程大拿们,经常做的事就是自己一个人抱着挺机关枪冲锋陷阵。他们不懂得发挥下属的作用,经常会觉得与其费半天口舌跟下属讲做什么、怎么做,不如甩开膀子自己干更省心。最终的结果往往是管理者个人很努力,但是整个团队很平庸。

(2)一般的管理者:能够根据组织的目标,进行全盘规划,制订详尽的工作计划,将任务分解后下达给下属,对执行过程进行跟踪监控,确保达成既定目标。在这个过程中,下属不参与任务的规划,不清楚为什么要这么做,他们仅仅是为了养家糊口,遵照上级指令,按部就班地交差了事。

(3)成熟的管理者:能巧妙地将组织目标与个体目标达成统一,将合适的人放在合适的岗位上,有效调动下属的主观能动性,充分发挥团队的集体智慧,引导下属主动想尽办法、自主解决问题,共同努力达成团队绩效,实现组织目标。

2.1.3 先做对的事,再把事做对

1. 忙要忙得有意义

三只猎狗追一只土拨鼠,土拨鼠钻进了一个树洞。树洞只有一个出口,可不一会儿,从树洞里钻出一只兔子。兔子飞快地向前跑,并爬上一棵大树。兔子在树上,仓皇中没站稳,掉了下来,砸晕了正仰头看的三只猎狗,最后,兔子终于逃脱了。

故事讲完后,老师问:"这个故事有什么问题吗?"有人说,"兔子不会爬树","一只兔子不可能同时砸晕三只猎狗"。"还有呢?"老师继续问。直到大家再找不出问题,老师才说:

图/朱海波 深圳晚报 2012-12-08

"可是还有一个问题,你们都没有提到,土拨鼠哪里去了?"(黄小平,2003)

在追求人生目标的过程中,我们有时也会被途中的细枝末节和一些毫无意义的琐事分散精力,扰乱视线,以致中途停顿下来,或是走上岔路,而放弃了自己原先追求的目标。

不要忘了时刻提醒自己,土拨鼠哪去了?自己心目中的目标哪去了?

匆匆的脚步、拥堵的路面、繁忙的电梯、堆积的文案、无尽的会议、忐忑的绩效、疲惫的身躯,勾勒了现代都市白领一天忙碌的图景。但是请记住,忙要忙得有意义。忙碌之余,请给自己三分钟的沉静时间,仔细想想:忙忙碌碌的背后,你最初的目标是什么,现今的收获又有几何? 有个成语叫碌碌无为,碌碌就是没有效果的忙碌,无为就是毫无成就、毫无结果。这个成语很精辟地阐释了很多人"茫—盲—忙"的一生。

2. 效果与效率

南辕北辙的故事告诉我们:做任何事都要有正确的努力方向,如果方向反了,付出的努力越多,偏离目标越远。如果马车速度赶上光速,将永远无法到达原定的目的地。

图/陆成法 中国成语故事
上海人民美术出版社 2009

现代管理学之父——彼得·德鲁克(Peter F. Drucker)说过,"世界上最没有效率的工作就是以最高的效率做那些没有用的事情!"所以说选择比努力更重要,要先保证做对的事,再努力把事做对。

管理的目标包含两个视角:一是效果,确定"做什么",做正确的事情,关注目标的正确性,取决于团队的决策力;二是效

率,确定"怎么做",正确高效地做事,关注方法的正确性以及实现目标的代价,取决于团队的执行力。

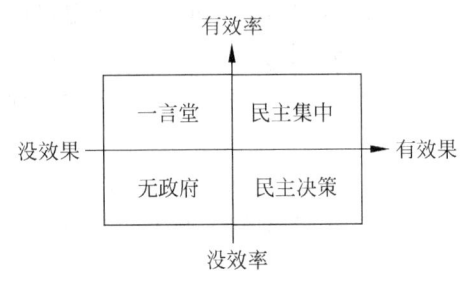

图 2-1　效果目标与效率目标

对于这两个视角的目标如何平衡取舍,我们以图 2-1 来进行说明:

(1) 没效果没效率:低效地做不正确的事情。极端情况就是无政府主义,目标不一致,步调不统一,显然是不可取的。

(2) 有效果有效率:高效地做正确的事情。通过程序的民主透明,减少迷失方向的风险,通过适时的意见集中提高决策的效率。这是每一个卓越团队追求的目标。

(3) 有效果没效率:低效地做正确的事。在方向正确的情况下,只要功夫深,铁杵也能磨成针。民主决策的过程虽然看上去比较低效,但是它能确保不会出现重大的偏差。

(4) 有效率没效果:高效地做不正确的事。极端情况就是一言堂,决策过程不透明,效率很高,但是存在由于决策者失误导致重大损失的巨大风险。

3. 发现问题与解决问题

爱因斯坦说过:"提出一个问题往往比解决一个问题更为重要。因为解决一个问题也许只是一个数学上或实验上的技巧问题。而提出新的问题、新的可能性,从新的角度看旧问题,却需要创造性的想象力,而且标志着科学的真正进步。"

他告诉我们,首先要关注什么是正确的问题,再思考怎样解决问题! 古人云:"学贵有疑,小疑则小进,大疑则大进。""做什么"的困扰解决了,"怎么做"的问题迎刃而解。

今天的学生,虽然接受过体系化的理工科专业训练,但所受教育一直以解决问题为主,对目标的正确性缺乏判断力。他们很少能够独立思考后选定合适的目标,思维习惯是给定目标后快速实现目标,喜欢沉浸在问题解决的过程中,却往往会偏离了真正的目标。

"二战"期间,决定苏德战场命运的是苏联 T34 坦克与德国虎式坦克的对决。虎式坦克的火力与防护远胜对手,但笑到最后的却不是德国人。

T34 坦克:结构简单,消耗钢材少,生产条件要求低,便于大批量生产;可靠性好,容易保养,容易维修;操作简单,拖拉机手经过短期培训即可成为合格的坦克手。

虎式坦克:结构复杂,消耗钢材多,生产条件要求高,不利于大批量生产;可靠性差,保养困难,容易临阵掉链,维修耗时;操作复杂,坦克手补充困难。

正是因为 T34 坦克,可以快速抢修、快速生产、快速补充坦克手,在长期的消耗战中,此消彼长,逐步占据了战场的主动。当初 T34 坦克的设计者,如果没有跳出纯技术的牛角尖,对生产、操作、维修等非技术性目标予以足够的关注,也许历史就要重写。

我们都知道,中国的基础教育非常扎实,学生们对知识性的东西掌握得很好。但是,建国后国内却鲜有世界级的科学大师,这是值得教育界深刻反思的一个问题。

4. 搭得好与搭得快

幼儿园里搭积木是小朋友们童年快乐时光的一部分,也常常泛起东西方教育理念冲突与碰撞的涟漪(李涛,2005)。

(1)传统中式教育:老师会先做个示范,一步步地演示如何搭建一个事先约定的漂亮城堡,然后要求小朋友照葫芦画瓢,依样搭建。这是单一化的价值评判标准,只有那些搭得快又搭得像的才会受到表扬。它关注的是做事的"效率",它告诉学生,凡事皆有标准答案,要不断进行快速寻找标准答案的训练,至于为什么要搭成这样不用费心考虑。久而久之,小孩的创造天性就逐渐地被磨灭扼杀殆尽了。

(2)西式教育:老师没有示范,不做强制性的要求,扔下一堆积木后,让小朋友发挥各自的想象,自由讨论,自由搭建,看谁搭得好。这是多元化的价值评判标准,给小朋友无限的遐想空间,只要表达出自己的想法,人人都可以受到老师的表扬,可以是形象逼真,可以是结构稳固,可以是造型奇特……它关注的是做事的"效果",它告诉学生:这个世界是多彩的,成功没有唯一的标准,要发现自己的才华,用自己的方法实现自己的想法。孩子创造的天性得到了很好的保护与培养。

因此,经受了多年传统中式教育的你我,更要时刻提醒自己:"努力的方向正确吗?"

2.1.4　管理的五个维度

德鲁克对经理人的定义是:"对影响自己绩效的所有人的绩效负责的人。"对自己绩效产生影响的人划分为五类,从这个意义上讲,可以将管理划分为五个维度。

1. 维度1↓↓:向下管理——管理下属和团队

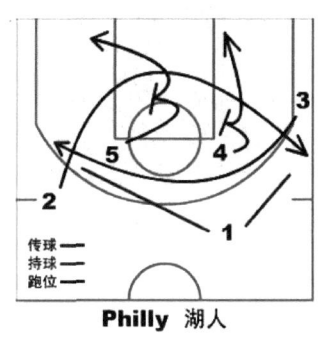

管理者与下属之间不仅仅只是命令与服从的关系,在带领整个团队完成使命、实现超越的过程中,管理者扮演了多种角色。

管理者是**教练**。要根据弟子的特点,制订训练与比赛计划;要分析训练及比赛的录像,发现短板所在,制订因应之策;要根据场上情况,调整人员,指导战术,调节心理;要合理安排训练及比赛强度,保护队员,减少伤病发生,延长职业生涯。

管理者是**队医**。要准确掌握队员的身心状况,进行及时到位的伤病救治与康复训练。

管理者是**裁判**。要有客观的标准,统一的尺度,敏锐的洞察以及果断的裁决。

管理者是运动会的**组织者**。要构筑良好公平的竞技舞台——漂亮的场馆、先进的设备、严密的组织、坚强的保障、优质的服务。

管理者要甘担跑龙套的**小角色**。为赛场中央尽情表现的选手清理场地,维持秩序。

管理者是热情的**观众**。要用掌声肯定选手的每一个精彩超越,要用掌声鼓励怯场的选手,要用掌声告诉失误的选手再来一次没关系。

管理者要努力营造良好的工作氛围,为下属搭建公平、坚实、多彩的舞台,创造学习成长的机会,以展现才华,实现价值。管理者需要充分了解每位下属的个性、能力及关切,鼓励下属参与团队决策,共同确定团队及个人的绩效目标,用人之长、容人之短。

2. 维度 2 ↑↑：向上管理——管理你的上司

这是一般管理者最容易忽视,但恰恰是多维的管理空间中最重要的一维。理由很简单:岗位级别、工作方向、可调配资源、手中权限、绩效考评,很大程度上都取决于上司。你的绩效往往最依赖于上司的绩效。领导的成功就是你的成功,如何帮助自己的上司改善绩效,就是你最重要的工作。

要充分了解上司的工作习惯、长处和短处,帮助他作为一个特定的个体取得成功。要做领导的助手,顾全大局,替领导着想,为领导主动分忧解难,分担责任。另外,要积极主动地向领导汇报工作的进展、面临的机遇、遇到的问题、倾向性的解决方案及需要领导拍板决定的事项,让领导放心地觉得一切尽在其掌控之中。只有领导充分解你的想法,了解你的期待,才能给予业务上及时到位的指导帮助,才能给你足够的授权、足够的政策以及资源上的倾斜。

要敢于给上司布置任务,把上司“拉下水”,一则有些问题必须上司出马才能解决,二则解决问题的过程可以强化上司的权威性,可以促使上司欣然成为团队的第六人。如果你和上司的关系出现问题,组织在绝大多数情况下不会站在你这一边。

3. 维度 3 ⇄：横向管理——管理好同级伙伴

竞争还是合作,朋友还是死敌,同级之间的关系如何相处取决于你自己的认知和行动。

不管是礼貌地问好还是粗鲁地问话,空旷山谷里的回音都会原样奉还。如果你认为竞争大于合作、你有我无、非赢即输,你就会成为深陷古罗马竞技场的角斗士。

但是,如果你能坚持在合作中竞争,远离矛盾和纷争,以对方为主角,推动对方完成绩效,哪怕适当牺牲自己的利益,那么,你的朋友将越来越多,你的机会将越来越多,你的路将越走越宽。给别人空间就是给自己空间,给别人机会就是给自己机会。

图/谭善楚 惠州日报 2011-3-5

多些换位思考,将会减少很多的误解纷争。同级需要帮助的时候主动伸出援手,多做“雪中送炭”的事。论功行赏的时候,记住自己是幸运地身处一个优秀团队之中,成绩是大家共同努力的结果,你只做了自己应该做的事。

4. 维度 4 ↘：向外管理——管理外部客户及利益相关者

合同是跟客户签的,需求是客户提的,上线需要客户同意,验收需要客户认可,回款需要客户点头,因此客户关系管理无论怎么提多重要都不为过。

要站在客户的角度来考虑问题,把自己当作客户的编外人员,分析客户工作中遇到的难点,帮助寻找有效的解决方案,引导客户优化重组业务过程,通过项目团队的工作成果,促成客户绩效持续提升。

另一方面要加强与客户的沟通交流,拉近彼此的距离,建立私人间的良好关系,获取客户上下各方的有力配合支持,争取客户深度参与项目,成为项目团队的一分子。

5. 维度5 ↘↗：向内管理——管好自己,修己才能安人

一个自己都管不好的人,是不可能管好其他人的。管好自己的心,心态平和,气顺了,事就顺了;管好自己的脑,三思而后行,谋定而后动;管好自己的嘴,沉默是金,祸从口出,不要在背后嘀咕;管好自己的手,不该插手的事不要插手,不该伸手的时候不要伸手,应该放手的时候坚决放手;管好自己的脚,不要随便站队,尤其是在内部关系复杂的组织里;位置变了,考虑问题的出发点也要适时转变。

图/张中华 新浪博客

2.1.5　最受欢迎的管理者

在组织中提升最快的管理者,与在组织中业绩最佳的管理者从事的是同样的活动吗?他们日常管理工作的重点一样吗?最有成绩的管理者,会是在组织中提升得最快的人吗?

1. 管理者的4种活动

弗雷德·卢森斯(Fred Luthans)——权变学派的主要代表,他和副手研究了450多位各行各业的管理者后发现,这些管理者都从事以下4种活动:

传统管理:计划、决策和控制。主要行为有制定目标,明确任务,分配任务及资源,安排时间表等;明确问题所在,处理日常危机,决定做什么、如何做;考察工作,监控绩效数据,进行预防性维护工作等。

日常沟通:交流常规信息和处理案头文件。主要行为有:回答常规程序性问题,接收和分派重要信息,传达会议精神,通过电话接受或者发出日常信息,阅读、处理文件、报告等,起草报告、备忘录等,处理一般案头工作。

人力资源管理:激励、奖惩、处理冲突、人员配备和培训。主要行为有:正式的奖金安排,传达赞赏之意,给予奖励,倾听建议,提供团队支持,给予负性的绩效反馈,制订工作描述,面试应聘者,为空职安排人员,澄清工作角色,培训,指导等。

网络联系:社会化活动和与外界交往。主要行为有:与工作无关的闲谈,插科打诨,议论,抱怨,参加政治活动,搞小花招,应对外部相关单位,参加外部会议、公益活动等。

2. 有效管理者 vs. 成功管理者

不同管理者花在这四项活动上的时间和精力显著不同,见图2-2。传统的管理活动对绩效达成、职位升迁,所起作用不大。对内的日常沟通、对外的网络联系,对项目成功有着更为关键的作用。团队内部的沟通交流相较于对外的网络联系更容易些,因为大家有更多的共同利益,同在一条船上,只有心往一处想,力往一处使,船才能往前走。

成功管理者与有效管理者强调的重点不一样,甚至几乎相反。社交和施展政治技巧是在组织中获得更快提升的最重要因素。

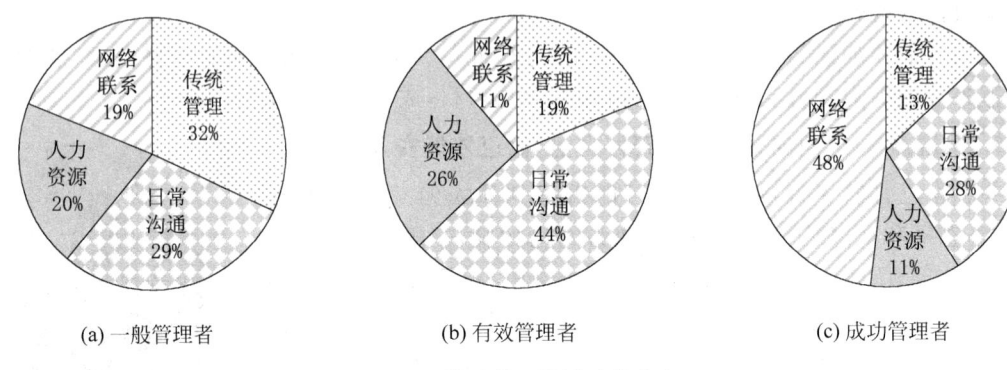

图 2-2   管理者四类活动的分布

1）有效的管理者

用工作成绩的数量和质量以及下级对其满意和承诺的程度作为标志。日常工作主要是和身边的人打交道,广听八方来音、处理案头文件、传递处理信息、解决冲突、提供培训发展项目。相对来说,传统的管理活动比例较少,社交活动最少。

2）成功的管理者

用在组织中晋升的速度作为标志。花费更多的时间和精力在社交活动上,更多地参与到政治活动及与外界接触的活动中,联络感情,发展关系。相对于有效管理者而言,减少了在日常沟通活动上的投入,而花费在传统管理和人力资源管理活动上的时间和精力最少。也就是说,社交活动是成功的关键。

这样的结果多少出乎常人的预料,不管是管理者还是普通一兵都有必要好好思考一下:**企业真正需要的是有效管理者还是成功管理者**?

3. 对外联系的三个任务

成功管理者的对外网络联系主要完成三项任务:管好上级、管好客户、管好合作伙伴。目标正确、要求合理、资源到位、各方配合是项目成功的几个基本要素,上级、客户、合作伙伴对这几个要素起决定性作用,因而对项目的成功、个人的成功举足轻重。

1）管好上级

组织中的各种竞争,某种意义上讲就是资源的竞争与机会的竞争。在组织资源有限的情况下,获取上级政策支持,争取足够的有效资源,是管理者必上的一课。管理者要不断确认任务或管理的目标,汇报任务或项目的真实状态。

部队基层的指挥官,要充分了解上级的战役决心,确保自己的战术行动与战役全局目标保持一致;保持通畅的通信联系,及时汇报部队的当前位置,战场的敌我状况,正在展开的行动,以便总揽全局的指挥部能够运筹帷幄、决胜千里。

2）管好客户

市场为导向,客户为中心。只有与客户保持充分的沟通交流,才能找出客户运营中面临的业务难题,才能搞清客户显式的要求及背后隐含的期望,才能确保努力方向与客户要求一致。进而能够挖掘潜在需求,发现新的市场机会,维系良好合作关系,展开长期的战略合作,共同成长。同时也可以有效构筑市场壁垒,阻滞竞争对手的渗透。

3）管好合作伙伴

合作伙伴可以是组织内的其他项目组、其他部门，也可以是组织外的其他单位。合作伙伴间相互依赖，相互影响。一个好汉三个帮，花花轿子人抬人，你的朋友圈决定了你的位置。是你的助推器还是绊脚石，将极大影响你的工作进展。因此有必要摆好各方利益关系，理顺各方职责，明确各方接口，建立有效的沟通管道，相互交换看法，理解对方的真实意图和目标，掌握彼此的进展情况。

对外网络联系的高手往往能在双方之间建立起工作以外良好的私人关系，而这将成为推动个人职业发展、团队目标达成的良好助推剂。

2.1.6 管理者的角色与技能

管理者是管理行为过程的主体，是具有职位和相应权力的人，是对组织负有一定责任的人。权力只是尽到责任的手段，责任才是管理者真正的象征。如果管理者没有尽到自己的责任，就意味着失职，等于放弃了管理。管理者及其管理技能在组织管理活动中起决定性作用。管理者通过协调和监视其他人的工作来完成组织活动中的目标。

1. 管理者的层级

组织中的管理者自上而下可以划分为三个层级。

（1）高层管理者：对整个组织的活动进行全面管理，为组织确定整体目标、全局战略和运营政策。如总经理、技术总监、销售总监、财务总监等。

（2）中层管理者：负责执行高层管理者制订的政策和计划，监督和协调基层管理者的活动。如财务经理、销售经理、软件开发经理、系统集成经理等。

（3）基层管理者：面向基层作业人员，负责监控和协调基层员工的日常工作，落实作业计划，保证产品或服务质量。如研发主管、测试主管、招聘主管等。

三个层级的管理者统一领导，分级管理，共同保证组织正常运行，实现组织目标。

2. 管理者的角色

亨利·明茨伯格（Henry Mintzberg）是经理角色学派的创始人，他主张不应从管理的各种职能来分析管理，而应把管理者看成各种角色的结合体。他将经理们的工作分为三大类、十种角色，如表 2-1 所示。

每个管理者都或多或少地扮演了这十种角色。这些角色各有特色，但又高度关联。不同层级管理者的角色侧重点又有所不同。管理者无论履行什么管理职能，或在扮演什么管理者角色，都离不开管理沟通。有效率的管理者将自己置于信息网络的中心以便达成有效的沟通，推进工作和任务的完成。

表 2-1 管理者的角色

角　色		描　述	工　作　示　例
人际关系角色	挂名首脑	作为组织代表执行礼仪和社会方面的职责	合同会签，接待访客，出席公司会议
	领导者	激励引导下属，建设组织文化	组织培训、下达任务、表率激励
	联系人	维持与外部联系的社会网络	跨部门协调会、拜访客户负责人、联系供应商

续表

角色		描述	工作示例
信息传递角色	信息监听	及时搜集组织内部和外部的信息	听取下属意见、接受上级指示、了解行业动态
	信息传播	将组织内部和外部的关键信息传递给需要的人	情况通报、面谈、电话交谈、邮件、书面通知
	发言人	向外界发布组织的计划、政策、行动和结果	书面总结、口头汇报、产品宣讲
决策判断角色	企业家	识别和利用市场机遇，领导变革与创新	制订部门发展规划、新产品开发计划
	危机处理者	防患未然、冲突管理、危机公关、应急处置	主持问题分析会、处理重大投诉
	资源分配者	做出或批准组织中的重大决策	人员调度、工作安排、经费分配、时间分配
	谈判者	代表组织与其他各方进行谈判	客户合同谈判、部门利益博弈、部门绩效谈判

3. 管理者的技能

罗伯特·李·卡茨（Robert L. Katz）认为管理者要扮演好这些角色，需要三种技能：

（1）技术技能：娴熟应用专业领域内的知识技术，以完成组织内具体工作。对于基层管理者来说，技术技能是非常重要的，他们要直接处理员工所从事的工作。

（2）人际技能：与人共事，理解别人，激励别人，必须具备良好的人际关系才能实现有效的沟通、激励和授权。

（3）概念技能：对复杂情况进行分析、诊断，进行抽象和概念化，是高级管理者最迫切需要的技能，实质上是一种战略思考及执行的能力。

不同层级的管理者对这三种技能的要求不同，见图 2-3。由低层向高层，技术技能重要性逐渐递减，概念技能重要性逐步增加，人际关系技能重要性区别不十分明显。

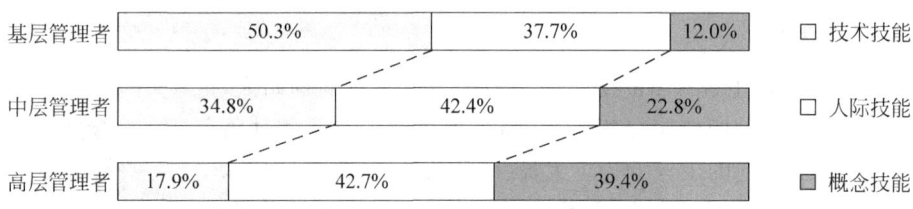

图 2-3　不同层级管理者要求的管理技能

不同规模的组织，对管理者技能的要求也不尽相同。在小型组织中，对高层管理者而言，专业技能可能仍很重要；而大型组织，高层管理者则可借助下属的专业技能。例如，20世纪 90 年代将 IT 巨头 IBM 公司从倒闭边缘拯救回来的是饼干推销出身的郭士纳；而在小的软件公司，一些技术方面的关键问题，往往需要高层领导亲自出手才能解决。

2.1.7　普通一兵的被管理力

俄罗斯总统普京到库尔干州第七中学检查学校建设时，一名女同学问普京，"什么职业最有前景"，普京建议大家选择自己喜欢的职业。他说："如果有人喜欢打鱼，那就当个渔民，自己的未来应当自己把握"。

无独有偶，美国总统奥巴马在弗吉尼亚州阿林顿郡韦克菲尔德高中的开学演讲中提到："你们中的每一个人都会有自己擅长的东西，每一个人都是有用之才，而发现自己的才能是什么，就是你们要对自己担起的责任。教育给你们提供了发现自己才能的机会。"

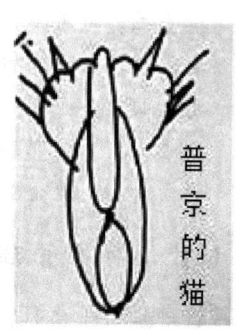

普京的猫

1. 专注于技术没什么不好

做本色演员是职业定位的最高原则，是职业成功的一大秘诀。做本色演员得心应手，容易成功。做非本色演员很辛苦，要改变自己，要付出更多的努力。所以，要进行准确的职业定位，必须既准确了解自己的性格和天赋，又充分了解不同行业和岗位的特点。

态度、技巧、知识三者的交汇处，就是你个人综合能力所在，它表明你有能力做一些事。能做、想做而又需要做的事，是事业的甜蜜区，见图 2-4。甜蜜区内的工作对你而言是种乐趣，你会全身心地投入，并且相对容易获得成功，实现自我的价值。

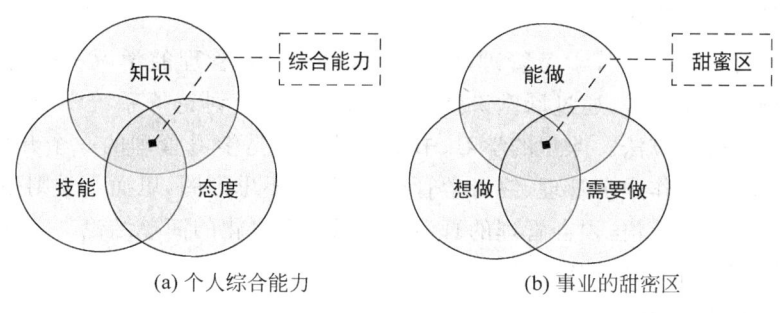

(a) 个人综合能力　　　　(b) 事业的甜蜜区

图 2-4　事业的甜蜜区

如果有些事你很想做，又必须做，但是能力达不到，那你唯一能做的就是加强学习，提高职业素养，不让自己的理想落空。

那些想做、能做，但是不需要做的事，你要认真考虑下时间管理的二八法则，搞清"重要—紧急""发展—维持"的区别，忙要忙得有价值。

那些能做、需要做，但你不想做的事，你需要认真观察自己的周边情势，调整好自己的心态；无可回避的事情，晚做不如早做，潦草应付不如认真对待。

单纯地搞技术，做专业技术领域的专家，过喜欢的简单生活，没什么不好。但国内的很多企业，技术与管理两条成长线不是很清晰，没有为技术人员提供足够的成长空间。不少在专业上颇有建树的人，被硬架到管理的岗位上，以致手足无措，甚至于郁郁寡欢。

2. 每个人都要学会被管理

不是每个人都适合做管理，社会也不需要每个人都做管理者，但每个人都一定被管理。搞清管理者看问题的视角，了解管理者的用人之道，明确管理者的管理要求，理顺同事间的合作共事，更容易成为快乐的普通一兵。

李宇(2013)给职场人员提出一些忠告，"管理，从提高自己的被管理力开始，用智商管理情商。不要坐等企业、老板来安排你、管理你、给予你，而是主动去创造、去管理、去改变。"被管理力有五个要素：

要素一："管理"领导——变革能力和情商结构。

要素二：同事是多面人——变革人脉结构。

要素三：客户和市场是你的老师。

要素四：企业竞争对手是益友——找到前进的参照物。

要素五：管理职场技能。

要素六：发现企业暗力——建立战略和风险思维。

2.1.8　学习管理学的方法

管理是科学也是艺术，没有严格成立的金科玉律，需要因时、因地、因人而异。管理学的学习有别于一般理工科课程的学习。80%的人相信知识就是力量，20%的人相信行动产生力量。李涛(2005)指出管理学的学习不应该是"为学习而学习"，仅仅掌握一些管理知识，并不能产生任何价值，灵活有效地学以致用才是学习的目的，除非你是站在讲台上做纯粹的知识传授。当然没有一定的实践经验，你仍然上不好管理学的课。

1. 学习知识，思考感悟

所谓"三人行必有我师"，学习管理从学习被管理开始，管理的学习不受时间、地点、对象、形式的限制。学生时代，通过课堂讲授、案例研读及交流讨论等系统学习管理学的基本理论，掌握基本思想和方法。课堂的学习、书本的学习仅是学习管理的一个开始，我们提倡的是生活中学管理、工作中学管理、终身学管理。"学而不思则罔，思而不学则殆。"学习的过程中要去伪存真、反思感悟，领会管理的真谛而不只是符号化的简单结论。尤其那些隐性知识的学习主要得益于深入的体察感悟。

2. 实践体验，管好自己

初入职场，你的任务一般是按照上级的指导，遵循要求的规程，执行规定动作，完成既定任务，逐步接受组织的文化。进而做到能够领会上级意图，贯彻上级指示，独立开展工作，成为上级的得力助手。这一阶段的重点是向内管好自己，提升自己的被管理力。在此基础上，横向管好同事，向上管好上级，向外管好伙伴。

有想法更要有行动，行动中培养习惯，好的习惯受益终身，性格从此养成，命运从此改变。在反复的"学习—实践—感悟""再学习—再实践—再感悟"的过程中，书本中的知识，其他人的经验，才能成为自己的知识、自己的经验，成为自己思维和行为的习惯，应用起来才能挥洒自如，你才能从知道应该怎么做，到自然而然那么做。

3. 教育他人，影响他人

管理是使他人产生绩效，使组织产生绩效的过程。当你摸爬滚打多年，颇有心得的时候，就是你可以教育影响后来者的时候。教育影响他人的过程，既是学习管理的目的，也是深化学习，提高认识，提升高度的过程。说服、引导他人的过程，是管理者达成组织目标，实现自我价值的过程。影响你的下属、上级、客户、伙伴，促成他们产生更佳的绩效。

管理学本质上是培养思维和行为的方法习惯。一个正确的习惯需要千百次的简单重复才能形成。好的习惯养成后，你的所有行为和思维都会很自然地选择一种正确的方式。改变他人的习惯，更不是一件容易的事。改变他人，从改变自己开始。团队或组织范围的思维和行为习惯一经形成，将有很大的惯性，将极大影响整个团队或组织的绩效。

2.2 什么是项目

2.2.1 项目的特征

《三国演义》中群英荟萃,斗智斗勇,最出彩的章节莫过于赤壁大战了。周瑜全局战略眼光不够,加上心胸狭窄,就老想给诸葛亮下套以除掉他。"草船借箭"就是其中很经典的一出戏。我们看看两个人的斗智斗法。

江面上作战主要靠弓箭,周瑜借口东吴军中缺乏羽箭,请诸葛亮负责督造羽箭。**督造羽箭工作有明确的任务目标:**十天造十万支箭,贻误军机,军法处置。没有明确的目标,行动就没有方向,就成了盲动,努力越多,资源耗费越多,距离目标可能越远。执行过程中,一般允许审时度势,对目标做适当的调整。

诸葛亮虽知周瑜故意刁难,但督造羽箭有助于孙刘联合抗曹,加之成竹在胸,就立下军令状:何需十天,三天就足够了。

造箭需要工匠、器材,周瑜不给人、不给物,诸葛亮只能求助于鲁肃。对诸葛亮而言,最重要的资源就是鲁肃。鲁肃具有全局战略眼光,认识到孙刘联盟如果破裂,必将被曹操各个击破。鲁肃是东吴的参谋长,具有资源调配的权力:二十条船、六百名军士、青布、稻草、鼓号,听候调用。诸葛亮让人用青布幔子把船蒙起来,扎了一千多个草把子,排在船两边,船上架起鼓号。

所谓"兵无常势,水无常形",**每项军事行动都有其独特的地方,**没有两项军事行动会完全一样。为什么诸葛亮这么有把握?首先,他事前从江中老渔翁那了解到三天内必有大雾;其次,曹操生性多疑,诸葛亮料定曹军大雾天不敢出击;最后,有个难能可贵的鲁肃,从大局出发,瞒着周瑜,为诸葛亮配齐所需的所有人员、物资。这三方面条件缺一不可,可遇而不可求。设想一下:如果周瑜是提前十天给诸葛亮下的套,如果曹军主帅是许褚,如果鲁肃那段时间正好回南郑见孙权不在军营。只要其中有一个如果成立,诸葛亮就会性命不保。

每项军事任务都有一个明确的起点和终点,不是没完没了或重复进行。十万支箭点验完毕,销毁军令状,六百名军士、二十条船交还鲁肃,任务即告结束。草船借箭是一锤子的买卖,打死都不会有第二次的。诸葛亮不会第二次冒险,曹操不会上第二次当。

"草船借箭"是一个典型的项目(Project),诸葛亮是对项目负全责的项目经理(Project Manager,PM)。项目作为一种特殊的活动,具有以下几个特征。

1. 目的性

每个项目都有一个明确的目标。"草船借箭"的目标是三天造十万支羽箭。一个全省集中的呼叫中心项目的目标是:建立覆盖全省的统一的电话服务平台、短信服务平台、互联网服务平台以及大客户服务平台,实现流程自动流转、服务高效便捷、监管实时到位。

2. 一次性

每个项目都有一个明确的开始日期和完成项目的结束日期,没完没了或重复进行的工作不叫项目。时间方面的限定性要求是项目各方异常关注方面。因为是一次性的任务,所以又带有临时性的特点,项目团队是临时组建的,项目目标达成之日,就是团队解散之时。

3. 独特性

每个项目都有其独特的地方,没有两个项目会完全一样,没有完全可以照搬的先例。每个项目的目标、工作内容、资源需求、客户参与、实施团队、实施环境等都不尽相同。项目不能完全程序化,每个项目都会面临新的问题、新的挑战。项目经理对各种问题的处理需要因时、因地、因人而异。

4. 相互依赖性

任务有先后,资源要保证。每个项目都是由一系列相互关联的任务组成的,许多不重复的任务以一定的顺序完成,才能达到项目目标。每个任务的完成需要运用各种不同的资源,如:资金、设备、物资、人员、关系、信息等。领导、同事、客户、下属、伙伴是项目资源库的重要组成部分。

5. 不确定性

项目的特殊性使得人们在项目开始之初一般很难确切划定项目的工作范围,准确估算完成任务所需的时间、成本,完全预见所有可能的项目风险,由此导致初期工作计划制订的困难。随着项目的推进,一些原先不确定的因素慢慢浮现并确定,各方对项目的认识理解逐步清晰并统一,项目风险逐渐下降,项目经理需要与时俱进地对计划进行适时调整。

2.2.2 项目三角形

基于上节对项目特征的总结,我们可以对项目做如下定义:项目是在既定资源和要求的约束下,为实现某种目的,而相互联系的一次性工作任务。

首先,这个定义强调项目的目的性。项目目标包括 4 个方面:

(1)范围目标:要什么?项目要完成的内容是什么?

(2)时间目标:要多快?项目必须在多长时间内完成?

(3)质量目标:要多好?项目交付物需要达到什么样的指标?

(4)成本目标:要多省?项目人、财、物的投入必须控制在什么范围内?

思考:这几个目标中哪些是效果目标?哪些是效率目标?

做得对、做得好是效果目标,做得快、投入少是效率目标。如前所述,效果重于效率,范围、质量优先于时间、成本。问题真的是这么简单吗?软件项目中客户会更关注哪个因素呢?

其次,这个定义强调任务和资源的相互依赖。项目的目标要素间存在某种关联关系,一个要素的变化会引起其他的要素变化,无法寻求所有目标要素同时最优的结果,这就是著名的项目三角形,见图 2-5。项目三角形的三条边分别是时间(Time)、成本(Cost)、质量(Quality),三条边围成的面积代表工作范围(Scope)。其中质量这条边代表的是:由于质量低劣所付出的代价。质量越好这条边越短,质量越差这条边越长。三条边与面积之间存在着很有意思的现象。

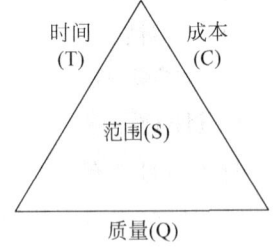

图 2-5 项目三角形

假设你是一个软件项目的负责人,原先合同约定完成 100 个功能,年底上线。项目是年初启动的,五个月后由于某种强力原因,客户要求提前到国庆节前上线,而且是作为一项必须完成的政治任务,你该怎么办?

加班加点，加大投入，是首先想到的办法，见图2-6。

问题是：这样做能否确保提前交付符合质量要求的100个功能，也就是在范围（S）、质量（Q）保持不变的情况下，增大成本（C）这条边，以压缩时间（T）这条边呢？我们知道三角形的面积等于底边乘以高。如果过与质量相对的顶点，画条平行线，当三角形顶点在平行线上滑动时，面积保持不变。

当顶点向左端滑动时，成本边逐渐增大，时间边逐渐减小。增加人员，加班加点，进度可以被压缩，任务可以提前。

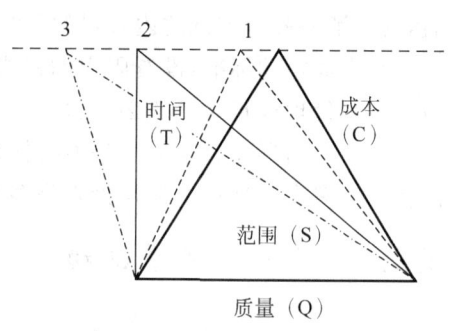

图2-6　加大投入以压缩工期

但时间边的压缩是有限度的，当时间边与三角形的高重合时，进度的压缩达到最小值。进一步地增加人手，加大投入，非但不能加快进度，反而会由于人浮于事、相互观望、效率低下等原因而延后项目。

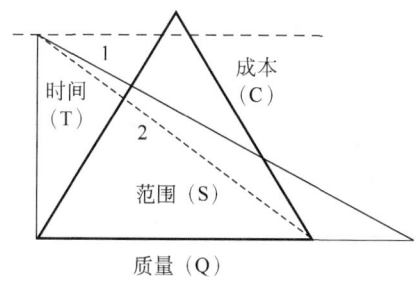

图2-7　范围—工期—质量—成本的妥协

如果由于背负政治性任务等因素，**强行要求进一步压缩工期怎么办**？如图2-7有两个选择：

选择一：保持面积（范围）不动，应该完成的100个功能一个不落；加大投入的同时，加长低劣质量的代价这条边，牺牲一定的项目质量，以确保国庆节前系统上线。

选择二：保持质量不变，加大投入的同时，减小面积（范围），国庆节前先完成影响客户运营的核心功能，其他功能在年底前完成。

对于这两种选择，不能简单地判定对错。

客户可以忍受按时交付的一个有80%功能的符合质量要求的系统，却无法接受一个包含100%功能而质量却很差的系统。客户可以忍受按时交付的核心功能没有大碍但有不少缺陷的系统，却无法忍受大幅延期的项目。交付延迟，意味着客户的业务目标无法按时达成，甚至严重影响客户的业务运营、经济效益、管理效益，这些损失往往要大大超出软件项目本身的投资。软件开发公司也将因此付出额外的开发成本与声誉损失的成本。

美国一个未公开的评估报告显示，17个主要的军方软件合同，没有一个项目按时完成，平均28个月的进度计划推迟了20个月才完成，一个4年应该完成的任务，7年还未提交。所以有负责人说："我宁愿软件有错也不愿被延迟，我们可以在以后纠正错误"（CMUSEI，2001）。

这又使得很多项目经理陷入"前期重进度，后期重质量"或者"前期过于细致，后期草草收尾"的误区。这种前后不一致的情况主要是由于对项目工作量及难度估计不准，对自身研发能力与实施能力认识不足，项目资源规划不科学。前期质量缺陷遗留到后期解决，时间越拖后，代价越大。如果出现大范围返工，将得不偿失。

项目推进的过程，就是项目三角形的四个要素动态调整、动态平衡的过程。软件项目中，时间这一效率目标一般是比较刚性的目标，范围、质量这两个效果目标是与时间相关的弹性目标，成本这一效率目标主要取决于软件开发公司的经营决策。在客户可以忍受的范围与质量前提下，在公司可以承受的代价下，确保按时交付基本可用的系统。系统交付之后,再逐渐补齐应该做的内容,提高软件的质量。

没有固定的标准,没有固定的程式,只有指导性的原则。各方的博弈,火候的拿捏,都是每个项目经理成长路上的必修课。

项目三角形还有其他一些值得探讨的话题,大家可以自己做些思考。例如,零缺陷软件的代价有多大? 项目的最佳投入是多少? 时间越充裕质量一定越好吗?

2.2.3 项目与运营活动

人类有组织的活动可分为两种类型:一类是连续不断、周而复始的活动,称为"运营"(Operation),如公交车的运营、日常教学管理活动;一类就是前面讲述的"项目",如阿波罗登月计划、三峡工程、奥运售票系统等。二者的主要区别见表 2-2。

表 2-2 项目与运营活动的区别

比 较 内 容	项 目	运 营
负责人	项目经理	职能主管
组织体系	临时项目团队	职能式固定组织
时限性	一次性	周而复始
工作性质	独特性	不断重复
运作目标	关注效果	关注效率
运作环境	相对开放和不确定	相对封闭和确定
管理模式	按项目的过程和活动进行管理	按部门职能和直线指挥系统进行管理

特定客户＋特定目标＋一定期限＋一定资源,这才构成项目。

思考:上课、迎新晚会、集体婚礼、申办奥运、系统运行维护、教室卫生保洁、神舟飞船计划及个人健身锻炼这些活动中,哪些是项目? 哪些是运营?

项目活动的一次性、独特性,决定了必须首先关注实现效果,在达成可以接受的效果目标的前提下,再考虑效率,绝对不能因为追求效率而影响了效果。

运营活动是重复性活动,其运营环境相对封闭确定,通过以往多次的重复已经验证其效果达标,因此大多更关注效率,更关注在不断重复时降低实现的代价。

2.2.4 软件项目

1. 软件及软件的特点

IEEE 这样定义软件:软件是计算机程序、规程以及运行计算机系统可能需要的相关文档和数据。软件可以形象化表示为:软件＝程序＋数据＋规程＋文档。其中的"规程"是所求解问题的领域知识和经验,反映了软件要实现的功能,要支持的业务流程。

软件区别于硬件及传统工业产品具有明显不同的特性:

(1) 软件是抽象的逻辑产品,由 0、1 集合表示的交互界面、处理逻辑及数据集合。软件在最终投运之前,谁都没有完全的把握下结论——"鞋子合不合客户的脚"。软件产品的无形性,使得知识及知识产权的管理比较困难,在某种程度上制约了软件业的发展。

(2) 复杂性是软件的本质特性,软件在规模上可能比任何其他人工制品都要复杂。它的复杂性源于应用领域实际问题的复杂性和应用软件技术的复杂性。

（3）软件开发最关键的因素是人，生产过程以创造性思维为主，研发成本远远大于生产成本。软件产品基本上是"定制"的，软件开发至今没有摆脱手工模式。人手不够、人员流失、能力欠缺、没有动力、不负责任、单打独斗都是项目失败的一些常见原因。

（4）软件没有统一的质量标准，软件缺陷检测比较困难。所谓充分完备的测试也只是相对意义上的，无法做到全面彻底。即使经过严格的测试试用，也无法保证软件没有潜在的缺陷，几乎所有的软件系统都是"带病上线"。

（5）计划、监督、控制、管理比较困难。软件涉及的技术更新迅速、需求变化快、时间紧迫，研发工作往往多任务并发、依赖关系复杂、流程繁多且环环相扣，加之个体生产率差异巨大，以致软件项目的进度、成本、质量往往难以准确估计与控制。

（6）软件维护比硬件复杂许多，管理调整、技术进步、应用水平提高都会对软件提出更高的要求。软件维护包括修复缺陷的纠错性维护，增强软件功能、性能的完善性维护，以及因应软硬件环境变化的适应性维护。维护的过程中又可能产生新的缺陷。

（7）受制于很多社会因素，如组织的政治、文化、决策体系、管理方式。

2. 软件行业的现状

20 世纪末曾经有这样一个传闻，比尔·盖茨和通用汽车 CEO 韦尔奇间有个争论。

盖茨在一次计算机博览会上说："如果通用汽车像计算机行业那样跟得上技术发展，我们都将驾驶每加仑行驶 1000 英里的 25 美元的汽车。"

韦尔奇做出回应：如果通用开发了像微软那样的技术，我们今天将驾驶有以下特征的汽车：

- 无论怎样，你的汽车都会毫无理由地一天碰撞两次。
- 每次重划公路交通线时，你都不得不买辆新车。
- 偶尔地，你的车会毫无理由地在高速上熄火，你不得不"再发动"，然后继续驾驶。
- 偶尔地，实施一个控制命令如向左转，会导致你的汽车莫名其妙地熄火，并拒绝再发动，在这种情况下你不得不重装汽车发动机。
- 每次只能有一个人使用这辆汽车，除非买辆"汽车 95"或"汽车 NT"，但那样你将不得不买更多的座位。
- 油、水温和交流发电机的报警灯将被单一的"一般汽车故障"报警灯代替。
- 新座位将迫使每个人有同样大小的臀部。
- 汽囊系统在停止运行前将不断询问"你确定要关闭吗？"
- 偶尔地，你会被汽车拒之门外，除非你在转动钥匙时，同时打开门把手。
- 要求所有买主同时购买一套道路交通图，即使他们不需要也不想要，尝试删除这个选择将立即导致汽车的功能减少 50% 或更多。通用也将变成司法部的调查对象。
- 每购买一款新车，用户将都要从头学驾驶，因为"汽车 2000"控制方式与"汽车 98"大相径庭。
- 你将按开始键，然后关掉发动机。

美国著名的咨询机构 Standish Group 自 1995 年发布第一份 CHAOS 报告以来，近二十年的时间里，对超过 9 万个 IT 项目进行了深入的追踪调查，如图 2-8 所示。他们发现，虽然在过去的 20 年里，IT 项目的成功率总体上有所提升，但 2012 年的报告显示情况依旧不容乐观。能在预算内按时交付规定功能的项目仅占 39%,43% 的项目存在延期、超预算或功能缩水等问题,完工前取消或交付后没有投入使用的项目仍然高达 18%。

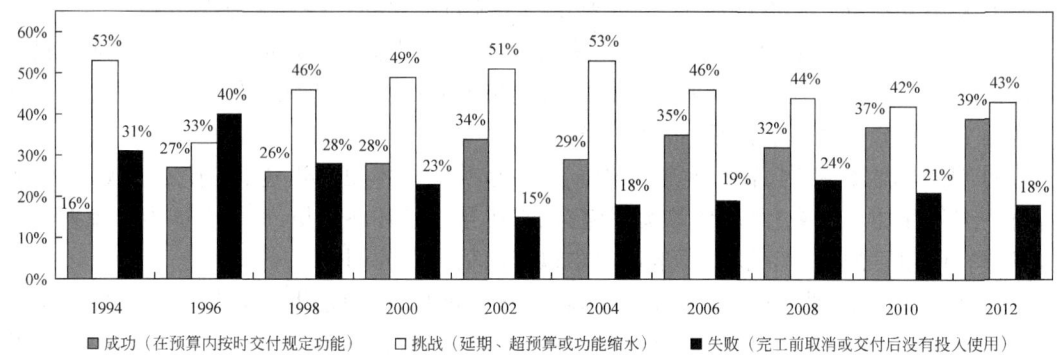

图 2-8　Standish Group 的 CHAOS 报告

国内软件项目状况的数字只会比这更糟糕。不少软件的开发,仅仅是为了验收会上那一个小时的系统演示。验收会后,服务器直接关机,软件系统没有真正投入运行一天。因为在项目立项之初,可能就仅仅是为了把有限的科技项目资金找个名目开支掉,当然谈不上关注软件的可用性、实用性了。

2014 年,美国政府问责署(GAO)审计指出,美国国防部信息技术项目频频出现预算超支、表现不佳和延期的问题。15 个美国军方主要的自动化信息系统(MAIS)中,7 个项目的总成本增长范围从 4%～2233% 不等,12 个项目的时间进度延期从数月到 6 年不等,有 8 个项目的性能数据未能达到预期目标。其原因主要有两点:

- 软件规模与复杂性不断增加;
- 软件管理方法欠缺,手段简陋。

大量实践证明,软件项目的成败,通常是因为管理问题(协同工作的能力),而不是技术上的问题。管理是影响软件项目成功开发的全局性因素,而技术只影响局部。

抛开动机不纯的软件项目之外,提高软件项目成功率的根本解决之道就是《软件工程》课上介绍的合理的开发方法,以及本书讲解的项目管理方法。

3. 软件项目开发的一般过程

图 2-9 是软件开发的一般过程,客户与软件公司在软件项目开发过程中需要紧密配合,各司其职。客户深度参与项目,对确保项目的成功具有非常重要的作用。

(1) 立项可研:客户组织相关方进行立项论证、可研分析,提出项目总体目标及初步需求,同时着手安排资金预算,启动业务转变准备。

(2) 项目招标:客户通过公开招投标或竞争性谈判的方式,确定由哪家公司承接项目。随后双方展开商务谈判,协商工作范围、产品要求、交付要求、付款条件等合同条款。

(3) 项目启动:客户及软件公司确认项目目标,任命项目经理,下达项目任务书,组建项目团队,明确责任分工界面,建立工作流程,正式启动项目。

(4) 需求调研:软件公司进驻现场,在客户通力配合下,通过访谈调研、问卷调查、文档收集、研讨观摩、制作原型等多种手段收集客户各方需求,整理记录用户需求。

(5) 需求分析:软件公司统一各方意见,排定需求优先顺序,展开细致的需求分析工

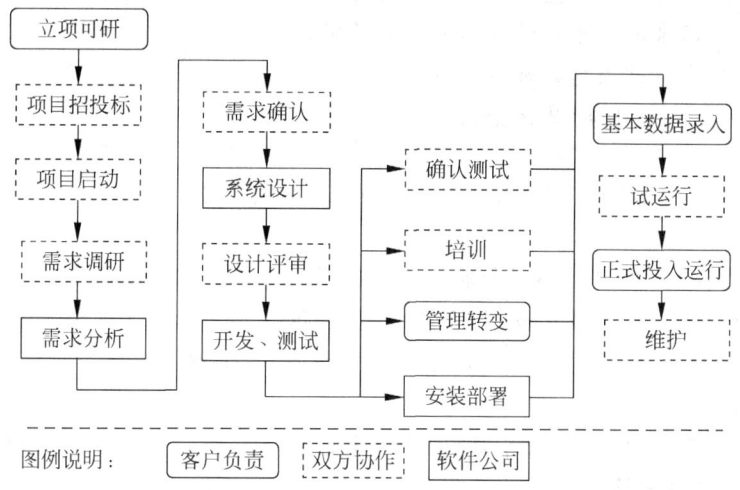

图例说明：[客户负责] [双方协作] [软件公司]

图 2-9　软件开发一般过程

作,形成面向开发人员、严格表述的需求规格说明。

（6）需求确认：双方共同确认后形成需求基线,作为系统分析、设计、开发、测试、验收的主要依据。需求基线一经形成,后续的需求变更,必须经过严格的变更控制程序。

（7）系统设计：软件公司依据需求,展开系统总体设计,确定系统架构、模块划分、关键技术方案,进而展开算法设计、界面设计、数据库设计等工作,编制系统设计说明书。

（8）开发测试：设计评审通过后,软件公司全面铺开编码、测试、培训、部署等工作。复杂项目多采用增量开发,多次迭代的开发过程,静态审查与动态测试相结合以确保质量。

（9）业务转变：与此同时,客户要为系统上线做好业务转变准备,调整组织机构、优化工作流程,并在开发公司的配合下,清理历史档案数据,补充新系统必要的基本数据。

（10）系统上线：割接及试运行,需要双方事前精心组织,明确关键节点、分工界面、应急预案、问题处理机制及版本控制方法等。关键业务系统上线前甚至需要多次演练。

（11）运行维护：系统正式投运后,由常设的联合运维小组负责日常运维工作,包括问题解答、操作指导、报表处理、流程处理、数据处理、缺陷修复以及功能完善与扩展。

2.3　项目管理是残缺的美

2.3.1　路易十世的地牢

课堂讨论 2-1　路易十世的地牢

假设你是路易十世的俘虏。他要给自己的城堡增加大、中、小三个新地牢,让你做一个规划。干得好就释放,干不好你就终生被监禁。

- 小地牢很难设计,要 12 周,但容易建成,1 周即可。
- 中地牢设计要 5 周,施工要 6 周。
- 大地牢设计只要 1 周,但建造要用 9 周。
- 每种地牢必须设计全部完成后才能着手建造。

- 你有远道而来的一个设计师和一个建筑师。
- 设计师不会建造而建筑师不会设计。

问：要建好这三个地牢,你该如何规划?

首先要认真分析地牢建造中的"项目三角形"有什么特点,见图 2-10。

(1) 面积动不了:大、中、小三个地牢一个不能少。

(2) 质量不能差:够大够牢固,没有漏洞,没法越狱。

(3) 成本/资源:人员固定,一个设计师不会建造,一个建筑师不会设计,工作顺序可以调。

(4) 时间:比较灵活,不同方案,时间相差很大。

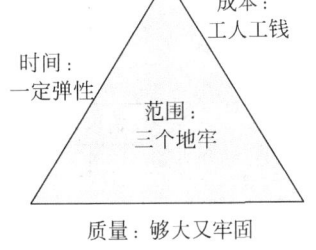

图 2-10 地牢的要求

大方向上有两种思路:

思路一:设计一个建造一个,所有工作串行,时间太长,可以想见无法满足国王要求。

思路二:边设计边建造,设计师、建筑师错开一段时间后并行工作,并行度与任务的先后顺序有关。

1. 方案 1(见图 2-11)

(1) 设计师先设计大地牢,再设计中地牢,最后设计小地牢。

(2) 建筑师在大地牢设计完成后,即可开始大地牢建设。

(3) 大地牢建好后,中地牢正好衔接上,没有任何耽搁。

(4) 中地牢建好后,建筑师没事干,要等两周,等小地牢设计完才能动工。

(5) 只要 19 周就能完成全部工作。

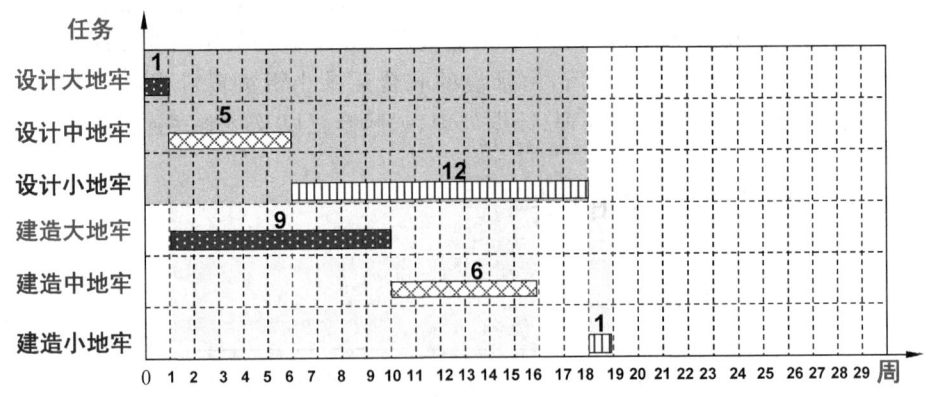

图 2-11 路易十世的地牢方案一

思考:这个方案是最佳方案吗?它存在什么问题?

2. 方案 2(见图 2-12)

(1) 设计师先设计小地牢,再设计大地牢,最后设计中地牢。

(2) 设计师中地牢设计完,就可以走人。

（3）建筑师可以在小地牢设计完成后（第12周末），才来报到开始小地牢建设。

（4）小地牢建好后，大地牢正好衔接上，没有任何耽搁。

（5）大地牢建好后，中地牢也可以衔接上，没有任何耽搁。

（6）总共需要28周的时间。

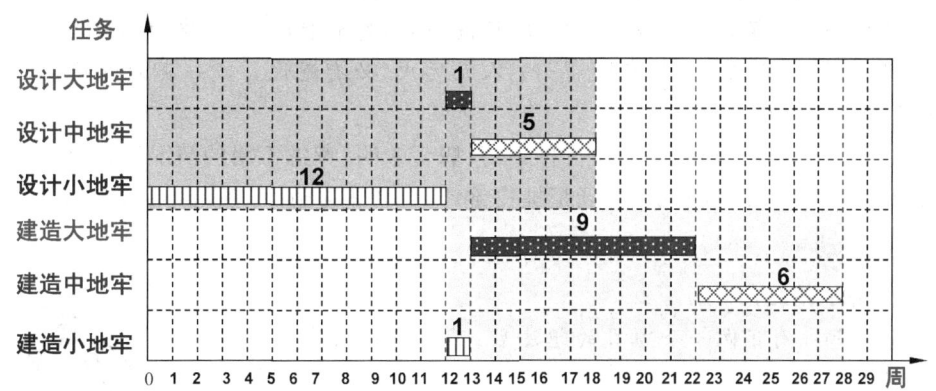

图2-12 路易十世的地牢方案二

思考：这个方案是最佳方案吗？它存在什么问题？

3. 方案3（见图2-13）

（1）设计师先设计中地牢，再设计大地牢，最后设计小地牢。

（2）设计师小地牢设计完，就可以走人。

（3）建筑师可以在中地牢设计完成后（第5周末），才来报到开始中地牢建设。

（4）中地牢建好后，大地牢正好衔接上，没有任何耽搁。

（5）大地牢建好后，小地牢也可以衔接上，没有任何耽搁。

（6）总共需要21周的时间。

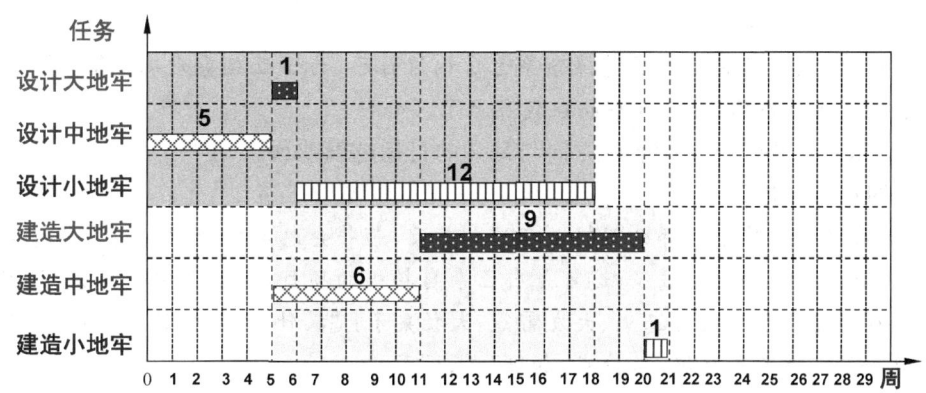

图2-13 路易十世的地牢方案三

思考：这个方案是最佳方案吗？它存在什么问题？

提示：既然这三个方案都有这样那样的问题，那么你觉得应该怎么做才能不吃牢饭？

2.3.2 项目实施的误区

1. 三边行动

项目实践中，有人习惯"边计划、边实施、边修改"，走一步算一步，信奉车到山前必有路。经常见到这样一些场景，"下一步该干什么，还没想好，先干干再说"，"唉哟，忘了这个事了"，"糟糕，期限快到，忙不完了！"俗语说得好：人无远虑，必有近忧。万一真的没路，愚公虽可移山，但项目是不等人的。

造成"三边行动"根本原因是，在目标不清、职责未明、考虑不周的情况下，仓促往下揪细节，导致项目执行中频出意外状况，老是扯皮推诿，常常重复返工，项目不断延期。

2. 六拍运动

1）第一拍：拍脑门

经常有些领导有了做一个项目的想法后，不是组织相关人员严格论证是否可行，而是自己觉得可行就上马项目。"看来这个项目真有的赚啊，赶紧上！"看到别人赚钱，就以为自己也能赚钱。只看到人家台面上赚钱，没看到人家台底下花的功夫。不管具不具备条件，脑袋一热，一哄而上。

拍脑门做决策的做法，从一开始就为项目实施带来了很高的风险和不确定性，为项目的失败埋下了伏笔。

图/谢景豹 大河报 2011-3-5

2）第二拍：拍肩膀

领导拍完脑袋后，为了鼓舞士气，调动项目组成员的积极性，大多会采取一些激励手段，拍拍肩膀："好好干啊，你办事我放心，我相信你们。"

但事实证明，错误的激励往往比没有激励带来的后果还要糟糕！

3）第三拍：拍胸脯

受到领导激励的项目组成员觉得领导这么相信自己，为了让领导放心，总得表个态吧，如拍拍胸脯："我办事你放心，这事包在我身上了。"

盲目的乐观与热情只会让前进方向与最初的目标越偏越远。

4）第四拍：拍桌子

事情往往不像想象中的那么理想。有那么一天，领导会忽然发现项目进展情况与自己的预期相去甚远。领导坐不住了，这可是自己亲自拍板的项目，搞砸了赔钱不说，还弄得颜面俱无，那还得了？于是火冒三丈、大发雷霆，大拍桌子："搞什么搞啊，这么长时间、这么多人，都干嘛去了？要深刻反思、做检查，加班加点！"

出现问题后不妨冷静思考，想办法积极解决。如果只是发泄怒火和不满，结果恐怕会让事情越来越糟。

5）第五拍：拍屁股

受到领导严厉批评后，底下人会发些牢骚："上边动动嘴，下边跑断腿。辛辛苦苦地干，没有功劳也有苦劳。领导自己脑袋瓜发热要上这个项目，现在责任全推到我们身上。"

然后不少人就会"拍屁股"。一种是"明拍"，不干了，直接走人；另一种是"暗拍"，丧失热情,消极怠工。

"暗拍者"对项目组的杀伤力更大,破坏团队工作氛围,打击努力工作者的积极性。

6) 第六拍:拍大腿

五拍之后的项目结果必然令所有人大失所望。这个时候,从决策层到项目经理再到项目组成员,大家都拍大腿:"早知如此,当初就应该……"但大错已就,悔之晚矣。

其实即使"六拍"都出现了也不是最可怕的,最可怕的是拍完了却不吸取教训。

有种说法是同一门炮同一地点射出的炮弹不会落到同一弹坑中。但是实践中,为什么会一次次地事前拍脑袋,事后拍大腿?为什么老是在同一个地方跌倒呢?这些行动的背后,是根深蒂固的思维方式与行为方式。企业的决策方式与行为方式一经形成,会有很大的惯性,不是一朝一夕能改的。

3. 常见的一些问题

- 对客户需求把握不准。
- 缺乏比较切实可行的项目计划。
- 对项目的工作量、工期和成本估算错误。
- 对项目实施绩效没有及时衡量和纠偏。
- 项目成员责任不清晰。
- 项目关键人员不足或出现流失。
- 缺乏行之有效的风险管理。
- 救火式的变更管理,顾此失彼。

2.3.3　项目管理的平衡之道

项目管理知识体系指南(PMBOK)中这样定义:项目管理是为了满足甚至超越项目干系人对项目的需求和期望而将知识、技能、工具和技术应用到项目的活动中去。

这里注意几个关键词:项目干系人、需求和期望。项目管理的目标是:在有限时间、有限人员、有限资源下达到客户期望的相对最优。项目管理是残缺的美,实践中要注意把握三个方面的平衡。

1. 项目干系人间平衡

项目干系人就是能够影响项目进展以及受项目影响的相关人员。不同干系人所处位置不同,他对项目的关注点也不同,甚至是相互矛盾的。比方说:

图/浸水 每日新报 2010-6-3

为加强营业窗口服务品质监管,客户下大力气投资建设服务监管系统,加装摄像头以及屏幕监控软件。领导希望系统管得多一点、细一点,员工却不希望计算机婆婆管得太宽太严。所以在项目建设过程中,员工可能会找各种其他理由消极配合,对系统说三道四,甚至横加指责。客户希望系统功能强大、操作方便、简化工作,软件公司领导则要精打细算,讲求投入产出比。

领导希望员工以公司发展为重,服从公司安排,发扬风格,多做奉献,少谈待遇。团队成员希望工作氛围良好,工作一张一弛,企业注重员工发展,福利待遇优厚。员工家属希望项目组能正常作息,多陪家人,不要频繁加班,不要出长差。

面对各方多样化甚至矛盾的利益诉求,项目经理一是要予以重视,不能有所偏颇。任何不经意间的轻忽,都可能给项目组造成致命的伤害。不少软件开发人员的离职转岗,并不是因为其本人无法承受加班的劳累,而是因为家人无法忍受其长期的不着家。其次不同项目、不同阶段,各方利益诉求的焦点会有所变化,要抓住主要相关方的主要诉求,促成各方达成一定的妥协。一心面面俱到,结果却很可能面面都不到,各方都不满意。

2. 范围、时间、质量、成本之间的平衡

如果大街上有这么一则招聘广告,"工作轻松,没有压力,月入数万。"稍微有点头脑的人都不会相信有这么好的事,一旦有人真的揭榜,可能会付出惨重的代价。

大跃进时代提出的一个响亮口号是:"多快好省地建设社会主义!没有干不到,只有想不到。钢产量1958年要比1957年翻一番!3年赶上英国,5年超过美国。"

要求"以钢为纲",全民炼钢。一时间,全国上下、男女老幼齐上阵,田间垒起小土炉,土法炼钢遍地开花。结果门窗门板荔枝树全部扔进炼钢炉,铁锅铁铲铁农具全都变铁渣,全国损失200亿元。

"多快好省"出发,"少慢差费"结束。"多"是范围目标,"快"是时间目标,"好"是质量问题,"省"是成本问题。

有意思的是"多快好省"目标的提出人,一般不会怀疑自己的正确性,往往以为自己是精打细算的人。不少豆腐渣工程项目的产生,都是因为业主方片面压低招标价格,最低价中标所惹的祸,最后受损失的还是业主自己。

另外一个要注意的是过分追求局部单一指标的最优,往往会造成全局性的被动。

一些信息化比较成熟的行业,如中国移动公司、国家电网公司,他们在一些核心业务领域,一般都有一些比较固定的长期战略合作伙伴,他们知道"多快好省"在信息化建设中是行不通的。核心业务领域,如计费系统,每一秒钟的宕机,都会带来巨大的损失。项目建设之前,他们会邀请这些合作公司共同讨论建设方案,然后以竞争性谈判或邀标的方式,将全国市场分配给这几家公司。

这种做法保持了适度的竞争性,避免了因恶意低价中标带来的经营风险。同时软件厂商因为有了足够的市场空间与利润保障,可以更专注于产品质量与服务品质的提升,业主最终也能从系统的快速交付、稳定运行以及及时的运维响应中长期受益。

3. 明确的需求与隐含的期望间的平衡

所谓明确的需求,就是白纸黑字写在委托开发合同中,表述在需求规格说明书中的要求。项目从需求开始,但是否所有的需求都能被明确表达和定义出来?是否仅仅满足明确表达的需求就可以了呢?

隐含的期望有些是客户认为开发方应该知晓,应该做到的;有些是客户在初期无法形成明确想法并书面表述的;有些虽然是项目要达成的最根本目标,但双方注意力的焦点却长久停留在具体问题的表象上;有些的确是客户由于各种原因,想法发生摇摆。这些逐渐浮现的隐含期望,哪些接受、哪些拒绝、怎么拒绝,项目经理恐怕没那么容易下决心。

热心的中间人为年轻人介绍对象前,一般会问一句,"喜欢什么样的对象? 有什么具体的要求?"这时你会发现,让一个人说自己喜欢什么会谈得比较宽泛,甚至说不出什么,但要问他不喜欢什么他会讲得比较具体。

几经开导之后,年轻人一般会很明确地说出一二三,吞吞吐吐地说上个四五六,接下来嘴巴里舌头打个转把要说的七八九又咽回去了。其中,有些是没想好,有些是不知如何表达,有些是不好意思说。通常相亲的事急不来,不是一两次就能成。在这过程中,择偶标准可能还会发生一定的摇摆,可能会关注一些过日子很实际的问题,可能因为受挫而回归现实,也可能会提出一些不切实际的过高要求。

2.3.4　尴尬的项目经理

1. 前期市场人员过度承诺

软件项目的不确定性,软件需求渐进明细的特点,决定了对客户的过度承诺几乎是必然的事情。加之为挤掉竞争对手,抢下单子,市场人员会将泡泡吹得更大一些。

一是吹嘘方案的强悍,夸大系统的灵活,增加额外的功能。

有些原本没有要求,有些仅是充个花瓶,有些实现代价很大,有些现阶段无法实现。

这些过度的承诺,一方面要耗费相当可观的额外投入,压缩利润空间;另一方面其中的相当部分即使最终实现了对提升客户的认可度也没多大帮助作用,可如果不做,偏偏跟客户的关系又处得不好,那项目回款就将遥遥无期了。

二是不合理地压低报价,没有留够合理的利润空间。

可能的原因,一是投标阶段技术人员跟进不够,二是售前人员的绩效跟签单直接挂钩,同项目回款及项目盈利却没有直接关联。

项目投入一般与合同规模及预期利润相挂钩。利润空间的不足,使得项目投入难以得到保障,团队成员疲于奔命,进度大幅延误,质量无法掌控,客户意见一大堆,项目难以收尾。

2. 公司高层支持不够

公司同时展开的项目可能很多,其中有那么一两个是公司的重点,领导会予以重点关注,调派精兵强将,给予政策资源倾斜,甚至亲自坐镇,直接推动项目的各项工作。参与这些重点项目的员工,技术水平比较高,工作比较有干劲,绩效奖金拿得多。

而你可能不会那么幸运,你负责的项目并不那么重要,大领导可能仅仅只是从周报甚至月报中了解项目的进展,甚至从头到尾,无法腾出一次空档时间听取你的工作汇报。

3. 人员配备不齐整

有经验的人什么时候都是稀缺资源,领导给你的就是张项目经理委任状,一些有待培养的新手菜鸟,好点的再配几杆老枪,而且往往可能是有些配件不大灵光的老枪。如果觉得人手不够,招兵买马的事情需要你自己张罗。

这些临时提出的用人需求从审批到落实可不是件容易的事。软件公司最大的成本是人力成本,人员编制的扩充是很慎重的。要综合考虑公司的业务发展情况来决定是扩编人员还是采用劳务外包或录用实习生的形式来解决短期的人员缺口问题。

用人需求经主管经理、人事部门、分管领导、一把手审批通过后,人事部门发布用人需求、筛选简历、组织笔试面试、确定意向人选、商谈岗位薪资,领导拍板定调,最后试用考察。这中间有很多的变数,要耗费公司相当多的管理成本。应聘者中,有些很能干但与公司的企业文化无法相融或者条件谈不拢,有些项目组觉得还行但其他部门或领导觉得有这样或那样的问题。最后好不容易退而求其次招了几个进来,没多久可能全跑光了。

4. 大姑娘上轿头一回

不少人第一次担任软件项目经理,是由于公司有经验的资深项目经理在忙其他更重要的项目无法抽身,因而被临时赶鸭子上架。这些技术上的熟练工,管理上的新手,多半还没有做好从技术转到管理、从个人管理转到团队管理的准备,缺乏项目运作的经验。

尽管是第一次当项目经理,可公司对他们的要求一点不会低:尽全力把项目做到验收,做到回款,做出利润,做成用户满意并且能够追加新项目(张志,2010)。

2.3.5 猫和老鼠的故事

> **课堂讨论 2-2 猫和老鼠的故事**
>
> Tom 的主人搬进新房,却对房里的老鼠头痛不已。他想了一个奖惩办法:"Tom,你每天必须捉到一只老鼠,若完成任务,就奖一条炸鱼,完成不成任务,就要饿肚子。"
>
> Tom 心想,主人的条件也太苛刻了。每天都要捉一只老鼠,哪有那么多的老鼠可捉?又一想,主人也算大方,捉到一只就奖励一条炸鱼,那炸鱼的味道可比老鼠强得多,于是猫为这条炸鱼伤了脑筋。
>
> 傍晚,它真的捉到了一只老鼠,它和蔼地对老鼠说:"不要怕,我不吃你,请你每天这个时候出来,我叼着你在主人面前遛一圈,你就会分到一块香喷喷的炸鱼。"
>
> 于是,老鼠就每天都配合猫演这场戏,它们每天都得到炸鱼吃。
>
> 问:
>
> (1) 主人的目标是什么?是要猫每天捉一只老鼠吗?
>
> (2) 主人的要求合理吗?主人的考核方法合适吗?
>
> (3) 生活中,你玩过类似的游戏吗?

有位学委曾经大倒苦水:学校规定学委负责班级课堂考勤。最初,她既认真又讲原则,如实上报出勤情况,结果班级出勤情况年级垫底,被辅导员批评说工作没做好。通过观察她发现他们班的出勤情况相对还是比较好的,只是她太"实在"了,辅导员要的只是各班学委上报的数字,并不核查实际的出勤情况。于是,往后点名,她就只是履行下手续,眼盯点名册,听到有人答"到"即认可,不再核实是不是本人。由于之后的出勤情况"大为改观",辅导员对此很"欣慰"。

另外一个让人实在笑不出来的事情是：五四青年节前的一次课，中间休息时，团支书上台在投影上放出《金陵十三钗》的电影海报，然后就看到六七位同学，依次上台，手中拿张纸，摆个大发陈词的Pose，边上有人拍下定格照。一问才知道，上级要求五四青年节要搞团日活动，他们立此存照，以资证明。后来听说，他们的团日活动获表彰了，理由是主题深刻，参与度高，气氛热烈。

2.3.6　项目管理怎么管

项目管理是通过合理地组织、利用一切可以利用的资源，按照计划的成本和进度，完成项目目标的过程。项目管理怎么管，管理实践中有两种意见：

① 结果管理：一切工作以结果为导向，充分发挥团队成员的积极性和创造性。

② 过程管理：对事件进行全过程协调与控制，力求过程可重复，结果可预知。

这两种方法各有利弊，实践中两者应该相辅相成，"善意的过程管理"＋"科学的结果评价"，以目标为导向的同时，注重过程细节的把控。

著名经济学者郎咸平，在泛财经栏目《郎咸平说》中曾对"韩国汽车从业界笑话变为神话"作了专门的分析，他认为真正起作用的是其背后苦心营造的系统工程（郎咸平，2009）。

美国NBC脱口秀主持人雷诺在1990年的节目中曾经这样嘲笑韩国汽车，"我经过两年的研究，终于懂得了韩国人造的现代汽车跟美国有什么不一样。美国人造的汽车要开才会动，韩国人造的汽车要推才会动，而且还是下坡的时候。"全体哄堂大笑。

起步晚于中国，十几年前还被美国人嘲笑的韩国现代汽车，到了2004年，在全世界汽车质量排行榜中已经蹿升至第二名。

郎咸平认为，韩国现代有如此表现，那是因为从20世纪80年代末汉城奥运会开始，韩国的政府、企业、百姓，辛辛苦苦地建立起一套资本密集、高科技产业的必备基础——系统工程。

而中国的大部分企业还停留在中餐馆的水平。为什么到这个餐厅吃饭？因为大厨的手艺好。这个公司为什么做得好？因为领导水平高。这样的中餐馆没有系统工程，不能量产，这个餐馆好吃，开个分店就不好吃。中国产业界不是设计不出先进的发动机，而是缺乏系统工程的支持无法量产好的发动机。

一个大厨炒的菜特别好吃，别人炒都不行，要量产，就要把他炒菜的本领分解成20道流程，一个人切葱花，第2个人切肉丝……第19个人把火开到600度，第20个人炒三下。

这20道工序经过无数次的改进之后，比如第2个人切肉丝切短一点，第19个人火开到700度不要600度，最后一个人炒两下。你会发现最后一定有一次的组合炒出来的菜是一样的难吃或者一样的好吃，这就是麦当劳的水平。

项目管理以目标为导向，要明确目标，计划先行；提倡联合开发，加强沟通，以获取各方的更大支持和更有力协调；要注重团队建设，提升团队水平，提高工作效率；要全程监控项

目的执行,了解影响项目进程的因素,及时采取有效的应对措施,使得项目的各个方面达到平衡,确保项目顺利执行,获得更高层次的成功。

2.3.7 项目成败的标准

如图 2-14 所示,项目的成功标准可划分为三个层次:

1. 初步的成功标准

在客户可以接受的范围与质量前提下,在公司可以承受的代价下,按约定工期交付基本可用的系统。项目成功的标准可以也应该在项目经理引导下,不断地合理妥协。项目经理要不断引导客户接受范围、时间、成本、质量相平衡的现实期望,在预算内按各方合理妥协的结果准时交付承诺成果,交付成果得到客户认可,全数收到项目款项。

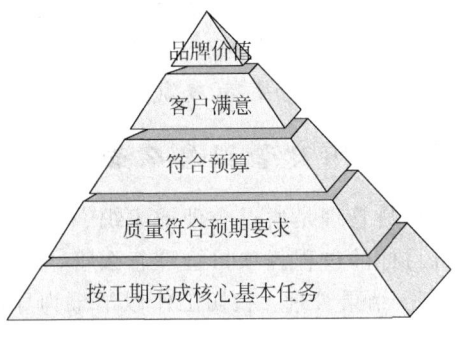

图 2-14 项目成功标准

客户一般对系统的上线时间点卡得比较严,这个时间点上的功能覆盖面以及软件质量则可以协商。从严格意义上讲,任何软件系统都是"带病上线",客户对上线系统质量的接受度通常会有个底线——核心业务必须能够正常开展,同时会要求软件公司后续在规定的时间内完善系统以达到最终的验收标准。

2. 中度成功的标准

系统功能实用、操作简便,客户提升了管理水平,取得了预期的经济效益,项目团队技术服务响应及时,双方合作过程愉快,客户上下各方都感到满意。项目经理以及团队成员与客户相关人员建立起个人友谊。客户因此决定继续追加项目,或者向同行进行推荐。项目团队成员觉得工作有价值,收获不少,有成就感。

3. 高度成功的标准

通过项目的成功实施,公司树立了品牌,培养了队伍,增强了凝聚力,锻造了产品,提升了研发实力,获得了新的增长点,与客户建立起长期的战略合作伙伴关系。客户满意,公司满意,员工满意,家属满意,各方都满意。

2.3.8 西天取经谁的贡献最大

课堂讨论 2-3 西天取经谁的贡献最大

有人说唐僧、孙悟空、猪八戒、沙和尚的西天取经队伍是史上最成功的项目团队。西天取经表彰总结大会上,采用角色扮演方式,各路人物(唐僧、悟空、八戒、沙僧、群妖、大仙、观音、如来)做工作报告,主要内容:

(1) 对西天取经做个整体评价,西天取经成功吗?

(2) 自己在西行路上扮演什么角色,需要什么特质,是否胜任?

(3) 最大的优点是什么?对团队最大的贡献是什么?

(4) 最大的缺点是什么?对团队最大的反作用是什么?

（5）优点/缺点、正作用/反作用是通过什么机制而
　　　和谐共生？

（6）参与项目的动机是什么？主要劫数又是什么？

（7）西游记团队危机解决模式有几种？

（8）谁贡献最大？如果只能派一人去取经，你觉得
　　　应该派谁？

（9）你最欣赏哪一个人物，你自己最像哪一个人物？

（10）西天取经的目的是什么？

（11）何为真经？

（12）历经九九八十一难取得的真经与菩萨直接传
　　　　授有何区别？

　　问：请根据各自小组所扮演的角色，站在该角色的
立场角度回答以上问题。

　　讨论进程可以参考如下安排：八戒陈述、沙和尚陈述、群妖陈述、大仙陈述、悟空陈述、唐僧陈述、师徒互相点评、观音陈述、如来总结、主持发问、课堂小结。讨论设主持1名，在每个角色陈述前后，可以穿插一些针对该角色的小问题，以激发讨论、活跃气氛。

2.3.9　项目管理的发展

1. 起源

　　项目管理的历史源远流长，中国的万里长城、埃及的金字塔、古罗马的供水渠，这些人类历史上的伟大工程，集中体现了古人的坚韧不拔与管理智慧。

　　现代项目管理的概念始于"二战"期间美国陆军的曼哈顿计划。

- 项目目标：赶在战争结束之前造出原子弹；
- 项目领导：莱斯利·理查格·罗夫斯(Leslie Richard Groves)；
- 项目经理：罗伯特·奥本海默(J. Robert Oppenheimer)；
- 项目成本：18亿美元(相当于今天的200亿美元)；
- 项目时间：1942年3月9日～1945年7月15日。

奥本海默原先认为只要6名物理学家、100多名工程技术人员。但到1945年时，发展到拥有2000多名文职研究人员、3000多名军事人员。

曼哈顿计划留下了14亿美元的资产包括：

- 一个具有9000人的洛斯阿拉莫斯核武器实验室；
- 一个具有36 000人、价值9亿美元的铀材料生产工厂和附带的一个实验室；
- 一个具有17 000人、价值3亿多美元的钚材料生产工厂；
- 分布在伯克利和芝加哥等地的实验室。

2. 发展

整个20世纪，见证了现代项目管理从"萌芽"到"成熟"到广泛传播的发展过程。

- 1917 年，Henry Gantt 发明了甘特图。
- 1940 年代，曼哈顿工程将项目管理侧重于计划和协调。
- 1950 年代，美国企业和军方相继开发出 CPM、PERT、GERT 等技术。
- 1960 年代前期，NASA 在阿波罗计划中开发了"矩阵管理技术"。
- 1965 年，国际项目管理协会 IPMA 在欧洲瑞士成立。
- 1969 年，美国项目管理协会 PMI 在美国宾州成立。
- 1984 年，PMI 推出严格的、以考试为依据的专家资质认证制度 PMP。
- 1987 年，PMI 公布 PMBOK 研究报告（并于 1996、2000、2004、2012 年修订）。
- 1997 年，ISO 以 PMBOK 为框架颁布了 ISO10006 项目管理质量标准。
- 1998 年，IPMA 推出 ICB。
- 1999 年，PMP 成为全球第一个获得 ISO9001 认证的认证考试。

我国现代项目管理发展最重要的里程碑是著名科学家华罗庚教授和钱学森教授分别倡导的统筹法和系统工程。

- 1964 年，著名数学家华罗庚从国外引进"统筹法"，其后数十年长期不懈致力于推广普及，取得了巨大的社会效益和经济效益。
- 1980 年代项目管理作为世界银行项目运作的基本管理模式引入中国，在云南鲁布革水电站建设中首次成功应用。
- 1992 年，国家技术监督局正式颁布了网络计划技术标准 GB13400。
- 2000 年，国家外国专家局引进 PMBOK，成为 PMI 在华唯一一家负责 PMP 资格认证考试的组织机构和教育培训机构。

3. 认证考试

为满足各行各业对项目管理人才的迫切需求，"培训＋认证"的培养方式成为一种主流。其中"信息系统项目管理师"属于软考中高级资格考试里面的一项，是含金量比较高的一个认证考试。是否拥有足够数量的通过认证的项目经理，在信息技术企业资质认定，以及很多项目招投标入围资质的审查中都会有要求。

2.4　人月神话的故事

在这个章节的结束向大家隆重推荐一本软件工程领域的经典著作《人月神话》。这是一本值得收藏、值得反复品尝回味的枕边书。

本书内容来自 Frederick P. Brooks, Jr. 在 IBM 公司 SYSTEM/360 和 OS/360 中的项目管理经验，该项目堪称软件开发项目管理的典范。凭借在此项目中的杰出贡献，他与 Bob Evans 和 Erich Bloch 在 1985 年荣获了美国国家技术奖（the National Medal of Technology）。

该书英文原版一经面世，即引起业内人士的强烈反响，后又译为德、法、日、俄、中、韩等多种文字，全球销售数百万册。确立了其在行业内的经典地位。

Brooks博士曾荣获美国计算机领域最具声望的图灵奖桂冠。美国计算机协会(ACM)称赞他"对计算机体系结构、操作系统和软件工程做出了里程碑式的贡献"。

以下简要介绍其中几个章节(布鲁克斯,2007)。

2.4.1 拉布累阿焦油坑

在全书的开篇,Brooks将软件开发团队比喻成深陷焦油坑中的史前巨兽,"一个接一个淹没在焦油坑中。表面上看起来好像没有任何一个单独的问题会导致困难,每个问题都能获得解决,但是当它们相互纠缠和累积在一起的时候,团队的行动就会变得越来越慢。"

如图2-15所示,Frank Chance据此分析过微软公司Windows 2000的研发过程(汪颖,2007)。

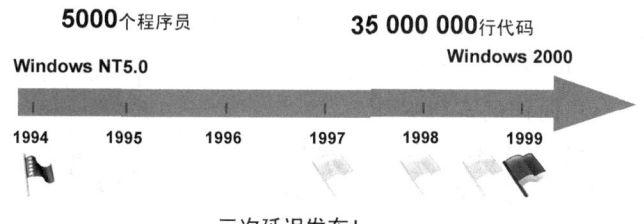

图 2-15 Windows 2000 的开发历程

5000 程序员×5 年=25 000 程序员年

35 000 000 行代码/25 000 程序员年=1400 行/程序员年

1400 行代码/260 工作日=5.38 行/程序员工作日

相信这样的结果一定会让大多数人大跌眼镜,因为今天一个普通在校生的课程实验,都可以轻而易举地写出数百行代码。

如图2-16所示,Brooks认为编写一个大规模的程序系统产品远难于堆砌出单一的程序。开发一个独立的程序仅仅要求开发一个程序系统产品的1/9人力。

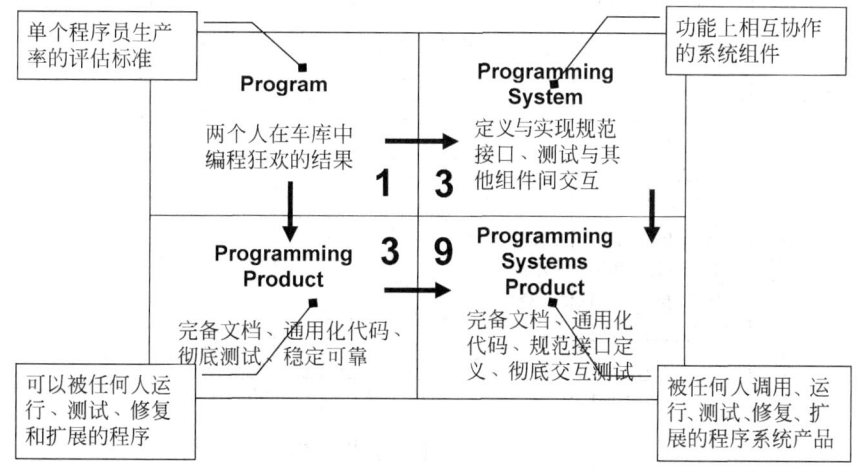

图 2-16 不同类型软件的生产率差别

此外业界发现：平均每个程序员仅能将一半时间用于开发，其他时间由文书工作、会议和其他任务所占据。

> 1400 行代码×9×2＝25 200 行/程序员年
>
> 25 200 行代码/260＝96.9 行/程序员工作日

另外 5000 人团队的协作开发，其中的沟通交流、工作协同的工作量，项目管理的复杂性完全超出一般人的想象。考虑了这些因素之后，微软程序员就非常可敬了。

2.4.2 软件行业没有银弹

在芯片制造业，有个著名的**摩尔定律**：集成电路芯片上所集成的电路数目，每隔 18 个月就翻一番；微处理器的性能每隔 18 个月提高一倍，而价格下降一半；用一个美元所能买到的计算机性能，每隔 18 个月翻两番。

在软件行业是否存在同样的定律呢？

1986 年，Brooks 提出了**"软件行业没有银弹"**的著名论断："没有一种单纯的技术或管理上的进步，能够独立地承诺在十年内大幅度地提高软件的生产率、可靠性和简洁性。"

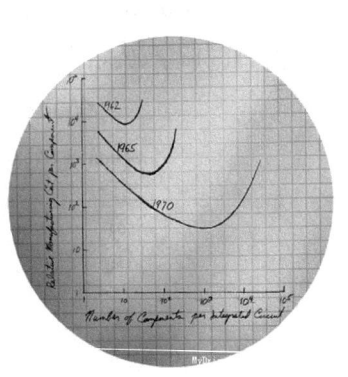

人狼是西方一个古老传说，据说人狼在月圆之夜出来活动，正常人被人狼咬过之后，也会变成人狼，只有银子制造的子弹才能消灭它。除此之外没有什么其他武器可以击毙人狼。

Brooks 认为软件项目具有人狼的特性，常常看似简单明了的东西，却有可能变成一个进度落后、超出预算、存在大量缺陷的怪物。其根本原因在于软件的本质特性：复杂性、一致性、可变性、不可见性。

如图 2-17 所示，Frank Chance 指出，1975 年到 1995 年间的一组数据证实了 Brooks 的另一个假定——程序员的生产力相对是个常量。程序员生产力的小幅提高主要是由于采用了表达能力更强的高级编程语言。软件集成开发环境的改善，也简化了程序员的工作。

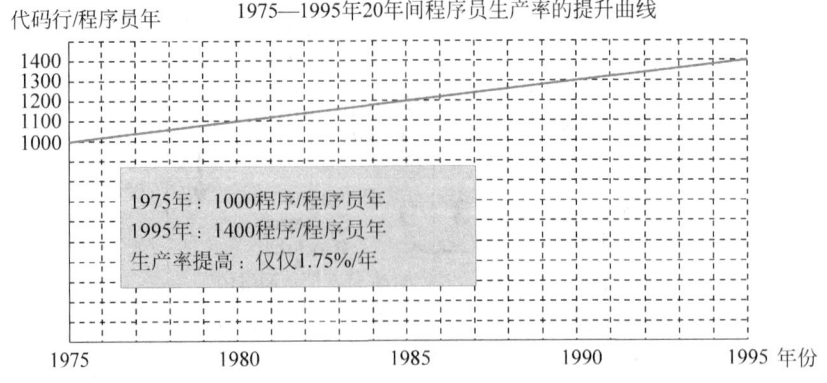

图 2-17　程序员生产率提升曲线

2.4.3 Brooks 法则

Brooks 对"人月"这一概念(所有人员工作时长累计值)进行了探讨,他认为"用人月作为衡量一项工作的规模是危险和带有欺骗性的神话。"《人月神话》的书名由此而来。

Brooks 认为人数和时间不是在任何情况下都能简单地相互替换,示例如图 2-18 所示。

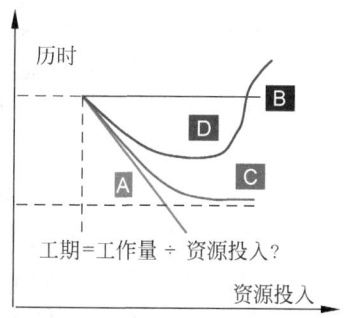

图 2-18 资源投入-工作历时关系

- A——小汤山医院建设会战:不太需要资源之间紧密协作的活动,所需资源数目和活动历时成反比,加倍资源可以减半时间。
- B——女人生小孩:必须十月怀胎,给再多人也没用。
- C——一般软件开发:资源间需要一定协作,并因此而增加额外的工作量;工期随资源增加而减少,但不成反比,存在一个不可压缩的最短工期。
- D——复杂软件开发:资源间高度协作,投入资源越多,协作成本越高;资源间协作成本随资源的增加急剧膨胀,导致工期延长甚至项目失败。

Brooks 认为软件开发是错综复杂关系下的一种实践,沟通、交流的工作量非常大。优秀程序员与普通程序员的生产率可以相差 10 倍。人员增加时,所增加的用于沟通的工作量可能会完全抵消对原有任务分解所产生的作用。

由此导出著名的 Brooks 法则:"向进度落后的项目增加人手,只会使项目更加落后!"

课堂讨论提示

1. 课堂讨论 2-1 路易十世的地牢

方案 1:虽然进度最快,但省时不省钱,需要支付额外的窝工费。

方案 2:虽然费用最省,但省钱不省时,建设周期最长。

方案 3:费用最省,但进度不是最快的。

搞清国王的真实意图是什么,是应该首先考虑的问题。如果国王没有明确指示,最好的方法是:最省时、最省钱、相对均衡的几种方案一起提交给国王,并附上利弊得失与倾向性意见,请国王最后定夺。

作为项目经理应该首先考虑领导对项目的最主要意图是什么,是快速推进项目、尽快资金回笼,还是锻炼队伍、创造新的增长点?前者要求精打细算、速战速决,后者需要精雕细琢,甚至不计成本。如果不明就里,就会栽大跟头。

2. 课堂讨论 2-2 猫和老鼠的故事

过高、不合理的考核目标将使员工放弃努力。

不合理的制度是诱导员工错误行为的根本原因。

形式主义、形而上学的考核方式鼓励员工钻制度的空子。

3. 课堂讨论 2-3 西天取经谁的贡献最大

讨论中，首先必须搞清"西天取经的目的是什么？何为真经？"这两个最核心的问题。然后你就会明白"为什么要历经九九八十一难""为什么菩萨不把经书直接传授给唐僧"、"为什么六耳猕猴不能去取经"。接着依次思考："西行路上的最大困难是什么？为了战胜这些困难，完成取经任务，应该如何构建西天取经的团队？"

菩萨需要的不仅是一位能将经书从十万八千里的西天搬回大唐的"取经人"，更需要一位能够弘扬佛法、普度众生的"传经人"。唐僧精通佛法教义，具备慈悲心肠，意志坚定，百折不挠，正是最佳的"传经人"。只有经历磨难，深切体察人世间的疾苦祸福，才会对经文要义有深刻的理解，取经归来后，才能登堂讲法、教化世人。西天路上降妖伏魔、惩恶扬善的故事，本身就是对佛家思想的最佳传播。

唐三藏是目标明确、坚韧不拔的好领导，孙悟空是技能突出、个性十足的核心骨干，猪八戒是心宽体胖、变通圆润的副手，沙和尚是勤勤恳恳、吃苦耐劳的好员工，群妖制造困难、磨炼了取经人的意志，大仙一路相助，该出手时就出手。

课后思考

2.1 作为基层的普通一兵为什么也要学管理？

2.2 技术人员与管理人员的评价标准有什么不同？

2.3 效果目标与效率目标孰轻孰重？

2.4 有效管理者与成功管理者的工作重心有什么不同？你是如何看待这种不同的？

2.5 不同层级的管理者所扮演的角色及应具备的技能有何区别？

2.6 什么是管理的五个维度？各有什么作用？应该注意些什么？

2.7 管理学的学习应注意什么？

2.8 项目有哪些基本特征？项目与运营活动的区别？

2.9 什么是项目三角形？如何理解各要素之间的关系？

2.10 如何理解项目管理是残缺的美？

2.11 中式小餐馆与麦当劳连锁店在管理模式上有什么差距？

2.12 项目成功的标准是什么？

2.13 西天取经谁的贡献最大？为什么？

2.14 如何理解"向落后的项目增加人手只会使进度更加落后"？

2.15 观看《张艺谋的 2008》，体验 2008 北京奥运开幕式导演团队的整体项目运作。

第3章

项目过程管理

以法约尔、孔茨为代表的过程管理学派,从过程的角度研究管理活动,定义出某一领域中管理活动所应包括的基本过程,确定一些基础性原理,作为实践者的参考与指南。

软件质量之父——汉弗莱(Watts S. Humphrey)首先将过程管理思想引入到软件开发中,他认为,"为了解决软件的问题,首要的步骤是将整个软件开发任务看作是一个可控的、可度量的以及可改进的过程"。

软件项目失败的主要原因几乎与技术和工具没有太大关系,更多的是项目过程紊乱。汉弗莱认为,好的软件过程产生好的软件产品,通过持续改进软件过程的质量,就可以持续改进软件产品的质量。

3.1 生命周期

世间万物有生有灭,有其孕育、成长、成熟、衰亡的生命周期过程;任何事情也都有始有终,有其发生、发展、高潮、消退的生命周期过程。同样地,项目以及项目的产出物(产品/服务/成果,以下以产品指代)也有其特定的生命周期。产品生命周期与项目生命周期,二者既有区别,又有密不可分的关联。

3.1.1 产品生命周期

一般地,软件产品生命周期要经历产品构想、产品开发、运行维护、产品退出这些阶段,见图 3-1。对于通用型软件而言,其生命周期还要反映市场规划、市场开发、市场增长、市场成熟、市场退出的全过程(虚线框)。产品的市场推广与运行维护相伴而行。升级换代中,还要反复演绎"构想—开发—运维—退出"的过程。

下面重点对"产品开发"阶段进行进一步的细分。通常有以下两种分类方式。

1. 用软件产品开发中相关的事来划分

如图 3-2 所示,以不同性质的开发活动作为阶段划分的依据,有明显的局限性,只能适

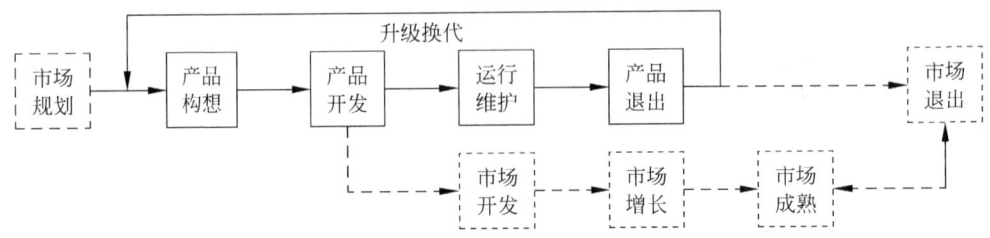

图 3-1   软件产品全寿命周期

用于需求非常明确的产品。因为软件开发的各类活动：

（1）并非严格意义上的串行。例如，软件测试的执行是在代码编写完成之后，但是软件测试的方案设计、用例设计则是在需求分析之后即可着手展开。

（2）并非泾渭分明、戛然而止。软件需求是渐进明细的过程，抽丝剥茧的需求分析与确认很可能是个长期甚至横跨整个产品生命周期的过程。

（3）大多是交错展开，并行推进而又往复进行的。在每个时间段，实际上是同时展开着多种软件开发活动。

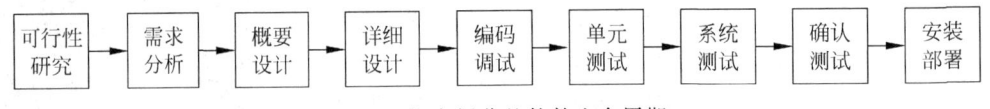

图 3-2   依事划分的软件生命周期

2. 用软件产品的成熟过程来划分

以统一软件过程（Rational Unified Process，RUP）为代表，将产品开发阶段划分为"初始—细化—构造—移交"四个线性展开、无法跳跃的基本阶段，见图 3-3。

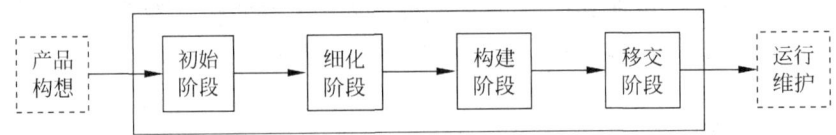

图 3-3   按成长历程划分的软件生命周期

这是软件生命周期最本质、最稳定的划分形式，反映了软件从"孕育"到"成长"再到"成熟"的基本过程。它将阶段划分与每个阶段要做的事情区分开。每个阶段可以背负多个使命，开展多项活动。活动之间有其内在逻辑关联，每个活动可以横跨多个阶段。同一时刻，一个完整产品的不同部件，可以处于不同的生命周期阶段。

3.1.2   项目生命周期

1. 项目生命周期与里程碑

项目生命周期描述了项目从开始到结束所经历的一系列阶段。不同行业、不同产品以及不同的管理与控制需要，其项目生命周期的划分是不一样的。一般可以按分项目标、可交付成果或者特定里程碑来划分阶段。

里程碑（Milestone）指的是项目中的重大事件，标志着某个可交付成果的完成，是项目计划和控制的重点。里程碑将项目生命周期划分成工作范围及性质各不相同，在时间上前后衔接的时间段。由里程碑划分的不同阶段标示着工作内容和关注焦点的变化，可以借由可交付成果及执行情况的检验判断阶段目标的达成。

2. 产品生命周期与项目生命周期

产品生命周期涵盖项目生命周期,一个产品的"构思—开发—运维—退出"可以由一个项目完成,也可以由多个项目完成产品开发不同阶段的任务或者一个产品的不同部件。

例如,企业在建设 ERP 系统时流行且有效的做法如下:

(1)上马一个业务咨询项目,由业务咨询公司进行业务诊断,规划业务蓝图,设计业务转变路线,展开业务重组,优化业务流程。

(2)上马一个 IT 咨询项目,由 IT 咨询公司,对应用架构、技术架构、物理架构、网络架构、安全体系、服务体系以及数据共享、应用集成方案进行全面的规划。

(3)可能会根据分阶段实施的总体规划上马一系列开发及实施项目,每个项目负责解决一部分问题,交付一部分功能。

(4)还可以将一些相对独立的工作划分成单独的项目,如软件开发外包、软件测试外包、软件实施外包、软件监理外包、软件运维外包等。

3. 项目生命周期的划分

项目生命周期最本质、最稳定的划分应该依据项目"发生—发展—高潮—消退"的自然过程以及这一过程中的重大事件——里程碑。如果以各类活动为出发点来划分项目生命周期,同样会产生产品生命周期中的烦恼与困惑,此处不再赘述。

从普遍意义上,我们可以将项目的生命周期划分为初始阶段、一到多个的中间阶段、收尾阶段。各个阶段的主要任务如下:

(1)初始阶段:任命项目经理,识别项目目标,确认项目范围,制订项目实施方案,测算各类资源,识别项目风险,编排项目工作计划,完成项目启动。

(2)中间阶段:按计划调配各类资源完成各项任务,产出各类交付成果;监督项目执行情况,控制项目各类变更,确保项目有序进行。

(3)收尾阶段:提交最终交付物,完成评估验收、资料归档及项目总结后解散项目组。

具体阶段的划分,与所开发的产品以及项目所面对的产品阶段有很大关系。

例如,国产大飞机 C919 研发,立项之初估计大体需要 8 年时间,分五个阶段:立项论证阶段、可行性研究阶段、初步设计阶段、详细设计和制造阶段以及试用审批生产阶段,见图 3-4。

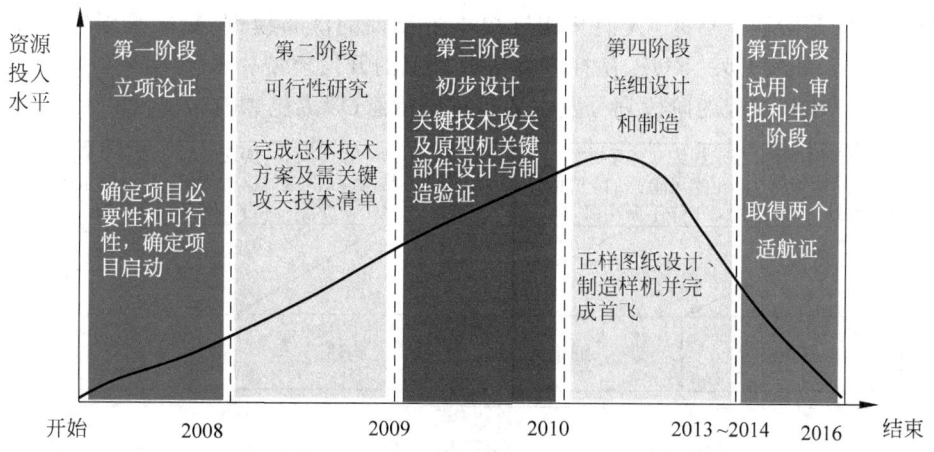

图 3-4 国产大飞机 C919 研发项目生命周期示意

4. 项目生命周期的特征

多数项目具有以下一些共同特征:

(1)项目投入:如图3-4所示,项目初期投入较少,而后随项目推进逐渐加大,在项目中后期达到高峰后,则快速下降。

(2)项目风险:如图3-5所示,项目初始阶段,不确定性因素最多,风险最大。随项目的逐步推进,风险逐渐降低,成功可能性逐渐提高。

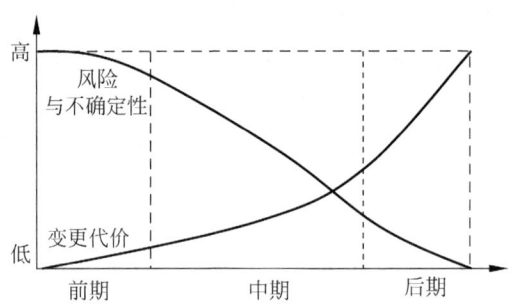

图 3-5   项目风险及变更代价随时间的变化

(3)项目变更:如图3-5所示,项目前期的变更及纠错付出的代价相对较小。越到项目后期,牵涉面越广,难度越大,代价越大。

5. 常见的软件项目生命周期模型

典型的生命周期定义包括以下内容:

(1)项目阶段的划分。

(2)每个阶段的主要任务。

(3)每个阶段的交付物、提交点以及如何验证确认。

(4)每个阶段的参与角色。

(5)阶段的控制与核准。

(6)核心的产品开发过程工作流。

(7)支持配套的管理过程工作流。

经典的瀑布模型将开发过程划分为:可行性研究、需求分析、系统设计、编码实现、系统测试、部署上线等阶段。后来,人们又相继提出带反馈的瀑布模型、V字形瀑布模型、增量开发、快速原型、螺旋开发、RUP、敏捷开发等改进型的开发模型。

图3-6是RUP过程的阶段划分及主要里程碑示意(殷人昆,2010)。

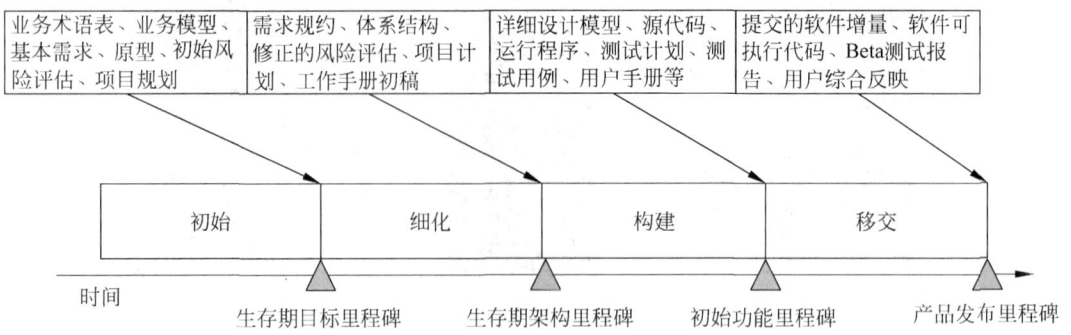

图 3-6   RUP 过程阶段划分及里程碑

（1）初始阶段（目标里程碑）：确定项目边界，建立业务用例模型。

（2）细化阶段（结构里程碑）：分析问题领域，完成系统分析，设计体系结构。

（3）构造阶段（初始功能里程碑）：完成编码、组装及测试工作，交付 Beta 版软件。

（4）移交阶段（产品发布里程碑）：将软件部署到用户生产环境，并确保其可用。

6. 软件项目生命周期模型的选择

在软件开发过程模型的选用上，没有绝对正确的模型，只有最适合当前项目环境的模型。采用何种生命周期模型，主要取决于对项目需求及不确定因素的把握。

（1）瀑布模型：在开发的早期阶段软件需求可以被完整确定。

（2）快速原型：系统尽早与用户见面，减少需求不确定性和开发风险。

（3）增量开发：项目开始时只明确部分需求，或者功能较多需要分段实现。

（4）螺旋开发：适用规模很大，引入新技术，风险较高的项目。

（5）RUP：是一种重量级过程，特别适用于大型软件项目的开发。

（6）敏捷开发：需求高度不确定，需要客户持续参与的人机交互密集的项目。

"兵无常势，水无常形""运用之妙，存乎一心"，僵化地套用固定模式是行不通的。

3.2 以过程为中心

3.2.1 项目过程

项目过程是项目人员为达成项目目标，完成事先定义的产品、成果或服务，而在工具及资源的支持下必须执行的相互联系的行动和活动，包括技术活动和管理活动。

如图 3-7 所示，项目过程将项目开发和维护所用到的技术、方法及工具与"人"这个最具活力的项目决定性因素有机结合起来，确保项目的成功经验和最佳实践得以有效的总结和重用。

过程管理的前提是认同项目绩效取决于项目过程质量。项目过程可以分为两类：产品导向过程与项目管理过程。

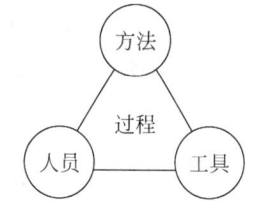

图 3-7　过程的黏合作用

1. 产品导向过程

注重对项目产品的具体说明和制作，是创建项目交付产品的技术工作流。产品导向过程通常结合项目生命周期来定义，在不同的应用领域会有所不同。对软件开发而言，主要指软件开发中所涉及的各类技术活动以及用到的技术与方法，包括业务建模、需求分析、系统设计、程序编码、单元测试、系统测试、确认测试、安装部署等。

2. 项目管理过程

注重对项目工作的描述和组织，是对项目实施管理活动的过程。多数情况下，对多数项目都是适用的。软件项目管理，是在有限资源的约束下，运用系统的观点、方法和理论，对软件项目的全过程进行计划、组织、指挥、协调、控制和评价，以实现项目的目标。

在项目的启动和规划阶段，需要明确项目的目标、范围，任命项目负责人，进行工作分解、任务估算、成本估算、进度估算、资源调配，制订切实可行的计划。执行过程中，要及时了解项目进展状况,对各类可能的变更进行有效的控制和管理。

3. RUP 过程

以下以 RUP 过程模型(见图 3-8)为例来说明,在软件生命周期的各个阶段,如何有效协同产品导向过程与项目管理过程,按计划交付高质量的产品。

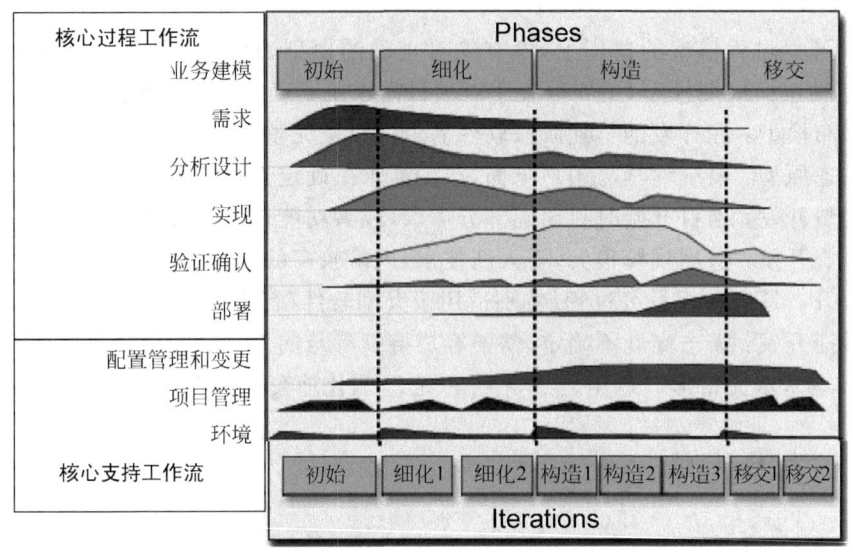

图 3-8   RUP 软件过程模型

(1) RUP 过程模型中,开发过程与软件生命周期相对独立。

(2) 横向是随时间展开的项目生命周期,划分为初始、细化、构造、移交四个阶段。

(3) 开发过程分解为 6 个核心工作流,3 个支持工作流,见表 3-1。

表 3-1   RUP 过程 9 个工作流

工 作 流		主 要 任 务
核心工作流	业务建模	调研访谈,收集需求,梳理业务,优化过程,建立模型
	需求	需求分析,需求描述,需求验证
	分析设计	体系结构设计,人机交互设计,详细设计
	实现	编写、调试代码,构造系统组件,进行系统集成
	验证确认	走查、评审、单元测试、集成测试、系统测试等贯穿全过程
	部署	创建和发布软件产品版本,安装到工作现场,保障系统运行
支持工作流	项目管理	范围、时间、成本、质量、沟通、风险、团队、采购、干系人
	环境	提供软件开发、维护的工具和环境
	配置和变更管理	配置管理规划,变更管理,版本和发布管理,系统变更控制

(4) 6 个核心工作流属于产品导向过程,3 个支持工作流归为项目管理过程。

(5) 9 个工作流根据项目情况,可以横贯生命周期 4 个阶段,完成多次迭代。每次迭代的重点与工作强度有所不同,随时间如同波浪一样有起有伏。

(6) 每个阶段产品导向过程的工作侧重点不同。初始阶段旨在业务建模与需求描述,细化阶段侧重需求建模与系统设计,构造阶段聚焦于实现与验证确认,移交阶段重在部署。

变更控制活动集中在构造与移交阶段,与项目管理及环境有关的活动则贯穿项目始终。

（7）每个阶段可以细分成多次迭代,一次迭代中同时展开多个工作流。如较大的需求集可以采取多次细化、多次构造、多次移交的策略。

（8）对于功能较多、比较复杂的项目,产品的不同需求集可以处于不同的迭代周期。一个"初始—细化—构造—移交"的迭代就是一个完整的开发循环。每次开发循环完成一部分需求集的产品实现与产品交付。

3.2.2 过程管理

项目过程管理包括过程执行与过程改进两方面内容,其运行机制如图 3-9 所示。

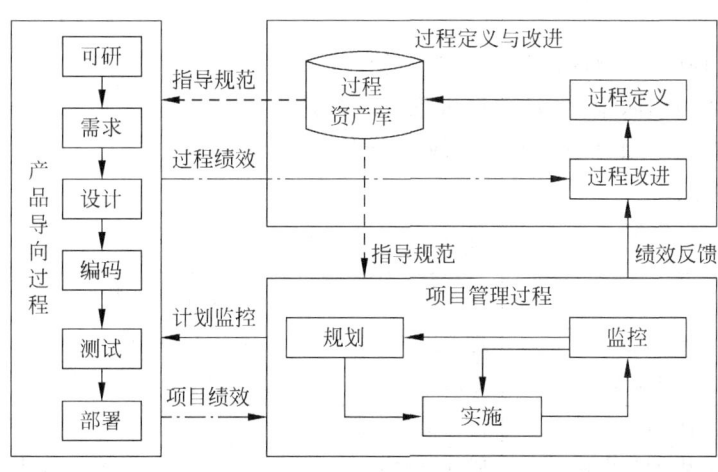

图 3-9 项目过程管理的运行机制

1. 过程执行

项目组将组织标准的软件过程(包括产品开发过程与项目管理过程)裁剪形成项目定义的软件过程,而后遵循项目定义的软件过程来编排项目计划,协调各方资源,展开软件的需求分析、系统设计、编码测试、部署上线等开发活动,监督、控制、管理项目的范围、进度、成本、质量、风险。项目管理过程和产品导向过程始终彼此重叠,相互作用。项目管理过程计划、管理、监控软件产品过程,以保证项目目标的成功实现。

2. 过程改进

过程改进小组采集每个项目的过程绩效反馈,总结成功的经验加以推广,分析失败的教训找出过程本身的短板,进而不断优化产品开发与项目管理的过程,推进组织的持续过程改进。每个组织都可以通过不断优化和改进形成对自己来说的最佳过程,提高开发效率,并建立起一套以过程为核心的经验传递机制,重复过去的成功。

3.2.3 戴明环

戴明环亦称 PDCA 循环,是由美国质量管理大师威廉·爱德华兹·戴明(W. Edwards Deming)力导的质量持续改进模型,是全面质量管理所应遵循的科学程序。PDCA 循环包括持续改进与不断学习的四个循环反复的环节(戴明,2003),见图 3-10。

- P(Plan,计划):确定方针目标,制订活动计划。
- D(Do,执行):按计划实施,落实计划。
- C(Check/Study,检查):检查研究执行情况,找出问题所在。
- A(Action,处理):推广成功经验,总结失败教训,后续改进。

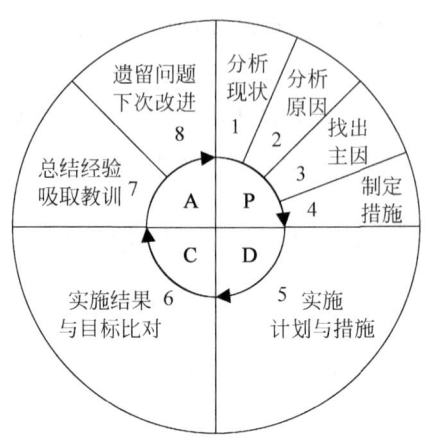

图 3-10　戴明环的 4 个阶段 8 个步骤

PDCA 循环要求我们做任何事情都要:事前规划与确认,事中执行与监控,事后验证与评价。

PDCA 循环步骤的进一步分解与说明如表 3-2 所示。

戴明环是发现问题、解决问题的过程,适用于日常管理、个人团体与团队管理,是项目过程管理的最主要指导思想,有助于项目绩效的持续改进与提高。如图 3-11 和图 3-12 所示,戴明环具有以下一些基本特点:

表 3-2　戴明环的步骤

阶段	步　骤	示 例 说 明
P	分析现状,找出问题	进度延误、客户意见大、疲于奔命、士气低落
	分析各种影响因素或原因	需求反复、关系紧张、人员流动
	找出主要影响因素	需求变更失控
	针对主要原因,制订措施计划	明确双方接口,建立"受理→分析→审核→确认→验证"的过程
D	执行计划	争取客户支持,共同严格执行需求管控流程,建立考核监督机制
C	检查计划执行结果	随时检查、评估需求管控流程执行情况
A	总结经验吸取教训	改进执行中的短板,完善需求管控流程,进一步提高工作效率
	遗留问题转下一个小循环	在更高的起点上进入下一轮 PDCA 改进循环

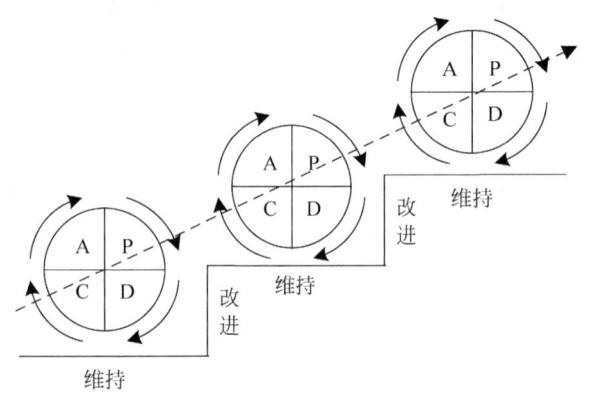

图 3-11　周而复始、阶梯上升的 PDCA

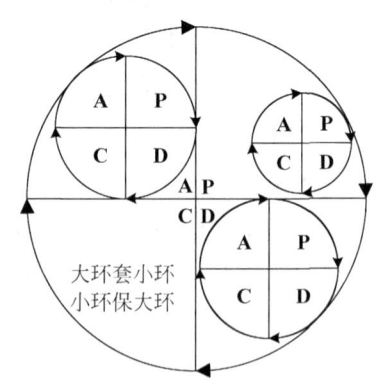

图 3-12　大环带小环的 PDCA

(1)周而复始:一个循环结束,解决了一部分问题,可能还有其他问题没有解决,或者又出现新问题,则进入下一轮循环。

（2）阶梯式上升：PDCA循环不是停留在一个水平上的循环，不断解决问题的过程就是水平逐步上升的过程。每循环一周，质量水平就上一个新的台阶。

（3）大环带小环：类似行星轮系，整体运行体系与其内部各子体系之间是大环带小环，小环保大环的关系。大小环互相促进，共同推动持续的整体大循环改进。

3.3　项目管理过程

美国项目管理协会（PMI）于2012年发布了《项目管理知识体系指南第5版》（Project Management Body of Knowledge，PMBOK）（PMI，2013），为所有的项目管理提供了知识框架。

基于过程管理的思想，PMBOK把项目管理看作一系列相互联系的过程，将项目管理划分为10个知识领域、5个过程组及47个管理过程。PMBOK做了一个假定，将可行性研究、立项审批、招标出资、合同签订等环节排除在管理知识体系的范畴之外。项目实践中，可根据实际情况决定是否将这些环节纳入项目管理之中。

3.3.1　十个知识领域

项目管理十个知识领域包括4个核心领域、5个辅助领域、1个整体框架。如图3-13所示，这十个知识领域相互关联、相互支撑，共同构建起项目管理的知识大厦。

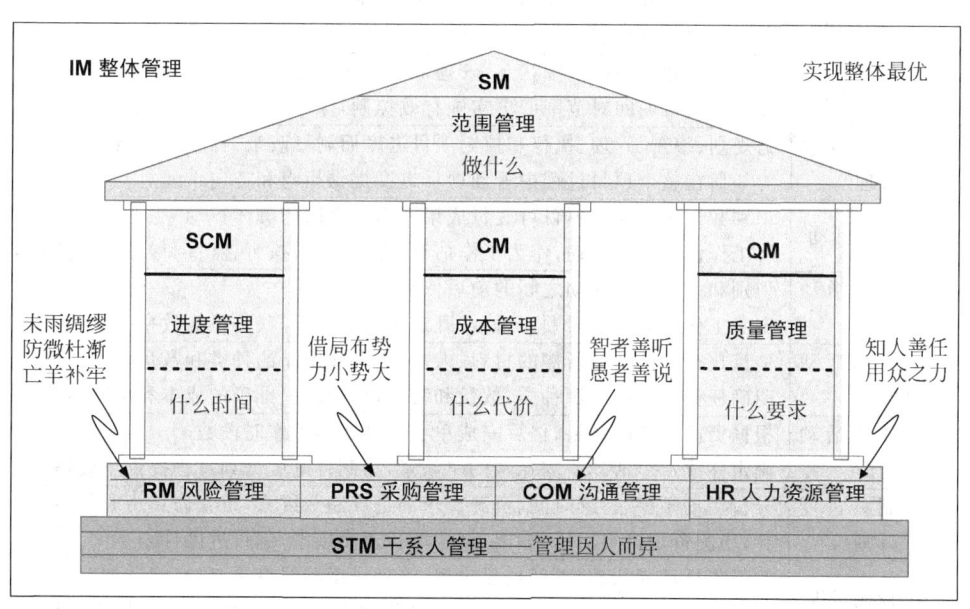

图3-13　项目管理十个知识领域

1. 核心知识领域

4个核心领域覆盖构成项目目标的4个要素。

（1）范围（Scope，做什么）：确保做且只做成功完成项目所需的全部工作的过程。

（2）进度（Schedule，什么时间）：确保项目按时完成所必须的过程。

（3）成本（Cost，什么代价）：在批准预算内完成项目所需的过程。

（4）质量（Quality，什么要求）：规划、监督、控制和确保达到项目质量要求的过程。

4个核心领域是知识大厦呈现在人们眼前的地面建筑部分,是知识大厦最终价值的直接载体。进度、成本、质量三根大柱子撑起高高的大厦屋顶——范围。没有屋顶的大厦是烂尾楼,无法入住使用。三根柱子不够粗壮或是高度不一,结果只能是"楼歪歪"。

项目管理确定和细化范围、时间、成本、质量四个目标,然后围绕这四个目标的实现进行监督和控制。偏离范围目标的项目努力,是最大的浪费;进度、成本、质量任何一方面的偏颇,都可能带来意想不到的麻烦;追求范围/进度/成本/质量的动态平衡与相对最优是项目经理贯穿始终的责任。核心知识领域的相关过程见表3-3。

表 3-3 核心知识领域的相关过程

知识领域	主要过程	简 要 描 述
范围管理	规划范围管理	创建范围管理计划,书面描述将如何定义、确认和控制项目范围 在整个项目中对如何管理项目范围提供指南和方向
	收集需求	为实现项目目标而确定、记录并管理干系人的需要和需求 为定义和管理项目范围(包括产品范围、工作范围)奠定基础
	定义范围	制订项目范围说明书,对项目和产品进行详细描述 确定项目边界,明确哪些需求不在范围内,哪些需求在范围内
	创建 WBS	把项目可交付成果和项目工作分解成较小的、更易于管理的单元 对所要交付的内容提供一个结构化的视图
	确认范围	正式核实与验收已完成的项目可交付成果 客观验收每个可交付成果,提高最终产品通过验收的可能性
	控制范围	监督项目和产品的范围状态,管理范围基线变更 在整个项目期间对范围变更实施有效控制,保持对范围基线的维护
进度管理	规划进度管理	为规划、编制、管理、执行和控制项目进度而制订政策、程序和文档 为如何在整个项目过程中管理项目进度提供指南和方向
	定义活动	识别和记录为完成项目可交付成果而需要采取的具体行动 将工作包分解为活动,作为工作估算、进度规划、执行、监督和控制的基础
	排列活动顺序	识别和记录项目活动之间的前后依赖关系 定义工作之间的逻辑顺序,以在既定项目约束下,获得最高效率
	估算活动资源	估算执行各项活动所需的材料、人员、设备或用品的种类和数量 明确任务所需的资源种类、数量和特性,以做出更准确的成本和历时估算
	估算活动历时	根据资源估算的结果,估算完成单项活动所需工作时段数 确定完成每个活动所需花费的时间量,为制订进度计划过程提供主要输入
	制订进度计划	分析活动顺序、持续时间、资源需求和进度制约因素,审查修正历时估算、资源估算,检测资源冲突、日历冲突,创建项目进度模型,制订进度计划
	控制进度	监督项目活动状态,更新项目进展,管理进度基线变更,以实现计划 提供发现计划偏离的方法,从而可以及时采取纠正和预防措施,以降低风险
成本管理	规划成本管理	为规划、管理、花费和控制项目成本而制订政策、程序和文档 在整个项目中为如何管理项目成本提供指南和方向
	估算成本	对完成项目活动所需资金进行近似估算 确定完成工作所需的成本数额
	制订预算	汇总所有单个活动或工作包的估算成本,建立一个经批准的成本基准 确定成本基准,可据此监督和控制项目绩效
	控制成本	监督项目状态,以更新项目成本,管理成本基线变更 发现实际与计划的差异,以便采取纠正措施,降低风险

续表

知识领域	主要过程	简　要　描　述
质量管理	规划质量管理	识别项目及其可交付成果的质量要求/标准,确定证明符合质量要求的规程 为整个项目中如何管理和确认质量提供指南和方向
	实施质量保证	审计质量要求和质量控制测量结果,促进质量过程改进 确保使用所有必要的过程与合理质量标准,以达到质量要求
	控制质量	监督并记录质量活动执行结果,以便评估绩效,并推荐必要的变更 找出并消除过程低效或质量低劣的原因,确保项目可以通过最终验收

2. 辅助知识领域

辅助知识领域里的内容有助于项目实施更有效的管理。

(1) 风险(Risk):识别、分析、控制项目风险的过程。

事前未雨绸缪,事中防微杜渐,事后亡羊补牢,使我们能够提前预见、规避前进中的障碍,防止小问题演变成大问题,从容应对意外状况,缓解风险带来的损失。

(2) 采购(Purchasing):为项目采购或获取产品、服务或成果的过程。

把注意力集中于一点,做重要的并且自己擅长的事情,是获得成功的关键。力所不逮的情况下,要善于借局布势、力小势大,所谓"鸿渐于陆,其羽可用为仪也"。

(3) 沟通(Communication):创建、收集、发送、存储和处理项目信息的过程。

管理就是沟通,沟通,再沟通。项目中绝大部分问题,都是因为沟通不到位造成的。沟通的基础是倾听,所谓"智者善听、愚者善说"。

(4) 人力资源(Human Resource):有效地发挥每个项目参与人员作用的过程。

项目成功的要旨在于找到合适的人做合适的事,用人所长,容人所短。建设高效团队,发挥群体智慧,所谓"知人善任、用众之力"。

(5) 干系人(Stakeholder):有效识别、满足干系人的需要,解决其问题的过程。

管理因人而异、因时而异,干系人管理是基础中的基础。管理的核心是"人的管理",难点也是"人的管理",要旨在于协调各方关系,平衡各方期望。

辅助知识领域是知识大厦宏伟地面建筑的地基。任一部分基础的脆弱都将陷知识大厦于危险的境地,甚至有可能轰然倒塌。辅助知识领域的相关过程见表 3-4。

表 3-4　辅助知识领域的相关过程

知识领域	主要过程	简　要　描　述
人力资源管理	规划人力资源管理	识别、记录项目角色、职责、所需技能,建立项目组织图,确定请示汇报关系,编制包含人员招募和遣散时间表的人员配置管理计划
	组建项目团队	确认人力资源的可用情况,获得项目所需要的人力资源 指导团队选择和职责分派,组建一个成功的团队
	建设项目团队	提高工作能力,促进团队成员互动,改善团队整体氛围,以提高项目绩效 改进团队协作,增强人际技能,激励团队成员,降低离职率,提升整体绩效
	管理项目团队	跟踪成员工作表现,提供反馈,解决问题并管理团队变更,优化项目绩效 引导团队行为,管理冲突,解决问题,评估团队成员的绩效

知识领域	主要过程	简 要 描 述
沟通管理	规划沟通管理	确定干系人对项目信息与沟通的需求,识别和记录与各干系人的最高效的沟通方式,制订信息发布与沟通的方式和计划
	管理沟通	根据沟通管理计划,生成、收集、分发、存储、检索及最终处置项目信息 促进项目干系人之间实现有效率且有效果的沟通
	控制沟通	对沟通进行监督和控制,以确保满足项目干系人对信息的需求 随时确保所有沟通参与者之间的信息流动最优化
风险管理	规划风险管理	制订风险管理计划,定义如何实施风险管理活动,争取干系人的理解与支持 确保风险管理策略与风险及项目对组织的重要性相匹配
	识别风险	判断哪些风险可能影响项目并记录其特征 对已有风险进行文档化,并为项目团队预测未来事件积累知识和技能
	实施定性风险分析	对风险的概率和影响进行评估与综合分析,对风险优先级进行排序 使项目经理能够降低项目的不确定性级别,并重点关注高优先级的风险
	实施定量风险分析	定量分析已识别风险对项目整体目标的影响 产生量化风险信息,以支持决策制订,降低项目的不确定性
	规划风险应对	针对项目目标,制订提高机会、降低威胁的方案和措施 根据风险的优先级制订应对措施,编排风险应对活动的项目预算,进度计划
	控制风险	实施风险应对计划,跟踪已识别风险,监督残余风险,识别新风险,评估风险过程有效性,提高应对风险的效率,不断优化风险应对方案
采购管理	规划采购管理	记录项目采购决策,明确采购方法,识别潜在供应商 确定是否需要外部支持,决定采购什么、如何采购、采购多少、何时采购
	实施采购管理	获取卖方应答,选择供应商并授予合同 通过达成协议,使内部和外部干系人的期望协调一致
	控制采购管理	管理采购关系,监督合同执行情况,并根据需要实施变更和采取纠正措施 确保买卖双方履行法律协议,满足采购需求
干系人管理	识别干系人	识别影响项目或受项目影响的个人、群体、组织,分析、记录干系人的信息 帮助项目经理识别干系人的重要性与影响力,建立起对干系人的适度关注
	规划干系人管理	基于对干系人需要、利益及对项目成功的潜在影响的分析,为与干系人的互动提供清晰、可操作的计划,以有效调动干系人参与项目实施
	管理干系人	与干系人积极沟通和协作,满足其需要与期望,解决出现的问题 提升来自干系人的支持,降低来自干系人的抵制,提高项目成功的机会
	控制干系人参与	全面监督项目干系人之间的关系,调整策略和计划,以调动干系人参与 随着项目进展和环境变化,维持并提升干系人参与活动的效率和效果

3. 整体管理

整体管理用来集成和协调所有其他项目管理知识领域所涉及的过程。整体管理是知识大厦的现场施工图,明确了大厦各部件间的关系及详细的施工规程;是知识大厦的黏合剂,将所有分立部件组合成一个完整的整体。

十个知识领域的管理过程贯彻体现了 PDCA 思想。每个知识领域都存在计划编制的过程(范围计划、进度计划、质量计划、成本计划等),项目管理中做任何事情首要的是计划,核心过程中的其他过程都是在帮助制订计划。项目管理活动主要集中在计划过程,以及监督项目是否按计划运行的控制过程。整体管理的相关过程说明见表 3-5。

表 3-5　整体管理的相关过程

知识领域	主要过程	简 要 描 述
整体管理	制订项目章程	编写正式批准项目并授权 PM 在项目活动中使用组织资源的文件
		明确定义项目的开始和边界,确立项目的正式地位,表达高层对项目的支持
	制订项目管理计划	定义、准备和协调所有子计划,整合成为一份综合项目管理计划
		确定项目的执行、监控和收尾方式,是所有项目工作的依据
	指导与管理项目工作	执行计划中所确定的工作,实施已批准变更,以达成既定的项目目标
		为项目执行提供全面的指导与管理
	监控项目工作	跟踪、审查和报告项目进展,以实现计划中确定的绩效目标
		确保干系人及时准确掌握项目当前状态、已采取步骤以及项目绩效的预测
	实施整体变更控制	审查所有变更请求,批准变更,管理变更,沟通变更处理结果
		从整合角度考虑记录在案的项目变更,降低因考虑不周而产生的项目风险
	结束项目或阶段	完结所有项目管理过程组的所有活动,以正式结束项目或阶段
		总结经验教训,正式结束项目工作,为开展新工作而释放组织资源

3.3.2　五大过程组

在多数情况下,大多数项目都有共同的项目管理过程,力求做到"事前有规划,事中有控制,事后有总结"。这些过程可划分为 5 个过程组:启动、规划、执行、监控、收尾。每组基本管理过程由一个或多个子过程组成,不同的子过程处理项目不同领域的事务。

（1）启动过程组:定义一个新项目或现有项目的一个新阶段,授权开始该项目或阶段。

（2）规划过程组:明确项目范围,细化目标,为实现目标制定行动方案。

（3）执行过程组:整合各类资源,协调有关各方,实施项目计划,以实现项目目标。

（4）监控过程组:跟踪、审查、调整项目进展与绩效,正确识别与处理各类项目变更。

（5）收尾过程组:完结所有过程组的所有活动,正式结束项目或阶段。

如图 3-14 所示,五个过程组紧密相连,一个过程组的结果或输出是另一个过程组的依据或输入。项目的执行过程,就是 P-D-C-A 循环往复进行的过程。其中,规划过程组对应于 P-D-C-A 循环中的 P,执行过程组对应于 D,监控过程组对应于 C 与 A,启动过程组是循环的开始,收尾过程组是循环的结束。规划作为实施的参照,监控获取实施的实际状态,对比计划过程判断是否存在偏差,发生偏差时,纠正实施过程或者调整计划。

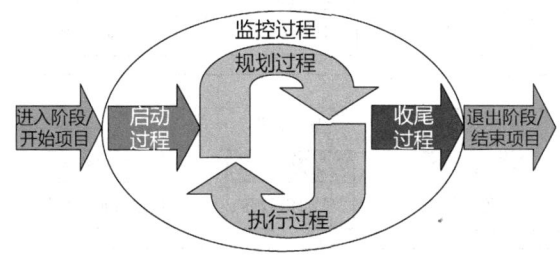

图 3-14　五大过程组

1. 启动过程组——授权开始项目/阶段

项目不是在结束时失败,而是在开始时就已经失败!启动过程组(见图 3-15)的主要作用是：让干系人明白"项目/阶段"的范围和目标（项目需要完成什么），了解其在"项目/阶段"中承担的职责（个人需要做什么），保证干系人期望与项目目标的一致性。

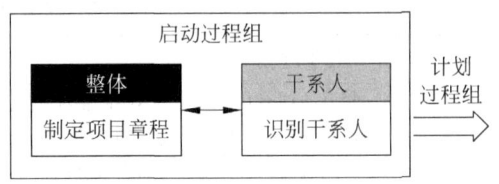

图 3-15　启动过程组的主要管理过程

发起人、客户和其他干系人共同参与启动过程，有助于各方建立对项目成功标准的共同理解，提升交付物的可接受性，提高干系人的满意度。主要任务如下：

- 识别并确认项目发起人的项目期望，确认项目的关键驱动因素及假设约束。
- 识别干系人，记录各类干系人主要期望以及对项目的影响。
- 展开前期调研，拟定总体实施策略，选定主要技术方案。
- 发布项目章程，确定项目目标，任命项目经理。
- 适时召开项目启动会，进行项目宣贯，展开项目动员，分解落实责任。

2. 规划过程组——预则立，不预则废

不做准备的人，就是准备失败的人！规划过程组（见图 3-16）的作用是：为成功完成项目或阶段确定战略、战术及行动方案或路线以最大可能获取干系人的认可和参与。

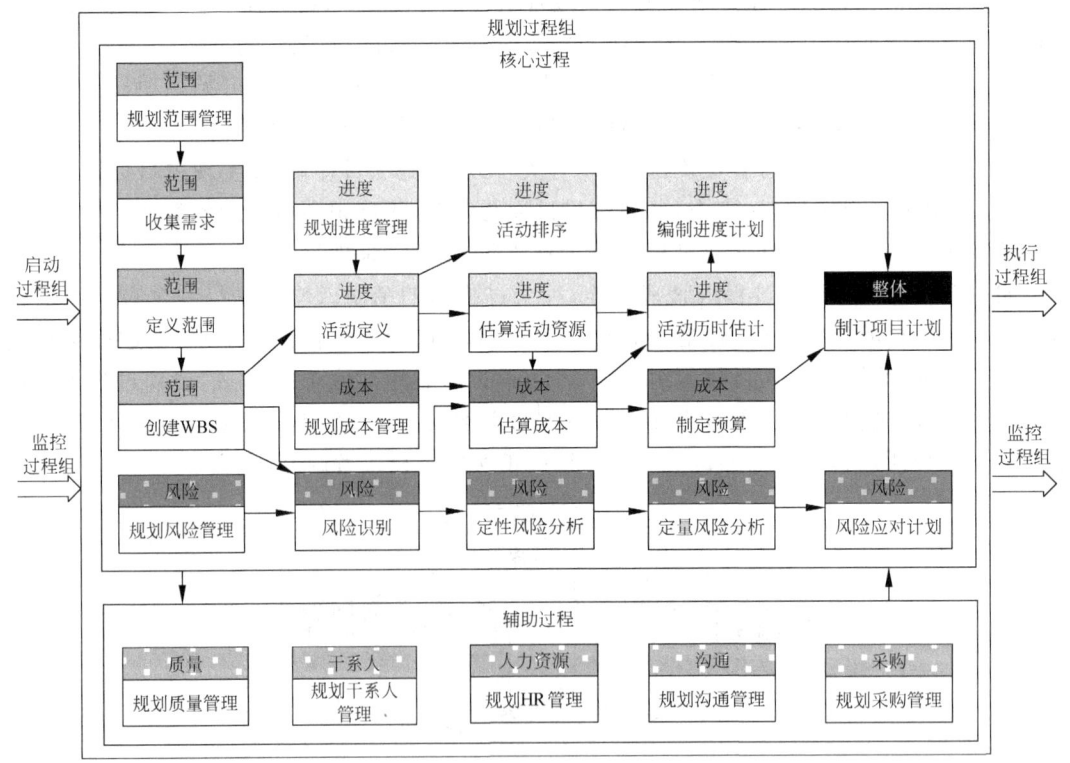

图 3-16　规划过程组的主要管理过程

应鼓励所有干系人参与规划过程，征求所有干系人的意见。要综合考虑项目的性质、边界、所需的监控活动及所处的环境等因素，按既定程序确定初始规划何时结束。规划过程是反复进行、渐进明细的持续性活动，主要回答以下基本问题：

- 应该做什么？不应该做什么？
- 先做什么？后做什么？何时做？何时停？
- 动用多少资源去做？所需资源怎样获得？
- 做到什么程度？怎样验收？
- 如何组织？派谁去做？
- 有哪些风险？如何应对？
- 干系人间信息如何沟通？
- 整体如何运作协调？

3. 执行过程组——赢在执行，重在落实

没有完美的计划，只有不断完善的行动！执行过程组（见图3-17）的作用是：完成项目管理计划中确定的工作，实现项目目标。需要引起注意的是，执行中的偏差可能引发变更请求，批准实施的变更请求将引发计划更新和基线重建。

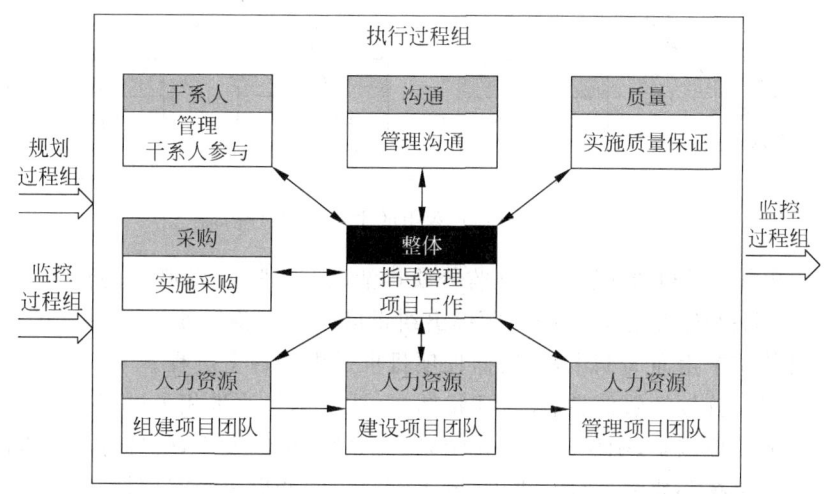

图 3-17　执行过程组的主要管理过程

执行过程组按计划协调人员和资源，管理干系人期望，借助组织提供的制度、流程、标准和模板，确保按要求完成各项活动，提交相应的工作结果。主要任务如下：

- 组建项目团队，获取完成项目所需的人力资源。
- 按计划开展质量活动，确保项目执行所有必要的过程，以达到质量要求。
- 按对外采购规程，拟定外购"服务/产品"的招标文件，选定供应商。
- 提升成员岗位技能，激励士气，化解冲突，培养团队精神，进而改进项目绩效。
- 保持项目组上下左右的顺畅沟通，向各方及时提供信息。
- 取得客户方对已完成成果的认可。
- 按计划实施其他各项活动，如执行预防措施、纠正措施、项目变更等。
- 有秩序地组织完成使命的人员做好交接工作，退出项目组。
- 为"项目/阶段"的收尾做好各项准备。

4. 监控过程组——没有度量就没有管理

好船家能使八面风,项目是在变更中逐步逼近各方都能接受的结果。监控过程组(见图 3-18)的作用是:定期(或在特定事件发生时、异常情况出现时)对项目绩效进行测量和分析,从而识别与项目管理计划的偏差。要确保只有批准的变更才能付诸执行,同时要合理运用异常处理程序,以降低或控制管理成本。

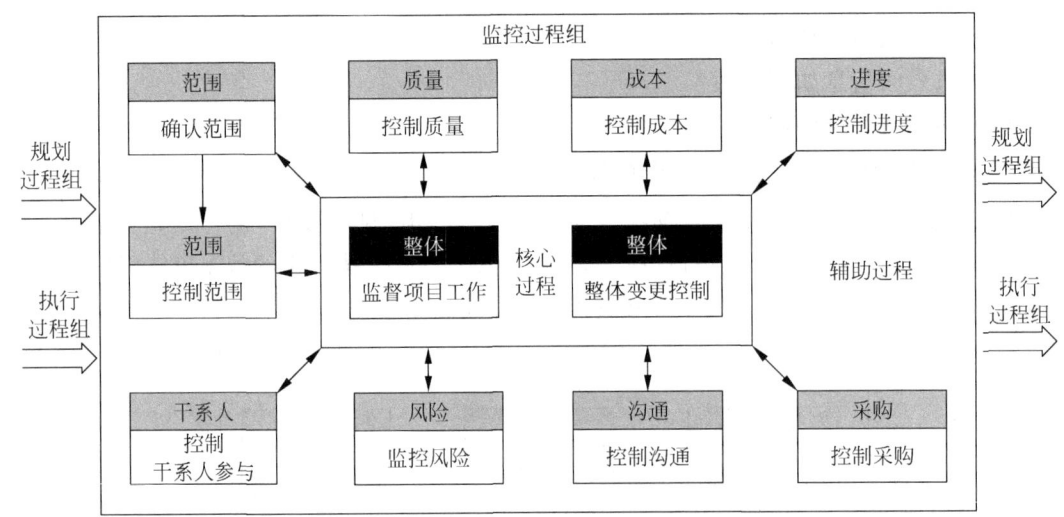

图 3-18 监控过程组的主要管理过程

监控过程组按计划和绩效测量标准监督项目活动,识别、启动必要的计划变更,对可预见的问题给出预防措施,对已发生的问题提出纠正措施。主要任务如下:

- 在项目的整个生命周期中,持续监控项目推进中的各个过程。
- 收集、测量、分发绩效信息,评价测量结果,适时调整改进相关过程。
- 控制造成变更因素,确保产生有益结果。识别变更的发生,管理好经批准的变更。
- 对项目四个核心要素(范围、进度、成本、质量)的变更进行有序控制。
- 关注团队成员表现,提供反馈,解决问题并协调变化,增强项目执行效果。
- 管理与项目干系人之间的沟通,满足其要求并解决问题。
- 实施风险应对计划,跟踪识别的风险,监视残余风险,识别新风险。
- 对合同及买卖双方间的关系进行管理,审查并记载卖方履行合同的表现和结果。

5. 收尾过程组——结束是为了更好的开始

项目进展是如此快速,但一旦到了 90% 便停滞不前! 收尾过程组(见图 3-19)的作用是:正式结束项目/阶段或合同责任,包括提前结束的项目。

收尾过程组完成项目验收与合同收尾,进行项目总结和人员转移,主要任务如下:

- 获得客户与干系人对中间成果或最终产品的确认及验收。
- 结束与项目有关的所有合同,包括解决所有未尽事宜。

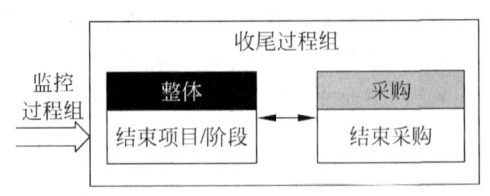

图 3-19 收尾过程组的主要管理过程

- 进行项目后评估或阶段评价,分析过程剪裁的影响,记录经验教训。
- 归档所有相关文件,更新组织过程资产,以便作为历史数据使用。
- 对团队成员进行绩效评估,妥善安排人员转移,有序释放项目资源。
- 筹备庆功会,以令人鼓舞和振奋的方式结束项目。

3.3.3 过程组间的关系

1. 同一阶段内的过程组关系

项目的每个阶段都会经历启动、规划、执行、控制、收尾这五个过程组。如图 3-20 所示,五个过程组并非严格串行,而是会交叠进行,必要时可以反复和循环。

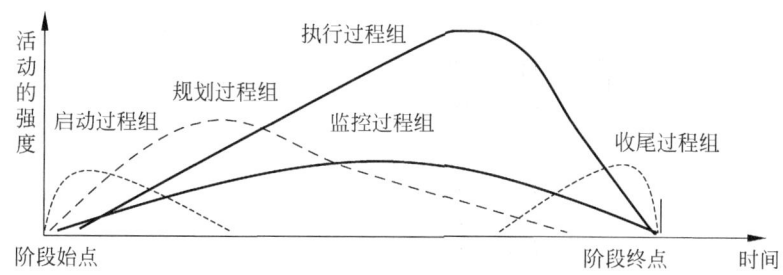

图 3-20 每个阶段内过程组的活动强度

- 计划的开始不必等到阶段启动的正式确认,初步达成意向即可开始,以加快进度。
- 初步计划制订后,即可开始阶段任务执行。
- 任务执行的过程中,需要根据进展情况,对计划适时进行调整,所以计划过程会向后延伸到执行过程的大部分时间里。
- 计划、执行以及收尾工作都需要进行控制,因此控制过程组横贯整个项目期间。
- 每个过程组的工作强度都是一个小山峰,前期少、中间多、后期少;总体工作强度是五个过程组工作强度的累加。
- 项目前期重在启动与规划;中期集中于执行与监控;后期全力推进各项收尾工作。

2. 不同阶段的过程组关系

如图 3-21 所示,前一阶段收尾过程组的成果将成为下一阶段启动过程组的依据或输入。

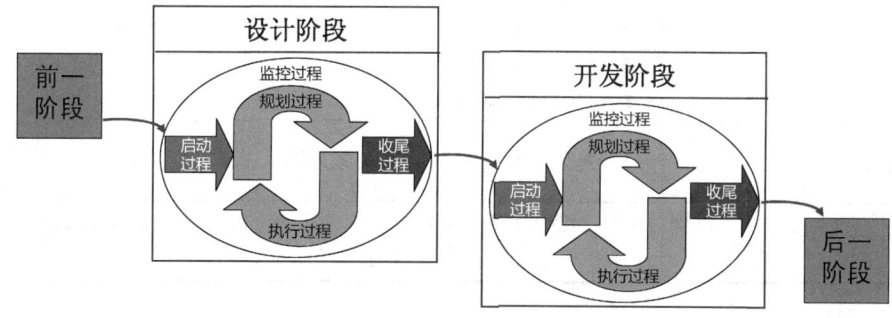

图 3-21 生命周期与过程组关系示意

3. 知识领域—过程组的关系

项目管理中的 10 个知识领域、5 个过程组及 47 个管理过程之间的关系如表 3-6 所示。

表 3-6　知识领域、过程组和过程之间的关系

过程组 ＼ 知识领域	五个过程				
	启　动	规　划	执　行	监　控	收　尾
1. 整体管理	1.1　制订项目章程	1.2　制订项目管理计划	1.3　指导管理项目工作	1.4　监控项目工作 1.5　实施整体变更	1.6　结束项目
2. 范围管理	—	2.1　规划范围管理 2.2　收集需求 2.3　定义范围 2.4　创建 WBS		2.5　确认范围 2.6　控制范围	—
3. 时间管理	—	3.1　规划进度管理 3.2　定义活动 3.3　排列活动顺序 3.4　估算活动资源 3.5　估算活动历时 3.6　制订进度计划	—	3.7　控制进度	—
4. 成本管理	—	4.1　规划成本管理 4.2　估算成本 4.3　制定预算	—	4.4　控制成本	—
5. 质量管理	—	5.1　规划质量管理	5.2　实施质量保证	5.3　控制质量	—
6. 人力资源管理	—	6.1　规划人力资源管理	6.2　组建项目团队 6.3　建设项目团队 6.4　管理项目团队	—	—
7. 沟通管理	—	7.1　规划沟通管理	7.2　管理沟通	7.3　控制沟通	—
8. 风险管理	—	8.1　规划风险管理 8.2　识别风险 8.3　定性风险分析 8.4　定量风险分析 8.5　规划风险应对	—	8.6　控制风险	—
9. 采购管理	—	9.1　规划采购管理	9.2　实施采购	9.3　控制采购	9.4　结束采购
10. 干系人管理	10.1　识别干系人	10.2　规划干系人管理	10.3　管理干系人参与	10.4　控制干系人参与	

3.4　CMMI

3.4.1　CMMI 由来

1986 年 11 月,由美国国防部资助的卡内基—梅隆大学软件工作研究所(CMU/SEI),在 MITRE 公司协助下,开始研究软件能力成熟度模型(Capability Maturity Model for Software,CMM),以满足美国政府评价软件供应商能力并帮助其改进软件质量的要求。

CMM 定义:对软件组织在定义、实现、度量、控制和改善其软件过程的进程中各个发展阶段的描述。其目的是:帮助企业对软件过程进行管理和改造,增强软件研发能力,从而能按时地、不超预算地开发出高质量的软件。

- 1987 年,SEI 发布了第一个软件能力成熟度框架以及一套成熟度问卷。
- 1991 年,推出第一个可用的模型 CMM1.0,以帮助软件公司建立和实施过程改进。
- 1993 年,推出 CMM1.1。

CMM 一经问世就备受业界关注,在一些发达国家和地区得到广泛应用,成为衡量软件公司开发管理水平、促进软件过程改进的有效利器。

按照 SEI 原来的计划,CMM 的改进版本 2.0 应该在 1997 年 11 月完成,然后在取得版本 2.0 的实践反馈意见之后,在 1999 年完成准 CMM2.0 版本。但是,美国国防部办公室要求 SEI 推迟发布 CMM2.0 版本,而要先完成一个更为紧迫的项目 CMMI。

能力成熟度模型集成(Capability Maturity Model Integration,CMMI)是 SEI 提出的新一代的能力成熟度模型。其目的是:将已有的以及将被发展出来的各种能力成熟度模型集成到一个框架中去,整合不同模型中的最佳实践,建立统一模型;覆盖不同领域,供企业进行整个组织的全面过程改进。CMM/CMMI 的发展历程见图 3-22。

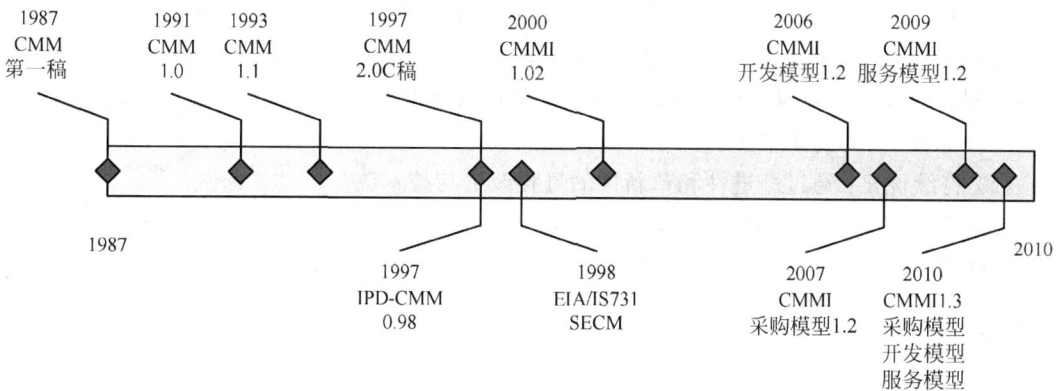

图 3-22　CMM/CMMI 发展历程

2000 年发布的第一个 CMMI 模型 1.02 版,用于开发过程的改进,结合了三个源模型:软件能力成熟度模型 SW-CMM 2.0 版(C 稿)、系统工程能力模型 EIA/IS731、集成产品开发能力成熟度模型 IPD-CMM0.98 版。

从 1.2 版开始,CMMI 模型正式地划分为三个群集:开发模型、采购模型、服务模型。

2010 年,SEI 发布了 CMMI 最新版本 1.3 版。

3.4.2 成熟度级别

CMMI"阶段式"表示法,将软件机构过程渐进改进的步骤划分为 5 个成熟度级别。一个成熟度级别是经过严格定义的,且达到成熟软件过程的发展阶梯,如同现代教育中,将人才的培养划分为小学教育、中学教育、大学教育、研究生教育几个阶段一样,5 个成熟度级别为软件过程能力评价提供了一个有序级别,也为软件过程改进指明了努力的方向,帮助软件机构在安排其改进工作时分清轻重缓急,见图 3-23。

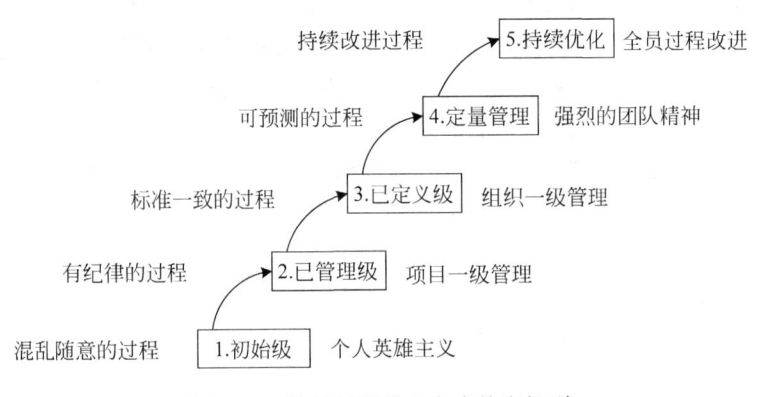

图 3-23 软件过程的 5 个成熟度级别

（1）初始级:过程无序甚至混乱,成功依赖于个人努力,一般达不到进度、质量目标。一群人没有经过训练,也不知道有没有经验,下水之后乱扑腾,有的浮起来,有的沉下去。

（2）已管理级:建立了项目一级的基本管理过程,可以重复以往的成功,计划较可行。大家已经在游泳池里下过几次水,能浮起来游一会,基本上不会出大事了,但动作五花八门。

（3）已定义级:组织建立起标准一致的软件过程,所有项目均使用由标准过程剪裁并获批的过程。经过实践总结了几种标准泳姿,知道自由泳最快、蛙泳最省力等。

（4）定量管理:基于对软件过程和产品质量的详细度量,对过程和产品进行定量的理解与控制。通过成绩测量、录像回放等手段,分析技术短板,找出背后原因,提高技术水平。

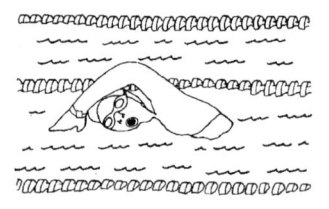

（5）持续优化:通过渐进性和革新性的过程改进与技术改进来持续地改进过程的绩效。技术水平很高了,动作也很完美。通过创造新泳姿,引入新式泳衣等创新来提高成绩。

3.4.3 行为特征

1. 级别 1: 初始级

（1）行为特征:软件过程是混乱、随意、应付式的,不可确定,不可预见,几乎没有定义过程的规则或步骤;多数具有过度承诺的倾向,实际上基本无法兑现,遇到危机就放弃原计划过程,仅进行编码和调试;过程能力只是个人的特性,而不是开发组织的特性,成功完全依赖个人努力和杰出的专业人才,一旦优秀人物离去,项目就无法继续。

（2）改进方向:建立软件项目开发过程,实施规范化管理,保障项目的承诺;建立需求管理,明确客户要求;建立各类项目计划;建立完善文档体系,开展软件质量保证活动。

2. 级别2：已管理级

（1）行为特征：在项目一级建立起管理软件项目的策略和实施这些策略的规程，定义了软件项目的标准，并能保证准确地遵循，可以给客户较有保证的承诺，可以重复以往同类项目的成功经验；已经对软件需求和工作产品建立基线，并控制其完整性，能够跟踪软件成本、进度和功能实现，识别在承诺方面出现的问题。

（2）改进方向：将各项目的过程经验总结为整个组织的标准软件过程，使整个组织的过程能力得以提高；加强跨项目间的过程管理协调和支持；成立软件工程过程小组，对各项目的过程和质量进行评估和监控；积累数据，建立软件过程数据库和文档库；加强培训。

3. 级别3：已定义级

（1）行为特征：成立软件工程过程组负责软件过程改进活动，将所有的软件工程和管理过程文档化，综合成组织的标准软件过程；软件过程标准被应用到所有的项目中，用于开发和维护软件，实现了在全组织范围内安排培训计划；项目根据实际情况，将组织的标准软件过程剪裁成项目定义的软件过程；在已建立的产品基线上，成本、进度和功能实现均得到控制，对软件质量也进行了跟踪。

（2）改进方向：对整个软件过程进行定性评测分析，以达到定量地控制软件项目过程的效果；通过软件的质量管理达到软件的质量目标。

4. 级别4：定量管理级

（1）行为特征：为质量和过程绩效建立了量化目标并将其用作管理过程的标准，对所有项目关键过程活动的生产率和质量进行测量；建立软件过程数据库，收集分析项目定义的软件过程的效能数据；用严格定义、一致的测量对软件过程进行检测，作为定量评价软件过程及产品的基础；软件产品和过程在执行时的偏差被控制在可接受的范围内；软件组织的过程能力可以很好地预测，软件产品的质量可以预见并得以控制。

（2）改进方向：采取必要措施与方案减少项目缺陷，建立起缺陷预防的有效机制；引进技术更新管理，标识、选择和评价新技术，使有效的新技术能在组织中推广实行；实施过程改进管理，不断改进已有的过程体系。

5. 级别5：持续优化级

（1）行为特征：重点关注通过渐进性和革新性的过程改进与技术改进来持续地改进过程绩效；主动确定软件过程的优势和薄弱环节，在整个组织内共享经验教训，并预先加强防范；分析缺陷并确定其产生原因，评估软件过程，预防已知缺陷的再次发生；采集软件过程效能数据，进行新技术的成本/利润分析，在组织内推广新技术、新方法；对已有的过程进行不断改进，消除慢性耗费，提高过程效能。

（2）改进方向：保持持续不断的软件过程改进。

表3-7总结了不同成熟度级别的行为特征及人员、技术、测量三类主要影响因素。

表 3-7　软件过程成熟度的表现及影响因素（CMUSEI，2001）

级别	过　程	人　员	技　术	测　量
一级	• 极少存在或使用稳定的过程 • 各种规定互不协调,甚至矛盾 • 仅仅执行过程,没有计划与监控	• 成功取决于个人的杰出表现 • 工作方式如同"救火"	• 引进新技术风险大	• 基本没有进行数据的收集与分析工作
二级	• 建立相对稳定的项目一级软件过程 • 项目承诺是可实现的 • 先前的成功经验可以被重复 • 问题出现时,有能力识别及纠正	• 项目的成功依赖于个人的能力以及管理层的支持 • 理解管理必要性及管理承诺 • 人员得到相应的培训	• 建立技术支持活动,并有稳定计划	• 收集、使用单个项目的计划和管理数据
三级	• 建立起组织级标准一致的软件过程 • 软件过程稳定连续、可重复 • 能预见及防范问题,控制风险影响	• 以项目组的方式进行工作 • 所有人对所定义的软件过程的活动、任务有深入理解 • 按不同任务,计划和提供培训	• 在定性基础上建立新的评估技术	• 在全过程中收集和使用数据 • 在全项目中系统性地共享数据
四级	• 过程稳定,变化限制在可接受范围内 • 可以预测软件过程趋势和产品质量 • 可以明确指出意外状况产生的原因 • 可以采取纠正措施应对过程执行偏差	• 每个项目都有强烈团队精神 • 所有人都了解个人与组织关系	• 不断地在定量基础上评估新技术	• 在整个组织内将数据的定义和收集标准化 • 数据被用于定量地理解和稳定软件过程
五级	• 持续地、系统地改进软件过程 • 了解并消除产生问题的公共根源	• 整个组织充满团队精神 • 全员参与过程改进	• 尽早跟踪新技术并推广应用	• 利用数据来评估、选择过程改进

3.4.4　过程可视性

软件过程的管理依赖于软件过程的可视性。软件过程越透明,过程状态的实际情况就越清楚,问题发现越及时,过程就越容易得到控制,目标就越容易实现。不同成熟度级别的可视性见图 3-24。

级别 1：软件过程如同一个黑盒子,过程几乎不可见。需求以失控方式进入软件过程,只能在产品发布后才能评估产品是否满足需求。

级别 2：软件过程由一系列相连的黑盒子构成,可以了解盒子之间的各种活动及成果。通过在预先定义的检查点上进行的评审,使得产品在里程碑上可见。

级别 3：软件过程每个大盒子内部由一系列白盒子构成,这些白盒子对外部可见,各方可以获得每个具体任务的最新准确情况。

级别 4：可以定量预见、测量、控制每个白盒子任务的进度、质量、成本、风险以及存在的

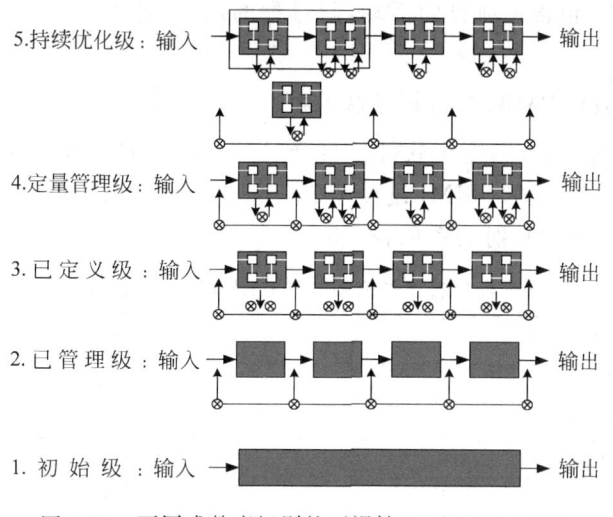

图 3-24 不同成熟度级别的可视性(CMUSEI,2001)

各种问题。

级别 5：可视的范围从现有过程扩展到可能的改进过程,可以定量预见、测量及控制对低效或错误过程进行修正后的效果和影响。

3.4.5 关键过程域

1. 关键过程域及其分类

在阶段式 CMMI 模型中,除初始级以外,每个成熟度级别都包含若干个关键过程域。这些关键过程域确定了实现一个成熟度级别所必须解决的问题。当组织通过了某一等级过程域中的全部过程,即意味着该组织的成熟度达到了这一等级。

表 3-8 列出不同成熟度级别所包括的过程域,同时过程域按不同的性质划分为四类:

表 3-8 不同成熟度级别的过程域及其分类

级别	工 程 类	项目管理类	支 持 类	过程管理类
5 级			原因分析与决策 CAR	组织绩效管理 OPM
4 级		量化项目管理 QPM		组织过程性能 OPP
3 级	需求开发 RD 技术解决 TS 产品集成 PI 验证 VER 确认 VAL	集成项目管理 IPM 风险管理 RSKM	决策分析与决定 DAR	组织过程关注 OPF 组织过程定义 OPD 组织培训 OT
2 级	需求管理 REQM	项目计划 PP 项目监督与控制 PMC 供方协定管理 SAM	测量与分析 MA 过程与产品质量保证 PPQA 配置管理 CM	

（1）工程类：涵盖工程学科所共有的开发与维护活动。

（2）项目管理类：涵盖与项目的计划、监督和控制相关的项目管理活动。

（3）支持类：涵盖支持产品开发与维护的活动。

（4）过程管理类：包含跨项目的活动，与过程的定义、计划、部署、实施、监督、控制、评估、度量及改进有关。

2. CMMI 过程域与 PMBOK 知识领域关系

CMMI 的 22 个过程域，涵盖了软件项目开发的产品导向过程与项目管理过程。项目管理知识领域的相关内容，在 CMMI 过程域中基本上都能找到对应部分。项目管理知识领域与 CMMI 过程域之间的映射关系见表 3-9。

表 3-9　项目管理知识领域与 CMMI 过程域映射关系

知 识 领 域	CMMI 过程域
整体管理	PP/PMC/CM/RD/PI
范围管理	PP/RD/REQM/VAL
时间管理	PP/PMC/IPM
成本管理	PP/PMC
质量管理	MA/PPQA/OPF/QPM
人力资源	PP/PMC/IPM
沟通管理	PP/PMC/IPMA/MA
风险管理	RSKM
采购管理	SAM
干系人管理	PP/PMC/IPM

3. 关键过程域内容

CMMI22 个关键过程域的目标及主要工作内容见表 3-10。

表 3-10　CMMI 的关键过程域

2.1　需求管理 REM	2.2　项目计划
在客户与开发方之间建立对需求的共同理解，维护需求与其他工作成果一致性，控制需求的变更 • 理解需求 • 获得对需求的承诺 • 管理需求变更 • 维护需求的双向追溯 • 确保项目工作与需求间的协调一致	建立并维护定义项目各项活动的计划 • 建立各类估算：范围、规模、工作量、成本 • 制订和维护项目计划 • 获得各方对计划的承诺
2.3　项目监督与控制 PMC	**2.4　供方协定管理 SAM**
按计划监督项目进展，以便在项目性能明显偏离计划时，采取适当的纠正措施 • 对照计划监督项目，包括：计划参数、承诺、项目风险、数据管理、干系人参与、进度评审、里程碑评审 • 分析问题，采取纠正措施，管理纠正措施	旨在对以正式协定的方式从项目之外的供方采购的产品和服务实施管理 • 确定采购类型 • 选择供应商 • 建立并维护与供应商的协议 • 提供供应商协议 • 接受所采购产品的交付 • 确保成功地移交所采购的产品

续表

2.5　测量与分析 MA	2.6　过程与产品质量保证 PPQA
开发并保持用于支持管理信息需要的度量能力 • 建立度量目标,说明度量项,说明数据收集、存储及分析的规程 • 获取度量数据,分析度量数据,存储数据和结果,通报度量结果	为项目组和管理层提供对项目过程及相关工作产品的客观评价 • 客观评价已执行的过程与工作产品 • 识别并记录不符合问题 • 向组织提供对质量保证活动结果的反馈 • 确保不符合问题得到处理
2.7　配置管理 CM	3.1　需求开发 RD
在整个软件产品生存周期中,建立和维护软件产品的完整性 • 识别配置项,建立产品基线 • 跟踪变更请求,控制配置项变更 • 建立配置管理记录,执行配置审计	挖掘、分析并建立客户需求、产品需求和产品构件需求 • 开发客户需求 • 开发产品需求 • 分析并确认需求
3.2　技术解决 TS	3.3　产品集成 PI
选择、设计并实现满足需求的解决方案 • 评价并选择解决方案 • 开发所选解决方案的详细设计 • 将设计实现为产品,编制产品支持文档	将产品构件组装成产品,确保集成后的产品正常工作,并且确保交付产品 • 制定并实施集成策略 • 采取必要措施确保接口兼容性 • 将检验后的构件组装成产品,并测试及打包
3.4　验证 VER	3.5　确认 VAL
确保开发出来的产品满足需求规格说明的要求 • 选定需要验证的工作产品,建立验证环境、验证规程与准则 • 执行同行评审,分析同行评审数据 • 执行验证,分析验证结果	证明产品或产品构件在预定的环境中能够按照预定的功能工作 • 选定需要确认的产品,建立确认环境,确定确认规则与准则 • 执行确认,分析确认结果
3.6　集成项目管理 IPM	3.7　风险管理 RSKM
按照剪裁自本组织的标准过程集合的、集成的、妥善定义的过程来管理项目,管理项目干系人 • 建立项目过程,计划项目活动,集成各类计划,建立项目团队,按计划管理项目,为组织提供过程资源 • 管理项目干系人及相互关系,解决协调问题	识别潜在的问题,策划应对风险的活动,必要时在整个项目生存期采取必要措施缓解风险影响 • 确定风险来源与类别,定义风险参数,建立风险管理策略 • 识别风险,评价、分类风险,划分优先级 • 制订并实施风险缓解计划
3.8　决策分析与决定 DAR	3.9　组织过程关注 OPF
应用正确的评价过程,依据规定标准评价候选方案,在此基础上进行决策 • 建立决策分析指南 • 建立评价准则 • 识别备选解决方案 • 选择评价方法 • 评价备选解决方案 • 选择解决方案	在理解现有组织过程与组织资产的强项和弱项的基础上,计划、实施、部署组织过程改进 • 评估组织的过程,识别过程改进机会 • 计划并实施过程改进计划 • 在组织内全面部署组织级过程资产,并将与过程相关的经验纳入组织级过程资产

续表

3.10 组织过程定义 OPD	3.11 组织培训 OT
基于过程需要与组织的目标,建立并维护组织的标准过程集、工作环境标准与其他资产 • 建立标准过程 • 建立生命周期描述 • 建立裁剪准则与指南 • 建立组织的度量库 • 建立组织的过程资产库 • 建立工作环境标准 • 建立团队的规则与指南	增加组织中各类人员的技能和知识,以便他们能有效地履行其职责 • 识别培训需求,制订培训计划,建立培训体系 • 按计划实施培训,做好培训记录,评估培训效果
4.1 组织过程性能 OPP	4.2 量化项目管理 QPM
建立和维护对组织的标准过程集合的定量了解,并且为定量管理组织的各个项目提供过程性能数据、基线和模型 • 建立质量与过程性能目标 • 选择过程 • 建立过程性能度量项 • 分析过程性能并建立过程性能基线 • 建立过程性能模型	对项目已定义的过程实施定量管理,以便达成项目所确定的质量和过程性能目标 • 建立项目的量化目标,组成有助于达成目标的项目定义过程,选择度量项与分析技术 • 使用统计及其他量化技术监督子过程,定量管理项目的质量与性能,分析问题原因
5.1 原因分析与决策 CAR	5.2 组织绩效管理 OPM
识别缺陷和其他问题的原因,采取措施防止将来再次发生这些问题,改进过程性能 • 选择分析数据 • 分析产生缺陷或问题的原因 • 提出并实施行动提议 • 评价已实施行动的效果 • 记录原因分析的数据	选择并部署渐进式的和革新式的改进项目,对组织的过程和技术实施可度量的改进 • 分析过程性能数据,识别潜在改进领域 • 挖掘分析改进建议,选择要部署的改进 • 计划并部署改进行动,评价改进效果

课后思考

3.1 产品生命周期与项目生命周期有何联系与不同?

3.2 如何选择软件项目生命周期模型?

3.3 什么是产品导向过程?什么是项目管理过程?

3.4 理解项目过程管理的运行机制。

3.5 戴明环的核心思想是什么?

3.6 项目管理有哪十个知识领域,相互间有什么关系?

3.7 项目管理有哪五个过程组,相互间有什么关系?

3.8 项目管理十个知识领域与五个过程组间有什么关系?

3.9 CMMI 五个成熟度级别分别具备什么样的过程能力与行为特征?

3.10 CMMI 五个成熟度级别的过程可视性有何区别?

第4章

思维决定成效

重要的不是获取知识,而是发展思维能力。教育无非是一切已经学到的东西都遗忘掉的时候所剩下的东西。

——马克思·冯·劳厄(Max von Laue)

因发现 X 射线在晶体中的衍射,劳厄获得了 1914 年诺贝尔物理学奖。

有种说法认为,成功=思考+行动+表达。思考力是万力之源,行动力是万力之本,表达力是万力之魂!要将注意力集中在思考上,做高效的思考者。思考一旦出现了偏差,执行力越强,犯的错误就越大。

著名教育心理学家本杰明·布鲁姆(Benjamin Bloom)认为,认知过程自下而上依次为低级认知水平的回忆、理解、应用以及高级认知水平的分析、评价、创造。

学校要教授学生的不仅是知识,更重要的是获取知识的能力以及思考的能力,尤其是积极性思考、批判性思考和创造性思考。思维能力培养是目标,知识传授是手段。同样地,项目管理知识体系的学习是手段,管理思想的领悟、思维习惯的养成才是真正的目标。思考是一种技能,通过训练是可以提高的。思维的错误绝大部分发生在感知的领域,而非逻辑推理上。因此,思维训练的重点,是感知能力的训练,注意力的训练。

4.1 左右脑的分工

在图 4-1 所示的卡片中有一些表示颜色的汉字,假定这些汉字是彩色印刷的,但是印刷的颜色与汉字代表的颜色不一致。如第一个字"黄"用绿色印刷,第二个字"蓝"用红色印刷……

读者可以依此法,在计算机中拼出这张卡片。

接下来首先从上到下,从左到右念出卡片中的文字,计算下时间。太简单了,六七秒就能完成。

图 4-1 左右脑的分工

然后从上到下,从左到右念出卡片中汉字的印刷颜色,再计算下时间。这时,你会发现事情好像不那么简单,你需要多出一倍的时间来完成,而且还不一定能保证完全正确。这是什么原因呢?

美国神经心理学家斯佩里博士(Roger W. Sperry)"左右脑分工理论"为我们揭开这个谜底,他并因此于 1981 年获得诺贝尔生理学奖。左脑主导理性思维,负责语言、概念、数字、分析、推理等;右脑主导感性思维,负责音乐、绘画、空间几何、想象、综合等,是创造力的源泉。左脑的记忆回路是低速记忆,右脑的则是高速记忆。我们看到的汉字抽象符号,直接进入左脑,经识别后转换成语言再对外发声;而汉字颜色,首先是进入右脑,再由左脑转换成颜色所代表的抽象概念,最后转换成语言对外发声。

左脑按照先后顺序进行活动,精于读字面语意(说什么),分析细节,注重分类。右脑同步进行活动,精于读懂画外音(怎么说),考虑全局,注重联系。情商之父——哈佛大学心理系教授丹尼尔·戈尔曼(Daniel Goleman)指出"成功=20%智商+80%情商"。智商主要取决于左脑,情商更多地决定于右脑。创造性思维是右脑最重要的贡献之一,右脑不拘泥于局部的分析,而是统观全局,以大胆猜测跳跃式地前进,达到直觉的结论。

F1 赛车比赛分排位赛与正赛。由于赛车车身较大,受赛道的限制,正赛时不可能同时发车。所谓的排位赛,就是由每位赛车手独自跑三圈,取最快一圈的成绩排序决定正赛时的发车顺序。排位赛在前的,正赛时比后一名次提前半个车身发车,占据起跑的优势。排位赛的名次,完全取决于赛车手个人的技术、经验及车况。

但赢在起跑线的,未必能笑到终点线,这也正是 F1 赛车的魅力所在。正赛的名次不仅取决于赛车手个人的能力,还与整个车队的整体协作配合有很大关系(轻油出发还是重油出发,雨地轮胎还是旱地轮胎,进站多少次、什么时候进站,进站是加油还是换胎、加多少油,队友间的配合等)。

左脑决定排位赛,右脑决定正赛。语言、算法、工具等理工科课程主要集中于左脑的训练,但只是跨越入职门槛的前提;真正决定职场之路能走多远,站多高的则是右脑决定的情商——抗压能力、亲和能力、创新能力、领导能力……项目管理中需要利用左脑的理性思维来"管事",进行计划、决策、跟踪、监督、控制;更要借助右脑的感性思维与创造性思维来"理人",进行项目的沟通协调、各方利益的平衡以及各种意外的变通处理。

4.2 思维导图

1. 何为思维导图

思维导图以一种与众不同和独特有效的方法驾驭包括左脑和右脑在内的整个大脑——词汇、图形、数字、逻辑、节奏、色彩和空间感等。这样做的时候,它会给你畅游大脑无限空间的自由。

你会看到一种新的、以大脑为基础的高级思维方式：放射性思维，以及放射性思维的自然表达：思维导图。

——东尼·博赞(Tony Buzan)

神经元是神经系统的基本结构和功能单位，由胞体和突起两部分构成。树突接受冲动传至胞体，胞体发生出的冲动则沿轴突传出。突触是两个神经细胞之间的轴突或树突在空间上相互接近而形成的物理连接。人的神经系统是一个以神经细胞为基本单元，由大量的突触互相连结所形成的庞大网络。

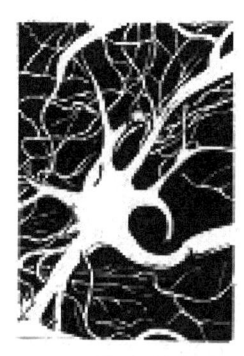

人类的思维特征呈放射性，每一条进入大脑的信息、感觉、记忆或思想(包括每一个词汇、数字、代码、食物、香味、线条、色彩、图像、节拍、音符和纹路)，都可作为一个思维分支表现出来，相互交织成放射性立体的结构。

东尼·博赞经过对人类大脑潜能的潜心研究，于 20 世纪 70 年代创立了思维导图(心智图)(Buzan，2009)。心智图是一种使用左右脑思考的放射性思维方法，是一种把概念图像化的思考方法，能快速激发灵感，有助提升创意思考能力。

思考最大的敌人是复杂，最大的障碍是混乱。思维导图是看得见的放射性思维，是基于对人脑的模拟，使用线条、符号、词汇和图像，遵循简单、基本、自然、易被大脑接受的规则把思维的过程"画"出来。思维导图的画面如同人的大脑结构图，将枯燥的信息变成彩色直观、易识易记、组织严密的图，与大脑处理事物的自然方式相吻合。

使用思维导图是波音公司提高项目成效的有效办法之一。这帮助我们公司节省了一千万美元。

—— Mike Stanley

波音公司在设计波音 747 时广泛采用了这种高效的思维工具。项目研发期间，斯坦利博士和他的波音飞行工程师团队绘制了 25 英尺长的思维导图。

据波音公司参与设计的工程人员讲，如果使用传统的方法，设计波音 747 这样大型的项目要花费 6 年时间，但是，通过使用思维导图，他们只用了 6 个月的时间就完成了设计。

2．如何绘制思维导图

1）白纸中心画上主题

找一张 A3 空白纸，横放，以给思维留下更广阔的空间。

在中心区，用水彩笔随性画出最能表达你对主题理解的简笔画/漫画，要求色彩鲜艳、有较强的视觉效果。从中心开始，不容易受拘束，可以使思维向各个方向自由发散，能更自由、更自然地表达想法。有趣夸张的主题图，可使精神集中、大脑兴奋，激发思维的活力。画图的过程，就是抓住主题本质、深化对主题的理解，进而发挥联想和想象的过程。

2）发散联想细化主题

进入左脑的主题概念与进入右脑的主题图形,触使你同时开动左右脑,不受任何约束地关联、联想与中心主题有关的事物,不断产生新的思路、新的想法,提取关键词。

从中心图开始,使用不同颜色画一些向四周放射出去的粗线条,及时记录瞬间闪现的灵感。这些主题分支要像树枝条一样弯曲柔软,由粗及细向外伸展,同时分支要有发散感。

明快的颜色与图像一样能激发创造性思维,增添跳跃感和生命力。正面情绪用喜欢的颜色,负面情绪用讨厌的颜色。

主分支的数目最好为五到七个。对每一分支,标上关键词,画幅小图,代表你对中心主题的某一方面的想法。使用单个关键词而不是短句,使得图形更醒目、简洁,可以更自由、更灵活地表达思维,有助于在联想中擦出新的火花。

分支布局要均衡,线条长度略大于关键词的长度。

3）扩展思维细化分支

由主分支的每一关键词/小图出发,触发灵感,进一步联想推导,发散出更多的二级分支、三级分支。

不同层级的分支,由上而下、递进启发、逐级相接、连绵不绝。线条由粗及细,颜色由深及浅,字体由大到小,留有适当空间以便随时增加内容。分支间的层次与连接关系,反映了人脑对事物间内在关联的认识与理解。

各级分支的关键词旁最好都能配上一幅体现分支核心概念的小图。如要强调分支的关系,还可用箭头或相同图标等方式直观表示。如要强调分支顺序,可在关键词旁写上序号。如由于布局关系,无法详细展开某一分支,可在关键词旁写上引号,而后在空白地方进行进一步的详细分析。

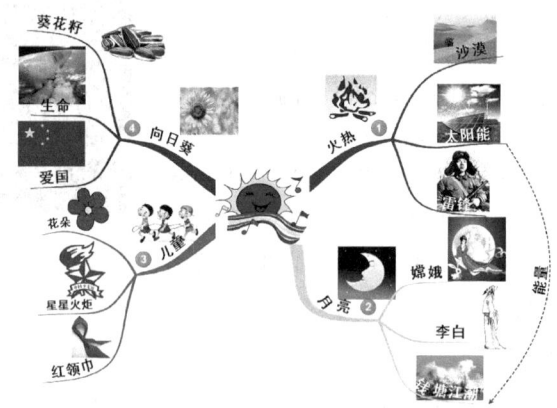

至此一幅由符号、代码、线条、词汇、颜色和图像构成的思维导图就呈现在你的面前了。每个关键词/小图都成为一个思维迸发的子中心,形成从中心向四周放射,结构酷似大脑神经系统的多维空间结构。思维导图层次分明、重点突出、关联清晰,兼顾宏观的整体把握与微观的细节关注,形象再现了放射状的思考过程,是左右脑协同互动的结果。

3. 思维导图的应用

思维导图应用十分广泛,可以作为学习、记忆、计划、沟通、会议等的辅助工具。

课堂讨论 4-1　思维导图的应用

1. 个人任选主题绘制思维导图，例如，我是什么样的人、我的理想、我的毕业之旅等。
2. 由班长牵头，全班共同在黑板上绘制"我的班级"。

4.3　六顶思考帽

1. 传统思维的局限

《大涅槃盘经》三二："尔时大王，即唤众盲各各问言：'汝见象耶？'众盲各言：'我已得见。'王言：'象为何类？'其触牙者即言象形如芦菔根，其触耳者言象如箕，其触头者言象如石，其触鼻者言象如杵，其触脚者言象如木臼，其触脊者言象如床，其触腹者言象如瓮，其触尾者言象如绳。"

"盲人摸象"的故事中，争论的各方站在各自的角度，看到大象的不同侧面，他们的观点看上去都是对的。问题是他们仅凭片面的了解或局部的经验，就以局部臆测整体，并且企图证明对方是错误的，结果吵成一团，谁也说服不了谁。再看看，下面的两张图有区别吗？

当我们进行传统性思维时，总是尽可能同时考虑很多的因素，思考过程混乱。我们总是习惯于在同一时刻既考察信息、形成观点，又要评判其他人的观点，这样就很容易陷入对抗性思维的误区：激起争论，破坏关系；打压不同观点，阻断发散性思维；缺乏建设性、全面性、计划性和创新。

平行思维引导我们分别从不同侧面和角度对问题进行分析，而不是同时考虑很多因素。平行思维工具是替代争论的良好手段。任一时刻，每个人都从相同的方向看问题，每位思考者都将自己的观点同其他人同等对待，而不是一味地批驳其他人的观点。

1984 年洛杉矶奥运会之前，每个举办奥运会的城市都面临一场财政"灾难"已形成固定思维。1976 年蒙特利尔奥运会亏损高达 10 亿美元，以至 20 年后蒙特利尔市民还要替当年的奥运会交税。但 1984 年洛杉矶奥运会却盈利 1.5 亿美元。

这一奇迹的创造者尤勃罗斯,曾于 1975 年参加了爱德华·德·波诺博士主办的"六项思考帽"培训。尤勃罗斯以其敏锐的经济头脑,运用横向思维理论,发现并挖掘出了潜藏在奥运会中的巨大商机。

尤勃罗斯在寻找造成奥运会财政"灾难"产生原因的同时,独具慧眼地看到了另一个不赔钱的"窗户":不再搞新建筑,充分利用现有的设施,同时直接让赞助商为各项目提供最优秀的设施。

尤勃罗斯采用欲擒故纵的手法,对赞助商提出近乎苛刻的条件,但赞助商纷至沓来,一时竟成热门。最后,尤勃罗斯以 5:1 的比例选定了 23 家赞助公司。同时以 2.5 亿美元的天价把电视转播权卖给了美国全国广播公司,还以 7000 万美元的价格把奥运会的广播转播权分别卖给了美国、欧洲、澳大利亚等,从此打破了广播电台、电视台免费转播体育比赛的惯例。

2. 平行思维模式——六项思考帽

思考的质量决定未来的质量。对于过去你可以分析,但对于未来,你却不得不去设计。只有设计才能传递价值!

——爱德华·德·波诺(Edward de Bono)

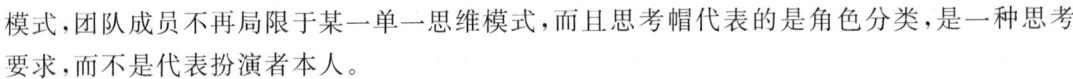

六项思考帽是英国学者波诺博士开发的一种思维训练模式,或者说是一个全面思考问题的模型。它提供了"平行思维"的工具,避免将时间浪费在互相争执上。

在多数团队中,团队成员被迫接受团队既定的思维模式,限制了个人和团队的配合度,不能有效解决某些问题。运用六项思考帽模式,团队成员不再局限于某一单一思维模式,而且思考帽代表的是角色分类,是一种思考要求,而不是代表扮演者本人。

图 4-2 中,六种不同颜色的帽子代表六种不同的思维模式,使我们将思考的不同方面分开,可以依次对问题的不同侧面给予足够的重视和充分的考虑。如同彩色打印机,先将各种颜色分解成基本色,然后将每种基本色彩打印在相同的纸上,就会得到彩色打印结果。同理,我们对思维模式进行分解,分别按每种思维模式对同一事物进行思考,最终得到全方位的"彩色"思考(Bono,2004)。

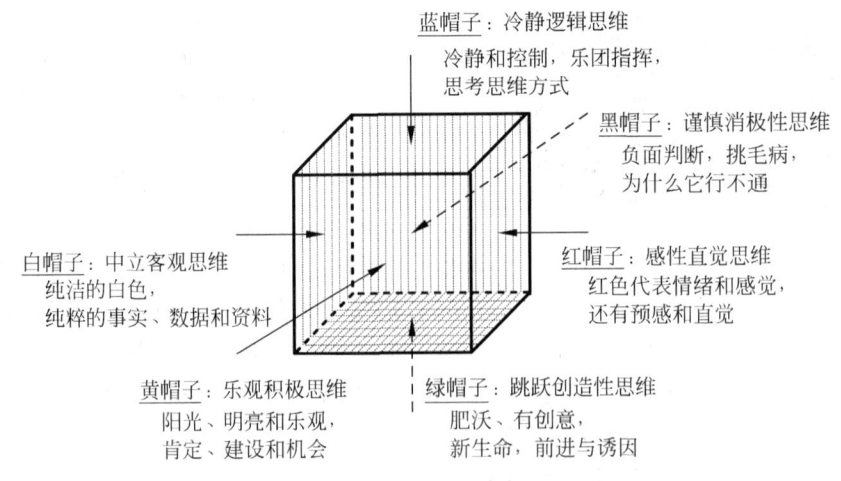

图 4-2 六项思考帽

六项思考帽的六种思维角色，几乎涵盖了思维的整个过程，既可以有效地支持个人的行为，也可以支持团体讨论中的互相激发。任何人都有能力进行以下六种基本思维：

1）白帽子

白色是中立而客观的，用事实说话，用数字说话，说明信息获取的渠道，报告人们的感受，评估信息的实用性和准确性，记录相互冲突的观点，不下结论，拒绝辩论。

我们拥有哪些信息？需要拥有哪些信息？缺少哪些信息？如何获得这些信息？

提供实用、准确的信息是团队中每个人的责任而非义务，白帽子思维促使思考者把事实与解释区分开，促使人们更加中立而客观。集中式提问则是避免淹没在信息海洋中的有效方法。表4-1展示了事实陈述与主观推断的区别。

表 4-1　白帽思维下的事实与推断

推　断	事　实
今天天气很热	今天气温是 35℃
选民投票意愿很高	投票率 75%
房价上涨过快	房价同比上涨 15%
工程项目进度很快	一半工期不到就完成 60% 工程投资

招聘

急招门店销售助理若干。男女不限，热情开朗，年轻有活力，工作轻松，免费食宿，免费制服，工资、奖金优厚。

讨论1：上面这则招聘广告说清楚了吗？

讨论2：用事实和数字介绍下你自己是什么样的人。

2）红帽子

红色带有感性直觉色彩，用感觉、直觉、预感直接表达自己真实的看法，反映情绪的温度（见图4-3），可以与中立客观的信息完全相反，无须解释，无须道歉，无须辩解。

我很欣赏这个方案，我讨厌这种做法，我觉得这事很蠢。

情绪有时会以理智和理性的面目出现，隐藏很深，会在最后一分钟改变决策的方向，产生不必要的争论和误解，而人们又不愿坦率面对或承认。

红帽思维提供了表达情绪和感觉的渠道，使其合理成为理性思考的重要一部分，是大脑运作必需的一部分，而不是一种干扰，使思考者自由进出情感的各种模式，减少了口

我很有热情！
我喜欢它！
我希望我有更多的信息。
听起来很有趣。
我不确定。
我不喜欢它。
我讨厌它！

图 4-3　情绪的温度

角的发生。红帽子可以作为决策思考的一部分，决定我们对信息的判断和取舍，所有优秀的决策最终诉诸于感觉；也可以在做出决定后观察成员的情绪态度，以预见决定在执行中的可能性，帮助调整改善方案。

讨论1：送子女到国外读书好吗？

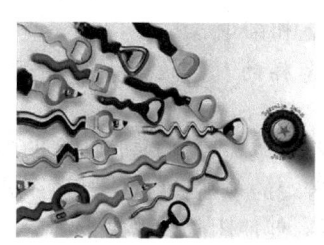

讨论2：30秒内说出对左图喜好，无须做任何解释。

3）黑帽子

黑色是阴沉、负面的，以批判的眼光、悲观的论调、谨慎的思考来审视事物的消极方面，对事实和数据提出质疑，指出自身的短板、经验教训以及遇到的问题、困难、风险、隐患，对所关注的问题给出合乎逻辑的理由。

哪里不对？有什么缺点？为什么不能这么做？

黑帽思维促使思考者注意那些值得警惕的事情，从而规避一些危险和问题。黑帽使用比较自然，难免招致一些怨恨，必须受到控制，如果滥用会产生很多问题。只有主持人要求使用黑帽思维时，大家才共同使用，其他时间不可以使用黑帽思维。

讨论1：送子女到国外读书有哪些弊病？

讨论2：认真观察左图，找出这则广告的致命伤。

4）黄帽子

黄色是乐观积极的，正面看待问题，积极肯定事物，把所有可能性摆到桌面上，有根据地加以选择，给每一种可能性同样的选择机会。需要深思熟虑，有逻辑关系和相应依据，理由充分。

方案有哪些可取之处？这不一定是个坏事？这个方向我们有哪些不错的市场机会？

黄帽思维引发人们以正面积极的态度花时间寻找提议，寻找任何一个建议的价值，进行建设性和启发性的思考，寻找闪光点，促成问题解决。黄帽思维要有意识地加以锻炼，与黑帽思维一起使用，以全面辩证地看待问题。

讨论1：送子女到国外读书有什么可取之处？

讨论2：陈绍华设计的2008北京申奥标志因何打动世人？

图/陈绍华 2008 北京申奥

5）绿帽子

绿色是春天的色彩，创造解决问题的方法和思路，为创造性的努力提供时间和空间。帮助人们克服思维定式，防止从上、从众、墨守成规的倾向，鼓励寻求新方案和替代方案，发现并改正错误。不管提出的想法是否可行，至少不受任何影响、没有任何阻碍地想过了，这是最重要的一点。

还有其他可选方案吗？怎样克服目前的困难？我们能不能想想其他办法？

绿帽思维是创造性思考，发展代替了判断，可以很自然地平衡黑帽思维的天然主导地位，将人们带出一般的思考模式，引导人们暂停在某一点上，寻找多种可能的选择。要求人们认真对待所有建议，将注意力集中在改进而不是判断上，将荒谬转为诱因，顺势思考。每个观点都是有价值的，集思广益，多多益善，将大胆的想法变得可行也是个有趣的过程。

讨论1：如何通过一家心仪已久的文化创意企业的校园宣贯会，成功应聘？

讨论2：在 ☐ 再填上一笔，使其成为新的图案。

6）蓝帽子

蓝色是天空的颜色，控制着事物的整个过程，是对思维的思考，对思考的主持、组织与控制。蓝帽提出正确的问题，布置思考任务，约束思考的形式，监督思考的过程，控制思考的时间，指挥其他思考帽的运用，阻止无谓的争论，适时做出概要、总览和结论。

我们应当从哪里开始？议程是怎样的？应该用哪些帽子？我们怎样去总结？

蓝帽是主持人的帽子，任何成员都可以戴，目的是让所有的参与者都参与集中思考，确保人人遵守游戏的规则，坚持绘制地图式地思考指出不合适意见，要求做出总结，促使团队做出决策。蓝帽

思考者是汽车越野赛中的领航员,时刻关注车手与赛车状况,确保赛车不偏离预定比赛路线。

没戴好蓝帽子将导致讨论没有焦点、没有议程、频频跑题,与会人员参与度不高,陷入无休止争论中,甚至人身攻击,会议冗长超时却又无果而终。

3. 六顶思考帽的应用

六顶思考帽可以简化思考,让思考者在某一时刻只做一件事情,思考者可以自由转换思考方式,避免思考及沟通的人为障碍。六顶思考帽有助于发挥团队智慧,提升群体决策效率及能力,全面了解问题,使结论自然而然地形成。

六顶思考帽可广泛应用于个人事务、沟通交谈、会议讨论、工作报告等方面。根据面对的问题,可以单独戴上某顶帽子进行思考,也可以采用多种帽子的组合来思考。

当参与者各执己见,讨论热烈而发散,时间紧迫情况下可以系统地使用六顶思考帽。但务必注意:同一时刻所有人都要戴同一顶帽子思考,并坚持限定每顶帽子的使用时间。思考帽的使用没有固定的、绝对正确的序列,某顶帽子可多次使用或者根本不用。不同主题的讨论建议采用不同的帽子序列,要正确使用初始序列、中间序列、结尾序列,充分使用简单的短序列。

1)单独使用(见表 4-2)

表 4-2 六顶思考帽的单独使用

	使 用 说 明
白帽子	评价新情况,影响决定,打消不实念头,预先计划,解决争端,谈判 例如,手头有哪些竞争对手的信息
红帽子	征求团队意见,探索内心情感,对决策进行投票,预测方案的可接受性 例如,如果天气不好,明天的演出照常进行吗
黄帽子	探究新方案,评价见解,减少负面性,处理重大变化,检查忽略的价值 例如,节假日高速免费有什么好处
黑帽子	避免错误,评估变化,检查可行性,谈判 例如,项目延期上线,会产生什么不利影响
绿帽子	向自满挑战,寻求改进,寻找新方法新理念,摆脱束缚 例如,治理雾霾有没有什么比较好的办法
蓝帽子	提供思维架构,探寻主题,保持思维轨迹,要求结果,设定时间限制 例如,我们该如何解决这个问题

2)正确使用序列(见表 4-3)

表 4-3 六顶思考帽的系统使用

序 列	示 例
初始序列 (蓝、红、白、黄之一)	• 蓝帽:我们该如何解决这个问题 • 红帽:你怎么看这个问题 • 白帽:我们有什么信息 • 黄帽:先找找对我们有利的地方
中间序列 (绿、黄、黑、白的组合)	• 绿帽:替代方案是什么 • 黄帽:看看有没值得借鉴的地方 • 黑帽:方案有什么缺点吗 • 白帽:这不是与我们知道的信息不相符吗

续表

序　列	示　例
结尾序列 （蓝、黑、红之一）	• 黑帽：需要行动决定时,使用黑色得出最终评价 • 红帽：对于不可控制的重大决策,使用红色结尾 • 蓝帽：使用蓝色进行总结,迅速决策并采取下一步行动

3）简单的短序列（见表 4-4）

表 4-4　六顶思考帽简单的短序列

使　用　场　景	建议的序列及说明
提出想法	1. 蓝帽：讨论要达成的任务是什么 2. 白帽：现在我们都掌握什么情况 3. 绿帽：我们都想想有什么办法
快速评价	1. 黄帽：优点是什么 2. 黑帽：缺点是什么 3. 蓝帽：总结优缺点
改进	1. 黑帽：缺点是什么 2. 绿帽：如何克服这些缺点

4）典型应用步骤

STEP1 穷尽白帽子：陈述事实,说明问题,罗列数据,获取各类信息。

STEP2 多用绿帽子：头脑风暴,研究各种可能性,提出发散性建议。

STEP3 学会黄帽子：评估建议的优点,提出建设性方案。

STEP4 善用黑帽子：谨慎评估建议,发现风险、缺点。

STEP5 表露红帽子：对各项建议进行直觉判断,将问题的最后解决诉诸情感。

STEP6 戴好蓝帽子：设定议题,控制讨论过程,总结陈述,得出方案。

思考：软件测试中如何应用六顶思考帽？

4. 雨点变奏曲

课堂讨论 4-2　雨点变奏曲

要求：

　　班长牵头,讨论确定如何利用各种发声方式(如击打、拍手等),模拟下雨场景中的各种声音。最后全班协作,共同完成雨点变奏曲。指定一位同学做听众,对讨论的过程及演出的效果进行点评。

场景：

　　酝酿：天边飘来一片乌云,隐隐传来一声声闷雷,轰隆隆、轰隆隆、轰隆隆。

　　雨滴：滴答、滴答、滴答,小雨点打在行人的脸上,伴着秋风的吹过,感觉凉丝丝的,路上的行人纷纷加快了脚步。

小雨：滴答、滴答、滴答,滴滴答答；雨点越来越多、雨点汇成了雨丝；雨丝越来越密,雨丝汇成了雨线,在瑟瑟秋风中摇曳；淅沥沥,淅沥沥,下个不停；青箬笠,绿蓑衣,斜风细雨不须归。

中雨：雨线越来越密,天上乌云翻滚,雨线变成雨柱,噼噼啪啪、噼噼啪啪,万千条雨柱倾泻而下,小雨变成了中雨。

大雨：雨柱越来越紧,雨柱织成了雨帘,无数的雨帘缀合成漫天的瀑布,哗啦啦、哗啦啦；游荡的风,斜挂的雨帘,还有一把把雨中的小红伞。

暴雨：一道道闪电划过苍穹,一声声炸雷风云变色,咔啦、咔啦、咔啦；哗哗哗、哗哗哗,倾盆大雨从天而降；哗哗哗,哗哗哗,水天相连,汪洋一片；龙王因何发威,天河何故开口？

大雨：龙王请你消消气,天公请你多作美；哗啦啦哗啦啦,风中的雨帘如诗如画。

中雨：噼噼啪啪、噼噼啪啪,雨帘散尽,云雾拨开,千万条雨柱拍打着路面。

小雨：淅沥沥,淅沥沥,秋风秋雨愁煞人,何时歇一歇。

大雨：又是一阵阵响雷、轰隆、轰隆、咔啦、咔啦；哗哗哗、哗哗哗；雷声,风声,雨声,水声；一曲令人心醉的交响乐。

雨停：骤然间云消雾散,风雨之后见彩虹。

讨论：

1. 你觉得你们班的雨点变奏曲完成得好吗？
2. 在组织、讨论以及执行过程中,出现了哪些主要问题？应该如何改进？
3. 是否有效应用了六顶思考帽的思维？如果没有,你觉得是什么阻碍了知识的应用？

4.4　东西方管理的差异

东西方医疗体系的差别,集中体现了东西方文化的差异与思维方式的不同。东西方管理模式同样深深打上了东西方文化的烙印(房西苑,2010)。

1. 西方管理模式——分解、量化、模块化

西医归为对抗疗法,讲究科学,讲究便捷,将人视为器官零件的组合,强调按图索骥。

1) 复杂事情简单化

将人作为一个骨骼、血肉及神经网状交织的复杂整体研究起来很困难,由此就产生了西医学的基础——解剖学。将人自顶向下大卸八块,逐级分解为相对比较简单的器官(眼睛、鼻子、嘴巴、耳朵……)—组织(骨骼、血管、神经、肌肉……)—细胞(红细胞、白细胞、脑细胞……)。细胞结合成组织,组织聚合成器官,器官组合成人体。接下来,医学家首先研究好一个个细胞、组织、器官的生理特性及背后的生物学、医学机理,寻求合理

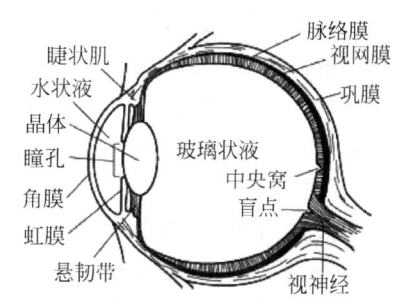

的科学解释。简单的个体研究透了,再考虑个体间如何相互联系、自底向上地构成一个有机的整体。

2）简单事情数量化

西医的诊断及治疗，是建立在严格的量化数字之上的。用数字说话，是西医讲究科学的最集中体现。体检时，如果收缩压>90mmHg判定为高血压，舒张压<90mmHg，则判定为低血压。小孩体温>37.2℃时即属于发烧；但医生一定会叮嘱38.5℃以下，以多喝水、物理降温为主；只有发高烧38.5℃以上时，才可以吃退烧药；退烧药的用量，与儿童的体重相关，并且相邻两次吃退烧药的间隔时间不能少于6小时，24小时内不能超过4次。

3）量化事情专业化

专业的人做专业的事，产生专业的效率与专业的效果。西医医院按专业可划分为内科、普外、骨科、神经科、影像科、眼科等。眼科又可根据每位专家的专长划分为近视、弱视、斜视、白内障、青光眼等。每位专家只需要专注于自己的领域，精益求精。而近视的就诊又可划分为验光、检查、配镜等环节。不同环节，对人员的技能要求不同。检查工作只能由受过良好训练的专业医生完成，散瞳验光只能由正规医院的验光师负责，而电脑验光、普通配镜则可交由经过一定培训的社会人员负责。

4）专业事情模块化

将非常专业的诊断及治疗的过程与方法固化为模块，既提高了效率，缩短了学习曲线，又增强了处理复杂事务的能力。如对于弱视的治疗，专家们根据医疗实践，总结出很多可行的模块化训练及治疗方案：遮盖训练、红光闪烁、后像训练等。普通的医生只需对患者进行定期检查，根据具体情况，正确验光配镜，制订组合训练及治疗的方案。

西医的优点在于，诊断及治疗一切有据可依，治疗专业，见效较快，医学知识的传承结构化、体系化。但我们也经常听到对西医的一些微词：头痛医头，脚痛医脚，治标不治本，副作用较大，对一些慢性病无能为力。

2. 东方管理模式——集成、综合、具体化

中医归为完整医疗体系，讲究辨证，讲究婉转，将人当作一个协调互动的系统，强调阴阳调和。在研究方法上，以整体观、相似观为主导思想，以脏腑经络的生理、病理为基础，以辨证论治为诊疗依据（维基百科，中医）。

1）整体观

中医以阴阳五行作为理论基础，将人体看成是气、形、神的统一体，人体各个组织、器官共处于一个统一体中，不论在生理上还是在病理上都是互相联系、互相影响的。

中医还认为人与自然界是一个统一的整体。人的生命活动规律以及疾病的发生等都与自然界的各种变化息息相关。人们所处的自然环境不同及人对自然环境的适应程度不同，其体质特征和发病规律亦有所区别。自然界的变化可直接或间接地影响人体，机体则相应地产生反应。在功能上相互协调，相互为用，在病理上是相互影响。

2）辨证论治

中医通过望、闻、问、切，四诊合参的方法，探求病因、病性、病位、分析病机及人体内五脏六腑、经络关节、气血津液的变化、判断邪正消长，进而得出病名，归纳出证型，以辨证论治原则，制定"汗、吐、下、和、温、清、补、消"等治法，使用中药、针灸、推拿、按摩、拔罐、气功、食疗等多种治疗手段，使人体达到阴阳调和而康复。

中医从不孤立地看待某一生理或病理现象,多从整体角度来对待疾病的治疗与预防。在诊断、治疗同一种疾病时,多注重因时、因地、因人制宜,并非千篇一律。

现有科学无法完全解释中医的所有诊疗行为,是中医饱受争议的主要原因。

钱学森(1983)指出:"中医理论是前科学,不是现代意义上的科学。中医还不能用物理学、化学等现代科学体系中的东西来阐明,中医自成体系,是前科学,不是现代科学体系中的现代科学。中医理论不是现代意义的科学,却是经典意义的自然哲学。医学的前途在于中医现代化,而不在什么其他途径。我们要搞的中医现代化,是中医的未来化,也就是 21 世纪我们要实现的一次科学革命,是地地道道的尖端科学。"

中医强调恢复人体的阴阳平衡,促使气血运行顺畅,通过增强自身机体机能战胜病症。一些不治之症(如狂犬病、天花等),唯一救命之法是在疾病发作前,注射疫苗,促使人的机体产生免疫抗体,利用自身抗体杀灭病毒。这从另外一个角度佐证了中医治疗思想的正确与伟大。此外中医对一些慢性病的治疗效果也得到各方的公认。

世界卫生组织 1996 年在《迎接 21 世纪挑战》中,指出:"西医学正从针对病源的对抗治疗向整体治疗发展,从重视对病灶的改善向重视人体生态环境的改善发展。"

3. 东西方管理模式的融合

世界经理人网站中,有篇《象思维的东方管理模式》,对东西方管理模式的差异做了很好的诠释(吕谋笃,2010)。以下部分节略。

任正非在《管理的灰度》一文中指出,"西方在中国的企业成功的不多,就是照搬了西方的管理"。

柳传志在重掌联想集团董事长后,也提出并购 IBM PC后的联想集团困境,就是未处理好东西方管理模式的差异。

思维方式不同是导致东西方管理模式差异的根本原因。体现在管理模式上,西方的概念化思维认为管理是完美、精确与科学的,强调客观普遍的规律性;东方的象思维认为管理是自主、多变与灰度的,强调随"象"处理的现场感。

西方模式认为可以通过体系化的理论学习、丰富的案例分析,培养出合格的管理者;东方模式认为管理者技能只能在现场获得,通过对现场不停的总结与反思,最终在问题解决中形成自己的管理理念。

西方模式认为最佳管理实践是所有企业追求的终极目标;东方模式承认现状、改造现状,在现状的基础上实现自我完善。

西方模式相信管理本质具有不变的含义,可以实现精确管理;东方模式强调管理的变化与个性化,应充分利用员工的主动性。

西方模式体现"非此即彼"的二元对立思维,强行推进所谓的先进模式;东方模式秉持"非此非彼""亦此亦彼"的理念,合理地掌握合适的灰度。

就项目实施环境而言,国内与西方存在巨大的差异。**首先**,各类组织信息化成熟度不够,人员的信息化素养有待提高,不了解、不尊重软件开发客观规律的情况仍然很普遍。**其次**,项目经理面对的客户、团队及合作伙伴都是沉浸在东方文化中,以东方思维考虑问题,以东方模式进行管理的群体和组织。

　　项目管理是科学与艺术的结合(见图4-4),既要通过自上而下的分解来简化问题,又要从项目整体出发,宏观全面地分析问题,平衡各方关注点,追求全局最优。

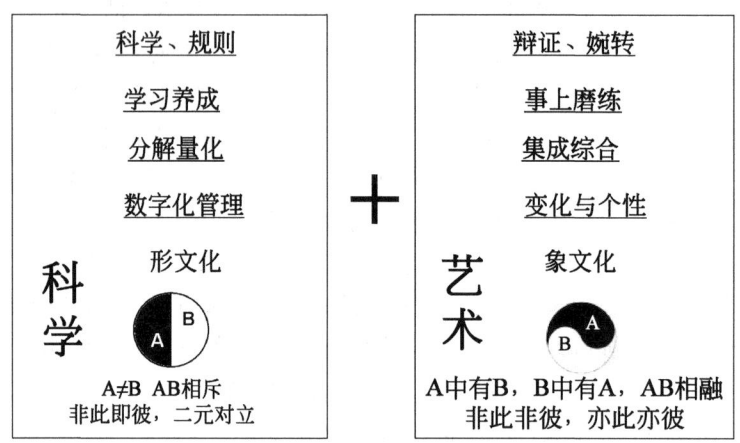

图 4-4　项目管理＝科学＋艺术

　　项目管理一方面要求讲原则,按规律办事。PMBOK 中基于分解、量化、模块化的原则,将项目管理划分为五个过程组,十个知识领域,每个知识领域又细分为一系列的管理过程及动作,规定了每个过程的输入、输出与处理过程。CMM 中也强调项目组要遵循组织标准一致的管理过程,进行目标分解、工作估算、资源估算、进度安排,项目监督与质量检测的过程要标准化、模块化,绩效考核要量化。

　　另一方面项目管理的五个过程组、十个知识领域又是相互联系、相互影响的统一体,项目中的人和事与项目周边的人和事也是相互联系、相互影响的统一体。项目管理不是纸上谈兵,不能僵化地套用固定程式,没有放之四海皆准的"最佳实践",不能用孤立的观点来看待项目中的人和事。在项目实践中特别强调集成、融合、变通,注重因人、因事、因时、因地。"非此非彼,亦此亦彼"的二元互补思维广泛渗透在项目决策、范围取舍、资源配备、任务编排及质量把控等过程中。

　　国内的软件企业多是在环境艰难、条件有限的无序竞争中一路拼杀出来,是在探索尝试→解决问题→总结规律→完善调整的过程中成长起来,逐渐培养出自己的项目管理人员,形成适合企业生存环境的项目管理体系。

　　大多数的项目经理,开始他们的第一次项目负责人经历时,并没有太多的经验和知识,惴惴不安于能否胜任。那些最终成长为优秀项目经理的人,是在问题解决过程中不断反思感悟,不断总结思考,形成自己的管理风格。而后如同任正非所说的"坚持自己成功的东西,要善于总结我们为什么成功,以后怎样持续成功,再将这些管理哲学的理念,用西方的方法规范,使之标准化、基线化,有利于广为传播与掌握"。

4.5　取象于钱,外圆内方

　　"方圆"之说源于我国古代的铜钱。古人把百来个半成品铜钱穿在一根棍子上修锉外沿。为了在加工铜钱时铜钱不乱转,将铜钱当中开成方孔。后来人们就称铜钱为"孔方兄"。

"取象于钱，外圆内方"是先人流传下来的大智慧，道出了做人处世应坚守的准则。"智欲圆而行欲方"，正如急流中的巨石，虽棱角全无，内中却坚实岿然，不随波逐流，却能最大限度地和水融为一体（包利民，2007）。

"方为做人之本"，方方正正，有棱有角，指一个人做人做事有自己的主张和原则，不为环境和潮流所左右（王爱军，2007）。

2000年，《商道》一书在韩国出版，记述的是李氏朝鲜末期的商人林尚沃（1779—1855）从一个身无分文的小店员成为朝鲜首富的故事（崔仁浩，2007）。

"财上平如水，人中直似衡"是林尚沃一生坚守的商道信条，他认为做生意"赚取人心比赚取金钱更重要"。

林尚沃从商的启蒙老师——江商都房洪得柱告诫他："所谓商道不是别的，只要了解到做人的道理，这就等于遵守了商道。以做生意为借口，以获得更多利益为借口，以想要赚钱为借口，因而违背做人的道理，这就不是一个真正的生意人。"

无论何时何地，也无论人生境遇如何，林尚沃由始至终都坚持自己做人的信念。

"圆为处世之道"，圆滑世故，融通老成，指一个人做人做事讲究技巧，能够认清时务，适应时势，与环境相容，避让矛盾，使自己进退自如、游刃有余（王爱军，2007）。

刘备寄人篱下，开园种菜，韬光养晦，蓄势待发，终有日后的三分天下。

清人张英为相，得势时低眉垂首，不与邻人争墙，始有桐城"六尺巷"。

苏东坡仕途坎坷，失意时积极乐观，"一蓑烟雨任平生"。

人生如行船，处处有风浪，时时有阻力。圆弧流线形的船头，就是为了减轻阻力，更快地驶向彼岸。圆是对人对事的宽容与大度，对锋芒的隐藏，对分寸把握的张弛有度。

方与圆各有功用，各有其长，既矛盾，又统一，关键在于度的把握。圆有余而方不足，则缺乏支撑的筋骨，易成见风使舵，终招人弃；圆不足而方有余，则棱角分明，刚脆易折，不免四处碰壁。方为根基，圆为枝叶。内不方则外不圆，外不圆则必损内方。只有把握好方和圆的辩证关系，当圆则圆，当方则方，方圆并用，方有尺度，圆有底线，做到因势应时，方圆结合，才能达到做人处世的和谐（王爱军，2007）。

"和若春风，肃若秋霜，取象于钱，外圆内方"。对黄炎培先生留给自己的座右铭，其子黄大能先生原先是这样解读的："这整个座右铭是教育我怎样待人接物，其中'取象于钱，外圆内方'八个字是指中国旧时的铜钱，中间有方孔，也就是如果认为这是真理，是绝对正确的事，就应像钱中的方孔那样方正，应该坚持，然而对人的态度，就应和若春风，也就是要'圆'。但是这里所谓的'圆'却不是'圆滑'。那在原则上必须要像'秋霜'一样的严肃。在待人处事上，则应像'春风'那样和气。"

后来，他在文汇报上做了补充："'和若春风、肃若秋霜'这八个字中一个'和'字，一个'肃'字是关键字眼。如果一旦自己确认为自己的意见是符合真理的，那么就该考虑用什么样的方式，甚至策略或手段来使他人能接受这个真理。所以这个'和'就不单解释为'和气'

两字了。至于'肃'字当然是指严肃。但深一层看，却还包括了'坚持'，乃至'刚阿不屈'。"

4.6 得其时，当其位

图/张卿华

老子有云："君子得其时则驾，不得其时则蓬累而行。"当时孔子三十四岁，志向远大，才能卓越，有股"天下兴亡舍我其谁"的劲头。老子的一席话，让他是惊诧莫名，如遭棒喝。老子提醒他：这世上的事就是知道进，还要学会退；知道勇，还要学会怯；知道直行，还要学会迂回；知道坚定，还要学会灵活(鲍鹏山，2011)。

孟子亦云："穷则独善其身，达则兼济天下。"这也是时位的问题，时位不属于你时，就静观不动，时位属于你时则去行事(南怀瑾，2002)。

翟鸿燊(2009)指出《易经》主要讲时间和空间的关系，什么叫宇宙，宇为时间，宙为空间，什么叫世界，世为时间，界为空间。对于人来说的时跟位，就像宇宙的时间和空间一样，是时刻变动的。一个人应该时时明确自己的位置，做人做事要合时宜，要与时消息、与时俱进、与时偕行。往往人们最大的局限就是时与位的局限。

春夏养阳，秋冬养阴。智者养生，因时制宜，顺四时而适寒暑，不时不食。青青绿草，长在公园，游人绕道而行之，长在农田，农夫必除之而后快。韩信执戟，马谡统军，人才不得其位，误事、误人、误己。普通一兵的职责就是练好单兵战术，保存自己、杀灭敌人，如果只是好高骛远，空谈战略，可能都等不到圆将军梦的那一天。

时一变，人所处的位也应跟着变，否则就不合时宜，动辄得咎；当位发生变化时，应对事情也应该调整时机。得时，应找准自己的位置；当位，应找准时机行事。

空间可以换取时间，时间可以换取空间。长征中的四渡赤水，解放战争中的三下江南、四保临江，都是很好的以空间换时间的例子，都是在不断运动中寻找战机，走着走着，情况就逐渐有了改观，决战歼敌的时机也就成熟了。替补上场的林书豪一飞冲天，以 25 分 5 篮板 7 助攻拉开了"林疯狂"的序幕，在竞争激烈的 NBA 有了立足之地。

金庸武侠小说《天龙八部》中逍遥派掌门无崖子为找个衣钵传人，设下珍珑棋局。黄眉僧、慕容复、段延庆等诸多高手，深陷棋局无法自拔。误打误撞的虚竹，白棋自填一气后，局面就此转圜，由此做活一角。有围棋爱好者按照书中描述，摆出了珍珑棋局。

虚竹慈悲之心大动，快步走上前去，从棋盒中取过一枚白子，闭了眼睛，随手放在棋局之上……

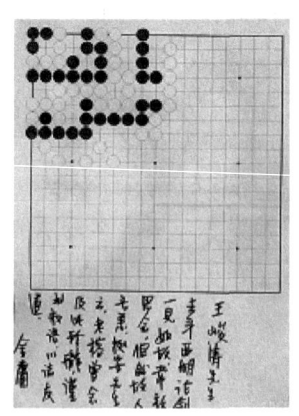

他双眼还没睁开，只听得苏星河怒声斥道："胡闹，胡闹，你自填一气，自己杀死一块白棋，哪有这等下棋的法子？"

虚竹一上来便闭了眼乱下一子，以致自己杀了一大块白子，大违根本棋理，任何稍懂弈理之人，都决不会去下这一着。那等如是提剑自刎、横刀自杀。

岂知他闭目落子而杀了自己一大块白棋后，局面顿呈开朗，黑棋虽然大占优势，白棋却已有回旋的余地，不再像以前这般缚手缚脚，顾此失彼。这个新局面，苏星河是做梦也没想到过的，他一怔之下,思索良久,方应了一着黑棋。

纹道论秤,黑白落子间尽显人生大智慧,傅小松(2001)对此有段精辟的论述。

棋盘如浩瀚星空,纵横十九路对称而简洁、浑然一体又茫然无际。棋子如繁星点点,黑白二色,形圆质朴,强弱无分,生死往复。象棋对弈从"有"开始,尚未开战,棋盘上早已森严壁垒。围棋搏杀从"无"开始,在空无一物的棋盘上交替落子,恰好印证了"天下万物生于有,有生于无"。其规则是最大限度的简单,棋子无级别划分,无功能规定,自由落放,平等竞争,但随着棋盘上棋子数量的增加和经营空间的扩大,棋局便产生了变幻莫测的可能,因应了宇宙由简至繁的发展过程。

项目如棋局,格局决定结局,成败得失端在你对时与位的把握——开局时的占位取势,中盘时的果敢坚决,收官时的每子必争,还有贯穿始终的大局观。项目管理无非是审时度势,纵览全局,在恰当的时间、恰当的地点,安排合适的人、做合适的事情。工作范围的时空界定、计划任务的时空调度、成本投入的时空分配、项目质量的时空保证、项目风险的时空应对、资源配置的时空优化、项目沟通的时空连接都需要参透"时"与"位",权衡利弊得失,折中各方意见。要求大处把握,化繁为简,举重若轻;小处着眼,由简入繁,举轻若重。举大而不遗细,谋远而不弃近。

4.7 刘易斯项目管理法

詹姆斯·刘易斯(James P. Lewis)博士,刘易斯研究所的创始人,当代著名的项目管理权威之一。自1980年以来,他已在全球培训了数万名项目主管和项目经理,著有畅销书《项目计划、进度与控制(第5版)》(刘易斯,2012)。

刘易斯总结的16步项目管理法(见图4-5)涵盖PMI定义的五大过程组:启动、计划、执行、控制和结束。他提倡用规范的思考过程去完成一件工作,这种规范的思考过程适用于任何类型、任何规模的项目,虽然它无法复制成功,但却可以避免重复以往的错误。

1. 启动

质量管理大师朱兰博士认为,"项目就是计划要解决的问题"。而解决问题的方法取决于我们如何定义这个问题。因此首先必须确保正确地定义所要解决的问题,阐述项目的任务和想要的结果,也就是明确项目的目标与构想。

2. 计划战略第一

接下来需要思考为达成目标所要采用的总体策略、工作方法,制订项目的战略计划及游戏规则,生成实现目标的备选方案,评估分析各方案的利弊得失,做出恰当的选择。

3. 实施计划

制订实施计划,确定项目实施的全部细节,如做什么、谁来做、如何做、做多长时间等。实施计划需要得到有关干系人的认可,以达成对项目的一致共识。在获得各方对计划的承诺之后,实施计划正式发布,同时建立项目的跟踪记录。

4. 执行与控制

正式落实计划,推进项目实施,对项目进展情况进行监督与控制。通过绩效评估与项目审查,对项目目标进行不间断的确认,目标有问题修正目标;目标没问题,策略出问题,修订

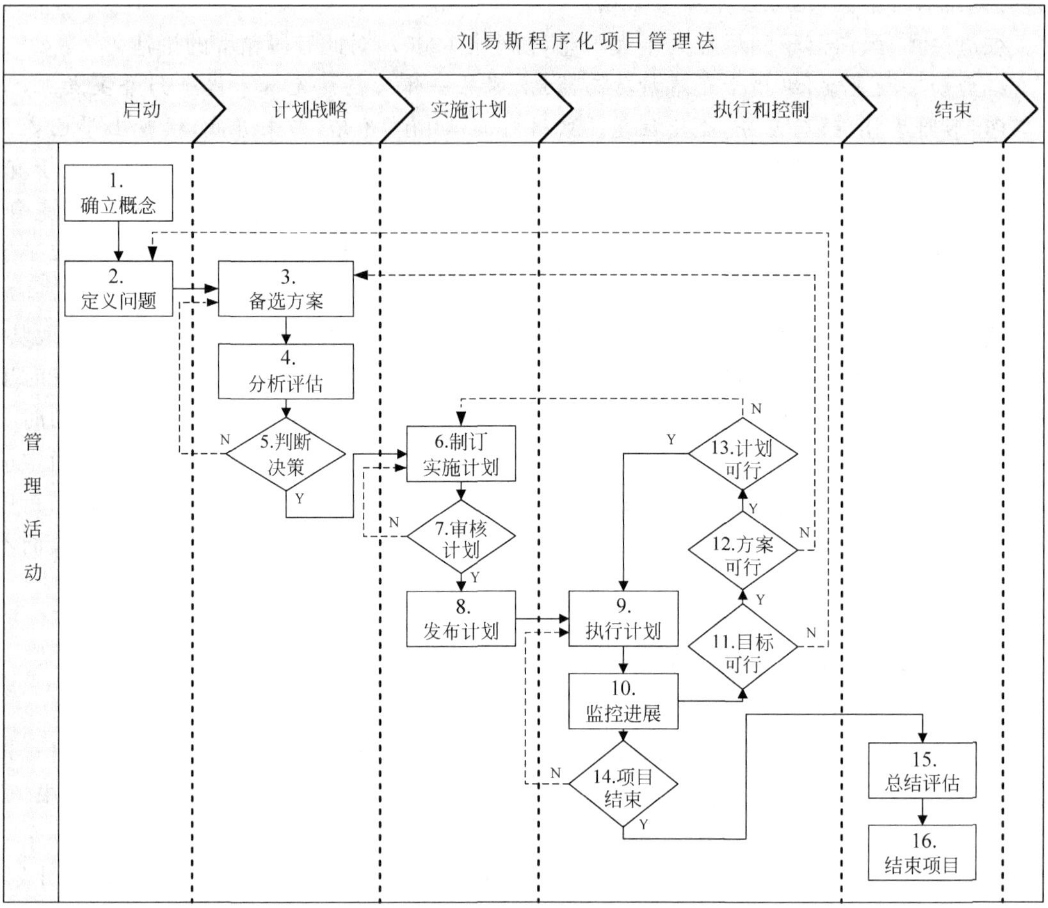

刘易斯程序化项目管理法

| 启动 | 计划战略 | 实施计划 | 执行和控制 | 结束 |

管理活动

1. 确立概念

2. 定义问题

3. 备选方案

4. 分析评估

5. 判断决策 N / Y

6. 制订实施计划

7. 审核计划 N / Y

8. 发布计划

9. 执行计划

10. 监控进展

11. 目标可行 N / Y

12. 方案可行 N / Y

13. 计划可行 N / Y

14. 项目结束 N / Y

15. 总结评估

16. 结束项目

图 4-5 刘易斯程序化项目管理流程

策略;策略没问题,计划有问题,修改计划;计划没问题,那就是执行力的问题,修订执行中的偏差。

5. 结束

结束是为了更好地开始。及时总结经验教训,问题归档,实现组织范围的知识共享,降低项目实施的风险,避免再犯同样的错误,提升整个组织的项目管理水平。

2012 年 4 月 25 日,香港特区政府表示,港珠澳大桥香港接线的工程预算需调高约 88 亿港元。此前,香港一名六旬老太质疑环境评估报告,向法院申请司法复核,导致港珠澳大桥停工。港府官员称,由于过去半年工程价格上涨,因此预算需要增加。

虽然港珠澳大桥工期拖延了时间,增加了巨额成本,但老太太的质疑权利得到了应有的尊重。在某种意义上,88 亿港元正是特区政府尊重民意而支付的制度成本,也是法治建设的必然代价。

决策程序的严谨透明比决策的结果来得更为重要,虽然它往往不是最高效的,但一般也不会在错误的方向上迷失太远、太久。对小型项目而言,你可以在程序与效率间进行平衡,你可以略去洋洋

图/王莉英 深圳特区报
2011-7-25

洒洒的漂亮文档,但必要的思考过程却是不能跳过的。

4.8 SWOT 分析

SWOT 分析法又称态势分析法,20 世纪 80 年代初由美国旧金山大学的管理学教授韦里克提出。四个英文字母分别代表:优势(Strength)、劣势(Weakness)、机会(Opportunity)、威胁(Threat)。其中,优势与劣势是对自身条件的分析,机会与威胁是对外部环境的分析。

图 4-6 SWOT 分析法

如图 4-6 和图 4-7 所示,SWOT 对组织内、外部条件各方面内容进行综合和概括,构造 SWOT 矩阵,定性分析组织的优劣势、面临的机会和威胁,进而做出相应的决策。

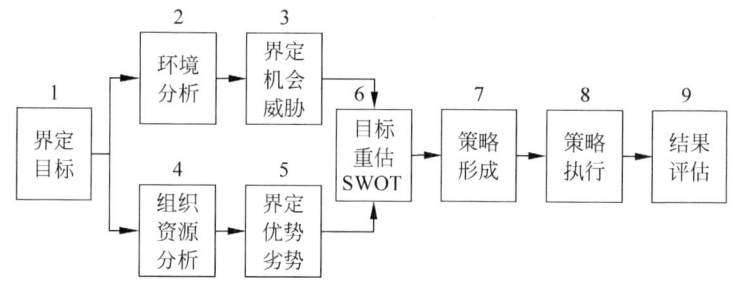

图 4-7 SWOT 分析过程

课堂讨论 4-3 SWOT 分析

任选一主题(如择业形势),针对自己情况进行 SWOT 分析。

(1) 罗列自身的优势与劣势,着眼于自身实力及与竞争对手的比较。

① 职业爱好:自己喜欢与不喜欢做的事情。

② 学历经验:学校品牌、学位文凭、专业对口、资格证书、社会工作、实习培训。

③ 学习能力:学习成绩、学习意愿、学习方法、领悟能力、学习深度。

④ 工作能力:主动性、独立性、严谨性、责任心、动手能力。

⑤ 人际能力:交往意愿、交往范围、交往深度、合作经验。

⑥ 资源支持:家庭条件、父母态度、社会关系、朋友支持。

(2) 罗列外部的机会与威胁,着眼于外部环境的变化及可能的影响上。

① 国际环境:国际关系、经济增长、市场开放、贸易自由、投资自由。

② 国内环境:经济发展、就业形势、政策引导、社会观念、舆论导向。

③ 所在区域:城市区位、社会水平、发展机会、居住环境、生活压力。

④ 行业情况:行业特点、景气程度、发展趋势、竞争程度、上下游产业价值链。

⑤ 企业状况:企业氛围、领导团队、业绩状况、发展势头、同业口碑、竞争实力。

⑥ 岗位情况：岗位要求、成长空间、竞争程度、薪资福利、竞聘对手。

（3）将各种因素根据轻重缓急或影响程度等排序方式，构造 SWOT 矩阵，把对个人择业最主要的影响因素优先排列出来，其他的影响因素排列在后面。

（4）优势与劣势、机会与威胁相互组合，形成 SO、ST、WO、WT 的策略。

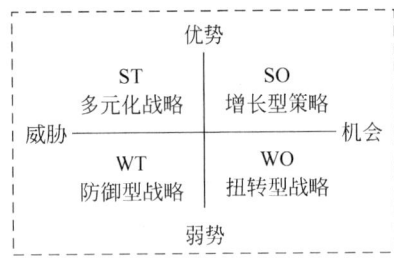

① 优势与机会组合（SO）：当自身具有特定方面优势，而外部环境又为发挥这种优势提供有利机会时，要充分发挥优势，紧紧抓住机会。

② 弱点与机会组合（WO）：存在一些外部机会，但自身条件不够，应该利用外部资源，借势弥补内部弱点，创造条件，抓住机会。

③ 优势与威胁组合（ST）：外部有威胁，自身有优势。利用自身优势，规避、化解外部威胁所造成的影响，最终将威胁转化为机遇。

④ 弱点与威胁组合（WT）：外部有威胁，自身有短板。弥补自身短板的同时不正面对抗威胁，而是采取规避迂回的方式，积极寻觅机会。

（5）对 SO、ST、WO、WT 策略进行甄别和选择，确定应采取的具体战略和方针。SO 是在最顺畅情况下的最理想对策，WT 是最困难情况下的最悲观对策，WO 和 ST 则是一般情况下，平衡折中对策。

4.9　双指标评估

双指标评估模型，可用于项目两个指标因素间的组合取舍分析，如风险-收益分析。

如图 4-8 所示，我们笼统地将择偶标准归为两个维度的组合，家境条件与个人魅力指数。

皇帝的女儿哪怕长得再丑，也一定有一大堆人排着队追；西施即便家穷四壁，贵为一国之君的夫差也会趋之若鹜。

普通人的平均择偶标准大致为"家境过得去、长得顺眼"，位于坐标的中心点附近。斜线以上的部分，可能都是他可以接受的区域，斜线以下部分不予考虑。

所以双指标评估模型中，坐标原点——行业平均基准的确定很重要。

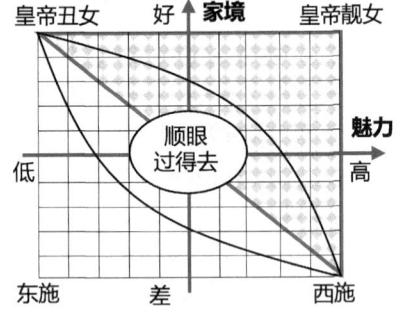

图 4-8　双指标评估模型

此外不同人的偏好曲线也会有所不同。要求较高的人，可能只能接受上凸曲线以上的部分；要求不高的人，只要下凹曲线以上的部分都可以接受。

课后思考

4.1　理解劳厄对于教育本质的深刻见解。

4.2 学会应用思维导图进行放射性思维,激发创造力。

4.3 进行集体讨论时,传统思维模式有什么局限性? 平行思维模式能带来什么益处?

4.4 学会应用六顶思考帽,促进团队高效协作。

4.5 东西方管理文化有何差异?

4.6 为什么说项目管理是科学与艺术的结合?

4.7 理解"取象于钱,外圆内方"的处世之道。

4.8 程序化决策与管理有什么利弊?

4.9 理解项目管理中时与位的重要性。

4.10 学会应用SWOT、双指标评估等方法辅助决策。

项目整体管理

项目整体管理贯穿"启动""规划""执行""监督""收尾"五个过程组,是整个项目管理知识体系的骨架,也是项目管理最小的过程集,基本过程如图 5-1 所示。项目整体管理以"PDCA 循环"为指导思想,综合考虑范围、时间、成本、质量及风险等要素,协调内外关系,平衡各方关注,整合各类资源与管理过程,追求全局最优,及时发现并纠正各种项目偏差。

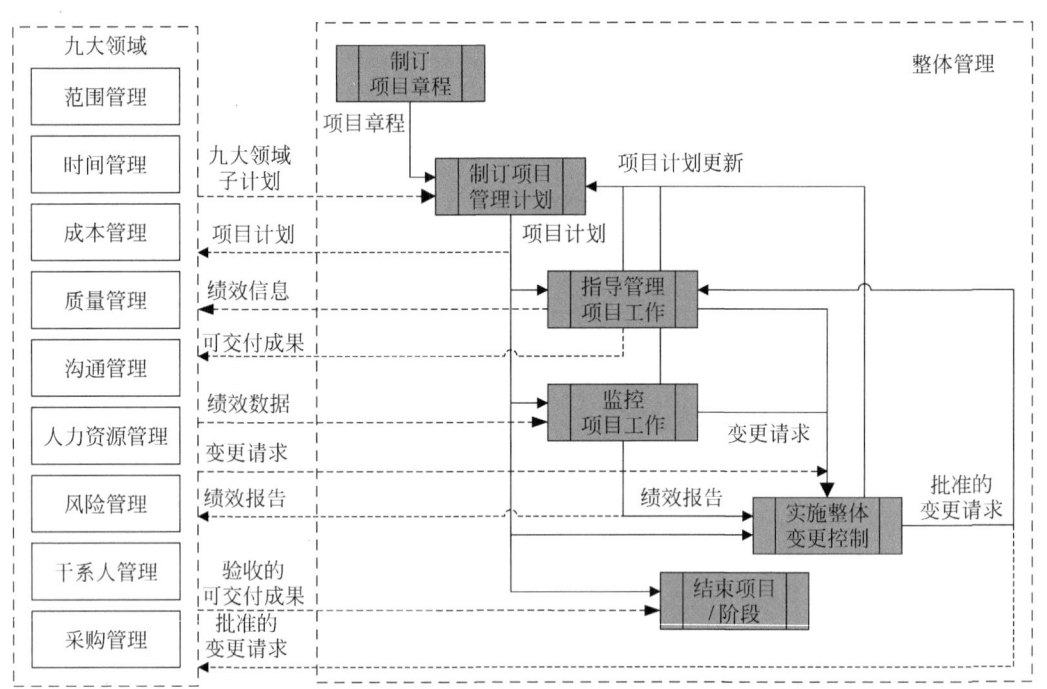

图 5-1　整体管理基本过程

- 制订项目章程:明确项目要求,规定项目团队的责、权、利,宣告项目的正式启动。
- 制订项目管理计划:平衡项目目标,整合各领域子计划,确定实施策略与行动步骤。
- 指导管理项目工作:强化执行力,落实各项计划,采集绩效信息,实施已批准变更。
- 监控项目工作:度量、评估、预测和报告项目绩效,监控风险,监督变更的实施。

- 实施整体变更控制：建立变更控制系统，以权变思维合理地审查、批准和管理变更。
- 结束项目/阶段：确保已实现所有项目目标，完成各项收尾工作，释放项目资源。

5.1　师出必须有名

毛主席说过，"政治路线确定之后，干部就是决定的因素"。每个项目都需要指定一名合适的责任人——项目经理，对项目实施工作负全责。所谓名正才能言顺，师出必须有名。《项目章程》是组织正式批准项目的文件，宣告项目经理的正式走马上任，赋予其相关权力，授权其可以开始招兵买马，要求相关人等要为项目实施提供必要的支持与配合。

5.1.1　需要一纸任命书

项目章程没有特定的格式，象征意义大于内容本身。最简单的可以是表 5-1 所示的一纸任命书或通告，宣示项目的存在，从组织的高度对项目经理的权力予以确认和声明。

表 5-1　简单的项目章程

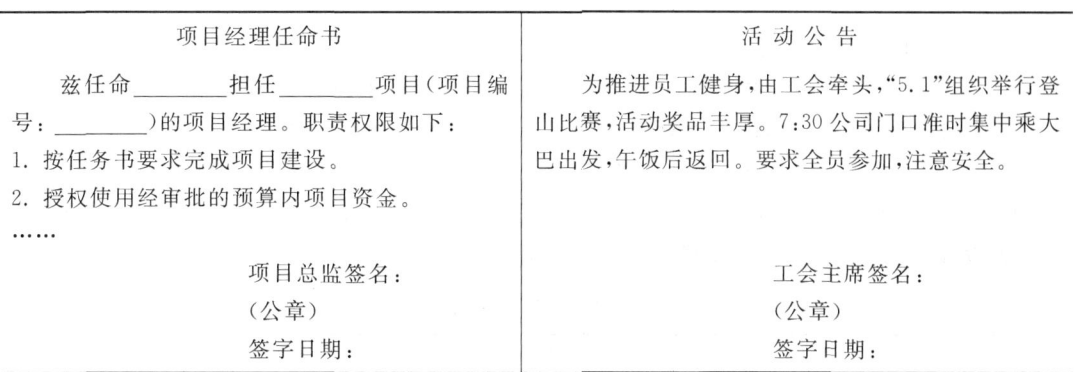

项目经理任命书	活动公告
兹任命＿＿＿＿担任＿＿＿＿项目（项目编号：＿＿＿＿）的项目经理。职责权限如下： 1. 按任务书要求完成项目建设。 2. 授权使用经审批的预算内项目资金。 ……	为推进员工健身，由工会牵头，"5.1"组织举行登山比赛，活动奖品丰厚。7:30 公司门口准时集中乘大巴出发，午饭后返回。要求全员参加，注意安全。
项目总监签名： （公章） 签字日期：	工会主席签名： （公章） 签字日期：

5.1.2　识别驱动因素和约束

Rothman(2010)指出，项目经理首先要搞清楚"项目要怎么样才算成功"，识别决定项目成败的关键驱动因素以及约束和浮动因素。

驱动因素、项目约束属于客户对项目的刚性要求或现实条件对项目的刚性限制。浮动因素则是可以妥协折中的要求或限制。理想情况下，关键驱动因素、约束应该都只有一个，浮动因素可以有三到四个。关键驱动因素过多，意味着大家对评判项目成功的条件还很模糊。刚性约束过多，意味着大家对项目的轻重缓急拿捏不定。

识别项目驱动因素从把握客户期望入手，其基本流程如图 5-2 所示。

- 软件项目交付日期通常是比较刚性的要求，往往会成为项目的一个驱动因素。
- 核心功能的按时与保质上线是项目必须达成的任务，其他功能集合常常是可以协商调整，至少可以分次交付。
- 不同类型软件对质量的着重点与严苛程度差异较大。有些聚焦在用户体验上，有些则着眼于计算资源的精妙调度以应对特殊应用场景……

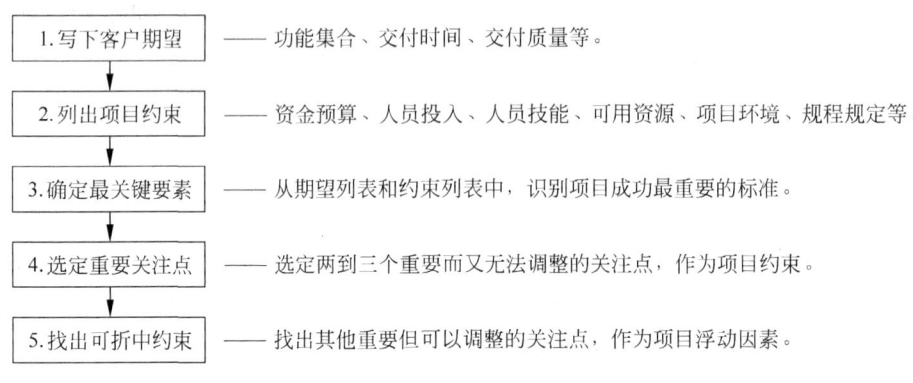

图 5-2 识别项目驱动因素(Rothman,2010)

- "熟练工"短缺通常是项目经理必须面对的常态化难题,对进度及质量影响甚大。
- 公司的技术路线、研发体系、政策导向及整体环境等对项目也会产生相应的约束。

5.1.3 凝聚共识的项目章程

项目章程确保各方能够对项目达成共识,明确相关责任人员对组织背负的职责,也可以包含甲乙双方的合作契约(甲方对乙方的明确要求,乙方对甲方的明确承诺)。项目主要干系人应在项目章程上签字,以表示认同项目要求,并承诺提供相应支持。

项目章程形态多样、繁简不一、内外有别,可以是独立的一个文件,也可以任命书、任务书、开工令等形式出现,示例如表 5-2。项目章程的起草过程,有助于理解项目目标,思考项目规划,凝聚团队共识,应尽可能吸纳更多的团队成员参与。

表 5-2 项目章程示例

项 目 章 程

1. 项目基本情况

项目名称	电费充值卡缴费系统	项目编号	130101
项目经理	张山	业主方	三山市电力公司
启动时间	2006.3.10	计划完工时间	2006.9.10

2. 项目背景

为深化多渠道缴费服务体系建设,解决网点覆盖不够、资金管理隐患大、用户缴费难的现状,建立电费充值业务平台。实现电力业务的预付费功能和缴费功能,缓解营业厅与银行的缴费压力,方便用户缴费,树立企业服务新形象。提高电费月末回收率,减少欠费用户数和欠费金额,减轻公司经营压力,进而逐步取消走收方式,加强电费资金安全。

3. 项目目标与验收标准

(1) 6 月 10 日前完成合同约定功能开发,系统建成投运。提供 IVR 语音导航充值接入平台,实现身份认证、电费查询、充值缴费、分销管理、电费对账、报表统计以及充值卡的加密制作、验收发售、例外处理等全生命周期管理。要求操作便捷,一般用户按语音提示即可完成充值操作。

(2) 要求满足 10 万用户基数的月末高峰期充值缴费要求,同时必须确保制卡、售卡、充值全过程安全可靠,不发生技术原因导致的资金安全问题。

(3) 合同总金额 40 万,其中硬件及平台软件采购 20 万,软件开发及实施 20 万。

(4) 软件开发总投入预估 6 个人月,调测实施及后期运维预估 6 个人月。

(5) 安全稳定运行三个月,无影响业务正常运营缺陷后,在营业厅举行现场验收。

续表

项 目 章 程

4. 关键假设与约束

(1) 电力公司 3 月 20 日前确定充值卡制作、销售、充值的全过程管理草案。

(2) 电力公司对项目组各项计划、方案、报告,三天内能予以正式回复。

(3) 电费管理系统原厂商按约定时间点完成接口开发及调试工作。

(4) 5 月 20 日前开通电费充值话路资源,可以进场调试。

5. 项目里程碑

3 月 10 日:项目启动。

3 月 20 日:完成系统需求开发及确认。

4 月 1 日:完成程序界面原型及 IVR 流程设计。

5 月 15 日:完成软件基本功能开发。

5 月 20 日:完成电费管理系统接口调试。

6 月 1 日:完成充值卡印刷制作。

6 月 10 日:完成系统测试,正式上线。

9 月 10 日:系统验收。

6. 利益相关者职责

利益相关者	角色	职责	签名
王芳	电力公司项目负责	需求确认、项目协调、系统测试	王芳
张山	项目经理	计划、执行、监督、控制	张山
陈敏	电费系统原厂商负责人	电费接口开发及调试	陈敏
孙丽	采购主管	软硬件设备采购	孙丽
赵杰	系统集成	硬件网络调试	赵杰

7. 签署

甲方签章:	乙方签章:
陈明	林文
2013.3.10	2013.3.10

5.2 良好的开端是成功的一半

项目启动会是行业信息化项目实施方法论中的重要一环。良好的开始是成功的一半,开发项目启动会意义重大,直接关系到日后项目能否顺利开展。

5.2.1 为何要开启动会

召开项目启动会的主要目的有:正式宣告项目开始,进行项目的全面动员,展现领导决心与支持,通报项目基本情况,统一各方认识,明确责任分工与协作机制。

1. 项目的重要里程碑

启动会在形式上是项目实施过程的一个重要里程碑,是项目的开球(Kick Off)哨声。哨声一响,要求项目相关单位/人员即刻进入比赛的状态,各就各位,各司其职;要求观众就座,不能擅闯赛场干扰比赛的正常进行。它表明:项目团队架子搭建完成,职责界定清晰,项目各方已就项目目标、项目内容、合作关系及工作规范等达成初步共识,各项工作将按拟定的总体计划全面铺开。

2. 展现领导决心与支持

行业信息化项目本质上是通过信息化手段将企业的管理理念、业务流程、作业标准与绩效考评等固化到信息系统,落实管理层的管理意志,推动企业变革与绩效创新。

信息系统建设必须服务于企业的发展战略,为科学决策、优化管理与提升服务提供强有力的保障。信息系统建设的过程,触及组织上上下下的关系与利益,是管理模式转换、各方利益调整及矛盾冲突碰撞的过程,如:管理理念冲突、做事习惯冲突、部门利益冲突以及个人利益冲突等。只有"一把手"才有能力在整个组织范围内协调各方利益,从这个意义上讲,信息化项目必须是"一把手工程"。

高层领导支持度决定中层主管配合度,中层主管态度左右部门员工参与度。如图 5-3 所示,启动会上需要强调项目的重要性,展现高层领导推动变更、推动信息化的决心和信心,展现人财物支持、项目期望及考核要求,同时将压力和期望转化为动力,统一思想认识,扫清顾虑和障碍,促使项目相关方尤其是客户方责任单位上下协同、全力配合项目的实施工作。

- 强调项目重要性
- 体现一把手工程
- 展现人财物支持
- 表达期望与要求
- 推动全员的参与

图 5-3   领导的决心

3. 安民告示,全员培训

启动会上,前期工作小组将向与会人员通报项目建设的基本情况,如图 5-4 所示。

- **建设背景**:项目上马的前因后果、立项论证结果、招投标情况。
- **建设目标**:管理目标、业务目标、技术目标。
- **建设内容**:业务覆盖层级、覆盖范围、软件功能范围、配套硬件网络。
- **建设方案**:功能架构、技术架构、应用架构、物理架构、安全架构、管理配套。
- **项目组织**:领导小组、工作小组、相关单位、团队构成、汇报关系。
- **项目计划**:总体规划、阶段划分、资源投入、沟通协调、质量保证、风险防范。
- **前期工作**:工作目标、工作任务、工作方式、人员投入、主要成果。

图 5-4   启动会上的安民告示

通过情况通报,使项目主要干系方对项目整体情况及实施计划有清晰的认识和了解,知道项目是怎么回事,跟自己有什么关系,对自己有什么要求和影响,为日后更好地配合实施做准备。

启动会是培训会,项目组将就项目背景知识、行业标杆做法、项目实施方法、主要技术方案、项目运作机制和成功关键要素等进行简要介绍与互动,帮助与会人员大体了解项目状况,建立平等对话平台,树立软件厂商专业形象,增强各方对项目建设的信心。

4. 明确责任,背走任务

启动会上的一个重头戏是明确联合项目组的组织架构,向项目经理和项目小组成员进行授权,树立项目组权威,调动各方的积极性。合适的人做合适的事,项目就成功了一半。项目团队的组建不是一蹴而就,需要不断磨合,不断调整。

如图 5-5 所示,启动会上明确界定了各方的分工界面、权责划分、汇报关系、任务分配、工作要求(人员保障、资金保障、时间保障)、沟通协调机制、项目工作规范与考核要求等。各方做好充分的心理准备："谁的问题谁扛走"，搞清"自己向谁负责，谁又向自己负责"，就能尽量避免"有力无处使"或"有事没人理"的情况发生。

```
┌─────────────────┐
│ ● 主要分工界面     │
│ ● 各自承担任务     │
│ ● 关键时间节点     │
│ ● 项目协调机制     │
│ ● 项目工作规范     │
│ ● 项目考核要求     │
└─────────────────┘
```

图5-5 背走各自任务

信息化项目的实施离不开客户方上上下下的深度参与，例如，软件需求的获取、确认测试的开展、操作培训的组织、系统切换的准备以及管理模式的转换等。软件开发商的主要任务是开发符合要求的软件，帮助客户解决业务问题、管理问题。信息化建设的主角是客户方，从严格意义上讲整个建设过程应该是在客户方主导下的业务转变与技术转变并行推进的过程。项目成功与否影响最大的是客户方，对项目成功与否影响最大的也是客户方，客户方项目组对项目的成败负最终的责任。

由于信息化项目的特殊性，客户与软件开发商之间既是合同契约下的权利义务关系，又是合作共赢的伙伴关系。如果从启动阶段开始，客户就成为责备求全的监工，大部分时间只是高高在上检查软件开发商的工作，指责他们进度的拖延，而不配合软件开发商理清需求、调度资源，那么这个项目失败的风险就会大大增加。

5. 相互熟悉，建立管道

项目经理准备启动会的过程也是分析项目干系人的过程，要搞清客户方组织结构及人员间的微妙关系，认清谁是赞成的、谁是反对的、谁是可以争取的。项目经理要将公司当作资源，把客户看作朋友，树立自己的专业形象，想方设法与客户方项目关键人员建立私人交情，成为合作搭档关系，因为不少时候"公事私办"往往是最好的解决办法。

启动会上除了明确什么事要找什么人外，弄清楚这个人是什么样的人也很重要，当甲乙双方初次合作的时候显得更为重要。俗话说得好"熟人好办事"，因此一些大型项目启动会后，少不了一定范围的觥筹交错。启动会上汇聚了甲乙双方的头面人物、业务主管与核心骨干，是个很难得的认识彼此、增进了解、拉近距离的机会，对顺利渡过项目磨合期，减少日后工作摩擦有非常大的帮助作用。推杯换盏之间，相互认识，交换名片，认人认路，建立沟通联系的管道。

6. 各方表态，统一认识

启动会是誓师会，通过宣讲实施项目的动因及意义，提高信息化意识，增强员工的紧迫感和使命感。项目主要参与方的负责人在高层领导的见证下进行表态发言。

启动会表态发言示例

知明科技经过努力获得×××项目的总包方资格，我们很荣幸也备感压力沉重。

……

最后再次感谢省公司各级领导的关心支持。我们承诺投入最精干的力量，如期保质保量完成项目建设任务，向省公司提交满意的项目成果。

表态发言目的：

① 展示对项目的重视程度。

② 表达对总体工作部署的拥护和支持。

③ 立下军令状,确认项目建设中各自背负的职责。
④ 就项目建设中必需的支持和配合给予明确的承诺。
⑤ 对人员、资金、时间等方面的投入做出承诺。
⑥ 对确保项目达到高层预期成效做出承诺。

5.2.2 何时不开启动会

启动会的成功召开,可以展现高层领导对项目的重视程度,统一各方的认识,化解各方的疑虑与阻力,可以将项目的范围、进度、成本、质量的要求以及工作压力传递到每位项目组成员以及所有项目干系人员,有力推动后续的项目实施工作。但是,如果在时机不对、条件不成熟、准备不充分的情况下,贸然召开启动会,可能会适得其反(张志,2010)。

1. 严重过度承诺的项目

在 ERP 项目实施中,我们经常看到平日里不怎么搭理国内软件公司的企业高管,像小学生一样聆听国外大公司的年轻咨询人员大谈管理之道,因为这位年轻人的背后是让这些高管"高山仰止"的"标杆企业知识库"。

而国内软件公司绝大部分处于弱势地位,压低价格、夸大功能、抬高指标或压缩工期等过度承诺在投标中几乎不可避免。究其原因,不外乎以下几点:国内 IT 竞争环境不够成熟;客户信息化素养不够成熟;软件公司自身实力不足以让客户信服;外来和尚会念经的思想作祟。

弱势公司在投标中会盲目承诺现有条件难以完成的任务,项目实施中又会迁就客户不合理的要求,项目实施风险巨大。这类项目如果太高调,很有可能最终下不了台,结不了题。项目组不妨先埋下头来扎实地做工作,同时与客户方的项目负责及高层领导不断沟通,逐步降低客户对项目的期望使其回归合理务实的层面。

2. 合同小盈利薄的项目

软件公司承接项目的终极目的是:项目要盈利,企业要发展。企业行为讲求投入产出比,"拿多少钱做多少事"。合同额度以及利润空间的大小直接决定了项目的边界范围和可以投入的项目资源,进而影响项目的进度与交付质量。

一些采用最低价中标的项目,客户往往会得不偿失。软件厂商为了保住市场份额或者打击对手等原因,可能会提出一些不合理报价。可是,不合理报价可能引发的恶果最终却是要由客户买单。许多低价中标的承建商难以保障项目投入,进度迟缓或者偷工减料,最终将影响到客户的业务运营,给客户造成更大的损失。因此给软件公司以合理的利润空间,是客户达成系统建设预定目标的重要前提保障。

那些合同小盈利薄的项目,与其高调启动,盲目铺摊子以致最后无法收场,不如双方正视现实,在软件厂商可以承受的成本范围内,协商调整项目边界以及进度和质量方面

图/刘志权 南国都市报 2013-7-16

的要求。项目组可以先行低调开展工作,尽量不要扩大项目的影响,以避免不必要的干扰。取得一定进展,双方对项目目标以及面临的现实问题达成基本共识后,再争取能够适当追加费用,促成项目顺利完成。

3. 工具化或产品化的项目

从开发的角度看,这类项目的需求一般比较明确,开发中的不确定性因素较少,不需要最终客户的太多参与。软件需求的收集与分析,多数源自软件公司内部人员对相关产品的理解。瀑布模型、增量模型就能满足大部分软件的开发要求。项目组对工作量估算、资源配备、进度安排、质量控制与风险管理等都可以比较精准到位。

工具化软件的实施工作主要是培训。它的主要用途是简化日常工作,减轻工作负担并提升工作绩效,一般不涉及管理上的变动。所以员工通常会比较乐于接受此类项目,会比较自觉地接受培训,早学会→早应用→早见效。

产品化管理软件的实施工作主要是培训以及客户化定制工作(依据实际业务情况,对各类系统参数、工作流程进行配置以及少量的代码调整)。客户采购此类软件的前提是要接受其背后的管理理念和管理模式。实施过程中,客户需要在软件开发商的指导帮助下,将现有管理模式往产品化软件方向靠拢。一般性的项目只需召开一个情况说明会,相关人员强化培训并做好一些配合工作即可。对于 ERP 这类牵涉部门广、流程配置复杂而且管理模式变动很大的项目,仍然需要召开启动会,以统一各方认识、灌输实施方法。

4. 信息化较成熟的企业

一些信息化工作起步较早的企业,在多年的建设摸索中,经历了"单机应用→网络应用""分布应用→集中应用""部门应用→企业应用""小数据→大数据"的嬗变过程,制订了科学的企业信息化战略规划,形成了成熟可行的企业信息化技术标准与项目建设管理规范,培养了一批既懂业务又懂 IT 的复合型人才。员工信息化素养日趋成熟,企业信息化能力成熟度不断提升,IT 部门在企业的话语权不断强化。

他们已经意识到信息化建设的责任主体是客户自身。他们见多识广,有很多成功的经验与失败的教训,各方职责分明,工作套路清晰,配合默契。除非牵涉面很广、很重要的项目,其他一般性的项目,按以往的规矩、照章办事就行,无须召开启动大会。

5. "老夫老妻"式的合作双方

客户与软件公司建立起长期合作的战略伙伴关系。彼此间知根知底,分工界面清晰,沟通配合流畅。联合项目团队的运作中,你中有我,我中有你。一些人员之间甚至还有不错的私交,不分彼此,责任共担。很多项目的立项与结题都是以"商量着办"的形式展开。

启动会这种形式化的东西,"联谊"的色彩会更重些,很多情况下就是能省则省了。

图/朱华梅 信阳日报 2012-6-12

6. 内部关系不顺的项目

信息化建设不是单纯的信息技术问题,而是管理变革与 IT 再造交织推进的过程,伴随着流程优化重组、利益重新分割以及权力重新分配。客户内部对信息化项目是支持还是反对,源自于各方对管理变革的认可度。软件公司内部对项目的定位、目标以及资源配置等问题,同样会存在一些不同甚至针锋相对的意见。

在主要各方对项目建设分歧较大,未形成基本共识前,贸然召开启动会,既不能达成预期目标,又可能将台下的矛盾公开化,甚至造成难以收拾的局面。这种情况下,应积极化解各方主要矛盾,就主要问题达成一定共识后再召开启动会。

5.2.3 如何开好启动会

1. 确保高管出席

是一把手工程或二把手工程,还是一般性的项目,就体现在启动会上到场领导的层级上。到场领导的层级越高,与会人员对项目的重视程度就会越高,各方的配合力度也就越强,今后的项目实施也将越顺利。

没有高层领导参加的启动会只会给项目添堵,给项目制造新的障碍。这样的会议向所有的人表明:这不是领导关注的项目,项目成功与否与参会人员没有太大关系,不需要在这个项目上下太多功夫,年终考评的时候领导不会拿这个项目说事。在以后的项目实施中,资源调配困难、工作扯皮推诿以及进度推迟延误等都是不足为奇的事情。

图/林洋 故事林 2008 年 21 期

2. 正式隆重

启动会,是项目组的第一次整体公开亮相,要尽可能地正式隆重:正式的会议通知、齐整的参会人员、必要的会议考勤、周到的会务准备、严格的会场要求、完备的会议材料、隆重的签约仪式、庄重的项目任命……

另外,可以安排专人对会议的整个过程进行拍照、摄像,会后整理会议纪要,提炼领导发言要点,下发正式的会议通报,撰写通信稿件,在企业内、外部期刊进行宣传造势。这些都能展示高层领导对项目的重视,树立项目组的专业形象,赢得各方的信任。

3. 准确把握时机

启动会是大规模兵力参战前的动员,不一定需要在项目启动之初召开。在项目目标、工作范围、组织架构、实施方法、资源保证及项目过程等形成初步框架之前,不要召开启动会。否则,大会之后大家仍然不明白要做什么,就会认为这个项目跟自己无关。所以一般在启动会之前,都会成立一个工作小组,任务就是确定项目的总体实施方案。

项目启动会如果开得太晚,就成了阶段总结会,也失去了它应有的意义。因为前期未能及时统一认识、明确各方职责并规范项目秩序可能导致的项目投入不够与配合支持不足,后期就不那么容易扳回正轨。

4. 事先做足功课

所谓"功夫在诗外",启动会成功的背后,是会前大量而细致的准备工作。项目组可以开个筹备会,集思广益,拾遗补缺,明确会前的准备事宜和各项细节,分头准备。重点对各个环节、各项任务进行安排和协调,落实到人,确保会议务实、高效。项目启动会的准备过程,也是项目核心团队真正磨合的一个开始。前期准备工作主要有:

（1）高层沟通:搞清领导设想,设定项目目标、项目范围,确立项目关键里程碑。

（2）小范围调研:摸清现状,发现关键问题所在及突破点。

（3）资源配备:获取项目资源,组建项目核心团队,展开必要的培训与沟通。

（4）工作规划:制定项目实施方案、进度计划,建立项目秩序。

（5）会议准备:确定会议时间、参会人员,准备会议场地,准备会议材料。

会议时间、地点、议程、与会人员、发言人及发言内容等需要提前与相关方沟通,争取高层级领导参加,制定必要的应急预案。提前一两天下发会议通知,提前进行会场准备包括挂横幅,调试投影机和音响设备等。准备就绪,项目经理应将启动会的安排情况向双方领导汇报,征求意见,及时完善,同时应将准备好的资料让双方领导过目。

5. 精心准备发言

大家对中学时的公开课还有印象吗? 为了达成比较好的效果,不少老师会精心彩排一次,例如,什么时候会提什么问题,由谁来回答,要怎样回答;一些吊儿郎当的学生甚至会被排除在公开课之外。正式的公开课是老师和学生们的联袂演出。

启动会的主角是甲乙双方的高层领导与项目经理。项目经理的发言会占用比较长的时间,甲方项目经理主要侧重于项目总体介绍与工作要求,乙方项目经理则侧重于实施方法与技术解决方案。乙方高层领导主要表达确保项目成功的承诺。甲方高层领导讲什么,是双方项目经理与领导充分沟通,了解其主要意图后向领导建议的。

项目之初,甲方项目经理对目标软件系统尚无完整概念,乙方项目经理对甲方组织及业务现状了解有限,任何单一一方都无法对项目做出准确的把控。因此,这几份发言稿,必须经双方项目经理充分讨论,共同协商后拟定。

由于甲方经理"偷懒"或者"时间不够",甲方项目经理及高层领导的发言稿,一般都是由乙方项目经理非常乐意地帮忙拟定,**具体工作流程如下:**

（1）乙方项目经理根据以往项目经验,拟定发言大纲,提交甲方项目经理讨论修订。

（2）大纲通过后,乙方项目经理填充发言稿细节,按照甲方项目经理的意见进行修订。

（3）反复几次后由甲方项目经理负责完善定稿工作,乙方项目经理制作发言的PPT。

图/凌银汉 卓克艺术网

（4）重要项目的发言稿,如果领导有空,事先还要征求领导的意见。

在这个环节,特别能体现管理五个维度中的"向上管理——管理好领导"。透过领导的发言,**用领导的嘴讲出你的期望和要求:**

（1）你希望领导公开展现对项目的高度重视。

（2）你希望领导公开承诺对项目组的全力支持。

（3）你希望得到业务部门的哪些配合支持。

（4）你对项目成员有什么要求。

（5）你希望怎样提高大家的工作积极性与项目责任感。

（6）你希望领导下达哪些明确的项目考核要求。

从这个意义上讲，领导是在配合你唱戏，领导是你的代言人，是你的义工。

5.2.4 启动会议程

启动会的进程要求主题集中、简洁明快，时间不宜也不允许拖得过长。启动会的议程安排要事先商量好，谁开场、谁主持、谁发言、谁总结，并准备好会议材料，如表5-3所示。会议的内容以思想澄清、项目宣贯、工作部署和表态发言为主，一些需要与会各方确认或承诺的事宜，需要在会前沟通清楚，否则会严重影响启动会的效果。会议期间避免讨论一些需要沟通交流的争议性问题，以免议题发散、焦点移失。

表 5-3　启动会议程示例

序号	议题/报告人	内 容 说 明
1	甲方项目经理开场白	• 作为启动会的主持人 • 介绍与会各方领导 • 说明会议目的、议程安排、会场纪律
2	甲方项目经理情况介绍	• 项目概况：背景、目标、范围、管理的创新 • 组织保障：组织结构、人员构成、责任分工、考核机制 • 项目计划：总体规划、关键里程碑、甲方重点配合事项 • 项目管理：项目沟通、风险管控、质量管理、变更控制、组织纪律 • 通报前期已完成的主要工作
3	乙方项目经理工作报告	• 阐述厂家对项目的理解，描绘项目的愿景，从厂家角度诠释项目目标、项目范围、项目内容、主要交付物 • 建设思路：实施方法论、行业成功经验分享、主要技术路线、技术创新、关键问题及解决办法 • 厂家投入：组织结构、核心成员、责任分工、资源保障 • 项目计划：总体计划、里程碑、阶段计划、滚动计划 • 项目管理：项目沟通（沟通管道、例会制度、项目通报、文件管控）、风险管控、质量管理（各类审查、系统测试）、变更控制
4	甲方部室领导表态发言	• 确认项目建设中各自背负的职责 • 对项目的投入及成效做出明确承诺
5	软件厂商表态发言	• 总包方高层领导：对项目的投入及成效做出明确承诺 • 分包方高层领导：对项目的投入及成效做出明确承诺 • 监理方高层领导：对项目的投入及成效做出明确承诺
6	甲方项目经理近期工作部署	需要各方强力配合的工作，争取高管的直接支持和驱动，例如： • 项目建设配套资源尽速到位 • 业务调研、现状分析、改进建议、需求分析与确认 • 业务培训、项目实施方法培训
7	甲方领导总结发言	• 强调项目的重要性，凸显"一把手工程" • 表达对项目人、财、物各方面的全面支持 • 从公司层面下达任务，责任到人 • 强调会后抓落实，中间有评估，年终要考核

说明：

（1）与会成员包括客户方高层领导、不同专业的处室领导、业务主管和基层骨干，开发方高层领导、相关部门负责人、项目主管和技术骨干。

（2）双方项目经理的报告内容可以协商调整。

（3）可以考虑加入一些形式化的内容，以强调项目重要性，使会议更正式隆重。例如，合作协议签署、委任书颁发、正式启动项目的仪式以及主要领导与核心团队合影等。

（4）会后可考虑安排一定范围的联谊交流，以增进成员间了解，便于后续工作开展。

（5）会议需要安排专人做好记录（尤其是甲方高层领导所做一些重要指示），会后及时整理成会议简报。会议简报经双方项目负责确认后，可循项目组正常通报机制通报有关各方。项目之初的正规化运作将极大地促使有关人员以敬畏之心投入到项目建设中。

5.3 预则立，不预则废

课堂讨论 5-1 计划不如变化快，何必做计划（张友生，2009）

小林是知明科技一名老员工，从事软件开发多年，工作细心、技术扎实。年初被任命为滨海公司安全生产管理软件项目的负责人。

项目初期，小林研究过项目应标书与合同要求后，制订了很详尽的项目计划，周密规划了从项目启动的第一天到验收的最后一天应该做的事，所有任务落实到人，紧密衔接，满满当当。计划制订后，小林要求项目组成员严格照计划执行。

可是项目开工没多久，由于客户需求出现多次反复，加之项目组人员变动，原先那份细致缜密的项目计划就已经不能用了。小林每天都要花大量时间来修订那份宏伟详细的工作计划，但还是赶不上情况的变化。

大家认为小林制订的计划不切实际，就是个假计划。既然计划赶不上变化，不少人就开始撇开小林的计划，当天安排当天的工作，只管埋头写好自己的程序。

项目逐渐陷入混乱之中，没人知道接下来要做什么，什么时候项目能完工。客户不满、领导批评、组员埋怨，小林为此焦头烂额、疲惫不堪。

请问：小林为何吃力不讨好？你觉得应该怎么办？

大家可以带着下面的问题开始后续的学习：

（1）你期望的项目计划的种类、特点与要素？

（2）影响项目计划制订的因素有哪些？

（3）有哪些编制项目计划的方法与工具？

（4）影响项目计划执行的因素有哪些？

（5）计划没啥用，不如省点时间做编码？

（6）制订计划是项目经理一个人的事吗？

（7）计划没有变化快，计划还有意义吗？

（8）计划中工作任务的颗粒度应该多大？

5.3.1　计划与应变

课堂讨论 5-2　计划与应变的辩论

要求：

　　课上开展"计划重于应变"对"应变重于计划"的辩论。

　　正方(计划重于应变)：单号同学,选出 4 位辩手,其他为正方亲友团。

　　反方(应变重于计划)：双号同学,选出 4 位辩手,其他为反方亲友团。

　　每位同学,课前务必认真准备论点论据,以备现场观众问答环节。

　　班长、书记、学委组成评委,负责打分及现场表现点评。

辩论进程：

　　1. 开篇立论：各 3 分钟

　　　　• 正方一辩发言；

　　　　• 反方一辩发言。

　　2. 补充立论：各 3 分钟

　　　　• 正方二辩发言。

　　　　• 反方二辩发言。

　　3. 攻辩问答：每问回答时间限定在 30 秒内

　　　　• 反方三辩向正方一、二、四辩各提一个问题。

　　　　• 正方三辩向反方一、二、四辩各提一个问题。

　　4. 攻辩小结：各 1.5 分钟

　　　　• 反方攻辩小结。

　　　　• 正方攻辩小结。

　　5. 自由辩论 8 分钟

　　　　• 一问一答,正方先开始,交互发言。

　　　　• 每方大致 4 分钟,时间用完为止。

　　　　• 一方时间用完,另一方可继续提问,直到本方时间用完。

　　6. 亲友团提问(每问回答时间限定在 30 秒内)：

　　　　• 反方亲友团一问,正方除四辩外答；正方亲友团一问,反方除四辩外答。

　　　　• 反方亲友团二问,正方除四辩外答；正方亲友团二问,反方除四辩外答。

　　　　• 反方亲友团三问,正方除四辩外答；正方亲友团三问,反方除四辩外答。

　　7. 现场双方粉丝问答(每问回答时间限定在 30 秒内)：

　　　　• 反方亲友团一问,正方亲友团回答；正方亲友团一问,反方亲友团回答。

　　　　• 反方亲友团二问,正方亲友团回答；正方亲友团二问,反方亲友团回答。

　　　　• 反方亲友团三问,正方亲友团回答；正方亲友团三问,反方亲友团回答。

　　8. 总结陈词：各 3 分钟

　　　　• 正方四辩总结。

　　　　• 反方四辩总结。

9. 评委讨论后做整场总结
- 对整场表现进行总结与点评。
- 宣布辩论优胜结果,选出最佳辩手。

评分规则:

项目	分值	标　　准
开篇 立论	15	• 论点是否明确,依据是否充足 • 引述是否充实恰当,分析是否透彻 • 是否对辩题内涵进行解释,是否规定一个范围 • 是否充足地利用有效的时间 • 是否正面回答了相关的问题 • 逻辑是否清晰,语言是否流畅
补充 立论	10	• 与开篇立论要求一致 • 是否对己方的辩题论点做出了补充解释、分析举例
攻辩 问答	15	• 攻辩环节每方都要提问和回答三个问题 • 提问要紧扣主题、简单明了,每提出一个合理恰当的问题给 1 分 • 答题要条理分明、思路清晰,每回答到位一个问题给 3 分 • 凡不同答或者只回答肯定或否定,而没有相应的解释一律不给分 • 小结要抓住对方要害,一针见血,让对方左右为难,总计 3 分
自由 辩论	20	• 对重要问题回避交锋两次以上的一方扣分 • 对于对方已经明确回答的问题仍然纠缠不放的,适当扣分 • 有时间回答却不回答或不正面回答、答非所问的,每个问题扣 1 分 • 规定时间内未回答完整的,一个占 0.5 分 • 回答的时候是否有依据,语言是否通畅 • 其他情况评委给予相应的扣分
观众 提问	5	• 答题要条理分明,思路清晰 • 每提出一个合理恰当的问题给 1 分 • 每回答到位一个问题给 1 分 • 凡不回答或者只回答肯定或否定,而没有相应的解释一律不给分
粉丝 问答	5	• 答题要条理分明,思路清晰 • 每提出一个合理恰当的问题给 1 分 • 每回答到位一个问题给 1 分 • 凡不回答或者只回答肯定或否定,而没有相应的解释一律不给分
总结 陈词	15	• 辩论双方应针对辩论会整体态势进行有层次性、条理性、多角度有说服力的论证与总结 • 机智沉稳,反驳和应变能力强,论据充分,说服力强 • 是否充分利用时间
配合 辩风	15	• 合理分工,相互支持,衔接流畅,整体意识明确,形成有机整体 • 是否尊敬评委,尊重观众,尊重对方辩友 • 是否对对方辩友有攻击性语言 • 个人表现是否得当,落落大方,且有幽默感

说明:辩论的焦点应集中于"计划"与"应变"孰轻孰重,而不是"要不要做计划"。

5.3.2 假计划的产生

1. 项目初期能否制订一个完备的计划?

传统的工程领域与新兴的软件行业,对此问题的回答不尽相同。

1) 相对成熟的工程施工

项目之初即可制订完备的计划。例如,一台挖掘机一昼夜土方量多少基本固定,多少土方量、怎样的工期要求,一算就知道要多少台挖掘机;如果要赶工,多投些人,多投些设备即可;除非台风、动乱、甲方没钱,才会影响工期或停工。

2) 相对多变的软件行业

项目初期的计划是建立在诸多不确定性假设之上,无法准确估计项目工作量、资源需求以及项目进度,产生一个完备的计划几乎是不现实的。原因:

① 工作量、人员投入、工期三者之间不是简单的线性关系。

② 需求分析是渐进明细的过程,项目初期,通常客户无法提出非常明确的需求。

③ 软件人员个体的技能、状态对软件生产率影响很大,人员不能简单地置换。

④ 软件开发有些任务无法分解,增加人手帮不上忙,时间压缩的弹性空间不大。

⑤ 有些任务需要多方协同,由此增加大量沟通成本,有时人多反而影响效率。

2. 没有沟通的计划是假计划

不少乍一眼看上去全面细致并且专业性十足的项目计划书,执行过程中却状况连连,结果成了看上去很美的一纸空想。究其原因,很多是由于计划制订过程中,项目经理自己唱独角戏,闷头做计划,撇开了团队、领导以及客户。

一些人对做计划的本质目的理解偏颇,只是为了做计划而计划。注重计划的外表形式,跳过计划的广泛协商讨论过程,没有认真考虑计划的现实性、可操作性与认同接受度,甚至只是为了向领导或客户展示项目运作的"规范性"。

如图 5-6 所示,应通过共同制订计划的过程,让客户成为项目的共同承担者,而不只是与项目组"对立的监工";让团队成员成为项目的共同责任者,而不只是"拿钱办事的苦力";让公司领导成为项目的共同推动者,而不只是"只收不问的收租者"。

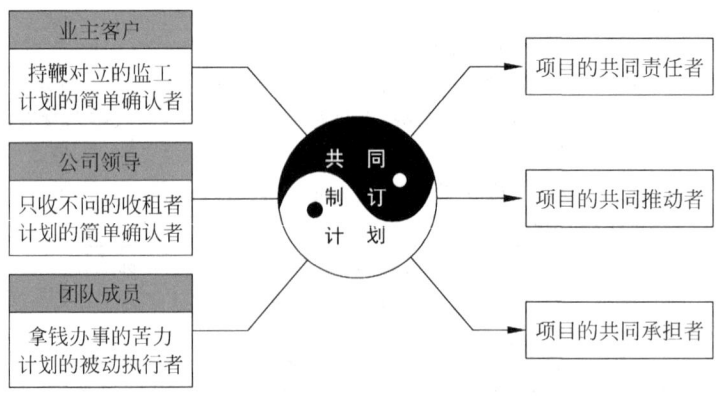

图 5-6   计划制订中的角色变换

- 项目目标的理解权衡,需要团队的拥护、领导的认可和客户的认同。
- 项目策略的正确抉择,需要专家的行业经验、领导的全盘考虑和客户的理解支持。
- 项目资源的优化调配,需要其他团队的理解、领导的支持和客户的配合。
- 行动步骤的细化分解,需要考虑团队的执行力,一线工作的成员对此最有发言权。
- 项目责任的分解落实,需要领导的表态,员工的承诺和客户的协作。
- 项目计划的审查认同,需要团队成员、公司领导和业主客户的共同参与。

3. 一杆到底的计划是假计划

计划的"一杆到底"有下面两方面含义。

1）计划层次上的一杆到底

犯了"事必躬亲,越俎代庖"的毛病,形而上学地制订计划。计划没有分层级制订,而是一份项目计划书,涵盖自上而下的所有管理层级,考虑了每个人的工作细节安排。粒度越小的计划,越容易束缚项目组的手脚,越容易受不确定因素的影响而发生调整;而且计划的制订费时耗力,调整困难,牵一发动全身。项目经理往往很快陷入"天天做计划,计划天天变"的烦恼,眼看着之前的"完美"计划转瞬成为摆设。

2）时间尺度上的一杆到底

犯了"因循守旧,刻舟求剑"的毛病,僵化死板地执行计划。英国有句著名的谚语,"目标刻在石头上,计划写在沙滩上"。初始项目计划是在项目早期一定的假设前提下制订的,项目的不确定因素会随着项目进程而不断发展演化。计划制订之后,如果没有与时俱进地调整,将导致与实际情况的偏离越来越大,最终计划变得毫无意义。团队成员中上进些的会自行其是,消极点的则可能逐渐放弃努力。

5.3.3　为何要做计划

夫未战而庙算胜者,得算多也;未战而庙算不胜者,得算少也;多算胜,少算不胜,而况于无算乎!吾以此观之,胜负见矣。

——《孙子兵法》

计划是为完成一定的目标而事前对措施和步骤做出的部署。项目管理计划定义了项目如何执行、监督和控制,从整体上指导项目工作的有序进行。古人云:"凡事预则立,不预则废。言前定则不跲,事前定则不困;行前定则不疚,道前定则不穷。"

制订计划的主要目的与作用如下:

1. 展望未来,减少不确定性

计划是为了确定目标实现的过程,代表了对所有过程要素的考虑程度。执行过程中的

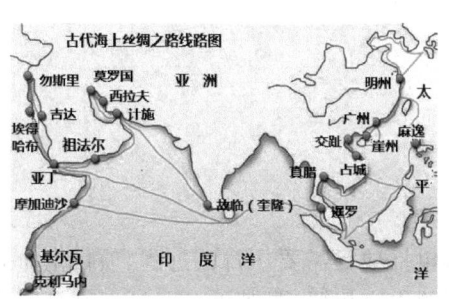

很多不确定因素,几乎都是在计划的不断分解细化中被逐步识别的。迟迟不能做出计划的人,通常是对自己的能力没有把握。

项目计划是引领项目之舟前行的航海路线图,标明船队的航行轨迹与时限要求。计划制订过程中,需要对沿线气象及海况进行预测,预见可能发生风浪的时间、区域和级别,选定最佳路线,同时做

好应急预案,最大限度减少船只陷入海上风暴的风险性。

2. 整合资源,减少浪费

计划是安排合适的人,配备合适的资源,在合适的时间、按合适的要求,做合适的事情。通过全局的统筹规划,选定最佳实施路线,合理安排工作的主次先后,优化资源配置,加大工作并行度、资源利用率,减少重叠性、等待性、浪费性的活动,提高项目绩效。

3. 没有计划就没有控制

计划与控制如影随形,计划是控制的依据,控制是为了达成目标。计划设定了项目活动的目标、责任人、时限、资源和标准。船只行驶中,需要每天记录航海日志并与航海计划做比照,判断船只是否误点、是否偏离航线,进而决定采取适当的纠偏行动(如加快马力、修正航线等)以找回时间、回归正确轨道。航行的路线可以随气象海况调整,但到达各个中转站及最终目的地的时间要严格遵守,否则就是违约。

4. 计划是各方对项目的承诺

计划的过程重于结果,计划的沟通协商过程推进了高效团队的形成。通过各方共同制订计划的过程,迫使各方主动思考自己在项目中的角色定位,利益诉求,明确工作的方向,认同行动的计划,并对所承担的责任义务及应付出的努力做出明确的承诺。

(1)迫使项目经理思考:

① 客户要的是什么?

② 公司要的是什么?

③ 团队能做什么,不能做什么?

④ 团队应该怎么做?

⑤ 团队对客户、对公司要做出什么样的承诺?

⑥ 客户应该怎么配合?

⑦ 需要公司提供什么支持?

(2)帮助客户想明白:

① 自己要的是什么,哪些一定要,哪些可以协商?

② 自己需要做些什么,怎么做?

③ 对开发团队的要求是什么,需要他们做出什么样的承诺?

④ 内部人员需要做些什么,有什么要求,应该怎么做,要做出什么样的要求?

(3)要求团队成员确认:

① 团队对自己的要求是什么?

② 自己要做什么,不要做什么,应该怎么做?

③ 自己对团队的承诺是什么?

④ 需要别人为自己做什么?

5.3.4 计划的内容

项目管理计划是项目的主计划或称为总体计划,包括项目需要执行的过程、项目生命周期、里程碑和阶段划分等全局性内容以及相关子计划的内容概要,是其他各子计划制订的依据和基础。项目管理计划应当记录计划的假设条件以及方案选择,确定关键审查的内容、范围和时间,并为进度评测和项目控制提供一个基线。

　　计划是为了更好地思考做什么、怎么做,把握项目方向,提升工作效率,不能因形式与繁简的问题而成为工作负担。根据项目规模及复杂性,可以是由 WBS 及甘特图组成的一两页纸,也可以是由一个主计划、多个子计划构成的覆盖项目管理五个过程组与十个知识领域所有细节的详尽规划。项目管理计划的主要内容见图 5-7。

图 5-7　项目计划的主要内容

　　(1) 背景目标:以合同和招投标文件为依据,简要说明项目基本信息(如委托单位、使用单位、承担部门等)、立项的前因后果、建设目标和主要建设内容等。

　　(2) 项目范围:划定项目边界,指明可交付成果和必须开展的工作及必要的假设与约束,是各方就范围目标所达成的共识与约定,是评价项目成败的主要依据。

　　(3) 软件过程:定义项目采用的软件过程模型,列出要遵守的行业标准、开发规范和管理规定,说明所采用的方法、技术和工具。

　　(4) 组织架构:定义项目团队的组织单元、组织界限和层级关系,划分成员角色,明确责任分工与汇报关系。

　　(5) 进度计划:确定项目各项活动(包括技术活动和管理活动)的相互依赖关系,编排先后顺序,设定任务起止时间以及所需的各类资源,是进度控制与管理的依据。

　　(6) 资源计划:分析和识别项目的资源需求,确定每项工作需要投入的资源种类(包括人力、设备、材料和资金等)、资源数量与投入时间。

　　(7) 质量计划:确定项目应达到的质量目标,规定与质量保证、质量控制有关的所有活动及相应的资源配置、过程方法和制度规范,包括软件测试计划、软件质量保证计划。

　　(8) 风险计划:以促进风险积极因素最大化、消极因素最小化为目的,规定项目过程中如何识别风险、分析风险与应对风险,明确风险管理的职责。

　　(9) 沟通计划:明确项目团队内外的协作沟通,约定各类干系人之间的沟通内容、沟通范围、沟通渠道、沟通形式、沟通方法以及沟通时间/沟通频率等。

（10）采购计划：阐明采购过程如何进行管理，识别需要从外部采购的产品或服务，规定对外包服务的进度监控和质量控制。

（11）监督控制：规定如何采集、度量和分发项目绩效信息，及时发现项目偏差，控制项目变更，建立冲突管理与问题解决机制，控制范围、进度、质量、成本及风险等。

（12）配置管理：对软件生存期内各阶段的文档、实体和最终产品的演化和变更进行管理，系统地控制基线变更和软件产品版本。

5.3.5 计划的策略

项目计划的制订是渐进明细，逐渐完善的过程，是各方对项目逐渐了解形成共识的过程，是对项目可能面临的风险与问题所做出的前瞻性思考，是在范围、进度、成本及质量之间寻求一种平衡的过程，不能过于理想地一厢情愿。

项目实施在战略上要以不变应万变，计划一旦形成，要尽量避免轻易变动；战术上要随机应变，做好随时变更计划甚至重新制订计划的充分准备。

如表 5-4 所示，制订项目计划的有效策略可以概括为：广泛参与、分层制订，由粗到细、滚动规划。项目组计划侧重于整体宏观的安排，小组计划考虑成员间的分工协作，个人计划则要落实到点滴细节。

表 5-4　计划的分层管理与滚动规划

	总 体 计 划	阶 段 计 划	近 期 计 划
项目组计划	√	√	√
小组计划		√	√
个人计划			√

1. 广泛参与、分层制订

按照项目组织结构的三个层级（"项目组—项目小组—项目成员"）自顶向下，任务逐级分解，责任逐级落实，计划逐级制订，考核层层负责。同时也需要自底向上的逐级反馈汇总，以增强计划的现实性与可操作性，提高项目的执行力。

项目经理与小组长及核心骨干共同讨论，协商制订"项目组计划"，将项目各项工作落实到小组，落实到核心骨干，明确小组间的配合衔接关系。同时要与客户及合作伙伴协商彼此间的协同工作。

小组长与各自的成员共同讨论，协商制订"小组计划"，将小组工作分解落实到各个成员身上，明确成员间的配合衔接关系。"小组计划"要遵从"项目组计划"的总体要求（尤其是与其他小组的配合衔接要求），并报项目经理审核批准。

小组成员根据"小组计划"，拟定"个人工作计划"，需要特别关注各类交付物的提交时间及与其他成员的配合衔接关系。"个人工作计划"经小组长认可后上报项目组，作为团队成员工作监督与考核的主要依据。

由粗及细、分层制订计划的过程，便于吸纳各方合理意见，既保证了项目组计划的稳定性，又兼顾到小组计划与成员计划的灵活性。同时可以充分调动团队成员的积极性，助其全面理解项目负责人的目标和最终意图，认真思考计划的可执行性，努力兑现自己所做的项目承诺，准确应对项目中的意外状况。

2. 由粗到细、滚动规划

按照总体→阶段→近期,从远及近的时间推移,任务由粗及细,滚动制订计划,增强计划的稳定性,最大程度上减少项目不确定性因素对各级、各类计划的干扰。

首先,根据合同时限要求、资源配置情况以及所选用的软件过程模型,划分开发阶段,制订粗粒度的"总体计划",确定项目高层活动和预期里程碑。总体计划特别强调其稳定性,轻易不能变动。里程碑是项目组要努力达成的目标,一旦落空,将全面影响后续实施。"总体计划"跨越整个项目周期,不确定因素最多,不宜过细。

其次,在每个阶段开始之前,需要制订一份比较详尽的"阶段计划",列出为确保达成里程碑需要付出的努力。同时对上一阶段的工作进行必要的总结回顾。制订阶段计划时,对不确定因素的预见性大为提高。"阶段计划"中的具体实施路线,需要根据项目的进展不定期适时调整。

最后,在"阶段计划"的基础上,制订详细的"近期计划"。

如以周为单位的双周滚动计划:在第三周周末,对本周工作进行小结,看看哪些完成了,哪些没完成,存在什么问题;然后修订第四周计划,并对第五周的工作进行预安排。到了第四周周末,根据第四周工作完成情况及新出现的一些问题,对第五周计划进行调整,同时对第六周的工作进行预安排。这样既确保了工作的预见性,又保证了计划的稳定性。

5.3.6 计划的流程

1. 影响计划的因素

影响项目计划的主要因素有:

(1) 意识原因:是否正确认识计划的目的与价值,决定了所做计划的"真"或"假"。

(2) 约束限制:是计划制订与执行时面对的现实环境与必须遵循的"框框条条"。

(3) 假设约定:通过努力可以也必须达到,是计划成立的前提及偏差的免责条款。

(4) 项目需求:搞清楚"做什么"是计划的依据,计划也要回答如何搞清楚"做什么"。

(5) 不确定性:影响计划制订与执行的有效性,计划要识别、应对不确定因素。

(6) 配套资源:有什么样的人唱什么样的戏,手中可用的资源决定了计划的"模样"。

(7) 正确估算:软件项目规模估算和历时估算是计划的基础也是难点。

(8) 方法工具:决定计划制订的过程、效率、可行性、参与度与接受度。

2. 计划前的行动

很多情况下不是缺少计划,而是缺少计划前的行动。在错误目标下制订正确的解决方案,只会让结果离正确的目标更远。调查如同十月怀胎,解决问题就像一朝分娩。没有计划前的广泛调查思考与充分沟通协商,就没有切实可行的真计划。项目计划是各方对项目目标、实施策略、资源配置及行动步骤相互妥协,形成共识后水到渠成的产物。

为确保计划的可行性,项目经理有必要展开计划前的行动,如图 5-8 所示。

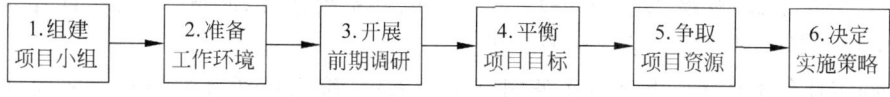

图 5-8 制订项目计划前的行动

（1）组建项目小组：根据《项目章程》的正式授权，组建小规模工作组，着手前期准备工作。"权责对等"才能激发团队执行力，否则目标实现将成"水中月，镜中花"。

（2）准备工作环境：明确前期工作目标及责任分工，商定项目基本工作规范，落实办公环境，申请开发设备，选用开发平台及工具，搭建开发环境。

（3）开展前期调研：通过小规模的高层访谈、主管调研、现场观摩、文档交流及项目研讨等方式收集初步需求，识别关键技术风险，必要时组织原型开发或技术论证。

（4）平衡项目目标：关键在于懂得放弃，放弃是为了集中于一点。根据合同或招投标文件以及前期调研结果，基于组织现有的资源，确定对组织最有效的目标。要求准确把握客户及领导对项目的期望，划定项目大致范围，确认交付时间、约束条件（技术限定、人手约束、成本预算、质量要求等）以及主要的交付成果，并得到各方认同。

（5）争取项目资源：对项目规模和工作量进行初步估计，结合项目交付时间要求，提出合理的资源配置要求，获得公司对资源配置的初步承诺。目标的有效落实依赖于资源的集中有效使用。

（6）决定实施策略：选择软件开发过程模型，制订实施路线图，划分开发阶段，确定关键里程碑，识别项目关键问题，根据自身能力条件适时做出决定，如独立研发/寻求合作，整体上线/分段上线，顺序推进/多点展开，单轨运行/并轨运行。

3. 沟通与妥协中产生计划

项目计划是在各方就项目目标、执行路径以及资源配置等不断沟通与妥协中产生的。制订计划的过程（见图 5-9）即是凝聚共识，落实责任，进而建立高效团队的过程。

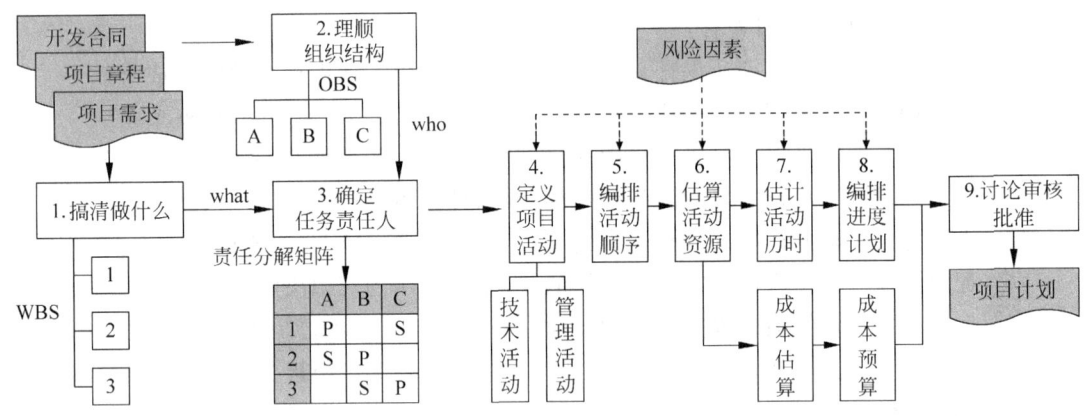

图 5-9　制订项目计划的过程

（1）搞清楚做什么：根据项目目标和需求，确定项目交付成果（含中间交付物与最终交付物），而后结合软件开发过程模型的选择，自顶向下将可交付成果和项目工作分解成易于管理的组成部分——工作包，绘制工作分解结构图（WBS）。

（2）确定团队构成：绘制项目组织分解结构图（OBS），确定项目组各方构成、机构设置（如需求组、开发组、测试组、实施组等）、角色划分（如系统设计、质量保证、配置管理等）、工作职责、汇报关系和具体的团队成员及分工。

（3）确定任务责任人：为每项任务明确责任人员，确定责任分配矩阵。多人负责等于无人负责，所以凡是多人共同完成的任务，应指定一名负责人。

（4）定义项目活动：思考如何实施项目，用到哪些技术和工具，应遵循怎样的程序。对工作包进行必要的细分，确定为产生可交付成果必须进行的技术活动与管理活动。

（5）编排任务顺序：在资源独立的假设前提下，确定任务的优先级、相互的依赖关系以及前后关系，标识里程碑，绘制网络图，展示整个项目所有任务之间的工作流程。

（6）估算活动资源：估算每项任务的工作量，明确任务的资源要求。确定项目组的工作时间、休息日；确定每位团队成员可以投入项目的确切时间；确定其他一些关键资源（如租用的设备）的可使用时间。

（7）任务历时估计：根据每项任务的工作量估算与可用资源估计任务持续时间。

（8）编排进度计划：由网络图出发，根据项目总体进度要求、项目假设和约束、资源日历、资源工作负载，考虑项目风险因素，动态调整每项任务的开始时间、结束时间及资源投入。必要时，通过追加资源投入或适当赶工的方式来优化进度计划。成本估计、历时估计及进度编制，三者相互交织，往复进行。

（9）讨论审核批准：总体计划一般需经内部讨论通过、领导同意、客户认可，要求项目各方就项目总体安排达成一致，并做出明确承诺。

5.3.7 走出计划泥潭

以下为陷入计划泥潭的小林简要地支支招。小林工作方法不当，所做计划严重脱离现实。计划执行的结果是人人焦头烂额，一片抱怨，一片混乱。

1. 项目初期即制订非常详细的项目计划

即使诸葛亮再生也做不到这一点，这是由软件项目不确定性因素的渐进明细特点决定的。计划越细，随着不确定性因素的逐步明了，计划越容易发生变动。

分层次制订项目计划（里程碑计划—阶段计划—近期计划、总体计划—小组计划—个人计划）是避免项目计划频繁变更的有效方法。计划粒度要适宜：初期计划宜粗不宜细，整体计划宜粗不宜细；近期工作尽量详细，个人计划务实细致。

2. 所有人的工作排得满满的

水太满则溢，弓太满则折。项目初期存在那么多的不确定性因素，没有人能完全料定对项目的影响有多大。因此工作安排不能太理想化，要考虑风险，留有回旋调整的余地。

一方面要与干系人充分协商，例如，向业主方了解配套建设进度，与供货商协商设备到货时间，与开发人员讨论技术的风险点；另一方面要充分利用既往项目的历史数据，这是减少"拍脑袋"的有效办法。

不切实际的计划会沉重打击士气。古语有云："一而鼓，再而竭，三而衰。"计划如果一而再再而三地无法达成，会使团队成员丧失信心。因此项目计划要小步快走，一步一个脚印，以使所有人通过获取一个个小的实实在在的成功，最后达成大的成功。

3. 小林自己一个人闷头做计划

计划制订需要与各方充分沟通协商，以获得各方一致的认可。客户的要求是最后的要求，领导的认可是成功的保障，外部的协作配合需要友好协商。项目经理不是什么都精通，在专业领域的发言权赶不上技术专家，在操作层面的细节把握赶不上一线开发人员。要鼓励开发人员积极参与计划制订,而不只是被动接受任务,这样进度与质量才有保证。

4. 如何扭转这种局面呢

(1) 计划执行偏离时,要与各方充分沟通协商。

(2) 在评估现状的基础上,重新制订粒度较大的阶段计划;执行中制订双周滚动计划,两周检视一下;采用分层次的计划编制方法,小组长根据总体计划制订小组计划,项目成员根据小组计划制订个人开发计划。

(3) 建立变更控制程序,包括整体变更、范围变更、进度变更、费用变更以及合同变更等。

5.4 赢在执行重在细节

5.4.1 成功源自执行力

确定目标不是主要的问题,你如何实现目标和如何坚持执行计划才是决定性的问题。

——德鲁克

《南征北战》是新中国拍摄的第一部军事故事片。电影中,解放军主力将国民党李军长所部包围在凤凰山,蒋介石强令张军长率部救援。国共双方都认识到抢占摩天岭是决定战役胜败关键。国民党援军占领摩天岭,既能解李军长之围,又将使解放军面临腹背受敌的危险。

敌机械化先头部队车轮滚滚直扑摩天岭,解放军高营长率部昼夜强行军阻截敌人。漫山遍野的国共两军分别从摩天岭两侧争抢山头,解放军先敌一步爬上摩天岭,堵住了敌军。战役的最后,李军长声嘶力竭地求救:"看在党国的分上,拉兄弟一把!"张军长则回之"请你们最后坚持五分钟!"随后电话中是一片"缴枪不杀"的声音。

为什么全副美式装备的王牌军会跑不过泥腿子呢?这就是国共两军在执行力方面的巨大差距。国民党高级将领基本是科班出身,战役指挥能力不会逊于对手。把战役设想落实成战役成果,靠的是由每一个普通士兵的战斗意志凝结而成的部队战斗力。解放军战士为捍卫自己的土改胜利果实而战,所以前仆后继;国民党军士兵为当权者而战,所以保命要紧。

为什么一样的战略收获不一样的结局?关键就是执行力。"执行"是把目标变成结果的行动,没有结果的行动毫无意义。"执行力"是把想干的事干成功的能力,是把组织预先定义的"效果""有效率"地予以落实的能力,是注重细节、保质保量地按时完成任务的能力(余世维,2004)。没有执行力,一切设想只能是幻想和空想!没有执行力,将一事无成。

台湾著名学者汤明哲指出,一家企业的成功,30%靠战略,40%靠执行力,其余的30%靠运气。好的想法是很容易被广泛认同并且简单复制的。从上到下,人员、战略、运营三位一体,强有力的执行体制,才是企业难以复制的核心竞争力。没有执行力,再好的战略最终只是一句空话。执行力低下,已成为企业管理的最大黑洞!

5.4.2 细节决定成败

把每一件简单的事做好就是不简单;把每一件平凡的事做好就是不平凡。

——海尔集团董事长张瑞敏

在欧洲流传着一首古老的民谣:"少了一个钉子,掉了一个马掌;掉了一个马掌,倒了一匹战马;倒了一匹战马,败了一场战役;败了一场战役,丢了一个国家。"1485 年在一场决定英国统治权的战役中,一个马掌钉的缺失使得国王查理三世拱手让出了王位。1‰的疏失,导致 100% 的失败。

无独有偶,中国古话中也有大家耳熟能详的"千里之堤,溃于蚁穴","失之毫厘,谬以千里"。所以说态度决定高度,细节决定成败。

二战后,德国迅速从一片战争废墟中恢复过来,成为全球领先的制造大国。"德国制造"如今已成为高品质的象征。我们从下面的例子感受一下这个被誉为"最为严谨的民族"对细节的关注。

40 年前,德国的格茨·维尔纳白手起家创建了无限的爱日用品和化妆品 DM 连锁店。他有自己的一套注重细节的经营理念,甚至追求细节到"古怪"的程度。

有一次维尔纳走进一家 DM 分店时,他要求分店经理拿扫帚来。这家分店的经理把扫帚递给维尔纳,非常疑惑地说:"维尔纳先生,我不明白您要它做什么?"维尔纳指着地下的灯光说:"您看,灯光的亮点聚在地上,什么作用也没有。"于是,维尔纳用扫帚柄拨了一下上面的灯,让灯光照在货架上。

"把灯光照在正确的位置上",正是凭借这样身体力行的细节关注,今天 DM 连锁店在德国遍地皆是,拥有 1370 家连锁店、两万名员工,2002 年的销售额高达 26 亿欧元。

5.4.3　注重成效讲求原则

1. 职责不等于结果,行动承担责任是结果

一位年轻有为的炮兵军官上任伊始,到下属部队视察操练情况。他发现有些部队存在着一个让人费解的现象:总有一个士兵演练过程中从头到尾纹丝不动地站在炮管下面。问其原因,答曰:"操练条例是这样要求的。"

经过深入考究,才搞清原来条例遵循的是马拉大炮时代的规则。站在炮筒下士兵的任务是拉住马的缰绳,防止大炮发射后因后坐力产生的距离偏差,减少再次瞄准的时间。机械时代的火炮早已不需要这一角色,但操作条例却没有及时调整,就出现了"不拉马的士兵"。军官的这一发现,使他获得了国防部的表彰。

思考 1:为什么不拉马的士兵会长期存在?

思考 2:为什么是新来的军官发现了问题?

思考 3:这一现象的存在有什么危害?

条例是士兵行为的指针,职责是职务上应尽的责任。部队制订条例的目的是为了规范战术动作,提高战斗力,赢取战时的胜利。组织明确职责的目的是为了达成组织的预期绩效。不拉马的士兵以及各级长官都只是对条例中规定的岗位职责负责,却没有人对部队真正形成战斗力的结果负责。各级长官表面上履行了职责,实则失职。

对某种制度或做法习惯成自然,对职责负责不对结果负责,缺乏独立的思考与判断以及

直面问题的勇气,都是组织中"不拉马士兵"长期存在的原因。

"不拉马的士兵"表面上是占用组织资源,人浮于事,削弱战斗力,实质上的危害远不止此。既然有人当兵可以只拉马、不打战,其他人凭什么要那么辛苦那么累呢?这将直接打击其他人的积极性,影响组织内部的士气和向心力。

有则流传很广的真实笑话,两人拉了一车树苗到路边,前面一个挖坑,后面一个立即填上,循环作业不止。路人看见觉得很奇怪,问他们在干什么?其中一人回答,"我们在种树。"路人更疑惑了,"可你们没把树苗放进坑里啊?"另一人回答道,"原本三个人,我挖坑,他填土,还有一个人负责插树苗他今天没来。我们做好自己的分内事情就够了"。

2. 态度不等于结果,实施和数据是结果

知明科技周年庆在即,小杨提议印制一些产品白皮书及公司宣传册以扩大市场影响力,并自告奋勇牵头负责此事。随后的一个星期,小杨里里外外忙个不停,在公司各部门、设计单位以及印刷厂间穿梭往来,一个人扛下太多的事情,每天回家都是倒头便睡。宣传册印制完成后,才发现一些关键介绍有误,只好修订后重新印制,公司因此损失上万。

思考:对小杨的失误,公司应如何处理?

态度与结果是两个独立的系统。好的结果需要好的态度;好的态度,如果能力不够或方法不对,也无法取得好的结果。苦劳不等于功劳,没有结果的苦劳是徒劳。"拔苗助长"、"帮蝶破茧"之类好心办坏事的情况屡见不鲜。

小杨主动为公司分忧解难的精神可嘉,如果简单地处罚小杨就会向其他人传达一个不好讯息:多做事多犯错,少做事少犯错;大家多一事不如少一事。

如果只重态度,不问结果,对小杨批评而不予处罚,又会暗示其他人:大家无须对结果负责,只要"态度足够好"就行。下次一定会有态度更好的员工,犯更大的错。

对小杨工作失误造成的损失,在帮助其分析原因基础上,应予一定处罚,以警示员工务必对工作结果负责。另一方面,对小杨勇于挑担的行为,应在工作过程中予以及时激励,同时注意工作方式方法上的正确引导,以鼓励员工积极做事,确保达成绩效。

态度好但方向不对,只是在做无用功,甚至是负效劳动。

俄罗斯作家克雷洛夫写有一篇著名的寓言《天鹅、梭子鱼和虾》。一天,梭子鱼、虾和天鹅三个好朋友,同时发现一辆车,车上有许多好吃的东西。于是就想把车子从路上拖下来,三个家伙一齐负起沉重的担子,他们铆足了狠劲,身上青筋暴露,使出了平身的力气。可是,无论他们怎样拖呀、拉呀、推呀,小车还是在老地方,一步也动不了。

天鹅、梭子鱼和虾,每一个都很认真,很努力,但是努力的方向不一致,结果他们越用劲,内耗得越厉害。

3. 任务不等于结果,执行达成目标是结果

老总安排秘书通知所有项目经理第二天参加紧急会议,秘书发了份会议通知邮件,并群

发了短信。但开会时几个重要的项目经理没有来,于是问秘书,秘书说:"我短信通知他们了,不知道为什么没来?"最后一查才知道,有的项目经理临时出差,有的被客户抓到现场解决问题,有的忘了开会的事……

思考:秘书发完邮件、短信就可以了吗?如果是你,会怎么做?

许多员工完成任务有"三事":完成差事,领导要办的都办了;例行公事,该走的程序都走了;应付了事,差不多就行了。看似事情做了,就是没有结果!但只有能产生结果的任务,才算完成了任务。如表 5-5 所示,姜汝祥对九段秘书进行了精彩的讲解。

表 5-5 九段秘书会议安排(姜汝祥,2006)

段位	要 点	工 作 说 明
一段	发通知	发 E-mail 会议通知,准备会议用品
二段	+抓落实	打电话给每位参会人员,确认通知到位
三段	+重检查	在会前 30 分钟提醒参会者,特殊情况及时汇报,方便领导确定哪些人必须参会
四段	+勤准备	提前测试会场设备,会议室门口张贴会议时间安排小贴士
五段	+细准备	提前了解会议性质和议题,方便时准备一些相关资料提前发给参会人员
六段	+做记录	会中详细记录,获许可后做录音备份,会后及时整理报老总,经同意转发参会人
七段	+定责任	议决的事项逐一落实到人,当事人确认后形成书面备忘录,领导、当事人人手一份
八段	+追结果	对照会议书面备忘录,每天或每周跟踪各项任务进展情况,并及时汇报领导
九段	+做流程	将上述过程固化成标准化会议流程,形成不依赖于任何能人的会议服务体系

完成任务是一个执行假象,没有结果的行动不是执行。普通秘书用任务语言说话,只对工作的程序与过程负责,不问结果。优秀秘书用结果语言说话,对工作的价值与目的负责,关注结果。领导型秘书将个人成功的经验固化成组织的流程,从而将个人的执行力上升为群体的执行力。

"九段秘书"的逻辑是结果管理,这种思维习惯适用于任何岗位。结果定义改变员工行为,基于客户价值的结果定义是执行的起点。可复制的结果才是最好的结果。日常工作中你能做到哪个层次,取决于你对秘书工作价值与结果定义的理解。

表 5-6 列出软件项目中任务语言与结果语言的对比示例。

表 5-6 任务与结果

任 务 语 言	结 果 语 言	任 务 语 言	结 果 语 言
项目计划	项目有序进行	软件测试	减少软件缺陷
项目例会	解决问题	软件评审	提高软件质量
需求分析	搞清用户想法	绩效考核	提高执行力
系统设计	想清怎么做		

江盈科的《雪涛小说·催科》中有下面一则笑话。

昔有医人,自媒能治背驼,曰:"如弓者,如虾者,如曲环者,延吾治而夕如矢。"一人信焉,而使治驼。乃索板二片,以一置地下,卧驼者其上,又以一压焉,而脚躧焉。驼者随直,亦复随死。其子欲鸣诸官,医人曰:"我业治驼,但管人直,哪管人死!"

这既是个病急乱投医的典型,也隐射了一些人工作中机械地问结果,而不管"什么才是对客户有价值的结果"。

4. 没有借口,只要结果

外语学习是枯燥费力的脑力活动,尤其是单词记忆和句型背诵。学生时代的外语学习不少仅是为了考试,学不好外语总能找出一堆冠冕堂皇的理由。

二战中盟军登陆欧洲前,一队美国大兵要被空投到德国本土进行敌后侦查。长官告诉这些对德语一窍不通的大兵们,"一个月内学会日常的德语,一个月后不管学会没有,都得去德国。"后面的一个月里,大家各想各的办法,日夜埋头苦学。一个月后,奇迹发生了,这些大兵居然满口都是地道的德语。

这是什么原因呢? 因为每个人都明白,降落到德国本土的那一刻起,他们随时可能因为蹩脚的德语而丢掉性命,他们没有任何借口不学会德语。

世界上最优秀的商学院,不是哈佛大学,而是美国西点军校。"二战"以来,在全球 500 强企业中,西点军校毕业的董事长有 1000 多位,副董事长有 2000 多位,总经理或者董事一级的高达 5000 多位。

瑞芬博瑞(2009)讲述了这样一个故事:一个冬天的晚上,9 时许,西点军校一位军官给其学生一个任务,把军官的脏手套洗干净,次日要用。学生立马回宿舍帮军官清洗手套,洗手套不难,难的是把手套弄干。学生先是把手套拧干,再拿干毛巾捂着手套。到了凌晨 3 点,就把手套靠在窗口,晃动双手,让风把手套吹干。等到早上 6 点,终于把干的手套交到军官手上。

这位学生为什么这么做? 源于西点军校的校训:合理的要求是训练,不合理的要求是磨炼。强烈的责任心促使学员克服困难完成任务,且不找任何借口。

没有任何借口,无条件执行是美国西点军校 200 年来奉行的最重要的行为准则,是西点军校传授给每一位新生的第一个理念。它强化的是每一位学员想尽办法去完成任何一项任务,而不是为没有完成任务去寻找借口,哪怕看似合理的借口。其目的是为了让学员学会适应压力,培养他们不达目的不罢休的毅力。

> **西点军校的标准回答**
>
> Yes Sir!
> No Sir!
> I don't know, Sir!
> No excuse, Sir!

西点军校就是要让学员明白:工作中没有任何借口,失败没有任何借口,人生也没有任何借口;无论遭遇什么样的环境,都必须学会对自己的一切行为负责。

美国前总统杜鲁门的桌子上摆着一个牌子,上面写着 The Buck Stops Here(责任到此,不能再推)。希望这也能成为你以后工作上的座右铭。

5.4.4   言出必行领导表率

人是一种习惯性的动物。古罗马著名诗人奥维德(Ovid)说过"没有什么比习惯的力量更强大。"调查表明,人们日常活动的 90% 源自习惯和惯性。性格其实就是习惯的总和,是习惯性的表现。因此,著名思想家培根指出:"习惯决定性格,性格决定命运。"

我们经常看到有些组织,一次次地开会,一次次地议而未决、决而不行、行而无果。为什么呢? 执行力文化所致。执行力文化是影响群体行为习惯的组织文化,是将"执行力"作为所有行为的最高准则和终极目标的文化。强有力的执行力文化,塑造和影响着所有员工的行为,引导执行者向一致的目标努力。

由各色人等共同组成的组织,有自己的组织使命、决策方式和行为习惯,形成了深深打上组织核心领导人个性特质烙印的组织文化。组织文化是组织习惯性的表现,是组织的性格,决定了组织的长远发展。组织的习惯引导、规范着员工的习惯,员工的习惯叠加成组织的习惯。组织文化一经形成,具有强大的渗透力、感染力和惯性力。

在犯罪心理学中有个现象叫"破窗效应"。一个房子如果窗户破了,没有人去修补,隔不久,其他的窗户也会莫名其妙地被人打破;一面墙,如果出现一些涂鸦没有被清洗掉,很快墙上就布满了乱七八糟的东西;一个很干净的地方,人们不好意思丢垃圾,可一旦地上有垃圾出现之后,人们就会毫不犹豫地抛乱丢垃圾,丝毫不觉羞愧。

图/谢正军 光明日报 2012-5-15

哲学上有个概念叫做"秃头论证",说的是,当一个人头上掉一根头发时觉得很正常;再掉一根时不用担心;又掉了一根,仍旧不必忧虑……如此以往,头发一根根地掉下去,最后秃头便出现了。

组织执行文化的形成是个长期的过程。"破窗效应"与"秃头论证"叠加在一起,就使得一次、两次由于所谓特殊原因造成执行缺位的情况,最后弥漫成整个组织的执行乏力与见怪不怪。塑造强有力执行力文化的关键在于领导要有言出必行、执行到底的坚定信念与决心,并且坚持做到身体力行,任何时候不要违背自己的执行承诺。领导力就在执行之中,领导就是要领导执行,领导的执行力决定了整个团队的执行力。

图/陈履平《三国演义》之战宛城
上海人民美术出版社 1984

曹操发兵宛城攻打张绣时规定:"大小将校,凡过麦田,但有践踏者,并皆斩首。"于是但凡骑马的人都下马,用手相互扶着麦子顺次前行。可是,曹操坐骑却因受到飞鸟惊吓而践踏了麦田。曹操欲自刎以治自己踏麦之罪。谋士郭嘉晓以《春秋》之义,曹操乃以剑割发掷于地曰:"割发权代首。"使人以发传示三军,曰:"丞相践麦,当斩首号令,今割发以代。"于是三军悚然,无不禀遵军令。

所谓"上梁不正下梁歪",领导者有令不行,哪怕是出于善意的目的,都会给企业执行力文化带来破坏性的影响。因此古人云:"其身正,不令而行;其身不正,虽令不行"。

5.4.5　完善流程制度监控

1. 制度与流程

流程,本意指"水流的路程",管理中指"管理行动的路线","是一组将输入转化为输出的相互关联或相互作用的活动"。流程管理如同河道疏浚,要优化线路、打通淤塞、拓宽河道,强调的是"以导治水"。流程强调的是任务分解与工作协同,"如何去把一件事情做得更好",将"输入转化为对客户有价值的输出"。

制度是"要求大家共同遵守的办事规程或行动准则",是"节制人们行为的尺度"。制度如同挡住滚滚洪流的河堤,制度建设就是加固河堤,"以堵治水"。制度表达的是"事前的行为倡导与禁止","事中的作业规范与检查","事后的结果评价

图/任率英 任率英年画精品集
中国书店出版社 2009

与奖惩"。

流程是制度的核心,制度是执行的保证。大禹治水疏堵结合,河道疏浚为首要,河堤加固做保障。管理如同治水,不应一味严防死堵,流程优化在前,制度约束跟进。

下游之水来自上游,上游淤塞下游断水,下游淤塞上游漫堤。在流程化的管理中,前道工序的输出是后道工序的输入,后道工序是前道工序的客户;前道工序的绩效要通过后道工序的绩效体现,后道工序的绩效建立在前道工序的绩效之上,同时自然而然成为前道工序的检测者。制度保障下以结果导向的流程管理,使得所有人对流程负责而不是对上级负责,从打破了条块分割的管理架构,拆除了部门壁垒(王进华,2010)。

2. 流程打造执行力

麦当劳成立于 1940 年,2002 年卖出第 1000 亿个汉堡,连续多年被评为"最有价值的品牌"。麦当劳的成功有诸多原因,其中被人们津津乐道的一个是,"三流的员工,二流的管理者,一流的流程。"用一流的规范武装三流的员工,打造了一流的商业帝国(周南,2008)。

在麦当劳,选店址、炸薯条、做汉堡等每样工作甚至打扫厕所,都有一流的标准化作业流程。"汉堡怎么做?两片面包,一片牛肉饼,1/8 盎司芝士酱,1/3 盎司番茄酱。"他们"有一个枪,压一下 1/8 盎司芝士酱,再压一下 1/3 盎司番茄酱。然后三片酸黄瓜、三片鲜黄瓜、二十粒洋葱碎……用包装纸一包,全世界一个味。"

因为流程化,所以可量化,进而实现标准化乃至自动化,口味一致,质量稳定,利于规模化经营。汉堡制作就从高门槛的少数大厨的精妙手艺转变成低门槛的普通员工的常规工作,"三流员工"足以胜任,实现了组织范围的经验共享、成功复制。餐厅的永续经营与成功靠的是流程与制度,而不是个人的能力。

反观中餐馆,口味好坏全凭大厨的水准,"油七成热,炸八成熟",没有流程,没有量化,难以复制。因为"三流的流程",所以离开"一流的厨师"就玩不转。而没有几年的工夫与悟性,小工熬不成掌勺的大厨。餐馆的兴隆可以一时一地,但难以长久普遍。

流程打造执行力,把基层员工重复做的简单动作固化下来,将无序变有序,将复杂变简单,确保人走流程在。流程的建立应遵循三个原则:简单化、专业化、标准化。

通用电气公司前 CEO 杰克·韦尔奇认为:"管理就是把复杂的问题简单化,混乱的事情规范化"。"管理简单化"是韦尔奇的最高管理原则。管理的本质应该是简单的,复杂只是人为所致。无论制度还是流程,都要简洁精练、易于理解和执行。简单式的管理,你只需对一个人负责任。

宝洁公司前任总经理查德·德普雷做事雷厉风行,他有一个习惯,就是从不接受超过一页的备忘录。表 5-7 式的"一页备忘录",摒弃了流水账式的琐碎事实堆叠,代之以报告人在对大量数据及事实深入分析基础上的思考与提炼,要点集中,提高决策效率。

3. 流程的导入

哥伦布说过,"即使决定是错的,我们也能通过执行来把事情做对,而不是再回头讨论。"凡是决定的就是对的,重要的是去做,而不是反复讨论方向正确与否。成功的人改变方法不改变目标,失败的人总是改变目标而不改变方法。朝令夕改,只会让员工无所适从,并对制度失去应有的敬畏,组织执行力将逐渐被消磨殆尽。

表 5-7　宝洁的一页备忘录

To： Cc：	From： Date：

标题

概要：
//概括备忘录内容
背景：
//用图表数据等提事实
主要内容：
//总结、意见、建议、判断、看法
依据：
//按重要性列出原因、经验、教训
下步行动计划：
//责任人、时间、行动、资源

签名：

20 世纪 90 年代初，IT 界蓝色巨人 IBM，由于自身体制僵化，加之外部面对 Wintel 联盟的强大冲击，累计亏损达上百亿美元，一度濒临倒闭。1993 年，作为 IT 门外汉的郭士纳接掌 IBM，推行了一系列大刀阔斧的改革，到 1994 年年底实现了自 90 年代以来的第一次赢利 30 亿美元。其中居功至伟的一项举措是 IBM 率先应用了集成产品开发（Integrated Product Development，IPD），从而成功地实现产品上市时间压缩一半，研发费用减少一半的目标。

华为公司老总任正非，于 1999 年巨资聘请 IBM 作为咨询方，启动华为公司的 IPD 变革，全面学习 IBM 的研发管理体系，提出了"先僵化，后优化，再固化"的实施策略（任正非，2001）。

1）僵化式学习：站在巨人的肩膀上

僵化就是在没理解先进管理真谛之前，不要有改进别人的思想，先教条、机械地引入并落实，就是学习初期阶段的"削足适履"。通过"削足适履"来穿好"美国鞋"的痛苦，换来的是系统顺畅运行的喜悦。削比不削好，早削比晚削好。

2）优化式创新：掌握自我批判武器

管理逐步规范化后，就要打破原有体系，持续改进创新。优化国外引进的，要坚持改良主义而不是全盘推翻。改进自己创造的，则要防止故步自封和缺少自我批判精神。在优化过程中，要连续追问 5 个"为什么？"。优化的目的是为了使管理变得更有效和更实用。

3）固化式提升：夯实管理平台

固化就是例行化（制度化、程序化）、规范化（模板化、标准化），固化也是简化，公司运作重在固化和规范。管理就是不断把例外事项变为例行事项的过程，例外事项例行化是对人负责制向对事负责制转变的关键。规范化管理的要领是工作模板化、标准化。

4. 制度监控

没有检查就没有执行力。大海中航行的船只需要利用卫星导航系统实时获取当前的位置数据,修正航线,确保安全快速地驶向预定目标。项目实施中,同样需要不时地采集客观准确的项目进展数据,诊断项目健康情况,及时纠正项目偏差。要以性本恶为出发点做最坏的假设,以事实为基础,积极跟进,建立检查和监督机制。

20世纪90年代中期,在杰克·韦尔奇力导下,通用电气公司全面推行6σ(六西格玛)质量管理体系,释放出强大的竞争力。"6σ"核心思想是:如果你强调什么,就把他量化;你不量化,就说明你不重视;无法度量就无法管理。

没有考核就没有管理,考核的基础是可以检查并量化的业绩指标,考核的依据是严格、合理的制度。

杰克·韦尔奇认为:"执行力是企业奖惩制度的严格实施",要赏罚分明,重奖业绩优秀人员,"最重要的工作是把表现不错的变成最好的"。

没有严格的检查与客观的考核,对优秀人员的积极进取是一种漠视和打击,对后进人员的消极惰性则是一种默许和纵容,最终将使"好人"变"坏","坏人"更"坏"。

从另一个角度看,管理应该是用律不用刑。建立制度壁垒,加强监控力度,增加犯错成本,减少错误实际发生,才是制度监控的根本用意。所以说,制度不是用来管人、"治"人的,而是用来"吓"人、"渡"人的,使"坏人"向"善","好人"更"好"。

5.4.6 执行关键在于人

执行力就是积极选拔合适的人到合适的岗位上,即选好人、用好人。

——柳传志

如图5-10所示,对二百多家"正常活着"的企业而展开的一项调查发现:

- 5%的人破坏性地做——制造矛盾,无事生非。
- 10%的人不想做——正在等待着什么。
- 20%的人蛮干瞎搞——正在为增加库存而工作。
- 10%的人帮倒忙——负效劳动,没有正面贡献。
- 40%的人不会做——想做但不会正确有效地做。
- 10%的人做不好——绩效不高,工作不是很到位。
- 5%的人做到位——工作高效,做得好。
- 大约85%的人没有为企业成长做出正贡献。

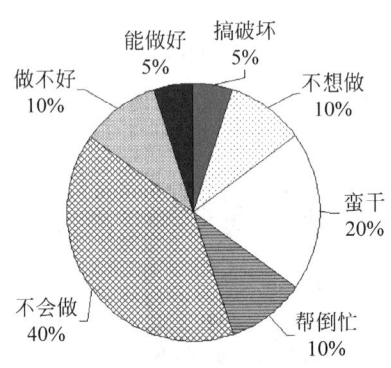

图5-10 员工都在干啥

想做大事的人太多,而愿把小事做好的人太少。组织的执行力源自每个成员的执行力。

有则古老的寓言:某地的一群老鼠,深为一只凶狠无比、善于捕鼠的猫所苦。于是,老鼠们群聚一堂,讨论如何解决这个心腹大患。老鼠们颇有自知之明,并没有猎杀猫的雄心壮志,只不过想探知猫的行踪,早作防范。有只老鼠的提议立刻引来满场的叫好声,它建议在猫的身上挂个铃铛。在一片叫好声中,有只不识时务的老鼠突然问道:"谁来挂铃铛?"

寓言被搬进了某商学院课堂,MBA们反应热烈。有的建议做好陷阱,猫踩上后,铃铛自然缚在脚上;有的建议派遣敢死队,牺牲小我,成全大我;更有的宣称干脆下毒了事,以永绝后患。下课前,教授狡黠地留下一句话:"想想看,为什么从来没看过被老鼠挂上铃铛的猫?"

"坐而言"未必能"起而行"。老鼠们的目标是"随时探知猫的行踪",战略规划是"在猫身上挂个铃铛",在结果与目标之间缺失的一环就是"执行"。老鼠们没有考虑到,由于DNA的原因,以其自身能力是根本无法实现这一令人憧憬的规划。组织的战略只有同员工能力相匹配时,战略才会得到有效执行。执行力归根结底在于人,组织要提升自我的整体执行力就必须先找到拥有执行能力的人。人员优势的特性是少有的,独特的,竞争对手往往难以仿效,也无从取代,可以长久维持组织的竞争力(林染,2010)。

晚清中兴名臣曾国藩是中国近代史上一位思想复杂、影响深远而又争议不断的人物,其治家、治军、治世的方略思想备受梁启超、毛泽东、蒋介石等的推崇。

曾国藩曾说,"立法不难,行法为难。凡立一法,总须实行之,且常常行之","鄙人阅历世变,但觉除得人之外,无一事可恃也。"他认为:"成大事者,以多得助手为第一要义"。"治军之道,以能战为第一义。"用兵之道"在人不在器,攻守之要,在人而不在兵"。曾国藩在如何选人、育人、用人及管人方面有非常独到的见解(赵月华,2008)。

曾国藩选人的首要标准就是德行和实干,"取人之式,以有操守而无官气,多条理而少大言为要。"其次他认为"衡才不拘一格,论事不求苟细"。同时他独具慧眼地认为人才不是天生的,靠的是教育培养,"天下无现成之人才,亦无生知之卓识,大抵皆由勉强磨炼而出耳。"由此李鸿章、左宗棠、沈葆桢、郭嵩焘等一个个门生脱颖而出。这点对于饱受人才匮乏之苦的软件项目团队特别有借鉴意义。建设拥有良好的人才培养与自我成长机制的学习型团队,是解决人才问题的长效根本之道。

曾国藩的用人原则是:"尺有所短、寸有所长,用人应用其长……世不患无才,患用才者不能器使而适用也。"用人之长,天下皆可用之人;用人之短,天下无可用之人。同时注意因势利导、扬长避短,"用人之智去其诈,用人之勇去其怒。"另外作为领导要在广开言路的基础上杀伐决断,也要注意"惟用人极难,听言亦殊不易,全赖见多识广,熟思审处,方寸中有一定之权衡。"

曾国藩管人方面特别强调领导表率,"惟正己可以化人,惟尽己可以服人。轻财足以聚人,律己足以服人,量宽足以得人,身先足以率人。"他注重恩威并施,礼法同治,"用霹雳手段,显菩萨心肠!"他对部属要求极为严格,军令如山,说到必须做到。他经常用孙武演兵杀宠姬的故事警示属下。

《史记·孙子吴起列传》中记载,吴王阖闾命孙武训练宫女演兵。孙武选了180名宫女,令吴王两名宠姬为队长。刚开始,宫女们无视孙武的三令五申,漫不经心,嘻嘻哈哈。孙武将带头违反军规的两名宠姬斩首。而后宫女们"左右前后跪起皆中规矩绳墨,无敢出声。"孙武禀告吴王:"唯王所欲用之,虽赴水火犹可也。"

反观三国时的诸葛亮,错用马谡致街亭失利,失察

刘禅身边奸佞小人,事必躬亲却忽视人才建设,蜀汉大业后继乏人,"蜀中无大将,廖化作先锋",最后只能留下"出师未捷身先死,长使英雄泪满襟"的千古嗟叹。

5.4.7 对自己百分百负责

情境A假设:

一天,你准备过马路,<u>红灯亮了</u>,你闯了过去,刚走到马路中间,一辆汽车急驰过来。你躲避不及,被当场撞倒,……

谁承担责任?

<u>行人负主要责任,机动车在无过错情况下,司机只需承担不超过百分之十的赔偿责任。</u>

情境B假设:

一天,你准备过马路,绿灯亮了,你大模大样地过马路,但刚走到马路中间,一辆汽车急驰过来。你躲避不及,被当场撞倒……

谁承担责任?

<u>行人无过错,机动车负完全责任,司机要承担百分之百的赔偿责任。</u>

根据《道路交通安全法》,以上两种情境事实清楚,责任界定明确。但是不管主要责任在不在你,你都是事故结果的最惨重承担者。没有人能够替代你承受伤痛、残疾甚至是生命的逝去。因此你必须对自己的生命负百分之百的责任。过马路时,你的安全要掌握在自己的手上。即使绿灯亮时,也要左看看、右看看、走走停停,注意闪避意外窜出的车辆。用别人的错误、自己的伤痛,来证明自己的正确或无辜是很不明智的。

图/朱慧卿 南国早报 2013-04-07

成长中的组织犹如在大海中乘风破浪的大船。如果黑夜中船撞上了冰山最终沉没,谁来承受冰海沉船的后果呢?是船上的所有人,包括:疏失犯错的船员,所有尽责的船员以及无辜的乘客。乘客可以责怪船员的疏失,但单纯的抱怨改变不了自身葬身海底的命运。

一件事情的后果如果必须由你来承担时,你就必须负百分之百的责任。所以,不管是乘客还是普通船员,看到迎面而来的冰山,都有责任报警,而不是说"这不是我的责任"。在惊涛骇浪、危机四伏的冰海之上,所有船上的人都要扮演船员的角色,风雨与共。

如果不能做到百分之百的负责,遇到问题和困难,大家就会归结于外因,以受害者的心态,上下埋怨,相互指责。所有人都试图用别人的错误来证明自己的正确,结果等于没有结果加借口。任何一个组织都会有很多问题,这并不可怕,也很正常。你只有两种选择,要么选择和组织共同改进,要么选择离开。抱怨连连却不积极建言、推动组织改进的员工,是组织的毒瘤。未来的某一天,这些人可能因为项目的失败、公司的倒闭而骄傲地大呼"果不出其然"。只是他自己最终也要吞下由此而来的苦果。

我们无法改变面对的问题,唯有改变面对这个问题的态度和行为。把一切问题视为正常,选择积极面对而不是消极逃避。选择了积极的心态就选择了对自己负责,选择了消极的心态就是选择让别人掌控你的命运。

- 领导不作为,不是你可以不努力工作的理由。
- 别人犯错误不是你可以犯错误的理由。
- 同事偷懒不是你可以偷懒的理由。
- 其他人不执行,不是你不执行的理由。
- 你是为自己努力,为自己而存在。
- 你的眼里,看到的应是自己的成长,而不是别人的错。

5.5 追踪监控持续改进

监督与控制过程对项目的启动、规划、执行和收尾进行监督和控制,必要时采取纠正和预防措施来控制项目的绩效。面对复杂多变的项目环境与纷繁枯燥的度量数据,如何化繁为简,为项目快速准确把脉,推动持续改进,是项目管理面对的一大课题。

近来盛行的可视化项目管理,将项目进展的全貌以一目了然的方式来展现,借助右脑的感性思维、高速记忆、想象力与创造力,来简化项目管理的复杂性。可视化管理也称为看得见的管理。可视化模型可以帮助我们定义目标、简化问题与理解问题,为项目中的沟通提供形象的概念框架,有助于认清项目本质,理顺项目中的复杂关系。

以下简要介绍敏捷开发中可视化管理的一些实践做法,更多内容请参考 Rothman (2010)、Kniberg(2011,2012)。

5.5.1 项目晴雨表

Rothman(2010)建议用"项目晴雨表"(Project Weather Report),替代"红绿灯图",向"非专业"、关注宏观问题的客户或者高层领导汇报项目的总体进展状况。

环流、气压、云层……这些天气预报的专业数据,对于普通民众而言熟悉却又陌生,能看懂卫星云图、等温线、等降水线的人就更少了。普通民众只需要一张通俗易懂的气象预报图表(形象的图标、简单的分级)以直观地了解风云变化与阴晴雨雪。行驶在茫茫大海之上的船队,则需要获取更实时、更专业一些的气象数据。

项目晴雨表(见图 5-11)为项目经理提供了一种快速评估项目现状,预报中短期走向的简单有力手段,便于客户与高层领导从宏观上把握项目全景,及时做出正确的决策。

天气的变化通常有个过程。定期发布项目晴雨表,可以使人们对项目的进展变化有一定的心理准备,有助于及时对近期的天气变化做出恰当的应对,以免着凉变感冒,小病成大病,大病变不治。而天气的剧烈变化,往往标示着项目组遇到一些重大变故,如需求变更、方案错误或团队动荡等,需要采取断然措施,防止持续恶化。

晴雨表的发布周期可以根据项目的需要适时调整。临近项目里程碑或者天气比较恶劣的时段,可以缩小发布的间隔。保持项目晴雨表的专业性与可信度非常重要。晴雨表不应该是仅凭直觉产生的报告,其可信度取决于所依据的度量数据的全面性、及时性与准确性,包括规模、工作量、进度、成本、质量及风险等。在缺乏数据支撑的情况下,不妨把关注点集中在版本发布的进度表上。

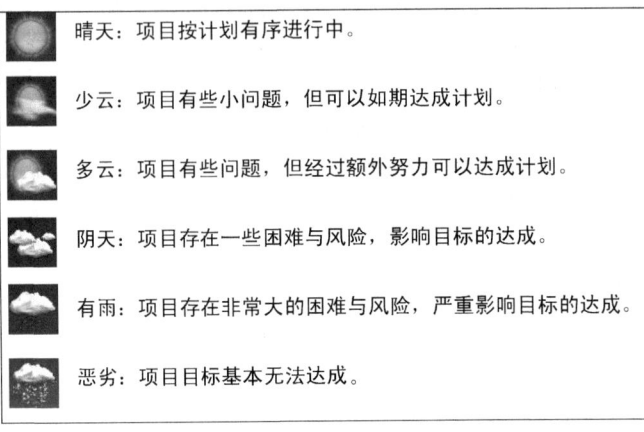

图 5-11　项目晴雨表

5.5.2　表情日历

软件是逻辑关系异常复杂的产品,软件开发是思维密集并且高度协同的劳动,每个开发人员的工作状态显著影响整个项目组的生产率与质量。软件行业是高负荷、高压力与高竞争性的行业,开发人员工作状态的好坏很大程度上取决于自我的心态调节。好心情工作就顺利,心情不好悠着点,这是不少开明软件主管的共识。

表情日历(Smiley Calendar)显示了团队成员每日的心情,是其工作活力、工作进展与健康状况的高度集中反映(Sakata,2001)。每个人可以在一天工作翻篇结束之前,梳理心情,往日历上画上笑脸或哭脸等各种表情,给当天的工作总结定调,参见图 5-12。

图 5-12　团队成员个人表情日历

表情日历为软件开发人员提供了一种自由表达个人感受、释放内心压力和寻求外界理解与支持的途径。

- 一个"☺"表明自己动力充沛,一切尽在掌控之中,愿意张开双手拥抱整个团队。

- 一个"☹"既表达自己遇到了麻烦,需要时间、空间进行调整,可能愿意接受一些必要的帮助,同时也善意地提醒其他团队成员与之合作时小心谨慎。

- 连串"☺"说明项目组的日子过于平淡,需要一些新鲜空气,以保持活力,重新点燃工作激情,避免渐进式地滑向职业倦怠。

表情日历从成员的精神健康和动力的角度来观察项目,记录了项目建设的风风雨雨和团队成员的心路历程,为项目经理了解成员真实想法、掌握团队思想动向、保持团队健康活力以及尽早预防规避风险提供了看得见的手段。

- 及时肯定"☺"员工的努力与成效,让好心情感染整个团队。

- 随时关注"☹"员工的问题与烦恼,指导帮助其尽快走出阴霾。

- 留意长久"☺"员工的状况,不时制造一些小意外或小惊喜,使日子能常过常新。

所有团队成员的表情日历共同绘制出整个项目的晴雨表。当大部分员工心情都不好的时候,项目组的天空一定不是风和日丽,一定是出了什么状况,它提醒项目经理注意要变天了,及早准备应对之策。

这里还要捎带提一下蝴蝶效应(Butterfly Effect),一只蝴蝶在巴西轻拍翅膀,可以导致一个月后得克萨斯州的一场龙卷风。更专业些的说法是:在一个动力系统中,初始条件下微小的变化能引起整个系统长期而巨大的连锁反应。偶然中隐含着必然,必然存在于偶然之中,事情就是这样进行的。

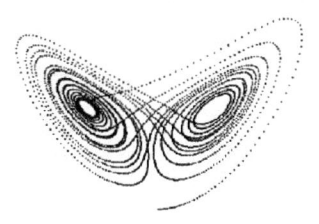

软件项目从某种程度上看,就是一个由客户、用户、项目经理、团队成员、公司领导及其他相关方共同组成的混沌系统。一位成员的"☹",如果不加以及时地引导、调节,可能会给项目带来一场"龙卷风";每位成员的"☺",只要正确呵护引导,经过一段时间的努力,可能会产生意想不到的轰动效应。

5.5.3 看板图

看板(Kanban Board)源自丰田生产体系(Toyota Production System,TPS)中为支持"拉动式"生产而使用的卡片,以实现适时反应战略(Just-In-Time,JIT)。敏捷开发中,有三种不同层次的看板,特性看板、故事看板和任务看板(Hiranabe,2007)。

1. 特性看板(Feature Kanban Board)

敏捷开发中,整个项目首先要制订版本发布计划,每次发布需要实现一定的特性,发布间隔控制在 1-6 个月。特性对应于一组相关的"Story/功能"。

- 特性看板(见图 5-13)横轴代表时间线,横向按版本发布周期划分为不同竖条。

第1次发布 8月		第2次发布 10月	
第1次迭代	第2次迭代	第1次迭代	第2次迭代
业务咨询		客户投诉管理	
咨询受理	答复客户	投诉受理	投诉升级处理
咨询处理	咨询回访	投诉审核	投诉回访
访问知识库	咨询归档	投诉处理	投诉评审
信息查询		故障报修管理	
客户识别	供用电合同查询	报修受理	停复电信息发布
客户档案查询	电量电费查询	报修处理	抢修车辆管理
业务进度查询	缴费记录查询	报修回访	抢修人员管理

图 5-13 特性看板图示例

- 每张卡片代表一项本次发布中要实现的特性,或者功能模块。
- 特性看板图展示了每次版本发布要实现的特性,为团队提供了高层次项目抽象。

2. 故事看板（Story Kanban Board）

每次发布需要经历若干次"迭代"逐步完善，每次迭代实现一定的"Story/功能"，迭代周期控制在 1～4 周，团队利用"故事看板"与"迭代燃尽图"对每个 Story 进行跟踪。

- 故事看板（见图 5-14）按照软件开发工序纵向划分为不同的区块。

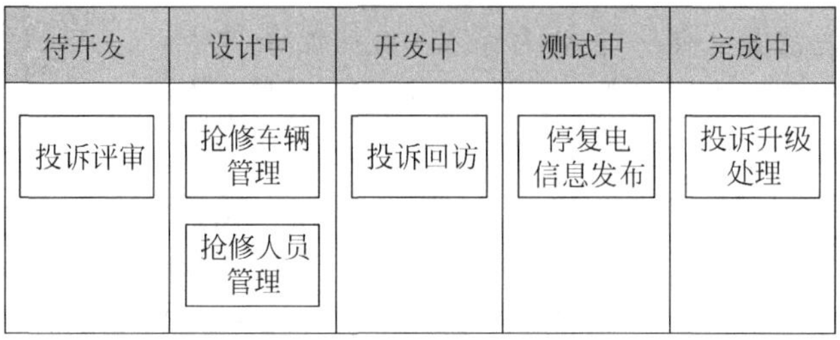

待开发	设计中	开发中	测试中	完成中
投诉评审	抢修车辆管理 抢修人员管理	投诉回访	停复电信息发布	投诉升级处理

图 5-14　故事看板图示例

- 每张卡片代表一个本次迭代要实现的"Story/功能"。
- 卡片上标明"Story/功能"基本信息，编号、名称、估计时间、责任人、跟进人。
- 卡片一个接一个在工序间移动，同时可以设定为只允许下游工序移动卡片。

3. 任务看板（Task Kanban Board）

每个"Story/功能"的实现需要完成若干任务。Story 是可以交付的成果，任务是为了实现 Story 而展开的一些工序。迭代中的每个工作日，团队成员通过每日站立会议进行项目的交流和讨论，利用"任务看板"与"每日燃尽图"对各项任务进行跟踪。任务看板（见图 5-15）展示本次迭代所有任务的当前状态，帮助团队评估现状，规划下一步行动。

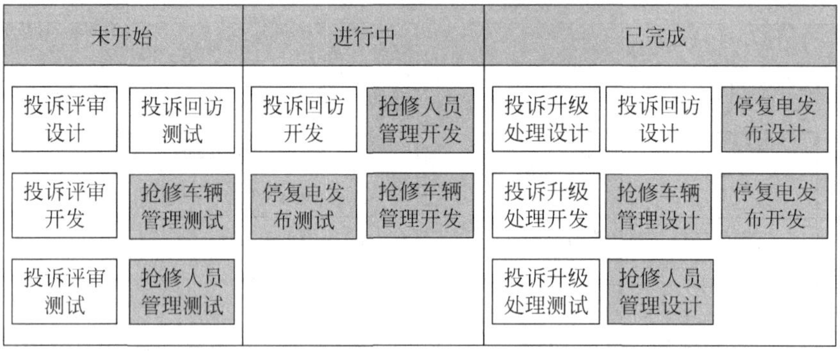

未开始		进行中		已完成		
投诉评审设计	投诉回访测试	投诉回访开发	抢修人员管理开发	投诉升级处理设计	投诉回访设计	停复电发布设计
投诉评审开发	抢修车辆管理测试	停复电发布测试	抢修车辆管理开发	投诉升级处理开发	抢修车辆管理设计	停复电发布开发
投诉评审测试	抢修人员管理测试			投诉升级处理测试	抢修人员管理设计	

图 5-15　任务看板图示例

- 一个卡片对应本次迭代一个任务，不同成员/类别任务用不同颜色卡片代表。
- 卡片上标明任务的基本信息：编号、名称、估计时间以及任务领取人、跟进人。
- 任务卡贴在白板的不同区域代表任务处于不同的状态。
- 任务状态的标识可以自行定义，一般分为"未开始"、"进行中"和"完成"。
- 看板图可以直观展现每位项目成员各种状态的任务数量，避免多任务并行而导致的效率降低。

三种不同层次看板的比较总结如表 5-8 所示。

表 5-8　不同层次的看板（Hiranabe，2007）

	版 本 发 布	每 次 迭 代	每 日 构 建
特性	特性看板＋停车场图	—	—
故事	—	故事看板＋迭代的燃尽图	—
任务	—	—	任务看板＋每日燃尽图

5.5.4　燃尽图

燃尽图（Burndown Chart)以图形化的方式展现了随时间的推移而剩余的工作数量，是对工作完成情况以及趋势的可视化表示，有效描绘了团队进展的速度和生产能力，正因如此，也有人称之为速度图（Schwaber，2001）。敏捷开发中工作量的计算以 Story 为单位。

燃尽图（见图 5-16）中一般绘有两条不同颜色的线。

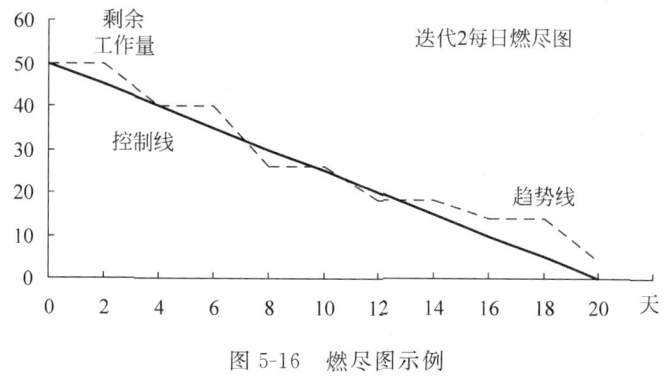

图 5-16　燃尽图示例

- 一条控制线，从初始估计工作量到本次迭代结束日期的连线。
- 一条趋势线，记录每天估计的剩余工作量随时间推移的变化。

理想情况下，趋势线应是一个向下的曲线，随着剩余工作的完成，"烧尽"至零。

燃尽图特别适用于按功能逐个实现的项目。任务完成燃尽的标志是开发人员单元测试通过，Product Owner 功能测试通过。所以要警惕牺牲任务质量来换取进度的做法。

燃尽图中还可以考虑加入总工作量曲线，以反映需求的变动调整情况。

实际项目中，燃尽图一般不尽完美，常见的有以下一些情况：

- 并非一直下行，中间有反弹。主要由于初期规划时估计错误或者遗漏任务，开工后发现冒出很多新的任务。
- 先完美燃烧而后突然停止。例如，一些关键任务划分颗粒度太大，导致任务执行前期过于乐观、困难估计不足，任务执行后期问题集中暴露、付出惨重代价。
- 由于项目投入不足等原因，燃烧缓慢，迭代时间到了还剩一大截没有燃尽，所剩任务被迫推迟到下个迭代。

另外从趋势线与控制线的关系，也可以直观地判断项目是否按计划顺利推进：

- 趋势线在控制线以下：项目进展顺利，有比较大的概率按期或提前完工。
- 趋势线在控制线以上：项目有比较大的概率延期，需要特别关注进度了。

图 5-17 所示的"燃尽图＋任务看板"，是敏捷开发可视化管理的一大利器，只要抬头即

可见距离目标有多远。每天绘制的燃尽图可以表示一次迭代的进展趋势,迭代的燃尽图可以反映整个项目的总体进展趋势。任务看板则补充回答了燃尽图未尽的细节:

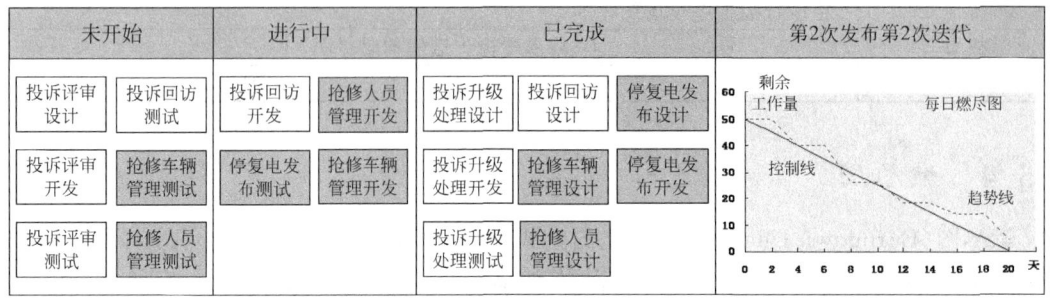

图 5-17　燃尽图＋任务看板示例

- 哪些任务正在做,哪些任务还没开始,哪些任务已经完成,哪些任务是"新冒出来的",迭代结束时哪些任务没有燃尽。
- 项目成员是逐个完成任务,还是同时铺开太多的任务。工程中的烂尾楼大多是由于摊子铺得太大,建设队伍与资金投入跟不上而造成的。要避免出现所有任务都留有尾巴,所有任务都无法交付的情况。
- 必要时看板中列出部分或全部任务的"跟进人",他要随时紧盯相关任务的完成情况,及时展开任务的评审工作。

5.6　配置管理——团队协作的基石

5.6.1　为何需要配置管理

　　项目团队协作可以认为是基于项目产出物的协作(李涛,2005)。每个人工作的输入和输出都是基于产出物。别人的产出物是你工作的输入,你的成果又会成为他人工作的输入;需求是设计的输入,设计是编码的输入,代码又是测试的输入;同一产出物,也可能是多人协作的结果。如何管理这些产出物,确保每个人工作都是基于正确的产出物就非常重要。

　　软件配置管理(Software Configuration Management,SCM)是对软件开发团队正在构建的软件的修改进行标识、组织和控制的技术,其目的是在软件生命周期中建立和维护软件产品的完整性,有效控制和管理项目变更,保证团队的有效协作。

　　配置管理识别可能发生变更的工作产品,建立这些工作产品之间的关系,制定管理这些工作产品的不同版本的机制,控制所施加的变更,审核和报告所发生的变更。

　　配置管理解决的常见问题有:

- 对客户提出的项目变更不做区分,项目组吃力不讨好。
- 客户要求反复摇摆,项目组来回绕圈却空口无凭,有苦难言。
- 多个开发人员同时修改程序或文档,导致工作冲突或丢失。
- 程序文件被错误删除而无法恢复,只能重新编写。
- 人员流动时交接工作不彻底或核心技术泄露。
- 有人修改了部分设计或程序,受其影响的其他人却不知道。

- 找不到最新或特定版本的源代码,开发人员使用错误的版本修改程序。
- 程序的不同部分版本关系紊乱,使用错误的文件版本发行程序。
- 已修复的 Bug 在新版本中出现。
- 无法重现历史版本,使维护工作十分困难。
- 软件系统复杂,编译速度慢,造成进度延误。
- 分处异地的开发团队难于协同,可能会造成重复工作并导致系统集成困难。

5.6.2 配置管理基本概念

1. 配置项

软件配置项(Software Configuration Item,SCI)是为了配置管理而作为单独实体处理的一个工作产品或软件,是配置管理的最小单位。配置项可以是置于配置管理之下的工作产品的全部或部分,可以是一组相关程序、文档或数据的集合,具体如下:

(1) 与合同、过程、计划或产品有关的文档及数据。

(2) 源代码、目标代码和可执行代码。

(3) 相关产品包括软件工具、代码复用库、外购软件及客户提供的软件。

2. 基线

基线(Baseline)是配置项通过正式评审进入正式受控的一种状态,是软件开发过程的里程碑,是进一步开发和修改的基准点。配置项进入基线前,可以较快且非正规地进行变更;进入基线后则处于"冻结"状态,如果要修改必须按照正式的变更控制规程来进行。

基线将软件开发各阶段的工作划分得更加明确,有利于检查和确认阶段成果,控制随意地跨越里程碑去修改"已冻结"的工作成果。常见的基线划分如图 5-18 所示。

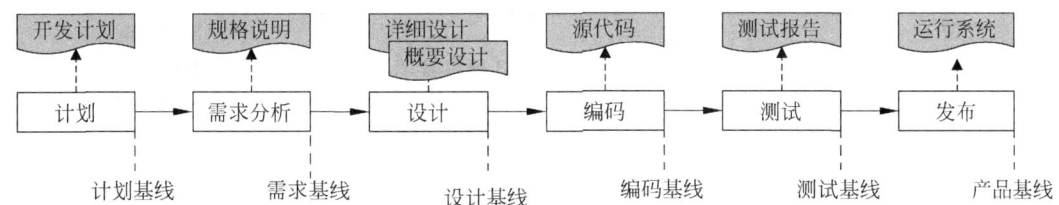

图 5-18 软件配置基线(郑人杰,2009)

其中,"需求基线"是特殊而重要的一条基线,既是软件开发的依据,又是最终成果的验收标准。

不会变化的内容不需要纳入基线,变化对其他无影响的也不纳入基线。内部开发用的基线将是一个 Build,交付给客户的基线将成为一个 Release。

3. 版本

版本(Version)是配置项在明确定义的时间点上的状态。版本是配置项的一个实例,版本树记录了配置项的演变过程。特定的软件版本是软件系统的一个具体实例,根据软件版本的用途以及目标软硬件的要求,由相关配置项各自选取自身的一个适当版本组合配置而成。软件的新版本可能是只有小量差异的变体,也可能在功能上和性能上与之前版本有显著不同,可能是对前一版本的修补,也可能是为了适应不同的软硬件平台要求。

4. 配置库

配置库（Configuration Repository）是用于存放配置项及所有配置相关信息的数据库。配置库要实现授权访问控制，防止未经允许的任意修改和删除；要提供并发访问控制，确保配置项的完整性与一致性；要能存储并方便地检索配置项的各个历史版本；要提供备份与恢复机制，防止因各种异常导致的信息丢失。

配置库可以划分为开发库、受控库及产品库三类。

（1）开发库：开发人员专用的工作环境，保存正处于开发状态的源代码及相关文档，使开发人员在开发过程中能够保持同步和资源共享，更好地进行协同作业。开发库内的工作产品处于版本控制之下，由于可能进行频繁修改，因而对其控制相对宽松。

（2）受控库：保存项目生命周期某个阶段工作结束时交付的阶段产品（即配置项的基线版本），并对其变更进行跟踪和控制。受控库的配置项处于基线控制下，任何变更必须遵循正式的变更控制规程。

（3）产品库：保存完成系统测试后可以对内/对外发布的产品，等待外部测试，或者等待用户安装和验收。产品库的配置项处于基线控制下，包括所有可以发行的软件版本以及相关项目资料。

配置库有两种组织形式：按配置项类型分类建库和按任务建库。前者适用于通用的应用软件开发组织，产品继承性较强，工具比较统一，对并行开发有一定的需求，有利于对配置项的统一管理和控制，同时也能提高编译和发布的效率。后者适用于专业软件的研发组织，使用的开发工具种类繁多，开发模式以线性发展为主，因此就没有必要把配置项严格地分类存储，人为增加目录的复杂性。配置库结构示例见表5-9。

表 5-9   配置库结构示意

01 项目立项	**05 编码实现**	02 用户培训	03 配置审计
02 项目计划	01 代码	**08 项目管理**	**11 质量保证**
03 需求分析	02 脚本	01 项目周报	01QA 周报
01 需求调研	03 单元测试	02 会议纪要	02QA 审计
02 需求分析	**06 测试**	03 项目度量	03 问题跟踪
03 需求管理	01 集成测试	04 里程碑报告	**12 其他**
04 系统设计	02 系统测试	**09 项目评审**	01 标准规范
01 概要设计	03 确认测试	**10 配置管理**	02 外部产品
02 详细设计	**07 交付**	01 配置周报	03 支持工具
03 数据库设计	01 用户手册	02 变更申请	**13 项目结题**

5.6.3   配置管理活动

软件配置管理贯穿整个软件开发过程，主要活动包括配置项标识、版本控制、变更控制、配置审计和配置状态报告。

1. 配置项标识

配置项标识是在软件生命周期中划分选择各类配置项、定义配置项的种类并为它们分配标识符的过程。配置项的识别与标识是配置管理活动的基础，也是制订配置管理计划的重要内容。SEI 建议可将以下工作产品确定为配置项：

（1）可能被两个或者更多小组共享的工作产品。

（2）会随着时间而变更的工作产品，其变更原因可能是发生错误或者变更需求。

（3）多个相互依赖的工作产品，其中一个发生改变将会影响到其他的工作产品。

（4）对项目有极高重要性的工作产品。

配置项标识是用于组织和命名每一个配置项的唯一标识符，要求规则统一、可追溯、不重复、容易记忆。配置项标识示例如下：

＜配置项标识＞＝＜项目简称＞_［配置类别］_｛配置项特殊标识｝
其中，＜项目简称＞采用英文或拼音缩写，｛配置项特殊标识｝为可选的补充信息
［配置类别］查表获得，例如：

范围说明：SOW	需求规格：SRS	接口协议：IPD
数据库：DBD	E-R 模型：ERM	数据流图：DFD
概要设计：HLD	详细设计：DD	……

2. 版本管理

版本管理是对系统不同版本进行标识和跟踪的过程，是软件配置管理的基础。版本管理的对象是软件开发过程中所涉及的所有文件系统对象，包括文件、目录和链接。

通过对版本的各种操作进行控制，包括检入检出、分支合并、历史记录和版本发布等，可以找回历史版本，避免文件丢失、修改丢失和相互覆盖，防止未经授权的访问和修改，实现团队并行开发，提高工作效率。

1）版本标识

版本标识由版本的命名规则决定，可以是号码顺序型、符号命名型或属性版本标识，目的是便于对版本加以区分、检索和跟踪，以表明各个版本之间的关系。版本的演变可以是串行的或并行的，更多的是两种演变形式结合在一起，形成带分支的版本树，如图 5-19 所示的版本分支可能代表着不同的软件开发过程：

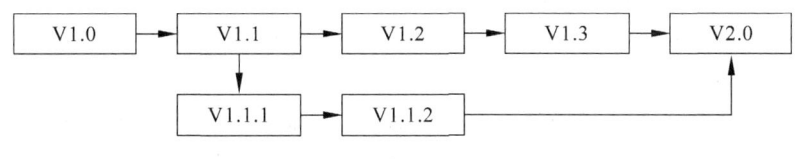

图 5-19　版本树示例

- 各自不同的开发路线。
- 可能的实验性路线。
- 适应不同平台的不同版本开发。
- 同一内容的不同界面开发。
- 各种时空有效性的实现。
- 可能出现的多个开发人员的并行开发等。

2）存取控制与同步控制

存取控制与同步控制是配置管理系统的两个基本功能，基本流程如图 5-20 所示。

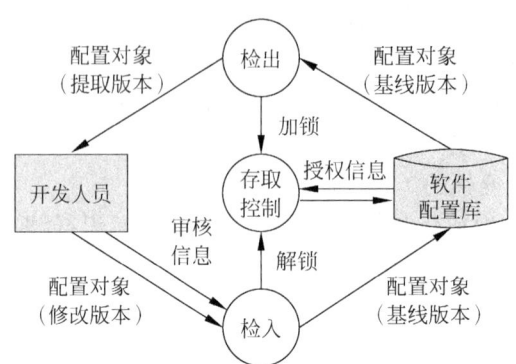

图 5-20　版本的存取和同步控制(郑人杰,1999)

存取控制管理每一开发人员访问或修改每一配置项的权限,同步控制确保由不同的人所执行的并发变更不会产生混乱。

根据批准的变更请求,开发人员从软件配置库中,检出(Check Out)需要修改并且有权修改的特定版本的配置项。同步控制功能锁定配置库中的该配置项,使当前检出版本在没有被置换前不能被其他人更新。

开发人员对检出版本进行修改,经适当的验证与确认后再检入(Check In)到配置库中,生成该配置项的一个新版本,同步控制功能解除锁定。

3)系统构建

系统构建是把软件组件编译和连接成在一个特定目标配置上的可运行程序的过程,必须考虑的一些因素有:

- 构成系统的所有组件是否都已包含在构建指令中?
- 每个所需组件的适当版本是否都已包含在构建指令中?
- 所有必需的数据文件是否都已齐备?
- 所有被组件引用的数据文件,其名字是否与目标配置上的数据文件保持一致?
- 编译程序或其他所需工具的版本是否可用?

尽早集成,持续集成是软件开发的一种有效实践。ThoughtWorks 首席科学家 Martin Fowler(2006)指出:

持续集成中,团队成员经常地集成他们的工作,通常每个成员每天至少集成一次,也可以多次。每次集成都通过自动化的构建(包括编译、发布、自动化测试)来验证,从而尽快地发现集成错误。许多团队发现这个过程可以大大减少集成的问题,加快团队合作软件开发的速度。

典型的持续集成过程如下:

① 将已集成的源代码复制一份到本地计算机。

② 修改产品代码和添加修改自动化测试。

③ 在自己的计算机上启动一个自动化构建。

④ 构建成功后,把别人的修改更新到自己的工作备份中。

⑤ 再重新做构建。

⑥ 把修改提交到源码仓库。

⑦ 在集成计算机上并基于主线的代码再做一次构建。

⑧ 只有这次构建成功了，才说明改动被成功地集成了。

配置管理是持续集成的输入，配置管理工具可以支持自动化地进行系统构建。配置管理人员要创建构建作业，编写构建脚本，管理不同组件间的依赖关系。自动化构建工具执行构建作业，解释构建脚本，调用编译程序构建可执行系统，执行必要的自动化测试。

4）发行管理

系统发行是分配给客户一个系统版本，可以是扩展功能的增强性发行或修复缺陷的修补性发行，也可以是针对不同软硬件平台（如 iOS 或安卓）的发行。通常，系统的发行次数要少于版本数，这是因为一些版本仅供内部测试使用，或者还没有交付给用户的计划。

系统发行不仅仅只是向客户交付一套可执行程序，还包括部署说明、配置文件、数据文件以及必要的技术手册与用户文档等。一些关键运营系统（如电信计费系统）的发行，必须经过精心的业务准备与数据准备，遵守严格规程，备有应急处置预案。

通常，一次发行中的改动越多，引入错误的机会就越多，当前发行的错误必须在下次发行时解决。如图 5-21 所示，实践中多采用增强性发行与修复性发行交叉推进的策略，以分散出错机会，缩小可能的影响面。

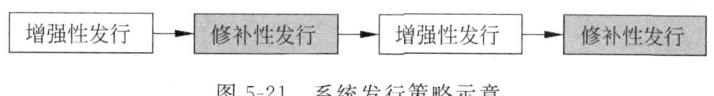

图 5-21　系统发行策略示意

3. 变更控制

项目的不确定性因素导致项目的进展未必像想象中或计划中的那样顺利，当这种不确定性变得明确并且和当初的预测不一致的时候，就会导致项目出现变更。项目变更作为软件开发过程中的最基本特性，几乎是不可避免的。项目变更可能发生在项目生命周期的任何阶段，并且将持续不断地发生。

害怕变更或是拒绝变更都不是应对项目变更的正确态度。变更并不可怕，可怕的是不受控制的变更。变更控制的目的并不是控制变更的发生，而是对变更进行管理，确保变更有序进行，避免不必要变更的发生，推动对项目有利的变更得到批准执行。

"整体变更控制过程"评审所有变更请求，做出批准或拒绝变更的决定，控制对可交付物和组织过程资产的变更。整体变更控制过程贯穿项目始终，项目经理负最终责任。

- 识别可能发生和已经发生的变更。
- 评审并批准变更申请。
- 规范管理已批准变更。
- 评审、审批纠正措施及预防措施。
- 管理基线的完备性。
- 在整个项目高度上，协调控制各类变更。
- 记录变更申请所有影响。
- 验证缺陷修复的正确性。
- 控制项目质量。

项目整体变更控制的过程如图 5-22 所示，项目变更的来源可划分为两大类：

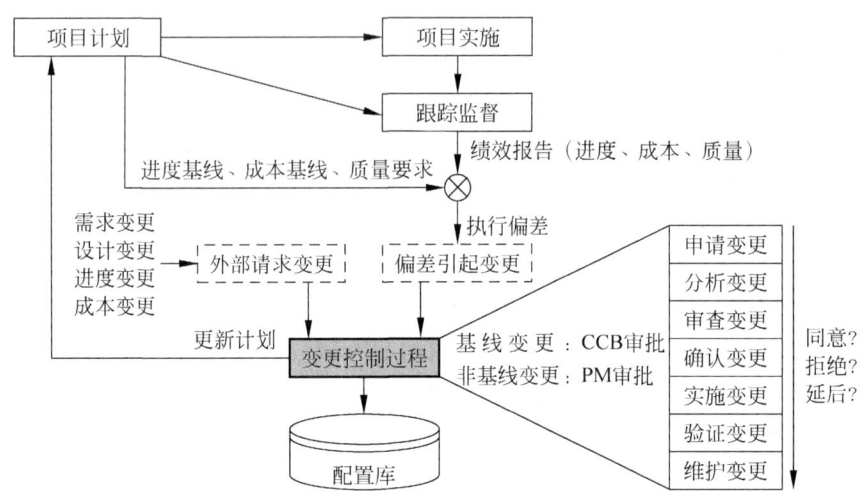

图 5-22 项目整体变更控制过程

1）外部请求变更

多由客户方提出的需求变动、方案变化或工期调整引起，客户的项目目标发生了变化，从而引起计划的变更。

例如，业务或市场条件发生变化，引起产品需求或业务规则变更；新增的功能拓展及性能提升需求；组织变动，导致项目优先级或项目团队结构变化；预算或进度的限制，导致系统或产品的重定义。

对于外部请求变更，必须加强与客户的项目沟通，引导客户确立合理的项目期望，限定有权提出申请与有权接受申请的人员，以防止因项目目标的随意漂移而加大项目风险。

2）内部请求变更

多由团队自身的资源、管理或技术的缺位造成，进度、成本、质量等与计划相比产生偏差，影响达成项目目标，从而导致变更项目计划。

例如，与管理有关的变更引发进度大幅滞后时，需要提请加派资源赶工或者重新协商交付范围和交付日期；与产品有关的变更，发现部分软件缺陷源自对需求的错误理解，需要重新调研与重新设计。

对于内部请求变更，需要加强组织内部的资源整合，提高工作效率，提升质量意识，规范软件开发过程，静态审查与动态测试相结合，争取早发现问题、早解决问题。

非基线的变更请求由项目经理审查，基线变更请求则由变更控制委员会（Change Control Board，CCB）审查。确定变更应对策略之后，一般需要同变更提出者进行确认。尤其是对于外部变更请求，不论是接受、拒绝或是延后，都必须同客户达成一致意见。各方取得共识后，项目经理批准实施非基线变更，CCB批准实施基线变更。变更实施结果通过验证后，由项目经理审核非基线变更的发布，CCB审核基线变更的发布。

第9章以需求变更为例对变更控制过程进行进一步的说明。

4. 配置审计

技术评审与配置审计是确保系统变更正确实现的两种方法。技术评审关注配置对象在修改后的技术正确性，配置审计作为补充，针对技术评审期间通常不被考虑的特性展开：

（1）变更申请提出的变更是否已经完成？所有引发的相关修改都已完成？

（2）技术评审中是否已经评价了技术正确性？

（3）是否正确遵循了软件工程标准？

（4）配置项中是否显著标明所做的变更、变更日期及变更者？

（5）是否遵循标记变更、记录变更、报告变更的配置管理规程？

（6）所有相关的配置项是否都已正确更新？

5. 配置状态报告

配置状态报告详尽描述配置管理活动信息，及时、准确地反映基线配置项的当前状态，向管理者报告软件开发活动的进展情况。配置状态报告应尽可能通过工具定期自动生成。

课后思考

5.1　项目章程的主要作用是什么？

5.2　如何识别项目的驱动因素和约束？

5.3　为什么要开项目启动会？

5.4　什么情况下不开项目启动会？

5.5　开好项目启动会应该注意些什么？

5.6　假计划的产生主要有哪些原因？

5.7　计划不如变化快，为何还要做计划？

5.8　怎么理解项目计划是在沟通与妥协中产生的？

5.9　如何理解很多项目不是缺少计划，而是缺少计划前的行动？

5.10　你有什么好办法来提高软件项目团队执行力？

5.11　项目成员的"表情日历"在项目管理中有何用处？

5.12　版本发布、开发迭代及每日构建中分别应采用哪种看板图？

5.13　软件配置管理为什么这么重要？

5.14　开发库、受控库、产品库有什么区别？

5.15　基线变更与非基线变更的处理有何不同？

第6章

项目干系人管理

课堂讨论 6-1　谁是压力最大承受者

知明科技多年前为滨海公司开发了基于 C/S 结构的全省统一的市级"业务运营支撑系统",以下简称"运营系统"。半年前,滨海公司业务运营分管领导陈总决定将全省县公司的业务运营由简单的业务指导转为垂直管理,责成业务运营部郑主任主抓此事,做好业务管理模式的转变工作。业务运营部配套上马了信息化项目,要求知明科技在全省 60 个县推广这套软件,在省公司数据中心部署新开发的县级业务运营监管系统(以下简称"监管系统"),采集全省县级公司业务运营基础数据并进行汇总分析,为省公司领导提供决策依据。

业务运营部李处被任命为甲方项目经理,知明科技小周被任命为乙方项目经理。由于这套软件在市一级公司已经稳定运行多年,小周认为推广起来应该没有太大的问题,他划出一部分人专职推广,将主要技术骨干集中在监管系统的开发上。

在李处的配合下,开发组很快搞清业务运营部领导需要的数据指标,加上对基础数据结构了如指掌,三个月即完成监管系统的开发及内部测试工作。

但是,当他们准备将系统部署到省公司数据中心时,信息中心告知,按照信息口分管王总工之前确立的原则,所有接入数据中心的系统事先必须进行综合评测。另外数据中心的 IT 基础设施容量已经饱和,相关扩容计划正在制订之中,预计还需要半年时间才能整改到位。

与此同时,运营系统在全省县公司的推广工作也遇到巨大障碍。各县公司管理模式差异巨大,实际运行中的运营系统来自 7 个软件厂商,版本多达十几个,数据结构各不相同。几乎每个县公司都认为自己现有的系统贴近自身需求,要求统一推广的系统能兼容他们现有的管理模式。

推广小组成员大多数是新人,业务了解不深,无法说服县公司。如果按照这样的模式来实施,满足每个县的定制开发要求,全省做下来至少需要3、4 年的时间,不仅软件版本面临失控风险,而且之前已经开发的监管系统数据采集模块也要不断调整。所需的开发与实施成本是知明科技难以承受的。

推广小组还发现不少县公司与省公司间没有专用网络通道,租用的公用线路带宽及网络质量都存在问题。以现有的技术实现方式,数据抽取的可靠性存在很大问题。网络通道的建设方案,信息中心尚在论证之中。

整个项目陷入一片泥潭,李处对项目进展非常不满,小周不知如何是好?

给出建议之前,请思考以下几个问题:

(1) 案例中有哪些主要的角色?他们对项目的关注点是什么?对项目的影响力如何?

(2) 项目建设的最大难点是什么?为什么与学校里的课程设计有这么大的区别?

(3) 监管系统无法部署到数据中心,谁要负最大责任?

(4) 项目陷入目前境地,谁的压力最大,谁要负最大责任?

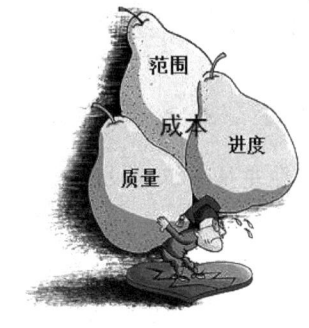

改自/赵乃育 新华社 2013-5-26

项目干系人(Stakeholder)又称项目利益相关者,是指所有能影响项目或受项目影响的组织或个人。项目干系人的满意是项目成功的重要标志。

项目启动之初,识别"上、下、左、右、前、后"的干系人(见图 6-1)以及各自的需要和期望,分析干系人支持度是项目经理重中之重的事。

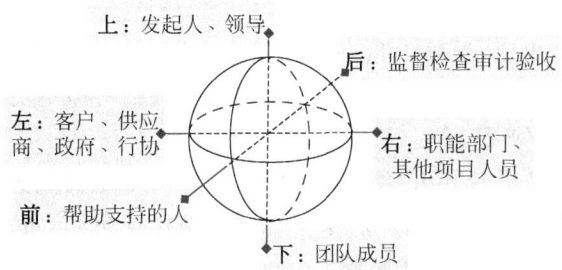

图 6-1 上下左右前后的干系人

- 项目发起人的目的是什么?
- 最终用户的真实需求是什么?
- 项目的成败由谁来评判?
- 评判的标准是什么?
- 谁会影响项目的成败?
- 谁又会受项目成/败的影响?
- 谁是你的贵人,有困难可以找他们?
- 谁跟你坐一条船,休戚与共?
- 谁会站在对立面,成为项目的拦路虎?
- 谁是旁观者,需要去争取他们的支持?

此基础上,对干系人进行管理并施加影响,平衡干系人的需要和期望,调动其积极因素,化解其消极影响,以确保项目获得成功。如果你没有认清这些人、看清这些问题,你的项目就会像一拳打在棉花上一样,有力使不上。

以下,就项目建设中各类干系人的角色划分、关注点以及对项目的影响做简要分析。

6.1 客户至上

6.1.1 业主就是上帝

业主是系统建设的出资方、投资者,业主的投资是项目存在的原因。

1. 关注点

(1)建设成本:尽量少花钱。

(2)建设内容:尽量多办事。

(3)建设周期:越快越好,不要误事。

(4)预期成效:经济效益＋管理效益＋社会效益。

2. 影响性分析

1)可以承受的系统范围

给多少钱,办多少事。项目范围无原则、不合理的蔓延是导致项目拖延甚至失败的一个重要原因。在有限的装修预算内,你不可能要求装修公司把什么都配齐、都配好。

2)可以投入的项目资源

厂商要考虑投入产出比,最强力量一定配置给合同额大、利润丰厚、影响重大的项目。合同额小、利润没保障、边缘性的项目,指望厂商投入精兵强将即不现实也不合理。

3)可以采用的技术/产品

小额投资项目只能考虑选用开源的 MySQL、Tomcat;投资较大的项目可以考虑采购 Oracle、WebLogic 以及专业报表软件等,系统性能及稳定性更高,可以承受大数据量、大业务量的压力,也可以得到较好的技术服务。

4)产品技术指标

一分钱一分货。五万块钱可以买辆很实用的 QQ 车,却绝不可能买到全新的豪华宝马。系统能够达到的实用性、易用性、开放性、灵活性以及性能响应等与项目投资有直接关系。

5)产品质量指标

不合理的工期要求,加重工作负荷,逼使项目组频频赶工,造成上线前的审查及测试不充分,加大返工成本,增大项目风险。

6)项目成功的评判者

未达到出资者预期投资效益的项目不是成功的项目。业主对项目的满意度,将影响项目的验收、回款及后续的项目合作,进而影响厂商的财务运作与企业经营。

6.1.2 高层意志不容妥协

甲方高层管理人员是项目建设的一手策划者与最高决策者,决定业务模式,推动业务变革,确定建设目标与建设范围,定义成功标准,把握总体方向。

1．关注点

1）实现企业战略

增加企业营收,提升管理效率,压缩运营成本,扩大社会影响,优化组织职能,重组业务流程,贯彻作业标准,加强组织执行力。

2）树立领导权威

总揽全局,决策有依,奖惩有据,令行禁止,政令畅通。

3）掌握宏观数据

主要关心反映企业运营健康及成长状况的宏观统计数据,除个别时段会对个别核心业务细节感兴趣外,一般不深入到具体细节中。

总经理只关心经济运行宏观指标,如果要留意每家企业哪怕就是一百多家央企的经济指标,也会被累垮,而且因为陷入细节之中,反而迷失对大局的把握。因为影响个体的因素很多,只有统计意思上的数字才能说明全局性的问题。

4）期望是非常原则化和粗略化的

邓小平指出要改革开放,实现经济发展。各地可以根据自身条件,在不违反国家大政方针的情况下,八仙过海各显神通。不管白猫黑猫抓住老鼠就是好猫。

努力的方向不能动摇,但通往目的地的线路可以优化调整。

图/张异 重庆晨报 2008-12-18

2．影响性分析

1）高层期望是系统建设的最高纲领

绝对不能违反和误解他们的期望。项目实施过程中,要与高层保持通畅的沟通,不断理解确认高管的项目期望。

2）高层意志一般极少妥协

改革开放过程中出现问题可以想办法解决,但绝不能走回头路。

高管拍板下来的事情,基本没有讨价还价的余地。因为达成高管的管理意图,正是当初项目立项的根本原因。由于国内厂商的弱势地位,加之对业主方的业务现状未必能够准确把握,因而对高管管理意图的合理与否基本没有发言权。如果厂家无法实现这些管理意图,业主将会另请高明。

图/芊帝香君 红动中国网

3）离开高层支持项目寸步难行

高层管理人员对项目相关事项拥有最终决策权,可以一票否决,也可以全力推动。资金投入、资源配备、部门协调都离不开高管的强力支持,高管对项目的支持度影响中层管理人员的配合度,影响一线业务执行人员的参与度。

6.1.3 认准最可依靠的人

甲方项目经理是项目建设的甲方总负责,也是项目建设的总协调人,负责甲方内部人、财、物的调配,一般由业务部门中有信息化建设经验的主管担任。

甲方项目经理是项目成败的第一责任人,项目压力的最大承受者,是项目建设方案、总

体计划的共同起草者,是项目的推动者、监控者,也是项目范围、进度及质量的把关者。

设想一下,如果奥运门票系统无法按时上线,谁的压力最大。是软件厂商项目经理还是奥运组委会中相关负责人?答案不言而喻,厂商的损失不外是钱款无法收回,而组委会负责人跳楼的心都会有。

1. 关注点

(1)确保各方资源投入及时到位,项目各项工作按计划有序推进。

(2)确保项目按合同要求保质、保量、按时完成。

(3)确保项目达成领导既定目标,完成领导交办的任务。

(4)确保项目成为个人事业成功的阶梯,而不是"滑铁卢"。

2. 影响性分析

图/刘文西 新浪博客

1）甲方工作推进

是甲方内部最积极的项目推动者,负责制定总体工作规划,控制项目整体进展,主导推进甲方实施工作。需要理解确认甲方高层的项目期望,争取高层领导有力支持;需要及时汇报项目进展,反映存在问题及解决方案,提请领导拍板重大事项,协调各方资源配置,统一内部意见,化解矛盾冲突。

2）乙方工作推进

是乙方外部最积极的项目推动者,促成双方对项目目标的理解达成一致,审核乙方项目工作计划,推动乙方资源配套到位,以审查、例会、报告等多种形式掌握项目进展情况,发现存在问题,跟踪问题解决。

3）成功还是失败

不少历时较长,难度较大的项目,经历了项目中的一些风风雨雨之后,双方项目经理结成了很好的朋友,保持了长久的友谊。这样的项目成功的几率非常高。

反之,有些厂家项目经理,没有摆正与甲方项目经理的关系,认为甲方项目经理在工作上的苛责是故意刁难,双方关系紧张对立。这样的项目,要想成功是非常困难的事情。

4）帮助乙方就是帮助自己

甲方项目经理要冷静面对项目的现实,理解乙方项目经理的难处,抓大放小,对乙方的缺失给予一定的宽容,对乙方的项目进展适时地予以肯定,为乙方项目经理争取合理的权益,这往往会比一味地苛责乙方能收到更好的成效。也只有项目最终获得成功,甲方项目经理才能获得个人的成功。

5）乙方项目经理最忠实的盟友

乙方项目经理可以有效利用甲方力量,以增强项目组在企业的话语权。可以透过甲方实现自己的想法,让其成为自己的免费幕后团队成员。一些不便直接向上级提出的要求,可以通过甲方从侧面施加一定的影响力。当然尺度的把握一定要小心,否则会适得其反。

图/昊霖 温州日报 2011-10-23

6）乙方项目经理要做甲方项目经理的好助手

帮助甲方项目经理认清自己的职责定位，摆正甲乙双方的位置，明确项目成败的关键点。把对方的事当作自己的事来办，助其职场获得成功。一定要跟他保持步调一致，友好协商，友好合作。要协助其做好项目的总体规划，应对高层领导的问话，准备领导满意的工作汇报，开列部门协作清单，提醒相关注意事项，预估项目风险。

6.1.4 目标一致凡事好商量

甲方业务管理人员一般指管理层级结构中承上启下的中层干部，包括部门经理及下一级的主要业务主管。负责将高层领导的意志付诸实施，领会高层领导意图，在高层敲定的业务模式下，起草业务规则、业务流程、作业标准、考核标准，报高层领导审批后推行。指导、管理、监督底层员工的业务执行，向上对高层领导负责。

1. 关注点

甲方业务管理人员的期望相对比较细节，具有可操作性。

（1）系统如何能帮助他们完成高层领导下达的业绩指标要求，实现他们的管理职能？

（2）各类业务流程在系统中如何配置与运转，系统是否支持一定程度的流程调整？

（3）作业标准、考核标准是如何融入到系统中的，系统是否支持一定程度的变更调整？

（4）通过系统如何下达指令，得到反馈，督办业务，评估结果，改进绩效，优化流程？

（5）通过系统能否直观方便地了解业务的整体运作情况？

（6）哪些业务数据必须纳入系统管理？

（7）基础数据是否足够支持各类业务单据与统计报表？

（8）系统能否生成领导关注的重要指标？

2. 影响性分析

1）必须努力与业务管理人员达成一致

中层干部对项目的成败占主导作用，基层太具体、高层太宏观。他们是需求调研过程中最重要的信息来源。业务模式、业务流程、业务规则等绝大部分来自业务管理者。系统建模结果必须与业务管理者达成一致。

2）业务管理者的期望可以有所妥协

甲乙双方是可以坐下来平等协商，一起想办法的。

领导让你打车半小时内赶到火车站接一位重要客人，你本人对线路及路况不是很熟悉，只是知道其中的一条路线。

拦下车后，你告诉出租车司机，要走哪条路到火车站。这时会有两种情况：一是司机二话不说，按着你的路线走，结果虽然距离近些，但路面堵车严重，既不省钱，又很可能迟到；二是司机问你去火车站的目的，知道你赶着去接人后，他可能会建议你走另一条路线，距离虽然远些，但路况比较好，可以确保及时赶到火车站。

走哪条路线的最终决定权在乘客手上。如果乘客对自己的线路没有足够把握，司机看上去还比较厚道，一般

情况下他会乐于接受司机的建议。因为乘客的目的是及时赶到火车站接人,而不是坚持走那条自己都没底的线路。要成为一名优秀的司机,不仅要有娴熟的驾驶技术,还要对线路及路况了然于心。

中层干部就是乘客,乙方项目人员就是司机。中层干部的目的是完成领导交办的任务,但在需求调研时,他们往往又只是告诉乙方项目人员要走哪条"路线"。乙方项目人员,要积极树立自己的专业形象,赢得甲方业务管理者的信任感,在熟悉问题领域——"线路及路况"的前提下,搞清他们一大堆具体要求的背后意图,给出更合适的"线路"建议,以更好地达成高层领导的意图。如果乙方项目人员对业务不够精通,提不出更加有效的办法,被动地被客户牵着鼻子走,往往会吃力不讨好。

6.1.5 基层反弹局面控不住

甲方业务执行人员是与将来的信息系统直接交互最多的人员,是借助信息系统开展具体业务的一线基层人员。

1. 关注点

(1) 系统能帮助他们完成哪些工作,会带来什么样的方便。

系统操作的便捷性是火车站售票人员最关心的。据了解,春运期间,火车站每名售票员每天要销售 1200～1300 张车票。售票员除了手指要不停地在键盘上敲打外,还要反复地和旅客对话,因此不少售票员的手指头在春运期间都被磨破了,嗓子也说哑了,办公桌上随时准备着创可贴、纱布和润喉药。

(2) 会怎样地改变他们的工作模式,影响他们的工作考评。

为加强服务管理,提高客户满意度,一些单位在营业大厅加装摄像头,对窗口人员的服务进行全过程监控。这样一方面要求窗口服务人员加强工作责任心、提高服务质量;另一方面也是对窗口服务人员的某种保护,一旦出现投诉纠纷容易界定责任,避免激化矛盾。

(3) 所提需求最为细节。

关注系统可用性、界面风格、操作方式、数据展现方式、业务细节等。

录入界面的风格、布局、色调,键盘操作支持度,哪些只读,哪些可编辑,数据的长度类型、取值范围、是否必填、呈现方式、自动校验、摆放位置、录入顺序、字段间关联关系,出错提醒,错误回退机制,谁填单、谁审核、谁批准……

2. 影响性分析

1) 期望灵活性最大,往往最不统一

七嘴八舌的结果未必是正确的。**一是青菜萝卜各有所好**,本就没有绝对最佳的标准答案;**二是对计算机技术了解不深**,有时分不清哪些事计算机能做,哪些事计算机做不了;**三是各自的出发点相差甚远**:有人过于执著,有人本位主义,有人业务不精,有人高度不够,有人出于私心,有人贪图方便,有人不愿被管,有人不负责任,有人心有不满。

图/俞圣可 中国少儿美术教育网

2）非原则性问题居多，最容易说服和妥协

基层员工反映的问题，相当部分集中在系统的操作使用上。对新系统的不适应很多是源于长期使用旧系统所形成的惯性。但是如果被迫使用一段时间后，也会逐渐感受到新系统功能的强大与旧系统的局限性，会逐渐形成新的使用惯性。

一般人都认为 Vista 是微软公司比较失败的操作系统，这从大部分人卸掉原装 Vista，另装 Windows XP 就可以看得出来。但是我们设想一下：如果 Vista 是先投放市场，Windows XP 是后推出来的，那么相信应该也会有相当多 Vista 的忠实拥趸，会对 Windows XP 极端抵触。

3）正视基层意见，避免反弹过大

基层意见必须服从业务管理者的期望。要积极全面地收集基层典型用户的各类意见，进行分类排序与整理分析。对一些有争议的问题，归结出各方主要的意见，分析各自的利弊短长，给出倾向性参考解决方案，提交给甲方业务管理者。必须说服业务管理者来影响和消除那些不合理的期望。由甲方业务管理者召集主要典型用户，共同讨论形成一致意见后，以制度化的标准作业要求的形式向下传达，统一认识。

6.1.6 企业信息规划要服从

甲方信息技术部门负责以下两项工作：

（1）制定企业信息规划：机房规划、主机规划、存储规划、网络规划、安全规划、企业信息模型设计、企业门户设计、应用集成设计、数据库选型、其他平台软件选型。

（2）运行维护支持：机房管理、主机管理、存储管理、网络管理、安全管理、数据库管理、业务应用的监控与系统级维护。

1. 关注点

（1）应用部署需要的机房条件、硬件资源、网络资源是否具备？

（2）是否需要对 IT 基础设施进行扩容改造，与业务应用建设的进度如何衔接？

（3）主机、存储、网络、系统软件的选型，是否落在采购目录中？

（4）各类设备及软件的采购是否已列入采购计划之中？

（5）主机、存储、网络、应用的部署是否符合企业总体规划？

（6）业务应用是否遵循相关安全规范，是否能通过统一的专业安全检测？

（7）业务应用是否遵循企业门户的接入要求？

（8）与其他应用间的互联互通是否符合应用集成标准？

（9）不同层级的数据交换是否基于统一的企业数据交换平台？

（10）开发商和供货商对系统上线后的运行维护支持是否有足够的保障？

2. 影响性分析

1）为项目决策提供咨询和建议

项目主管部门要主动征求信息技术部门对项目建设方案的意见，一方面要确认技术方案是否符合企业信息技术标准，另一方面便于信息部门提前规划配套的 IT 基础设施扩容改造。尤其不少企业中，硬件设备、平台软件都是由信息部门统一规划、统一采购的，如果没有提前通气，可能会遇到很多意想不到的困难，导致项目的失败。信息技术部门一般在业务应用系统的招投标过程中,也会拥有一定的发言权,会提出一些重要的参考意见。

2)配合业务应用建设

信息技术部门是软件配置、部署、维护等系统支撑功能需求和非功能需求的主要来源与确认者。阶段成果审查、各类环境搭建(测试环境、培训环境、仿真环境、生产环境)、系统测试、模拟演练、系统割接、试运行等都需要信息技术部门的有力配合。

3)系统验收

如前所述,信息技术部门主要关注项目是否遵循企业信息技术标准(如技术路线、数据架构、互联互通、门户接入等),关注系统支撑功能的实现程度,系统运行的各项技术指标(如业务吞吐量、稳定性、性能响应、抗压能力、故障率等),厂家的运行维护保障。

6.2 依靠组织

6.2.1 领导掌控一切

项目组所在的公司及其领导给团队成员提供工作岗位,考核工作绩效,发放工资奖金。

1. 关注点

(1)能否赚到钱:赔本的生意没人做,企业的根本任务是盈利。

(2)能否积累核心竞争力:研发富于竞争力的产品,形成强大的市场营销能力,培养善于攻坚的技术队伍,建立难以逾越的行业壁垒。

(3)能否树立品牌、可持续发展:获得良好的行业口碑,建立稳固的合作伙伴关系。

2. 影响性分析

1)项目成功的评判者

背离领导意图的项目,不会得到领导的认可;领导不满意的项目,不是成功的项目。在项目目标的理解上,要不断与领导进行确认,保持与领导的一致。

2)项目运作模式

一般性的项目,领导讲求费效比,严卡进度与成本。成长性的重点项目则是要人给人,要钱给钱,团队精干,经费充裕,配合有力,可以进行集中的需求研讨,安排密集的高层公关,得到及时到位的专家支持,推行短期的高效封闭开发,组织全面彻底的测试……

3)项目最重要的资源

领导是为所有项目组服务的,但这个资源能利用到什么程度,需要项目经理自己争取。项目经理要及时汇报工作进展,适时请求协调,让领导为项目组免费打工,如要求就具体的某件事与甲方进行高层沟通。让领导帮忙做事之前,一定要考虑清楚,是不是一定要领导出马,希望领导什么时候、找谁、谈什么、要谈出什么结果。

4）技术路线

一些厂商奉行"有所不为才能有所为"的观点，专注于 J2EE 或 .Net 解决方案，专注于某一行业应用。这种做法的一个好处是——因为专注所以专业，因为专业更容易卓越。

5）技术架构

成熟的软件厂商，内部一般都有比较成型的开发框架（包括界面组件、服务组件、调用机制、编程约定等）。项目组的开发工作必须遵循企业的编程规范，复用基础组件（如组织机构管理、授权访问控制等）。开放稳固的开发框架，将极大提高开发效率及软件质量。

6.2.2　项目工作靠团队

项目团队成员的构成可以从以下几个维度进行分类。

1）全程参与与部分参与

有经验的业务专家、分析人员、设计人员总是公司的稀缺资源，而且培养这类人的成本比较高昂。在一些专业化分工比较清晰的企业里，这些稀缺资源是为所有项目组服务的。分时分段投入某个具体项目，阶段任务完成后即转到另外的项目。能否有效实现大范围的资源调配，是衡量公司研发实力的一个重要标志。

2）全时投入与部分投入

相当多项目成员，进入项目时，手头可能都会有些尚未了断的工作，甚至个别成员同时背负多个项目的任务。部分投入的员工，因其多头负责、多头汇报，项目组对其工作的掌控存在一定的盲区。因此作为一个组织，应创造条件，让其员工尽可能一段时间专注地做一件事情，不要频繁地在任务间进行切换，这样更容易管理并取得成效。

3）正式员工与兼职员工与外包员工

任何厂家总是会有任务紧张、人员短缺比较严重的时刻。要不要增加编制，招用正式员工，需要从企业总体业务发展的要求来审视。贸然扩编之后，假如后续长远的业务量没有那么饱满，为了维持企业的运转，企业是要裁员还是减薪呢？

兼职人员的使用一定要慎重，因为项目组对兼职人员没有特别有效的制约手段。在任务冲突的情况下，兼职人员一定会以自己的本职工作为重，项目组只有干着急跳脚的份。

图/徐昌酩 卓克艺术网

短期人手不够，比较好的方式是劳务外包，从合作公司临时租用一些合格的技术人员，项目结束退回原公司。项目期间，工作安排与考核由项目组负责，并通报给原公司，避免出现出工不出力的状况。

1. 关注点

1）工作内容

一般而言技术人员都喜欢从事有一定技术含量、符合技术潮流、有一定价值、比较重要的工作，他会越做越带劲，因为通过这个项目他的人力资源价值会得到显著提升。反之如果只是让他做一些"搬运工"式纯粹工作量的事，可能要不了多久，他就会离职，因为 IT 行业技术日新月异，他担心自己落伍贬值，担心自己将来没有可靠的依托。

2）工作难度

小儿科的任务，"技术大拿"很可能漫不经心，反而做不好；过于艰难的任务，则会使新手畏惧退缩,甚至自暴自弃、打退堂鼓。

3)工作压力

工作量估计不准,进度安排不合理、资源调配不合理,都会造成项目成员忙闲不均,这是任务安排的大忌。长时间的无所事事,长时间的加班加点,忙的人忙死闲的人闲死,都是产生团队动荡的主要原因。

4)工作地点

公司本部还是客户现场或者封闭基地,本地还是外地,喧嚣都市还是偏远艰苦地区,都会影响团队成员的工作热情。对那些长时间在偏远外地蹲点的员工,要给予足够关注。

5)团队气氛

没有多少人愿意置身于一个互相提防、各自为政、关系紧张的团队;而一个互学互帮、合作共事、关系融洽的团队则具有极大的吸引力。

6)成功可能

看不到成功可能的项目是不会有号召力的,一定是人心浮动、不安正事、扯皮推诿、互相指责、各谋出路。优秀的项目经理能够指引团队成员一步步地迈向成功。

7)薪资福利

一个很值得深思的现象是:不少企业在大幅上调员工薪资福利之后,反而出现大面积的离职。员工会关注自己的付出要有合理的绝对回报值,但更关心相对其他人的相对回报值,因为这反映了企业对他的价值认可度。在很多情况下,薪资福利的高低反倒是技术人员最次要关注的因素。

2. 影响性分析

(1)团队成员是项目执行的中坚力量,对项目的影响是全方位的:工作效率、项目质量、项目成本、项目风险、团队气氛、项目成功。

(2)项目经理要研究每位员工的技术特点、做事风格、工作态度,关注员工的合理诉求,调动员工的积极性,努力营造良好的团队氛围。

6.2.3　职能部门的支持

乙方职能部门包括:行政部门、财务部门、人事部门、项目主管部门及项目管理部。

1. 关注点

(1)行政部门:规章制度是否得到严格执行,需要其提供什么样的后勤保障。

(2)财务部门:项目组对资金预算有什么要求,项目实际开支情况如何,是否遵循公司财务制度规定,项目回款条件是否具备,应收未收的账款有多少,谁在盯这个事,什么时候可以收回,项目开票方式是否有利。

(3)人事部门:了解项目组人员需求,确认合理的用人计划,推动企业范围人员优化重组,落实人员招聘、人员培训、劳务外包、人员绩效考核等事项。

(4)项目主管部门:随时掌握项目全貌,发现存在问题,考核项目绩效,促成项目成功。

(5)项目管理部:对项目全过程进行指导、跟踪、监督、管控,调配项目资源,掌握项目进展情况,归集工作成果,维护项目知识库。

2. 影响性分析

（1）行政部门：项目组的办公环境、后勤保障、作息安排、整体评价。如果行政部门能够对项目组大开方便之门,则是个极大的利好消息。

图/竹叟 钱江晚报 2010-12-15

（2）财务部门：项目资金的及时到位,对项目推进有决定性影响。项目回款要求、开票要求、报账要求都是项目组不折不扣必须遵守的。

（3）人事部门：关乎项目组所有成员的绩效评估,岗位升迁,无论说怎么重要都不为过。此外项目组的人员配备也离不开人事部门的鼎力支持。

（4）主管部门：对项目组及其成员的影响是全方位的,同时也是项目组最好的依靠。项目组的成功是主管部门的成功,项目组的失败也是主管部门的失败。

（5）项目管理部：面对项目组时,同时扮演多个角色,家长、老师、警察、医生。项目组要充分利用企业的项目知识库,按项目管理部的规定,做好该做的事,避免走弯路。

6.2.4 合作高于竞争

一定牢牢记住,与乙方其他部门及其他项目组的合作大于竞争。

1. 关注点

1）项目组间横向比较

包括领导重视程度、资源投入情况、项目经理能力及魅力、各方配合力度、项目管理规定、项目自主权、团队氛围、工作内容、工作难度、工作压力、工作成效、奖金补贴等。

2）跨部门/项目协作

做好别人需要自己配合的事,没事尽量少去打扰其他人,讲清楚需要别人配合的事,推动别人做好需要其配合的事。项目组一方面希望能够专注于自己的项目,尽量减少外部干扰;另一方面又希望自己有困难时,其他组能够及时伸出援手。

3）项目组间资源竞争

项目的顺利推进离不开足量足质的配套资源保障。但项目资源(人、财、物),尤其是有经验的项目人员这类关键资源,在任何企业、任何时候都是不够分的。高层领导的一个主要工作,就是在不同项目间进行合理的资源调配,实现企业范围的资源共享。而项目经理的一个主要任务则是让高层领导能够及时了解项目的运作状况,以准确的事实、合理的理由来说服领导在恰当的

图/勾犇 南方电网报 2012-3-17

时间给项目组配置刚好够用的配套资源。

2. 影响性分析

1）项目组间横向比较的烦恼

公司近来业绩不错,国庆到了,领导要给各个项目组发奖金。每个组发多少,领导伤脑

筋；项目组能拿多少，每个人发多少，项目经理要伤脑筋。假设你们组比别的组少得多，项目组成员要发牢骚，"跟着自己的项目经理没得混"，一些人可能会想着找机会换项目组。但如果你们组比别的组多得多，其他项目经理又会嘀咕，"看你能不能笑到最后"，无形中会形成一种芥蒂，影响后续的配合工作，甚至会被架到风口刀尖的争议上。在中庸的原则下，低调做人，高调做事，能少去很多不必要的麻烦。

2）跨部门/项目协作的两难

俗话说求人不如求己，项目组自己辛苦点，经过努力能够做到的事情，尽量自己解决。多一个任务的交接点，就多一个项目的风险点。项目组的精力和能力跟人一样，也是有限的，项目经理要善于有效运用组织的各类资源来达成项目目标。但是当你张嘴求人的时候，你就要做好日后加倍奉还的心理准备，同时对预期结果也要报合理的期望。利用私人间的关系，公事私办来推动跨部门/项目的协作，往往会收到更好的效果。

来而不往非礼也，面对其他小组的配合要求，项目经理要会弹钢琴，做哪些，不做哪些，什么时候接受，什么时候拒绝，给自己留有空间，也给对方留有空间。有时，我们的确需要反思下自己：为什么自己什么事都做了，但是人家没领情甚至落下一身埋怨？为什么有人什么忙没帮上，但是却被别人一直挂在嘴边。所以在配合他人的过程中，要学会公事私办，学会合理地拒绝，让人觉得帮他是人情，拒绝是无奈。

3）项目组间资源竞争的陷阱

谁都希望自己手下兵强马壮，资源充裕。但长时间把持着企业关键资源不放手，可能是职场中的大忌，加大项目成本，引起各方猜忌，而且很多情况下也完全没有这个必要。项目组对资源的需求在时间这个坐标上通常不是很均衡的，项目启动、需求分析、系统设计一般只需要一支短小精干的队伍，编码、测试、实施则需要大规模的人员投入。

其他项目经理如果得不到足够资源，影响了项目推进，会对你产生看法，甚至不满。领导会认为你本位主义，缺乏大局观，影响企业整体布局，甚至产生你要自立山头的误解，进而引起领导的戒心。到你真正需要追加投入，项目攻坚的时候，却得不到各方的认可与响应。所以记住"哀多益寡，称物平施"，站在公司立场，适当地做出牺牲，日后反倒可以获得更好的回报。

怎样避免项目组间的恶性资源竞争，很大程度上是企业整体制度性设计的问题。

图/孙涛 牛城晚报 2012-8-8

6.3 保持警醒

6.3.1 行业地雷不能踩

包括国家和地方法律法规，国家技术标准，以及行业协会制订的行业规范和标准。

1. 关注点

1）政策准入

什么可以做，要做必须具备什么资质与条件。一些项目在立项论证的时候，缺乏对相关政策的了解研究,结果项目完成后无法投运,导致投资泡汤。

2)地雷禁区

什么不能做,什么要注意,如果有疏失要付出什么样的代价。如社交网站大多具有发帖功能,要么网站平台要做得非常智能可以过滤掉有违国家法规、影响社会稳定的敏感话题,要么需要设置专人人工审核以去除不良信息。如果没有注意到这些,要不了几天,网站可能就要被封掉。

3)技术标准

技术标准是确保系统开放互联,产品质优价廉,厂家有序竞争的有力手段。如凡是入网的智能电表必须符合能源行业的技术标准,电网公司可以选择符合入网标准的任意厂家产品。又如采用国家标准/行业标准的分类编码,有助于企业范围的数据共享。

2. 影响性分析

1)不必要的法律纠纷

比如楼道张贴的收费通知单就隐含法律纠纷的风险。这些公开的收费通知单,为一些不法之徒,收集居民个人信息,甚至给入室犯罪提供了可乘之机。

2)投资泡汤的风险

违反政策规定,违背道德良知,未遵循行业技术标准,都有可能导致产品无法上市。例如,安全漏洞百出的系统、价值观导向错误的教育软件、出现不宜内容的儿童游戏等。

3)难得的市场机会

一些新兴领域,因其较好的前景及较高的风险性,政府往往会出台一些重点扶持的政策。企业如果能够将政策研究透、用透,将是企业发展的良好助推器。

6.3.2　采购风险要小心

项目采购渠道主要包括硬件供货商、软件提供商、软件分包商和服务外包商。

硬件供货商:提供服务器、存储、网络设备、安全设备、负载均衡器、工作终端等。

软件提供商:提供数据库、Web 服务、EAI、中间件、BI 软件、开发工具等。

软件分包商:承建商在资源有限的情况下,为将主要精力投放在关键核心业务上,经客户同意,将相对独立的外围模块分包给合作厂商。承建商把住需求与验收两个关口,对项目质量负总责。

劳务外包商:承建商从合作单位临时租用一些技术人员,充实到项目团队中,由项目组统一安排工作,统一绩效考核。合作单位对租用人员的技能素养与工作表现负总责。

1. 关注点

(1)资质信誉:资质认定,行业口碑,成功案例,以往合作。

(2)供货能力:到货批次,到货时间,货品/服务的规格、数量、质量及报价。

(3)供货验收:验收条件,验收时间,验收标准,验收方式。

(4)供货付款:付款条件,付款时间,付款方式。

(5)技术服务:服务网点,服务力量,服务承诺,服务兑现。

（6）违约责任：对供货商违约行为做出的责任追究，以确保项目顺利推进。

2. 影响性分析

（1）供货商管理是项目实施的一个潜在风险点，要事先制订应急预案以备不测。

（2）因资质信誉欠佳、供货能力不足，出现供货延迟、质量瑕疵，可能导致项目进度延误，质量不达标，失信于客户，并付出额外的停工、返工及机会成本，进而拖后项目回款时间，加大财务成本。

（3）把好验收与付款两个关卡，是有效约束供货商、控制项目风险、减轻财务成本、保障后续技术服务的最有效手段。可以将承建商对供货商的验收及付款与客户对承建商的验收及付款连带在一起，并以客户的最终验收为准。

（4）承建商应与主要供货商建立长期的合作关系，一方面可以降低供货风险，另一方面很大程度上也可以减少垫款的金额与时间。

6.3.3 第三方不要掉以轻心

第三方是与业务有关系，但并非业务方的其他人或事，包括其他接口应用、重大项目引入的项目监理等。

1. 关注点

1）项目监理

项目监理受业主委托，对项目全过程（招标、设计、实施、验收）进行全面的监控（范围、进度、成本、质量、风险、安全等），推动项目规范运作，达成预定目标。

2）其他接口应用

接口是指双方应用集成、信息交互必须具备的软硬件环境，双方接口必须遵循一定的标准、协议，规定双方联调配合的时间点、注意事项，系统上线配合的时间点、配合事项，系统投运后的技术支持等。

2. 影响性分析

1）项目监理

项目监理代行业主部分职权，对项目建设的全过程进行全面监控，对项目进程中的重大事项（如需求评审、设计评审、确认测试、系统验收等）以及各类交付物（如项目计划、需求报告、设计报告、测试报告、试运行报告、验收文档等）进行审查把关。出具的监理报告将对业主决策产生直接影响。简单地讲就是要过客户的关，先过监理的关。

改自/365 地产家居网

2）其他接口应用

对接口交互所采用的技术方案、标准、协议起限制作用，成为系统建设的一个约束。技术标准、开发及联调进度往往要依从于一些强势的第三方（如第三方支付接口）。对端开发工作的进度、质量，联调配合工作的力度具有一定的不可控性，可能会严重影响本项目软件开发的进度及质量。项目组需要提前预计到其中的困难与风险，与第三方的配合工作要提早谋划，留有余量。

6.3.4 尊重施加影响者

能够对项目施加直接或间接影响的人,可能包括厂家内部人员、业主内部人员、组织外其他人员。这些人可能有一些权位,也可能是跟有权位的人能说上话。

1. 关注点

(1)可能与项目的获取、建设、验收、使用等没有直接的关系,与自己的职责无关。

(2)项目成败对其权位、利益一般没有直接的影响。

(3)大多对项目进程没有特别的关注,也没有特定的关注点。

2. 影响性分析

1)对项目的看法、态度、影响不确定

因其在组织内外的地位能够对项目进程中的人和事产生积极或消极的影响。对项目的看法一般没有先入为主的成见。很多情况是由于某个偶然事件的出现,才开始关注项目或者改变对项目的看法。他们对项目的态度没有特定的导向,对项目的看法与态度,一般比较容易随情况的变化而调整。他们不一定会有介入项目的意愿,不一定会将对项目的看法和态度转换为对项目的影响力。

2)尊重礼遇,防微杜渐

对这类在组织内有一定影响力的人员,日常工作中,要给予足够的尊重:及时通报项目的进展,主动征求一些面上的意见(只要没有原则性问题都积极予以采纳),邀请参加一些项目的活动……在他们对项目产生特别关注的时候,项目组要予以足够的重视,分析其背后的原因,对症下药。

应对原则:不要因为处事方式的不当,而将这些原本与项目没有太大利益牵扯的人员,推向项目的对立面。

6.3.5 反对者使你更成熟

反对者包括甲方内部反对项目推进的人及乙方内部反对项目推进的人。

1. 关注点

1)危及个人权位

系统上线之后,一些作业流程被固化到系统中,各级经营指标数据透明化,上级对下级的监管力度加大,个人的权力会受到监督、受到限制,甚至会被上收。为了维护他们现有的权位,他们可能找各种理由反对新系统的上马。

早先的农电工手中权力很大,他们负责在农村地区抄电表、算电费、收电费。有些管理不到位的地方,收多少钱,农电工说了算,上交多少钱,看他们高兴。信息系统上线后,这种现象基本就杜绝了。

2)牵动部门及个人利益

信息系统项目的建设,通常伴随着业务变革、流程重组,甚至机构调整、岗位优化、裁员分流。切身利益受损,使得不少部门/个人选择站在项目的对立面。

3）影响工作方式

管理精细化、作业标准化、考核数量化，是很多软件项目在管理上要达成的目标。要求遵循标准的作业流程，准确录入一堆单据，规定时限完成工作，严格考核工作绩效。严格的管束总是会让一些人不舒服，甚至强烈反弹。

4）管理理念迥异

集中管理还是分散管理，人性化管理还是科学化管理，过程管理还是结果管理，由此而来的机构如何设置、职能如何划分……管理理念上的分歧往往不是那么容易消除。各方可能都认为自己很有道理，都是站在了使公司更好发展的立场来反对项目的建设。这一类的争议，在立项阶段要鼓励，以免重大的决策失误。在实施阶段，则要统一认识，强调服从大局，服从整体安排。

5）技术看法不同

有人倾向既有成熟技术——稳定可靠，有人推崇最新潮流——紧跟时代。有人倾向采购成熟产品——节省机会成本，有人坚持独立研发——一切尽在掌握。技术上的分歧，如果没有权威专家适时做出恰当评断，项目组将因此争执不休、停步不前，同时影响团队的协作。

图/方成 方成搜狐博客

6）与项目成员不和

因为与项目组的一些人有心结，为反对而反对项目组的一些安排。

2．影响性分析

（1）消极不配合：找各种理由磨洋工，推三阻四，影响项目进度，破坏团队工作气氛，加大团队管理难度。

（2）责备求全：只挑毛病，不做肯定；只找问题，不提方案；用放大镜来看待问题，用扩音器来放大杂音；小题大做，试图营造问题成堆、难以继续的局面。

（3）阳奉阴违：表面口口答应，背后说三道四、造谣生事、乱打小报告。记住众口铄金、积毁销骨，谎话说一千遍就成真话了。

（4）人为制造障碍：利用所谓的"程序流程""公事公办"，故意设卡，借机刁难，让你有苦说不出，有冤没处诉。

6.4 谋定后动

6.4.1 角色决定责任

1．业务是灵魂，系统是躯干

角色决定责任，角色决定思维。信息化建设中甲、乙双方的角色定位、职责分工究竟应该怎样？信息化建设应该由谁主导？谁负责？双方应该建立什么样的合作关系？

信息化建设不够成熟的甲方，经验欠缺的乙方项目经理，往往会对这些问题没有正确的认识。甲方对信息化建设规律了解不深，从传统行业的经验出发，片面地认为甲方出了钱，说清想法后，就可以做甩手掌柜；项目没做好，就是乙方的责任，就是乙方的水平不够。而乙方项

目经理忙于内部的系统研发,对甲方应负职责及应予配合事项
疏于说明及引导,以致出现问题时只能一肩扛下所有责任。

实际上,信息化建设是业务推进与系统建设相辅相成、互
相推动的过程。业务管理模式决定信息系统建成后的模样,
信息系统要遵循贯彻企业的管理思想。业务模式好比人的灵
魂,信息系统好比人的躯体,灵魂附着于躯体之上,灵魂与躯
体相互支撑,离开躯体的灵魂无所依托,没有灵魂的躯体却只
是行尸走肉。

管理者通过信息系统的建设,借助信息系统的"高效便
捷"与"铁面无私"来贯彻自己的管理意志。业务人员必须照章执行的业务流程、作业标准被
固化在信息系统之中,全过程的绩效数据被一一记录在系统中。

业务人员通过信息系统提供的一个个功能(编辑、审核、上报、打印、统计、分析等),履行
自己的岗位职责,完成上级下达的日常工作任务。业务人员对信息系统的接受程度与熟悉
程度,直接影响信息系统的实用化程度。

没有"灵魂"的系统,是没有生命力的系统;"灵魂扭曲"的系统,是不健康的系统。评价
信息系统的终极标准是以系统是否实用化,能否达成管理者意志为准。管理者意志是否坚
决,管理实践是否适合企业当前状况,领导是否认可,中层是否力推,基层是否接受,开发商
对管理意志、管理实践做法是否理解到位,是信息化建设获得成功的基本要件。

基于这样的认识,信息化建设正确的做法应该是"管理先行、业务驱动、IT 支撑"。

2. 业主方的角色及职责

宣贯领导管理意志,统一内部认识,确认系统建设范围边界,提出业务需求,推动业务变
革,实施业务流程变更,出台配套管理措施。

协调业务部门、信息部门,组建各级单位系统实施小组(如业务组、培训组、测试组、系统
组、保障组等),规划落实配套 IT 工程建设,做好需求确认、阶段审查、变更控制、验证测试、
人员培训、业务准备、上线保障等配合工作。

大型信息化项目实施的主导权在业主方,项目的成败更大程度上取决于业主方的成熟
度。业主方意识不到位(如信息化建设与管理跟进相脱节)、动员不到位(如各级责任不明、
重视不够等)、资源不到位(如规划不清、投入不够等)、协调不到位(如授权不够、沟通不够
等),项目会举步维艰。

3. 开发商的职责分工

通过行业成功经验及失败教训,对业主方进行项目实施方法论的宣贯引导与培训,让其
了解信息化建设的规律,认识到管理决定业务、业务驱动 IT、IT 支撑管理,认可业主方的参
与度对项目成败的关键作用,明确哪些是业主方应尽的职责,理解哪些是开发商无法越俎代
庖的,知道业主方每个阶段应该展开的配合工作。

领会业主方的项目意图,了解业务需求,提出流程优化建议,引导客户深度参与需求分
析及确认工作。与客户协商制订项目实施策略,编排项目开发计划,建立项目共同管控机
制,确认各类技术方案(如总体方案、数据迁移、系统割接等),开发软件产品,开展系统测试,
组织操作培训,执行系统部署,推进本地化实施,提供运行支持等。

与业主方持续沟通、确认，引导业主方逐步将项目期望调整到合理的水平。协助业主方规划项目建设进程，组建内部实施配合队伍，确定分工责任界面，建立工作协调机制与考核机制，对业主方在项目各阶段的工作重点、潜在风险、注意事项提出合理的建议，不断提醒业主方积极推动配套管理措施的落实到位。配套管理措施未到位的情况下，信息系统的推行是困难重重甚至寸步难行。

6.4.2 解决问题之道

项目干系人管理可遵循以下四部曲：

（1）识别干系人：哪些人会影响项目，哪些人会受项目的影响？

（2）分析重要程度：谁是关键节点、关键事项上的关键人物，决定关键资源的调配？

（3）支持度分析：谁是项目的坚定支持者，谁可能是消极反面因素，哪些人又是可以争取团结的中间决定力量。

（4）确定管理策略：大力依靠坚定支持者，推动项目；努力争取中间力量以获得更多支持；积极化解反对声音，减小项目阻力。

各类干系人对项目的重要性、支持度会因时而变，干系人的管理是动态滚动的过程。

以下我们以本节课堂讨论为例，对干系人管理四部曲进行进一步说明。

1. 识别项目干系人

滨海公司管理上分为三个层级：省公司、市公司、县公司，见图 6-2。

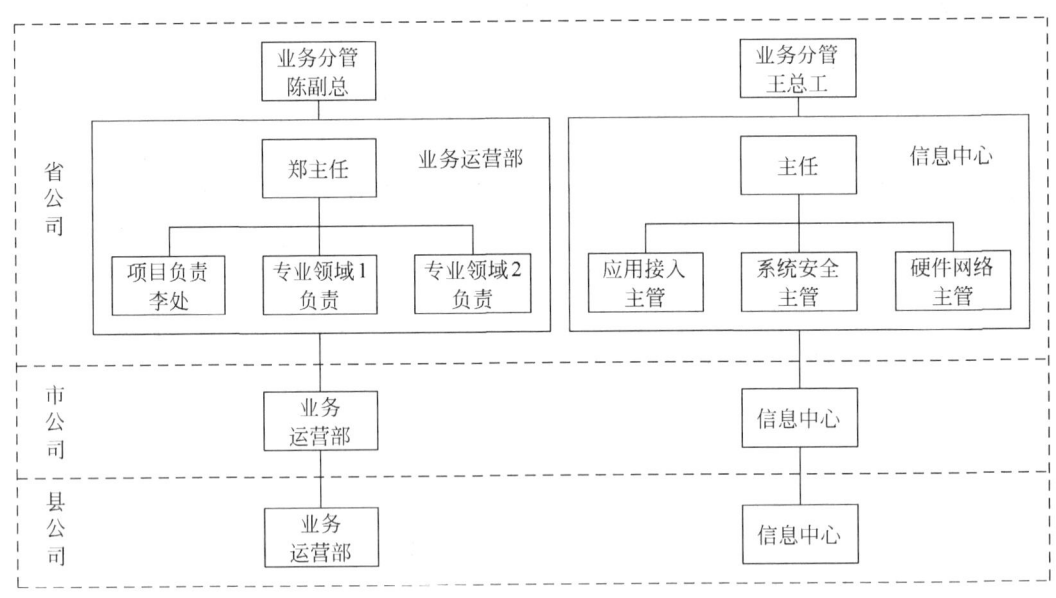

图 6-2　识别干系人示例

省市之间实行垂直业务管理，市公司各部门对市公司领导负责，同时向省公司对口部门负责，接受其考核监管；市县之间过去长期只是业务指导关系，没有考核监管关系，县公司各部门只对县公司领导负责，无须向市公司对口部门负责。

省公司信息中心负责公司范围的信息规划、IT 基础设施建设，向上对省公司王总工负责，内部划分为硬件网络、系统安全、应用接入三个专业，各司其职。市公司信息化建设必须服从省公司的统一规划,接受其考核,而县公司的信息化建设长期以来是自行负责。

省公司业务运营部负责业务运营相关政策的制订,分专业对市公司的业务进行监管考核,同时设置专岗负责业务运营的信息化工作,向上对省公司陈副总负责。

市公司业务运营部负责推进本市抄表、核算、收费等业务的有序开展。

本项目涉及的干系人较多,相互间的关系也比较复杂。在省公司层面主要有业务口分管领导陈总、信息口分管领导王总工、业务运营部郑主任、项目经理李处及其他业务主管、信息中心主任及三位主管。

市公司、县公司在业务口、信息口的干系人构成与省公司类似,不再赘述。

2. 进行干系人重要性分析

借助图6-3,可对干系人的重要性进行简要分析:

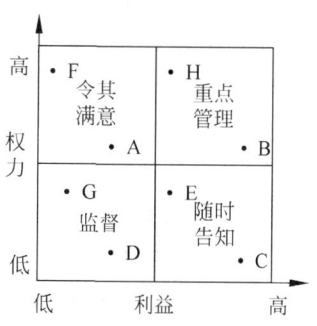

图6-3 干系人重要性分析

- 位高权重并且与项目利益关联密切的,是项目组应予重点管理的最重要的干系人。其对项目的支持与否将严重影响项目的进展。
- 权位虽高但与项目利益关联不紧密的,应充分尊重,各项工作尽量令其满意,避免其走向对立面。
- 权位不高,但利益关联密切的,随时告知项目进展,以免人心浮动,引起不满。
- 权位不高,与项目又没有特别利益牵扯的,不需要给予太多关注。

1) 业务口一把手——省公司陈总

陈总是"县公司业务运营垂直化管理"这一目标的提出者,其管理意志是不可动摇的。一切的管理举措与配套的信息化项目都是为了达成此目标。他关注管理高效、流程优化、成本节约、决策科学以及作为集团领导在业务运营领域的权威。

陈总的支持至关重要,可以左右项目的方向,决定项目的推进模式,对重大事项一锤定音,对项目有否决权。在跨业务领域配合出现问题、难以协调的时候,可以出面与相应专业的分管领导协商解决。

2) 信息口一把手——王总工

王总工是企业信息规划的提出者和坚定的守护者,其在信息领域的权威不容挑战,反对任何部门的信息孤岛。他关注的信息包括企业信息技术标准的制定与贯彻、企业级基础技术平台的搭建、IT基础设施能否为业务应用建设提供坚强的支撑。

3) 业务运营部门负责——省公司业务运营部郑主任

郑主任是业务运营的主管领导,他必须会同下属各业务主管,制订业务转变策略,拟定详细的实施方案,推动垂直化管理的顺利实施,落实陈总的管理意志。

信息化项目建设过程中,他关注项目的总体进展,会根据项目经理李处的提议,授权调动业务口可用资源,进行业务流程梳理、用户测试、组织实施工作。他关注系统能否规范县公司业务运营,实现其管理职能;如何能方便地得知基层业务执行情况;如何下达指令,如何得到反馈,如何评估结果等。

4) 甲方项目经理——省公司业务运营部李处

李处是该项目成败的甲方第一责任人,是项目的积极推动者。这个角色通常由业务部门内部有信息化经验的人担任。他会在业务运营部郑主任的支持下,协调省、市、县三级业务口各专业以及信息口人员,完成 60 个县公司统一"运营系统"的推广及省公司"监管系统"的上线,以配合全省业务运营垂直化管理的推行。

5)信息部门

信息部门在企业中属服务支撑单位,不是企业的赢利点所在,因此一般处于弱势地位。但信息部门在技术方案把关、设备采购、项目验收、上线、后期运维等方面有重大影响,有些还是主导作用。

现代企业越来越关注企业范围的信息共享、流程集成。信息技术标准制定、IT 基础设施的建设与维护等工作只能由信息部门牵头,以构建企业级的基础技术平台。

信息部门关注信息部门权威是否得到尊重,技术方案是否符合集团总体规划、技术标准、后期运维是否有保障等。

6)市公司业务运营部

要将管理水平参差不齐、业务差异较大的县公司纳入统一的管理,对市公司业务运营部而言不是一件简单的任务。需要研究每个县公司的业务现状,分析业务差异性,纠正不规范的业务,融合合理的业务创新,消除不合理的差异,逐步统一业务流程、作业标准。另一方面,加强县公司业务人员的业务培训,提高岗位技能,以适应垂直化管理的要求。

7)县公司业务运营部

从长期粗犷的自我封闭管理转换到规范化、精细化管理,多少是有些抵触的。县公司各级业务人员的管理惯性不是靠一纸要求、一朝一夕能够转变过来的。在变革期间,他们都希望能够最大限度地承袭原有的管理思路,保留以往的习惯做法。加之大部分人员的业务素质与规范化、精细化管理的要求还有很大距离,需要一个逐步强化提高的过渡期。因此管理模式的转变,信息系统的切换,有个循序渐进的过程。

3.进行支持度分析

如图 6-4 所示,各类项目干系人由于背景、角色、观念、个性、利益等诸多因素,对项目的立场可能大不相同。项目经理要努力争取大多数人的支持,对位高权重的反对者要特别予以关注,采取恰当的策略尽量化解其反对声音。

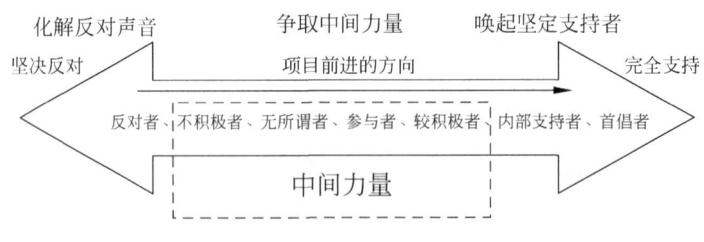

图 6-4　项目干系人支持度(王如龙,2008)

1)积极推动者

作为项目发起者的陈总,项目主管单位负责人郑主任、项目经理李处都是项目最坚定的支持者与推动者。这些都是厂家项目组的贵人,在项目推进出现不同层级困难的时候,可依对等原则,由厂家不同层级的人物出马,寻求他们的支持。

切记:不能头脑空空地去,一定要带着经过内部充分讨论,切实可行的解决方案。明确地告诉对方,现在存在哪些项目组无法掌控的状况,希望他们做什么,怎么做。如果能给出两个及以上的解决方案,由业主方来最后拍板定调,那就更好了。

2)不确定的配合者

信息口的王总工以及信息中心人员作为 IT 支撑保障的归口负责,其对项目的支持也是至关重要的。但他们的支持是以项目组要认同信息部门的权威,项目建设服从企业总体信息规划,业务应用架设在信息部门主导建设的企业级基础技术平台之上为前提。

在项目可研、立项招标、需求确认、方案设计、系统测试、割接上线、运行维护等过程中,是否提前打招呼,给信息部门的规划与建设工作留有足够时间,并充分听取信息部门的意见,很大程度上决定了信息部门对项目的支持程度。

3)积极的参与者

市公司业务运营部面对省公司的项目考核压力(同业对标、绩效排队是经常采用的管理办法),对项目的态度一般比较积极。不少市公司会根据本市的特点,主动想一些办法,推动本市项目的推进。

4)不确定的参与者

县公司业务运营部情况比较复杂,对业务垂直化管理这件事,不同的县公司可能态度迥异。业务量较小、效益一般的边远县公司,话语权较低,纳入统一管理后,各方面相关配套都会有比较大的提高,因此一般态度比较积极。其主要问题是原先管理比较"土",人员素质有待提高。而业务量较大、效益较好的发达县公司,话语权较大,通常管理上的想法比较多,也有一定的合理性,加上不太愿意权力上交,因此一般态度比较暧昧。

4. 确定管理策略

1)推进管理变革,消除杂音根源

说服甲方加快推动县公司业务运营垂直化管理的变革,省公司与市公司签订限期完成的责任状。以市为单位,对所属县公司的业务现状进行排查摸底,不规范的业务要求限期纠正;有差异的业务,在广泛研讨的基础上进行分类处理:不合理的差异给出整改缓冲期,合理的差异汇总后上报省公司。

省公司组织业务专家,对市公司上报的各类业务差异,进行分析、过滤、归并:不合理的差异直接驳回;个别反映的问题,如果非原则性、影响不大,予以驳回;普遍反映的共性问题以及影响较大的个别问题,组织专人对业务进行优化设计后,在全省统一推行。业务统一的过程,不会一帆风顺,关键在于省公司的决心力度。

此外,全省工作单、工作卡片、票据、报表的统一也非常重要。要取消所有不规范的表卡单据,采用统一制式的表卡单据,也可适当增加一些合理报表。

2)坚持统一版本的运营系统

根据省公司对县公司业务差异的统一处理意见,对运营系统进行调整。一些业务差异可以通过流程配置、参数配置予以解决;另外一些涉及功能完善、流程细化、特殊情况处理的可能需要调整程序代码、库表结构。一个很重要的原则是:不管接纳了多少差异性业务,始终要坚持全省只保有一个统一版本的运营系统。

3)调整监管系统技术方案及实施策略

如图 6-5 所示,在县公司端设立全省统一设计的标准中间数据库,要求各县公司每日将本单位的业务运营数据,轻度汇总后,按规定的结构要求,放置到中间数据库中。

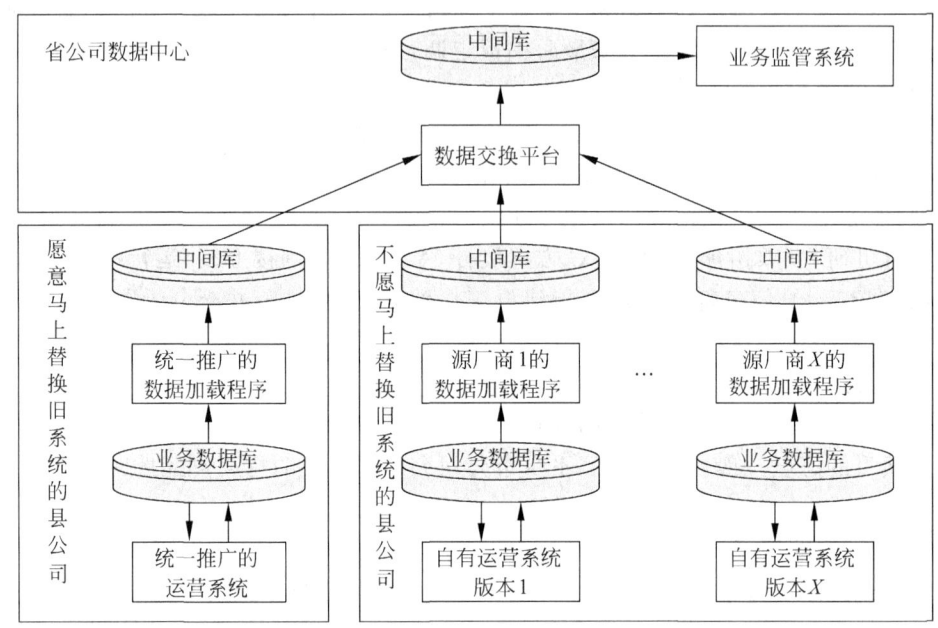

图 6-5　业务监管系统实施策略的改变

项目组开发统一的数据校验程序,部署在县公司端,对中间数据库的数据质量(数据格式、数据内容、字段间匹配关系等)进行校验。校验通过后,由统一的数据交换平台,统一抽取到省公司监管数据库中。

好处在于:将省公司监管系统(包括数据抽取、汇总、分析等)与数据源端的县公司运营系统分割开,不受县公司源系统多厂家、多程序版本的制约。同时可以督促县公司做好档案核查工作,消除旧系统中的脏数据,为日后系统的顺利切换创造清洁的数据环境。

4)以监管系统倒逼统一运营系统的推广

省公司领导限期要通过监管系统看到全省县公司实时的经营指标数据,这是雷打不动的政治任务。

如果县公司愿意立即将业务规范到省公司的标准之下,直接用统一的运营系统替换掉旧的系统,这对他们而言是最简洁、最省事、一步到位的方法。

如果县公司坚持差异性的业务或者不愿意马上替换掉旧系统,那他们就必须自己找旧运营系统的源厂商,开发数据转换程序。从旧的运营系统中,将数据转换成全省要求的统一格式,再放置到中间数据库中。这种做法的麻烦在于:

- 如果没有足够预算,源厂商不一定愿意干。
- 要求加载到标准中间库的数据,旧系统中未必都能提供,需要安排专人进行补录,而且补录过程中,很可能搞错字段间的量值匹配关系。
- 系统更新成统一软件是迟早的事,垂直化管理的业务变革一定会推行到底的。

5)选好试点,以点带面

从省公司领导要看的指标出发,倒逼县公司推广统一的运营系统,用统一的运营系统固化在程序中的业务流程、作业标准来推进业务变革的进行,对县公司的业务进行规范化。

因此,大部分县公司都会选择一步到位,直接切换系统,剩下的就是哪个单位要做标杆先吃螃蟹的问题。项目组可以选择参与意愿强、协调力度大的单位为试点。在业务差异的处理上,对试点单位口子可以放松点,对后续推广单位严格卡关。一个试点上去之后,其他单位就不会再坐得那么稳当了,那些强势的县公司也会逐渐就范。

6)寻求信息部门配合支持

可在业务主管、部门负责、分管领导这三个层级上与信息部门展开沟通协商,寻求信息部门的支持。

对"IT基础设施容量已经饱和"的问题,可以考虑以优化现有资源配置的方式腾出资源空间;或者由业务运营部门按信息部门的规划要求,利用自有资金先行扩容;或者采用其他应急过渡方案。

对省公司与县公司网络通道问题,一方面推动信息部门加快规划、加快实施;另一方面请信息部门就过渡期间的通道问题确定一个全省统一的解决方案。

7)业主理解支持非常重要

以上项目实施策略的形成及实施需要甲乙双方相互理解,通力协作。

首先知明科技项目负责小周,应积极寻求公司内部专家支持,经充分讨论,领导确认后,定下初步解决方案。而后小周将方案提交甲方项目经理李处,方案修订完善后上报业务运营部郑主任,根据批示的意见做进一步调整。与此同时,小周应提请公司领导出面拜会郑主任,就项目实施的新情况、新策略,争取其理解支持。双方达成基本共识后,郑主任、李处会同小周向陈总做专项汇报,由陈总最后拍板定调。在这过程中,知明科技积极动用高层力量,与陈总的充分沟通交流是达成最终目标非常重要的一环。

课后思考

6.1 什么是项目干系人?项目干系人管理为何如此重要?

6.2 谁是项目压力的最大承受者?

6.3 谁是乙方项目经理最可靠的同盟军?

6.4 甲方高层领导的项目期望会动摇妥协吗?

6.5 乙方项目经理应如何处理好同甲方项目经理间的关系?

6.6 甲方项目经理的主要关注点及职责是什么?

6.7 甲乙双方项目经理在项目建设中应怎样相互配合?

6.8 面对甲方业务管理人员不尽合理的期望和要求,应该怎么办?

6.9 面对甲方业务执行人员莫衷一是的各种期望和要求,应该怎么办?

6.10 甲方信息技术部门在项目建设中扮演什么样的重要角色?

6.11 公司领导在项目建设中扮演什么样的重要角色?

6.12 对项目团队成员的主要关注点应该如何看待?

6.13 如何看待与其他部门/项目间的合作与竞争关系?

6.14 与第三方的合作需要注意些什么?

6.15 应该如何理性看待项目中的不同声音?

第7章

项目沟通管理

上帝创造人类后,为考验、锻炼人类,布置一项任务——建造一座塔。人们于是开始商量并做出分工,有人负责运石、有人负责打浆、有人负责砌墙,总之分工后统一协作,进展神速。塔逐渐建起,并越来越高,甚至威胁到上帝的天堂。上帝发愁了,没有想到人们集体的力量居然如此强大。上帝灵机一动,给建造的人们创造并分配了不同的语言。事情突然变了,人们无法表达各自的想法,变得无法沟通,建塔的速度几乎停滞,人们加倍地努力工作,但是塔很快就倒塌了。

从这个小故事可以看出沟通的重要性。沟通是人与人之间传达信息或交换思想的过程。沟通无处不在,管理的过程,就是沟通的过程。没有沟通,就没有管理。项目成功的最大威胁,就是沟通的失败。项目中绝大部分问题,都是因为沟通不到位造成的。

7.1 沟通的过程

7.1.1 驿站传书

课堂讨论 7-1　驿站传书

1.游戏规则:

(1) 全班划分为若干个小组,每组安排 1 名裁判,各组人数相同,不超过 10 个人。

(2) 每组排成一列纵队,要求各组朝向一致,游戏过程中不许说话。

(3) 裁判把写着汉字(一个词或者一句话)的纸条交给队尾同学,大家依次将信息往前传,队首同学写下收到的汉字交给裁判。最短时间内将信息准确送达的为胜,传错信息即判负。

(4) 自由选择传输方法,但不能说话,不能直接传纸条,不能用现代工具,不能用有印记的笔直接写出来。首尾两位同学,可以拿支笔、拿张纸做辅助记录。

（5）后面队员的手不能超过前面队员的耳朵，不能在前面队员的可视范围内做任何动作。前面的队员不能回头或侧头，偷看后面队员的手势。

（6）游戏诚信第一，专注于本队的传输，不要观察他组的传输过程，试图从中获得提示线索。

（7）游戏一共进行三轮，每轮游戏前给10分钟时间以讨论和实验传输方法。

（8）队员完成任务后，请保持安静，否则将丧失出错后重传的机会。本队完成传输后，先不要讨论，不要影响其他还在进行的队。

2. 游戏后的思考

（1）方案讨论中

　① 你扮演什么角色：协调者、计时员、记录员、建言者、旁观者、批评者……

　② 你的表现属于哪一种：
　　• 积极主动、思维活跃、献计献策、推动鼓励；
　　• 消极被动、思维僵化、冷眼旁观、批评破坏。

　③ 你是否进入讨论的状态，还是认为游戏很无聊，为何有这种理解？

　④ 你喜欢自己在讨论中所扮演的角色吗？

　⑤ 你觉得如果这是在工作中，领导会欣赏你的表现吗？

　⑥ 你们尝试了几种方案？最终的方案是如何确定下来的？

　⑦ 讨论中谁作用最大？为什么不是你？你尽责了吗？

　⑧ 你对小组讨论的过程与结果满意吗？好在哪？不足在哪？应该怎么改进？

（2）游戏进行中

　① 信息传递需要经过哪些主要的环节？

　② 每个环节都有哪些影响信息传递准确率与传输速率的因素？

　③ 你们组的方案主要考虑了哪些因素？

　④ 导致小组信息传递速率不高、可靠性偏低的最主要原因是什么？

　⑤ 方案是否最大可能地降低了个体间悟性和执行力差异的影响？
　　如果有，你们是怎么解决的？如果没有，为何会没想到这方面影响？

　⑥ 每一轮游戏后的讨论，你们主要考虑针对哪些环节进行调整？
　　这些设想都付诸实现了吗？这种调整有带来质的改进吗？

　⑦ 是否存在有些预计能带来质的改进的想法，但最终没有付诸实现？
　　你们是如何做出这种决定的？

　⑧ 你觉得自己/小组没有设计出一个较好方案的最主要原因是什么？

这个游戏主要考察以下几点：

（1）了解沟通过程由哪些环节组成。识别本游戏的特定场景中，影响信息传递准确性及快速性的主要因素。

（2）认识学以致用的重要性，反思未能有效应用所学知识以及思维僵化定式的主要原因。"不是知识没有用，而是你没用。因为你没用，所以你没用。"

（3）在方案改进的讨论过程中，如何发挥团队智慧，准确快速定位瓶颈所在，认清短板的实质，从而全面深入考虑问题，突破瓶颈。

首先最容易想到的方法是用手指头在前面队员的背上或手掌上写汉字。

这个方法的**缺点是**接收方感知汉字费劲、耗时，且易错；多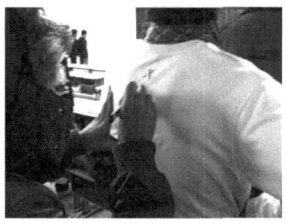
数人、多数时间处于无聊的等待中；没有考虑到不同个体对汉
字感知差异性巨大的现实，并不是所有人都认识这些字。手掌
太小，容不下太多笔画的汉字；衣服穿多了，察觉不出笔画的走
向；遇上笔画复杂或者不认识的汉字，只要有一人卡壳，就将导
致整组任务失败。

一种**改进是**将逐字传递改为逐词或逐句传递，接收方多少可以通过上下文进行一定的
推断与矫正。

其次是用手指头在前面队员的背上或手掌上写拼音。对拼音字母的感知相较汉字而言
要容易得多、快得多，但也谈不上轻松和快速。一个字母的错误，往往就会令人匪夷所思或
者得出面目全非的字义。同样地，逐词传递拼音的准确性要高于逐个传递字母。

如图 7-1 所示，上述方案里，信息传递链中所有人做的事都是一样的：接收信息（感知
动作）→解码信息（理解含义）→编码信息（构想汉字/拼音）→发送信息（书写汉字/拼音）。

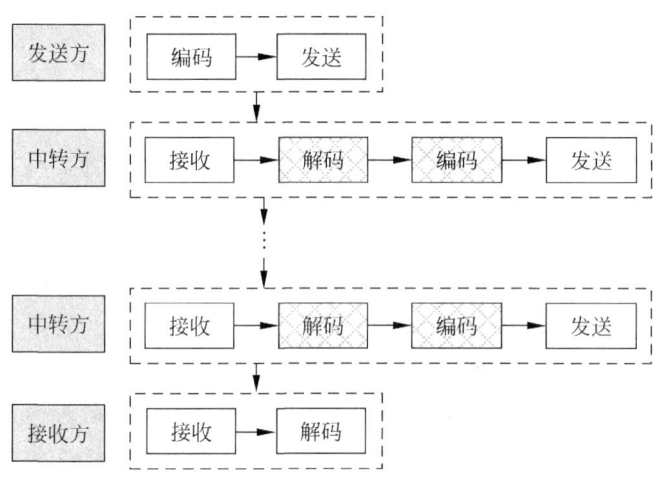

图 7-1　低效的驿站传书

传输耗费时间随传输节点的数量线性增长。小组任务的成功取决于所有人的能力（汉
字水平、感知能力及专注度）能否整齐划一地达到要求。所有人反复地进行解码与编码两项
烦琐、复杂而易错的工作，是导致信息传输耗时且准确率不高的主要原因。

现在设想下，你正跟好友用 QQ 聊天。你在键盘中敲入"你好"，而后你的 QQ 客户端，
将"你好"按照约定的报文格式进行打包，再将数据包通过一系列的交换机和路由器送达好
友的 QQ 客户端，QQ 客户端解析报文后，在屏幕上显示"你好"。

如图 7-2 所示，传输过程中，中间网络设备只需将接收到的 01 字串准确无误地传给下
一节点，不用关心字串的真实含义；只有面向应用的双方 QQ 客户端，才需要理解报文的含
义。中间网络节点省却了不必要的应用层上的解码→编码过程，提高了传输速率。

又如：你要给远方的朋友邮寄一封信件。写好书信，封好信封，贴上邮票，写上收发姓
名、地址、邮编，而后邮件就在各级邮政系统中层层中转，最终送达收信人。

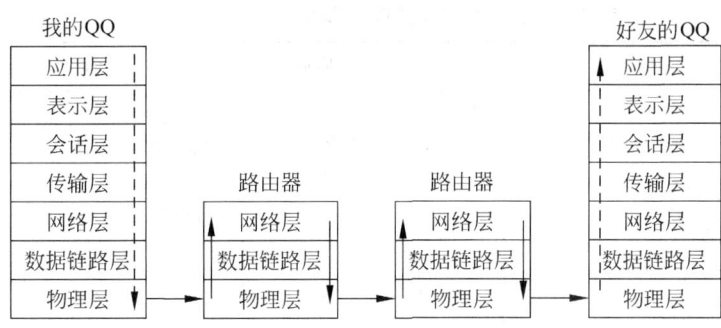

图 7-2　QQ 的网络通信过程

所有的邮递员,都不需要也不能够拆封邮件、查看信件内容;他们只需确保信件封装完好、没有破损,根据收信人的地址,按邮政内部的中转线路,将邮件中转到下一站即可。

受此启发,可以得出一种比较高效的"驿站传书"方案,详情见课堂讨论提示。

7.1.2　沟通的过程

人际沟通是沟通者向沟通对象传递信息并获得反馈的过程,是人与人之间沟通信息,交流思想与情感的过程。

如图 7-3 所示,信息沟通始于信息的发送方,在目标的引导下,采用双方都能理解的共同语言,以对方容易接受的方式对信息进行合理的组织与编排;再经由合适的渠道/媒介,送达信息的接收方;最后接收方理解收到的信息,做出相应的反馈。沟通者正确编码、说得清楚,沟通渠道畅通无阻,沟通对象听得明白、正确解码,沟通就没有问题了。

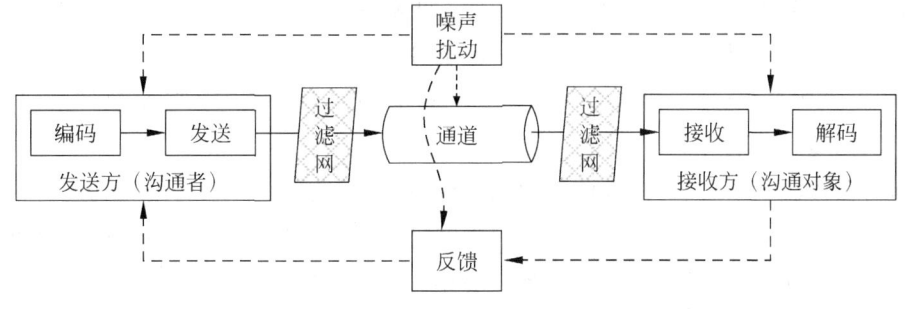

图 7-3　沟通的过程

1. 沟通者

沟通者需要明确自己的沟通目标,提升自身可信度,考虑自己在沟通中的位置,选择恰当的沟通策略。让对方感觉值得信任的沟通者,更容易使沟通对象接受其想法。

如表 7-1 所示,沟通者的可信度受沟通者的身份地位(以势服人)、良好意愿(以诚服人)、专业知识(以技服人)、外表形象(以表服人)以及共同价值(以德服人)等因素的影响。

初始可信度指沟通发生之前受众对沟通者的看法。**后天可信度**指沟通之后,受众对沟通者的看法。

表 7-1　影响可信度的因素和技巧（Munter，2014）

因　　素	建 立 基 础	对初始可信度的强调	对后天可信度的加强
身份地位	等级权力	强调自己的职位或地位	将自己与地位高的一些人联系起来
良好意愿	个人关系的长期记录、值得信赖	涉及关系或长期记录	通过强调受众利益来建立良好意愿
		承认利益上的冲突，做出合理评估	
专业知识	知识、能力	经历和简历	将自己与受众认为是专家的人联系起来或引用他的话语
外表形象	吸引力，受众具有喜欢你的欲望	强调受众认为有吸引力的特质	通过认同受众利益建立自己的形象 运用受众认为活泼的非语言表达方式
共同价值	道德准则	沟通开始时就建立共同点与相似点，将信息与共同价值结合起来	

"狼来了"故事中的小孩，因其先前的恶作剧丧失了可信度，最后羊群不幸落入狼口。中小学生的课业成绩往往与其对任课老师的认可度有很大关系，因为喜欢某个老师，他教的课会学得很起劲，换个不喜欢的老师，成绩可能一落千丈。从这个意义上看，公众人物尤其是明星偶像，更要提高自己的社会责任感，注意一言一行对年轻人的影响。

图/上海美术电影制片厂 1982

在语义层面上，沟通的双方要采用相同的"符号系统"，沟通者要将信息编码成双方都能理解的共同"语言"或"符号"，可以是共同的文字、语言（声音语言、肢体语言）、音乐、图画等。正如西洋画写实、中国画写意，每种"符号系统"所擅长表达的信息种类和能力是不一样的。

满口"之乎者也"的孔乙己无法与洋鬼子搭上话；不懂气、目、子的门外汉，无法领悟棋圣的精彩点评；多数人应该也都有过"此时无声胜有声，一切尽在不言中"的体验。

此外，沟通者一般情况下，不会不分场合、不分对象地把自己的真实想法一股脑儿全端出来，他一定是在不同场合、跟不同对象有选择地说不同的话，甚至是善意或恶意的谎言。

2. 沟通对象

沟通对象接收到消息后，按其所掌握的相应"符号系统"的规则，将接收到的"信号"解码还原成自己的思考语言，再对信息进行进一步的分析理解。在这过程中，他们会有意或无意地"选择性过滤"掉一些自己不感兴趣、听不懂或者自认为不重要的内容。

人声嘈杂的车站，临别的一对恋人，耳畔萦绕的只是对方的不舍与叮咛，四周的喧嚣则是听而不闻。

此外，由于沟通的双方在价值观、领域知识、专业经验、理解力、外界环境及自身心境等方面的不同，信息传递中的偏差与失真几乎是不可避免的。

沟通对象通过多种感官（视、听、触、味、嗅、感）、多种渠道接收各类信息（文字、声音、表情、动作、图片、视频），最后形成脑中印象。

有专家统计，我们能够记住 10% 的阅读信息，20% 的听觉信息，30% 的视觉信息，50% 的视觉和听觉信息，70% 的表达信息，90% 的行为信息。

沟通的效果虽是由沟通者控制，但却是由沟通对象决定的。沟通的重点不是你要说什么，而是对方怎么感受，能够听进去什么。

成功的建设性沟通，有这些要求：识别你的沟通对象，了解你的沟通对象，从对方感兴趣的话题谈起,用对方熟悉的"语言"、喜欢的情境和乐于接受的方式,站在对方的立场思考问题,理解他们的感受。

用手语与聋哑人交流,用声音与盲人交流,与伯牙共抚《高山流水》,与李逵喝酒大快人心。

沟通对象的界定并不简单,其实质是决定以谁为中心、以谁为重点进行沟通,而这又决定了沟通的目标、内容和方式。多人沟通的场合,可以按照如下分类(杜慕群,2009):

最初对象:最先收到消息的人,有时就是他们要求提供信息的。

守门人:沟通者和最终受众之间的桥梁,他们有权阻断信息的传递,甚至改变信息。

直接受众:直接获得口头或书面信息,决定是否接受建议,采取行动。沟通的预期目的是要确保信息准确无误地传递给主要受众。

间接受众:道听途说、间接获得信息或者受信息波及,可能发表意见或参与实施。

意见领袖:在受众中有强大的影响力,能够对信息的实施产生巨大的影响力。

关键决策者:影响整个沟通结果的最重要角色,要根据他们的判断标准调整信息内容。

3. 沟通渠道

一是指作为**信息传递载体的工具媒介**。科技的发展,使人们对工具媒介有了更多的选择。除了传统的书信、报告、电话、短信、面谈、会议、报纸杂志、广播电视和录音录像之外,还有基于互联网及移动终端的电子媒介,如主页、论坛、电子邮件、微博、微信、QQ、飞信、视频会议和电子会议等。

二是指由特定组织或个人组成的负责**信息交流中转的沟通链条**。如海峡两岸之间搭建的各个层级沟通管道,有力地推进了两岸关系的良性发展。"国台办-陆委会"、"海协会-海基会"、国共两党对话平台、两岸红十字会以及两岸经贸交流会等不同的管道在沟通中扮演的角色与要解决的问题不尽相同。

沟通渠道是信息传递的媒介及途径,每种通道只能承载一定种类的信息。不同的通道,其信息承载能力、覆盖面、公信力、正式性、时效性、私密性、可控性、参与性以及费效比等各不相同。通道的可信度影响着所传递信息的可信度,主流媒体的公信力是街头小报望尘莫及的。质量低劣的通道,可能会使信息扭曲失真或者阻断丢失。

一场原本激情四射的演唱会,可能因不给力的音响而草草收场。为什么电视网络、家庭影院如此普及的今天,很多人还是坚持到电影院去看大片?那是因为大屏幕所带来的视觉冲击、环绕立体声的震撼、观众的惊叫与欢笑,都是家庭影院无法产生的观影体验。

不同的通道可以传递信息的不同侧面,沟通者要透过多种渠道全方位地表达自己的意图,沟通对象也要多渠道广泛收集意见,所谓偏听则暗,兼听则明。

残障人士的世界是不完整的世界,失聪者听不到天籁之音,失明者看不到七彩阳光。"盲人摸象"的故事告诉我们,要从多角度了解事物,才能避免以点代面、以偏概全。大清朝雍正皇帝设计密折制的初衷就是担心言路不畅,问题被各级官僚层层掩盖,所以才要广布耳目,使底下的意见能有直达天庭的机会。无道的昏君,常是因为被奸佞小人包围,堵塞了言路,满耳尽是粉饰太平、歌功颂德的阿谀奉承之语,听不到针砭时弊、直斥是非的逆耳忠言。

一般而言，拉近沟通距离，压缩中间环节，有助于加强沟通的时效性与有效性。中转的次数越多，沟通的成本与代价越大，信息失真的可能性也越大。

驿站传书游戏中，每增加一个中间节点，成功的可能性都会进一步地显著降低。一些大国之间设立的领导人间热线电话，就是为了在出现紧急事态时，能够第一时间进行直接的高层沟通，越过烦琐的层层中转，避免片面失真信息造成的误判。

另一方面，不少情况下，直接的沟通却不是首选。同样的一句话不同人说，效果常不一样。如果对方从心底里无法接纳你，那么你说什么都是白搭。甚至于你不说还好，说了反而可能适得其反。直接沟通效果不佳时，我们不妨改走迂回路线，也许更能达到沟通所要的效果。

年轻的家长，面对调皮的小孩束手无策时，往往会求助老师；老师的三言两语，就能使小孩服服帖帖，因为这是老师说的。

图/李鑫 兰州晚报 2006-1-23

4. 沟通反馈

反馈是沟通双方期望得到的一种信息回流，是检验信息沟通效果的再沟通。反馈对于信息沟通的重要性在于它可以检查沟通效果，并迅速将检查结果传递给信息发送者，从而有利于信息发送者迅速修正自己的信息发送，以便达到最好的沟通效果。

课堂讨论 7-2   你说我画

游戏规则

(1) 选一位自己认为表达能力较强的同学上台做讲解员。

(2) 讲解员认真观察计算机中的两幅图，台下同学不能看。

(3) 讲解员描述图形，台下学员根据其描述在纸上画图。

(4) 描述第 1 图时，台下学员不许提问，不许出声，讲解员与台下学员不能目光接触。

(5) 描述第 2 图时，学员可以发问。

(6) 每次描述完，将统计自认为对的人数和实际对的人数。

有反馈的沟通是双向沟通。交谈、协商等双向沟通中，发送者和接收者之间的位置不断交换，发送者是以协商和讨论的姿态面对接收者，信息发出以后还需及时听取反馈意见，必要时双方可进行多次重复商谈，直到双方共同明确和满意为止。

没有反馈的沟通是单向沟通。做报告、发指示或下命令等单向沟通中，发送者和接收者之间的位置始终不变，一方只发送信息，另一方只接收信息。单向沟通的速度快，信息发送者的压力小。但是接收者没有反馈意见的机会，不能产生平等和参与感，不利于增加接收者的自信心和责任心，不利于建立双方的感情。

单向沟通与双向沟通的优缺点及适用场合见表 7-2。

5. 噪声扰动

噪声扰动泛指一切影响信息沟通的主客观因素，如狭小的空间、极端的天气、嘈杂的环境、不佳的心境、烦人的心事、时间的压力、敌意的氛围或频频的打断等。噪声扰动无处不在，遍布沟通的各个环节，导致信息在传递过程中出现损耗或失真。郑文斌(2005)将噪声分为七类：发送噪声、传输噪声、接收噪声、系统噪声、环境噪声、背景噪声及数量噪声。

表 7-2 单向沟通与双向沟通的区别

	单 向 沟 通	双 向 沟 通
优点	• 所需时间短 • 信息噪声小 • 信息发送者比较满意	• 激发被管理者参与管理的热情 • 接收者理解信息和发送者意图的准确度高 • 接收者比较满意
缺点	• 接收者理解发送者意图的准确性不高 • 无法调动被管理者积极性	• 所需时间较多 • 与问题无关信息容易进入沟通过程
适用范围	• 问题简单、时间紧 • 下属易于接受的方案 • 下属不能提供信息	• 问题棘手、时间充裕 • 比较复杂重要的方案 • 下属可能提供信息或建议

（1）发送噪声：信息编码及信息发送环节的噪声。

例如：由于编码能力不佳而导致的编码错误、逻辑混乱、词不达意或者艰深晦涩；由于器质缺陷而导致的声音嘶哑，口齿不清；由于情绪、喜好和愿望等因素，加入错误或过量的个人主观看法，或者对信息进行选择性发送，进而影响信息的完整性与准确性。

（2）传输噪声：工具媒介或沟通链条中的噪声。

例如：网络通信中的通道堵塞，数据丢包，信号衰竭，传输延迟或抖动；电话联系中的杂音干扰，音量太小，通话延迟或串线；邮件往来中的耗时过长，投递错误，信件丢失、退回或污损；层层传话时信息会有意无意地被增加，修改，丢弃，甚至是杜撰或隐瞒。

（3）接收噪声：信息接收及信息解码环节的噪声。

例如：由于器质缺陷而导致的听不到，听不清，看不到或看不清；由于个人主观愿望、心理需求、阅历地位及文化水平的不同，对接收的信息进行选择性过滤，有些听到心里，有些却听而不闻；由于智力、经验、思想等解码能力不足而导致的听不懂，看不明白或会错意。

（4）系统噪声：沟通双方"符号系统"产生的噪声。

例如：哑语虽能满足聋哑人日常交流所需，但无法完美展现世界的全貌；而法语则被公认为全世界最严谨的语言，一些合同文本，当不同语种翻译有分歧的时候大多采信法语版本。

每种符号系统的表达能力是不同的，有些难以表达，有些易产生歧义。沟通双方对"符号系统"掌握程度的差异，也会影响沟通的效果。

（5）环境噪声：物理环境产生的沟通噪声。

例如：影响会议效果的场地大小、座位安排、空气流通、音响投影、灯光空调、茶水点心、场外干扰以及会场秩序等；音乐会中的随意走动，课堂上的大声喧哗等不合时宜的唐突举动；酒吧中审查预算，酒桌上公开批评等沟通环境与沟通主题的不匹配。

（6）数量噪声：信息量过大或严重不足而产生的沟通扰动。

沟通不及时、信息掌握不够、情况了解不全，是产生分歧与误判的很重要原因。文山会海或小题大做，都会加大沟通成本，过量信息掩盖了真实有价值的信息，模糊问题焦点，使接收者无所适从，难以区分轻重缓急，难以充分理解，正确及时回应。

（7）背景噪声：心理背景、社会背景和文化背景产生的沟通噪声。

沟通双方的沟通意愿、心理情绪或沟通态度有偏差时，就会导致信息传递受损、不顺甚至矛盾对立。不同的社会角色，有不同的沟通期望和惯常的沟通模式，沟通时必须选择切合自己与对方的沟通方法与模式。不同的价值观、思维模式和心理结构，会给沟通造成干扰，也容易引发人际冲突和文化冲突。从图7-4中可以窥见中西文化差异之一斑。

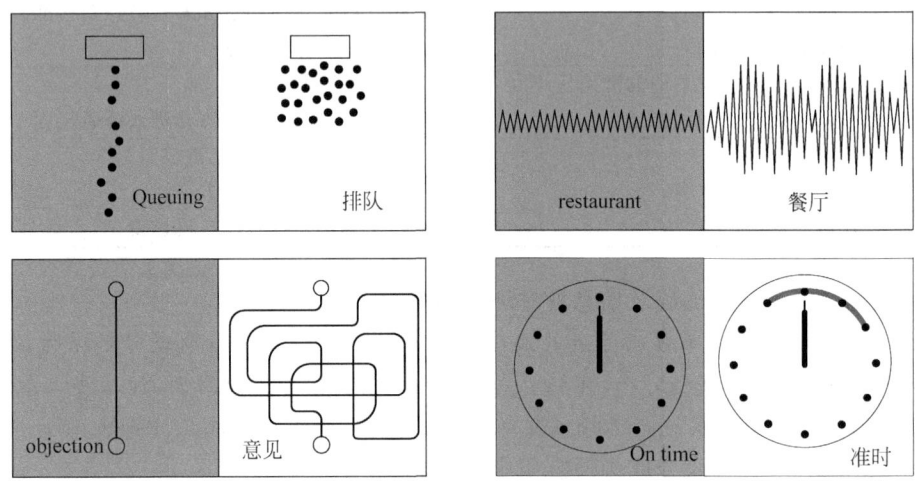

图 7-4　中西文化的差异（张放，2007）

7.1.3　沟通漏斗

课堂讨论 7-3　传话游戏

1. 语音传话
   （1）十人一组，依次一个接一个地传话，看哪组传得快、传得对。
   （2）要求听清传话的内容，正确传话，不添字或漏字。
   （3）悄声传话，不能让第三人听到。
   （4）听者只听不说，不做反馈及确认。
   （5）传话结束后，从后往前，每个人依次说出自己听到的话，看看问题出现在哪？
2. 肢体传话
   （1）每组一列5个人，面朝同学，背朝讲台站在通道上。
   （2）第一个人先看投影，看清要传话的词语，考虑20秒。
   （3）消去投影上的词语，第一个人做好传话准备。
   （4）老师提示词语是属于哪一类的：动物、运动、家电……
   （5）第二个转身、脸朝讲台；第一个人做动作传话（不能说话），时间半分钟。
   （6）第三个转身、脸朝前；第二个人到讲台前做动作传话，时间半分钟……
   （7）传话结束，从后往前依次说出他们理解的词语，简要说明原因。
   （8）要遵守游戏规则，传话中任何人不能说话，不要犯规。

游戏思考：
　　如图7-5所示，信息传递者传达的信息会呈现由上而下"漏斗状"地逐渐衰减趋势。沟通者心里所想的100%，嘴上能够表达出来的只有80%，听者听到的只有60%，听懂的只有

40％,最后能记住并落实成行动的不到 20％,这就是沟通中的
"漏斗"现象。

图 7-5　沟通漏斗

心里想的100%
实际表达的80%
被人听进的60%
被人理解的40%
被人记住的20%

看似并不复杂的一句话,经过多次简单的单方向"听取—转述"之后,由于一连串的衰减效应,往往会变得面目全非。转述的环节越多,信息的失真越严重,以至于最后以讹传讹。这也印证了实际工作中,掌握第一手资料的重要性。

上情下达和下情上传的两个方向上都存在着"沟通漏斗"。管理的层级越多,沟通的成本越大,时效性越差,基层员工与管理者间的信息沟通就越容易出问题。

我们以教学相长的互动过程来说明"沟通漏斗"现象。

1. 想到的未必说得清

尽管老师很想把自己知道的所有知识与经验 100％传授给学生,但由于备课情况、表达能力、课堂气氛、教室环境以及课时限制等原因,老师能将其中的 80％呈现出来就已经相当不错了。

老师要有教书育人的价值追求与把课讲好的内心冲动,进而持续扩充、夯实专业知识,精研教材,充分备课,积极调整心态,营造良好课堂氛围。在开放沟通的良好心态下,罗列提纲、头脑预演和技巧训练等都有助于沟通者更全面、更充分地表达出自己的想法。

2. 听到了未必听进去

学生不一定会从心底里接受每一位老师,不大可能对所有授课内容都感兴趣,也做不到满堂课保持注意力的专注,总有走神或自我调节的时候,以致只有 60％的内容进入学生的耳朵。

沟通是情绪的管理,听者只有愿意听,他才听得进去。存有抗拒心态的听者,会因为情绪的不稳定,而本能地拒绝你的任何意见。

老师要提升专业形象,增强人格魅力,拉近师生距离,活跃课堂气氛,增强课堂的吸引力。学生要端正学习态度,努力培养专业兴趣,适当做些笔记,以集中注意力,更好地跟上老师讲课思路。

3. 听进了未必听得懂

老师理论讲得不透彻、例子举得不贴切,学生专业基础薄弱、领悟能力不够,都会影响学生对课程内容的消化理解。同时也会有一些学生,因为自尊心等原因,不懂装懂,不愿意承认没听懂。其实,学问学问,不懂就要学会问。

老师需要认真研究授课对象的特点,研究教材教法,注重因材施教,注重课堂反馈,如观察学生表情、创设问答情境、征求意见想法等。起点较低的学生不妨笨鸟先飞,课前预习,课上提问,课后复习。根据沟通对象的特点,采用恰当的方式方法,加强信息的反馈,将有助于良好沟通效果的达成。

4. 听懂了未必能记住

能够牢记于心、学以致用的知识，最乐观的估计也就仅能剩下 20%，考后全扔掉的比比皆是。随着时间的推移，最后真正能够留在学生心底的，一定不是一个个僵化的知识点，而是它们能够解决什么样的实际问题。

学校课程的评价标准多是停留在对知识的记忆和理解上，而社会的评价标准则是能否发现问题并解决问题。所以要从根本上提高教学质量，必须从课程考评方式的创新与改革上入手。教学中，要注重介绍知识的前后关联以及实际应用背景。课堂教学不是教学的全部，课下的独立思考、交流讨论、自主实践以及师生互动也是完整教学过程的重要组成。

7.2   沟通的方向

7.2.1   集体作业

课堂讨论 7-4   集体作业

1. 游戏规则：

(1) 六人一组，每组设一名裁判，其余五人相互协作完成团队任务。

(2) 游戏期间，如同正式考试一样，禁止说话、偷看、问任何问题。

(3) 每人将分到手的一张作业纸裁成 16 等份做便签纸。

(4) 每人发一任务条，上有本次游戏相关信息，任务条上禁止一切涂鸦。

(5) 只能按图中相互之间的连线及方向用便签纸进行书面沟通。

(6) 如果对任务不理解，可以写纸条询问连线箭头所指的人。

(7) 所有相互之间进行沟通的便签纸必须经过裁判来传递。如 C 有问题要问 D：

① C 要先在纸条角上注明"C→D"，再写具体问题，然后交给裁判。

② 裁判按收到纸条的先后顺序，从 1 开始顺次编号，以便游戏结束能还原整个过程。

③ 裁判将编号后的纸条交给 D。

④ D 收到纸条后，如果决定回复，需要启用新的纸条，重复步骤①～步骤③。

(8) 每张便签纸只能用一次。如 C 递给 E，E 不能直接转交 D，需要另写一张。

(9) 必须在 20 分钟内完成任务，时间越短越好，便签纸用得越少越好。

(10) 严重犯规者小组垫底，裁判失职者要受罚。

2. 游戏后的思考

(1) 你搞清楚现实工作中 A，B，…，E 各人所扮演的角色了吗？说说你的看法。

(2) 你搞清楚任务要求了吗？你是主动寻求任务信息还是被动等待告知？

(3) 你的第一张纸条写给谁？为什么不是别人？你找对人了吗？

(4) 你的第一张纸条写的是什么？为什么这样写，而不写别的？你问对问题了吗？

(5) 你对自己及组员的表现满意吗？你觉得最大的问题在哪？

(6) 游戏进行中，你有注意观察组员及其他组人员的表情表现吗？

① 超脱、迷茫、着急、忙碌、淡定、自顾自,这些有没有引起你的注意?请分析其中原因?

② 你们小组又是什么状况?

③ 在此状况下,你觉得怎么做比较合适?

（7）对那些"不开窍"的组员,你内心第一反应是什么?

　　你是否有明显地表现出来?你觉得应该怎么做比较合适?

（8）你自己或他人有违规行为吗?对各类违规行为,你怎么看?

　　裁判是睁一眼闭一眼还是及时制止,如果你是裁判你会怎么做?

（9）你觉得自己以后还会犯类似错误吗?你对自己有足够信心吗?

　　如果没有,你觉得应该采取哪些措施,确保自己不会再犯类似错误?

（10）工作中上下左右的沟通你觉得应该注意些什么?

7.2.2　向上沟通

1. 不要错过你的贵人

每个成功领导的背后,都有一支成功的团队,都有一些使得很顺手的得力干将。事业成长的最佳轨迹是努力成为领导鞍前马后的"自己人",与自己的领导共成长。

把自己的聪明才智与勤奋努力贡献给领导,做领导的左右手,帮助领导达成团队的绩效目标,成为领导事业成长的助推器;能够站在领导的角度看问题,理解支持领导的各项决定,体谅领导的难处;同时注意恪守本分,谦恭礼让,不争名,绝不僭越上级。这样,当领导的事业一步步往前发展时,你也会亦步亦趋地成长。

谍战剧《潜伏》将办公室政治刻画得入木三分。情报处长陆桥山的失败缘于和站长不是一个派系,办错一件事,就陷于万劫不复境地。行动队长马奎私下调查站长是否受贿及通共,没有哪个领导会容忍一心想扳倒自己顶头上司而上位的下属。唯有余则成让站长觉得这是一个能一心替他办事,又能办成事,低调不居功,没有野心,没有威胁的得力下属。

2. 不要让领导感到意外

要向领导及时汇报工作,主要包括计划安排、任务进展、所获成绩、存在问题、意见建议以及需要领导出面协调或拍板决策的事项。汇报的目的:一是便于上司统揽全局、把握方向;二是表达自己工作离不开上司支持;三是争取上司对自己工作的倾斜。

除定期的全面工作汇报外,日常工作可以简要的周报、邮件等形式呈给领导,多利用一些非正式的沟通机会,不一定要事无巨细地敲门汇报。遇到重要紧急事务,或者涉及多部门利益无法平衡的问题,可以先口头沟通,问领导"什么时间方便,以做进一步的正式汇报"。遇到领导手头事情太多、情绪不太好或者有不方便的人在场时,可以暂时缓一缓。

3. 不站队、不打小报告

正式汇报前,与相关部门或个人事先通气协调,尽量达成共识,以免让人觉得你是搞突然袭击或打小报告。汇报中不带个人情绪,不评头论足,不抱怨指责,对事不对人,站在更好完成工作的角度来汇报存在的问题,给出解决办法。"事儿少"员工的意见,领导会更听得进去。如果让领导觉得你在打小报告或搬弄是非，那对职场发展是很不利的。领导一是会对你说的事情心存疑虑，二是会担心哪天你也可能会打他的小报告。

余则成内敛、沉稳，在同僚间的明争暗斗中，能保持中立，对事不对人，向领导汇报时，也不打小报告。陆桥山被李涯算计，弄得身败名裂，站长大怒之下要处置陆桥山，关键时刻，余则成一番利害关系的陈述，委婉地向站长暗示了陆桥山的后台。余则成的建议，想领导之所想，同时又成全了陆桥山。

4. 不要擅自做决定

课堂讨论 7-5　庞统的计策

好多官员一齐苦谏，谏得刘璋心动，便写了回信，只拨了老弱残兵四千，米一万斛，派人随着刘备的使者送往葭萌关。

刘备接到刘璋的回信，大怒道："我为你抵御敌人，费力劳心，你却这样量小，怎么能使士卒出力不讨好呢！"刘备骂了一顿，把回信撕得粉碎，吓得成都的来人连夜逃回。

刘备问计于庞统，庞统献了上、中、下三策。

上策：阴选精兵，昼夜兼道，径袭成都；璋既不武，又素无预备，大军卒至，一举便定。

下策：退还白帝，连引荆州，徐还图之。

中策：杨怀、高沛，璋之名将，各仗强兵，据守关头，闻数有笺谏璋，使发遣将军还荆州。将军未至，遣与相闻，说荆州有急，欲还救之，并使装束，外作归形；此二子既服将军英名，又喜将军之去，计必乘轻骑来见，将军因此执之，进取其兵，乃向成都。

问：刘备最终选了哪个计策？刘备心中的上策、中策、下策的排序与庞统一样吗？

图/汪玉山《三国演义》之张松献地图
上海人民美术出版社 1994

---

5. 不要让领导做问答题

还是那位庞统先生，如果他向刘备报告"我军长久窝在葭萌关，刘璋不给补给，军心开始涣散，下步如何行动，请指示"，那么他立马就要卷铺盖走人。因为刘备最需要的是能够给他出谋划策，分忧解难的左膀右臂，而不是一个唯唯诺诺的被动执行者。

什么事都问领导怎么办，领导要你何用，你对组织又有什么价值呢？记住：一定不要让领导做问答题，领导给你发工资不是让你来做考官。

因此要像庞统一样，心中存有上司，带着多种解决方案主动地与上司沟通，列出选择题；要有自己的倾向性想法，说明你的依据；对上司要怀有敬畏之心，维护领导的权威，把最终的决策权留给上司。上司做出决定后，要积极表态支持；即使意见相左，也不要直接顶撞，要坚决贯彻，伺机再动；如有他人在场，言语措辞一定要仔细顾虑。这样上司既知道你是有想法、肯干事、能干事的人，也知道你是个尊重领导，服从大局的人。

6. 不要向领导示馁

逆境中仍能积极进取、不轻言放弃的下属往往能赢得上司的青睐，稍微挫折即锐气皆无、惶惶无措的结果往往是腾出位置让给别人。

曾国藩带领湘军攻打太平军，连续几次败于石达开，损失惨重。作为湘军首领，他感到痛不欲生,曾想以死洗辱而投入到江中。被左右心腹救起后,他上书朝廷报告军情,称湘军屡战屡败,自请严议。

幕僚建议曾国藩把"屡战屡败"换成"屡败屡战",曾国藩接受了这个建议。当时的清廷在太平军凌厉攻势下摇摇欲坠,正需要像曾国藩这样屡败屡战、忠勇可嘉的中流砥柱。因此,清廷不但没有严议他,反而更加重用他。

曾国藩从中得到鼓舞,大振精神,重新整顿军务,与太平军血战到最后。最终,攻破天京城池,成为清廷镇压太平天国起义的"首功之臣",他也得到朝廷的重赏。

屡战屡败是无能,屡败屡战是坚持。

7. 不要拨一下动一下

艾诺和布诺同时受雇于一家超级市场。开始两人都一样,从最底层干起。可不久艾诺受到总经理青睐,一再被提升,从领班直到部门经理。布诺却像被人遗忘了一般,还在最底层苦干。终于,有一天布诺忍无可忍,提出了辞呈,并痛斥总经理狗眼看人低,辛勤工作的人不被重用,倒提拔吹牛拍马的人。

总经理耐心地听着,他了解这个小伙子,工作肯吃苦,但似乎缺点什么,缺点什么呢?三言两语说不清楚,说清楚了他也不能服气,看来……他忽然有了主意。

"布诺先生",总经理说:"您马上到集市上去,看看今天有什么卖的?"

布诺很快从集市上回来说:"刚才集市上只有一个农民拉了车土豆在卖。"

"一车有多少袋,多少斤?"总经理问。

布诺又跑去,回来后说有40袋。

"价格是多少?"布诺再次跑到集市上。

总经理望着跑得气喘吁吁的他说:"请休息一会吧,看看艾诺是怎么做的。"说完叫来艾诺对他说:"艾诺先生,您马上到集市上去看看今天有什么卖的。"

艾诺很快从集市上回来了,汇报说:到现在为止只有一个农民在卖土豆,有40袋,价格适中,质量很好,他带几个让经理看。这个农民过一会还将运几箱西红柿上市,据他看价格还公道,可以进一些货。他想这种价格的西红柿总经理大概会要,所以他不仅带了几个西红柿样品,而且把那个农民也带回来了,他现在正在外面等着回话呢。

总经理看了一眼红了脸的布诺,说"请这位农民进来。"

成功其实很简单,就是多想一点,多做一点。

8. 不学魏延私下抱怨(祁明泉,2009)

史书上说魏延"以部曲随先主入蜀","延既善养士卒,勇猛过人"。刘备自立汉中王后,需要任命一位大将守卫蜀中门户。当时,"众论以为必在张飞,飞亦以心自许"。没想到"先主乃拔延为督汉中镇远将军,领汉中太守",守御东川。此后一路晋升,最后爵位与诸葛亮同级,可谓位高权重。

图/冯黑农《三国演义》之五丈原
上海人民美术出版社 1994

诸葛亮一出祁山时，魏延提出奇袭子午谷："直从褒中出，循秦岭而东，当子午而北，不过十日可到长安。"诸葛亮"以为此悬危，不如安从坦道，可以平取陇右，十全必克而无虞"，因而没有采纳他的建议。

魏延和顶头上司互有意见时，不是主动地谋求谅解与和好，而是滥发牢骚，甚至消极对抗，制造为难。"延常谓亮为怯，叹恨己才用之不尽"，对诸葛亮的安排常有怏怏之感，更是当着众将之面说，"丞相若听吾言，径出子午谷，此时休说长安，连洛阳皆得矣！"

诸葛亮知道后，对身边的人讲，"魏延素有反相，吾知彼常有不平之意。因怜其英勇而用之。久后必生患害。"另外魏延平时根本不把其他将领放在眼里，"又性矜高，当时皆避下之。唯杨仪不假借延，延以为至忿，有如水火。"

所以这样一位智勇双全，为蜀汉立下汗马功劳的大将，一直为诸葛亮所怀疑。诸葛亮临死前，定下诛杀魏延的密计，将兵权交给长史杨仪，安排魏延断后。魏延不服这种安排，还跟人抱怨"丞相当时若依我计，取长安久矣"，并与一向不和的杨仪发生直接冲突，最后被诸葛亮生前暗中安排于其身边的马岱斩杀，还被奸险的杨仪诛了三族。

图/冯黑农《三国演义》之五丈原
上海人民美术出版社 1994

7.2.3　向下沟通

1. 管理者的倚重

领导者需要下属的追随，管理者需要下属的支持。管理者个人的成功是以团队成功为依托的。下属是你宝贵的资源，是你将团队目标变为成功现实的中坚力量。

管理者的作用就是为下属搭建舞台，创设条件，提供资源，指导、帮助下属取得成功。管理者要做下属的引路人，给下属成长空间，培养自己的左右手。左右手越得力，团队目标的达成就越轻松。刘备的成功在于有一群"士为知己者死"的忠臣良将。诸葛亮的遗憾在于不会识人、育人和用人，以致蜀汉人才凋零、后继无人。

因此，与下属的沟通上要肯花时间，肯用心，肯投资。向下沟通主要是传达政策、目标、计划，进行业务指导与激励诱导，务求上情下达与下情上传。同时注意区分不同的对象，采用不同的沟通方式，见表 7-3。

表 7-3　针对不同成长阶段下属的领导模式（王先琳，2008）

阶　　段	员工行为模式	领导行为模式
热忱初始者	低能力，高意愿	指导式：高指示、低支援，我决定，你来做
梦醒学习者	一般能力，一般意愿	教练式：高指示、高支援，我们探讨，我来决定
勉强贡献者	高能力，意愿不定	支持式：低指示、高支援，我们探讨，我们决定
巅峰表现者	高能力，高意愿	授权式：低指示、低支援，你来决定，你来做

（1）热忱初始者：刚步入社会，意气风发，心比天高，天下舍我其谁。最缺乏的是专业知识与工作技巧，最需要的是细心的指导。管理者需要明确告诉他们做什么，怎么做（采用什么方法、遵循什么标准、执行哪些步骤、提交哪些东西）以及任务的考核要求。

（2）梦醒学习者：工作的新鲜感已然消失，工作中四处碰壁，实际表现与自我期许出现明显落差,产生严重的挫折感。管理者一定要定期抽出时间,与彷徨中的下属面对面交流,发现闪光点,鼓励继续保持,增强下属信心,及时指出缺失不当,做出具体指导。

（3）勉强贡献者:业务技能不断提升后,多数人会进入一种自我怀疑的境界,对独挑大梁心里没底。因为不敢跨出去,所以就守着自己熟悉的地盘,原地踏步,没太大压力,没太大责任,自然心生倦怠。最好的方法是,肯定他的能力,鼓足他的信心,促其迈出单飞这一步。小鸟一旦跨出单飞这一步,那就是海阔天空,任它翱翔了。

（4）巅峰表现者:专业能力娴熟,工作意愿高昂,工作中能自主管理,完全独立工作。管理者应该给予他专业上的信任与工作中的足够自主权,承担重要的任务,背负更大的责任,分享成功的经验,参与方案的制定以及公司的决策。

2. 刘备的福气

领导是领袖和导师,领导力是获得追随者的能力。刘备以贩卖草席的出身,却能感召天下英雄,开创三足鼎立局面,一是打着汉室宗亲旗号,名正言顺,这在注重正统的封建时代尤为重要;二是他特别善于识人、育人和用人,网罗了伏龙、凤雏及关张赵马黄等一批顶尖而又赤胆忠心的文臣武将;三是他非常用心地编织了一张让诸葛亮、关羽、张飞、赵云这些能人异士无法挣脱,心甘情愿为他父子两代效命一生的情义网络。

刘备、关羽、张飞三人,桃园举酒结义,对天盟誓,"上报国家,下安黎庶。不求同年同月同日生,但愿同年同月同日死。皇天后土,实鉴此心。背义负恩,天人共戮。"

图/徐正平《三国演义》之桃园结义
上海人民美术出版社 1994

刘备奉天子诏命讨伐袁术,留下张飞驻守徐州。张飞酒后鞭打曹豹,曹豹与吕布里应外合,夜袭徐州,刘备家小都陷在城中。张飞惶恐无地,拔剑要自刎,刘备夺剑掷地说:"古人云:兄弟如手足,妻子如衣服。衣服破,尚可缝;手足断,安可续?"

刘备联署"衣带诏"密谋诛杀曹操兵败后,兄弟失散,关羽被曹操留在曹营,封侯赐爵,三日一小宴,五日一大宴,上马提金,下马提银,恩礼非常。关羽不为所动,不忘结义之情,一得知刘备在袁绍处,就挂印封金,千里走单骑,过五关斩六将,回到刘备身边。

当阳长坂坡上,赵云在曹操百万军中杀了个七进七出,拼死救出幼主阿斗。突围见到刘备后,将阿斗从怀中取出,双手递给刘备,刘备接过后,掷之与地曰:"为汝这孺子,几损我一员大将!"赵云非常感动,泣拜曰:"云虽肝脑涂地,不能报也!"这才有赵云后来的截江救阿斗,汉水发威,七旬战五将。

刘备白帝城病危时,将儿子刘禅托付给诸葛亮,"若嗣子可辅,则辅之;如其不才,君可自为成都之主。"面对扶不起的阿斗,诸葛亮为报知遇之恩与托孤之重,唯有六出祁山,"鞠躬尽瘁,死而后已",留下了"出师未捷身先死,长使英雄泪满襟"的千古嗟叹。

3. 张飞的不幸

张飞心直口快、粗中有细而又侠肝义胆,一方面敬慕君子,对有真才实学的上级与同僚是真心结交,因此可以拜服孔明,举荐庞统,义释严颜;另一方面,却又脾气暴躁,"不恤小人","暴而无恩",酒后经常鞭打下属。

刘备曾告诫张飞，"卿刑杀既过差，又日鞭挞健儿，而令在左右，此取祸之道也"。关羽遇害后，张飞下令军中："限三日内制办白旗白甲"。帐下两员末将范疆、张达请求宽限时日，张飞大怒，斥武士缚于树上，各鞭背五十，并威胁如果到时完不成，将斩首示众。范、张二人走投无路，底下商议，"我两个若不当死，则他醉于床上；若是当死，则他不醉。"

当晚，张飞与部将果然又是一顿好饮，喝得是酩酊大醉。范疆、张达获知消息后，潜入营帐，刺杀了张飞。可叹百万军中取上将首级如探囊取物的张飞，竟死于非命。

4. 从陈三点到陈十条

2013 年 7 月，陈刚从北京市调任贵阳市委书记，成为中国第三位"六五后"省会城市一把手。在担任北京市委常委期间，陈刚曾分管高科技产业和中关村。

他认为贵州的喀斯特地貌决定了环境承载能力特别弱，又要发展，又要守住环境，只有走创新之路——发展大数据。贵州是天造地设的"中国机房"，水煤资源丰富，用电价格低廉；气候凉爽，空气清新，地质结构稳定，灾害风险低。大数据企业落户贵州，可以最大限度地降低运营成本与风险。

从北京到贵州，他不仅带去了发达地区的资源，更改变了当地政界的精神状态，包括做事风格、眼界和胸怀视野。以下是凤凰卫视"问答神州先行者说"访谈记录（陈刚，2014）：

北京的文化和贵州的文化确实有差异。贵州是山好水好人更好，这边的人很朴实，人很善良，也很勤劳。但是这边的文化呢，有点像四川、重庆，很安逸，大家很会享受生活，打个小麻将，吃点小吃。但是，市场经济这种充分竞争的土壤和氛围，还不太充分。因此，我在这方面做了一些尝试，有成功的地方，也有我自己认为需要汲取的教训。

刚开始来的时候，我会讲，我布置的这件事，为什么布置了一次落实不了，布置了两次还落实不了，我认为是他们不努力，或者是他们干活不认真。但是后来发现，不是他们错，是我错了。为什么这么说？我自嘲，我在北京的时候，我是叫"陈三点"，讲话讲三点，这个事情为什么要做，怎么做，我最后提什么要求，就够了。我现在到这来变成叫"陈十条"。我布置一项工作，不仅仅是提要求，我要提十个环节，你按照我一二三四，一直做到十，然后我按照这个"十"来验收。

我们这次搞的社会治安问题，我就是这么做的。结果，这么一做，大家一下就全明白了。其实我们的干部都非常敬业，只不过是他们以前没有经验、没有积累。他们按照我告诉的这十步做完以后，兴高采烈地告诉我，"我们完成了，我们效果很好"。所以实际上就是一个，我需要适应这里的文化，适应这里的干部。我觉得，我们有个相互适应、相互调整的过程。现在我们已经进入了比较好的一种状态。

5. 宝宝的涂鸦

课堂讨论 7-6　宝宝的涂鸦

入住新居没几天，就发现家里的墙壁成了宝宝尽情涂鸦的天地。先是客厅的墙壁，再是卧室的墙壁。年轻的父母为此左右为难？

问：你对宝宝的涂鸦行为有何感想？你有什么好的应对之策？

6. 李云龙的地瓜烧

电视剧《亮剑》中,李云龙面对日军精锐——坂田联队的包围,果断决定向敌正面发动进攻。战斗中,李云龙决定采取斩首行动,用炮炸掉突出阵前的敌指挥部。

李云龙大声问:"有炮弹吗?"柱子答道:"有。不过,团长,咱们只有两发炮弹了。"李云龙急了:"你说什么? 娘的,你个败家子儿! 你怎么不省着点用?"柱子也急了:"团长,你可得凭良心说话啊! 刚才鬼子进攻的时候,属您喊得最凶了。柱子,把那挺重机枪给我干掉! 柱子,你他娘的瞎眼了,把那掷弹筒,给我炸了! 这会,您又不认帐,倒嫌我浪费了!"李云龙说:"你小子还敢发牢骚,小心我揍你!"

最经典的一幕出现了。李云龙"嘿嘿"一笑,和颜悦色地对柱子说:"等仗打完了,我赏给你半斤地瓜烧"。这一沟通,情绪立刻不一样,这叫人性化沟通。然后,李云龙话锋一转:"不过,你得好好琢磨琢磨,怎么用两发炮弹,把敌人的指挥部给我打掉。我丑话说在前面,你要是打不中,别说地瓜烧免了,我还得枪毙你! 听见没有?"柱子说:"是。保证完成任务!""嘿嘿"一笑与"半斤地瓜烧"就解决了问题,这种沟通的境界够我们修炼一辈子(翟鸿燊,2009)。

7. 位置的讲究

如图 7-6 所示,合适的位置安排有助于保持恰当的沟通距离,营造良好的沟通氛围。相坐成直角释放合作的信号,使双方都有凝视的空间,更容易营造开放、合作的沟通氛围。并排而坐可使双方感觉处于同一立场上,能够有效缓解紧张氛围。面对面站起身,"居高临下"的姿态,则有力地提醒对方要严肃对待某件事。

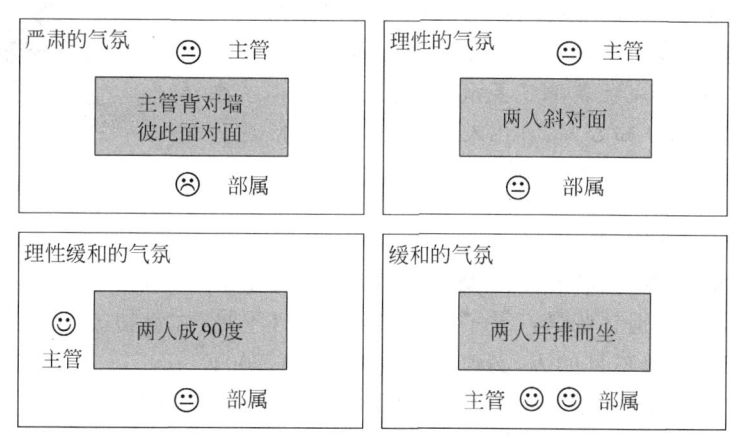

图 7-6　面谈的位置安排

7.2.4　水平沟通

1. 同事是你的伙伴

水平间的沟通主要集中在表达看法,提出意见,分享经验,相互了解,消除误会及寻求协作。同事间的关系不仅仅是工作上的关系,更不能片面地看成竞争关系或互相利用关系。同事是你生活的重要组成部分,某种程度上你跟同事在一起的时间甚至多于家人。

假如你跟同事相处融洽、互帮互助,那你就会过得轻松自在,如果你又热爱你的工作,那你的生活就是天堂。假如你跟同事勾心斗角、关系紧张,那你就会过得很焦虑,甚至身心俱疲,进而讨厌你的工作,那你的生活就是地狱。

陆桥山吃里扒外的行为暴露后,站长怒不可遏,扬言要将其就地正法。余则成指出,陆桥山是郑介民局长的人,处理重了,天津站以后日子也不好过。他提议将陆桥山送南京交郑介民处理,站长欣然接受。后来,陆桥山以国防部二厅特派员身份杀个回马枪,扬言要整肃天津站,搞得吴敬中与李涯惶惶不安,而余则成则被陆桥山视为天津站里可与其推杯换盏的唯一朋友。

懂得生活,就要懂得宽容,懂得体谅,让利于人;多交朋友,少结怨,有误解、有疙瘩要坦诚相见。花花轿子人抬人,与人方便才能与己方便。

2. 谦谦君子,卑以自牧

"牧"者,"养"也。世界文化遗产大足石刻的《牧牛图》,就把人的心性比作牛,把修行者比作牧人,表现了禅宗"调伏心意"的修炼过程。人的心性未经琢磨时,就如同未受调驯的野牛,扬头横角、恣意咆哮、狰狞可畏,而谦卑是自牧的前提。

《道德经》中有云:"天下莫柔弱于水,而攻坚强者莫之能胜,以其无以易之。弱之胜强,柔之胜刚,天下莫不知,莫能行。"

余则成潜伏军统,时刻保持低调、怒不动容、乐不张扬,无论发生多危急、多高兴的事,都是一脸的平静。对站长唯命是从,对同事不温不和,很少直接表达自己意见,多是附和性的或是满脸无辜的"哦哦"或是憨憨的一笑。

这正是其大智若愚之处,以强示弱让他人感受不到强势和威胁,从而使自己获得了更自由的生存空间。因为他的低调谦和、内敛含蓄、不张扬,成功获取了吴敬中、马奎、陆桥山及李涯的信任,甚至把他当作"知心人、自己人",最后才能在险恶的环境中以弱胜强。

图/普明禅师(宋)

3. 裒多益寡,称物平施

《周易·谦卦》中说:"地中有山,谦。君子以裒多益寡,称物平施。"地中有山,卑下之中蕴其崇高。有而不居,退让叫谦。君子应该取多余以补不足,称量物之多少以平均施与;把自己多余的"有""平"给不足的人,必须轻己重人(陈碧,2004)。

林尚沃结束在秋月寺的修行下山前,石崇大师送给他一个杯子——戒盈杯(崔任浩,2007)。据说,这个杯子装酒只能装七分,如果装满了,里面的酒就会慢慢消失,没有人知道酒到了哪里。

后来,林尚沃因与大清进行人参交易而成为韩国首富,又因资助朝廷平定叛乱而授三品衔。正当其商场亨通,仕途得意之时,却遭人嫉恨而身陷囹圄。林尚沃由此悟出"人真正的欲望不是满足而是自足"。

戒盈杯,其精髓在于正确把握欲望之度。终生敛财无数的林尚沃,最后千金散尽,复归农事,悟"商道"而成佛,留下临终偈:"死死生生生复死,积金侯死愚何甚。几为贤明误一身,脱人傀儡上苍苍。"

所谓"天道忌满,人道忌全","月满则亏,日中则昃"。一个人要是十全十美,把所有的好处都占去了,上帝也会嫉妒他的。留一点好处给别人,留一条道路让别人走,给别人空间就是给自己空间。

4. 争是不争,不争是争

夫唯不争,故天下莫能与之争。站长吴敬中老谋深算,抛出一个副站长的空缺后,闪在一边,冷眼旁观几位属下的你争我斗。

图/巩连仁

前任行动队长马奎仗着曾是毛人凤的侍卫,又攥着站长的把柄,自以为胜算在握,咄咄逼人。由于求功心切,中了余则成和左蓝定下的反间计;又由于树敌太多,"大家都愿意相信马奎是共产党";最后狗急跳墙,"傻"到直接声称要向总部汇报站长受贿一事,站长直接赏一个"运送途中了结"。

情报处长陆桥山是郑介民的人,有资历、有背景也有能力,为人奸猾、老辣、不择手段。先是暗中盯梢马奎,搞到马奎是共产党的"铁证",除之而后快;后是暗里向天津站的对头稽查队通风报信,使李涯行动屡屡失手;站长获悉其吃里扒外的拙劣行为后,将其赶出了天津站。

后任行动队长李涯,"忠诚、敬业、能干",站长看在眼里,先派其卧底延安,后让其策划"黄雀行动"。因锋芒毕露,过于张扬,而屡遭陆桥山掣肘;只为"公事"着想,不解领导心意,难成领导心腹;设计赶走陆桥山,反让站长觉得他也不是省油的灯,最后难逃落寞。

余则成职位最低、资历最浅。他一直在示弱,老说"我和你们差着级别呢,副站长没我的份儿",让别人感到他没有威胁,放松了对他的警惕。他静静地坐在没人注意的地方,充分利用几个人间的矛盾,左右逢源,顺势而为。由于他始终保持中立,和谁都不走得太近,所以在升职时没有受到任何质疑。

5. 红黑大战

课堂讨论 7-7 红黑游戏

1. 游戏组织

(1) 课前根据可出勤人数,设 4 名裁判,其他同学划分为 8 个小组。

(2) A1-A2 组、B1-B2 组、C1-C2 组、D1-D2 组、E1-E2 组分别捉对厮杀。

(3) 每组选一名组长,组织内部讨论后,投票表决出什么牌,只能出红黑两色。

(4) 设一名裁判,用于在两组之间公布对方出牌及得分情况。

(5) 只允许组内交流,组间不允许任何形式交流。

2. 游戏过程(以 A1、A2 组为例)

(1) 组长组织队员讨论本轮出牌策略,时间 2~3 分钟。

(2) 时间到时:裁判先到 A1 组,立即开始数数,数到 5 时,A1 组所有人必须同时出手(手心代表红牌、手背代表黑牌),以少数服从多数方式决定该组出红牌还是黑牌,票数相同情况下,组长一票决定。

(3) 不允许采用协商一致的方式,所有人都必须出手表决。

(4) 裁判记录 A1 组投票结果后,到 A2 组位置,重复同样步骤。

(5) 裁判根据出牌情况,计算本轮得分、累计得分,填写计分表,公布结果。

(6) 之后进入下一轮出牌,计分顺序改为:先 A2 组,再 A1 组。

轮 次	系 数	组			组		
		出牌	得分	累计	出牌	得分	累计
1	1	R	5×1	5	B	−5×1	−5
2	2	B	−5×2	−5	R	5×2	5
3	1	B	3×3	4	B	3×3	14
4	4	R	−3×4	−8	R	−3×4	2
5	1	R	5×5	−33	B	−5×5	−23

3. 计分规则

(1) 双方都出黑牌，各得＋3 分。

(2) 一红一黑，黑方−5 分，红方＋5 分。

(3) 双方都出红牌，各得−3 分。

(4) 每轮得分×系数后进行累加。

(5) 系数逐轮递增。

4. 游戏奖惩

(1) 所有小组按累计分数进行排队。

(2) 第一名并取得正分的小组，重奖……垫底小组，重罚……

(3) 捉对厮杀的两组，获胜并得正分的奖……落后并得负分的罚……平局并得正分不奖不罚。

5. 游戏进行(见课堂讨论参考)

6. 游戏回顾

(1) 你是如何理解"捉对厮杀"与"全体混战"两个阶段游戏的实际背景？

(2) 谈谈你们小组采用的基本策略以及你们是如何做出这种决定的？

(3) 什么原因使得你们没有挣到更多的分？

(4) 竞争的目的是什么？ 如何看待竞争与合作的关系？

　　谁是你们的竞争对手？ 你的习惯性思维是什么？

(5) "捉对厮杀"与"全体混战"两个阶段，游戏的最佳策略分别是什么？

(6) 你觉得，红黑游戏对我们还有什么其他的启发？

7.3　沟通的要点

7.3.1　沟通的目的

人际沟通的主要目的有以下几点：

1. 说明事物——陈述事实→引起思考→影响见解

这是沟通的初级目的，说清怎么回事，了解情况，交换看法，要求尽量准确、不失真，避免信息不对称造成的误解。

你在忙什么，为什么这样做，进展如何，有什么困难，需要什么帮助，下一步的打算；哪些事该做，哪些事不该做；你要求别人做什么，为什么这样做，给多少时间、多少资源，要注意些什么,有哪些具体的要求,做完后有什么收益。

2. 表达情感——表示观感→流露感情→产生感应

希望得到一些好的感觉,或摆脱一些不好的感觉。很多的沟通是用来表达情感,培养感情的,这是良好互动的基础。不少人虽然天不怕地不怕,却最怕别人关心他。

我很欣赏你的风格;这样做会把问题搞得更复杂;做得不错,继续努力,我很看好你;我要在刘德华的演唱会上献花;咱俩同病相怜,我也是这么想的;你说出了我想说不敢说的话。

3. 建立关系——暗示情分→友善(不友善)→建立问候

感情的培养,关系的建立要靠点点滴滴单纯的交往浇灌而成。"平时不烧香,临时抱佛脚"的做法往往会被看作"无事献殷勤,非奸即盗"。

周末有没空,我们一起去打球;对不起,我已经另有安排,以后再找时间吧;这样做太见外了,有事尽管招呼,不要客气;我是把你当自己人才这样说的。

4. 进行企图——透过问候→说明(暗示)→达成目标

无事不登三宝殿,沟通一定是有企图的,说话的后面有它的用意,要把用意找出来,而不是光听这些话。项目中沟通的目的无非是:协调项目事项→早日通过验收→早日拿到回款→建立长期合作→赢得后续合同。

企图心太强的交往常会让人起戒心,所以有时装装迷糊,装装不懂,推一推、拖一拖、拉一拉,反而更容易沟通。先讲赞成,再讲反对,顺着他来反对很容易,逆着他来反对则很难。

管理无非是"情理法",人治关系社会里做任何事,都绕不过"情"字,都离不开关系。关系网是在一次次实现双赢的沟通(见图7-7)中逐渐建立起来的。随着关系网范围的扩大,联络的加强,关系的深化,支持你的人会越来越多,反对你的声音将越来越小。

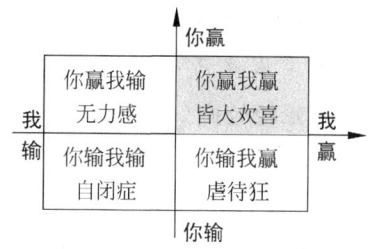

图 7-7 沟通与人际关系

沟通中既会交朋友,也会得罪人。会做人的,朋友越来越多,一个篱笆三个桩,一个好汉三个帮;不会做人的,朋友越来越少,对头却越来越多,雪中送炭别指望,落井下石经常有。

良好的沟通是事业成功的第一步,只有与他人良好的沟通,才能理解他人、被人理解,才能建立有效的人际关系,才能获得必要的信息、获得他人的鼎力帮助。

哈佛大学调查结果显示:在500名被解职的男女中,人际沟通不良者占82%。

7.3.2 沟通心理效应

从心理学的角度来说,沟通过程伴随着认知、情感和意志过程。心理效应不可避免地在沟通过程中产生积极或消极的作用。

1. 首因效应

初次见面时,对方的仪表、体态、着装、谈吐和礼节等形成了我们对对方的第一印象。研究发现,与人初次会面,45秒钟内就能产生第一印象。现实中,首因效应作用下形成的第一印象常常左右着我们对他人的日后看法。所谓"先敬罗衣后敬人",一些不修边幅的人经常因生活中的"以貌取人"而吃亏。

图/叶雄《三国演义》人物图
西泠印社 2009

一个新闻系毕业生正急于寻找工作。一天,他到某报社对总编说:"你们需要一个编辑吗?""不需要!""记者呢?""不需要!""排字工人、校对呢?""不,我们现在什么空缺也没有。""那么,你们一定需要这个东西。"说着他拿出一块精致的小牌子,上面写着"额满,暂不雇用"。总编看了看牌子,微笑着点点头说:"如果你愿意,可以到我们广告部工作。"

大学生的机智、乐观和有心,给总编留下了美好的"第一印象",从而赢得满意的工作(钟和,2007)。

2. 近因效应

交往过程中,最后的印象,往往是最强烈的,可以冲淡之前的各种评价,也称为"新颖效应"。朋友之间的负性近因效应,大多产生于交往中遇到与愿望相违背,愿望不遂,或感到自己受屈、善意被误解时,其情绪多为激动状态。同时,近因效应也给了我们改变形象、弥补过错、重新来过的机会。

相貌平平的毕业生小林,到一个单位参加面试,进考场后,考官只轻描淡写地问了他是哪个学校毕业的,是哪个地方的人等几个问题后,就说面试结束了。

正当他要离开考场时,主考官又叫住他,说:"你已回答了我们所提出的问题,评委觉得不怎么样,你对此怎么看?"小林立刻回答:"你们并没有提出可以反映我的水平的问题,所以,你们也并没有真正地了解我!"考官点点头说:"好,面试结束了,你出去等通知吧。"

结果是录取通知如期而至。最后一问,考察应聘者的临场应变能力,如果回答得好,可以弥补"首因效应"的缺憾,回答不好,可能前功尽弃(邓海平,2008)。

3. 晕轮效应

人们评价他人时,常喜欢从局部一点出发,扩散出好或坏的整体印象,就像光环一样,从一个中心点逐渐向外扩散成为一个越来越大的圆圈,因此有时也称光环效应。

一个人如果被标明是好的,他就会被一种积极肯定的光环笼罩,"爱屋及乌"地被赋予一切都好的品质;反之,会被一种消极否定的光环所笼罩,"以偏概全"被认为具有各种坏品质。

小刘是个专科生,和一群本科生、研究生一起到外贸单位应聘,他知道如果简单地递交简历,肯定毫无希望。他想了个点子,在中午招聘人员吃午饭时,他拿了一张全英文版的画报在招聘台前,有滋有味地阅读。当招聘人员被彩色画报吸引过来之后,他就用流利的英语给他们讲画报上有趣的故事。结果,招聘人员收下了他的"专科"简历,并最终录用了他(邓海平,2008)。

4. 刻板效应

人们评价他人时,往往喜欢给人贴标签,把他看成是某一类人中的一员,轻易地认为他具有这类人所具有的共同特征。如一般人印象中:老年人保守,年轻人冲动;男子刚强,女子温柔;北方人豪爽,南方人精明。积极作用在于简化认知过程,有助于对人迅速做出判断。消极作用在于用固定刻板的眼光看待他人,容易以点代面,一竿子打死一船人。

苏联社会心理学家包达列夫,做过这样的实验:将一个人的照片分别给两组试看,照片

的特征是眼睛深凹，下巴外翘；同时向两组被试分别介绍情况，给甲组介绍情况时说"此人是个罪犯"，给乙组介绍情况时说"此人是位著名学者"；然后，请两组被试分别对此人的照片特征进行评价。

评价的结果，甲组被试认为：此人眼睛深凹表明他凶狠、狡猾，下巴外翘反映着其顽固不化的性格；乙组被试认为：此人眼睛深凹，表明他具有深邃的思想，下巴外翘反映他具有探索真理的顽强精神。

5. 循环证实

一个人对他人的偏见，常会得到自动的"证实"。若你对他人存有疑心而小心提防，时间一长，自然会被对方察觉，对方必然会产生离心和戒心。而对方这种情绪的流露，反过来又会使你深信自己当初对他的看法是正确的。在角色互动与双向反馈作用下的恶性"循环证实"，势必使人陷入越来越深的猜疑与人际知觉偏失的怪圈中。

6. 投射效应

自传其实是他传，他传往往却是自传。

——钱钟书

也称"假定相似性偏见"，就是"以己论人"，不自觉地以自己的内心想法为依据来推测别人的动机和意图，如自己喜欢说谎，就认为别人也总是在骗自己。人对他人的知觉包含着自己的东西，人在反映别人的时候常常也在反映着自己，而这种反映又往往是不自觉的。我们常常可以从一个人对别人的看法中推测这个人的真正意图或心理特征。如果你对自己的投射倾向不加注意，没有理智地自我反思，就可能制造晕轮效应，出现各种偏见。

如果你是企业 HR，你会选用哪道题以获取求职者真实的应聘目的（彭移风，2006）？

> 1. 你到我们公司来工作的主要原因是什么？
> A：收入高　B：有发展前途　C：公司理念符合个人个性　D：有住房　E：工作轻松
> 2. 你认为跟你一起应聘的人到我们公司来工作的主要原因是什么？
> A：收入高　B：有发展前途　C：公司理念符合个人个性　D：有住房　E：工作轻松

> 因为第一个题目很多人会有人人都知道答案是 B 或 C；第二个题目的答案更能反映出求职者内心的看法，知己知彼，知道什么对他来讲是最重要的，所有的求职者潜意识里自己的真实想法来揣测别人。

7. 心理定势

人们在认知活动中用"老眼光"——已有的知识经验，来看待当前的问题的一种心理反应倾向。人们在一定的环境中工作和生活，久而久之，形成固定的思维模式，习惯于从固定的角度观察、思考事物，以固定的方式接受事物。能够把人限制住的，只有人自己。

> 一位公安局长在路边同一位老人谈话。
> 这时跑来一个小孩，急促地对公安局长说："你爸爸和我爸爸吵起来了！"
> 老人问："这孩子是你的什么人？"

公安局长说："是我儿子。"

这两个吵架的人和公安局长是什么关系？

这两个吵架的人，两个都是儿子的爸爸——一个是爸爸的爸爸，一个是爸爸本人。

7.3.3 沟通从心开始

图/胡明军《三国演义》之官渡之战
上海人民美术出版社 1994

如果成功有秘诀的话，那就是具备了解对方的观点，并且从他的角度来看事情的那种才能。

——亨利·福特

曹操赤脚迎许攸：官渡之战曹操首战不利，军力渐乏，军粮告竭，急差人往许都求救。使者被许攸截获，曹操催粮书信俱露。许攸献计袁绍，许都必定空虚，若分一军星夜袭击，则许都可一举拿下，曹操亦可擒也。袁绍怀疑许攸暗通曹操，未予采纳。许攸夜奔曹营，曹操焦头烂额之际，如溺水之人抓到根救命稻草，光着脚出去迎接许攸。许攸大为感动，献计夜袭乌巢、兵分八路攻占邺郡，掘漳河水淹冀州，一举荡平袁绍，统一北方。

曹操错失张松：听说东川张鲁要来进犯，刘璋束手无策。属下张松自告奋勇前去许都，要说服曹操攻打汉中张鲁，解益州之围。张松怀揣西川地图，去许昌拜见曹操，一心想将西川献与曹操。不料，此时的曹操，刚平定了西凉马超，准备进攻汉中，志得意满，见张松相貌猥琐，为人高傲，言语不逊，不予礼遇，还乱棍打出。张松在归川的路上，受到了刘备的厚待，感动之余，就将绘制的西川地图献给了刘备，让刘备捡了便宜，才有了三分天下。

图/汪玉山《三国演义》之张松献地图
上海人民美术出版社 1994

德鲁克说过："人无法只靠一句话来沟通，总是得靠整个人来沟通。"你希望别人怎么对待你，你就怎么对待别人。别人希望你怎么对待他，你就怎么对待他。

"没有赤脚迎许攸"，曹操无法一统北方；"没有棒打张松"，就没有刘备捡漏取西川及日后的三分天下。同样都是曹操，变化的只是沟通时的心态，前者虚怀若谷，后者高高在上。

7.3.4 肢体语言

阿尔伯特·梅拉宾（Albert Mehrabian）研究发现，一个人要向外界传达完整的信息，单纯的语言成分只占7％，声调占38％，另外55％的信息都要由非语言的体态语言来传达。

肢体语言通常是一个人下意识的举动（如兴奋时，瞳孔一般会放大），语言的内容可以欺骗我们，但是一个人的肢体动作以及语音语调的变化却会告诉我们真实的一面。无论何时，当声音语言和肢体语言发生矛盾时，人们几乎总是相信肢体的信号。

课堂讨论 7-8　肢体的语言

1. 交流过程：

（1）两人一组，任意组合，1～2分钟内任意话题交流。

（2）2分钟时间到，彼此说一下对方有什么非语言表现。

（3）继续讨论，但不能有任何肢体语言。

2. 思考及讨论：

（1）第一次交谈中，有多少人注意到自己或对方的肢体语言？

（2）对方有没有什么动作或表情让你觉得舒服或不舒服？

　　请你告诉对方，包括你的这种情绪。

（3）双方各自说说，没有肢体语言的交谈是什么感受？

（4）当你不能用动作或表情辅助你的谈话时，能否准确、完全地表达你内心的想法？

　　布尔宾斯特（Burbinster）认为，非语言沟通有六个功能：补充、强调、反驳、重复、规范、替代。语言符号传递字面语意，非语言沟通传递感情。很多情况下，明白对方的情感比听懂他所说的话更加重要。有效的沟通者应学会"倾听"和理解下列非言语行为：眼神、面部表情、姿势动作、人际距离等。

1. 眼神

人们从眼睛里可以认识到内在的、无限的、自由的心灵。

——黑格尔

　　研究表明，各种感官接受信息的比例是：视觉87%、听觉7%、嗅觉3.4%、触觉1.5%、味觉1%。眼睛是心灵的窗户，目光犹如一面聚焦镜，凝聚着一个人的神韵气质。眼睛的奥妙主要体现在瞳孔的运动、变化和目光上。20世纪70年代末，美国心理学家班德勒和葛瑞德提出了眼睛解读线索EAC理论，阐述了不同眼球运动所代表的含义，见图7-8。

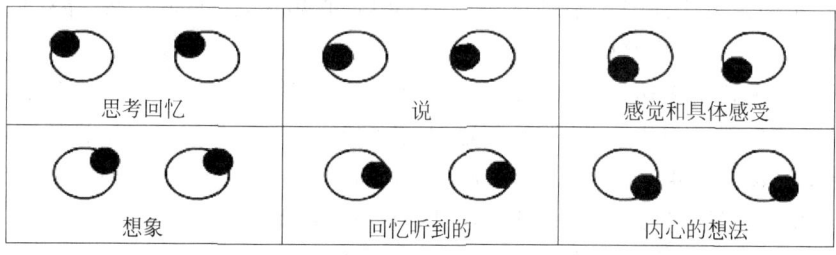

图7-8　眼神的变化

　　视线的流动（正视、斜视、俯视、仰视；凝视、逼视、扫视、睨视、环视、无视）展示人的心态，交换视线即在寻求沟通，表达爱憎，流露同情，展示威吓，显示地位。

　　为建立和谐的人际关系，对谈中的视线相接，应保持60%～70%的时长。目光运用要主动自然，亲切实在，恰到好处。视线相接的位置要合宜，商谈视线在眼睛以上，社交视线眼唇之间，亲密视线嘴巴以下。"五秒钟"是大多数人与他人眼神交错时，最感舒适的眼神停留时间。同较多的人谈话的场合，目光要虚实结合，可以采用好像在看什么地方、看什么听众，但实际上什么也没看的方式。

2. 面部表情

面部表情是多少世纪培养成功的语言，比嘴里说的更加复杂千倍的语言。

——罗曼·罗兰

　　面部表情是心灵的屏幕，传递了沟通者的态度，反映了他们的本质。在交流过程中，面部表情一直在改变，本能而且持续地被倾听者的大脑所监控。假如我们被欺骗，未能从对方的脸上看穿其本质，被欺骗的原因是由于我们自己观察不够。

　　人的面部主要由微笑、眉毛、脸色组合成大约 2.5 万种表情：不愉快或迷惑可以借助皱眉来表达，嫉妒或不信任会扬起眉毛，想采取敌对的态度时则绷紧下颚肌肉。嘴唇紧闭、斜视瞪眼则摆出一副防卫姿态……微笑是世界的通用语言。

　　人的容貌是天生的，但表情却不是天生的。研究显示：经常面露微笑的人沟通中会比较占优势，90％的人会认为你能力高、品行好、友善开放，对你所说的话，接受度也会比较高。必须控制一些不利于良好沟通的面部表情，如哭丧着脸、板着面孔、面无表情等，一般表示不满、不高兴或给人不屑的感觉。

3. 手势与身体动作

　　我握过许多人的手，有的使我感到温暖可亲，而有的却使人感到寒冷，拒人于千里之外。

——海伦·凯勒

　　手势是人的第二副面孔，使用频率高，范围广，用以增强表情达意的情感，使语言更富有感染力。握手、接触、拥抱、拍肩膀，手势要大方、丰富有美感。频频捶胸以示悲痛，不停搓手表示为难，拍拍脑门表示悔恨。手舞足蹈、心灵手巧，心狠手毒，心慌手颤，手忙脚乱等形象地反映了手与心性、手与情绪的关系。

　　我们用全身无言地表达情感，开放/封闭、前倾/后仰的坐立站倚姿势，沉思、响应、防御、好斗的四种情绪模式。点头同意，摇头否定，昂首骄傲，垂头沮丧；用握手打招呼，用挥手来再见；张开双臂表示欢迎，转身离开以示摒弃；轻敲手指，表示生气或不耐烦；舒服时全身放松，焦躁时坐立不安；自信时抬头挺胸，胆怯时僵硬紧张……

　　如图 7-9 所示，奥巴马与几位领导人的拍肩、握手之间反映了两国之间的亲疏远近。

(a) 奥巴马与英国外交大臣米利班德　　(b) 韩国总统李明博紧抓住奥巴马胳膊　　(c) 奥巴马与印度总理辛格
亲密、坚定地握手，露齿微笑　　　　奥巴马则轻拍李明博的背　　　　握手时保持一定的距离

图 7-9　奥巴马握手的亲疏之间

4. 人际距离

　　人和动物一样，有"势力范围"的感觉。人类对自己势力范围的感觉，表现在相互之间的

空间距离上,并且只有当自己的个人空间被侵占后才意识得到。对方与你保持的距离,可能反映了他对你的看法,以及他的教养、社交经验、习惯等。如图 7-10 所示,美国人类学家爱德华·霍尔博士认为:不同的人际关系需要保持不同的距离。

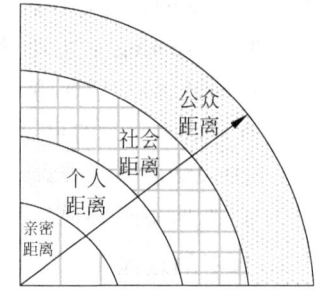

图 7-10　人际距离

亲密距离(0.5 米内):父母子女间、情侣之间。双方均可感受到对方的气味、呼吸、体温等私密性刺激。

个人距离(0.5~1.2 米):朋友、熟人之间谈心、悄悄话、私事。人们说话轻柔,可以感知大量的体语信息。

社会距离(1.2~3.5 米):具有公开关系而非私人关系的个体之间,如上下级、医生与病人、顾客与服务员。

公众距离(3.5~7.5 米):正式场合或陌生人间。一般有社会的标准或习俗,此时的沟通往往是单向的。

距离产生美,弹簧被压缩时会产生往外的推力,被拉伸时会产生往内的拉力。距离过近,容易给人压迫感,对方会往外推开你。距离太远,又让人觉得拒人千里,无法接近。

7.3.5　学会倾听

1. 什么是听

1964 年,中国文字改革委员会,编印了《简化字总表》,在简化识读、方便书写的同时,也非常可惜地大量丢弃了老祖宗造字时赋予文字形体本身的深刻内涵。

简体字的"听",左边"口",右边"斤",告诉年轻的一代:要用"口"去听而不是用"耳",而且要多多益善地说,因为"口"是要称斤的。不知道有多少人一辈子的坎坎坷坷,就是坏在这个简体字的"听"上,坏在没好好听别人说话,坏在没管好自己的嘴巴。

繁体字的"听",左边是"耳"下面加一个"王",表示倾听时要把对方当成"王"来看待;右边是"十目一心",表示用十只眼睛去观察对方,让对方感受到你的倾听是全身心的。如此用心去听,才能更好地理解对方,建立良好的人际关系。用心,难怪繁体字古人称倾听为"聽"。

自然赋予人类一张嘴,两只耳朵,也就是要我们多听少说。

——苏格拉底

调查发现,沟通中的行为比例最大的是倾听,见图 7-11。

倾听是取得智慧的第一步,医学研究表明:婴儿的耳朵在出生前就发挥功用了。沟通的一半是洗耳恭听,倾听与听见不是一回事,倾听跟阅读一样是心智的活动。

听(Hearing):空气振动传导的声波进入耳朵,形成听觉。强

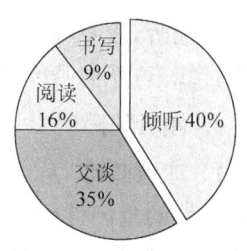

图 7-11　沟通行为比例

调对声波振动的获得，只有声音，没有信息，是被动的感官接受。

倾听（Listening）：主动、积极、有选择地接受听到的声音，通过思维活动认知信息。强调对信息的理解，对情感的共鸣，从声音开始，伴随肢体语言以及适时的话语回应。

倾听是信息来源的重要渠道，倾听别人的意见，比怎么说话要重要得多。会说话的人听着说，不会说话的人抢着说。用心倾听，有利于了解他人，也有利于了解自己。倾听有利于心灵沟通，倾听他人诉说自己的心里话，是对他人表示关心和尊重。

2. 倾听的过程

理想的倾听过程包括六个环节：预测、感知、理解、记忆、评价、行动（见图 7-12）。

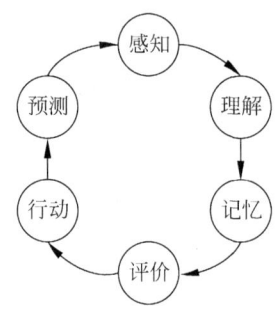

图 7-12　倾听的过程

预测：根据对对方既往的认知和经验，预测对方在沟通过程中可能做出的反应。

感知：接收声音"原材料"后选择性感知，过滤无关或不感兴趣的信息，将注意力集中于自己认为重要或感兴趣的内容。

理解：基于个人的背景、知识和经验，对获得的信息进行解析，通过判断、推理获得正确的解释或理解。

记忆：将听到的信息分类，择其重要的浓缩存储在记忆库中。

评价：基于个人的信念与价值观，分析所获信息的价值，做出自己的结论性评价。

行动：倾听者对听到的信息做出积极反馈，帮助对方确认是否清晰、准确地表达了自己的想法，以免造成误解。

3. 听的层次

听有四个层次，能够做到以"同理心"倾听的仅占 5%，见图 7-13。

第一层次——心不在焉地听：听而不闻，几乎没有注意对方所说的话，心里想着其他无关的事。感兴趣的不是听，而是说，容易导致人际关系的破裂。

第二层次——被动消极地听：只闻其声、不解其意，被动消极地听所说的字词和内容，假装在听或听懂的嗯嗯声，常让讲话者误以为听者完全听懂，导致误解、错误的举动。

第三层次——主动积极地听：主动积极地听对方所说的话，能够专心地注意对方，听到自己期望听到的东西，常能激发对方的主意，但很难引起对方的共鸣。

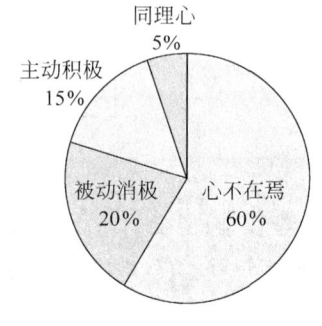

图 7-13　听层次的比例

第四层次——同理心地听：抛开成见，带着理解和尊重积极主动地听，设身处地看待事物，总结已经传递的信息，质疑、权衡听到的话，有意识地注意非语言线索，感同身受对方的情感。

4. 倾听的障碍

1）环境障碍

环境的封闭性（如空间大小、私密性、光照强度、有无噪声等）影响信息的传输与接收。对话的氛围（如轻松/紧张、愉快/沉闷、和谐/对立等环境的主观特性）影响人的心理接受定势。谈话双方人数对应关系，影响双方的心理角色定位、心理压力以及注意力集中度。此外舒适、非威胁、干扰少的环境也有利于倾听。

2）倾听者障碍

用心不专：心不在焉，做白日梦，态度厌烦，挂一漏万，让对方反
感不想说。

急于发言：大嘴巴常犯的错，一是常不礼貌地打断对方，容易引
起对立或中断谈话；二是没听清，搞不清状况，造成误解及不愉快；
三是考虑不周，容易说错话造成被动。

先入为主：因根深蒂固的心理定势或成见而预设立场，影响全
面、客观地听取意见。

囿于细节：只见树木不见森林，反而错过要点，无法从整体上把握主要的思想和证据。

刚愎自用：自以为是的人常犯的错，盲目自信，排斥异议，听不进别人的意见。

选择偏好：选择爱听、熟悉、好听的，获取信息片面，漏掉很多重要有用的信息。

喜欢争辩：争强好胜者常犯的错，甚至得理不饶人，得不到对方好感，影响交谈气氛。

自行加工：聪明人常犯的错，加入自己的主观臆测，未听清前武断地提前下结论。

没有回应：说话者搞不清听者是否准确理解，因索然无味不会进一步细说或戛然而止。

消极身体语言：错误传达自己不愿倾听的信息，降低对方说话意愿，降低沟通质量。

5．如何倾听

专心听别人讲话的态度是我们能给予别人的最大赞美。

——戴尔·卡耐基

1）倾听的四要素

（1）集中精力：在聆听中理出讲话者的逻辑。

（2）移情：把自己置于说话者的位置，从讲话者的出发点理解。

（3）接受：客观地聆听，不要先入为主做出判断。

（4）完整：从沟通中获得说话者所要表达的完整信息和意思。

2）注意事项

（1）不预设立场和观点，表现真诚，保持开放、包容、客观、冷静、感同身受的心态。

（2）带着沟通的目的，身心投入地听，边听边想，避免分心的举动或手势。

（3）多听少说，保持耐心，不急于辩论和评价，不做不假思索的回应。

（4）注视对方，觉察对方感情和反应，倾听肢体语言，听出弦外之音。

（5）觉察自己的感情和反应，适当使用眼神接触等肢体语言，鼓励对方表达。

（6）不轻易打断对方，适时插话提问，调动对方情绪，既是鼓励，也表示你真正在听。

（7）营造轻松、愉快、包容的气氛，避免情绪影响，让说者感到舒适自在，畅所欲言。

（8）复述对方比较重要的话，确保理解正确，使听者与说者的角色顺利转换。

（9）养成做笔记的习惯，写下重点，抵挡分心。

5．你会听吗？

课堂讨论 7-9　倾听能力测试

一、自我测试问卷（罗宾斯，1997）

（1）我常常试图同时听几个人的交谈。 □是　□否

（2）我喜欢别人只给我提供事实，让我自己做出解释。　　　　　□是　□否

（3）我有时假装自己在认真听别人说话。　　　　　　　　　　　□是　□否

（4）我认为自己是非言语沟通方面的高手。　　　　　　　　　　□是　□否

（5）我常常在别人说话之前就知道他要说什么。　　　　　　　　□是　□否

（6）如果我不感兴趣和某人交谈，我常通过注意力不集中的方式结束谈话。

　　　　　　　　　　　　　　　　　　　　　　　　　　　　　□是　□否

（7）我常常用点头、皱眉等方式让说话人了解我对他说话内容的感觉。□是　□否

（8）常常别人刚说完，我就紧接着谈自己的看法。　　　　　　　□是　□否

（9）别人说话的同时，我也在评价他的内容。　　　　　　　　　□是　□否

（10）别人说话的同时，我常常在思考接下来我要说的内容。　　□是　□否

（11）说话人的谈话风格常常会影响到我对内容的倾听。　　　　□是　□否

（12）为弄清对方所说的内容，我常常采取提问的方法，而不是进行猜测。□是　□否

（13）为了理解对方的观点，我总会下功夫。　　　　　　　　　□是　□否

（14）我常常听到自己希望听到的内容，而不是别人表达的内容。□是　□否

（15）当我和别人意见不一致时，多数人认为我理解了他们的观点和想法。

　　　　　　　　　　　　　　　　　　　　　　　　　　　　　□是　□否

二、听一段话，判断以下描述是否正确（正确 T、错误 F、不确定 U）（祝九堂，2005）

　　1. 店主将店堂内的灯关掉后，一男子到达。　　　　　　　□T　□F　□U

　　2. 抢劫者是一男子。　　　　　　　　　　　　　　　　　□T　□F　□U

　　3. 来的那个男子没有索要钱款。　　　　　　　　　　　　□T　□F　□U

　　4. 打开收银机的那个男子是店主。　　　　　　　　　　　□T　□F　□U

　　5. 店主倒出收银机中的东西后逃离。　　　　　　　　　　□T　□F　□U

　　6. 故事中提到了收银机，但没说里面具体有多少钱。　　　□T　□F　□U

　　7. 抢劫者向店主索要钱款。　　　　　　　　　　　　　　□T　□F　□U

　　8. 索要钱款的男子倒出收银机中的东西后，急忙离开。　　□T　□F　□U

　　9. 抢劫者打开了收银机。　　　　　　　　　　　　　　　□T　□F　□U

　　10. 店堂灯关掉后，一个男子来了。　　　　　　　　　　□T　□F　□U

　　11. 抢劫者没有把钱随身带走。　　　　　　　　　　　　□T　□F　□U

　　12. 故事涉及三个人物，店主，一个要钱的男子一个警察。□T　□F　□U

7.3.6　学会提问

　　所谓"善问者知行天下"。我们不能解决问题的原因，大多是因为我们根本不知道问题在哪里，或者说因为提不出问题，所以无从解决。问题是目标要求与现状之间的差异，大家通常所说的"问题"，往往只是现状，而不是真正的问题。

　　善问者如攻坚木，先其易者，后其节目，及其久也，相说以解。不善问者反此。善待问者如撞钟，叩之以小者则小鸣，叩之以大者则大鸣，待其从容，然后尽其声。不善答问者反此。此皆进学之道也。

　　"善问"是为了活跃谈话气氛、拉近双方距离，是为了引发对方深入思考，充分表达观点，

进而发现更有价值的信息。相互转换式的"盘问—应答"是
解决一切问题的最好方法。针对不同人群要采用不同的提
问方式：发散性思维者，要提针对性问题；逻辑性思维者，
要提开放式问题；主动沟通者，要防止被牵着鼻子走；被动
沟通者，要注意引导。

图/陶小莫 中国教育报 2011-10-31

1. 提问的模式

1）封闭式提问

事先设计好问题的备选答案，受访者只需从中挑选自己认同的答案。如："这周末，我
们一起去打球好吗?"，"毕业后，你会从事计算机相关的工作吗?"

2）开放式提问

没有明确指向性的问题，受访者可以在较广的范围内思考。如"这个周末，你有什么安
排?"，"毕业后你有什么打算?"

封闭式提问与开放式提问的优缺点及示例见表7-4。

表 7-4 封闭式问题与开放式问题区别

	封闭式提问	开放式提问
优点	节省时间，控制谈话内容 通过逐步缩小范围的问题得到答案	收集信息全面，谈话氛围愉快
缺点	收集信息不全，谈话气氛紧张	浪费时间，谈话不容易控制
示例	"对吗? 是不是? 会不会? 能不能?"	"有什么? 哪里? 怎么样? 为什么?"
	"你喜欢你的工作吗?"	"你喜欢你工作的哪些方面?"
	"你还有问题吗?"	"你有什么问题?"
	"你认为这个计划可行吗?"	"你觉得，如果执行这个计划会有什么样的问题?"

3）请求式提问

在一些专业、严肃的场所打断别人是不礼貌的行为，有问题要问先请求，获准后才能提
问。如课堂上学生举手发言，新闻发布会上记者举手发问。

4）一般性提问

针对不是很重要的一般性问题的随口交流，通常大家都知道问题的答案。一般用于培
训中的互动，会议中的气氛调整，激发不爱参与的人，表示重视对方的存在等。

5）指定式提问

指定回答问题的人。例如："问你一个问题可以吗? 你能解释下你的想法吗? 请你谈
谈你的看法好吗? 这个问题你有什么不同的意见?"

6）导演式提问

将沟通的主动权交给对方，自己只需少量问话，做个听众。例如："你刚去过的迪斯尼
一定很好玩吧，给我讲讲? 这个项目很重要吧，领导这么重视?"

7）排他性提问

当问题出现很多头绪，无法准确地进行分析和判断时，可以采用排他性问话来排除其中
的几项。例如："合同不会是卡在李主任手上吧?"

2．提问的用处

1）请求别人帮助

如果被拒绝，不会感到尴尬和难堪；别人无法帮助你时，也能减轻对方的责任和遗憾。如："你现在忙不忙，我被这程序搞死了。"言下之意，如果有空，请你帮忙看看。

2）激发对方参与

用问问题来表示出对对方的重视。例如："您是这方面的专家，帮忙看看我们这样做有没有考虑不周的地方？您有没有什么好的建议？"

3）分析自己的看法

用 5W（Why＋What＋When＋Who＋Where）来分析自己的看法，可以自问自答，也可请教别人，如果答案是负面的，不要急于否定，可以再走一遍，看看是否有充足的理由否定。

4）激发思维、创意

多提一些能激发别人思维的问题，让对方觉得和你交往很有建设性。例如："有什么好办法可以控制软件需求的发散？系统割接中，有哪些风险需要引起我们重视？"

5）说服别人

如果对方不同意，他尽可以不予理睬，避免了争执带来的不愉快。例如："你觉得这个项目投资，是不是很划算啊？这项目进展挺顺利的吧，你觉得呢？"

6）引导对方思路

如果问"这样做，这个项目就很危险了"，你多半会得到感性的回应；而如果问"你们这么做是怎么考虑的"，你可能会得到一个理性的回答。

7）找出双方相似之处

双方有相似之处才能建立良好的关系，问题的范围越广越容易找到双方的相似之处。例如："业余时间，你最喜欢干什么？你最喜欢哪个歌手？"

8）阻止对方做决定

找出提案中的忽略处，提出你的疑问，让支持者产生动摇，只要你在继续寻求答案，提案人就不会贸然做出决定。例如："摊子铺这么大，我们这些人忙得过来吗？"

9）引导谈话主题

新的问题带来新的谈话内容，主导话题、改变话题都不能太跳跃，话题跨度不宜太大。

7.3.7 非正式沟通

非正式沟通指的是不受组织监督，也没有层次结构上的限制，由员工自行选择进行的沟通方式，如员工之间的闲谈，议论等。大多数员工认为它比管理层通过正式沟通渠道解决问题更可信、更可靠，它在很大程度上出于人们对自身利益的考虑。

非正式沟通的渠道包括：

（1）小道消息：秘密传播消息的途径，也是流言蜚语的传播网，当在正式公布一项决策前需要预知员工的反应时，小道消息是有利的。

（2）午餐聊天：从午餐聊天中可以知道很多员工的想法。

（3）社交场合：茶话会、餐会、晚宴、健身运动、高层间的沙龙等。

优点是灵活轻松、直接明了、速度快、交换信息量大，有利于拉近距离，表露真实想法；有利于激发头脑风暴，提高管理效率，形成凝聚力，调动积极性，解决棘手问题。

缺点是沟通难以控制，信息不完整，真实情况易被歪曲，易被人利用，动摇军心；容易形成小圈子,影响员工关系的稳定和团体的凝聚力。

专业技术人员往往忽视非正式的沟通。公司的管理层通常用大量的时间进行非正式沟通,而不是长时间坐在那里看枯燥的文件。他们更喜欢由项目经理对项目的状态进行直接的报告,或者以双向谈话来听取项目信息。

"下午茶"这种形式在国外的大学校园非常流行,古老的剑桥大学就有喝下午茶形式的学术沙龙,它启迪了一代代科学家成功的创意。据说,这种下午茶学术沙龙已"喝出"了60多位诺贝尔奖获得者。

曾两次获得诺贝尔奖的桑格(Frederick Sanger)就是在喝茶交流中受到启发,完善了实验设计,最终完成了噬菌体的所有DNA核苷酸的测序,从而第二次获得诺贝尔化学奖。

在喝茶时间里,人们可以不考虑身份和研究领域,畅所欲言地谈论各种感兴趣的话题,思想的碰撞产生智慧的火花。

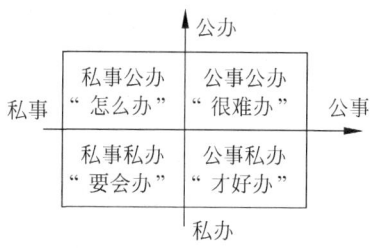

图7-14 非正式沟通的应用

项目中的一些棘手问题,通过当事人间的非正式沟通常常可以迎刃而解,见图7-14。

公事公办:按照规章制度办事,有些时候却只是放在阳光下的表现形式。想办时,纵然很为难的事,也可掩人耳目;不想办时,即使再容易的事,也可堵人嘴巴。

公事私办:通过个人的关系为公家办事,如项目回款。于公加快办事速度,简化办事程序,降低办事成本;于私增进友谊,加强关系,与人方便,与己方便,双方各得其所。

私事私办:靠自己的关系或努力办好客户的事,巧妙利用关系是成本最低的办事捷径。力所能及的范围内,办好客户的私事,有助于拉近同客户的距离,建立良好私人关系。

私事公办:在不违背大原则的前提下,办好公事的同时,兼顾关键客户的私事要求,这是为客户办私事的"最高境界"。具体应该怎么办,很多情况下是非正式沟通的结果。

7.4 项目中的沟通

7.4.1 沟通计划

项目沟通计划决定项目干系人的信息和沟通需求(见表7-5):项目产生哪些信息,谁产生,何时产生,怎么产生,怎么组织,怎么保存,怎么分发?谁需要这些信息,何时需要,怎么获得,怎么确认?干系人间的沟通需求、沟通模式、沟通渠道、沟通频率等。

表7-5 沟通计划主要关注点

条 目	描 述	举 例
干系人	确定具有沟通需要的沟通对象	领导、客户、发起人、合作方、成员
信息需求	描述干系人信息沟通内容需求	调研报告、项目需求、设计报告、进度状况、风险水平、成本信息、会议纪要、测试报告、质量报告等
信息收集方式	信息如何产生,采用何种方法、何时、从何处收集什么信息	客户提供、分析产生、会议结论等,如每周从例会中获取项目进度,成本及风险信息

续表

条　目	描　述	举　例
信息记录方式	信息的媒介、格式，如何组织、记录和保存，详略程度，如何查阅	电子邮件、书面文件、服务器共享文件；项目报告的模板，文件存放的物理位置，服务器目录结构等
信息发送方式	通过何种方式将信息发布给干系人	电子邮件、共享文件、网站公布、会议通知、书面文件等，如通过电子邮件将项目周报发给干系人
信息发送频度	各类信息什么时候进行发布	定期每周或每月特定时间、每个阶段结束时，或者特定事件触发

沟通计划根据项目的需要，可以是正式或非正式的，非常详细或粗略框架式的，包含于整体项目管理计划或者作为其附属计划。多数情况下，只需要一个框架式的沟通计划表（如表 7-6 所示）即可。

表 7-6　沟通计划表示例改自（王如龙，2008）

条　目	频率	接收人	媒介/格式	交付时间	负责人	签收方式
每日例会	每日	项目组核心骨干	会议	下班前 15 分钟	项目经理	
项目周报	每周	主管副总	电子邮件	每周六	发起人：项目经理	邮件回执
		项目组全体成员	文件服务器共享			标记确认
		客户代表	书面			书面回执
周例会	每周	项目组全体成员	会议纪要	每周五下午	主持人：项目经理	会议签到
		客户代表				纪要签收
		主管副总				

7.4.2　沟通形式

1. 当面沟通

当面沟通是一种自然、亲近的沟通方式，以声音语言、肢体语言和文字语言全面地传递信息，信息传递快、信息量大，是人际沟通中的主体沟通方式，具有全面、直接、互动、立即反馈的特点。双方通过自己的感官及心灵接收、感知对方的信息及情感，有助拉近彼此距离，建立基本信任，加速问题的冰释。

当面沟通的首要在于积极调整心态，考虑对方感受，把握双方距离，营造良好氛围。当面沟通的形式包括正式/非正式的面对面讨论、谈话、开会和演讲。

个人间的讨论，可在双方都方便的情况下，任何形式，任何议题，随意自由；对促进问题解决，加深相互间了解，树立良好氛围至关重要。小组会议主要用于解决小组内部的技术问题、任务分工、进度问题、质量问题、与小组外的协调问题等。

一般而言，在轻松随意的非正式场合，双方更容易放下戒备之心，坦诚地交换意见、批评指正、解释误会、表达分歧，因而常能收到一些意想不到的效果。

在中美两国元首家常式的"庄园会谈"中，双方摆脱了照本宣科的形式，就全球政治、经济、安全、军事等一系列议题，进行广泛深入的对话，坦诚交换意见，提出建立 21 世纪新型大国关

图/新华网

系的战略构想。

2．电话沟通

电话沟通是在沟通双方不能见面的情况下，借助电话以语音方式进行的沟通。一根电话线横在中间，产生了无法压缩的距离感，少了视觉系统与感觉系统可感知到的肢体语言信息，也就少了当面沟通时让对方感受的诚意。

沟通是一种情绪管理，心平气和的时候很容易沟通。对方生气的时候，再有道理他也听不进去。电话沟通是最危险的方式，因为你搞不清电话那端的真实状况："他在哪里？是一个人还是好几个人？他跟谁在一起？他在做什么？他现在的状况怎样？心情又如何？"单刀直入式的通话，常常搞得对方情绪不安甚至直接关闭对话通道。你要通过对方的语气语调来了解对方，发觉不对时，就不要再说了。

很多时候，由于看不到对方的眼睛，电话沟通成了戴面具的沟通，"虚情假意"的语调掩盖了对方的真实想法。电话中的求助要求，一般更容易遭到对方的委婉拒绝。因此，一些重要事情或争议的解决，不适合在电话中进行长谈。

3．书面沟通

书面沟通是以文字图形为媒介的信息传递和交流，是一种正式的、用于信息留存的沟通方式，包括纸质或电子的信件、报告、通知、备忘录、计划书、方案书、协议合同等。项目中，正式的书面沟通代表着某种约定和承诺，主要用于项目中的约定、承诺和可预测的信息发布。重要约定（如评审通过后的需求规格）需要双方签字认可。

书面材料在传递过程中不易扭曲失真，权威规范，可以永久保留，可查可追溯，可以作为各方协议约定及管理规定的有效载体，防止扯皮推卸责任。因此相较当面的口头沟通而言，经过仔细推敲的书面材料，其结构更严谨、条理更清晰、内容更全面、细节更到位、表达更准确。书面材料也更便于信息的大范围传播，接收者可以自行阅读理解。在某些情况下，还可以减少面对面沟通的摩擦。

书面沟通的弊端在于对起草者的文字功底要求高，材料准备耗时，信息反馈慢。

4．网络沟通

网络沟通是指借助网络进行的信息传递与交流，常见的沟通方式有：E-mail、QQ、微信、微博、视频会议、BBS、FTP以及专业化的网络协作平台等。

网络沟通突破了时空限制，信息传输速率快、便捷、高效，沟通成本低，非常适于不需要复杂信息交换的日常情况通报。如通知公告的邮件群发，基于FTP的文件共享，基于SVN的团队源代码管理、项目管理信息系统。

网络虽然缩短了时空，但无法拉近甚至某种程度上反倒是推远了沟通者心灵之间的距离。即便是声像俱全的视频会议，沟通双方也体察不到因彼此间的身体距离与气息所带来的特殊感受，对端终究不过是画面里的一个人物而已。

图/龚滔 中国青年报 2012-3-8

网络世界里，人们几乎有一种天然地隐藏自己、保护自己的倾向。亦真亦幻的网络头像，言不由衷的网络语言，使得网络交流的可信度大打折扣。一些人甚至会迷失在真实世界与虚拟世界之间，找不到自我。由于不能采集到微妙的、情感化的非语言线索,因而不适于解决冲突、展开谈判,但可以作为双方面对面解决复杂问题之前的铺垫。

网络沟通一般不能作为正式的沟通方式,同时还存在着安全性方面的一些隐患。

7.4.3 会议沟通

会议是管理工作得以贯彻实施的中介手段。

——英特尔前 CEO 安迪·格鲁夫

一个人一生中大约有整整一年时间花在开会上;中层管理人员有 35％的工作时间在开会;高层管理人员约有 32％的工作时间是在与别人的单独会议上,34％是在与一群人的会议上;一些大公司的总经理每天的预定会议就占去了 59％的工作时间。

会议是成本较高的群体沟通方式,一般时间较长,常用于解决较重大、较复杂的问题。根据不同的目的和要求,会议可分为以下几类:

谈判:旨在化解各方利益上的冲突,采用互动的方式协商讨论,力求达成一致意见。

通知:采取单向的方式,进行信息传递、宣贯指导或动员激励,一般没有讨论。

交流:采用"头脑风暴"进行集思广益,畅所欲言,相互激发灵感,产生创意。

解决问题:将问题摆在桌面上,与会人员充分交流,积极探讨,利用群体智慧解决。

决策:权衡各种方案的利弊得失后,群体依决策程序共同做出抉择,并承诺遵守决议。

有意思的是,不少组织都存在这样的现象——"人多的会议不重要,重要的会议人不多;解决小问题开大会,解决大问题开小会;解决关键问题不开会,不能解决问题老开会。"

1. 会议必要性

日本太阳工业公司为提高开会效率,实行开会成本分析制度(魏林禅,1984)。每次开会时,总是把一个醒目的会议成本分配表贴在黑板上:会议成本＝每小时平均工资的 3 倍×2×所有参会人的总耗时。平均工资乘以 3,是因为劳动产值高于平均工资;乘以 2 是因为参加会议要中断经常性工作,损失要以 2 倍来计算。参加会议的人越多,成本就越高;有了会议成本分析,大家就会慎重开会,会议效果也十分明显。

正因为会议沟通的成本太大了,所以项目经理要认真思考评估:召开哪些会议;参加哪些会议;派代表参加哪些会议;忽略哪些会议;帮助团队不参加不必要的会议,不参加效率低下的会议;越是重要的团队成员,越是要保证其免受不必要会议的干扰和影响。

何时不开会:不需要你解决问题的会;没什么特别重要事情的会;没有会后行动的会;顺序式汇报,其他人无聊作陪的会;还有比开会更好的方法来解决问题;你是唯一能做决策并且知道该怎样正确处理的人。

2. 会前准备

(1) 确定会议议题:确定会议所要讨论的问题和决策的对象,包括现有及可能出现的。

(2) 拟定会议议程:将要讨论的问题按重要性和类别依次排序,限定各议题商议时间。

(3) 准备会议材料:对需要时间理解的资料,尽量会前发出,涉密资料应特别规定。

(4) 确定与会人员:根据会议性质和目的,确定与会人员的结构、规模以及会议主持。

(5) 安排会议时间:何时开会,开多长时间,何时结束,以及如何按时开始。

（6）确定会议地点：选定会场，准备设备、布置会场、摆放桌椅、安排与会者座位。

3. 会中控制

会议主持人要善用"蓝帽"思维，对会议节奏和方向进行正确把握。具体包括：

（1）宣布会议的主题和目的。

（2）根据会议议程提出议题，然后征求与会者的意见。

（3）给予每个人阐述观点的机会。

（4）针对争论的问题展开全面的讨论，以便把会议引向深入。

（5）对不同见解加以概括澄清，分析造成分歧的因素，以便达成共识或做出决策。

（6）偏离议题或纠缠于不必要细节时，及时引导回会议主题。

（7）遵守预定时间，不要拖延。

（8）会议结束时，对已取得结果进行概括。

（9）将有必要进一步讨论的问题纳入下次会议，确定下次会议议题和时间。

4. 会后工作

（1）整理会议记录：准确记录会议结论、未决事项及会后行动，含责任人、监督人、时间及标准等，示例见表7-7。

表 7-7　会议纪要模板示例

会议名称					
时间		地　点			
主持人		记录人		审核人	
参加人员					
会议主题					

会议议程：

会议结果记录				
编号	类型	描　述	责任人	日期

类型说明

A	需采取的行动（Action）	D	会议决定（Decision）
S	当前状态（Status）	T	下次会议时间（Time Agreement for next meeting）

会议细节记录

（2）散发会议消息：根据会议的重要性，以纪要、简报、报道等方式传达会议精神。

（3）监督会后执行：以纪要为依据，专人跟踪、监督各项会议决定的切实执行。

5. 项目中的会议

1）每日站立会议

这是敏捷软件开发SCRUM方法中的一条关键实践，可在每天一上班或下班前定点定时召开，人员规模控制在7个人左右，一般不超过15分钟。会议中，所有人地位平等，站在白板前,围一圈,逐一介绍:"昨天完成了什么? 今天计划做什么? 遇到什么障碍? 需要什么帮助?"

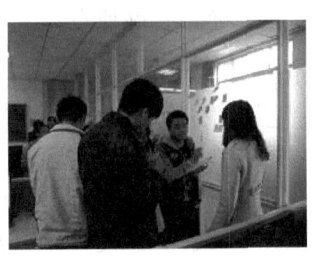

通过站立会议,可以让相关人员了解项目的整体进展,彼此工作间关系,增强相互间协作,同时所有人也感受到需要信守项目承诺的无形压力。

2）一对一会议

项目经理与核心骨干间每天碰头,项目经理与项目成员间每周一次或两周一次碰头。有别于正式的大会,一对一的会议更有针对性,是以员工为中心的会议,项目经理更多的时间是倾听,帮助员工提炼问题。它有助于拉近上下级关系,提升下属存在感,激活员工创造力与工作激情,可以就一些问题进行比较深入广泛的探讨,听取下属真实意见,更准确地了解他们的工作状态,帮助解决各种问题与困惑。

3）项目状态评审会

项目管理者以周例会、月例会等形式定期获取项目信息,了解真实状况,评估项目健康状态,通报项目进展,解决存在问题,明确下一步的行动计划。

会议准时开始,早点结束,定位于问题解决而不是进度汇报。主要涉及:

（1）主要里程碑检查。

（2）上期工作完成情况,包括计划工作与新增工作。

（3）工作偏差,原因分析及应对策略。

（4）项目风险识别及应对。

（5）存在问题及解决办法。

（6）项目发展预测及变更。

（7）需要高层协调的问题。

（8）本期重点工作安排。

4）项目启动会

启动会在形式上是项目实施过程中的一个重要里程碑,标识着完成项目团队架子搭建,正式授权项目经理全面铺开项目。启动会的作用是展现领导决心,通报项目情况,统一各方认识,明确责任分工,布置工作要求,建立沟通管道。

双方高层领导及主要利益相关方代表的参与是启动会成功的保障,详见第5章。

5）技术评审会

由项目经理、开发人员、测试人员、质量保证人员、用户及领域专家等组成会审小组,通过阅读、讨论和争议,对项目交付物进行静态审查,以找出和消除其中的缺陷。

技术评审包括正式的评审、相对友好随意的检查及走查,如需求规格评审、系统设计评审、测试方案评审、代码评审、割接方案评审等。里程碑节点的正式评审,是项目进度与质量控制的有效手段。

6）问题解决会

针对随时可能出现的影响项目进展的重大问题、冲突或抉择,以事件驱动的方式,必要时召集相关人员,采用"头脑风暴"的形式集中讨论、集思广益、集体决策。

问题解决会目的明确,议题集中,任务紧迫,可按以下规范程序组织会议:

（1）描述存在的问题。

（2）分析问题根源。

（3）提出备选解决方案。

（4）敲定最佳解决方案。

（5）编排实施计划，明确责任人。

（6）处理可能引发项目变更的问题。

7）上线动员会

信息系统的上线往往伴随着管理变革与流程重组，是业务磨合、系统磨合的过程，相关业务人员需要克服业务惯性与操作惯性，确保业务平稳过渡，系统平稳割接。

上线动员会的主体部分是介绍系统上线的工作安排，包括：业务迁移要求、数据迁移要求、系统迁移要求、人员培训要求、保障支持措施、应急处理预案以及上线后问题反馈机制。各项任务落实具体责任人员，明确时间节点、工作要求以及注意事项等。

8）项目验收会

完成合同约定任务，系统上线稳定运行 X 月（按合同约定期），客户业务运转基本正常，技术响应及时，双方协商后进入项目验收。

验收会是从程序与形式上对项目建设成果进行认可，出具正式的验收报告，标志着项目从建设阶段转入运维阶段。验收工作主要包括范围确认、质量验收、资料查验以及项目交接。会前，要准备的材料主要有工作总结报告、技术总结报告、开发合同、需求规格说明、系统设计说明、测试报告、运行报告、用户手册等。

7.5 冲突管理

7.5.1 项目的冲突

冲突即矛盾，项目冲突即项目中产生的矛盾，项目冲突的产生不可避免。项目三角形中"范围—时间—成本—质量"之间的矛盾贯穿项目始终，项目建设的过程就是项目经理平衡各方利益，不断解决矛盾冲突的过程。

1. 冲突的原因

项目冲突一般产生于项目的高压环境（时间紧、任务重、要求高、人手缺、支持少），加之沟通障碍与认知差异，资源争夺及利益冲突。团队成员在团队形成阶段和震荡阶段更容易产生争执和冲突，并且可能在整个项目中一直存在。在正确的管理环境中，不同的意见对团队和项目是有益的，可以增加团队的创造力和做出更好的决策。

如图 7-15 所示，项目冲突产生的原因主要有：

1）项目决策人员对目标的理解不一致

例如：技术副总认为锻炼队伍、锻造产品、提升技术最重要；销售副总认为占领市场、赢取利润最重要；公司老总认为两者要兼顾。

2）团队成员专业技能差异

例如：老员工业务熟，数据库玩得溜，J2EE

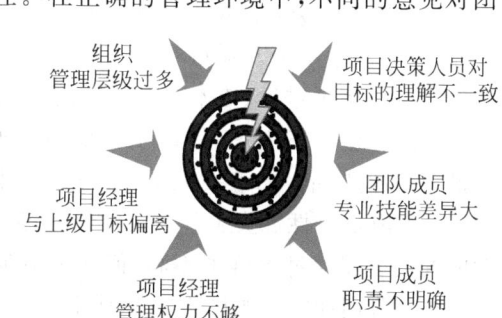

图 7-15 项目冲突的原因

不熟，主张业务逻辑放在存储过程中实现；新员工 J2EE 娴熟，主张业务逻辑放在应用服务器中实现，扩展性、一致性好。

3）团队成员职责不明

例如：一个任务挂一堆人，看上去谁都负责，实际上谁都不用负责，出了事互相推诿，互相指责；不在其位却越俎代庖或者指指点点，招人烦。

4）项目经理权力不够

并非每个人都有那么强的人格魅力，没有必要的人权、财权和物权，项目经理威信不够、调度不灵，项目管理工作将举步维艰。

5）项目经理与上级目标偏离

例如：领导想尽快结束项目，腾出手来，集中攻关更重要的项目，有些项目经理没有全局观，死抱着自己的项目，跟领导顶牛。正确的做法应该是，跟领导沟通，一旦领导心意已决，就要想办法尽快结束项目，配合公司的总体战略调整。

6）组织管理层级太多

每个人头上各级婆婆太多，利益组合关系复杂，由于某些积怨而产生冲突的可能性会更大，加之问题传递太慢、容易失真甚至被掩盖，等高层发现问题时，已经是积重难返。

2. 冲突的来源

根据萨姆海恩（Thamhain）和威利曼（Wileman）的调查，项目冲突有七种主要来源，其强度分布见图 7-16。

（1）进度冲突：对工作任务或活动的完成顺序及用时的冲突。源自合同要求或项目经理对协作方的有限控制权力。

（2）优先权冲突：对工作任务或活动的重要性及优先顺序上的不同看法。源于对项目目标理解差异及此类项目经验的缺乏。

（3）人力资源冲突：不同项目、不同任务对人力资源分配的争议而引发。足够数量与质量的人力资源是项目成功的根本保障，好用的熟练工永远是稀缺资源。

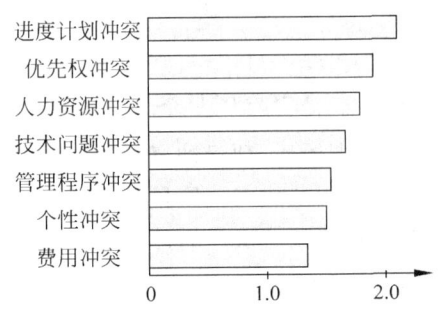

图 7-16　不同冲突来源的强度分布

（4）技术冲突：在技术路线、技术指标及技术手段上的冲突。源自项目成员知识结构差异、技能水平不一及项目职责不同。项目成员往往从纯技术角度考虑，项目经理则要从全局角度综合考虑进度、成本、质量、风险等因素做出决定。

（5）管理程序冲突：围绕项目如何管理的程序问题而产生的冲突，源自不满权力分配与挑战规范秩序。如汇报关系、责任分工、问题响应、变更管控及协商机制等。

（6）成员个性冲突：由个人价值判断、性格差异、思维方式、行事风格及工作习惯等引发的冲突。虽然冲突强度不高，但却是最难有效解决的一个问题。

（7）费用冲突：项目不同分项活动在费用分配问题上产生的冲突。既要保障重点任务，又要兼顾其他各方。在僧多粥少情况下，"大锅饭"或是"厚此薄彼"都会引发争议。

3. 冲突的影响

项目冲突有其积极的一面,也有消极的一面。处理得好,不仅可以解决矛盾,还可以整合各方建设性意见,创造新机会;处理不好,不仅原有矛盾没解决,还会引发更多冲突。

(1)建设性冲突:各方目标一致,实现目标的途径手段不同而产生的冲突。各方愿意交换意见,展开良性竞争,以寻求更好的问题解决方法。项目经理应鼓励进行建设性冲突,鼓励对立,使团队不良状况和问题充分暴露出来,以采取措施及时彻底纠正。

(2)破坏性冲突:由于认识上的不一致,资源和利益分配方面的矛盾,不愿听取对方意见,相互抵触、争执甚至攻击,导致成员紧张焦虑,对立排斥,士气涣散,各行其是。项目经理应防止破坏性冲突出现或激化,正视冲突,解决冲突,消除对组织的破坏作用。

7.5.2 应对的策略

1. 区分冲突类型

依据冲突本质的不同,可分为关系型冲突、任务型冲突和流程型冲突。

1)关系型冲突

由利益冲撞、性格差异、负面情绪等引发的对抗,这是要最小心处理的冲突,技巧分寸的拿捏要求最高。要就事论事、坦诚沟通,照章办事、适时妥协,换位思考、宽容对方;多运用专家权力、激励权力;合法权利不能放弃;避免强制权力、潜示权力。

2)任务型冲突

是观念上的冲突或争论(如技术冲突、项目优先权),由各方对任务执行和技术见解等方面的差异而引发,这是项目中要引发和鼓励的冲突,也是相对最好解决的问题。只要你能善于运用组织范围内可借助的专业权威,问题就能迎刃而解。项目经理的任务就是确保"观念的冲突"不要演变为"关系的冲突"。

3)流程型冲突

对行政管理流程的分歧,项目经理应明确各方职责,定义上下游分工界面,建立上下左右沟通制度,构建和谐团队文化,引导项目成员秉持对事不对人的职业态度;对资源分配的分歧,应在正确分析判断的基础上,运用合法权力、潜示权力及专家权力与各方博弈,保障重点,兼顾各方,并做好说服解释工作。

2. 善用五种权力

(1)合法权力,以势逼人:获得高层正式授权,有权调配资源,安排工作。

(2)强制权力,以威压人:不听调度,未按要求完成的,采取惩罚、威胁或其他手段。

(3)专家权力,以技服人:由于在专业技术领域的造诣与权威,获得众人的信服。

(4)奖励权力,以恩服人:用薪资奖金、职位升迁、工作认可、责任挑战等激励员工。

(5)潜示权力,狐假虎威:较隐蔽的权力,暗示自己背后有高层级领导的关注与支持。

权力不等于权威,硬权力管人软实力服人。一般地,PM要

图/赵斌 新京报 2006-5-26

优先使用专家权力和激励权力，其他方式大多只能解决一时的问题，要积极地把权力转化为影响力，提升人格魅力。

3. 讲究方式策略

项目冲突的解决关键在于权变，有统计（见图 7-17）表明，项目经理面对冲突时通常采用下面的解决方式。

1）"正视"

直接面对冲突，积极对待，与各方交换意见，充分暴露争议，尽量得到最好、最全面的解决方案，彻底解决问题。此法行之有效的前提是成员关系友善，工作为重，以诚相待。

2）采取"妥协"

各方势均力敌时各退一步，寻求相互都能接受的调和折中的办法，以避免陷入僵局，停滞不前。由于妥协是暂时和有条件的，在深入触及问题核心之前，不要轻易提出妥协。

图 7-17　冲突解决策略的选择

3）考虑"调停"

为了共同的目标，要求各方协作谦让，求同存异，先易后难，找出意见一致方面，淡化或避开分歧和差异，不讨论有可能伤感情的话题。调停只能起一时的缓和作用，并不能彻底解决问题。

4）适时采取"回避"

对无关紧要的冲突，可以让其中一方回避或让步；各方情绪过于激动、不够理智，或者立即介入得不偿失时，冷处理不失为明智之举。回避和冷处理都是临时解决问题的方法，冲突还会随时发生，同时也可能进一步积累成更大的冲突。

5）动用"强制"

实在找不到平衡各方的好办法，陷入僵局，工期压近而又无法面面俱到时，只好以项目为重，不得已而为，动用项目经理的权威。强制手段解决了暂时的分歧，却可能增加冲突的隐患，引发项目组成员的抱怨，恶化团队工作氛围。

7.5.3　小王的烦恼

课堂讨论 7-10　项目冲突的解决　（改自张友生，2009）

知明科技年中会上，董事长对公司重点项目——财务管理软件开发进度迟缓大为不满，当场决定撤换原先的项目经理，由小王接手工作。

小王发现项目成员分为两派：一派人数虽少，但业务能力强，都是随董事长创业的老员工；一派是总经理后期招聘的新员工，乐于学习新技术。双方在新系统应该采用什么样的技术架构上各执一词。老员工坚持沿用原先成熟技术方案，认为可以降低开发风险，快速上线；新员工则表示应引入当下主流技术，增强产品竞争力，避免被市场淘汰。

小王为此召开了几次内部会议，但每次会议都是针尖对麦芒，谁也说服不了谁。迫于进度压力，为求稳妥，小王决定采用老员工的方案。新员工们对小王倒向老员工大为不满，认为用老旧的技术做项目，技术得不到提升，公司没前景，工作没奔头，于是开始消极怠工。

> 一个月过去,整个项目停滞不前,总经理决定撤换小王,董事长则希望再给小王一个机会。
>
> 问:接下来,小王应该怎么办才好?

1. 小王的失误

未看清冲突的本质:技术路线的争执不下也许只是表象,背后的阵营划分可能才是关键。认清冲突的本质,就事论事地积极解决"技术路线争议"才是正确的应对之道。

未正确使用合法权力:没有正当理由,组员必须按照项目经理的安排工作,这是公司赋予项目经理的权力;项目经理必须把这点跟有抵触的员工讲清楚。

未适时动用强制力:对消极怠工者,没有及时沟通劝导,没有适时动用强制力;怠工情绪一旦蔓延开来,就跟瘟疫传染一下,对士气的影响非常大。

专家权力缺位:自身技术不过硬,造诣不够,没有权威,无法做出让人信服的决断;也没有及时寻求相关领域专家的帮助,行使专家的权力,消除各方的分歧。

潜示权力失效:冲突双方,分属董事长、总经理阵营,使得潜示权力失去作用。在没有令人信服的理由时,贸然用一方去压另一方,可能会适得其反。

纸里包不住火:出现失控苗头,超出调控能力范围,组内无法妥善解决时,没有及时上报,贸然支持冲突一方,导致冲突蔓延扩大。

2. 补救的措施

首先要坦然接受派别的存在,派系山头哪都有,只要有利益的分割,就有派系的存在。派系的负面影响可大可小,小的方面闹情绪、有抵触或配合不顺。大的方面下套子、针锋相对、团队分裂,甚至项目瘫痪。派系间发生冲突很自然,不要回避冲突、压制冲突,适时缓解派系冲突、释放能量,可以避免派系冲突的爆发。

如实上报情况:超出自身调控范围时,就事论事地及时汇报。把技术路线冲突摊到台面,说明其对项目执行的严重影响,表达因自身技术权威不够而无法解决的愧疚。任何时候,都不要捅破阵营划分这层窗户纸,以免使问题的解决更加复杂化。

行使专家权力:短期看,可请公司技术副总出面,协调组织相关技术权威、新老员工代表,召开技术方案论证会,在充分讨论的基础上,由技术副总下最后决心;长期看,夯实技术功底,增加项目经验,建立技术自信,有助于项目经理开展工作。

行使合法权力:增强沟通和交流,获得团队成员信任;跟踪执行情况,及时反馈协调;与消极怠工者私下谈心,请他给出合理解释,指出其行为对整个团队影响,寻求理解支持。

行使奖励权力:对顾全大局,理解支持自己,按要求积极完成任务的员工,进行工作认可、吸纳建议、口头表扬或扩大授权;成绩突出的,在职权范围内颁发奖金或调整职级。

行使强制权力:对不听规劝和情节严重的刺头,可逐渐升级强制措施。先不点名批评,再公开申诫,然后可以扣绩效,屡教不改的暂时闲置、调岗直至辞退。

课堂讨论提示

1. 课堂讨论 7-1 驿站传书

队尾同学:是寄信人,负责正确地编码信件内容。

队首同学：是收信人，负责解读信件内容。

所有中间同学：都是邮递员，不需要解读信件的内容，只需将封装好的信件准确无误地向前传递。

关键点在于：头尾节点"编码—解码"要易懂好操作，中间节点"感知—转发"尽量简单高效。这样可以最大限度降低对中间节点的能力要求，提高转发的准确率与传输率（见图 7-18）。

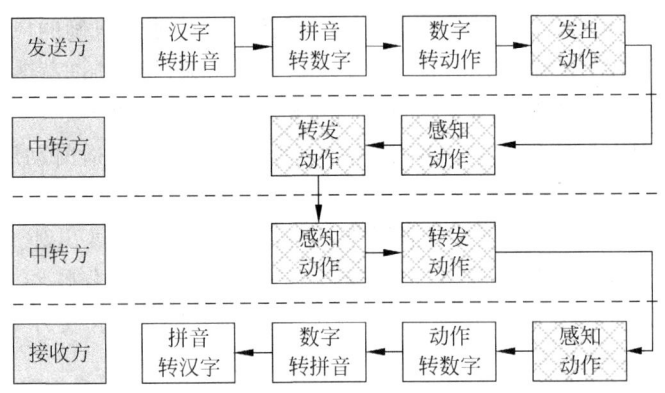

图 7-18　一种高效的驿站传书方案

一种编码方案如下：

将拼音放入 5×5 矩阵，根据其所在的行列位置进行编码，如 33 代表 m。

这样就只要传输 5 种不同数字，只需要考虑如何传递 1～5 的数字组合。

建议采用五进制的方法，在一次动作中直接区分出 5 个数字。如：1 拍头、2 拍左肩、3 拍左胳膊、4 拍右肩、5 拍右胳膊。小组成员讨论、实验后，可以采用大家觉得最自然、最不容易出错的其他方式。

	1	2	3	4	5
1	a	b	c	d	e
2	f	g	h	i	j
3	k	l	m	n	o
4	p	q	r	s	t
5	u	w	x	y	z

队尾同学扮演发报员角色，要快速准确地将所有汉字转换为拼音，再利用编码表，转换成数字代码。传输过程中要像发报一样掌握好节奏，一次传输两个数字（代表一个字母），两个数字间停顿 0.5 秒左右；两个字母间的停顿刚开始时可以长些，配合熟练后，一般 2 秒左右即可。

中间同学，只需集中注意力，按既定节奏，照葫芦画瓢地拍打前面同学即可（后面的拍我头，我就拍前面的头；后面的拍我左肩，我就拍前面的左肩），无须关注信息的内容。

队首同学扮演收报员角色，感知后方同学的拍打动作后，要马上正确转换为数字，最后还要快速准确地将数字还原成拼音，再结合上下文将拼音还原成汉字。

一般而言，经过几次训练，队员配合默契，掌握好收发信息的节奏后，信息传递的准确率与传输率将极大地提高。而且中间节点越多，越能体现出这个方案的优越性。

项目中，关键性工作永远是由少量高素质员工完成，大部分成员只需按部就班站好自己的岗就行。

这一方案还有不少需要细化完善的地方，比如简单高效的反馈确认及出错重传机制。

2. 课堂讨论 7-2 你说我画

要画的图（转置 180°后）如下：

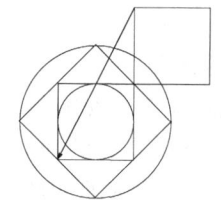
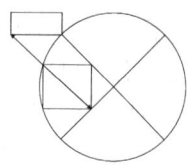

3. 课堂讨论7-3 传话游戏

（1）语音传话内容示例：

小李的大头菜涝了，小张的黄瓜发蔫儿，大李的豇豆冒尖儿。

（2）肢体传话内容示例：

跑步、游泳、爬楼梯、闪，送东西、拉火机。

4. 课堂讨论7-4 集体作业

这个游戏主要考察以下几点：

（1）正确定位自己所扮演的角色，看清自己在沟通中的位置，体察与上下左右间的关系，明确各类角色在团队中的层级、作用及所承担的职责，理解不同方向上的沟通重点、沟通方法以及轻重缓急。

（2）团队任务的达成需要每位成员秉持责任第一的态度主动参与、主动沟通，而不是各人自扫门前雪，甚至事不关己高高挂起。埋头拉车的同时，要学会抬头看路，充分利用非言语的沟通。

（3）反思为什么三令五申强调的事情，总是有一些同学会习惯性违规？工作中，你能承受得起多次违规的代价吗？社会与企业又能给你几次违规的机会？

游戏众生相：

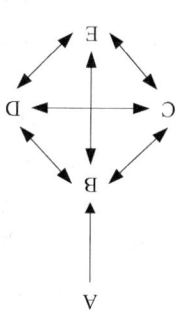

1）A 角（分管领导）

（1）将自己的图形发给 B 后，就万事大吉一边歇着自己忙自己的事情了。

（2）大包大揽式地要求所有人将图形都传给他，由自己负责分析结果。

（3）干着急，不知道问题出在哪里，觉得有劲使不上。

（4）没有意识到自己作为只能与 B 联系的"孤家寡人"，可能持有其他人没有掌握的关键信息。

（5）没有留意其他人的表现：为什么 C、D、E 这么迷茫，为什么 B 角这么忙。

2）C、D、E（组员）

（1）一味埋头苦想，忘了这是团队任务，没有想到适时寻求帮助。

（2）没有首先关注效果问题——"要大家做什么"，而是一直围绕效率问题打转——"纸上有什么图形"。

（3）第一时间 C、D、E 间互相问来问去，没有首先想到问 B。

（4）没有留意其他人的表现：大家都很忙的情况下，A 角为何如此淡定。

3）B角（项目经理）

（1）没有认识到自己在拓扑结构中承上启下的特殊地位。

（2）第一时间疲于应付 C、D、E 的问题，没有首先想到与 A 交换信息。

（3）没有自问下，只能与自己联系的 A 角是不是有什么特殊的地方。

（4）没有留意其他人的表现：大家都很忙的情况下，A 角为何如此淡定。

好的做法：

（1）观察拓扑结构，认清各色人等的角色，识别关键节点，共同完成任务。

（2）淡定的 A，但凡上点心，抬头看下别人一脸茫然、拼命传纸条的情况，应该有所好奇、有所觉察，为啥会这样？发个纸条问下 B“你们在忙啥”，B 回个纸条“不知道要干啥”，问题就解决了。

（3）忙忙碌碌的其他人，只要有一个好奇地问一句“A 怎么这么淡定”，问题也解决了。

游戏之外：

（1）游戏之后常会出现互相埋怨的现象，抱怨 A 角没把问题发出来，抱怨 B 角脑袋不开窍，甚至认为“不怕神一样的对手，只怕猪一样的队友”。我们说“尺有所长、寸有所短”。

（2）游戏中可能会出现规则不允许的各种形式的作弊。为达目的可以不择手段吗？这仅是一个课堂游戏而已，走向社会之后的各种诱惑与压力，你能抗得住吗？

（3）今天在课堂上犯任何错误，都不可怕。所谓聪明人，就是“吃一堑长一智”，同样的错误不会犯第二次。只要你能做到“不贰过”，成功就离你不远了。

5. 课堂讨论 7-5 庞统的计策

诸葛亮自刘备三顾茅庐出山之后，火烧博望、火烧新野、火烧赤壁、智取荆州，而与诸葛亮齐名的庞统，投奔刘备以来，迟迟未能建功立业。立功心切的庞统，自然以最少人员损失、最快速度拿下益州，作为首选方案。

曹操挟天子令诸侯，兵强马壮，雄霸北方；孙权继承父兄基业，根基扎实，上下效命；而刘备则以汉室正统自居，“仁义”大旗是刘备赖以三足鼎立的根本。这点是刘备没有明言，而站在幕僚角度的庞统却没有看到的。庞统眼中的上策恰恰是刘备心中的下策，因为一旦直取西川，“仁义”大旗也就倒了，刘备将因此失去对天下英豪的感召力，论实力赶不上曹操，论根基抵不过孙权。

作为下属，需要根据自己掌握的情况，向领导积极地提出建设性意见。一般地，领导会很喜欢这类有想法、能够主动为自己分忧解难的得力下属。但任何时候，下属都不要代替领导做决定，不要自作主张，不要低估领导的判断力。因为，在领导这个高度，掌握的信息更全面，方方面面需要考虑得更周全。下属的观点与领导相左，很多情况下是因为双方看问题的出发点不同，或者下属掌握的信息不够。

6. 课堂讨论 7-6 宝宝的涂鸦

电视剧《西游记》中，佛祖曾说过三句话：“你这泼猴，一路以来不辞艰辛保护师傅西天取经。这次何故弃师独回花果山，不信不义。去吧，我相信你定能发扬光大，保护师傅取得真经。”这三句话褒中有贬，既肯定了孙悟空前面保护唐僧的所作所为，又批评了他这次的不信不义，最后提出目标和期望，恰到好处地激励了孙悟空的斗志。

这就是所谓的“三明治批评法”，把批评的内容，夹在两层厚厚的表扬之中，从而使受批评者愉快接受批评(见图7-19)。第一层是认同、赏识、肯定;中间一层夹着建议、批评或不同观点;第三层则是鼓励、支持和希望。熟练应用这种方法,能创造友好的沟通氛围,既能去除对方的防卫心理,又能维护对方的自尊。

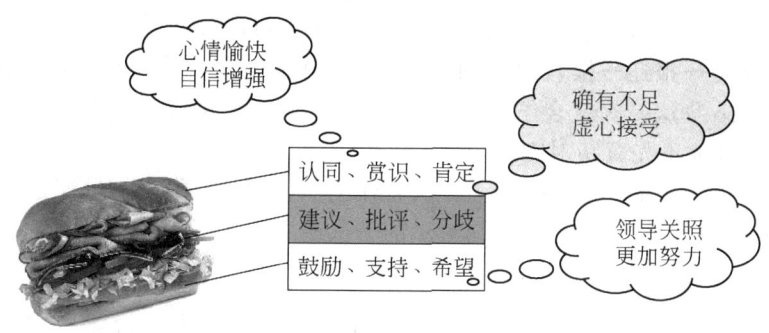

图 7-19　"三明治"批评

7. 课堂讨论 7-7 红黑游戏

游戏说明

(1) 第一场:捉对厮杀(1~5 轮),系数:1-2-1-4-1。

(2) 第二场:捉对厮杀(6~10 轮),系数:2-4-2-8-2。

(3) 第三场:全体混战(11~15 轮)。

　　① 改变评分规则:

　　　　• 全部黑牌,各＋3 分;

　　　　• 一半以下出红牌:红牌＋5 分、黑牌 0;

　　　　• 一半以上出红牌:红牌 0、黑牌－3 分;

　　　　• 全部红牌:－3 分。

　　② 系数:3-8-3-8-3

盈还是赢

红黑大战是博弈的过程,就是以对方的行为作为自己决策的依据,并寻求最佳结果。

如果你追求的是"赢",你希望比别人多,获胜争先。竞争双方没有平局,非赢即输,一方所得正好是一方所输,这是零和博弈,它反映的是个体理性。

如果你追求的是"盈",你希望能多一些好一些。竞争双方在得失上相加不等于零,存在双赢或共赢的可能性,这是非零和博弈,它反映的是团体理性。

非零和的世界

这是一个非零和的世界! 不是靠打击对方盈利,而是靠从对方引出使双方有好处的行为盈利。因为在一个非零和的世界,为了你自己做得好,没有必要非得比对方做得更好,特别当你要和许多不同的对手打交道时更是如此。

我们说心胸有多广,舞台有多广;格局有多大,事业有多大。"对手还是伙伴? 小处还是大局? 一时还是长久?"游戏中,你思考过这些问题了吗?

在"捉对厮杀"阶段,与你们直接面对的小组,不仅是对手,更是你们的合作伙伴。双方协调立场,集中力量与其他几个组竞争,才是最佳的策略。

第一场、第二场、第三场……生活中,红黑游戏永远没有结束的一刻。在游戏结束之前,一次轻率的背叛行为就将动摇双方好不容易建立起来的信任基础。

一报还一报的策略

一味地妥协退让，只求合作，不图竞争，只会使自己受伤，对手往往还会得寸进尺；而一味地强势争夺，只图竞争，不求合作，结局一定是追逐小利，两败俱伤。

最佳的策略是**一报还一报**，在竞争中合作，在合作中竞争。第一局采用合作策略；接下来，你上一次合作，我这一次就合作，你上一次不合作，我这一次就不合作。

释出善意：永远不先背叛对方。

表达宽容：在下一轮中对对手的前一次合作给予回报，哪怕以前他曾经背叛过你。

展示强硬：采取背叛的行动来惩罚对手前一次的背叛。

价格战的误区

"全体混战"阶段的游戏背景，就是家电行业的价格战。家电行业平均利润率维持在9%，如果少数公司采取降价策略，降价的公司由于薄利多销，利润率可达12%，而没有采取降价策略的公司利润率则为6%；如果多数公司同时降价，则所有公司的利润可能都不到6%甚至亏损。

价格战的结果导致行业利润大幅压缩，以致离开政策性补贴，几乎没几个厂商能够实现盈利。因此厂商套骗节能补贴现象的频频发生也就不足为奇了。

8．课堂讨论7-9 倾听能力测试

自我测试问卷

（1）否 （2）否 （3）否 （4）是 （5）否 （6）否 （7）否 （8）否 （9）否 （10）否 （11）否 （12）是 （13）是 （14）否 （15）是

$$得分 = 105 - 与答案不一致的个数 \times 7$$

91～105：倾听习惯良好；77～90：还有很大程度可以提高；不到76：要多下功夫。

听话判断

1．U 2．U 3．F 4．U 5．U 6．T 7．U 8．U 9．F 10．T 11．U 12．U

某商人刚关上店里的灯，一男子来到店堂并索要钱款，店主打开收银机，收音机内的东西被倒了出来，而那个男子逃走了，一位警察很快接到报案。

课后思考

7.1　沟通的过程包括哪些基本环节？分别需要注意些什么？

7.2　沟通中存在哪些噪声扰动？应该如何消除或克服？

7.3　不同方向的沟通都有什么重要作用？分别应该注意些什么问题？

7.4　理解"红黑大战"带来的启发。

7.5　心理效应对沟通效果有哪些正面或负面的影响？

7.6　理解肢体语言在沟通中的重要作用，学会恰当地应用肢体语言。

7.7　理解倾听在沟通中的重要作用，学会倾听。

7.8　理解非正式沟通在沟通中的重要作用。

7.9　项目中的沟通有哪些主要的形式？

7.10　如何应对项目团队中的不同冲突？

第8章

人力资源管理

骏马能历险,犁田不如牛。坚车能载重,渡河不如舟。

舍长就其短,智才难为谋。生才贵适用,慎勿多苛求。

——顾嗣协《杂兴》

管理以人为本,管理的核心就是选对人、用好人、留住人。没有完美的个人,只有完美的团队。项目成功的要旨在于知人善任,用人所长,用众之力。

软件项目知识密集,关联复杂,人是项目成败最活跃的因素。软件开发人员是追求卓越、渴求发展、求新求知、崇尚自主的特殊群体。

项目经理要深入理解人性假定对管理的深刻影响以及制度设计对员工行为的导向作用,根据项目特点确定项目组织结构,编排均衡合理的用人计划,组建高低搭配、气质互补、能力互补的高效团队,大力倡导协作精神,发挥群体智慧,激活员工潜能,推动形成绩效导向、注重过程的团队文化。

8.1 人性假设与管理

每个管理决策或每项管理措施的背后,都必有某些关于人性本质及人性行为的假设。

——道格拉斯·麦格雷戈(Douglas M. Mc Gregor)

人性假设是指管理者在管理过程中对人的本质属性的基本看法。人性假设对管理有特别重要的意义,直接关系到管理制度制订的原则和方向,决定了管理者如何看待员工,如何确定与员工的关系,决定了组织管理的方式、策略以及工作效率。管理不外乎情、理、法,掌握人性的特点,按照人性的发展变化规律开展管理活动,是对人进行管理的核心。

8.1.1 国学人性假设

人性善恶是千年讨论不完的话题。东西方很多文化差异也都源于对性本善还是性本恶的认识。在中国文化中,对人的本性,大致有五种观点:性本善、性本恶、无善无恶、既善又恶、非无善恶非有善恶。

1. 性善论

儒家的孟子提出了人性具有善端的"性善说"。他认为,恻隐之心、羞恶之心、辞让之心、是非之心人皆有之。"寻善"不是向外部觅找,而是反身而诚,"恻隐之心,仁之端也;羞恶之心,义之端也;辞让之心,礼之端也;是非之心,智之端也。"

性善论者认为,人性是善的,做坏事的人并不是因为本性不善,而是没有按照本性去行事。其主张的管理措施较温和,不很重视外在规范对人的约束,而是强调管理者个人的道德修养,所谓"修身、齐家、治国、平天下",认为"以力服人者,非心服也,力不赡也。以德服人者,中心悦而诚服也"。

口口相传的《三字经》开篇即是,"人之初、性本善"。性善说在儒家思想盛行的东方社会占据了主流,注重情性的管理。如日本式管理的三大支柱:终身雇用、年功序列、企业内工会,与儒家倡导的人伦关系分不开。

2. 性恶论

儒家的荀子认为"人之初,性本恶",人生来有欲,"目好色,耳好声,口好味,心好利,骨体肤理好愉逸",有欲必有争。因此,他提出"人之性恶,其善者伪也",认为"人性恶"是战争、竞争、矛盾、冲突、混乱等的根源。他比较注重"修习"过程,强调习俗环境和习行,提出要"隆礼""重法","明礼义以化之,起法正以治之,重刑罚以禁之"。

法家的韩非子认为,人自私、好利本性不可改造,也无须改造,可利用人之本性进行管理。从管理角度看,一是相"市"、利诱适应,"臣尽死力以与君市,君垂爵禄以与臣市";二是强制约束,"凡治天下,必因人情。人情者有好恶,故赏罚可用。赏罚可用,则禁令可立而治道具矣。"

1993年在新加坡举行的国际大专辩论会大决赛已经成为一个永恒的经典。正方台湾大学与反方复旦大学,就人性本善对人性本恶展开了激烈的交锋。反方四辩蒋昌建总结陈词中指出,要重视道德、法律教化的作用,从外在的强制走上理性的自约,自约人的本性的恶,从而培养一个健全而又向善的人格。

3. 无善无恶论

战国中期的告子认为"生之谓性","食色,性也","性无善与无不善也……性犹湍水也,决诸东方则东流,决诸西方则西流。人性之无分于善不善,犹水之无分于东西也。"也就是说人性无善恶,人们生来的性既不是善,也不是恶,善与恶是社会环境造成的。

老子则认为人本性淳朴无邪,表现出来应该是无知、无欲、无争、无为,抱朴守素,谦下柔弱。人性在社会化过程中的或善或恶,是人的自然本性的异化。他主张"上善若水,水善利万物而不争"、"圣人之道,为而不争",应顺应自然,走返璞归真之道,"善为士者不武,善成者不怒,善胜者不与,善用人者为之下,是谓不争之德,是谓用人之力,是谓配天,古之极也。"

4. 有善有恶论

战国时期的世硕认为,"人性有善有恶,举人之善性,养而致之则善长;性恶,养而致之则恶长。"汉代董仲舒也认为人性有善有恶,天有阴有阳,人性有贪有仁。西汉扬雄认为:"人之性也,善恶混。修其善则为善人,修其恶则为恶人"

东汉王充则明确提出性有善有恶,人性或善或恶。本性不可移易的人极少,大多数人是可善可恶或善恶混,他称之为"中人"。他指出:"夫中人之性,在所习焉。习善而为善,习恶而为恶也。"他强调环境教育对人性的决定作用,也提醒要加强法律的约束。

5. 非无善恶,非有善恶

佛家认为,出世间——心性本净,世间——贪嗔习染。神秀:"身是菩提树,心如明镜台,时时勤拂拭,莫使惹尘埃。"慧能:"菩提本无树,明镜亦非台,本来无一物,何处惹尘埃?"善与恶是世间法中的观念,出世法中无善无恶。善与恶,是凡夫众生的自我执着。在世间凡夫位上,人性并非没有善恶,出世间之后,无善恶之名,只有涅槃清净。佛家提出"六和管理":身和同住、口和无诤、意和同事、戒和同修、见和同解、利和同均。

6. 性相近,习相远

尽管对人性本来的善恶各执一词,但就人性可塑这一点来说,中国古代的先哲们基本上是一致的,那就是孔子所说的"性相近也,习相远也。"先天为性,后天为习。在中国,居主导的管理方式是不仅要适应人性,而且要塑造人性。

孟子认为,塑造人性,导人为善,关键在于"存其心,养其性"。他从树木说到人性,"苟得其养,无物不长;苟失其养,无物不消"。

荀子认为,人性好利多欲,人本性是恶,良善的一面是通过后天努力得到的。只有"师法之化,礼义之道"才能使人遵守礼法,从而最终趋于安定太平。

王充认为,人性虽然有善恶之分,但是通过教育是可以改变的,同时配合法律的手段,可使其"反情治性,尽材成德"。

最后我们以心学创始人,明朝王阳明在《传习录》所著的"四句教"做个小结,"无善无恶心之体,有善有恶意之动,知善知恶是良知,为善去恶是格物。"

8.1.2　西方人性假设

西方在人性问题上偏向于认为性恶,亦即原罪说——人天生即是有罪的。欧美文化以实用主义和以自利为本的"互利"精神为主,突出以自利理性为中心的契约关系。

这种看法集中体现在英国作家、诺贝尔文学奖获得者威廉·戈尔丁的代表作《蝇王》之中。这本小说借小孩的天真来探讨人性的恶这一严肃主题。一群六岁至十二岁的儿童因飞机失事被困在一座荒岛上,起先尚能和睦相处,后来由于恶的本性膨胀起来,便互相残杀,发生悲剧性的结果。

作品展示的是人类社会浩劫的一个缩影,至于导致灾难的原因,他将其归结为人性恶,正是人性恶导致了人类自身的不幸。正是由于人们总是不能正视自身的恶,悲剧才一次次地发生。

美国行为学家埃德加·沙因（Edgar H. Schein）在其所著的《组织心理学》一书中，对西方各种人性假设做了总结，包括四种类型的假设：经济人、社会人、自我实现人、复杂人。

1. 经济人

"经济人"假设认为，人的一切行为都是为了最大限度地满足自己的私利，工作动机是为了获得经济报酬，经济利益决定人的工作积极性。

麦格雷戈是美国著名的行为科学家，人性假设理论创始人，管理理论的奠基人之一。他在 1960 年所著《企业中人的因素》一书中提出了 X-Y 理论。

X 理论概括说明了"经济人"假设的基本观点，认为：

- 多数人天性好逸恶劳，尽可能逃避工作。
- 多数人的个人目标与组织目标是相矛盾的，必须依靠外力强制。
- 多数人缺乏进取心，逃避责任，甘愿听从指挥，没有创造性。
- 多数人缺乏理智，容易受骗，容易受人煽动。
- 为了生活需要，人们选择经济上获利最大的事去做。

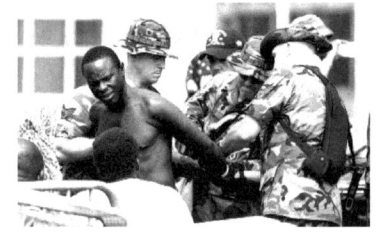

在西方社会的自然灾害报道中，常常看到两个典型的场景：灾民哄抢救灾物资，街上大兵荷枪实弹。

而在中国，我们更经常看到的是大灾大难之前的人性光辉：解放军抢险抗灾，灾民互助自救。

从这多少可以看出东西方对人性假设不同看法的一些端倪。

"经济人"假设从"性本恶"出发，认为人是自私肮脏的，因此强调法治，推行严格规章、科学管理、集权领导、层级组织、高度分工，重视物质刺激，采用"胡萝卜加大棒"的方法，重奖重罚。新员工招募选拔简单，培训费用低。

在制度设计上，多采用禁止性条款，明确规定哪些事不能做，如果做了有什么惩罚，让人不敢越雷池一步。有意思的是：管理实践中，凡是没有明文禁止的行为都是可以的；司法实践中，实行"无罪推定"，只要找不到确凿的犯罪证据即是无罪。

2. 社会人

"社会人"假设认为，人不仅有金钱、物质的需求，更重要的有社会和心理方面的需求，社会性需求的满足往往比经济上的报酬更能激励人们。

这一发现源自 1924～1932 年，心理学家 G.E. 梅奥在美国芝加哥西方电气公司所属的霍桑工厂所主持进行的一系列实验，包括照明实验、福利实验、访谈实验、群体实验。实验发现：改变工作条件和劳动效率没有直接关系；提高生产效率的决定因素是员工情绪，而不是工作条件；关心员工的情感和不满情绪，有助于提高劳动生产率。

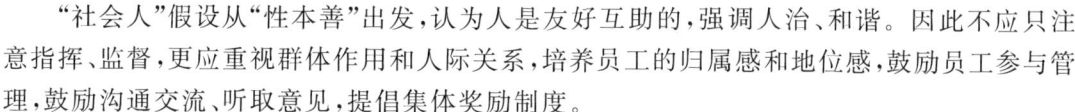

"社会人"的基本假设是：

- 驱使人们工作的最大动力是社会、心理需要，不是经济需要。
- 人们最重视在工作中与周围的人友好相处，并从中寻求乐趣和意义。
- 员工对同事间的社会影响力，要比组织所给予的经济报酬更加重视。
- 员工的工作效率，随上级能满足他们社会需求的程度而改变。

"社会人"假设从"性本善"出发，认为人是友好互助的，强调人治、和谐。因此不应只注意指挥、监督，更应重视群体作用和人际关系，培养员工的归属感和地位感，鼓励员工参与管理，鼓励沟通交流、听取意见，提倡集体奖励制度。

在制度设计上，常采用倡导性条款，鼓励、倡导、保障有利于组织文化的各种积极行为及规范。同样有意思的是：管理实践中，没有提倡的事常会被视为不能做的事；司法实践中，也常异化成"有罪推定"——如果你找不到证据证明自己是好人，那你就是坏人。

3. 自我实现人

"自我实现"是马斯洛"需要层次"理论中的最高层次需要。"自我实现人"假设认为，人们有一种想充分发挥自己的潜能、实现自我价值的欲望。一个健康的人从不成熟到成熟是一个自然发展的过程。人的聪明才智只有充分表现和发挥出来，人才会感到最大的满足。

麦格雷戈的 Y 理论概括说明了"自我实现人"假设的基本观点，认为：

- 一般人都是勤奋的，热爱工作，从工作中获得成就感和满足感。
- 人们可以自我管理、自我控制，外来控制和惩罚不是促使人们工作的有效方法。
- 适当的条件下，人们会自我调整，将个人目标和组织目标统一起来。
- 正常情况下，人们愿意主动承担责任，力求有所成就。
- 多数人都有一定的想象力、聪明才智和解决问题的创造性。

"自我实现人"假设认为，管理的重点在于创造一个有利于发挥潜能的工作环境，使员工能力得到充分的发挥。管理者的职能应从监督、指挥变为帮助人们克服自我实现过程中遇到的障碍。激励方式应从外在激励改为内在激励，让工作更具挑战性和内在意义，以发挥其才能，满足自我实现的需要。管理上应给予员工更多自主权，让其参与管理和决策。

4. 复杂人

埃德加·沙因认为人是复杂的，不仅因人而异，而且一个人本身在不同的年龄、地点、时期也会有不同的表现。人的需求会随着各种变化而变化，人与人的关系也会改变，管理须随时、随地、随人、随境不断变化。1970 年由美国管理心理学家约翰·莫尔斯(J. J. Morse)和杰伊·洛希(J. W. Lorscn)根据"复杂人"的假定，提出的超 Y 理论，认为：

- 人的需要多种多样，纷繁复杂。
- 人在同一时间会有多种需要和动机。

- 人在组织中随工作、生活条件的变化,会产生新的需要和动机。
- 人在不同的组织、不同的岗位,会有不同的动机模式。
- 人感到满足取决于人的需要结构以及与组织之间的相互关系。
- 人对同样的管理模式有不同的反应,没有普遍适应的唯一正确的管理方式。

"复杂人"假设提倡权变管理,管理措施要以现实的情景为基础,做出可变的灵活的行为,组织、领导、管理以及奖励的方式要因人、因时、因事、因地,不能千篇一律。

8.1.3　人性假设与制度设计

人心比任何地方都更眩目,也更黑暗;精神的眼睛所注视的任何东西,也没有人心这样可怕,这样复杂,这样神秘,这样无边无际。有一种比海洋更宏大的景象,那就是天空;还有一种比天空更宏大的景象,那就是人的内心世界。

——雨果《悲惨世界》

不论东西方的哪种人性假设,都无法涵盖大千世界所有复杂的人。不论哪种管理模式,都无法简单地适用于所有的情况。实践中,要重视对人性的观察和把握,辩证地应对人性中的矛盾统一,同时充分考虑中国文化的特点。

1. 斯坦佛监狱实验

2007 年美国心理学家菲利普·津巴多(Philip Zimbardo)在《路西法效应:好人是如何变成恶魔的》一书中,首次详细叙述了斯坦福监狱实验的经过,并且对阿布格莱布监狱虐囚案中美军狱警虐待囚犯的现象做出了社会心理学解释。

1971 年由津巴多领导的研究小组,在设在斯坦福大学心理学系大楼地下室的模拟监狱内,进行了一项关于人类对囚禁的反应以及囚禁对监狱中的权威和被监管者行为影响的心理学研究。

24 名身心健康、情绪稳定的志愿者被随机分成两组,一组扮作狱警,一组扮作犯人。实验原本计划十四天,但到第七天就宣告终止。原因是该实验对囚犯造成了伤害。三分之一的看守显示出虐待狂倾向,强势一方的看守强迫弱势一方的囚犯做俯卧撑,脱光衣服,空着手洗马桶,关禁闭。许多囚犯在情感上受到创伤,有两人不得不提前退出实验。

一项好的制度可以让坏人变好、好人更好,一项坏的制度可以使好人变成坏人。没有监督、没有节制的权力,如同脱缰的野马不可预料。善恶之间并非不可逾越,环境的压力也会让好人做出可怕的事情。

那些"坏人"往往并不认为自己是坏人,往往会用其"正当"的目的来辩解其恶的手段,虐囚的士兵是为了获取反恐情报,恐怖分子是为了"民族解放"。军国主义时期的日本,因何陷入全民族的丧失理智与反人类的疯狂之中,时至今日都值得人们反思和警醒。

2. 第三只眼的监控

不少单位为提升网点服务水平,树立良好社会形象,在营业厅引入视频监控系统。服务人员进入窗口工作岗位伊始,一言一行即被记录在案。管理人员在公司总部,鼠标一点,就可以随时掌握每个营业厅、每位服务人员的现场情况。

由于八小时内始终有第三只眼在背后盯着,逼着服务人员只能全身心投入到窗口服务中,对强化服务意识、规范服务流程、提高服务质量起到显著作用。

此外,一旦出现服务纠纷,可以调阅相应监控记录,进行责任界定。从这个意义上,视频监控也是对服务人员的保护,不放过违规行为,也不冤枉好员工。所以尽管一开始,几乎所有的服务人员都会有些抵触情绪,但很快都会适应并服从这种管理。

如果我们将这种做法推而广之,在写字楼办公环境中引入视频监控,在所有员工的工作计算机中安装录音、录屏软件,又会是什么样的结果呢?为什么在窗口服务单位行之有效的做法,搬到写字楼办公环境中却行不通呢?

3. 富士康的管理模式

曾在军队服役的郭台铭,将军队强硬作风引入企业,推行刚性管理,用制度约束、纪律监督、奖惩规则等管理员工。一切照章办事,不讲情面,注重效率和实绩。

在生产环节相对低级,员工准入门槛较低的行业,这种高命令、低关系的垂直专制管理确实比较高效。代价是较低的员工满意度、较高的员工流动率以及欠佳的社会形象。

由于分工过于细化,工作中缺乏交流,员工成为流水线上的机器,工作本身缺乏吸引力。代工企业的成本竞争,使其薪资结构造成员工长期地"被"加班;由于一线管理人员素质较低,管理方式简单粗暴,加之一线员工多为 80 后、90 后,更容易导致社会问题(鲁保才,2011)。

4. 威盛的管理模式

威盛董事长王雪红 2011 年被福布斯杂志评为"全球科技界最有权势的女人",先后与英特尔、苹果开战,并在 2010 年超过郭台铭成为台湾首富。

有人分析威盛的成功,与王雪红的柔性管理风格,以及善于识人用人、充分信任授权、善于激发员工潜在热情的鼓舞力有很大关系(杨帆,2011)。父亲王永庆一身践行的"追根究底"和"永续经营"理念,成为留给王雪红最宝贵的财富。母亲待人处事的方式,以及"对待员工就要像对待家人一样,要照顾他一辈子"的教诲让王雪红铭记于心,对她礼贤下士的柔性管理风格影响很深。曾有王雪红的亲近人士说她:"只要有道理、说得通,她一定会愿意充分授权。"

8.2 人格与管理

8.2.1 人格证书的争议

课堂讨论 8-1 我的"人格"被打分,一张证书引发的争议

新华网安徽频道曾报道,上海某大学将给学生颁发第三个证书——"人格证书"。初定包括学生的心理素质、基本价值观及人际关系三个方面。证书经学生"自评"及"互评",所在班委会、学院、社团层层考评,最终由学校的专门委员会审核产生。

考虑到准确描述学生"人格"的困难性,"人格证书"有可能采取等级制,如优秀、良好等,也有可能采取"五分""四分"这样区间性的打分制。

有网友认为:我的人格不需要别人去打分。"人格证书"恐怕不能代表一个人的人品。一个人价值观的崇高与否,不是由一个标准标刻的,也不能由他人说了算。

也有网友认为:如何界定"人格",学界尚且有不同看法,人格优劣参考标准从何而来?心理素质、基本价值和人际关系这些本就无法具体量化的东西,究竟又如何考量?

图/张兮兮 新华网 2009-11-18

校长在面对"人格证书"的质疑时,坦承出台"人格证书"的时机还不成熟,但是今后会坚定地实施。他认为,大学培养人可能要更加注重学生的能力建设和人格养成。

问:谈谈你对"人格证书"的看法。

讨论这个问题之前,首先必须搞清什么是人格,人格的结构以及人格是如何形成的。

1. 什么是人格

人格一词最早来自拉丁文 persona,是面具的意思,它指个人在人生舞台上的行为表现,是其所扮演的角色。后来心理学借用这个术语来说明:在人生的大舞台上,人们会根据社会角色的不同来换面具,这些面具就是人格的外在表现。面具后面还有一个实实在在的真我,即真实的自我,它可能和外在的面具截然不同。

心理学上的人格是指,个体在先天遗传和后天环境的交互作用下,逐步形成的相对稳定的独特的心理倾向、心理特征和行为方式的整合,是人为了适合外在环境,而产生的惯性的行为模式和潜在的思维模式。人格是个人内在的动力组织及其外在的行为模式的统一体。人格反映了人的行为在某种程度上的可预见性,是人内心最自然的倾向,是最真实的自我,是你自身在没有过多外部约束的情况,最可能的行为倾向。

人格倾向不是跟其他人做横向比较,是自己跟自己比较,如同"左撇子",说的是用左手比用右手更顺手。在人前有意识的行为只是一时的表象,不是真实的你。每种人格倾向都有其优缺点,不是你不知道什么情况下应该怎么做,而是你无法无意识地持续地做到。

2. 人格的形成

心理学中关于人格有一些争议:人格是不是由遗传因素决定?后天环境的影响有多大?思维方式与人格的形成有什么关系?心理测评能否作为雇用的依据?

先天遗传:人格是遗传与环境交互作用的结果,人格因 DNA 而具有与生俱来的烙印。一些心理学家甚至认为,后天环境的影响比较小。遗传因素对人格的作用程度因人格特征的不同而异,通常在智力、气质这些与生物因素相关较大的特征上,影响更为明显。

社会文化:塑造了社会成员的共同性人格特征,使同一社会的人在人格上具有一定程度的相似性,这种相似性具有维系社会稳定的功能。不同文化的民族有其固有的民族性格,不同的人文地理养育了不同的人。

家庭环境:权威型家庭,孩子容易消极、被动、依赖、懦弱、缺乏主动性等;放纵型家庭,孩子多表现为任性、自私、野蛮、无礼、独立性差、过于自我等；民主型家庭，孩子更易养成积极的人格品质，如热情、自立、宽容、感恩、协作、创造等。

早期成长：所谓3岁见小，7岁见大。有研究发现，人是在形象思维的过程中逐渐形成人格，而形象思维是人在3岁以前的主要思维模式。幸福的童年有利于塑造健康人格，不幸的童年则易引发不良人格的形成。

3. 争议的思考

一些心理学家认为，既然人格中带有先天遗传的因素，这些生而不同无法改变的事实，怎么可以作为雇用或解雇员工的依据。一些国家立法明文禁止此类做法，因为法律规定人生来平等，以生而不平等的东西作为选人标准是一种歧视。

图/朱慧卿 CFP

人格测评涉及个人潜在心底的心智模式与价值评判，在价值取向多元化的今天，如何能以一个"标准"来分出三六九等？而且一个模子的人构成的社会也将是单调乏味，黯淡无彩的。

什么样的组织或个人能够有权力站在人格的制高点上，将人分成三六九等，给人打上"精英"或"俗人"的标记，将一些生而有之的优越或缺陷加以公开或甚至放大。这样的标记与奴隶贸易时代的"黑奴印记"是否又有几分相同之处呢？

此外，人格测评如同全面的身体检查一样，具有很强的私密性。大规模的公开测评，如同在众目睽睽之下强行扒衣的身体检查。测评结果如同体检报告单，包含个人一些难以公开的隐私，谁有权力将其公之于众呢？

4. 积极的意义

探究人格对于个人管理及组织管理有着一定积极的意义。所谓"知人者智、自知者明"，人格的探究，其实是一个反思的过程。

图/吴志立 长沙晚报 2011-10-17

一方面，要了解自己性格中积极健康的一面，反思消极不健康的一面，接纳自己的短处，活出自己的长处，使自己能够走在健康的路上，与真正的自我建立合作关系，减少自己的苦恼和烦恼。

另一方面，现实中的很多烦恼源自对他人观点视而不见或者固执己见地简单判定对错。人际沟通中要走出自己的固有观念，从他人的角度理解他人的行为模式，感受他人的思想，设身处地为他人着想，接受合理的差异，建立和谐的合作伙伴关系。

每种人格特质，都有自己的潜能和盲点，没有绝对的好与坏之分，但不同特点对于不同的工作存在"适合"与"不适合"的区别，从而表现出具体条件下的优、劣势。了解工作岗位的内在要求，包括容易扩增的知识、技能，以及气质、性格等不易改变的要素，有助于扬长避短，走在更健康的职业成长道路上。

优势理论指出，在外部条件给定的前提下，一个人能否成功，关键在于能否准确识别并全力发挥其天生优势——天赋和性格。做本色演员，最大可能地以习惯的思维方式、行为模式来工作，最能发挥自己的性格和天赋优势，最大程度地发挥自己的潜力，最能获得工作满足感,最能获得长期连续的发展。

人格特质与工作环境的协调一致,很大程度上影响了员工的满意度。把握每位员工的人格特性,有助于促进沟通,化解矛盾,真正做到用人所长,人尽其才,构建和谐创新组织。管理者的人格威望或人格缺陷及障碍将潜移默化地影响自己的员工。

5. 人格测评体系

心理学家在人格研究的基础上,提出了很多人格框架模型及测评体系,如大五维、PDP、MBTI、DISC、九型人格等。全世界没有哪种人格测评体系,能够百分百告诉你,你是什么样的人。探究人格的目的不是简单地给每个人贴一个性格标签,实际上也根本不可能做到;也不是以自己的型号为由画地自限或者开脱辩解。

九型人格创始人之一,海伦·帕尔默(2006)特别指出,"性格分类的坏处是形成了一个可怕的自我实现的预言——我们往往会把他人眼中的自己,当作是真正的自己,并且按照这样的要求来塑造自己。"

人格测评中还要注意自我判断偏差的现象,"你本来是什么样"与"你希望自己是什么样"是不同的。"你本来是什么样"反映了你真实的自我,内心的冲动;而当你受外部环境的压迫或诱惑,可能会改变初衷,偏离真实的自我。

8.2.2 MBTI

MBTI(Myers Briggs Type Indicator)由美国心理学家 Katharine Cook Briggs 与她的女儿 Isabel Briggs Myers 根据瑞士著名心理学家 Carl G. Jung 的心理类型理论发展而来。

MBTI 从四个维度来考察人格特性:能量倾向、信息获取、信息处理、行动方式,每个维度有两个对立的方向,共计八个向度,见图 8-1。

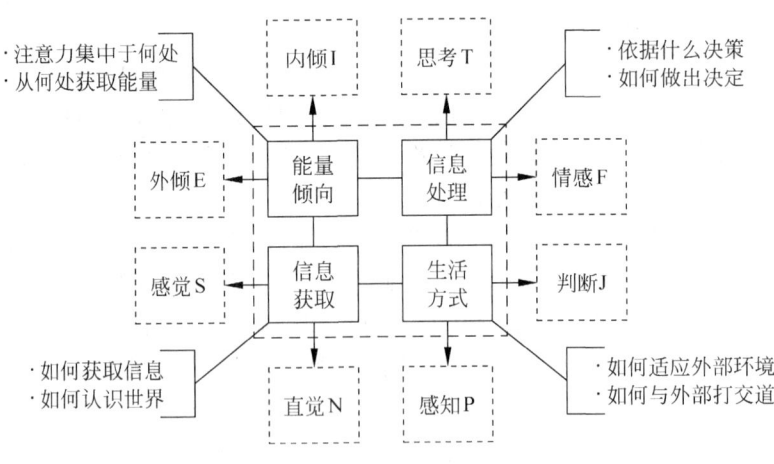

图 8-1 MBTI 的人格维度

现实中,每个维度的两个方向你都会有所表现,但是做得不是同样的好,其中的一个方向你会表现得更自然、更容易、更舒适,这称为性格倾向或性格偏好。

1. 能量倾向维度:外倾(Extrovert)与内倾(Introvert)

判断人与外部环境如何相互影响,偏爱把注意力集中在哪些方面,从哪里获得动力。

外倾的人关注自己如何影响外部环境,喜欢专注于外在世界的人和事,从与人交往和行动中得到活力；内倾的人关注外部环境的变化对自己的影响，喜欢专注于内在世界的思考和想法，从对思想、回忆和情感的反思中得到活力。二者区别见表 8-1。

表 8-1 外倾与内倾

外倾（Extrovert）	内倾（Introvert）
受外部的条件和环境的吸引	对外部的条件和环境感到拘束
注意力集中在与外界打交道，能量来自于外部经验	注意力集中在与内心打交道，能量来自于内在体验
先做，后说，再听，最后想	先听、后想、再说、最后做
通常友好、善谈，易被了解	通常含蓄、安静，不易被了解
公开自由地表达情绪和想法，可能会说得太多	不轻易流露情绪和想法，可能会说得太少
需要很多人际关系，爱凑热闹，喜欢成为焦点	需要私人空间，习惯独处，避免成为焦点
追求生活的宽度，朋友圈大	追求生活的深度，有固定的朋友
有时会被有些人觉得有点肤浅	有时会被有些人觉得有点孤僻

2. 信息获取维度：感觉（Sensing）与直觉（Intuition）

判断人经由什么样的信息通道，如何从外部世界获取信息，认识世界。

倾向于感觉的人，喜欢通过视、听、触、嗅、味等感官获取具体信息，观察入微，关注现实；倾向于直觉的人，通过灵感、预测、暗示等超越感觉的方式获取信息，关注事物的整体和发展变化趋势。二者区别见表 8-2。

表 8-2 感觉与直觉

感觉（Sensing）	直觉（Introvert）
信赖五官感觉，基于事实、经验	注重"第六感觉"，基于想象、灵感
观察、收集事实，关注实实在在的信息	注重规律与可能，体察"弦外之音"
注意细节，从局部出发理解整体设计	着眼宏观，从整体出发把握事物关联
乐于面对明确具体、可衡量的熟悉问题	乐于尝试有创造性的、全新不同的工作
喜欢实用和琢磨已知的技能	喜欢学习新技能，掌握之后容易厌倦
习惯程序，遵循惯例，按部就班做事	习惯变化，突破现实，跳跃性做事
生活在现在，享受现在所拥有的	为未来而生活，预测将来的可能
有时被直觉型认为过于实际，缺乏想象力	有时被感觉型认为变化无常，不切实际

3. 信息处理维度：思考（Thinking）与情感（Feeling）

判断人做决定的方式，依据什么进行决策，如何得出结论。

倾向思考的人，重视事物之间的逻辑关系，喜欢通过客观分析做出决定评价，从分析和确认事件中的错误并解决问题中获得活力；倾向于情感的人，以自己和他人的感受为重，将价值观作为判定标准，从对他人表示赞赏和支持中获得活力。二者的区别见表 8-3。

表 8-3 思考与情感

思考（Thinking）	情感（Feeling）
基于事实与原则，追随逻辑，用头脑做决定	基于价值与人情，追随个人信念，用心灵做决定
信仰公平正义，注重原则，不感情用事	喜欢和谐关系，注重人情，讨厌无人情味的原则
作为置身事外的观察者看待事物	作为置身其间的参与者看待事物

续表

思考(Thinking)	情感(Feeling)
本能地带有批判性,善发现缺点与矛盾	本能地带有欣赏性,赏识、关心他人
情有可原、法不容恕,直率严厉,客观公正	法不容恕、情有可原,婉转仁慈,主观调和
善于分析、计划,注重别人的想法	基于体验,善于理解他人,注重别人的感受
具有长远的眼光	关注眼下及个人的观点
有时会让人觉得过于理智、冷酷无情、带有优越感	有时会被人觉得思路不清、太情绪化、感情用事

4. 生活方式维度:判断(Judging)与感知(Perception)

判断人是如何适应外部环境,喜欢以较固定的方式生活还是以更自然的方式生活。

倾向于判断的人喜欢做计划和决定,愿意进行管理和控制,希望生活井井有条,从完成任务中获得能量;倾向于感知的人试图理解、适应环境,倾向于留有余地,喜欢宽松自由的生活方式,从应变调节中获得能量。二者的区别见表 8-4。

表 8-4　判断与感知

判断(Judging)	感知(Perception)
安于秩序和结构,喜欢有计划、有条理的生活方式	惯于自由和随意,喜欢灵活、即兴的生活方式
喜欢一切尽在掌控中,不愿被打断,忽略新事情	享受好奇心,同时开始许多项目,推迟不喜欢的事
关于决策,组织他人,快速判断、决定	不喜欢做决定,喜欢有多种选择
建立目标,制订计划,按部就班,准时地完成	确定大方向,随机应变,不断调整目标,水到渠成
着重结果,重在完成任务	着重过程,重在如何完成
满足来源于完成计划,对事情了结感到舒服	满足来源于计划的开始,对事情留有空间感到舒服
提前计划,避免"燃眉之急"的压力	从最后关头压力中得到动力
有时被人觉得要求太高、固执僵化、过于紧张	有时被人觉得没有条理、杂乱无章、不负责任

5. 十六种分类,四大性情

如图 8-2 所示,MBTI 四个维度、八个向度的交叉组合,给出 16 种人格分类,取每个维度上偏好类型的代表字母,按"能量倾向—信息获取—信息处理—生活方式"的顺序组合即代表一种人格类型。每个人,都可以根据其四个维度倾向,划归其中一种人格类型。

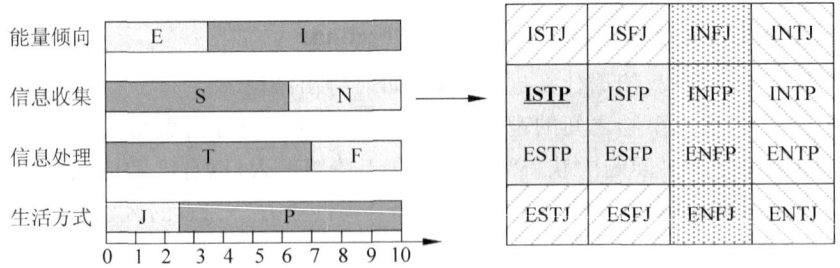

图 8-2　MBTI 人格类型确定

多数人兼具每个维度两个方向上的表现,只是更偏向某一端,这个维度上的类型就以你的偏好来划定。

例如:图 8-2 中能量倾向上"内倾"占 65%,信息收集上"感觉"占 60%,信息处理上"思考"占 70%；生活方式上"感知"占 75%，因而被划归 ISTP（"内倾—感觉—思考—感知"型）。

其特征是：灵活、忍耐力强，是个安静的观察者直到有问题发生，就会马上行动，找到实用的解决方法；分析事物运作的原理，能从大量的信息中很快地找到关键的症结所在；对于原因和结果感兴趣，用逻辑的方式处理问题，重视效率。

不同文化背景、不同历史时期的先哲们发现可以把 16 种多彩人格大致归为 4 大性情：

（1）概念主义者（NT 型：直觉＋思考）：自信、有智慧、富有想象力，最为独立。原则性强，要求严格，喜欢以自己的方式做事，善于思考，理论性强，逻辑性强，充满好奇心，富于创造力。典型代表有比尔·盖茨、英国前首相撒切尔夫人、爱因斯坦。

（2）艺术创造者（SP 型：感觉＋感知）：思维活跃，行动敏捷，做事一气呵成。适应力强，善于应变妥协，最富冒险精神，喜欢面对各种可能性。喜欢有技巧性的活动，喜欢自由随意、充满乐趣的生活方式有艺术气质。典型人物有海明威、莫扎特、毕加索。

（3）理想主义者（NF 型：直觉＋情感）：热情、虔诚、直觉，找寻生命意义，探究事物联系，最具哲理性。富于人情味，崇尚和谐，乐于接受新思想，善于容纳他人，理解他人情感，关心帮助他人，注重和睦相处。典型人物有列宁、甘地、马丁·路德·金。

（4）传统主义者（SJ 型：感觉＋判断）：坚定、可靠、可信，最为传统。相信事实，注重安稳、秩序、合作，始终如一，循规蹈矩。既现实又有明确目标，有责任感，喜欢做决定，保守稳重，努力肯干。典型人物有乔治·布什、乔治·华盛顿、特雷莎修女。

8.2.3　九型人格

九型人格（Enneagram）又名性格型态学。Enneagram 原意是一个有九个方位的图形。九芒星图表达了 9 种观察世界的不同角度，以及人在世界中的 9 种生存模式，见图 8-3。

九个方位代表九种人格，是婴儿时期人身上的九种气质，包括：活跃程度、规律性、主动性、适应性、感兴趣的范围、反应的强度、心理的素质、分心程度、专注力范围/持久性。

九型人格虽非一个正统的人格心理学理论，但近年来倍受美国斯坦福等国际著名大学 MBA 学员推崇并成为现今最热门的课程之一，风行欧美学术界及工商界。

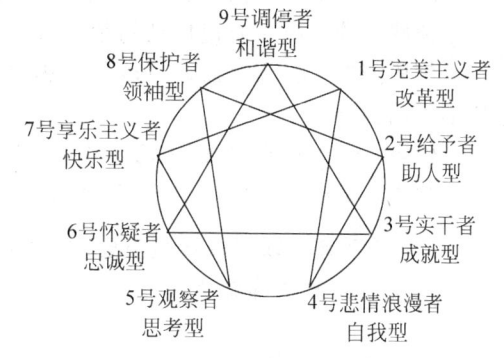

图 8-3　九型人格的九芒星图

1. 九种基本性格

1号完美主义者：对错最重要，成也细节败也细节

立朝刚毅，贵戚宦官为之敛手，闻者皆惮之。人以包拯笑比黄河清。

——《包拯传》

有极强的原则性，不易妥协，常说"应该"及"不应该"，黑白分明；对自己和别人要求甚高，甚至会吹毛求疵，时时刻刻反省自己是否犯错，也会纠正别人的错；追求完美，不断改进，勇于承担责任，想改革一切不完美的事，希望每件事都做得尽善尽美。

基本欲望：事事追求完美，获得自我肯定。

基本恐惧：事情做错，被责备。

注意力焦点：规则和批判，避免出错，符合标准和要求。
自我限制：抗拒平常一般。
座右铭：凡事都有标准。
冲突点：我对你错，让人感觉被挑剔。
情绪反应：当事情一错再错时会有情绪；埋怨、自责。
气质形态：整齐端正，严肃拘谨，表情较少，给人严厉感，用脸色控制世界。

优点：原则性强，肯承担责任，有正义感，处事公正，讲原则，注重细节，追求完美。

缺点：爱批评，缺乏弹性，自以为是，不会授权，事必躬亲。

2号给予者：别人的需要最重要，成也付出败也付出

我要把有限的生命，投入到无限的为人民服务中去。

——雷锋

富有爱心，真诚热情，乐于助人，建立最好人际关系；为人着想，忽略自己需要，可以牺牲自己成全他人，满足了别人，迷失了自我；渴望被爱及良好关系，在意别人的感情和需要，从别人对自己的需要、尊重、认同以及赞赏中找到自己的价值，用爱控制别人。

基本欲望：被人需要，渴望被爱，受人感激和认同。
基本恐惧：被冷落，不被爱。
注意力焦点：我是否被他人需要，别人是否需要我帮忙。
自我限制：否定自我需要。
座右铭：施比受更有福。
冲突点：小圈子，偏袒某些同事，引起其他人的不满。
情绪反应：他人漠视自己的帮助时会有情绪；爱、骄傲。

气质形态：笑容满面，和蔼可亲，热情可爱，天真烂漫，有张永远长不大的孩子脸。

优点：令人感到温暖，关心他人，乐于奉献，强调合作性，没有人际冲突。

缺点：听话就有好日子，不听话就不管你；2号的爱有时令人窒息，爱人变成害人。

3号实干者：取得成就最重要，成也目标败也目标

人要在失败之前成功。

——阿诺德·施瓦辛格

目标感强，渴望成就，工作疯狂，好胜斗勇，为获得他人的瞩目、掌声、羡慕而全力以赴追求成功；惧怕表达内心感受，强势却容易受伤，不敢面对失败；重视自我形象，善于揣摩别人心意，变成对方想要的形象，由于太在意别人看法，很多时会迷失自己。

基本欲望：做成功的人，感觉有价值，被肯定。
基本恐惧：失败，被否定，没有成就，一事无成。
注意力焦点：如何才能达成目标，自己的形象和表现。
自我限制：无视情感生活。
座右铭：只许成功，不许失败。
冲突点：让别人觉得被利用。
情绪反应：订立的目标无法实现时会有情绪；挫败、自欺。

气质形态：非常精灵、醒目，衣着讲究，搭配整齐，仪表出众，非常注意形象。

优点：自我形象正面，目标感强，追求卓越，有冲劲，令人充满希望。

缺点：变色龙，虚假作秀，事比人更重要，急功近利为达目标不择手段。

4 号悲情浪漫者：自我感受最重要，成也感觉败也感觉

花谢花飞飞满天，红消香断有谁怜。

——林黛玉

追求浪漫高雅，拒绝古板庸俗，情绪起伏，我行我素，占有欲强，渴望与众不同；追忆过往，寻找爱和美感，不停地自我察觉，自我反省，自我探索，填不满的失落；内向、敏感、脆弱、情绪化，惧怕被人拒绝，感情丰富，多愁善感，忧郁妒忌，常觉孤独。

基本欲望：追求自我，深度体验美好感受。

基本恐惧：有缺陷，失去自我。

注意力焦点：内心感受和想象，如何才能特别及与众不同。

自我限制：讨厌平凡。

座右铭：世事无常。

冲突点：感觉被误解或不被重视。

情绪反应：无法遵从自己的感觉时会有情绪；忧伤、嫉妒。

气质形态：感性迷人，富有艺术家气质，目光永远有所憧憬，容易忧郁及自我放纵。

优点：对人有深层了解，愿意雪中送炭，重视个人感受。

缺点：在感情上有过度需求，情绪化，难以捉摸情绪的起伏。

5 号观察者：知识最重要，成也技术败也技术

知识就是力量。

——培根

抽离情感，冷眼看世界，喜欢思考，追求知识，观察入微，冷静分析，喜爱寻根究底，重思考轻行动；注重精神生活，不善表达内心感受，物质要求不高；喜欢远离人群，不怕孤独，理性处理问题，没有情绪，控制情感；尽得知识，不谙人事，透过思考来理解人生。

基本欲望：渴望全知，思想上掌控和满足。

基本恐惧：无助、无能、无知。

注意力焦点：观察合理，如何才能获得更多数据和知识。

自我限制：远离现实。

座右铭：知识就是力量。

冲突点：难以接近，令他人有挫败感。

情绪反应：自己看书思考受到干扰时会有情绪；轻视、贪求。

气质形态：冷静、木讷、不苟言笑，讲话平板，喜怒不形于色，深沉而有书生气。

优点：学者风范，有深度，处变不惊，不感情用事，样样有数据支持。

缺点：自觉高人一等，与人保持距离，太过冰冷，城府深，高深莫测。

6 号怀疑者：安全最重要，成也多疑败也多疑

在这个世界上，你不要相信任何人，包括你的爷爷。

——约翰·洛克菲勒

做事小心谨慎,不轻易相信别人,忧心敏感,危机意识强,永远做最坏打算、最好准备;保守可靠,团体意识强,寻求安全感,看重忠诚;多疑多虑,怀疑他人动机,信心不足,犹豫不决,做事拖延,怕出差错,怕生是非,因过度谨慎而缺乏行动力。

基本欲望: 被别人保护和关爱,得到安全感。

基本恐惧: 被欺骗。

注意力焦点: 危险和权威,我如何才能避免危机,化解风险。

自我限制: 拒绝自我承担。

座右铭: 人无远虑,必有近忧。

冲突点: 过多焦虑,不断发问,令人生厌。

情绪反应: 潜在的隐患无人重视时会有情绪;惊慌、焦虑。

气质形态: 眼睛警觉,监视变化,常有焦虑、不安表现,做事谨慎,喜欢提出质疑。

优点: 对"自己人"忠心耿耿,不遗余力保护,逆境中可信赖的盟友。

缺点: 对人抱着质疑的态度,顺境时显得过分谨慎。

7号享乐主义者:快乐最很重要,成也多元败也多元

这个世界之所以美好,是我们可以选择快乐。

——华特·迪斯尼

活泼开朗,追求开心、快乐和好玩,喜欢新鲜、创意,追逐潮流,讨厌沉闷、无聊;乐于探索多种选择,不喜欢接受规范,不想被约束;极度乐观,自恋自满,不喜承受压力,怕负面情绪,逃避烦恼、痛苦和焦虑;兴趣广泛,富有创意,不够专注,三分钟热度。

基本欲望: 获得自在快乐。

基本恐惧: 被约束,被困于痛苦中。

注意力焦点: 乐趣和计划。寻求开心、快乐,有更多选择。

自我限制: 逃避痛苦问题。

座右铭: 变幻才是永恒。

冲突点: 信口开河,太多承诺。

情绪反应: 时间及空间受到限制时会有情绪;快乐、贪多。

气质形态: 活力充沛,神采飞扬,笑容亲切,用快乐自在感染他人,易为大家接受。

优点: 正面积极、化腐朽为神奇,活力、有魄力、激情,事事向好的一面看。

缺点: 太过于以自我为中心,浮躁,虎头蛇尾,不愿面对问题。

8号保护者:掌控最强很重要,成也胆大败也胆大

老子打的就是精锐。

——李云龙

渴望成为强者,独立自主,追求权力,讲求实力,依靠自己,喜欢做大事、掌握全局,习惯于发号施令、控制资源、支配他人、替人做主;意志坚定,作风强势,独断固执,雷厉风行,自信冲动;善恶分明,坦白直接,关心公平正义,打抱不平,庇护弱者。

基本欲望: 获得掌控和征服。

基本恐惧: 失去控制,被认为软弱、屈服于他人。

注意力焦点: 权力和正义,什么是公平的?谁还有异议?

自我限制：隐瞒自我弱点。

座右铭：誓不低头。

冲突点：霸道、强权、强势。

情绪反应：事情说了不算，决定后还有异议时会有情绪；愤怒、好胜。

气质形态：目光淡定，霸气，有压迫感，表情多变，动作大，不拘小节，声音洪亮。

优点：执行力强，勇敢、真诚、公平，赏罚分明，保护他人。

缺点：控制欲望强，做得好未必赞，做得不好肯定骂。

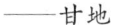

9号调停者：和谐最重要，成也无为败也无为

以眼还眼，世界只会更盲目。

——甘地

和平、友善、随和，避开冲突与紧张，不得罪人，很难说不；不自夸、不爱出风头，个性淡薄，不争名逐利；易受环境影响，比较优柔寡断，分不清轻重缓急，常将优先事项拖延到最后一分钟；内心中抗拒压力，抗拒命令、抗拒改变，善于调和各种意见。

基本欲望：维系内在的平静及安稳，体会人际和谐。

基本恐惧：矛盾冲突。

注意力焦点：如何才能避免冲突，如何才能达成一致。

自我限制：和平和平静，避免矛盾纠纷。

座右铭：忍一时风平浪静，退一步海阔天空。

冲突点：消极抵制。

情绪反应：别人大声命令时会有情绪；害羞、怕事、懒惰。

气质形态：平和，乐观豁达，朴实无华，面相和善，节拍较慢。

优点：不搞对抗，肯妥协，没有过分的要求，大家各适其适。

缺点：不愿改变，消极抵制，不合作，给人满不在乎的感觉。

2. 三大能量中心

心理学家奥斯卡·依察诺（Oscar Ichazo）认为，**人的智慧存在着三种形式**（见图8-4）：

（1）身体的中心——腹部，产生本能智慧，包括情爱关系、社会关系、自我保护。

（2）感觉的中心——心脏，产生情感智慧，包括情感与高层情感。

（3）思维的中心——大脑，产生精神智慧，包括精神与高层精神。

九芒星图中由3—6—9构成的中心三角代表了三种核心的精神特质与情感特质：想象与感觉（3号）、偏执与害怕（6号）、忘我与愤怒（9号）。

圆上每个核心性格的两翼是核心性格的变异类型，两翼性格与核心性格具有潜在的共同点，实际上是核心性格类型外化和内化的两种结果。由此，按照心智与行为的原驱力将九种人格划分为三大类：本能驱动型、情感驱动型、思考

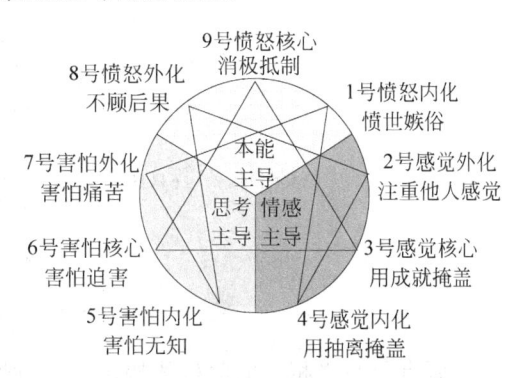

图8-4　三大能量中心

驱动型。

1）以行动为原驱力的本能驱动型

以"直觉"与外部世界进行互动。重实际,相信优胜劣汰,信奉适者生存,不断努力解决生存之道,关注未来,善于控制,意志力强。有陷入忘我状态的倾向,常忘记个人最需要的是什么,容易发脾气。

9 号是愤怒的核心,是沉睡中的愤怒,被动的进攻,表现为阳奉阴违,消极抵制。

8 号是外化的愤怒,表现为不顾后果地表达愤怒。

1 号是内化的愤怒,生气要有正确的理由,表现为怒而不宣,却经常埋怨、批评别人。

2）以感受为原驱力的情感驱动型

用"心"来与外部世界进行互动,对生活的态度都是基于自己的感觉,感情细腻,比较敏感,容易活在当下,被当下的感觉和情绪所左右,对自我形象执著,要求被注意,希望获得别人的认同。

3 号是感觉的核心,希望获得成就、地位、名誉等获得别人的认同。

2 号是外化的感觉,主要通过帮助别人,通过感受别人的感受找到自我的存在价值。

4 号是内化的感觉,希望通过自己的独特性获得别人的认同。

3）以思想为原驱力的思考驱动型

用"脑"与外部世界进行互动,注重策略及信念,有很强的想象力,联想力及分析力,喜欢看书,收集资料,知识丰富,语言严谨。本质上多疑,容易焦虑,缺乏安全感,有深层的恐惧心理。

6 号是害怕的核心,把对安全的焦虑投射到环境中,希望与人结盟以获得安全感。

7 号是外化的害怕,通过不断地向外界获得能量驱逐内心的焦虑和不安全感。

5 号是内化的害怕,希望能够获取更多的知识和信息以获得安全感。

3. 人格成长线路图

如图 8-5 所示,九型人格是一个动态的性格系统,圆里面有许多相互交织的线条,一是由 3—6—9 相互连接的一个循环,一是由 1—4—2—8—5—7 五七组成的另一个循环。这两个循环,印证了九型人格的趋圆论,告诉我们事情是变的,人也是会变的。

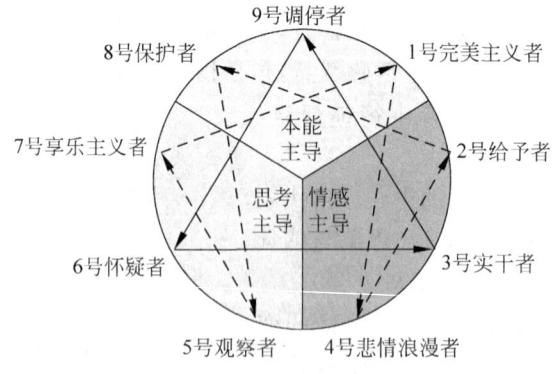

图 8-5　人格成长路线图

原点及与之相连的两根线揭示了每种性格的三个构成方面,原点代表我们在一般状态下的表现,进来的线代表轻松状态的表现,出去的线代表压力状态的表现。

一般状态下,基本欲望和基本恐惧浮现,自我过分膨胀,自我防卫机制出现,心理变得不平衡,容易与人发生冲突,为了满足基本欲望,可以不惜一切伤害人,也容易屈服在社会的阴影下,人格的优点未能充分发挥。

在轻松状态下,人格会沿着 1→7→5→8→2→4→1 及 3→6→9→3 这一方向发展;在压力状态下,人格则会沿着反方向变化。每个人实际上都拥有九种性格的潜质,但主导人格只有一个,核心价值观决定和主宰了其他价值观。

曹玉峰(2012)以 8 号为例,诠释了人格的动态变化。

8 号的核心价值观是获取权力和控制。面临压力时,会呈现出 5 号理智型的状态,通过思考重新获得力量和方向,但核心还是为了获得权力,把知识作为获得权力的工具。轻松环境下会表现出 2 号的状态,乐于助人,对人友善,而人际关系的改善有助于 8 号获得更大的权力。

不管是在压力下表现出的 5 号状态,还是轻松时表现出的 2 号状态,8 号的核心价值观并没有改变,还是为了掌控。抓住了这条主线,我们就可以理解 8 号外在行为变化的原因。

4. 认识自己、认识他人

课堂讨论 8-2　认识自己、认识他人

1. 课下观看于红梅老师讲座《九型人格与高效沟通》(于红梅,2009),思考:
   (1) 分析包括自己在内的五位同学属于九型人格中的哪种型号,举五个实例予以说明。
   (2) 人可以简单地对号入座吗? 如果不行,那么学习九型人格的目的何在?
   (3) 有可能的话,请学委汇总下结果(不公开),感兴趣同学可以到学委处查询。从中可以看到其他同学对你的印象感觉,性格的典型性或者受关注的程度。
2. 课上讨论
   (1) 黑板上划分九个区域,代表九种人格型号,所有人将自己名字写在自己认为的型号下。
   (2) 相同型号的同学围坐成一组,针对以下话题展开讨论:
   ① 你们具有哪些相同的典型特质? 挖掘生活中的事例予以佐证。
   ② 说说你们性格上积极健康的一面以及消极不健康的一面。
   ③ 谁是你们当中最典型的代表? 他有哪些优点,哪些局限? 请给他一些建议。
   ④ 哪首歌最能代表你们这种型号?
   ⑤ 哪些人不是那么典型或者你认为不应该划归这个型号?
   ⑥ 心目中的自己跟别人眼中的你一样吗?
   (3) 集中讨论
   ① 从 1 号到 9 号,每个小组派代表依次发言,汇报讨论的结果,其他同学做补充。
   ② 每组找一个自我认知与他人印象有较大差异的同学,谈谈自己的想法。
   ③ 请其他型号的同学,给他们提点建议。

九型人格揭示了人们内在最深层的价值观和注意力焦点,它不受表面的外在行为的变化影响。每个人都有一个基本人格形态,即使由于生活中某种因素而有部分隐藏或是调整,却不会真正改变。性格没有好坏,没有哪种性格是完美无缺的,各有其优缺点。每种型号的性格都有朝向健康或是不健康的方向,并因此而产生不同的变化。每个人的成长环境都是独一无二的,在轻松或压力状况下的表现也可能截然相反,所以同类型人之间可能有许多共

同点,但却也各自拥有一些属于自己最特殊的特质。

邹家峰(2010)指出,性格是立体的、动态的、生动的,性格模式是动态"放电影"过程。只言片语的静态生活片段并不一定能真实反映你的内心自我全貌。并非只有 1 号才关心对错,只有 2 号才会帮助人,只有 3 号才追求成功……每一次定格瞬间,你可以在镜头里哭、笑、闹、静,哪一个才是真正的你? 都是你,但又都不是完整的你。

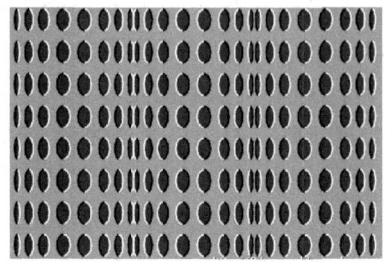

如同右边这张图,如果你的注意力只盯着其中一个圆,你会发现它是静止不动的,如果你的注意力放在整体,则会发现整张图却是流动不息的。所以大家应该把注意力放在自己总的心智与行为模式上。

8.3 组织设计

8.3.1 典型的组织形式

项目的组织结构对项目所需资源的获取以及项目的绩效管控起着关键性的作用。从团队成员构成及来源、工作汇报关系、项目组与职能部门关系的角度,可以划分为:职能式、项目式、矩阵式以及复合式等几类,矩阵式又可分为弱矩阵、平衡矩阵、强矩阵三种。

1. 职能式组织

以工作内容和技能作为部门划分依据,实行高度的专业化分工,呈现金字塔层次结构。组织具有明确的等级划分,每位员工都有一个明确的上级,员工高度依个人专长进行组合。

图 8-6 中分管领导下辖三个职能部门——计划部、生产部、销售部,组织的管理权力高度集中。跨部门协调在部门主管间进行,员工跟员工之间没有直接的联系,重大问题需要上报分管领导协调解决。例如,A1 有问题要先汇报给计划部经理,计划部门经理找生产部经理,生产部经理再找 B1;部门间有争议时,需要分管领导介入仲裁。

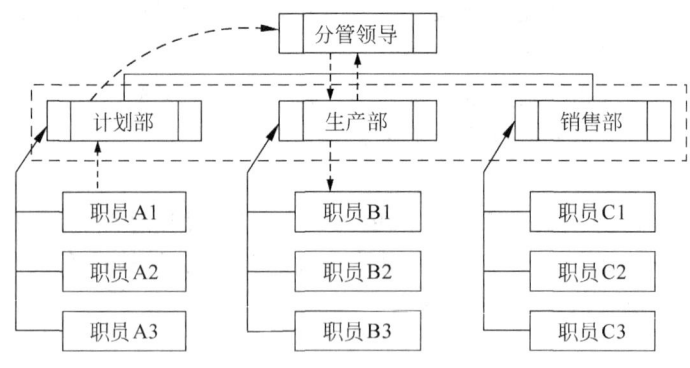

图 8-6　职能式组织结构示例

职能式组织结构对于完成过去已经考虑周全的任务没有问题,而且特别适合那些重复性程度高、个体跨部门协作较少的业务活动,如生产制造企业。但是各部门间存在明显的界限,不利于协作,沟通效率比较低、决策反应比较慢,不适于需要紧密协作、存在一定不确定性因素的任务。

2. 项目式组织

基于项目划分部门,项目经理即是部门经理,整个部门面对单一的客户,团队成员常常安排在同一地点工作。项目开始,部门宣告成立;项目结束,部门宣告结束。

这种架构在工程建设中比较常见。如图 8-7 所示,分管领导下设置广场项目部、地铁项目部、三环项目部。广场项目要用到的资源,大多会直接划入广场项目部。项目独立运作,与其他项目部间没有什么业务上的合作。项目经理具有高度独立性,拥有高度权力,可以调配项目有关的人财物。人力资源直接隶属于特定项目,项目组间资源共享困难。

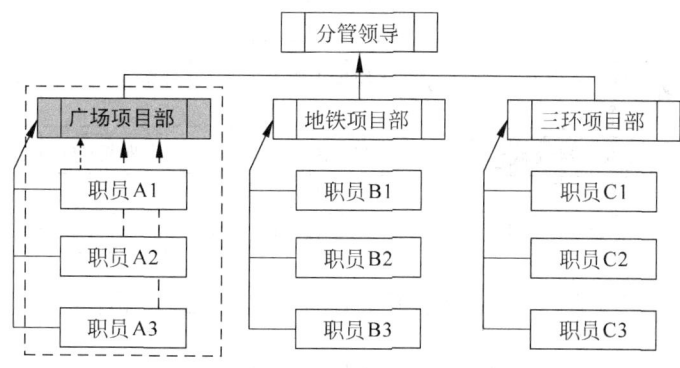

图 8-7　项目式组织结构示例

3. 弱矩阵组织

弱矩阵组织保留了职能组织结构的大部分主要特征,对需要跨部门协作的项目,没有单独成立一个跨部门的独立项目组,也没有对项目负总责的人,但是增加了各部门项目协调人之间的横向沟通,缩短了横向沟通路径,加强了沟通时效性。

图 8-8 中,软件开发部、系统集成部、系统运维部,每个部门都有两名员工参与项目,这些参与者向本部门领导报告所有工作;三个部门分别指定一名协调人(A1、B1、C1),各协调人之间地位平等,软件开发部的 A1 作为总协调人。假设系统集成部的 C2 有问题,要先汇总到协调人 C1,C1 找协调人 A1,A1 再分派给 A2。

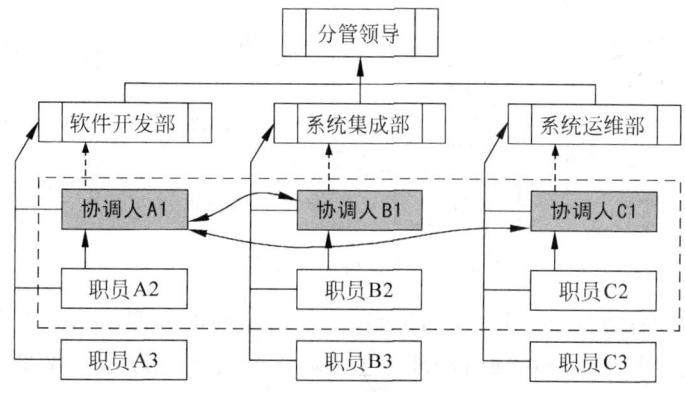

图 8-8　弱矩阵组织结构示例

弱矩阵组织适用于技术简单的项目,主要是因为:这类项目,各职能部门所承担的工作及分工界面比较清晰或简单,跨部门的协调工作很少或很容易做。

4. 平衡矩阵组织

平衡矩阵组织在弱矩阵组织的基础上,在项目主要的承担部门内指定一名专职项目经理。项目经理被赋予一定权力,对项目成败负总责。项目参与者同时向项目经理以及各自的部门领导汇报工作。图8-9中B1既要向系统集成部经理汇报工作,又要向项目经理A1汇报工作。两个领导对项目成员的绩效考核都有一定的话语权。

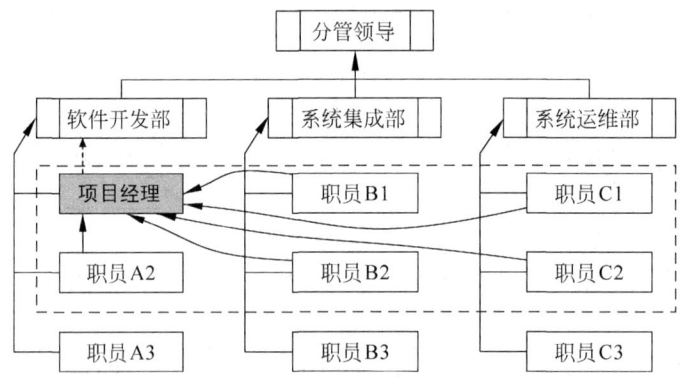

图 8-9　平衡矩阵组织结构示例

对于中等技术复杂程度而且周期较长的项目,适合采用平衡型矩阵组织。

5. 强矩阵组织

强矩阵组织增设了与职能部门平行的项目管理部门,对项目总监负责,见图8-10。项目管理部内设置常设的专职项目经理岗位,拥有较大权限。所有项目的项目经理,都从项目管理部的在编项目经理中选取,并对项目总监负责。

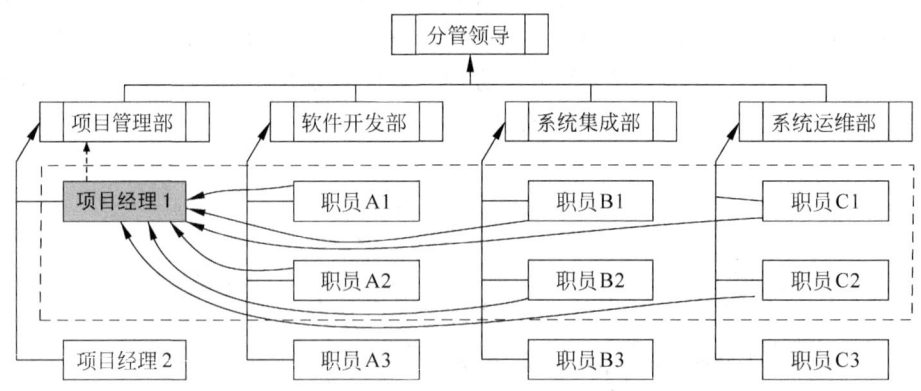

图 8-10　强矩阵组织结构示例

项目成员仍然保持双线汇报工作的机制,但部门经理的权限被进一步限制。项目执行期间,项目成员绩效考评主要以项目经理为主。职能经理不能随意给本部门的项目成员下达部门任务。项目经理对项目内的人财物拥有大部分发言权。

对于技术复杂而且时间相对紧迫的项目,适合采用强矩阵组织。强矩阵组织形式类似于项目式组织形式,区别在于项目不从公司中分离出来作为独立的单元。

6. 复合式组织

实践中,多数组织会在不同层次上采用以上各种形式的组织结构,见图 8-11。

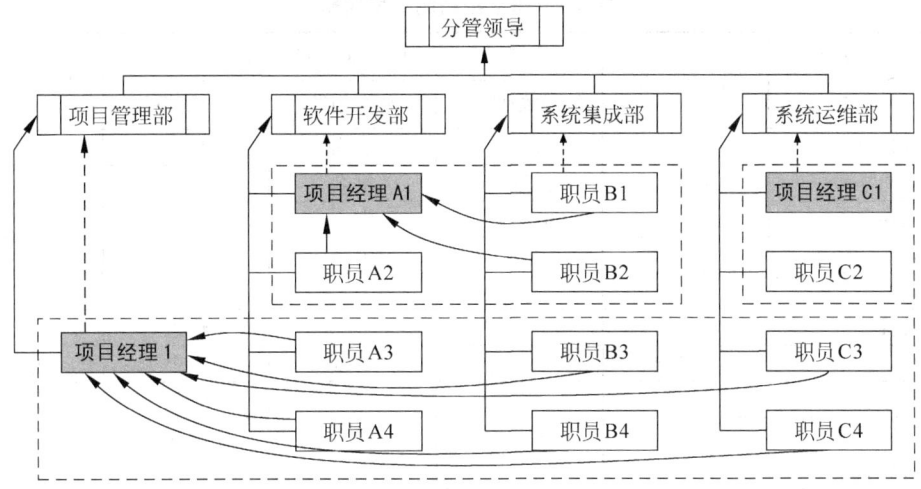

图 8-11 复合组织结构示例

职能部门独立承担的项目由部门内协调,如示例中系统运维部 C1、C2 组成的项目组。

跨部门比较重要项目成立独立项目组运作,可以采用平衡矩阵形式,如 A1、A2、B1、B2 组成的项目组。

非常重要的项目可采用强矩阵形式,如项目经理 1、A3、A4、B3、B4、C3、C4 组成的项目组。有独立于职能部门的专职项目工作人员,有自己的工作程序,可在组织常规的标准、正式报告架构之外进行运作,可根据实际需要决定是否设置独立的项目管理部门。

7. 矩阵管理

1) 组织结构对项目的影响

如表 8-5 所示,组织结构对项目的影响,主要体现在团队负责人权限大小,项目预算控制在谁手中,团队负责人的头衔与角色,以及项目成员与行政人员的配备形式上。

表 8-5 组织结构对项目的影响

组织形式\团队特性	职能式	矩阵式			项目式
		弱矩阵	平衡矩阵	强矩阵	
团队负责人权力	很少或没有	有限	小到中等	中等到大	大到全权
项目全时工作人员	几乎没有	0~25%	15%~60%	50%~95%	85%~100%
团队负责人角色	兼职	兼职	专职	专职	专职
控制项目预算者	职能经理	职能经理	共同控制	项目经理	项目经理
项目管理行政人员	兼职	兼职	兼职	专职	专职
团队负责人头衔	项目协调人	项目协调人	项目经理	项目经理	项目经理

职能式组织:所有权力集中在职能经理手中,但跨部门协调困难。

项目式组织:项目经理拥有较大的权限与独立性,基本上可以自主决定所有事项。

矩阵式组织：既能保证有人对项目目标负责，又能比较有效地利用整个组织的资源。

2）组织结构的选择因素

需要根据实际项目的不同特点，来选择合适的项目组织结构，见表8-6。

表8-6　组织结构的选择因素

组织形式 项目特点	职 能 式	矩 阵 式			项 目 式
		弱矩阵	平衡矩阵	强矩阵	
不确定性	低	低	较高	高	高
技术	标准	标准	复杂	较新	新
复杂性	低	低	中	较高	高
期限	短	中	中	较长	长
规模	小	小	中	较大	大
重要性	小	小	中	较大	大
用户	不确定	不确定	少量	数个	单一
内部依赖性	小	中	中	较强	强
时间紧迫度	低	中	中	较高	高
项目独特性	低	低	中	较高	高

3）矩阵管理的难点

矩阵式组织最难操作，它对组织管理的成熟度要求最高。其根源在于：每个人都是双线汇报，承受双重压力。职能经理告诉你"这事很急，领导急着要，周五前必须搞定"，项目经理告诉你"客户下周要看到东西，要加加班"，夹缝中的你要怎么办？一个婆婆都够呛，两个婆婆怎么受得了。

徐鹏飞 人民日报 2007-7-23

不成熟的组织中，资源调配、绩效考核无章可循或有章不循，人为因素较多。谁直接掌控的资源多，谁的团队绩效就好。各级领导都在千方百计抢资源，谁嗓门响，谁掌控的资源就多。员工在两个"老板"的夹缝中，通常也只能看哪个领导话语权大就听谁；领导对员工的评判常异化为谁听我的，谁态度好，谁就是好员工。

8.3.2　项目团队的组成

项目团队的组成与所面临项目任务的性质、特点以及可调配资源的素质、特点有很大的关系。从团队成员角色分工、工作模式的角度划分，常见的有以下几种形式：

1. 外科手术队伍

主治医生拥有丰富的临床经验，由他制定手术方案，完成手术大部分工作，如动大刀、缝大血管和大伤口，手术过程中可能还要给实习医生做些讲解。主治医生周围环绕了一群人，配合他的诊治工作。助手具备一定的临床经验，为疾病诊治提供建议，必要时候也可以顶替主治医生的一些工作，如动小刀、缝小血管和小伤口；麻醉师负责制定麻醉方案并实施麻醉；护士负责准备医疗器械、护理患者、输血以

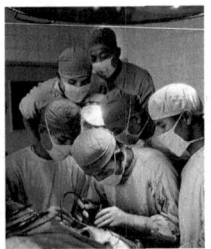

及擦汗等；实习医生观摩学习、协助录入诊疗方案……

这种模式就是常见的主程序员制。一名经验丰富的主程序员负责方案确定、框架搭建以及主要核心代码编写；拥有一定经验的助手出谋划策，保持与其他小组的联系，编写一部分代码，分担主程序员部分工作；语言工具专家负责新技术的摸索与传授，可在多个项目间分享；此外测试人员、文案人员、事务助理都是项目必不可少的配置，消除主程序员后顾之忧，使其可以把主要精力放在思考如何更好地设计与实现上。

主程序员制在高校课程设计里往往容易退化成一个学生干活，其他学生跟班打酱油。

2. 明星模式

主程序员制发挥到极致就演变成明星模式。在赛道上尽力拼搏的是明星一人，明星的成功成就了整支团队，团队的任务就是造就明星的成功。教练、助教、队医、陪练、后勤等，所有成员都围绕着明星成员，所有人的工作价值最终都需要通过明星的现场表现来体现。明星通常具备一些与众不同的特质，也会有些小脾气。这种模式的致命缺陷是：明星一旦陨落，整支团队也将无声无息地消散。

3. 敢死队模式

当史泰龙、施瓦辛格、李连杰、斯坦森、威利斯……这些动作片明星汇聚在同一部电影的时候，不用猜就知道会发生什么样的故事。敢死队是由一群各具身手的爆破专家、格斗专家、情报专家、枪械高手等组成的短期临时性团队，他们的使命是相互配合共同完成一些不可能完成的艰巨任务。每个人都极具天赋，极具性格，是各自领域的佼佼者；同时，请他们出马也要付比较高昂的出场费。

遇到一些重大、棘手且紧迫的问题时，软件公司可能需要迅速抽调业务、架构、编程、数据库、网络及安全等方面专家，集中攻关、啃骨头。一般期限紧迫，要求速战速决。问题解决之后，专家们随即回到各自的原先单位。有些公司，会专门成立一个咨询部门，养一些各方面的专家，为公司所有的项目提供重大问题的解决方案支持。

4. 交响乐团模式

交响乐队演出阵容庞大，器乐众多，场面壮观。在乐队指挥的统一引领下，弦乐组、木管组、铜管组、打击乐组、色彩乐器组等各就各位、各司其职，按照曲谱，演奏早已排练娴熟的既定曲目。

全世界所有交响乐队的各器乐组位置都是一样的。演奏期间，指挥站立中央，乐手固定位置，不能随意聊天、走动、交流；只能按曲演奏，看指挥演奏，重在表现力，不能随意发挥，当动则动，当止则止。

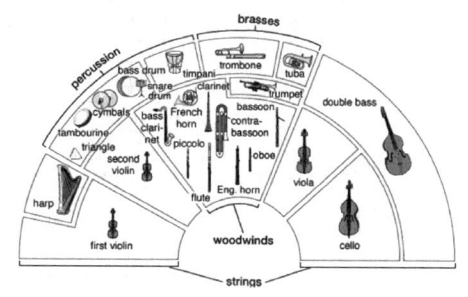

项目成员长期在一起搭班工作，有明确定义的稳定角色，配合默契。团队成员实行专业化分工，每位成员专注于某一擅长的领域，如业务知识或数据库。这种模式常见于产品升级、推广或维护项目，工作内容相对确定，实施模式相对固化。项目组借鉴以往经验，在成熟的方法论指导下，按照既定的实施计划，按部就班，各司其责，重在执行效率。

5．爵士乐队模式

早期的爵士乐队，乐手们根本不用乐谱，全凭自己的记忆和想象来演奏。常见的情形是：先由钢琴弹出一段大家都知道的歌曲，或者由乐队的灵魂先吹出主题，其他乐手根据这个主题各自即兴发挥，每场演出呈现给观众的都是谁也没听过的一个东西。

现在的爵士乐是利用乐谱的，只是对乐谱的依赖程度不同，分化成"直爵士"（照谱演奏）和"甜爵士"（即兴演奏）。即使是照谱演奏，也有相当多即兴发挥的成分。

这种模式强调个性化的表达，提倡强有力的互动，对变化的内容有创意的回应。与时下盛行的"敏捷开发模式"有些类似。

6．臭鼬工厂

臭鼬工厂（Skunk Works）是洛克希德·马丁公司高级开发项目部的官方认可绰号。臭鼬工厂以担任创新性航空器的秘密研究为主，研制了包括 U-2 侦察机、SR-71 黑鸟侦察机、F-117 夜鹰战斗机、F-35 闪电Ⅱ战斗机以及 F-22 猛禽战斗机等。

今天"臭鼬工厂"已经成为一家公司中被给予高度自主性的创新型团队的代名词。在秘密的地点，从事秘密的项目开发；排除传统企业文化的干扰，给予一些非常规的政策支持；摆脱现有组织制度的限制，更自由地思考，更专注地工作。

一些软件公司在大规模开发阶段，会将整支队伍拉到一个相对偏远的地方，进行封闭式开发。所有成员的生活起居由项目组统一安排，免去了公司杂务干扰、家庭琐事羁绊，可以心无旁骛、一门心思地搞开发。获得自由身的唯一方法，就是努力拼命干活，尽快高质量完成项目。一些实际的数据表明，这种开发方式的效率是非常惊人的。

7．常见的形式

图 8-12 是软件项目组的常见构成形式，体现了"管理"-"技术"-"质保"三条线管理以及分层分级简化管理的思想。

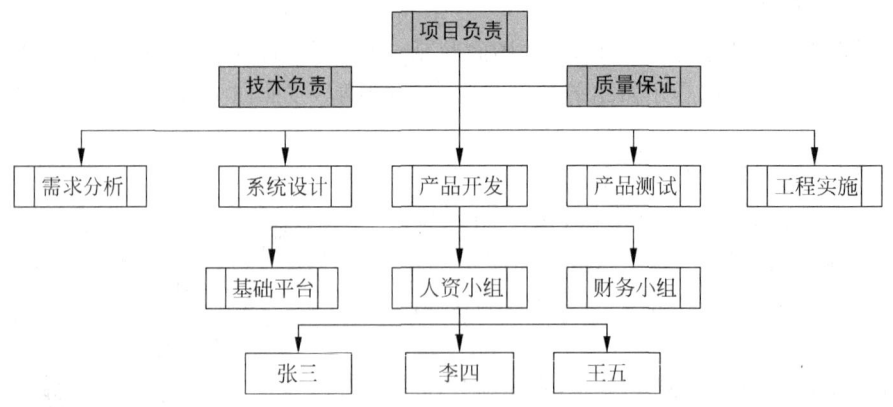

图 8-12　软件项目组的常见构成形式

1）三条线管理的思想

（1）管理一条线：项目经理在授权范围内对项目决策、计划安排、任务分派、跟踪监督以及绩效考核等负总责，管理内容涵盖 PMBOK 的五大过程组、十个知识领域。

（2）技术一条线：技术负责人对技术选型、需求分析、系统设计、程序编码以及软件测试等纯技术问题负总责，决策所有重大技术问题，辅助项目经理管理好团队。

（3）质量保证相对独立：质量保证人员采取双线汇报的工作机制，既向项目经理汇报，也向质量保证职能部门负责人汇报，出现重大争议问题时，还可向高层直接汇报。使得公司领导可以及时掌握项目的真实状况，避免出现无法弥补的灾难性结果。

项目实践中，很多中小型的公司或项目，项目负责与技术负责往往合二为一。一是因为绝大部分项目经理是技术做得不错被提拔到管理的岗位上，从技术到管理的转变有个过程；二是项目的规模与复杂度没有大到无法双肩挑的程度；三是公司规模还不足以支撑专业化管理分工的成本，从费效比上看，身兼二职是很正常的事。

2）分层分级简化管理

整个项目组架构自上而下，逐级分解，最终落实到个人；允许成员跨小组同时承担不同的角色，如系统设计、产品开发等，但某一时刻，必须以某个小组的工作为重点。

管理的层次不宜过多，要兼顾管理的成本与管理的有效性。一般而言，每位主管的直接下属应控制在 7 个以内。好比部队里一个班最多 12 人，设正、副班长各一名。

开发组的划分通常有以下几种模式，各有利弊：

（1）按模块划分：责任明确，比较好管理，小组内部协作分工，小组之间只是模块间接口协调。有些小项目采用包干制，每个人负责一部分功能（涵盖前台界面、后台服务以及数据库）。这种模式对员工知识面要求较广、什么都要会；同时由于每部分东西都窝在一个人的手中，人员变动对项目影响较大，而且资源复用性较差。

（2）按技能划分：专注做好前端界面、应用服务、数据库优化等其中之一的工作即可。这种模式要求员工专注于某一领域做精做透，专业的人做专业的事，产生专业的效率，人员替换性好，资源复用高。同时组间协作很重要，对管理的要求较高。

（3）大的项目可以采用折中方式：先按业务功能范围划分几个大的小组，如财务、人资、办公；每个小组内部再按照技能进行分工；同时整个项目按技能建立虚拟工作组，不同小组相同技能要求的人，定期进行技术交流。

图 8-12 中第一层按工作性质及内容的不同划分为五个小组：需求组、设计组、开发组、测试组、实施组；第二层按所负责的业务功能划分，如产品开发分为：人资小组、财务小组、基础平台；第三层以下根据实际情况按技能或功能进行分组。

8.4 团队组建

8.4.1 团队形成规律

布鲁斯·塔克曼（Bruce Tuckman）认为，一支团队的发展一般要历经"形成—震荡—规范—表现—休整"这些阶段，如图 8-13 所示。项目管理者要充分了解团队形成过程及规律，让团队迅速跨越形成期与振荡期，尽早过渡到规范期，推进团队高效运作。

1. 形成阶段（Forming）

一些相互了解不深，有不同动机、需求与特性的成员在组织安排或形势推动下走到了一起，既兴奋又紧张，对新环境、新任务怀有比较高的期许，士气较高，彼此比较尊重，办事小心

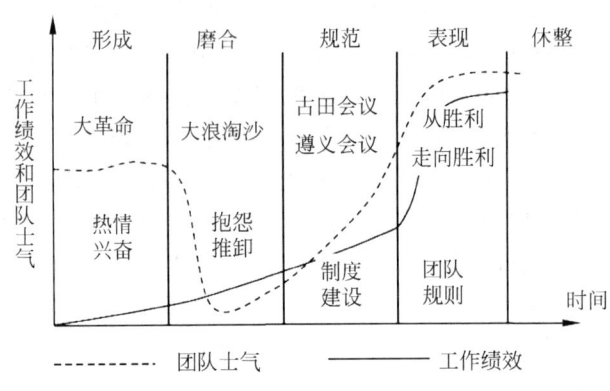

图 8-13 团队形成规律

谨慎,服从工作安排,乐于与人协作。另外,成员们尚未深入理解工作目标,还存在诸多疑问,工作分工不明确,团队绩效较低。

正如大革命时代,青年学子踊跃投身革命,有入共产党的,也有入国民党的,其中有志在救国的热血男儿,有赶时髦随大流的普通人,也不乏动机不纯的投机分子。

这一时期,管理者的主要责任是充当组织者,必须立即掌握团队,初步构建内部框架,让成员快速进入状态。管理者要明确团队工作目标,明确成员的职责分工和纪律要求,建立成员之间畅通的沟通机制,建立与外部的初步联系,形成良好的工作氛围。

2. 震荡阶段(Storming)

项目正式展开后一段时间,各种问题开始浮现,理想被现实打破。利益上的纠葛,工作上的不顺,协作上的脱节,想法上的差异,以及预期与结果的落差都会使团队内部产生矛盾和冲突。团队中开始出现抱怨、指责、流言蜚语、不信任和推卸责任,有些人选择逃避,离开团队,处理得不好会导致团队因此而解散。

大革命失败后,一些意志不坚者离队,另一些则信仰弥坚,还有些觉醒者义无反顾地加入。

这一时期,管理者要充当冲突协调者与定海神针角色,统一各方认识,引导相互包容,化解各类矛盾,在冲突与合作中寻求理想与现实的平衡,激励团队士气,重树项目信心。

3. 规范阶段(Norming)

规范阶段最主要的目的是建立起团队的规则,包括明确任务目标、建立工作流程、明晰工作职责、合理分派任务等。团队成员对项目目标及工作方法逐步形成共识,相互协作逐渐默契,士气逐渐恢复,成员归属感增强,彼此信任加深,工作绩效直线上升。

古田会议确立了党指挥枪的原则,遵义会议确立了毛泽东军事思想的地位,通过一系列的思想统一与制度建设,人民军队的建设逐渐进入正轨,逐步发展壮大。

这一时期,管理者要充当引导者的角色,强化成员目标意识,增强身份认同,激发每个人的主动性和创造力,在规范管理的基础上逐渐赋予团队成员更大的自主性。

图/沈尧伊 新华社 2011-5-16

4. 表现阶段(Performing)

团队规则已经开始充分地发挥作用,并已被团队成员完全接受。团队的核心凝聚力从一股热情转移到已形成共识的团队目标与团队规则上。团队在明确目标及规则指引下,成为一个组织有序的战斗单位,高效运行,战斗力越来越强;团队成员相互依赖,工作自觉,关系融洽,默契协作,平稳高效地解决问题。

这一时期,管理者要充分信任员工,充分授权员工在内部管理机制的支撑下自主式展开工作,对成员工作无须再保持紧迫式监督,干预调控的力度也逐渐减小。

5. 休整阶段(Adjourning)

休整期的团队可能有三种结局:

(1) 团队解散:完成各项任务,达成项目目标后,团队展开必要的收尾工作,如总结评估、工作交接等,团队成员陆续有序撤离项目,最终团队解散,宣告使命结束。

(2) 团队休整:完成阶段工作后,进行阶段总结,规划下一阶段工作安排;可能进行部分人员调整,积蓄力量,准备进入下一工作周期。

(3) 团队整顿:项目绩效不佳的团队,进入修整期时,可能会被勒令整顿,要求找出绩效短板,分析原因,优化团队规则,调整人员配备。

8.4.2　贝尔宾团队角色

团队角色理论之父梅雷迪思·贝尔宾(Meredith R. Belbin)认为没有完美的个人,只有完美的团队。人无完人,但团队却可以是完美的团队,只要适当地拥有各类互补的角色。所谓角色,即是"个体在群体内的行为、贡献以及人际互动的倾向性。"

贝尔宾于1981年提出了BELBIN团队角色模型(见表8-7),将团队成员扮演的角色划分为三大类,九种角色:行动类(鞭策者、执行者、完成者)、社交类(协调者、凝聚者、外交家)、思考类(智多星、审议员、专业师)。

表 8-7　贝尔宾®团队角色(贝尔宾,2001)

角色类型		优势	可容许的缺点	团队中作用
行动类	鞭策者 (Shaper,SH)	关注目标,喜欢决策,有干劲,勇于承受压力,克服各种障碍,善于影响他人,推动团队	爱冲动,易急躁,作风强硬甚至专断,对反对意见反弹大,容易激起争端,触怒他人	确定团队目标和任务,寻找发现可能的方案,推动团队达成一致意见,引领团队行动
	执行者 (Implement,IM)	严于自律,服从管理,谨慎稳重,工作勤奋,严格遵循计划,将想法付诸行动,兑现承诺	可能缺乏灵活性,应变能力不够,对新机会反应迟缓,对没有把握的事情不感兴趣	整理各方意见,评估可操作性,将好想法转换为切实可行步骤,确保行动与计划一致
	完成者 (Completer Finisher,CF)	勤勉苦干,忠诚尽责,关注细节,善于发现并纠正各种疏失缺陷,做事追求完美	容易拘泥细节,事必躬亲,不习惯授权,不愿别人介入自己的工作,可能会过分焦虑	积极工作起表率作用,推动其他成员增强目标感、紧迫感,预防并消除各类错误与疏漏
社交类	协调者 (Co-ordinator,CO)	善于组织和发挥现有资源的优势,对不同意见兼容并蓄,擅长妥平衡各种矛盾	智力与创造力可能没有特殊之处,也可能被视为玩弄手段,推卸个人职责	澄清目标,理顺问题,分清轻重缓急,综合意见,凝聚共识,明确分工,促进团队沟通

续表

	角色类型	优 势	可容许的缺点	团队中作用
社交类	凝聚者 (Team Worker, TW)	团队意识强,重协作,态度温和,处事圆通,避免摩擦,快速适应环境,擅长人际交往	容易感情用事,有时会为维持关系,而放弃自身的判断,紧迫情况下可能优柔寡断	支持帮助他人,化解团队分歧,缓解团队杂音,促进团队合作,营造团队和谐气氛
	外交家 (Resource Investigator,RI)	外向热情,善沟通,好奇心强,喜欢探索新机会,迎接新挑战,开拓对外联系,消息灵通	做事往往兴趣驱动,见异思迁,兴趣转移快,容易三分钟热度,并且过分乐观	广泛联系各类人群,参加磋商性质活动,广泛收集并整合外部信息,推动团队变化
思考类	智多星 (Planter)	知识面广,想象力丰富,点子多,创新意识强,不会墨守成规,善于解决疑难问题	容易高高在上,忽略现实琐事,有时过于自我,过于超前,表达不够,不易为他人理解	提供建设性意见,创新性方法,启发团队思维,提出批评并有助于引出相反意见
	检查者 (Monitor Evaluator,ME)	分析力与判断力强,考虑周详,不盲从,讲求实际,处事冷静,谨言慎行,理智客观	对人对事往往批评过多,过于理性,不易亲近,想象力与激情不够,不易被鼓动和激发	分析各类问题,评判各类意见,指出不足之处,提醒团队注意各类风险,消除短板
	专业师 (Specialist,SP)	拥有专业知识和技能,做事专注,主动自觉,全情投入,乐于应对有难度的专业问题	专业领域较狭窄,个性较强,固执有脾气,小瞧比较"笨"的人,对低水平琐事不耐烦	具备常人不具备的精深专门知识和技能,攻克他人无法解决的专业性很强的疑难问题

天堂与地狱?

天堂就是:厨师是法国人,警察是英国人,修车技师是德国人,公共行政人员是瑞士人,情人是热情如火的意大利人。

地狱就是:厨师是英国人,警察是德国人,修车技师是法国人,公共行政人员是意大利人,情人是冷若冰霜的瑞士人。

"用人之长,天下无不用之人;用人之短,天下无可用之人!"多数人在个性、禀赋上存在着双重甚至多重性,一些团队成员比另一些更适合某些团队角色,这取决于他们的个性和智力。

一支优秀的团队,应该是九种角色的均衡搭配,尊重彼此差异,实现气质互补,才能使团队有很强的思考力与行动力。当一个团队在上述九种团队角色出现欠缺时,其成员应在条件许可下,主动实现团队角色的转换,使团队的气质结构从整体上趋于合理,以更好地达成团队目标。

8.4.3 人力资源计划

1. 岗位职责表

表 8-8 是软件项目中一些主要角色的岗位职责示例,实际工作中根据需要还可能进一步细分,如设计人员分解为设计负责人与一般设计人员。

表 8-8　项目岗位职责示例

项目角色	项目职责
项目经理	对项目负完全责任,拟订项目计划,组织协调各方资源,构建高效项目团队,指导、监督、控制、考核项目各项活动,确保项目在预算范围内按时优质完成……
设计人员	对技术路线与设计方案负总责,负责系统需求分析,确定总体框架,设计库表结构,定义系统外部接口、内部子系统间接口,跟踪、控制、解决项目系统级的技术问题……
开发人员	对自己编制的代码负完全责任,根据总体项目计划,安排自身编码工作,准确理解系统需求及设计,解决软件编码的技术问题,遵循各类规范要求……
测试人员	确保遗留缺陷数控制在预定质量指标内,编制测试计划,设计测试用例,搭建测试环境,组织软件测试,记录软件缺陷,分析测试结果,执行回归测试,编制测试报告……
质保人员	确保软件过程遵循约定的规范,编制质量保证计划,监督计划及规范的执行到位情况,定期检查、分析项目质量,提交质量检查报告,跟踪各类问题解决情况……
实施人员	负责调研实施环境,确定实施方案,制订实施计划,有序展开用户培训、数据迁移、系统部署、系统割接以及上线后的运行维护工作……

2. 责任分配矩阵

责任分配矩阵是用来对项目团队成员进行分工,明确其角色与职责的有效工具,直观地反映团队成员的责任和利益关系,见表8-9。责任矩阵中纵向为工作单元,横向为项目小组、角色或成员,横纵交叉处表示项目小组、角色或成员在某个工作单元中的职责。

表 8-9　项目责任分配矩阵 RACI 图示例

	小周	小赵	小李	小王	小陈
项目计划	A	R	I	I	I
系统设计	C&I	A	R	I	I
产品开发	C&I	A	R	I	I
产品测试	C&I	C	R	A	R
工程实施	C&I	C	C	R	A

R：Responsible 执行 A：Accountable 负责 C：Consult 咨询 I：Inform 知情

3. 项目用人计划

项目用人计划(见图 8-14)用以规划整个项目周期的每个阶段分别需要什么样的人,多少人,什么时候进,什么时候出。

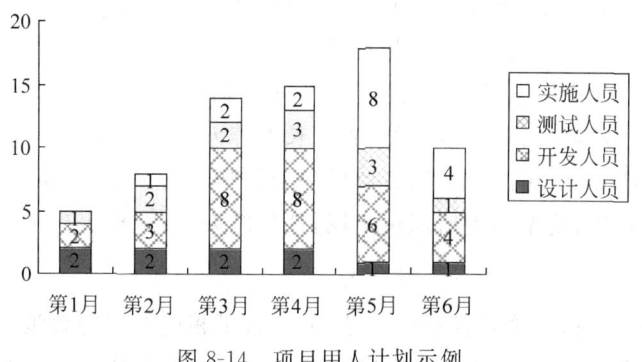

图 8-14　项目用人计划示例

1月份主要进行项目计划、需求分析、概要设计以及一些关键技术的验证,需要一支少而精的队伍。

2月份展开详细设计,关键业务的原型开发,制订测试方案,设计测试用例,规划项目实施方案。

3、4月份进入大规模编码与集中测试阶段,持续加大编码与测试方面的投入。

5月份开始大规模实施工作,系统培训、数据迁移、系统割接等,需要投入大量现场实施人员。

6月份持续进行系统完善以及上线后的运行维护支持,人员开始逐步退出项目。

项目用人最大的忌讳是没有根据任务量的大小合理动态调配人力资源,造成成员忙闲不均。过于清闲既浪费公司资源,影响公司大局,又极易无事生非。长期压力太大,则可能怨声载道,员工反弹甚至团队动荡。

8.4.4 人力资源获取

项目所需人力资源一般先在组织内部进行调配,根据项目规模、重要性及用人计划,可以是上级预先指定、选拔任用,或是毛遂自荐,也可以是项目经理先提出意向人选、再与公司协商后敲定。相对于其他途径获得的人力资源,组织内部经过充分磨合的现有人员,是项目组最可信赖的中坚力量。

不同项目间,存在着不可避免的资源竞争。谁掌控足够多且好用的人力资源,谁的项目就更容易取得成功。此时,项目经理谈判说服、向上沟通的能力就显得尤为重要。

组织内部人力资源无法满足项目建设要求时,可以考虑以下几种途径补充人员。

1. 内部培训

所谓人手不足,一般不是数量上的不够,而是缺乏符合岗位要求的人员。成熟的组织,会结合整体业务发展的技术与管理要求,建立长效的内部培训与选拔升迁机制。这是人才结构性紧缺问题的根本解决之道,也是保持组织队伍长期稳定的最好方法。

具备较高管理与技术水平、贡献度较大的通用型人才,是组织的中坚骨干力量,应有计划地从内部培养,规划好成长曲线,给予较高待遇,减少流动性,保持组织稳定。

掌握关键技术、关键客户资源,对组织发展起决定作用的稀缺性人才,是组织的核心力量,需要内部筛选、长期培养、锁定重用、利益绑定,最大可能地防止流失。

2. 劳务外包

(1)将相对独立的非核心工作或者非组织专长领域的工作,整体外包给有长期合作关系的公司,重点把好需求与验收两个环节,自身专注于核心业务领域的开发。

(2)当项目无法切块外包时,从合作公司短期租赁部分技术人员,纳入项目组的日常管理之中,重点把好外包人员的技能水平与责任心两道关。

(3)部分要求特殊的工作,如网站的小语种外文翻译,绕不过的技术难题等,可以考虑与外聘兼职人员展开短期合作,一事一结,省去长期养人的高费用。

(4)一些门槛要求较低的工作,如简单模块的代码堆叠,现场问题的收集跟踪,可以考虑临时聘用一些实习生,简单培训后即可上岗,任务结束后,根据表现决定后续去留。

3. 员工推荐

不少公司鼓励员工积极推荐合适的人才,并出台了相应的奖励政策,如将新员工一个月的薪水奖励给引荐者,只要新员工能在公司稳定下来。这种做法首先是节约成本,大大低于从市场海选所需的花费；其次，对新员工更容易做到知根知底，全面客观评估；最后，新员工更容易融入组织文化，长期扎根，因为进来前，他已经从引荐人那里详细了解了公司状况，已经做好接纳公司各种不足的思想准备。

4. 市场招聘

通过常规渠道，在人才市场临时撒网海选，这是费时费力，成效未必理想的方式。大部分组织的 HR 都背负着临时找人的巨大压力，短期内要找到称手合用又能接受组织文化的人不是件容易的事。参加了多场招聘会，好不容易找了几个凑数的人，没干几天，可能就跑了。管理相对成熟的组织，则会将人才信息搜集作为一项常年的工作，建立相应的人才储备库。一旦有明确的项目需求时，可以较为快速地锁定目标人选，成功率相对较高。

5. 猎头挖人

如果操作不好，往往会对组织文化造成重创，因而是迫不得已的最后手段。这类以优厚待遇引进的人才，往往掌握着组织一时急需的技术或者资源，但其综合能力未必高人一等。等到项目问题解决，技术窗户纸捅破之后，能力并不逊色的那些老员工，常会因为待遇的过度反差而心有怨气。结果引进一个人，寒了一批人的心，得不偿失。

8.4.5　人力资源评估

正式入职的员工一般要经过笔试、面试、试用三道关卡。笔试主要集中于专业知识技能与职业能力测试。越初级岗位，知识技能的考核比重越大；越高级岗位，越侧重问题的综合应用分析。相关领域的工作经验，决定了求职者的人力资源价值，是技术主管最为关注的焦点。人力资源主管更侧重评估求职者的人际互动、团队协作等综合素质。

庙小容不下大佛，人才选用中，要把握经济适用的原则。小马拉大车，固然力所不逮；豪华大奔在乡间崎岖小路上却极可能灰头土脸，动弹不得。与组织文化相融，与组织发展水平相适，将合适的人用在合适的地方。

1. 人才价值评估

从综合能力与态度两个角度进行简单的价值评估。原点为从业人员在能力与态度方面的平均水平，组织招聘时优先考虑虚线以上的阴影部分。如图 8-15 所示，西游记团队中：

（1）唐僧：意志坚定，坚持原则，使命感强，一路向西；慈悲心肠，精通佛学教义；出身名门，广得支持；团队领导不二人选。

（2）孙悟空：火眼金睛，七十二般变化，神通广大；三山五岳，广交朋友；虽有顽劣，不服管教，却重情重义，忠心耿耿。

（3）猪八戒：虽好吃懒做、贪财好色、意志

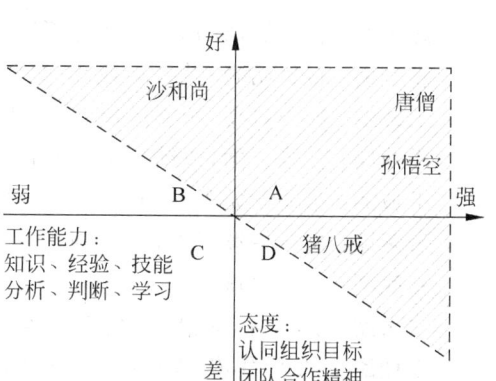

图 8-15　西游记人才价值取向

不坚,但本领还行、头脑灵活,是悟空的得力助手,关键时刻挺身而出不含糊。

(4)沙和尚:虽能力有限,但甘愿承担牵马挑担这类粗笨无聊的工作,尽心尽力;组织需要大量这类忠于职守的基层员工。

2. 人才功能取向

组织可以综合前述的人格测评(如 MBTI、九型人格以及贝尔宾团队角色模型),考察人才的人格特质与岗位要求的匹配度。在专业技能一定的情况下,人格特质与岗位要求的匹配度,决定着员工的能力发挥、绩效达成度以及工作满意度,影响着员工流动率。读者可以试着分析一下,西游记团队的人格特质与岗位要求匹配情况。

从某种程度上看,人才功能取向评估的重要性,要高于专业技术能力的评价。专业技术能力的高低,决定了当下一时性的工作成效;而心智模式、人际沟通、团队协作、责任承担,标示着一个人长期发展的潜质,决定了一个人在组织中可以走得多远。

3. 人才境遇评估

如同《爱拼才会赢》中所唱"人生可比是海上的波浪,有时起,有时落",人的职场之路往往很难一帆风顺,总有顺境或逆境,见图 8-16。

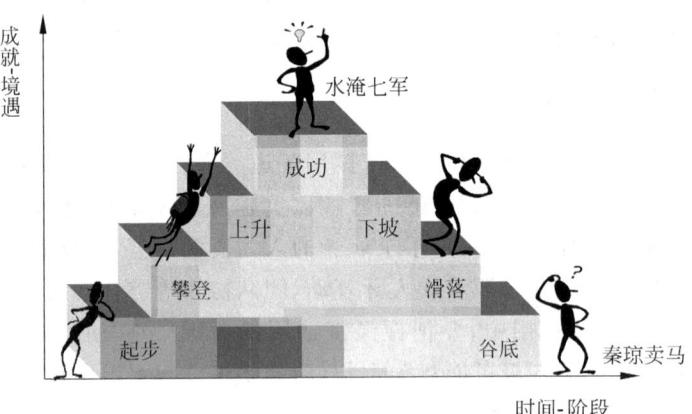

图 8-16　人才不同的境遇阶段

起步期:初入职场的菜鸟,技能不够,但白纸一张,可塑性强,肯学肯干,有激情。

攀登期:目标明确,做好准备,敢想敢做,干劲十足,不歇步,不服输。

上升期:能力显现,积极进取,勇挑重担,快速成长,业绩激增,潜力巨大。

成功期:独当一面,成绩斐然,却可能开始心高气傲,止步不前,隐伏危机。

下坡期:事业开始下滑,吃老本,心浮气躁,却又自视太高,不愿放下身段做事。

滑落期:事业持续下滑,看不到谷底,意志消沉,太多抱怨,逃避责任。

谷底期:败走麦城,穷途末路,却可能放下姿态,触底反弹,重新证明自己的价值。

成长期中的人才,因潜力大、容易融入组织,总是优先进入组织的视线。

下坡路上的人才,英雄迟暮,不好摆正定位,既卖不出好价钱,组织也会慎之又慎。

事业巅峰的成功人士,组织费尽心思,花大代价引入后,不少情况下却因水土不服、安于现状、故步自封、状态下滑等原因,达不到预期的作用。

8.5　团队协作

8.5.1　大家共同的责任

课堂讨论 8-3　默契报数的责任

1. 游戏规则

(1) 全班分为若干小组,各组人数相同,每组不超过 10 人,另找 2 名计时员、1 名裁判。

(2) 每组选一名组长,组织组员按 1—2—3 的顺序报数,时间最短的小组胜出。

(3) 组长不参与报数,组员每人报一个数字,必须按顺序报数,不能同时报、抢报。

(4) 每轮间歇,组长组织成员讨论改进方法。如谁先报、谁后报等。

(5) 试报一轮,正式比赛 4 轮,将每一轮的名次折算成得分进行累加。

(6) 每一轮垫底以及各轮总积分垫底的小组将受罚,建议以文罚为主,如唱歌、演讲、写报告等。惩罚的力度逐轮翻倍,例如,第一轮唱歌半分钟,第二轮 1 分钟,第三轮 2 分钟,第四轮 4 分钟。总积分第一的小组有奖,组长另加一份奖励。

(7) 如有违规重新报数,是否违规由裁判判定。每轮报数中,每违规一次加计 0.5 秒,直至成功完成报数;发挥不佳的,也可以选择重新报数,同样地每重报一次加计 0.5 秒。

2. 关于组长的思考

(1) 组长是自愿担任还是众人推选? 你觉得他当组长的动机是什么? 大家为何选他做组长?

(2) 你觉得组长是否有足够心理准备应对各种意外状况(如报数卡壳、裁判不公等)?

(3) 你认为组长应发挥哪些作用? 很关键还是可有可无?

(4) 小组成绩不佳,或组员犯错时你们的组长如何应对?

(5) 你对组长满意吗? 他尽到职责了吗,有哪些地方需要改进?

(6) 你觉得谁最适合做你们的组长,为什么?

(7) 你对组长应该背负的"责、权、利"有何看法?

(8) 你觉得你们的组长是否有流露出后悔当这个组长?

(9) 你觉得出状况时,组员是否有流露出对组长的不满?

(10) 是否有比较强势的组员把组长撂到一边接管了讨论,成为事实上的组长? 你赞同这种做法吗? 你觉得怎么做比较好? 你有没有将你的想法付诸行动? 如果没有,为什么?

3. 关于组员的思考

(1) 你有过自己当组长念头吗? 你表达出这种意愿了吗?

(2) 如果你当组长,你的表现会强于现在的组长吗?

(3) 请对组员及本人在各环节的表现做下点评?

(4) 你们小组成功/失败的主要原因是什么?

(5) 你们小组都采用了哪些办法,以确保快速准确报数? 其中有你的贡献吗?

(6) 你是被动参与还是主动建言? 你们的讨论高效吗?

(7) 谁是小组的拖油瓶? 据你的观察,犯错后,他本人的第一反应是什么? 你内心的第一反应是什么？这种反应有没有显式地表现出来？组长及其他成员对此有何反应？

(8) 你是如何看待员工犯过,组长受重罚的？组员有没有主动站出来共同分担责任？

(9) 如果再次进行游戏,你会争取当组长吗？为什么？

8.5.2 演好自己的角色

课堂讨论 8-4　叠纸牌的思考

1. 方案讨论

(1) 分组：4 人一组。

(2) 时间：20 分钟。

(3) 道具：实验用的半副全新扑克牌,正式比赛时另发一副牌。

(4) 要求：大家共同讨论,找出能将纸牌叠得又高又稳的方法。

　　① 利用扑克牌叠纸塔,看哪组叠最高。

　　② 扑克牌随你怎么处理(折、撕、揉⋯⋯)。

　　③ 不能用胶水、胶带等辅助物,不能用其他物品扶持,不要钻牛角尖及规则漏洞。

2. 正式比赛

(1) 分组调整：

　　① 4 人一组,选定一名组长 A,两名队员 B、C,一名裁判 D。

　　② 裁判 D 要分派去监督其他小组的游戏过程,成绩随原先的小组。

　　③ 模拟现实中的工作调动,队员 B 调配到其他小组,成绩随新的小组。

(2) 时间：40 分钟

(3) 道具：两副全新扑克牌。

(4) 要求：组长指导,裁判监督,队员叠纸牌。

　　① 组长动口不动手,只能动口,不能跟执行者讨论,也不能动手示范。

　　② 两名队员一人一副牌,动手叠纸塔,两人各叠各的,不能互相讨论。

　　③ 组员动手不动口,只能按指令做,不能自作主张,不明白的可要求组长解释。

　　④ 两人搭牌方式要一样(每层用同样多的纸牌,横竖撕折要一样),否则推倒重来。

　　⑤ 两人进度要一样,层差超过 1 层,推倒重来；一人扑克倒下,另一人推倒重来。

　　⑥ 最终成绩取两名队员纸牌高度的最低值。

(5) 特别提醒：

　　① 不能随便乱走动,干扰其他小组。

　　② 裁判要尽到职责,裁判越公正,越有利于自己所在小组取得相对较好的名次。

3. 游戏后的思考：

(1) 方案讨论中

　　① 你扮演什么角色：协调者、计时员、记录员、建言者、旁观者、批评者⋯⋯

　　② 你的表现属于哪一种：

　　　　• 积极主动、思维活跃、献计献策、推动鼓励。

　　　　• 消极被动、思维僵化、冷眼旁观、批评破坏。

　　③ 你喜欢自己在讨论中所扮演的角色吗？

④ 你觉得领导会欣赏你的表现吗?

⑤ 你们尝试了几种方案? 最终的方案是如何确定下来的?

⑥ 讨论中谁作用最大? 为什么不是你? 你尽责了吗?

⑦ 你对小组讨论的过程与结果满意吗? 好在哪,不足在哪,怎么改进?

⑧ 跟之前的课堂讨论相比,你觉得自己的表现有在进步吗?

（2）执行中

① 小组角色分工是如何确定下来的?

② 你喜欢自己所扮演的这个角色吗?

③ 你内心深处希望自己扮演哪个角色?

④ 你对自己的表现满意吗? 不足在哪,什么原因造成的,怎么改进?

⑤ 你对小组的表现满意吗? 不足在哪,什么原因造成的,怎么改进?

⑥ 你们组是何时收工的? 基于什么考虑? 是组长做的决定,还是组员自己停工?

⑦ 你们组属于哪种类型(稳健型、进取型、坚韧型、创意型)? 晒晒理由。

⑧ 你们在风险管控方面做到位了吗?

（3）如果你是裁判(QA,即质量保证人员)

① 做好 QA 工作需要哪些基本素质?

② 你是合格 QA 吗?

公正、客观、认真、尽责、建设,还是走神、摆设、越位、作弊?

③ 对各类违规行为你有何感想(没什么、不应该、要杜绝、要严惩)?

④ 发现违规行为,你内心第一反应是什么(幸灾乐祸还是遗憾鼓励)? 采取了什么行动?

⑤ 多次指出违规后,队员对你的态度有无微妙变化? 你内心怎么想,采取什么措施应对?

⑥ 如果是实际项目的重大缺陷,你是像课堂上这样视而不见还是要求推倒重来? 工作中做出这个决定容易吗? 如果项目后期出现重大返工,哪些人要承担相应责任?

⑦ 你喜欢 QA 的工作吗? 为什么?

⑧ 你适合 QA 的工作吗? 为什么?

（4）如果你是组长(PM,即项目经理)

① 你觉得 PM 需要具备哪些基本素质?

② 你在项目决策、工作指导、团队激励、绩效改进、应变处理等方面是否做得到位?

- 思路清晰、果断坚决、指导到位、一张一弛、调控情绪、勇于揽责。
- 思路不清、优柔寡断、指导不力、琴弦紧绷、着急埋怨、推卸责任。

③ 队员是否理解你的想法,是否严格按指令动作,是否很好地实现你的想法?

如果没有,问题出现在哪里? 谁要负这个责任?

你是放任队员自行其是,还是想了一定办法来有效约束队员?

④ 你有没有调整过方案? 基于什么考虑? 队员是否正确领会了你的新要求?

⑤ 你是如何看待那些比较"笨"的队员？你有没有特别关照新员工？

⑥ 你的队员出现过情绪波折吗？你采取了哪些应对措施？

⑦ 执行中有无违规行为，是自己发现的还是 QA 指出的？如果是自己发现的，你是视而不见、视图掩盖还是自己推倒？

⑧ 被 QA 发现违规后，你的第一反应是什么？你讨厌 QA 吗？

⑨ 纸牌垮塌或被推倒的一瞬间，你的第一反应是什么？

（5）如果你是队员（普通一兵）

① 做一个领导满意的被管理者应该注意些什么？

② 你是一个好兵吗？

- 令行禁止、胆大心细、相互鼓励、不气馁。
- 自行其是、眼高手低、相互埋怨、未坚持。

③ 你觉得你们的组长指挥到位吗？他把自己的想法表达清楚了吗？出现一些意外状况时（如组员泄气停工了），组长的应对得当吗？

④ 你是如何看待"瞎指挥"又有点"笨"的组长？

⑤ 你是严格按照组长的指令一步一动还是自行其是？

有没有出现过违规？为什么会违规？

⑥ 你觉得新员工应如何快速融入新群体？老员工在这方面能否起到一些积极的作用？你们组的老员工是否有帮助新员工的意识？

⑦ 你是如何看待有点"笨"而且拖后腿的队友？尤其当老员工表现差于新员工时，你是怎么想的？

⑧ 在不能语言交流的情况下，有肢体语言的交流吗？这种交流是积极正面的，还是负面消极的？

⑨ 因你的违规或失误导致垮塌或被推倒的一瞬间，你的第一反应是什么？（自责、心烦、泄气等）队友、组长又有何反应？

⑩ 因队友失误导致垮塌或被推倒的一瞬间，你的第一反应是什么？（埋怨、心烦、沮丧等）队友、组长又有何反应？

8.5.3　项目经理的修炼

如果你喜欢一个人，就让他去当项目经理，因为项目会使他有业绩。

如果你恨一个人，就让他去当项目经理，因为十有八九他会被失败的项目毁了。

1. 项目经理的 12 条原则（Jeffrey Pinto and Om Kharbanda）

（1）弄清自己面临的问题、机会和期望：只有项目成功，项目经理才有价值；项目经理的最大使命就是采取一切手段，推进项目成功。

（2）明白项目团队中的冲突是必然和自然的：由于出身不同、立场不同、专业不同、动机不同、性格不同、风格不一，必然会产生各种冲突；要面对冲突，解决冲突。

（3）理解谁是项目干系人以及他们的需求和期望；识别项目的发起人、推动者、追随者、反对者、旁观者、受益者、受损者，搞清干系人的需求和隐含的期望。

（4）理解组织政治色彩并利用政治手段获得优势：每个组织都有自己的企业文化，项目经理要有点政治小伎俩，积极争取必要的资源，减少内部阻力，获得高层支持。

（5）拥有领导才能，能够随机应变：管理者有下属，领导有追随者；管理是科学，领导是艺术；努力扩大非权力影响力，恰当运用权力影响力。

（6）明白判断项目成功的标准：平衡主要项目干系人的期望，不断引导客户接受"范围—时间—成本—质量"的现实平衡，获得主要项目干系人的最大满意。

（7）充当激励者、教练、啦啦队长、调解员和冲突解决人以组建和谐团队。

（8）你的情绪是成员态度发展的基础：成员的信心源自你的信心，成员的态度始自你的态度；任何时候，保持对项目的信心，保持对工作的激情，保持对客户的敬畏。

（9）经常问一些"如果……那么……"的问题，避免安于项目现状；多算胜，少算不胜；未雨绸缪方能有备无患。

（10）不要因小事而停滞不前，迷失项目目标：每一阶段有每一阶段的工作重点，要有大局观，不要因小失大；不要纠缠在一些小细节上，捡了芝麻丢了西瓜。

（11）有效地管理你的时间：成功的管理者将一半以上时间用在内外沟通上；项目经理要安排好自己的时间以及团队的时间，分清轻重缓急。

（12）最重要的是：计划、计划、计划。很多时候不是缺少计划，而是缺少计划前的行动；没有一成不变的计划，只有与时俱进的应变。

2. 项目经理能力要求

2006 年 IPMA 推出了 ICB3.0，将专业的项目管理划分为 46 个能力要素，包括项目管理的技术能力要素，专业的行为能力要素，以及与项目、大型项目及项目组合相适应的环境能力要素。如图 8-17 所示，能力之眼表达了所有项目管理要素的综合集成，以及项目管理人员通过眼睛对特殊状态的评判，展示了项目经理应具备的清晰判断力和洞察力。

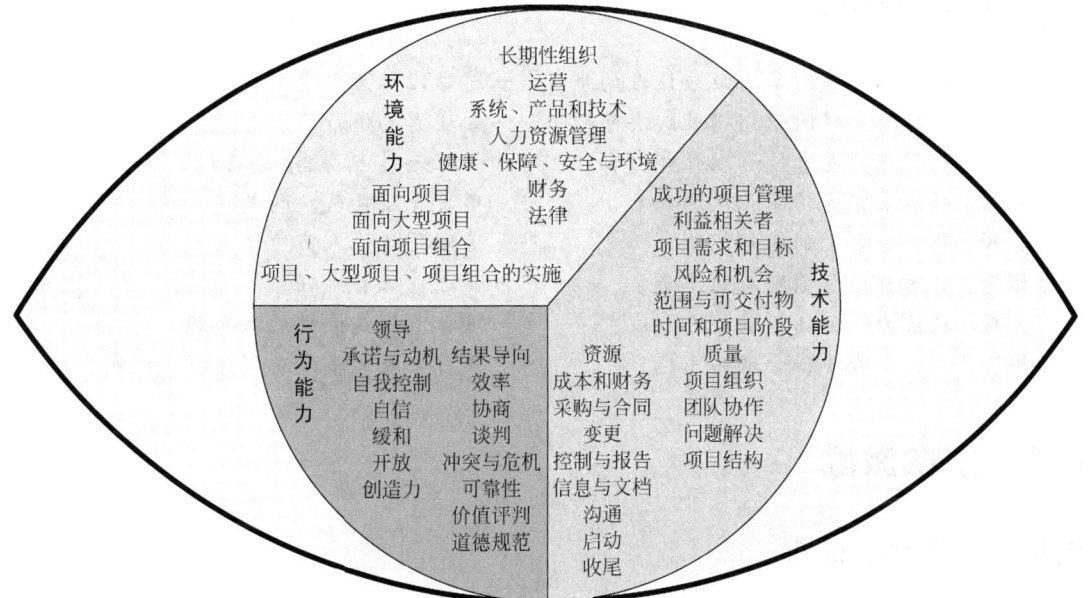

图 8-17　ICB3.0 的项目经理能力之眼

PMI 于 2007 年推出了 PMCDF（Project Manager Competence Development Framework）第二版，定义了项目经理的能力发展框架，作为个人或组织来管理项目经理的专业发展。PMCDF 从三个方面描述项目经理应该具备的能力：

知识能力：表示项目管理人员所应了解和掌握的基本项目管理方法和技能，也就是 PMBOK 中所阐述的五大过程组，十个知识领域。

执行能力：表示项目管理人员所应具备的并在实际工作中应用上述知识的能力。

个人能力：表示项目管理人员所应拥有的行为、态度和关键个性特征等方面的能力。个人能力要素的具体要求见表 8-10。

表 8-10　PMCDF 第二版的个人能力要素（PMI，2011）

1. 沟通	4. 认知能力
1.1 主动倾听，理解并响应干系人的要求	4.1 全盘考虑项目
1.2 维护沟通渠道	4.2 有效解决问题
1.3 保证信息质量	4.3 使用合适的项目管理工具和技术
1.4 根据对象调整沟通	4.4 寻求机会，提升项目结果
2. 领导	**5. 职业精神**
2.1 创建团队氛围，提高团队绩效	5.1 对项目的承诺言出必行
2.2 建立和维护有效的关系	5.2 做事诚实正直
2.3 激励和指导团队成员	5.3 正确应对个人或团队逆境
2.4 承担起交付项目的责任	5.4 管理人员的多样性
2.5 根据需要使用影响能力	5.5 解决个人和组织问题时保持客观
3. 管理	**6. 有效性**
3.1 建立和维护项目团队	6.1 解决项目问题
3.2 有组织地规划和管理项目	6.2 激发干系人的参与、热情和支持
3.3 解决与项目团队或干系人有关的冲突	6.3 根据需要进行变更，以满足项目需求
	6.4 必要时能果断行事

3. 项目经理的成长

选择：从做感兴趣的事到做应该做的事	——选择比努力更重要。
行动：从擅长发现问题到擅长解决问题	——管理需要执行力。
成熟：从理性转向感性和理性相结合	——管理是科学，领导是艺术。
洒脱：从追求完美转向相对满意	——项目管理是残缺的美。
成长：从管好自己到引领团队	——管理是使他人产生绩效。
承担：从对自己负责到对组织负责	——管理意味着责任。
授权：从亲力亲为到推动他人解决	——培养下属是最大的法布施。
蜕变：从技术能手到管理高手	——项目失败大多不是因为技术问题。

8.6　团队激励

8.6.1　为何要激励

一只猎狗将兔子赶出了窝，一直追赶它，追了很久仍没有捉到。牧羊看到此种情景，讥笑猎狗说"你们两个之间小的反而跑得快得多"。猎狗回答说："你不知道我们两个的跑是完全不同的！我仅仅为了一顿饭而跑,它却是为了性命而跑呀!"

如图 8-18 所示,心理学家认为,人的行为是由动机支配
的,动机又由需要引起;需要产生动机,动机导向行为,行为
达成目标,目标满足需要。

图/乐1网

动机是任何行为发生的内在动力,动机对行为有激发、引
导和维持的作用,没有动机就没有行为。动机的性质不同、强度
不同,对行为的影响也不同。猎狗是为一顿饭在"尽力而为",兔子则是为保命而"全力以赴"。

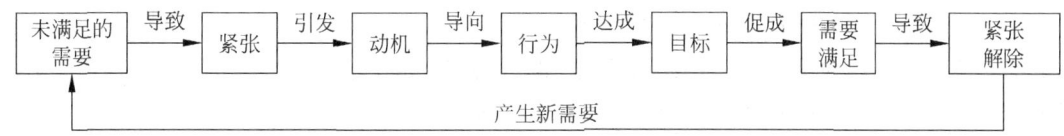

图 8-18　个体行为的基本模式

所谓矢不激不远,人不励不奋。哈佛大学的心理学家威廉·詹姆士(William James)研
究发现,普通人工作时一般只用 10% 的潜力;按时计酬的员工只需发挥能力的 20%~30%
即可"称职";而如果受到充分的激励,则可发挥 80%~90% 的潜力。也就是说,同样一个人
在通过充分激励后所发挥的能力相当于激励前的 3~4 倍。

管理的最高境界是让人拼命工作而无怨无悔。

——松下幸之助

激励是持续激发人的内在动机,鼓励人朝着所期望的目标采取行动的过程。它从个体
需要出发,引起欲望并使内心紧张,这种紧张不安的心理会转化为动机,激发实现目标的行
为,最终使欲望得到满足。激励的过程本质上就是个体需要不断获得满足的过程,其核心作
用是调动人的积极性。真正的管理,本质上就是管理员工的源动力。

春秋以前列国普遍存在"世卿世禄"制。国家在选拔人才,包括军事将领时,实行"亲亲
尊尊"路线,主要在奴隶主贵族中选取。平日村社各级首领,战时就是各级军官。战场上军
功录于村社首领名下,普通士兵无论立下多大战功都被看作是因村社土地关系而产生的义
务,军功不会改变其社会地位。

商鞅变法之前,秦国国力衰弱,有亡国之危。商鞅变法十年,秦民大悦,路不拾遗,山无
盗贼,家给人足,民勇于公战,怯于私斗,乡邑大治,秦成为第一大强国。

商鞅下令"有军功者,各以率受上爵,为私斗者,各以轻重被刑",以奖励军功而禁止私
斗。爵位依军功授予,战斩一首赐爵一级,欲为官者五十石,各级爵
位均规定有占田宅、奴婢的数量标准和衣服等次。普通士兵可借军
功改变自身的命运,宗室非有军功不得列入公族簿籍。即"有功者
显荣,无功者虽富无所芬华"。就是说有功劳的,可享受荣华富贵;
无功劳的,虽家富,不得荣耀显达。

军功爵制的推行,使得原本弱小的秦军从此无往而不胜,最终
一统六国。

8.6.2　激励的理论

激励理论可归纳为内容型、过程型和行为改造型三大类。内容型激励关注引发动机的

因素；过程型激励关注动机的形成过程；行为改造型激励关注激励的目的。

1. 内容型激励

1）马斯洛需要层次理论

美国心理学家亚伯拉罕·马斯洛（Abraham Maslow）在 1943 年所著的《人类动机理论》一书指出，人的需要从低到高划分为五个层次，如图 8-19 所示。

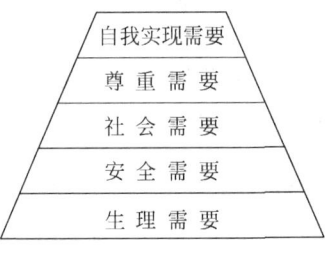

图 8-19　需要层次理论

（1）生理需要：即是衣食住行，养家糊口。生存权是人的第一需要，肚子填不饱有可能使人铤而走险。

（2）安全需要：如保险福利、社会保障、铁饭碗等。低消费高储蓄，源于社会保障缺位，源于对未来预期的焦虑。

（3）社会需要：人是社会动物，需要亲情、友情、归属感、认同感。富士康的"十二跳"，值得社会的思考。

（4）尊重需要：包括对成就或自我价值的个人感受（如我助人我快乐）与他人对自己的认可与尊重（如成绩好获奖学金）。

（5）自我实现需要：追求成长，发挥潜能，取得成就，实现理想。如至圣先师孔夫子，毕生诲人不倦，成就万世师表。

马斯洛认为：人的需要是有轻重之分的阶梯式上升结构，同时存在个体性差异，只有未满足的需要才具有激励作用，只有低层次需要相对满足后才会产生较高层次的需要。

2）ERG 理论（Existence Relatedness Growth）

美国耶鲁大学的克雷顿·奥尔德佛（Clayton Alderfer），1969 年在《人类需求新理论的经验测试》中修正了马斯洛的观点，认为人的核心需要可以归并为三种，如图 8-20 所示。

（1）生存（E）：与基本物质生存需要有关，包括马斯洛提出的生理和安全需要。

（2）相互关系（R）：人们对于保持重要人际关系的要求，包括社会需求及外在自尊需求。

（3）发展（G）：个人谋求发展的内在愿望，包括内在自尊需求以及自我实现需求。

奥尔德佛认为：各种需要可同时具有激励作用；需要被满足的程度越低，个体对该需要的追求就越强（"愿望加强"律）；较低层次需要得到满足后，对较高层次的需要会加强（"满足上进"律）；较高层次需要受挫时，个体对低层次需要的追求将更强烈（"受挫回归"律）。

由此我们就可以理解，为何并非所有文化下，所有个体都像马斯洛那样安排需要的层次；为何富士康公司"十二连跳"的问题仅靠提高工资水平无法彻底解决。相互关系需求得不到满足时，金钱方面的要求就会更加强烈，干几年挣点钱就走人，没有任何留恋。

3）成就动机理论

美国哈佛大学的戴维·麦克利兰（David. C. McClelland）认为，除了生理需要外，人最重要的高层次需要有三种（见图 8-21）：成就需要、权力需要、亲和需要，特别是成就需要。

（1）成就需要：高成就需要的人追求卓越，独立负责，喜欢挑战，也担心失败。喜欢设立具有适度挑战性的目标，会回避过分的难度，喜欢多少能立即给予反馈的任务。

（2）权力需要：高权力需要的人喜欢承担责任，努力影响、控制他人，注重争取地位和影响力，喜欢处于竞争性环境，关心个人目标的实现。

（3）亲和需要：高亲和需要的人寻求被他人喜爱和接纳，建立友好、亲密、和谐的人际关系，喜欢合作而不是竞争的工作环境，寻求安定、保险系数高的工作。

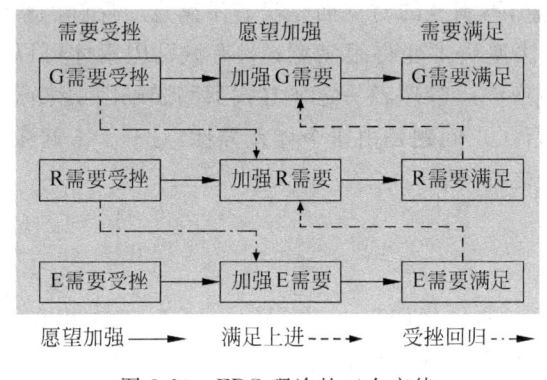

图 8-20　ERG 理论的三个定律

图 8-21　成就动机理论

麦克利兰认为：测量和评价员工动机体系的特征有助于更合理地分派工作和安排职位；了解员工的不同需求与动机能够有针对性地建立激励机制；可以通过训练、提高员工的成就动机来提高生产率。

4）双因素理论

20 世纪 50 年代，美国行为学家弗雷德里克·赫茨伯格（Frederick Herzberg）提出了激励与保健因素理论。

赫茨伯格通过调查发现（见图 8-22），使员工感到不满意的因素——保健因素，往往由外界环境和工作关系引起，如公司政策、管理监督、工作条件、人际关系、地位、安全、生活条件等；使员工满意的因素——激励因素，多由工作本身或工作内容产生，如信任、责任、挑战、认可、成就等。

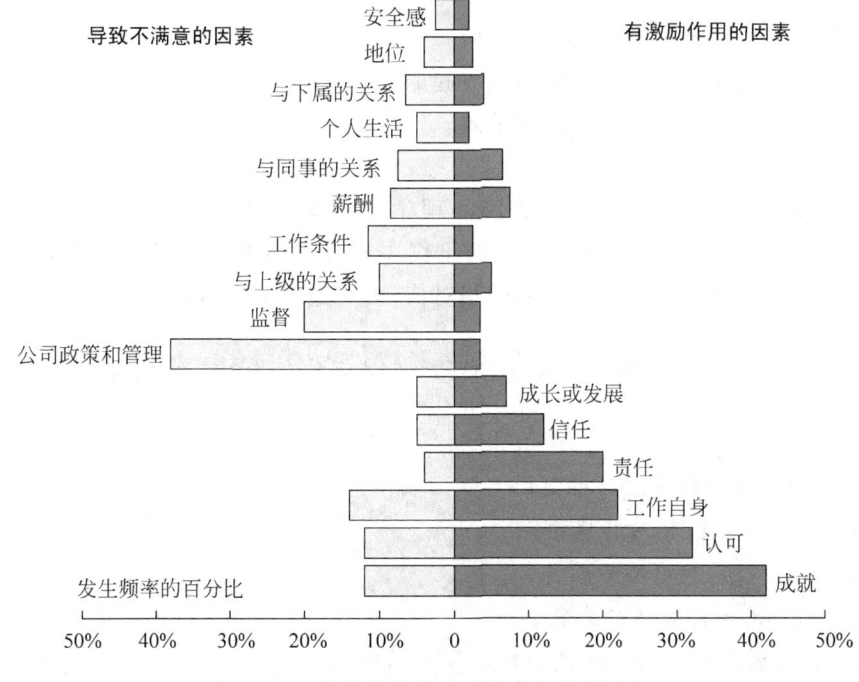

图 8-22　赫茨伯格的激励因素与保健因素

赫茨伯格认为,满意的对立面是没有满意,不满意的对立面是没有不满意。保健因素的改善,可以消除不满意,但不能激励员工,无法使员工变得很满意;只有激励因素才可以提高满意度,激励员工的工作热情,从而提高生产率。管理者一定要寻找那些激励因素来激发员工的士气,而保健因素保持在一定水平就行了。问题是由于个体差异性,对一个人起激励作用的因素,对另一个人可能起保健作用,反之亦然。

2. 过程型激励

1)期望理论

北美著名心理学家和行为科学家维克托·弗鲁姆(Victor H. Vroom)于 1964 年在《工作与激励》中提出:人之所以能够从事某项工作并达成组织目标,是因为这些工作和组织目标有助于达成自己的目标,满足自己某方面的需要。只有当人们预期到某一行为能给个人带来有吸引力的结果时,个人才会采取特定的行动。

如图 8-23 所示,弗鲁姆认为,要激励员工,就必须让员工明确:

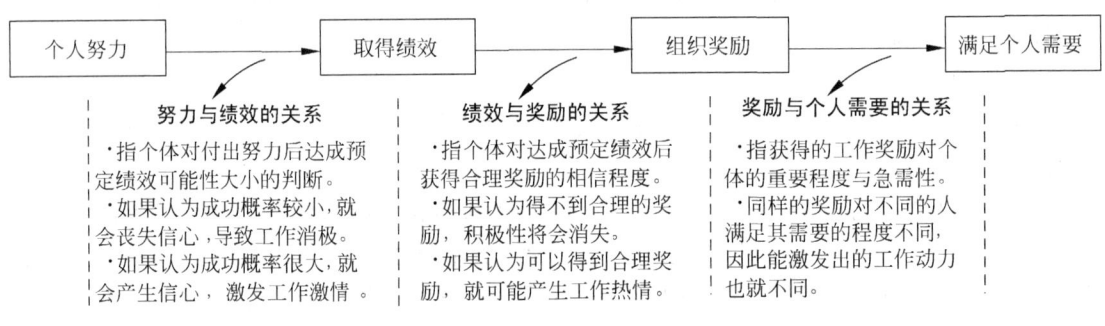

图 8-23　期望理论的三个关系

(1)工作能提供给他们真正需要的东西。

(2)他们欲求的东西是和绩效联系在一起的。

(3)只要努力工作就能提高他们的绩效。

2)公平理论

公平理论又称社会比较理论,由美国心理学家约翰·斯塔希·亚当斯(John Stacey Adams)于 1965 年提出。亚当斯提出,人们不仅关心自己所获报酬的绝对值,更关心相对值;员工积极性的高低取决于所获报酬的相对值,而与绝对值没有直接的联系。

横向比较:将自己所获报酬与投入的比值同组织内其他人做比较,相同时,才认为是公平。

$$\frac{O_p}{I_p} = \frac{O_c}{I_c}$$

O_p:自己对个人所获报酬的感觉;

I_p:自己对个人所做投入的感觉;

O_c:自己对他人所获报酬的感觉;

I_c:自己对他人所做投入的感觉。

$\dfrac{O_p}{I_p} < \dfrac{O_c}{I_c}$ 要求增加自己收入或减小自己努力程度;要求减少他人收获或增大他人努力程度。

$$\frac{O_p}{I_p} > \frac{O_c}{I_c} \quad \begin{array}{l}\text{可能觉得自己效率高、质量好；}\\\text{可能会主动多做事，直到觉得"无愧"。}\end{array}$$

纵向比较：将自己目前所获报酬与投入的比值同过去做比较，相同时，才认为是公平。

$$\frac{O_{pp}}{I_{pp}} = \frac{O_{pl}}{I_{pl}}$$

O_{pp}：自己对个人现在所获报酬的感觉；

I_{pp}：自己对个人现在所做投入的感觉；

O_{pl}：自己对个人过去所获报酬的感觉；

I_{pl}：自己对个人过去所做投入的感觉。

$$\frac{O_{pp}}{I_{pp}} < \frac{O_{pl}}{I_{pl}} \quad \begin{array}{l}\text{感觉被"穿小鞋"，不公平；}\\\text{工作积极性下降。}\end{array}$$

$$\frac{O_{pp}}{I_{pp}} > \frac{O_{pl}}{I_{pl}} \quad \begin{array}{l}\text{一般不会觉得自己报酬过高；}\\\text{通常认为自己的能力和经验有提高。}\end{array}$$

此外还要关注确定报酬分配的程序的公平。研究表明：分配公平对员工的满意度影响更大；程序公平更容易影响员工的组织承诺，对上司的信任以及离职率。

3. 行为改造型激励

行为改造型激励强化理论也称行为矫正理论，是美国心理学家斯金纳（B. F. Skinner）通过动物实验的结果提出的激励理论。斯金纳认为：人的行为只是对外部环境刺激所做的反应。人或动物为了达到某种目的，会采取一定的行为作用于环境。当行为结果对其有利时，这种行为以后就会重复出现；对其不利时，这种行为就减弱或消失。

常用的强化手段有正强化、负强化、正惩罚、负惩罚、消退等。

（1）正强化：对符合组织目标的行为予以肯定和奖励，以增强该行为的发生频率。如认可、表扬、发奖金、提升、提供学习机会、安排挑战性工作等。

（2）负强化：对符合组织目标的行为减少厌恶刺激，以增强该行为的发生频率。如不用长期加班、不用长期出差等。

（3）正惩罚：出现不符合组织目标的行为后给予厌恶刺激，以减少该行为的发生频率。如批评、做检讨、扣工资、降级、停职、撤职、辞退等。

（4）负惩罚：出现不符合组织目标的行为后取消原先的愉快刺激，以减少该行为的发生频率。如取消全勤奖、取消休假、取消业绩奖、取消升职资格等。

（5）消退：指对原先可接受的某种行为强化的撤销，使行为自然下降并逐渐消退。如取消加班费，促使员工合理安排工作计划，提高8小时内的工作效率。

奖励比惩罚更重要，惩罚只能使下属知道不该做什么，但不知道应该该如何去做。从激励的效果来看，强化优于惩罚，正强化优于负强化，负惩罚优于正惩罚。

8.6.3　激励的原则

1. 激励要结合目标

激励的目标设置必须同时体现组织目标和员工需要的要求,激励的方向要与组织目标一致,否则可能种瓜得豆、种豆得瓜。

2. 激励要及时

研究表明,及时激励的有效率为 80%,滞后激励的有效率为 7%。不及时的表扬,会使人气馁,丧失积极性;不及时的惩罚,会使错误泛滥,积重难返。

3. 激励要持续

每种激励的作用都有一定时间限度,超过时限就会失效。一点一滴不断持续激励的同时,要根据目标明确程度、工作难易、激励对象特点等控制激励频率。

图/许滔 云南经济日报 2004-6-7

4. 激励要明确

奖惩条件及措施要明确,如需要做什么,必须怎么做,哪些不能做,相应的具体指标要求及激励量。

5. 激励要合理

根据所实现目标价值的大小确定适当的激励量,"隔靴搔痒""过犹不及"皆不可取;奖惩要公平,过程要公开,评定要公正,按章办事,避免大锅饭。

6. 物质激励与精神激励相结合

物质激励是基础,精神激励是根本,是可以长期起作用的力量。从基本的物质激励开始,在两者结合的基础上,逐步过渡到精神激励为主。

7. 按需激励

激励的起点是满足员工的需要,员工的需要因人而异、因时而异,满足主导需要的激励措施,激励强度才大,效价才高。

8. 每个人都可以被激励

每个人身上都存在被激励的因子,都有自己的欲望与追求,都希望得到他人的肯定。找到那个引燃点,每个人的激情都可以火花四射。

9. 自我激励

工作的根本动力来源于自我激励。领导者不仅要激励下属,而且要教会下属学会自我激励,更要想办法创造一个能让人们做自我激励的环境。

8.6.4　激励的方法

现实中的人是复杂的,人的需求与动机会随着各种变化而变化;不同的组织文化对激励方式的选择及激励效果的呈现也有显著影响。因此,管理者必须根据激励对象与激励环境的不同,针对不同层次的个体需要,综合运用激励的措施与方法,见表 8-11。

表 8-11 对应不同层次需要的激励方法

个体需要	激 励 方 法
生理需要	薪酬激励
安全需要	福利激励、宽容激励
社会需要	参与激励、团队激励、感情激励
尊重需要	尊重激励、赞美激励、鼓舞激励、支持激励、信任激励、物质奖励、授权激励、荣誉激励
自我实现	愿景激励、目标激励、培训激励、竞争激励、危机激励、绩效激励、工作激励、榜样激励

8.6.5 开发人员的激励

软件开发人员最有可能提高生产率和质量。不同开发人员的生产率和质量的差距可以达到1∶10。激励是决定工作表现最重要的影响因素,激励对生产率的影响比任何其他因素更大。软件开发人员具有这样一些特点:自主性强,劳动具有创造性,劳动过程很难监控,劳动成果难以衡量,具有较强的成就动机。

美国国家工程院院士巴利·玻姆(Barry W. Boehm)1981年在其所著的《软件工程经济学》中,专门论述了对开发人员的激励。他认为,不同人员的工作动机是不同的,管理者不要只用对自己有效的方式来激励开发人员,见表8-12。

表 8-12 不同人员的工作动机比较(Boehm,2004)

顺序	开 发 人 员	项目管理人员	普 通 人
1	成就感	责任感	成就感
2	发展机遇	成就感	受认可程度
3	工作乐趣	工作乐趣	工作乐趣
4	个人生活	受认可程度	责任感
5	成为技术主管的机会	发展机遇	领先
6	领先	与下属关系	工资
7	同事间人际关系	同事间人际关系	发展机遇
8	受认可程度	领先	与下属关系
9	工资	工资	地位
10	责任感	操控能力	操控能力
11	操控能力	公司政策和经营	同事间人际关系
12	工作保障	工作保障	成为技术主管的机会
13	与下属关系	成为技术主管的机会	公司政策和经营
14	公司政策和经营	地位	工作条件
15	工作条件	个人生活	个人生活
16	地位	工作条件	工作保障

项目经理要对客户负责,对公司负责,对团队所有成员负责。能够承担更大的责任、负责更重要的项目,成功完成项目并受到公司及客户的认可,是对项目经理的最好激励。

开发人员只需管好自己,做好分内工作即可。对开发人员的激励更应强调技术挑战性、自主性、学习并使用新技能的机会、职业发展以及对他们私人生活的尊重等。

Boehm认为,对软件开发人员而言,最重要的5个激励因素是:

（1）成就感：参与项目决策、合理的单一短期目标、工作自主权、宽松环境、喜欢的工作。

（2）发展机遇：进修、培训、报销书籍费用、从事能扩展技能的工作、为新手指派导师。

（3）工作乐趣：技术的多样性、任务的完整性、任务的重要性、自主性、工作反馈。

（4）个人生活：安排休假和假期、弹性工作时间、不加班。

（5）成为技术主管的机会：担任某个领域或某个任务的技术负责，作为新手的指导者。

8.7　绩效管理

8.7.1　制度的力量

课堂讨论 8-5　制度的力量（梁小民，2002）

18 世纪末，英国政府决定把犯罪的英国人大批移民到澳洲去。

一些私人船主承包从英国往澳洲大规模地运送犯人的工作。英国政府实行的办法是：以上船的犯人数支付船主费用。船上设备简陋，缺少药品，没有医生。船主为了牟取暴利，尽可能地多装人，甚至故意断水断食以降低费用。3 年后，英国政府发现：犯人在船上的死亡率达 12%，最严重的高达 37%。

英国政府想了很多办法。每艘船都派一名官员监督，再派一名医生负责犯人的医疗卫生，同时对犯人在船上的生活标准做硬性规定。但是，死亡率不仅没有降下来，有些船上的监督官员和医生竟然也不明不白地死了。原来一些船主为了贪图暴利，贿赂官员，如果官员不同流合污就被扔到大海里喂鱼了。

政府又采取新办法，把船主都召集起来进行教育培训，教育他们要珍惜生命，要理解到澳洲去开发是为了英国的长远大计，不要把金钱看得比生命还重要。但是情况依然没有好转，死亡率一直居高不下。

一位英国议员认为是那些私人船主钻了制度的空子，他提出了一个简单的办法……

而后问题迎刃而解，船主主动请医生跟船，备齐药品，改善生活。船上的死亡率降到了 1% 以下，有些运载几百人的船只经过几个月的航行竟然没有一个人死亡。

问：原有制度的缺陷是什么？想想看那位英国议员想到了什么好办法？

8.7.2　三只老鼠

课堂讨论 8-6　三只老鼠（廖华清，2007）

三只老鼠一同去偷油喝。他们找到了一个油瓶，但是瓶口很高，够不着。三只老鼠商量一只踩着一只的肩膀，叠罗汉轮流上去喝。当最后一只老鼠刚刚爬上另外两只老鼠的肩膀上时，不知什么原因，油瓶倒了，惊动了人，三只老鼠逃跑了。回到老鼠窝，他们开会讨论为什么失败。

第一只老鼠说:"我没有喝到油,而且推倒了油瓶,是因为我觉得第二只老鼠抖了一下。"

第二只老鼠说:"我是抖了一下,是因为最底下的老鼠也抖了一下。"

图/东方烟草报

第三只老鼠说:"没错,我好像听到有猫的声音,我才发抖的。"

于是三只老鼠哈哈一笑,那看来都不是我们的责任了。

企业里很多人也具有老鼠的心态,请听一次企业的季度总结会议。

营销部经理A说:"最近销售做得不好,我们有一定责任,但是最主要的责任不在我们,竞争对手纷纷推出新产品,比我们的产品要好,所以我们很不好做,研发部门要认真总结。"

研发部经理B说:"我们最近推出的新产品是少,但是我们也有困难呀,我们的预算很少,就是少得可怜的预算,也被财务削减了!"

财务经理C说:"我是削减了你的预算,但公司的成本在上升,我们当然没有多少钱。"

这时,采购经理D跳起来:"我们的采购成本是上升了10%,为什么,你们知道吗? 俄罗斯的一个生产铬的矿山爆炸了,导致不锈钢价格上升。"

A、B、C:"哦,原来如此呀,这样说,我们大家都没有多少责任了,哈哈哈哈!"

人力资源经理F说:"这样说来,我只好去考核俄罗斯的矿山了!"

问:你觉得问题出在哪里,面对企业这种常见情况,你有什么好的解决方案?

8.7.3 绩效评估

1. 什么是绩效评估

"绩"是指业绩,即工作结果;"效"是指效率,即工作过程。绩效是指员工在一定环境与条件下完成某一任务所表现出的业务素质、工作态度、工作行为和工作结果,体现了员工履行工作职责的程度,也反映了员工能力与其职位要求的匹配程度。绩效受多种因素的共同影响,内因有技能、激励,外因有环境、机会、资源。

绩效评估就是对员工的业务素质、工作态度、工作行为与工作结果,全面、系统、科学地进行考察、分析、评估和反馈的过程。

2. 绩效评估的目的

有调查表明:管理人员最不愿意做的工作第一项是解雇员工;第二项就是正式评定员工的工作业绩。绩效评估是所有管理者行使有效管理的主要手段之一。

美国组织行为学家约翰•伊万切维奇(John M. Ivancevich)认为,从组织角度,绩效评估可达八个目的:

(1)为员工的晋升、降职、调职和离职提供依据。

(2)组织对员工的绩效考评的反馈。

(3)评估员工和团队对组织的贡献。

(4)为员工的薪酬决策提供依据。

(5)对招聘选择和工作分配的决策进行评估。

（6）了解员工和团队的培训及教育的需要。

（7）评估培训和员工职业生涯规划的效果。

（8）为工作计划、预算评估和人力资源规划提供信息。

绩效评估对员工的意义是：明确自己的绩效责任与目标，参与目标、计划的制订，确定更清晰、更公正的绩效评审标准，及时获取评价、指导与认同。

3. 绩效评估的误区及难点

- 过程烦琐：花费过多的时间和精力，影响了正常工作，本末倒置。
- 量化困难：受各种因素制约，无法将所有工作量化，难以保障绩效结果的公平公正。
- 标准过高：员工常因估计无法达成目标而直接放弃努力，或者产生不满甚至离职。
- 考核片面：只看结果不问过程或注重过程忽视结果的做法都会误导员工、背离初衷。
- 孤立考核：业务部门与人力资源部门脱节，结果没有及时应用于人力资源管理。
- 缺乏沟通：绩效辅导不到位，绩效反馈不及时，信息不通畅，员工无所适从。
- 兑现失时：考核结果没有及时地真正兑现，失去激励作用，甚至导致大面积离职。
- 人为因素："老好人""泄私愤"等难以避免，无法保证绩效考核结果的信度和效度。

4. 绩效评估的过程

1）确定绩效评估模型

（1）确定考核指标：考核指标是对考核内容的具体表述，解决考核"什么"的问题。指标应有针对性，贵精不贵多、关键不宽泛，内涵要明确清晰，能引导员工朝正确方向发展。

（2）确定指标权重：根据考核内容的重要性确定指标权重，指标权重的不同，会导致考核结果的完全不同。权重具有政策导向的作用，会引导被考核者的行为。

（3）确定评分标准：针对每个考核项目给出打分依据，制定横向统一的考核标准；确保在同一考核项目上，用相同的尺度来衡量所有员工的绩效，保证考核的公平公正。

（4）确定业绩指标：上级与下属在充分沟通交流的基础上，建立一个共同认可的绩效合约，明确一定时间内应实现的具体业绩目标，提高考评结果的认可度。

2）实施绩效评估

（1）自我评估：由员工本人对照自己的绩效标准，如工作计划、绩效目标等，针对绩效评估模型的每一考核指标，进行自我打分，填写述职表或评估小结。

（2）他人评估：一般由上级与人力资源部会同评估，审核自我评估内容，对照绩效标准，听取上级、同事或其他相关人员意见后进行综合评价。

3）绩效评估反馈

采用绩效评估意见认可或绩效评估面谈的形式，将绩效评估的意见反馈给被评估者，收集对绩效评估过程及结果的意见，促成双方就评估结果达成共识。

4）绩效评估审核

人力资源部对所有员工的绩效评估进行审核，处理绩效评估过程中的较大争议与异常情况，根据绩效评估结果及时调整人力资源政策。

课堂讨论提示

1. 课堂讨论8-3 默契报数的责任

这个游戏主要考察以下几点：

（1）项目建设是所有团队成员共同的事，团队成功需要大家的积极参与、协作配合、共同付出，任何一个环节的疏忽，都会影响整个项目的成败。

（2）项目建设是不断发现问题，不断改进细节，不断解决问题，不断往前推进的过程。着急争执或推诿埋怨都无济于事，平心静气、集思广益、总结提高才是因应之道。

（3）方法不在多巧妙，便于执行、适合团队才是最好。人员的配置使用上，要扬长避短，合适的人放在合适的位置，组合大有学问，默契产生绩效。

（4）成也项目，败也项目；责任在前，权力在后。团队的成功即是管理者的成功，团队的失败即是管理者的失败。项目经理是项目实施成败与否的最大责任人。

（5）组长的工作，需要每位成员的支持；站好自己的岗，就是对组长的最大支持。项目的责任，需要大家一起扛；分担组长责任，对项目负责，就是对自己负责。

2. 课堂讨论8-4 叠纸牌的思考

这个游戏主要考察以下几点：

（1）透过不加暗示的无领导小组讨论，结合事后的"贝尔宾团队角色"测试，反思自己在群体中的行为、贡献以及人际互动的倾向性，对自己的"本色"心中有数。

- 任务导向角色：激起团队任务的讨论，提供各种解决问题的方法；
- 关系导向角色：帮助解决团队冲突的紧张，以达到团队的和谐；
- 自我导向角色：从团队中孤立自己或坚持己见，以自我为中心。

（2）体会优秀团队应有怎样的合理人员构成以及优秀团队文化。包容差异、气质互补、均衡搭配；思考力、领导力、行动力、凝聚力，缺一不可。大家不妨思考唐僧师徒、蜀汉刘备、水泊梁山这几个传统优秀团队是否具有某些相同之处？

（3）思考当团队成员角色出现欠缺时，什么样的机制能够更好地促成员工主动进行角色转换，实现最合理的团队角色补位，使得团队气质结构从整体上趋于合理。

（4）为何看似简单的规则与要求，却有那么多的人自行其是、擅离职守、轻言放弃，没有令行禁止，没有专注地扮演好自己的角色、尽好自己的职责，没有坚持到最后。

（5）理解项目经理、团队成员、质保人员各自的职责以及不同的能力和气质要求，体会合理分工、默契协作、相互包容、相互支持的重要性。

3. 课堂讨论8-5 制度的力量

（1）制度的缺陷：政府以上船的犯人数支付船主费用，与犯人能否健康地到达澳洲无关。

(2) 解决办法:不论船主在英国上船装多少人,政府只以健康到达澳洲的犯人数支付船主费用。

靠人性的自觉、靠说服教育、靠他人的监督都解决不了的问题,靠完善的制度却完美地解决了。

梁小民(2002)指出,绩效考核的导向作用非常重要,决定了员工的行为方式。一种坏的制度会使好人做坏事,而一种好的制度会使坏人也做好事。制度并不是要改变人利己的本性,而是要利用人这种无法改变的利己心,去引导他做有利于社会的事。制度的设计要顺从人的本性,而不是力图改变这种本性。

赵日磊(2010)指出,如果组织认为绩效考核是惩罚员工的工具,那么员工的行为就是避免犯错或者弄虚作假、欺瞒组织;如果组织的绩效导向是组织目标的达成,那么员工的行为与组织目标就会趋于一致,分解组织目标,理解上级意图,制订切实可行的计划,不断改善,最终支持组织目标的达成。

4. 课堂讨论 8-6 三只老鼠

制度上的原因可能是绩效考核体系不健全,绩效导向不正确。业绩指标没有明确地分解落实到每一部门和每一个体,造成各方责任不清。此外风险管控缺位,事前没有进行细致的风险分析,制定风险防范及应急预案。执行过程中的绩效监控又不及时、不到位,以致未能在问题尚未造成损失的情况下就及时找出原因并予以解决。

深层原因在于没有形成以解决问题为导向的组织文化,缺乏面对错误的勇气,没有共同分担责任的团队精神。一出事情,就明哲保身、推卸责任、归罪于外。同时折射出不同群体站在不同立场和角度上的不同心态与问题认知方法。绩效考核的目的是改善绩效,而不是分清责任,当绩效出现问题的时候,大家的着力点应该放在如何改善绩效而不是划清责任。

课后思考

8.1　你对人性善恶持何看法? 如果你是公司领导,在制度设计上会做何考虑?

8.2　"斯坦福监狱实验"对你有何启发?

8.3　探究九型人格的意义何在? 你是否了解自己的人格特质?

8.4　项目团队的人员组成有哪些形式? 各有什么特点?

8.5　职能式、项目式及矩阵式的组织形式,各有什么特点,应该如何选择?

8.6　你觉得自己在团队中适合扮演哪些角色,习惯于扮演哪种角色?

8.7　结合贝尔宾团队角色模型,谈谈如何理解"没有完美的个人,只有完美的团队"?

8.8　软件公司人员紧缺的本质是什么? 最好的解决方法是什么?

8.9　如果你是项目经理,招募团队成员时,你最看重哪些方面?

8.10　"叠纸牌"游戏对你有何启发?

8.11　作为项目经理应该具备哪些基本素质? 你自身还欠缺些什么?

8.12　作为项目经理,你有什么好办法对团队成员进行持续的激励?

8.13　你对软件公司频繁加班的现象有何想法? 作为项目经理,你有什么高招来应对?

8.14　你觉得软件开发人员的薪酬体系应该如何设计才能充分调动他们的积极性?

8.15　对项目成员的绩效考核,你有什么好办法能做到客观、公平、公正并且易操作?

项目范围管理

项目范围是"项目三角形"关系的基石,是项目目标的最核心要素,定义了项目预期成果应具备的特性及为此必须完成的工作,是项目建设的方向指针与行动手册。确定项目范围就是为项目指明建设方向,阐述各方项目意图,划定工作边界,确定项目目标和主要交付物,确定哪些是项目应该做的,哪些却应在项目之外。

9.1　范围管理概述

9.1.1　项目范围构成

项目范围的构成包括产品范围与工作范围,二者相互关联,互为影响。

产品范围:所交付的产品或服务应具备的特征和功能,参见表9-1。如"业务运营"系统应具备抄表管理、核算管理、收费管理、账务管理等功能,应满足性能及安全等方面的非功能要求,省、市、县三个管理层级对应用功能配置有不同的要求。

工作范围:为实现要交付的产品或服务而必须完成的工作,包括产品导向过程(如需求、设计、实现、测试、实施)及项目管理过程(如启动、规划、执行、控制、收尾)所涉及的所有任务,参见表9-2。采用的过程模型不同,工作范围的构成及形式也将不同。

表9-1　产品范围示例

产品功能	省公司	市公司	县公司
抄表管理		√	√
核算管理		√	√
退补管理		√	√
售价管理	√	√	
账务管理		√	√
欠费管理		√	√
收费管理		√	√

表9-2　产品范围示例

1. 需求分析	2.3 界面设计	4.1 集成测试
1.1 需求获取	2.4 数据库设计	4.2 系统测试
1.2 需求分析	2.5 组件设计	4.3 确认测试
1.3 规格说明	**3. 代码实现**	**5. 系统实施**
1.4 需求验证	3.1 程序编码	5.1 用户培训
2. 系统设计	3.2 代码审查	5.2 系统部署
2.1 体系结构设计	3.3 单元测试	5.3 系统割接
2.2 接口设计	**4. 软件测试**	5.4 运行支持

　　产品范围明确了要提交什么样的交付成果,要在什么范围内展开技术服务(包括服务内容及服务对象),反映了项目组对系统建设目标的理解程度。产品范围是规划工作范围的依托,在此基础上,才可以进一步确定需要做什么才能产生所需要的产品。

　　工作范围定义了产生项目交付物的工作过程,反映了项目组的软件过程能力。工作范围是实现产品范围的途径,确保项目组只做该做的事情,不做不该做的事,既不遗漏项目任务,又不浪费有限的资源。

　　产品范围通过需求规格说明书进行详细的定义。产品应该具备的特性及功能依照客户的需求来验证,必须满足客户合理的显式要求和隐含期望。同时也要注意到,在项目建设涵盖的不同组织范围内,产品范围可能会有所不同。

　　工作范围是进行任务估算及计划编排的依据,是项目其他活动的源头和基础。产品导向过程与项目管理过程的所有活动横跨产品范围所定义的软件功能及特性上。是否按项目计划及范围说明书要求完成既定的任务是进行工作范围确认的衡量标准。

9.1.2　范围管理过程

　　项目范围管理定义了为实现项目目标,要如何收集项目需求,如何将其转化成工作任务,该做哪些工作,不该做哪些工作;界定了项目各方在各项工作中的分工界面和责任,确保任务分解够细、责任到人;确保各方对项目成果及成果产出过程有相同一致的理解。

　　项目范围管理基本过程如图9-1所示。

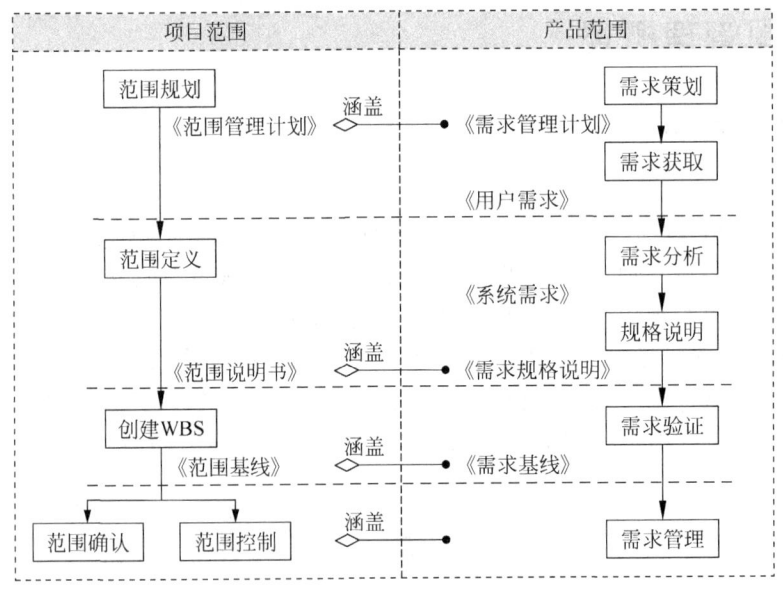

图 9-1　项目范围管理基本过程

1. 产品范围管理过程

　　产品范围是工作范围的基础。对于软件项目而言,产品范围管理就是《软件工程》中着力介绍的"需求工程",包括需求开发与需求管理两大类活动。需求开发的过程是确定产品范围的过程,需求管理的过程是控制产品范围的过程。

1)需求策划

确定本次需求工程过程的目标、资源约束条件、协同工作计划、参与者各自的承诺、结果认可准则,并确保所有利益相关方和开发方就此达成一致。

2）需求获取

观察用户行为,聆听用户需求,分析整理各种渠道获取的信息,消除需求中的模糊性、歧义性和不一致性,折中矛盾冲突的需求,形成面向用户的需求描述。

3）需求分析

提炼分析收集到的用户需求,定义系统边界,分析需求可行性,确定需求优先级,建立需求分析模型,创建数据字典,形成面向开发人员的需求描述。

4）规格说明

用开发组织内部统一的需求规格说明模板,定义满足客户要求的产品范围,完整描述软件需求及验收标准,包括功能需求、质量需求及依赖约束等。

5）需求验证

评审并改进需求规约,使相关方对需求达成一致理解,形成需求基线。

需求基线是客户与开发方间的正式书面契约,是规划软件开发过程,精确估计开发进度和成本的依据,是控制需求变更过程的基准点,是目标系统最终验收时的可测试标准。

6）需求管理

分析需求变更影响并控制变更过程,主要包括:

(1) 变更控制:提出需求变更请求并分析其影响,做出是否变更的决策。

(2) 版本控制:确定单个需求及需求规格说明书的版本。

(3) 需求跟踪:定义对于其他需求及系统元素的联系链。

(4) 状态跟踪:定义并跟踪每一个需求的状态。

2. 工作范围管理过程

工作范围定义了为达成项目目标必须完成的软件开发、系统实施及项目管理活动。其中,也包括为确定及管理产品范围而开展的活动——需求工程,产品范围管理流程的各活动节点也是项目工作分解结构(WBS)的重要组成部分。工作范围管理包括以下基本过程:

1）范围规划

创建范围管理计划,规定如何对项目范围进行定义、分解、确认及控制,说明如何制订范围说明书,如何编制 WBS,如何形成范围基线。

2）范围定义

编制项目范围说明书,划定项目边界,描述产品范围与工作范围,定义项目交付物及产品的可接受标准,说明项目假设条件、限制条件等。

3）创建 WBS

将项目主要可交付物和项目工作细分为更小更易于管理的部分。最底层的 WBS 单元——工作包,是进度安排、成本估计、项目度量和项目监控的最小单元。

项目的工程活动、管理活动及其交付成果在工作包一级实现了关联。如抄表管理需求分析、抄表管理系统设计、抄表管理代码实现、抄表管理软件测试等。

4）范围确认

以范围基线、需求基线为依据,遵循范围管理计划中拟定的验收程序,对已完成的项目交付物进行核实验证,决定是否正式予以接受。

5）范围控制

识别潜在或已经发生的范围变更,对造成范围变更的因素施加影响,及时采取纠正措施,控制范围变更,确保变更得到更广泛、更一致的认可。

范围基线:由经过批准的范围说明书、WBS 及 WBS 字典共同组成,确保各方所理解的范围是一致的。它是范围控制的基准点,必须通过正式的变更控制程序进行变更。

3. 渐进明细的项目范围

软件项目很多时候是在需求尚未完全成型甚至还只是概念的情况下开始的,项目的首要任务在于摸清用户需求,在需求分析的基础上,定义系统规格说明,明确产品范围及工作范围。这决定了软件项目开发计划无法事先精确排程,只能渐进调整。

1)项目启动之初

根据招标书要求、前期初步调研结果及以往项目经验,获取目标软件的框架性需求;然后选择合适的软件过程模型,划分开发阶段,设置里程碑,起草初步的范围说明书及 WBS;接着在成本及进度的初步估算基础上编排项目初步计划。

2)遵循既定的需求迭代计划

按照 WBS 中定义的分工界面,调配相关资源对选定的需求集展开需求开发工作,获取各方认可的系统需求。每明确一部分需求,就针对同这部分需求集相关的系统设计、程序编码、软件测试及系统实施等工作进行细致的任务分解、进度编排与资源配置,得到更详细、更准确的范围定义及 WBS。

3)过于频繁或反复的范围变更

轻则干扰项目实施节奏,重则打乱项目全盘计划,甚至导致整个项目推倒重来。由于变更引发的经常性返工,是项目建设的毒瘤,一方面显著降低软件开发生产率,大大延长工期,增大实施成本;更严重的是,团队成员将被无休止的变更折腾得身心俱疲,极易引发各方紧张对立情绪,影响项目协作与团队稳定。

4. 范围管理计划

项目范围管理计划是项目管理计划的组成部分,是项目团队定义、分解、核实、管理和控制项目范围的指南。范围管理计划的主要内容包括:

- 如何制订详细的项目范围说明书。
- 如何由详细的项目范围说明书创建 WBS。
- 如何批准和维护范围基线。
- 如何确认和接受已交付的项目成果。
- 如何处理项目范围变更以确保项目可控。

根据项目需要,计划可以是正式或非正式的,非常详细或高度概括的,参见表 9-3。

表 9-3　范围管理计划模板示例

1. 引言	**3. 组织和职责**	5.1 范围定义
1.1 编写目的	3.1 组织角色	5.2 创建 WBS
1.2 预期读者	3.2 职责划分	5.3 范围确认
1.3 术语定义	**4. 工作计划**	5.4 范围控制
1.4 内容组织	4.1 范围管理任务	**6. 附表**
2. 概述	4.2 进度安排	6.1 范围说明书
2.1 范围管理目标	4.3 预算安排	6.2 需求跟踪矩阵
2.2 项目初步范围	**5. 流程方法**	6.3 范围变更申请单

9.2 需求开发

软件需求是决定软件开发是否成功的一个关键因素。需求开发由需求获取、需求分析、规格说明及需求验证四个环节组成,可以帮助开发人员真正理解业务问题。

评审通过的需求规格说明是开发人员与客户在"系统应该做什么"问题上达成的正式约定;是估算成本和进度的基础,可以避免建造错误的系统,减少不必要的浪费;是软件开发的基线,有助于管理软件的演化和变更;是软件质量的基础,为系统验收提供了标准。

9.2.1 需求获取

需求获取对于软件项目的成败具有决定性的影响,目的在于理解业务背景、业务概念,搞清用户为什么需要这个产品、要解决什么问题,平衡折中相互冲突的矛盾需求。

1. 需求获取困难所在(骆斌,2009)

1)背景立场不同

用户熟悉业务语言,深谙业务运作;开发人员熟悉信息语言,擅长设计编码。业务世界与信息世界既有无法压缩的距离,又有紧密的内在联系。由于身在两个不同的世界,用户与开发人员间的沟通障碍几乎无可避免。

学习掌握业务语言,是成功获取需求的第一步。从业务概念到信息概念,从手工操作到自动流转,都需要开发人员在了解应用背景及业务状况基础上,梳理优化业务流,分析研究信息流与控制流。一些在用户看来再自然不过因而没有特别说明的情况,开发方如果没有"感同身受"地意识到,今后都将以"需求变更"的形式出现。

高层领导、中层管理者以及基层执行者由于所处位置不同,各有各的关注点,甚至会相互冲突矛盾;而同一层级的不同个体,由于认知水平、利益纠葛等原因,意见相互抵触也是非常普遍的现象。去伪存真、平衡折中就成为摆在开发人员面前的一道难题。

用户考虑每个需求项的管理效益,希望能花小钱办大事,功能多多益善,质量不容打折;开发人员则需考虑需求实现的成本和可行性,亏本的事不能做,做不到的事不能承诺。

2)想说却说不清

多数用户的知识结构是扁平的,局限于业务的具体细节中。面对类似"你希望新系统能做哪些改进?"这类高度概括性问题时,经常会显得无所适从,要么答非所问,要么不知从何谈起或者无话可说。猜灯谜似的访谈成了一些开发人员"杜撰"需求的冠冕堂皇理由。

实际上,这些用户并不是没有想法,而是无法像专家用户一样,站在全局的高度,将自己的想法总结提炼后,概括性地表达出来。他们可以针对自己熟悉的业务场景描述工作细节的方方面面,指出林林总总的琐碎问题,表达自己的困扰不满与具体期望。

图/张成铸 湖南人口报

因此,开发人员事前要大概了解访谈人员的业务职责,抓住工作主线,设定业务场景,通过业务执行细节的交流讨论,以点带面,自下而上勾勒出用户心中的业务全景。用户现在没有提出的需求,不等于以后不会想到,那时它们也将以"需求变更"的形式出现。

3）知道却说不出

很多情况下,用户知道自己需要一些东西,却又无法明确告知开发方自己需要的是什么。然而,一旦解决方案端到用户面前时,他们却能马上指出:这个方案是不是他们心中所想的,能够帮他们解决什么问题,还需要做什么样的改进。

在一些刑事案件侦查中,常常根据目击者的描述,依据逆向追溯的逻辑方式,借助刑侦画像技术,以快速、准确地获取犯罪嫌疑人的体貌特征,缩小侦查工作范围。目击者第一时间往往无法说清其印象中的嫌疑人长什么样,通过"访谈—画像—纠错—修正"这样反复交互的过程,逐渐勾起目击者模模糊糊的记忆,再现犯罪嫌疑人的真面目。

原型法就是软件项目开发中的刑侦画像技术,让用户就着触手可及的"系统画像"评头论足,以激活用户的潜在知识,获取其真实意图。这样的"系统画像"可能还不止一张,远近高低的不同角度、浓妆淡薄的不同风格、山水人物的不同主题。

4）角色错位僭越

用户是业务构想者,对"业务目标—业务架构—业务流程"具有决定权;开发人员是方案设计者,对"系统架构—信息模型—流程实现"具有话语权。在自己不擅长的非主导领域,双方都要秉持一颗谦卑之心,都要尊重对方的专业权威,相信对方的专业判断。

在业务规划中,用户有责任充分阐明自己要解决的业务问题,开发方可以辅助用户但不能代替用户创造需求或做出决定,更不能将自己想法强加于用户。开发方觉得很漂亮的衣服,穿在用户身上未必能找到同样的感觉。

在信息规划中,开发方有责任设计出能够解决业务问题的最佳方案,用户可以提出质疑但不要事先画地为牢,束缚开发方的手脚,更不能在不擅长的领域自以为是。医生开药方时,患者可以告知自己对哪些药物过敏,具体用什么药还是要相信医生的专业能力与职业道德。那些对工作产生革新性变化的解决方案往往是由开发方提出的。

5）缺乏用户参与

一些规模较大、用户数量较大的项目,需求调研基本无法覆盖全部用户。此时,就要考虑如何从角色各异、态度各异、能力各异的庞大用户群中,识别有代表性的关键用户,展开有针对性的调研,以保证高效、全面地获取需求。

相当数量的用户,没有认识到需求工作的重要性以及用户自身在需求工作中不可或缺的重要作用。甚至会认为与开发方间就是餐馆与食客的关系,点完菜付了钱后等着上菜就行了。实际上,用户建一套信息系统,就如同给自己找一个工作上的伴侣,"高矮胖瘦"哪种合乎心意,用户自己不说出来,没人能拿捏得住。

信息化建设往往伴随着组织变革与利益重组,那些感觉身受不利影响的群体,或多或少在项目推进中会有一些抵触情绪。他们可能会拒绝变化、冷眼旁观、消极参与,或是责备求全,乃至破坏性抵制。

6）再问几个问题

• 什么样的需求才能真正起到指导设计、开发、测试及验收的作用?

- 如何防止遗漏重要需求,避免可能给系统建设带来的颠覆性影响?
- 如何将采自用户的模糊、不准确需求,转换为清晰、准确的表述?
- 如何既能照顾各方合理要求,又能消除分歧,保证需求的一致性?
- 如何甄别那些言过其实、无法落地的需求?
- 如何确保当需求变更时,相关人员都能及时知道需求已经变更?
- 如何保持"需求—设计—开发—测试"间的一致性?
- 如何避免需求的反复波动——今天这样,明天那样,后天又回归原样?
- 如何才能在早期发现需求缺陷或错误,克服需求放大效应,减少纠错成本?

2. 需求收集方法

需求获取的关键在于通过与用户的沟通和交流,收集和理解用户的各项要求。

1)用户访谈

理解业务、了解需求的最有效方法,具体内容参见表9-4。用户访谈不是简单了解情况,更不只是向客户学习,而是建立在平等对话平台之上就业务问题、软件需求的意见交换,甚至是引导客户。业务角度,客户是专家;技术角度,分析员是专家。

表9-4 用户访谈内容示例

访 谈 角 度	内 容 说 明
组织层面	企业战略、机构设置、职能划分、部门往来、岗位责任、汇报关系
业务调研	业务范围、业务往来、管理模式、业务流程、作业标准、考核要求、报表卡片、单据发票
原系统调研	建设情况、系统结构、业务覆盖、主要功能、运行状况、存在问题
新系统要求	建设目标、建设模式、业务覆盖、功能要求、非功能要求、约束条件
细节提问	谁能回答/解决这些问题? 还有谁可以提供其他信息? 还有什么是我应该问的

访谈之前:要做足功课,充分了解业务背景及访谈对象,有针对性地准备访谈提纲。

访谈之中:要以我为主,把握需求调研的进程,针对不同类型客户采用不同的沟通策略,先宏观后微观,先框架后细节,快速记录要点,适时进行总结确认。

访谈之后:复查笔记的准确性、完整性和可理解性,及时整理访谈纪要,确定需要进一步澄清的问题域,第一时间反馈客户。

利:直接有效、形式灵活、交流深入,是捕获用户需求的最主要技术。

弊:访谈时间不好约,占用时间长,访谈面不可能太宽,容易造成信息的片面性。

思考:用户访谈需不需要进行录音? 说说你的理由。

2)问卷调查

用于确认假设和收集统计倾向数据,适用于跨地域、大样本用户群。问题次序由易到难,问题组织及排序体现逻辑相关性。用封闭式问题收集某项假设的统计依据,用开放式问题收集意见或建议。问卷调查一般结合用户访谈技术使用。先访谈,后调查的方式用于验证访谈结果;先调查,后访谈的方式用于确定访谈方向。

利:面广,能够获得更多人的反馈,是对用户访谈不足之处的最好补充。

弊:不够深入,容易形而上学,这点是用户访谈技术所能够解决的。

3）文档考古

最贴近实现的技术，获取数据需求的主要手段。通过立项报告、招标书、应标书等了解项目背景、建设目标、建设范围、项目约束及建设要求；通过各类管理制度、业务规范、作业标准、卡片报表、发票单据等了解客户"组织机构—岗位设置—责任分工""业务架构—业务流程—工作细节"；通过遗留系统或类似软件的需求规格、设计说明、用户手册、数据字典、运行分析报告等了解系统功能、操作规程、数据结构及信息流向。

利：能详细、直观地对数据流细节进行了解与分析。

弊：易陷入文山书海之中不能自拔，甚至引起误导。

4）情节串联板

通过互动的角色扮演来获取需求，以类似图9-2串联展示的图形化场景作为主要线索，借助原型加速需求捕获，突破用户需求盲区。其实质是搞清各种场景下的信息交互及场景间的串接，而不是只关心静态的界面。一般只针对很复杂或很重要的业务进行。

图 9-2　情节串联板示例改自（APOSDLE，2006）

利：用户友好，交互性强，对用户界面提供早期评审，易于创建和修改。

弊：用户需求捕获速度慢。

5）专题讨论

开发方核心骨干与客户各业务领域的主管或专家，在短暂而紧凑的时间段内集中在一起，以头脑风暴的方式，集中研讨双方都存在盲点的需求。开会地点最好远离公司驻地，以使与会人员能摆脱事务性工作影响，全身心投入到需求研讨之中。

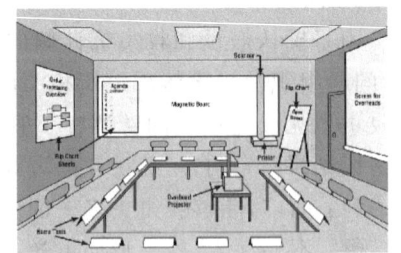

专题研讨会特别适合于讨论跨业务领域的流程集成与信息交互，可以充分暴露、充分讨论各方的分歧和争议。因此，客户方与会人员在各自领域应具有一定的发言权，能够就本领域的复杂业务以及跨领域的业

务争议给出权威性的意见。

利：开发人员与关键客户直接的头脑风暴，能够快速澄清需求，得到初步的系统定义。

弊：成本高，缺乏控制的会议容易变成闲扯大会或者扯皮大会。

6）现场观摩

当用户无法说清他们在做什么、怎么做以及为什么这么做时，可以采用现场观摩的方法以突破技术人员的需求盲区，加深对复杂流程的理解，发现异常及关键性的任务。技术人员可以悄悄地到现场观察用户如何实际完成他们的工作，或者充当用户的"学徒"，和用户坐在一起，接受训练、观察、问问题，并在用户指导下完成一些实际业务。

利：百闻不如一见，对需求与业务流程建立直观的认识。

弊：耗时长，"被观摩"的微妙心理变化，会使"观摩"失真。

9.2.2 需求分析

需求分析的任务在于确定创建什么样的产品可以满足用户的需求。

1. 需求分析的主要工作

（1）定义系统边界：绘制系统关联图说明系统与外部实体间的界限、接口和信息流。

（2）建立软件原型：帮助项目人员澄清疑问、理解问题、遴选方案、明确需求。

（3）分析需求可行性：识别影响需求实现的技术障碍、依赖条件、项目约束等因素。

（4）确定需求优先级：优先保证有限的项目资源投放到最紧迫、最有价值的需求上。

（5）建立需求分析模型：明确目标系统"做什么"，描述目标系统在逻辑层面的解决方案，作为问题世界与计算世界间的桥梁。

（6）创建数据字典：统一业务概念及术语，定义系统中使用的主要数据项及其结构。

目前占主导地位的需求分析建模方法是结构化分析（Structured Analysis，SA）方法与面向对象分析（Object Orient Analysis，OOA）方法。

2. 结构化分析方法

结构化分析方法认为：一个基于计算机的信息处理系统由数据流和一系列的转换构成，而这些转换将输入数据流变换为输出数据流。其基本思想是"分解"和"抽象"，自顶向下对数据流进行逐层分解，逐步求精。结构化分析模型以数据字典为核心，由数据流图 DFD、实体关系图 ERD、状态迁移图 STD 等构成，见图 9-3。

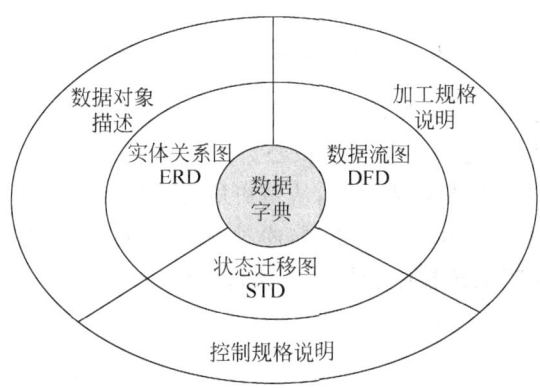

图 9-3 结构化分析模型的结构

（1）数据字典：描述了所有的在目标系统中使用的和生成的数据对象。以字典形式组织起来，使用户和分析员对所有的输入、输出、存储成分及中间计算有共同的理解。

（2）实体关系图：用于数据建模，描述数据对象及数据对象之间的关系。

（3）数据流图：用于功能建模，描述系统中数据流程的图形工具，标识了系统的逻辑输入和逻辑输出，以及把逻辑输入转换为逻辑输出所需的加工处理。

（4）状态迁移图：用于行为建模，描述系统对外部事件如何响应，如何动作。

（5）数据对象描述：对数据对象的属性及数据对象间关系进行详细描述。

（6）加工规格说明：描述每个不能再分解的数据加工的逻辑要求。

（7）控制规格说明：详细描述控制流变换或状态迁移中所执行的加工处理过程。

3. 面向对象分析方法

面向对象分析方法认为：客观实体和实体之间的联系构成了现实世界的所有问题，每一个实体都可以抽象为对象；系统是对象的集合，对象间相互协作，共同完成系统的任务。

其主要任务是分析、理解问题域，找出描述问题域和系统责任所需的类及对象，分析它们的内部构成和外部关系，建立 OOA 模型。

OOA 模型由三类模型构成，每类模型从一个侧面反映系统的特性，见图 9-4。

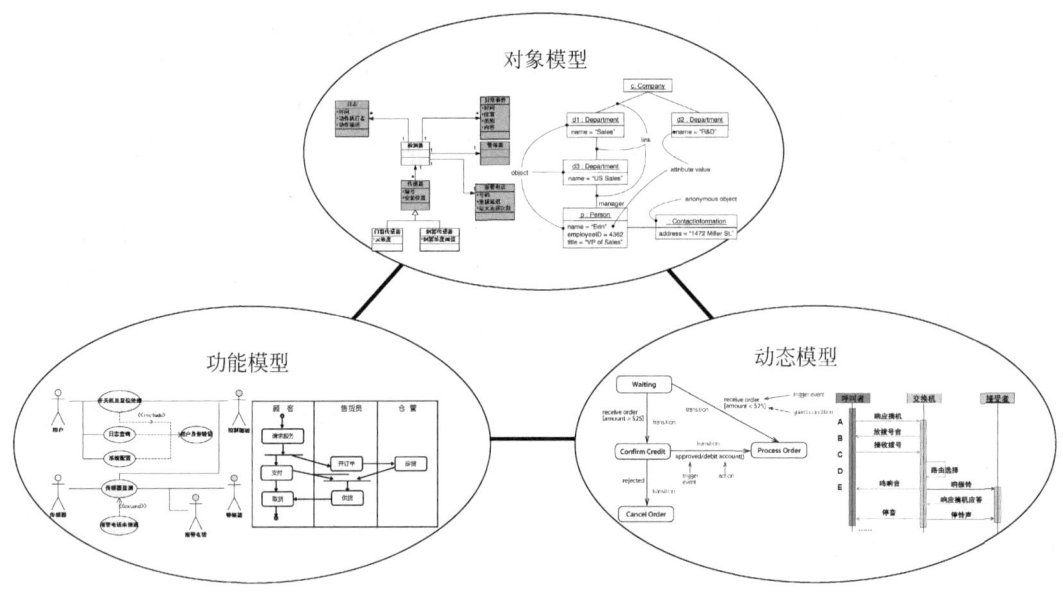

图 9-4　面向对象分析模型的结构

（1）对象模型：通过分析类图、对象图，描述对象、对象间关系和每个对象类的属性及操作，表示系统的静态结构，是三个模型的核心。

（2）功能模型：通过用例图和活动图，从用户角度描述系统功能，指明系统要做什么。

（3）动态模型：通过状态图和顺序图，描述对象的事件序列、状态序列以及对象间基于消息的动态协作行为，说明系统控制和操作的执行顺序。

9.2.3　规格说明

软件需求规格说明精确描述软件系统必须提供的功能、性能以及各种约束与依赖条件，是客户与各类开发人员之间进行理解和交流的手段,见表 9-5。

表 9-5　需求规格说明书的作用

使 用 对 象	作　　　用
客户	记录其对目标系统的功能要求、性能要求,检查需求规格是否满足其原先期望
项目管理人员	规划软件开发过程,估计进度和成本,编排项目计划,控制需求变更
设计人员	理解目标系统应该做什么,作为软件设计的出发点和检验标准
开发人员	理解要开发的产品及具体要开发的内容
测试人员	制订测试计划,设计测试方案,编写测试用例,验证软件系统是否满足预期要求
发布人员	编写用户手册和帮助信息
维护人员	帮助理解系统内在逻辑,是日常技术支持、缺陷修复、功能调整或扩充的基础
培训人员	识别培训对象,制订培训大纲与培训计划,编写培训材料

软件需求规格说明的内容组织方式没有固定模式,各类标准(如 GB-9385-2008)或模板通常只起到一种参考作用,项目组应根据项目具体特性进行剪裁、调整。

9.2.4　需求验证

需求验证检验需求规约是否真实、准确、全面地反映客户的所有需求。客户对需求规约的认可程度是需求开发是否成功的主要指标。

1. 需求验证关注点

需求验证主要围绕需求规格说明的质量特性展开,主要包括:

(1) 正确性:符合用户期望,代表用户真正想法,有效解决用户面对的问题。

(2) 无二义性:需求规格说明对于所有人都只能有一种明确统一的解释。

(3) 一致性:业务需求、用户需求及系统需求对各种需求的描述不能存在矛盾。

(4) 完整性:需求规格说明应包括软件要完成的全部任务,不能遗漏任何必要的需求。

(5) 可行性:评估技术风险、资源风险、时间风险及管理风险,验证需求是否可行。

(6) 必要性:确保需求项的来源得到相关方确认,验证需求是合理的、必需的。

(7) 可验证性:确保每个需求项都可以运用一些可行的手段对其进行验证和确认。

(8) 可跟踪性:每一项需求都能与其对应的来源、设计、源代码及测试用例链接起来。

2. 需求验证方法

作为项目出资人的客户及最终使用者的关键用户,是需求验证中不可或缺的角色。领域专家、分析人员、设计人员、测试人员以及质量保证人员站在各自的角度,对需求进行审查。需求验证常用的方法有:

(1) 需求评审:由不同代表组成的评审小组以会议形式对需求规格说明书及系统分析模型进行系统性审查,发现存在的需求错误或缺陷,跟踪问题整改,必要时进行再评审。

(2) 原型评价:客户和用户在可运行的系统模型上实际检验系统是否符合其真正需要。

(3) 测试用例生成:由需求规格说明生成黑盒测试用例,从系统测试的角度,追溯功能需求是否完整无遗漏,验证需求是否可实现、可测试,是否达到客户期望的要求。

(4) 编写用户手册:用浅显易懂的语言,介绍运行环境,描述所有对用户可见的功能及使用场景。需求阶段草拟的用户手册,可以帮助人们理解最终软件长什么样。

3. 需求承诺

需求验证通过后，开发方和客户方的责任人签署《需求承诺书》，对需求基线文档进行正式的确认。需求基线文档及需求承诺对双方都将形成正式的约束力。

对于签字认可的需求基线及需求承诺有两种截然对立的错误看法：

（1）开发方以客户的签字为挡箭牌，拒绝合理的变更。

（2）客户方以开发方"胁迫签字"为由拒绝认账。

很多情况下，开发方与客户方为此相互抱怨甚至指责。一些客户方认为在《需求确认书》上签字就是给自己上套，而一些开发方则认为所谓的签字不过是对开发方的单向约束，因此双方都不愿在《需求承诺书》上签字。

如表 9-6 所示，一份措辞严谨、表述全面的"八股文"式《需求承诺书》有助于消除双方的疑虑，为阶段性的需求开发工作画上双方都明确的句号。

《需求承诺书》上的签字是双方对现阶段需求共同理解的确认，表明双方已就需求基线在今后开发工作中的作用，需求变更对项目的影响以及需求管控办法等达成普遍共识。

这种共识使得双方更容易忍受将来由于各类变更引发的摩擦，有助于营造良好合作氛围，为项目的成功奠定坚实的基础。

表 9-6　需求承诺书示例（林锐，2008）

本《需求规格说明书》建立在双方对需求的共同理解基础之上，我们同意后续的开发工作根据此《需求规格说明书》开展。如果需求发生变化，我们将按照"变更控制流程"执行。我们明白需求的变更将导致双方重新协商成本、资源和进度等。
甲方签字：　　　　乙方签字：

9.2.5　李大嘴做月饼的思考

课堂讨论 9-1　李大嘴做月饼的思考

观看《武林外传》"李大嘴做月饼"片段，反思软件项目开发中的那些囧事。

1. 故事梗要（宁财神，2009）：

　　话说中秋到了，钱掌柜到武林客栈要订做些月饼送给重要客户。佟掌柜把这事交给李大嘴办理。第一次钱掌柜说"要做天下独一份月饼"，李大嘴在月饼变形上下功夫，做出馒头形状月饼；第二次钱掌柜说"月饼要做得大气、上档次"，李大嘴做成比萨饼并取名为必胜阁；第三次钱掌柜说"好月饼要像美女一样犹抱琵琶半遮面"，李大嘴把月饼做成汉堡包取名麦得劳。结果，麦得劳式月饼没得到钱掌柜老婆的认可，钱掌柜因办事不力被老婆暴打一顿。钱掌柜只好到别的店订了五十份勉强应付过去。

　　后来，钱掌柜又要定做月饼送给娄知县，由于担心再出意外，事先模子都做好了。佟掌柜为了缓和吕轻侯与郭芙蓉之间的紧张关系，让他们给李大嘴打下手。月饼做好后，钱掌柜很满意，急匆匆地就送给了娄知县。事后，佟掌柜他们才发现，由于郭芙蓉和面时，把面和碱搞混了，月饼根本无法下口。

---

2. 讨论主题(可采用分组角色扮演方式):

  (1) 短片中有哪些主要人物,各自有什么特点? 擅长什么? 不擅长什么?

  (2) 他们在项目中分别扮演什么角色? 实际项目中,这些角色应该具备什么样的基本素质?

  (3) 他们胜任吗? 各自犯了什么错误? 应该怎么改进? 有没有做得还不错的地方?

  (4) 短片中有哪些话让你印象深刻或觉得挺有启发?

  (5) 钱掌柜对月饼制作的要求是什么? 他的要求是否一直在变? 他的意见能算数吗?

  (6) 李大嘴采用什么样的软件过程模型? 存在什么问题? 你觉得应该采用哪种模型?

  (7) 面对飘忽不定的"多变"需求,李大嘴应对得当吗? 请你给他一些建议。

  (8) 项目失败,谁最"倒霉"? 请你给他支支招。

  (9) 谁应对项目的失败负最大责任? 为什么? 如果是你,你会怎么办?

9.3 范围定义

范围定义是反复迭代,渐进制订产品详细描述和项目详细工作内容的过程,其产出物为《范围说明书》。其中:产品范围定义的过程即为需求开发的过程,其产出物为《需求规格说明》;工作范围定义的过程则是识别为达成项目目标要完成的所有工程活动与管理活动,定义各类交付物及验收的标准,说明项目的制约因素、假设条件及除外责任。

软件项目范围定义有赖于从"组织标准的软件过程"剪裁而来的"项目定义的软件过程"。此过程确定项目迭代计划,划分开发阶段,定义每次迭代内的各类工程活动与管理活动的框架及交付成果。软件需求在迭代中逐渐明晰——从框架性需求到细节性需求,需求实现与工程实施所要展开的具体工作也随之逐渐明确与细化。

9.3.1 两种思维

定义项目范围有下面两种截然不同的出发点。

1. 我们能够做哪些事情

这种观点,表面上看貌似"积极进取、主动尽责",实际上很容易滑向不负责任地盲目铺摊子,给项目制造不必要的麻烦。生活在理想世界中的"书生",潜意识里认为"人不是稀缺资源,日程安排无关紧要,开发成本不是项目驱动因素",因而不考虑自身能力、技术条件及资源限制想当然地提出假大空设想。

2. 我们能够不做哪些事情

这种观点,表面上看好像"不思进取、推卸责任",实际上却是对项目的高度负责,对客户的高度负责。他们深知有所不为才能有所为,只有放弃掉那些不用做、做不到或者不值得做的事情,才能更好地把力量集中到最重要、最能产生价值而又能做得到的事情上。他们理解"人是稀缺资源,日程安排至关重要,项目投入要讲求产出比",他们知道项目规划时要考虑自身能力、技术条件及资源限制。

9.3.2 两种模式

在"项目三角形"中,时间、成本、质量三条边围成的面积就是范围。在一定的时间限制、成本约束及质量要求的情况下,应该完成的任务即为项目范围。

项目范围的上限(能做什么、能做到什么程度)由项目的客观约束条件以及团队能力决定;项目范围的下限(要做什么,要做到什么程度)由项目建设目标以及客户项目期望决定。在满足范围下限的基础上,做得越多,客户满意度越高,项目组要在项目盈利与客户满意度间寻找一个平衡点,以达到项目综合收益的最佳。

范围的形成有加法和减法两种模式(房西苑,2010),下面以家装为例说明二者的不同。

时间限制:两个月完成居家装修。

成本限制:控制在10万元以内。

质量要求:隐蔽工程确保不出问题,通风一个月后可以入住,简单实用,清洁方便。

1. 加法模式

在确保底线基础上得寸进尺的过程,如图9-5所示。

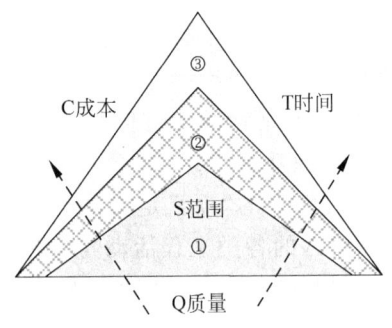

图9-5 范围的加法过程

(1)由时间限制、成本约束及质量要求确定"项目三角形"的三条边界线,从而限定项目的最大范围。

(2)在不突破时间、成本、质量三条边界线的情况下,按优先顺序,不断增加工作内容。

(3)先确保必要的最基本装修。如水电隐蔽工程用品牌材料,一分钱不省;饮食起居必备部分采取简约实用装修,客厅玻化砖、卧室金刚板……

(4)在时间允许、预算允许的情况下,增加一些陶性怡情的非基本装修项目,如装饰性灯具、小吧台等,直至突破时间或成本边界线;或者考虑采用更环保、更时尚、更高档的材料,如主卧改用价格适宜的实木地板。

2. 减法模式

在追求理想中忍痛割爱的过程,如图9-6所示。

(1)不考虑约束条件,列出小户型装修能想到的所有事,包括必需的、可以争取的、抱有期望的。

(2)加入三条约束边界,从那些可有可无、锦上添花的任务开始,逐步剪裁超出约束边界的任务。

(3)考虑质量要求,剪裁超出达标能力的任务。如由于现场制作家具上漆后味太重,无法满足"三个月能入住"的要求,改成尽量购买现成家具。

(4)考虑成本限制,取消一些任务或者采用符合质量要求但成本更加低廉的方案。如采用吸顶灯替代装饰性灯具,取消小吧台等。

(5)考虑时间限制,取消一些任务或者采用更

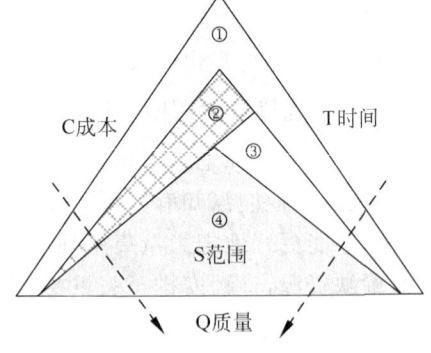

图9-6 范围的减法过程

加简单却又实用有效的方案。如用软装饰代替一些硬装修等。

3. 两种模式融合

加法模式从眼前迫切需求入手，逐步叠加需求，直至超出约束边界。小区里，总会有一些业主时不时地就要敲敲打打一番。由于缺乏前瞻性的统一规划，容易挂一漏万，成为反复折腾的"马路拉链"模式——政出多门、各行其是，通信、电力、煤气、自来水、雨水、污水等是"你方唱罢我登场"，好好的路没多久就开膛破肚一次。

图/焦海洋 光明网 2012-7-7

减法模式从全局角度通盘考虑，先把方方面面所有能想到的事情罗列出来，然后确定相对刚性的约束条件边界，再根据轻重缓急裁剪任务，使项目范围逐渐落入相对弹性的约束条件边界之内。这种模式不容易出现重大遗漏，但罗列清单及裁剪条目都需要较丰富的经验及技巧，比较费时费劲。

实际中，我们可以采用加减法相结合的方式。先开列所有能想到的任务清单；再确定为达成项目目标必须完成的基本任务；而后根据任务的轻重缓急两头逐步逼近，裁剪超出刚性约束条件或者在满足客户期望方面边际效益较小的相对次要的任务。

9.3.3 范围说明书

详细的项目范围说明书主要包括或引用相关文档描述以下内容：

（1）项目目标

衡量项目是否成功的可量化标准。包括业务目标、管理目标、技术评价、服务水平、成本预算、工期进度以及质量要求等方面的具体指标值。

（2）产品范围

包括产品或服务所覆盖的组织范围、业务范围、时间范围、功能范围以及应该满足的特性。在反复迭代的需求开发过程中逐步细化、不断修订，从简单的边界划分演化成框架性需求描述，再演化成可以指导开发及管理工作的详细的需求规格说明。

（3）可交付成果

描述在项目各阶段或最终完成时要产出的各类交付物的构成及具体要求。包括产品（如源代码）、服务（如培训）、附属产出物（如技术及管理文档）。

（4）工作范围

为产出符合要求的项目各类交付物而必须展开的工作。具体工作内容取决于产品范围的划分以及"项目定义的软件过程"，以 WBS 的形式进行分解细化。

（5）验收标准

定义可交付成果通过验收前必须满足的一系列条件。如：完成合同约定开发内容，系统稳定运行半年，没有残留的重大软件问题。

（6）制约因素

来自于项目内部或外部，影响范围定义结果或过程绩效的限制性因素。包括合同约定事项、资源限制、强制性工期以及项目各方既定的行为或不行为等。例如，客户方业务架构及业务流程尚在变革调整之中，其进程及结果将严重影响范围定义的进程及结果。

（7）假设条件

描述影响项目范围定义的不确定因素，并说明当它们发生变化时，对项目范围的潜在影响。这些因素虽未经验证，但定义范围时被视为正确、真实或确定的。例如：假定正式的需求规格提交后，客户应在三天内确认或反馈意见，否则将影响项目推进。

（8）除外责任

明确说明哪些内容不属于项目范围之内，消除因责任模糊可能引发的纠纷。例如，本公司只负责软件平台的搭建，不对软件平台的应用效果负责。

9.4　创建 WBS

《道德经·第六十三章》："图难于其易，为大于其细；天下难事，必作于易；天下大事，必作于细。是以圣人终不为大，故能成其大。"

老子告诉我们，再难的事，也是从容易的开始；再大的事，也是从小处着手。优秀项目经理的一个基本能力就是大事化小，难事化易，将复杂问题简单化，简单问题程序化。

创建 WBS 的过程就是将目标细化落实，将产品逐级分解，将工作化繁为简的过程，是产品范围分解与工作范围分解融合进行的过程。

图/李泽霖

9.4.1　什么是 WBS

1. 工作分解结构（Work Breakdown Structure，WBS）

以可交付成果为导向对所有组织和定义项目范围的元素进行的逻辑分组与层级分解，归纳定义了为实现项目目标必须覆盖的全部工作范围，每下降一级都代表一个更加详细的项目工作的定义。

2. 工作包（Work Package）

工作分解结构的最底层，是小颗粒、可管理、可控制的工作单元，是进度、成本、质量、风险等计划和管控的位置，包括为完成可交付成果或项目组成部分所必需的计划活动和进度里程碑，所有工作包集合就是整个项目的工作范围。

3. 活动（Activity）

工作包的组成部分，是为完成工作包定义的可交付成果或项目组成部分而展开的所有可实施的、具体的详细任务，是进度表中最小的计划和控制单元。

4. 控制账户（Control Account）

设置在工作分解结构事先选定的管理点上，是综合范围、预算、实际费用和进度，并对项目绩效进行测量和管理的控制点。

WBS 将项目目标从抽象表述转化为详细、明确、实在的工作内容，消除了项目的神秘感，是所要执行工作的大纲。WBS 分解就是大事化小、难事化易的过程，根据产品、服务或结果的本质特性，利用层级结构将项目工作进行逻辑上的分组，并分解成较小的、更易于管理和控制的工作单元。

WBS是对项目所有工作的覆盖和分解,是项目所有工作的集合,回答了"项目要完成什么"的问题。而根据活动的定义和关系绘制的网络图回答了"如何完成"的问题;根据网络图计算得到的进度计划则回答了"什么时候完成"的问题。

WBS处于项目计划过程的中心,是进行进度计划、职责分派、资源调配、成本预算以及风险规划的基础,也是项目执行、绩效监控及变更控制的依据。

9.4.2 WBS 形式

WBS可以由树形的层次结构图或行首缩进的列表表示。

1. 树形的层次结构图

采用如树根般,自上而下逐级生长扩张的结构,见图9-7。优点是直观、结构清晰;缺点是不易修改,工作项内容多的时候不好画,画不下。

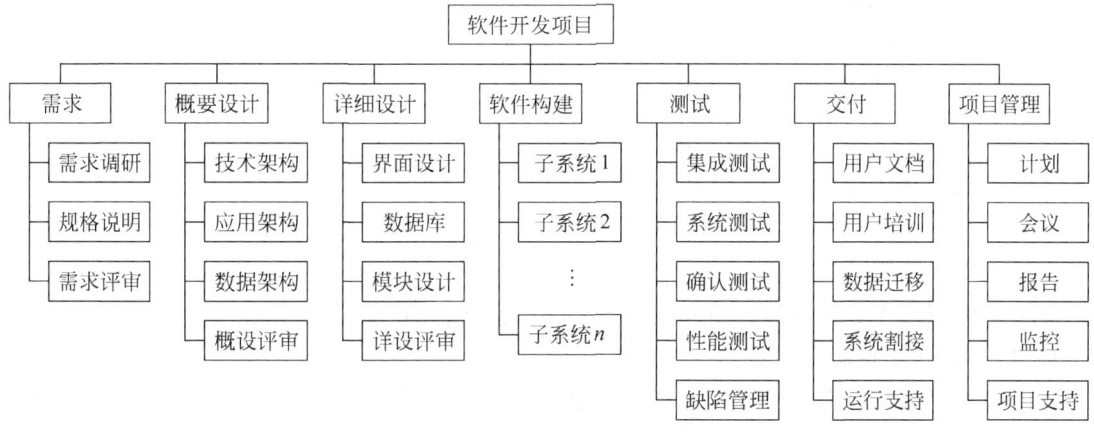

图 9-7 软件开发项目树状图法 WBS 分解示意

2. 行首缩进的列表

以行首逐次缩进的列表形式反映工作项间的分组与层次关系,被项目管理软件所广泛采用,见表9-7。优点是像图书目录一样,再复杂的WBS结构,也很容易扩充维护。

9.4.3 WBS 分解

软件项目的WBS分解主要考虑软件项目需求与软件过程模型两个要素。软件需求规定了最终交付的产品要"长什么样",要具备哪些功能、性能,是进行产品分解的直接依据。软件过程模型定义了为获得高质量软件所需要完成的一系列任务的框架,是进行工作范围分解的参考。因此需求获取以及软件过程模型剪裁成为项目早期的两项重要工作。

要将整个项目工作分解成工作包,一般需要开展下列活动:

1. 识别和分析可交付成果及相关工作

由项目目标确定的所有可交付成果,以及为此必须开展的所有工作,都要识别后分领域归类放进WBS中。可交付成果不仅包括项目结束时提交给客户的产品,还包括要交付的文档以及必要的中间输出,如计划、记录、报告等。除与产品产出直接相关的工程活动外,项目管理及支持活动也是 WBS 必不可少的组成部分。

表 9-7　软件开发项目列表法 WBS 分解示意

1. 需求	4. 软件构建	7. 项目管理与支持活动
1.1 需求调研	4.1 子系统 1	7.1 计划
1.2 规格说明	4.2 子系统 2	7.2 会议
1.3 需求评审	……	7.2.1 启动会
2. 总体设计	5. 测试	7.2.2 项目例会
2.1 技术架构	5.1 集成测试	……
2.2 应用架构	5.2 系统测试	7.3 报告
2.3 数据架构	5.3 确认测试	7.3.1 定期报告
2.4 概设评审	5.4 性能测试	7.3.2 专项报告
3. 详细设计	5.5 缺陷管理	……
3.1 界面设计	6. 交付	7.4 监控
3.2 数据库设计	6.1 用户文档	7.5 项目支持
3.3 模块设计	6.2 用户培训	7.5.1 质量保证
3.4 详设评审	6.3 数据迁移	7.5.2 配置管理
	6.4 系统割接	7.5.3 项目采购
	6.5 运行支持	7.5.4 合同管理

2. 确定 WBS 的结构与编排方法

没有一个最好的项目分类或细分,只有适合当前项目环境的工作分解结构。WBS 的结构与编排方法受项目的领域、类型、复杂度,具体工作的类别,所在组织的文化和结构以及项目经理的管理模式等因素的影响。如业务咨询项目、软件开发项目、软件实施项目或软件运维项目的 WBS 结构就存在较大的差异。

一般地,WBS 的第二层元素由产品分解元素、服务分解元素或结果分解元素中的一种或多种构成,此外还包括横向关联和项目管理两种支持性元素,见图 9-8。

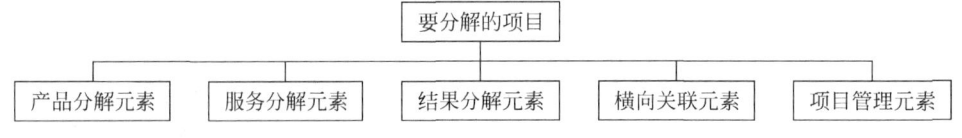

图 9-8　WBS 结构组成[Haugan,2005]

1)产品分解元素

针对具有有形输出产品的项目,对可交付产品按其自然的物理结构进行细分。如软件开发项目的交付物有软件系统、培训材料、用户文档,而软件系统又可根据软件的模块与功能结构进行进一步的细分。

2)服务分解元素

针对没有有形产品、旨在提供服务的项目(如一次旅行、婚礼或会议等),采用对相似或相关的工作、职能或技术进行逻辑分组的方法。如软件系统危机处置期间的运行保障,可根据不同的领域细分为桌面、应用、数据、主机、网络、存储等。

3)结果分解元素

针对基于过程的结果型项目,可以基于为达到项目目标所必需的过程步骤进行项目分解。如系统迁移项目可依循需求分析、方案设计、方案验证、方案实施等这一系列基本步骤进行分解。

4）横向关联元素

横跨产品所有内容的一种分解，将横向同级及以下元素联接起来。分析元素代表对同一父级元素的所有工作元素的分析活动；集成元素代表两个或更多个同级元素的集成；过程元素代表工作进展的下一步。

5）项目管理元素

项目管理责任和管理活动的分解，是在所有项目中都会出现的特殊类型的横向关联元素，具有集成、分析或过程元素的特征，一般包括启动和完成、报告、会议和审查、计划、控制、行政管理、项目支持等。

表9-7中的"软件构建"生成项目主要交付物——软件系统，以（子系统→模块→子模块）的方式进行逐级产品分解，包括代码实现与单元测试的工作；"需求""设计""测试""移交"为横向关联元素，横跨最终交付物——软件系统的每个分解项；"需求""设计"具有分析元素的特征，"测试""移交"则兼具集成与过程元素的特征。

WBS最好的组织规则是基于项目本身固有的特性及实施方式，以团队最熟悉、最自然的方式对项目工作进行逻辑上的分组与细化。第二层元素可以是软件过程模型的主要阶段，如迭代开发的迭代轮次、瀑布模型的开发过程。最底层工作包通常反映的是针对某一个功能集展开的工程活动、管理活动或支持活动以及相关的各类产出物。

3. 自上而下逐层细化分解

创建WBS的常规方法是，以类似项目的WBS为基础，考虑项目环境的特殊性，自上而下逐层分解，直到工作要素的复杂性和成本花费成为可计划和可控制的管理单元。其优点是目标明确，条理清晰，省时省力。同时为了避免遗漏细节、消除范围理解分歧，过程中要积极发动团队成员填充细节，吸纳不同领域专家的意见。

1）WBS分解应遵循的基本原则

（1）百分之百：不多项不漏项，覆盖整个项目范围；WBS下层元素工作之和等于上级元素的百分之百的工作；每一工作包中所有活动的工作之和等于该工作包的百分之百的工作。

（2）逐步求精：详细分解近期工作，粗略分解远期工作，采用渐渐明晰的方式不断完善。依据初步需求制订总体WBS，依据规格说明及概要设计进行更准确的细化分解。

（3）责任到人：为每一工作分解项指定明确的唯一负责人，以使责任划分清晰。对需要多人完成的工作，可以继续细分或者指定一个明确的责任人。

（4）80小时：为便于管理，工作包的完成时间最好控制在10个工作日内，以将项目问题暴露在两周之内或者更短的时间。

（5）可管理：每个工作包都应有可交付成果，每个可交付成果都有接受标准，以详细清楚地界定项目各方的分工界面和责任，有利于项目实施中的变更管理和推进项目进展。

（6）详略得当：工作包作为项目计划与控制的单元，其详略程度应以可计划、可预算、可分配、可检查、可控制为尺度，同时要求不对管理造成超出能力之外的负担。

（7）团队参与：团队成员及项目干系人必须参与WBS的制定过程，WBS的制定过程也是各方就项目目标、项目范围进行沟通并达成一致的过程。

（8）风险分解：对风险较大的工作，需要尽可能地予以细分，以更准确地识别风险因素,定位风险点,评估风险大小,采取风险防范措施,将风险控制在项目可接受范围内。

2)采用启发式的方法创建 WBS

(1)先问:需要干什么(即项目名称)?

(2)再问:有哪些主要交付物及次要交付物,有哪些横向关联元素?

(3)然后问:交付物有哪些构成项?横向关联元素包括哪些支持工作?

(4)接着问:工作项是否已经分解成可计划、可控制的单元?

(5)最后问:是否有遗漏的工作?

此外,对存在较多不确定因素的新项目,可以考虑采用自下而上逐层整合的策略。首先广泛发动团队成员,通过头脑风暴法罗列项目的各项具体工作,而后自下而上地逐级归类整合,确定可交付成果,编制范围说明书。整个计划过程耗时费力,但计划细致,能够反映项目的实际需求,并能有效促进项目团队的参与和协作。

4. 制订和分配 WBS 编码

结构化的 WBS 编码用于唯一标识每个 WBS 元素,反映其在项目大纲中的位置以及元素间的层级关系、分组类别和特性。编码可以采用任何一种方法,但在组织范围内最好能保持一致性,以在组织范围内对项目的范围、进度、成本等信息进行共享。

基于统一编码的 WBS,提供了一致的项目定义,使得每个 WBS 工作项对项目各方及各类项目控制系统而言都具有共同的意义,为相互间的信息交换提供了保障。所有的进度规划、资源分配、预算编制、绩效监控、风险报告、成本核算以及变更控制等都要求与 WBS 编码系统保持关联。

9.4.4 WBS 字典

WBS 字典是工作分解结构的支持性文件,用于解释、说明各级 WBS 工作项的细节,示例如表 9-8 所示。WBS 字典的详略程度根据具体情况确定,可以是简略的列表说明,也可以详细说明每一工作包的工作内容、责任人、进度要求、资源需求、成本预算、质量要求等信息。汇总 WBS 字典,简单整理后即可得到对项目范围的综合性陈述。

表 9-8 工作包 WBS 字典示意

WBS 编码	1.1.2		WBS 名称	需求调研问卷	成果物	调查分析报告
父 WBS 编码	1.1		父 WBS 名称	需求调研	责任人	需求组长
工作陈述	问卷调查作为用户访谈的有益补充,用于在更大的范围收集各类涉众需求,了解业务及系统现状,验证前期初步的用户访谈结果并确定后续需要深入访谈的主题					
假设依赖	• 由客户以内部发文的形式,将问卷调查工作正式予以下达 • 列入部门督办事项,对填报的时效性与质量进行管控					
资源需求	3 名需求人员	工作量	12 人天		进度要求	初步访谈后 15 天内
活动列表	序号	活动		活动描述		
	1	设计问卷		按业务领域及专业划分分类设计问卷		
	2	试填问卷		小范围试填后,补充完善问卷		
	3	发放问卷		正式发放问卷,并在规定时间内回收		
	4	分析问卷		统计分析调查结果,汇总意见建议,确定下一步行动		
编制	李明	审批		张山	日期	2014.11.11

项目范围说明书、工作分解结构 WBS 和相应的 WBS 字典共同组成范围基线。范围基线是进度、成本、绩效的基准与最后的验收依据,其重要性无论如何强调都不为过,因此需要各方的签字认可,也需要变更控制程序保证范围变动的可控性。

9.5　范围确认

范围确认是项目干系人正式验收已完成的项目可交付成果,正式接受已完成的项目范围的过程,是正式转入下一阶段或项目结题的依据,包括阶段验收以及最终的项目验收。

1. 如何确认

项目范围说明书表述了各方就如何验收项目可交付成果达成的一致意见。

(1)验收条件:满足什么样的条件,达到什么样的要求可以进入验收。如到达约定的时间,完成阶段或全部工作,经过各方测试/审查/试用,交付成果没有大的问题等。

(2)验收过程:谁组织,谁参加,需要什么资源,以什么样的形式,采用什么样的方法,遵循什么样的过程来评价,以及未通过验收时的处理机制。

(3)验收准则:判定阶段目标/最终目标是否达成的准则,判定项目工作及可交付成果是否达到要求的具体准则。

2. 困难挑战

实践中,有不少项目尽管已经上线多时,却仍需频频修改、无法验收、无法回款,成为项目经理的梦魇、公司头痛的烂尾项目。究其原因,除了团队业务能力不济,项目完成情况差强人意之外,典型地还会出现以下几种情况:

1)双方关系紧张

问题表现:冲突对立,凡事没得商量,以前期签订的合同及技术协议为准。现实中,几乎找不到能够达到合同原始要求的项目,因为基于市场因素包含了太多过度的承诺。

解决办法:动用公司各方力量,多管齐下,疏通沟通渠道,修复客户关系。必要时可以调整人员分工、成员构成或者撤换项目经理。

2)重大人员变动

问题表现:由于客户方分管领导或项目负责人的变动,导致项目目标重新定义、项目范围重新划分、项目方案重新论证的事例比比皆是。

解决办法:主动积极地与新的分管领导或项目负责人沟通,介绍前期进展情况,了解他们的新想法,进行合理的目标置换,融入一些新想法,砍掉一些旧东西。

3)方法措施不当

问题表现:范围界定不清晰,变更控制机制不健全,重要共识没记录没凭证,盲目承诺收不了尾,验收条件不明确。

解决办法:建立并严格执行变更控制机制;重要共识书面备忘并确认;不轻易承诺,承诺就要做到;早谈回款,早谈验收,明确验收条件,尽速推动项目达到验收条件。

9.6　范围控制

作为"项目三角形"面积的"范围"一旦发生变化,将引起时间、成本、质量这三条边的连锁反应。项目整体控制的首要在于项目范围控制,软件项目范围控制的首要在于软件需求变更控制。做事再苦再累都不怕,怕的是反复做看不到头的事。

9.6.1 变更失控的原因

课堂讨论 9-2　需求变更失控的原因(张友生,2009)

　　黄经理担任一个大型软件项目的项目经理,开始还比较顺利,但进入到后期,客户频繁的需求变更带来很多额外工作。黄经理动员大家加班,保持了项目的正常进度,客户相当满意。

　　但需求变更却越来越多。为节省时间,客户业务人员不再向黄经理申请变更,而是直接找程序员商量。程序员疲于应付,往往直接改程序而不做任何记录,很多相关文档也忘记修改。很快黄经理发现:需求、设计和代码无法保持一致,甚至没有人能说清楚现在系统"到底改成什么样了"。

　　版本管理也出现了混乱,很多人违反配置管理规定,直接在测试环境中修改和编译程序。在进度压力下,他只能佯装不知此事。因频繁出现"改好错误又重新出现"的问题,客户明确表示"失去了耐心"。

　　而这只是噩梦的开始。一个程序员未经许可擅自修改了核心模块,造成系统运行异常缓慢。虽然花费整整一周时间解决了这个问题,但客户却投诉了,表示"无法容忍这种低下的项目管理水平"。更为糟糕的是,因为担心系统中还隐含着其他类似的错误,客户高层对项目的质量也疑虑重重。

　　随后发生的事情让黄经理更加为难:客户的两个负责人对界面风格的看法不一致,并为此发生了激烈争执。黄经理怕得罪其中的任何一方,于是保持了沉默。最终客户决定调整所有界面,黄经理只好动员大家抓紧时间修改,项目进度因此延后了一周。客户方原来发生争执的两人,此时却非常一致地质问黄经理:"为什么你不早点告诉我们要延期!早知这样才不会让你改呢!"

　　黄经理感到非常委屈,疑问自己到底错在哪里了?

9.6.2 需求的变与不变

1. 现实业务的两种划分

1) 按管理是否覆盖到位可分为

(1) 已纳入管理部分:正如不能用成人的标准来要求小学生一样,处于不同成长阶段的组织,有不同的管理目标与管理重点。只有那些当前需要去做,并且能够做到的才会纳入到管理之中。小学生用心学习、快乐成长即可,成人则需要承担一定的社会责任。

(2) 未纳入管理部分:管理上的空白只是暂时的,会动态变化。个体会随着成长逐步承担更多的社会责任;组织也会随着管理水平的提升,逐步地追求更精细、要求更高的管理。

2) 按信息化手段能否支撑可分为

(1) 信息化可以支撑的部分:如"考勤系统"可以通过打卡、刷指纹等方式准确记录员工的考勤信息,作为公司绩效考核的直接依据。

(2) 只能通过管理解决的部分:部分问题是当前信息化技术无法实现的或实现起来代价太大。如再先进、再复杂的"考勤系统"也无法杜绝员工考勤造假行为,而一个简单明了的规定——"发现作假直接开除",则轻而易举地解决了这个难题。

一般地,客户心中的需求(见图9-9)和项目组理解的需求(见图9-10)都会包含这两个维度的四种组合,而且项目组理解的需求将不同程度地偏离客户心中的需求。

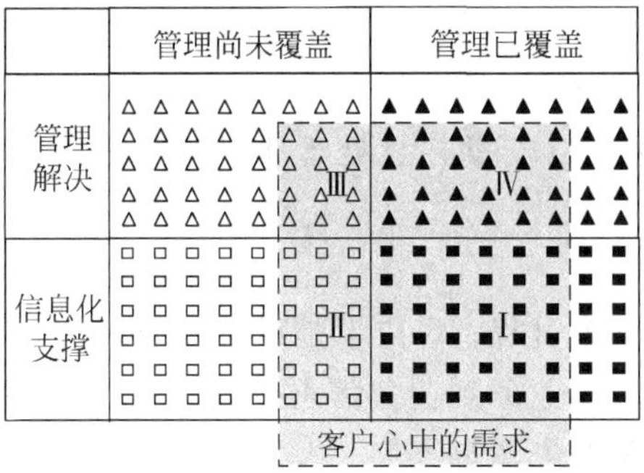

图 9-9 客户心中的需求 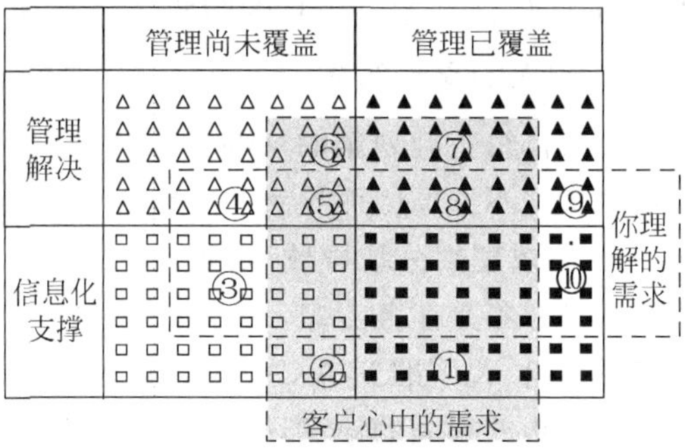   图 9-10 项目组理解的需求

2. 客户心中的需求

1）已纳入管理部分

并不是所有信息化可以支撑的部分都会纳入本次建设的项目范围。只有那些处于问题领域之内,比较急迫,需要在本次项目建设中解决,并且客户认为在项目投资及进度许可之内的(Ⅰ区)才会予以列入。此外,难免有一些只能通过管理办法解决的问题(Ⅳ区),客户会误以为信息系统可以实现。

2）要突破的管理空白

每次信息化建设都会伴随着管理的变革,都会突破一些原先管理上未覆盖到的地方。业务创新很多情况下是摸着石头过河,会有一个"提出—调整—稳定"的过程,因此以业务创新为先导的需求(Ⅱ区),其不确定性相对更大。同样地,客户也会错误地将一些只能通过管理办法解决的问题(Ⅲ区)纳入到软件需求之中。

3. 你所理解的需求

1）漏了应该做的

不管是原先管理早已覆盖的成熟业务部分(①区),还是突破管理空白的业务创新部分(②区),任何遗漏最终都会被客户一一找回来,成为"需求变更"的一部分。

2）漏了做不了的

那些只能通过管理办法解决的问题(⑥⑦区),是客户的需求,但不是软件的需求。如果在其提出伊始,没有以充足理由明确回绝客户并尽可能给予一些管理上的建议,而是有意无意地忘掉,最后往往就会成为项目组"偷工减料"的铁证。

3）做了不应该做的

超出项目投资及进度许可,过多地满足客户基本期望之外的额外需求(⑩区),盲目实现超越客户业务现状的功能(③区)。锦上添花源自不懂得说"不"或无原则讨好客户,画蛇添足则是因为存有危险的"镀金"想法。做好了会增加客户满意度,搞砸了反会影响项目整体评价。另外,客户永远是得寸进尺,一个项目上把客户胃口吊得太高,将会给今后的其他项目带来巨大的负面压力。

4）接了不可能完成的

主要指信息化手段无法解决的问题，不论是源于业主的不合理要求（⑤⑧区）还是项目组的自以为是（④⑨区），最终的结果都是吃力不讨好，既劳民伤财，又要做一大堆的解释说明与赔不是，严重影响项目的验收。

4. 需求的交集部分

被项目组正确划定的这部分客户需求——信息化可以支撑并且处于项目范围之内，又存在着多种不同原因而导致的"需求变更"情况。

1）需求理解分歧导致"变更"

开发方不是业务专家，对业务从一知半解到熟悉有个过程；客户不是系统专家，从想说可能说不出、说不准到说得头头是道也有个过程。从现实业务到业务需求、从业务需求到规格说明是相差很大的语意环境，两次转换存在不可避免的失真。

从规格说明到系统设计，从系统设计到程序实现依然会不可避免地存在偏差。由于理解偏差的层层累积放大，客户心中的期望与最终交付物间可能大相径庭，见图9-11。模糊、歧义、表达不严谨的规格说明，更容易让人错误地将这种偏差归咎于"需求变更"。

(a) 客户如此描述需求　(b) 商业顾问如此诠释　(c) 项目经理如此理解　(d) 分析员如此设计　(e) 程序员如此编码

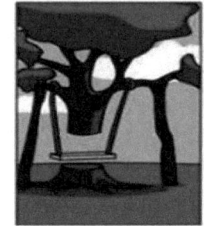

(f) 安装程序如此"简洁"　(g) 客户投入如此之大　(h) 技术支持如此肤浅　(i) 项目文档如此编写　(j) 实际需求原来如此

图 9-11　需求理解的偏差（Project Cartoon，2006）

所谓通过评审的需求，也只是在评审的那个时间点，基于双方对系统、对业务的认识所达成的初步共识。随项目的进展，双方对需求的了解越来越深入，将逐渐发现原先需求文档中存在的错误或不足。这不是变更，而是对需求逐步理解、重新认识后的必要修正。

2）外部环境发生变化导致变更

如国家的"信息系统安全等级防护标准"要求国家战略性基础行业要加强信息安全。

电网公司是最突出的例子。电网调度系统一旦出问题，将会给国计民生带来重大的影响，所以电力应用都要求双网隔离：生产控制与企业管理分离，管理内网与信息外网分离。双网隔离的强制性要求，对软件系统的架构以及业务运营模式都将带来巨大的影响。

3）市场发生变化导致变更

客户业务随之发生调整,进而产生需求变更请求。那些时间跨度较大的项目,更容易受到政策变化、市场变化的影响而调整项目需求。

近年来,社会对公共服务行业优质服务的要求越来越高,电网公司为此采取了首问负责、十项承诺等因应措施,尤其是将"95598"客户服务中心电话,全部路由到南北两大中心集中受理。

4）没有良好的软件结构以适应一定范围的业务变化

没有强大的工作流平台与规则引擎,没有实现参数化、模块化的系统配置,任何流程调整以及规则变化,都将触发需求变更,都将引起程序结构及代码的变化。

5. 结论

基于以上的分析,我们可以得出这样的结论:

(1) 软件需求的变是绝对的、是常态的:没有哪个软件项目的需求从始至终能够保持一成不变。软件需求是在持续的发展演化之中,变更控制是项目执行中的常态运作机制。

(2) 软件需求又是相对不变的:需求在大部分情况下并没有发生变化(除了外部环境、市场变化引发的变更),变化的只是客户或者开发方对需求的理解。

需求的变化以及需求理解的变化是项目组必须面临的挑战,要揽瓷器活就得有金刚钻。变化并不可怕,害怕变化的心态才是最可怕的。

客户管理模式越成熟,信息化建设水平越高,开发方对问题领域越了解,双方人员素质越高,需求开发及需求管理的方法越得当,各方对需求的理解越容易尽早达成一致,需求变更的可能性以及影响面就越小。

9.6.3　变更的流程化管理

变更并不可怕,可怕的是失控的变更。变化并不是人们最害怕的,最怕的是跟不上变化的步伐。变更控制的目的不是控制变更的发生,而是确保变更有序进行,减小变更所造成的不利影响。受控的变化是可以接受的,甚至会给人一种"一切尽在掌握之中"的成就感;没完没了、反反复复的需求变更,才是打击团队士气的致命因素。

那么,如何才能让需求变更可控、在控呢?一句话,就是实现程序化、规范化过程管理,其基本流程见图 9-12。

假如项目正沿着计划轨道前进的时候,不能对客户招手即停,而要让他们习惯于到车站上车!招手即停看似方便,可如果所有的客户都要求招手即停,这条走走停停的公交线一定是非常低效的。

1. 提出变更

(1) 明确客户方有权提出变更要求的人员,明确开发方有权接受变更申请的人员,并且严格控制双方接口人数。

(2) 客户方变更要求必须以双方约定的正式方式提交;临时口头提出的变更请求,事后也必须及时汇总

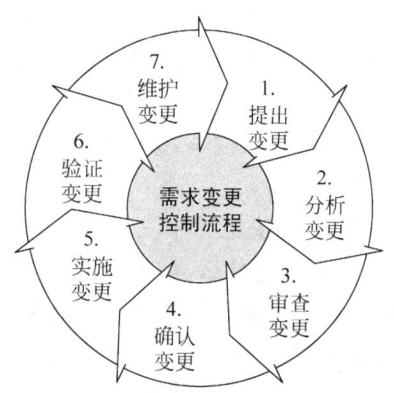

图 9-12　需求变更控制过程

确认,如会议记录签字。

(3) 非特殊情况下,客户方需在内部意见达成一致并统一归口汇总后,定期(如按周)批量提交变更请求。请客户到公交车站等候上车,而不是招手即停。

(4) 变更申请要表明:谁提出变更,什么时候提出变更,变更的内容是什么,变更的原因是什么以及变更处理的时间要求。

从源头上控制的好处在于:杜绝私下交易,避免无人完整知道变更情况,无人清楚系统到底改成什么样;避免客户方在其内部意见未达成一致之前,就轻易向开发方提出变更,减少因此的反复变更;由于屏蔽了客户的内部矛盾,避免了因此得罪客户方,项目组更好"做人"了。

2. 分析变更

项目组可分领域指派专人进行变更分析,评估变更来源、变更理由、变更产生的影响(波及面、项目风险、进度影响)、变更的代价(工作量、时间、成本),做出初步的处理。

课堂讨论 9-3　需求变更分析

问:客户项目中途要求实现学生上课签到、下课签退,并将"签到/签退"时的画面留存下来,怎么办?

不是所有变更都要修改:有些可以通过管理解决,有些系统已经有变通实现方法,有些根本就不合理,有些现有条件下无法实现,有些工作量上无法承受,有些波及面太广。

不是所有变更都要立刻修改:有些暂时用不上,有些客户业务还没准备好,有些只是锦上添花无关连续运营,有些优先级靠后。

核心模块变动更要严格把关:核心业务流程、基础技术平台,因其业务复杂、技术难度高、牵涉面广,变更的审查需要组内多方共同研究确认。

3. 审查变更

基线变更请求由变更控制委员会(Change Control Board,CCB)负责,该委员会由项目最重要的管理人员、相关方代表以及技术骨干组成。非基线变更由项目经理自行审批。

实际上用户提的需求变更很少是不合理或不能解决的,只是公司资源无法立即响应,项目投入无法承受。项目经理要在维系客户关系、提高系统符合度与控制项目进度、节约项目成本之间做出平衡决断,见图 9-13。如果总是无原则地满足客户各种变更请求,导致进度延误、成本超支,最后的结果一定是客户不满意,领导不满意。

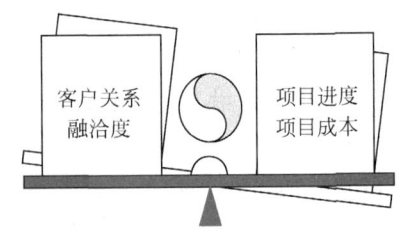

图 9-13　变更决策的平衡之道

CCB 的决定无非三种:拒绝变更、同意变更、延后解决。但拒绝什么、如何拒绝,同意什么、如何解决却是大有门道。大凡成功人士,多是太极高手,游走于强势各方之间。直来直去地简单拒绝得罪人;不讲原则照单全收轻则无偿劳动,重则里外不是人;策略得当不仅可以获得谈判筹码,增进客户关系,甚至可以额外收取费用,皆大欢喜,各得其所。

1）拒绝变更

（1）拒绝总是不好的，拒绝需要技巧。

假设你在追求一个女孩子，开口请她去看电影，但她对你没感觉，不想去。

"别来烦我"，"我不想去"，"我没空"，"现在不考虑这些事？"，哪种回答你更能接受呢？

（2）工作量很大的，可以说服客户放弃。

不少客户不了解信息化建设的规律，对项目变更的代价没有概念。他们确实会以为就是上嘴唇一碰下嘴唇的事，"改这么一个简单的东西，要那么长时间？"所以要跟他们解释清楚：变更的难点在哪里，牵涉面有多广，工作量多少。如果你能言之凿凿的跟他讲："为了改这个功能、要影响到这里，这里……这些都要改、都要测试，需要多长时间"，并让其意识到需要客户方在管理上的大力配合与资源投入，客户也许就会知难而退。客户方项目经理同样背负着系统如期上线的巨大压力，在这点上他比开发方更着急。

（3）影响系统正常运行的，可以拒绝。

很多业务人员喜欢系统做到想查什么就查什么，想怎么查就怎么查。电信、移动这样千万级用户规模的系统，随便几个低效的多表关联、全表扫描 SQL 语句，就会把系统搞死。这方面的据理力争，既可以避免项目风险，又可以提升厂家的专业性与权威型，增强在项目博弈中的话语权。

（4）从合同、需求、纪要中寻找依据。

超出业务目标范围的变更，应明确说明理由，毫不犹豫地予以拒绝。客户反复变更的时候，拿出变更记录，说明需求反复对士气的影响，提醒客户想清楚拍板之后再提变更。

（5）越简单往往越有效。

有些问题是技术手段无法解决的；或者虽能解决但方案复杂、代价较大，而管理解决却很简单。此时，应做好解释工作，并尽可能给出一些管理上的解决建议。

（6）引导客户接受变通解决的方案。

有些要求可以通过已有功能的组合来满足，没有必要开发单独的功能。正如再完善的公交网，也无法在任意两点之间都有直达车，适当地转转车公众是可以接受的。

2）延后解决

（1）尚未成熟的新想法。

如实记录不予回应，冷处理一段时间，静观其变；很多情况下，客户会自己"忘记"（实为放弃）掉那些不切实际的想法。

（2）需求出现反复的部分。

暂时搁置一段时间，给客户冷静期；客户在更全面地思考之后，往往会进一步调整自己的想法，使其更合理、更具操作性。

（3）囿于项目资源的限制。

优先级不高的非基本需求或是投入大、见效小的需求，可以同客户协商，推迟实现版本的时间。时间尽量估计得保守一些，最后如果提前实现反会给客户带来惊喜。

（4）争取后续立项解决。

将工作量较大、风险较高的新想法进行汇总，使客户对这些变更所造成的成本及进度影响有整体印象，更有利于说服客户将他们纳入后续立项合作的内容。

3）同意变更

（1）对症下药，标本兼治。

客户所提变更请求往往有两种表象：一是单纯描述头疼或是脑热这类表面问题；二是直接要求开特定的药，采用特定的解决方案。

医生开药时，要判明病因，综合考虑患者的病情、体质、用药史、药物副作用等因素辩证治疗。项目组不要被客户反映的表面问题所迷惑，要分清伤风感冒还是病毒感染，不能头疼医头、脚痛医脚，要认清问题的本来面目，标本兼治、釜底抽薪，避免反复折腾。

（2）做点范围外的，拒绝点范围内的。

工作量不大的额外要求，可以同意。但是多做的事情一定要让客户清楚，以取得成本和时间方面的补偿，好用做下次拒绝变更的理由。

客户提了一个需求，你们评估后觉得工作量不大，认为可以接受。然后见客户，告诉他，他提的东西还是很有必要的，项目组决定加加班优先满足他的变更要求；接着再倒倒苦水，现在工作时间排得太满，那些现在不是很急需的功能，是不是可以暂时往后放一下。客户大多数情况下，也会通情达理地做出一些让步。这些暂时搁置的功能，也许过段时间后，客户自己都会觉得没必要再开发了。

（3）学会如何让客户感觉"欠"你人情。

例如：客户觉得"按照流程操作很麻烦，每个界面里好多东西不能改，希望能放开权限"，你该怎么办呢？直接按客户说的改，最后业务数据一定大乱，一定是吃力不讨好。

你应该跟客户解释清楚：为什么要流程化管理（时限、质量、责任可以考核到人），为什么每个工作节点要限制可操作信息（档案数据不一致后果将是灾难性的）。

如果客户一定要求能够直接修改客户档案，那就单独开发一个客户档案直接修改的界面；但是档案的修改要走流程（申请→审批→操作→核实），而且必须记录到系统中。这样既解决了客户的问题，又减少了程序影响面，避免程序不稳定；避免了程序到处开口，给今后的系统运行带来不必要的麻烦。

客户听了你这样带有更好建议方案的解释，他是会欣然接受。"哇，你都已经帮他考虑到上线后的运维工作了"，他会很认可你的工作，很领你的情，因为你是在用心帮他解决问题。

4. 确认变更

不管采用哪种策略应对变更请求，都要与客户一起做判断，让客户确认变更内容、变更影响及变更后果。客户接受变更代价，认可由于变更开发方所付出的额外工作后，才可以开始实施变更。如果变更工作量在项目预算可接受范围之外，可据此与客户协商，至少让客户领情，便于后续工作的开展。

课堂讨论 9-2 中，如果黄经理评估过界面变更工作量，并经客户确认，又会怎样呢？

（1）客户接受延期后果：因为打过预防针了，项目真的延期时，讲点道理的客户都不会再质问黄经理；他会积极地与项目组协商，请求想点办法找回工期。这种情况下主动权就掌握在项目组手中了。

（2）客户认为代价太大，不必修改：这是最好的结局。

（3）客户认为可以缩短时间：黄经理至少争取到与客户协商的机会，以取得客户的理解；客户退让一点，项目组加把劲；这种情况下客户既会觉得项目组工作很敬业很努力，也会觉得有点欠项目组的情。

5．实施变更

制订需求变更所引发的分析、设计、开发、测试、实施等相关工作的计划,调配资源,确定责任人,明确时间要求。虽然变更计划的实施将不可避免地对原有项目计划造成冲击,但项目经理要想办法尽量减小这种冲击,尤其是不能突破项目里程碑。

(1) 务必使项目组所有成员明白需求变更属于项目常态,要坦然接受需求变更。

(2) 之前制订项目计划时要留有一定的余量,不能满打满算。

(3) 在短周期迭代式增量开发的每一轮迭代中,一是维持需求不动,以保持开发稳定性;二是推动客户参与和使用系统,收集、分析客户建议,以减少项目后期的需求变动;三是将上一轮迭代中发现的需求缺陷及变更,统一纳入到下一轮的开发中。

(4) 有所不为才能有所为:变更应对一定要遵循二八法则、要事为先的原则。总是要放弃一些相对次要的目标,才能达成另外一些更重要的目标。

(5) 变更计划要全面考虑由此引发的其他需求的关联性调整。

(6) 优化资源配置,责任落实到人,必要时说服公司阶段性追加资源,集中解决问题。

相关责任人按照变更计划,执行变更部分的需求分析、系统设计、程序编码、单元测试、测试方案设计、文档修订等工作。在变更开发中,更要保持与客户的持续沟通,加大客户参与度,确保各方对需求理解的一致性,采用多种手段加强中间检查与客户中间确认,避免走偏、走远。

6．验证变更

对照变更申请、变更计划,运用各种审查及测试方法,检查变更结果是否改对了、改全了,包括团队内部的验证以及客户的认可接受。验证时,要特别注意验证关联需求适应性调整的正确性,避免个别需求变动影响其他功能的正常运行。在测试版本中验证通过后,就可以纳入发布队列中;发布版本核实后,即可正式交付客户。

7．维护变更

对变更相关的文档、产品进行维护,保持需求、设计、产品的一致性。变更要按配置管理规定执行,确保交付物的一致性、完整性;发现违规事件严肃处理,防止过程失控。

软件过程能力成熟度较高的团队,通常会借助"需求跟踪矩阵"建立和维护从用户需求到测试之间的一致性与完整性。需求跟踪的能力需要循序渐进、逐步塑造。

需求跟踪矩阵没有特定的实现方法,简单的如表 9-9 所示,只要能保持需求链的一致性与可跟踪性即可。复杂的项目可能需要借助工具,如 DOORS、RequestPro 等来管理。

表 9-9 需求跟踪矩阵示例

用户需求	产品需求	软件设计	程序代码	测试实例
标题或编号	标题或编号	标题或编号	标题或编号	标题或编号
⋮	⋮	⋮	⋮	⋮

《需求变更申请单》是对需求变更进行全程追踪的工具,参见表 9-10,内容包括谁提出变更,何时提出变更,变更内容是什么,为什么变更,处理意见以及变更执行结果等。

表 9-10　项目变更申请单示例

项目名称				所处阶段	
提交人		提交日期		代表客户	
变更类型		□基线变更　□非基线变更　□问题报告　□其他_____			
变更编号			优先级		□高　□中　□低

变更描述：

变更原因：

变更影响(进度、成本、质量、其他需求、其他任务)：

可能受影响的配置项和基线：

PM/CMM 意见：	客户意见：
□批准　　　□否决 　　　签字：　　　日期：	□批准　　　□否决 　　　签字：　　　日期：

变更实施情况/遗留问题分析：

　　　　　　　　　　　　　变更责任人：　　　日期：

测试意见：

　　　　　　　　　　　　　测试责任人：　　　日期：

CCB 意见(基线变更时)：

　　　　　　　　　　　　　CCB 负责人：　　　日期：

配置情况：

　　　　　　　　　　　　　配置人员：　　　日期：

9.6.4　现实状况与最佳实践

　　现实中的大部分项目是在未完全明确需求之前就先签订合同，再做需求调研分析，然后开发实施。这种情况下，项目存在较大的风险，如果需求估计偏差太大，项目范围超出实施方的承受能力，项目很可能以失败告终。

　　如图 9-14 所示，一些信息化成熟的组织，在大型项目建设时，常采用两阶段建设的模式。

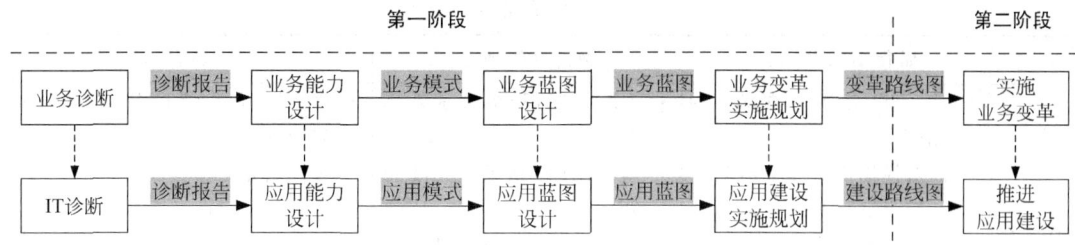

图 9-14　信息化建设的两种模式

1. 第一阶段

就业务咨询与 IT 咨询单独立项招标,请咨询公司在业务诊断、IT 诊断的基础上,进行业务规划与 IT 规划。

业务上:勾勒业务蓝图,调整业务架构,优化业务流程,细化作业标准,描绘业务改进路线图,给出业务变革的时间表与具体实施建议。

技术上:制定技术路线,确立技术架构,拟定技术标准(如应用集成标准、编码标准、信息模型标准、信息安全标准等),设计应用架构、描绘 IT 实施路线图,给出信息化建设的时间表与具体实施建议。

2. 第二阶段

以业务咨询成果为依据,按业务改进路线图,推进内部组织变革,流程再造。以 IT 咨询成果为基础,按 IT 实施路线图,在适当的时机分块、分阶段进行系统开发、项目实施的招标,选择软件开发商。

此时,软件开发商可以在较为明确的业务架构及用户需求基础上,进行需求细化、系统设计及软件开发,大大降低了因需求偏差而引发的项目风险。而咨询公司则可承担起项目的监理职责,帮助业主对项目建设进行指导与管控。

这种做法充分发挥了咨询公司与 IT 公司的各自强项。目前一些大的行业应用普遍采用这种成熟稳妥的方法。

课堂讨论提示

1. 课堂讨论 9-1 李大嘴做月饼的思考

人物特点分析

人　物	角　色	优　点	缺　点
李大嘴	乙方项目负责	手艺好,有干劲,执行力强	没文化,脾气大,认识肤浅
吕轻侯	友情顾问兼小工	肚里墨水多,有思路,有想法	清高孤傲,眼高手低,百无一用
郭芙蓉	小工	待人热情,会来事,主意多	任性冲动,干活偷懒,不上心
佟掌柜	乙方领导	善于调和,柔中带刚,有手腕	贪财小气,目光短浅,甩手掌柜
钱掌柜	甲方项目负责	心有领导,办事小心,没坏心眼	谨小慎微,唯唯诺诺,没有主见
钱掌柜老婆	甲方领导	方向感好,雷厉风行,应变快速	高压管理,过于强势,不会授权

人物表现点评

人物	做得不够的地方	做得好的地方	经典台词
李大嘴	• 跟客户交流不深入、不耐烦 • 面对模糊需求办法不多 • 一知半解下听风就是雨 • 主观臆测客户想法 • 盲目承诺，耍脾气，撂挑子	• 不耻下问，积极寻求外部支持 • 肯下功夫钻研，积极想办法 • 对客户要求响应迅速 • 遇到挫折心态好、不气馁 • 为人憨厚，没心机，姿态低	• 没问题，包我身上了 • 客户的需求永远是第一位的 • 客户就是上帝 • 你早说呀，你。你早说，不就没这出了嘛 • 还就不信了，没就不成了 • 整个破月饼瞧你磨磨唧唧的，不做了
吕轻侯	• 个人情绪带入工作中 • 放不下身段，不屑做低级事务 • 工作消极	• 不计报酬，友情客串顾问 • 主动承担和面出错责任	• 那你就直接问不就得了，至于这样吗 • 受穷总比受委屈强
郭芙蓉	• 私人感情纠葛影响工作 • 工作分心，面、碱不分	• 很能磨客户、套交情 • 与钱掌柜关系处得不错	• 人家眼巴巴地等你一上午了 • 哎呀，你再跟我说说嘛
佟掌柜	• 对新项目没有足够重视 • 决策失误，用人不当 • 甩手不管，没有监控项目 • 没有及时总结经验教训 • 没有从自身找原因 • 一味责怪下属，太抠门	• 信任员工，充分授权 • 关心员工，积极调和员工关系 • 对员工的惩戒注重方式方法	• 既然月饼相不中，就到别家去买吧 • 做月饼是不成，但相处久了，没准就成了 • 嘿嘿，好一对苦命的鸳鸯啊 • 你留着自己侮辱吧 • 美得很，美得很，以后接着犯错误啊
钱掌柜	• 没有领会领导的想法 • 讲不清自己的要求 • 与开发人员交流不够 • 对项目进展监控不到位 • 对项目的约束手段不够	• 发自内心地尊重领导 • 一心为领导办事，小心谨慎 • 就事论事，爽快，没有歪心眼儿	• 一定要天下独一份 • 还要上档次，大气一点儿 • 一个绝世美女应该犹抱琵琶半遮面 • 自己去琢磨琢磨吧 • 什么叫怕啊，这是尊重，发自内心的尊重 • 招数不在新，管用就行 • 千万别出"幺蛾子"了，哥还能活几年呀
钱掌柜老婆	• 工作方式过于粗暴 • 没有充分讲清自己的意图	• 中秋给娄知县及重要客户送礼 • 项目失败，能果断止损 • 赏罚分明、御夫有道	• 一哭二闹三喝药 • 别让你哥再挨揍了，求你了，啊 • 赶紧回家打包装盒，晚了又是一顿暴打呀

倒霉的钱掌柜

项目失败，最倒霉的显然是钱掌柜，被老婆暴打一顿，以至于发出"哥还能再活几年"的哀叹。

钱掌柜一是怯于同老婆大人沟通交流，搞不清领导的真实意图，自身又做不了主，这是项目的致命伤；二是无法清晰表达出自己的想法，将明确需求的责任完全推给乙方；三是当项目进展不利时,没有及时与乙方领导佟掌柜沟通,要求武林客栈加强力量投入。

作为项目压力的最大承受者,在内部领导作风过于强势的情况下,钱掌柜可以考虑借助乙方的力量来推动项目进展,请佟掌柜出面一起与他老婆做比较深入的沟通交流。

该负责的佟掌柜

项目失败,最大的责任者是佟掌柜。知人善任是对领导的一个基本要求。我们不止一次说过,人才放错位置就是垃圾。吕轻侯擅长动脑、动嘴,不擅长动手,李大嘴擅长动手,郭芙蓉擅长动情。找准项目成败关键所在,把合适的人放到合适的位置,所有的问题就全都迎刃而解。考虑到项目期间吕轻侯跟郭芙蓉之间正在闹别扭,而且这个项目的客户比较特殊,佟掌柜应该知道钱掌柜老婆不是一个好伺候的主,所以最好的安排是:

① 由佟掌柜亲自担任项目经理,与钱掌柜老婆建立直接的沟通管道,了解客户真实意图。

② 吕轻侯牵头,李大嘴、郭芙蓉配合与钱掌柜一起共同搞定项目需求。

- 吕轻侯采用快速原型法,了解客户想法,确认客户需求,抛出解题思路。
- 李大嘴评估技术可行性,设计具体方案,制作原型小样。
- 郭芙蓉负责客户关系及保障工作,居中穿插,保持友好氛围。
- 钱掌柜准确把握领导意图,及时汇报,及时回馈领导意见。

③ 李大嘴动手制作月饼,吕轻侯过程中指导监督,郭芙蓉跑腿兼做测试,佟掌柜全程掌控做好把关。

2. 课堂讨论9-2 需求变更失控的原因(张友生,2009)

黄经理的项目团队在需求变更控制方面可以说是一团糟。我们不妨自问一下这几个问题:

谁有权提出变更请求? 谁有权接受变更申请?

① 客户方什么人都能提变更要求:这些人有权跟开发方直接提变更吗? 这些人的意见都对吗? 是客户方协商一致的正式意见吗?

② 项目组什么人都能接受变更要求:这些人有权接受变更吗? 这些人对项目的全局有足够的把握吗? 这些人能够完全清楚变更的影响吗?

③ 所谓人多嘴杂,客户方内部意见相左的情况是很常见的。双方有权提出变更请求与接受变更申请的人越多,需求变更甚至多次反复的可能性就越大。

④ 正所谓一步错、步步错。变更管理的第一个环节就犯下致命的错误,黄经理后面陷入困境无法自拔是再自然不过的事了。

客户的所有变更是否都是合理的? 合理的变更是否都要马上实施呢?

① 案例中的程序员未经许可擅自修改核心模块,这是非常严重的错误,尤其是已经上线的生产系统修改更是要慎之又慎。

② 在变更问题上,任何的自作主张,轻率举动,都有可能给公司造成巨大损失。

③ 信息化建设水平较高的客户,对生产系统的程序变更,内部都会有一套严格的上线管控手段。

④ 信息化起点较低的客户,可能没有这个意识。他们经常会火急火燎地告诉一个熟悉的开发人员,"这个功能马上就要"。可是,如果因此出问题,最后的黑锅肯定还是由开发公司来背。

为什么加班加点，按照客户的要求改了，还要受责难呢？

① 没有深入评估需求变更的影响，难点在哪，牵涉面有多广，工作量有多少。

② 没有跟客户解释清楚变更的影响，客户不了解变更的后果。

③ 没有同客户做变更前的确认——是否接受变更的代价。

为什么改好的错误又重新出现？

① 团队协作就是基于项目产出物的协作；项目变更就是对处于配置管理下的产出物进行变更操作。

② 没有对变更活动进行有效的记录、跟踪、验证，将导致需求、设计、编码的不一致。

③ 版本管理混乱，没有一个环境是最新、最全、最正确的，程序必然不完整、不一致、不正确。

3. 课堂讨论 9-3 需求变更分析

① 冷静面对：客户往往不是告诉你问题的本来面目。

分析：客户往往会直接告诉你，他自己认为合适的解决方案。

② 理性思考：客户为什么提出这样的需求？

分析：学生旷课、迟到、溜号现象比较严重，人工考勤费时、尺度不一。

③ 深入挖掘：到底要解决什么问题？

分析：准确记录学生出勤的真实情况，杜绝考勤作弊，提高出勤率。

④ 评估影响：变更是否合理？技术是否可行？涉及面多广？变更代价多大？

分析：技术上可以实现签到/签退功能，但无法识别作弊行为。留存"签到/签退"的画面一是数据量太大、占用存储及网络带宽，二是并不能达成"杜绝作弊"的初衷。

⑤ 确定方案：真正的需求无法回避。

分析：实现"签到/签退"功能以记录出勤情况；从管理上解决考勤作弊问题，颁发一纸规定提高作弊代价——所有考勤作弊的涉事人一律挂科。

课后思考

9.1　什么是项目范围？项目范围管理由哪些基本过程组成？

9.2　需求获取为何如此困难？

9.3　需求获取有哪些主要的方法，分别适用于什么情况？

9.4　为什么项目双方需要在《需求承诺书》上签字？这个签字意味着什么？

9.5　"李大嘴做月饼"中谁要负最大的责任？在需求开发及管理中应如何改进？

9.6　如何理解范围管理需要有所不为才能有所为？

9.7　什么是 WBS？WBS 分解应遵循哪些原则？如何确定 WBS 的各层元素？

9.8　如何理解某种程度上需求的"变"是绝对的？

9.9　如何理解某种程度上需求是不变的，变化的只是对需求的理解？

9.10　面对需求变更应该怎么办？

第10章

项目成本管理

有人到美国向巴菲特学赚钱的秘诀,讲了半天,最后巴菲特开始传授他的秘诀。"第一个秘诀:赔本的买卖不能干。"大家觉得这个秘诀不算太深奥,我们这么老远来,后两个秘诀肯定很深奥,好好听吧!结果又讲了半天。"下面告诉你们第二个秘诀:一定要做挣钱的买卖。"大家一听,说这玩意我们都知道啊,再听!第三个秘诀肯定很深奥。"最后告诉大家,第三个秘诀最重要:就是一定要记住前两个秘诀。"

项目成本管理是为确保在批准预算内尽可能保质按期地完成项目而展开的成本规划、成本估算、成本预算、成本控制等管理活动,见图 10-1。

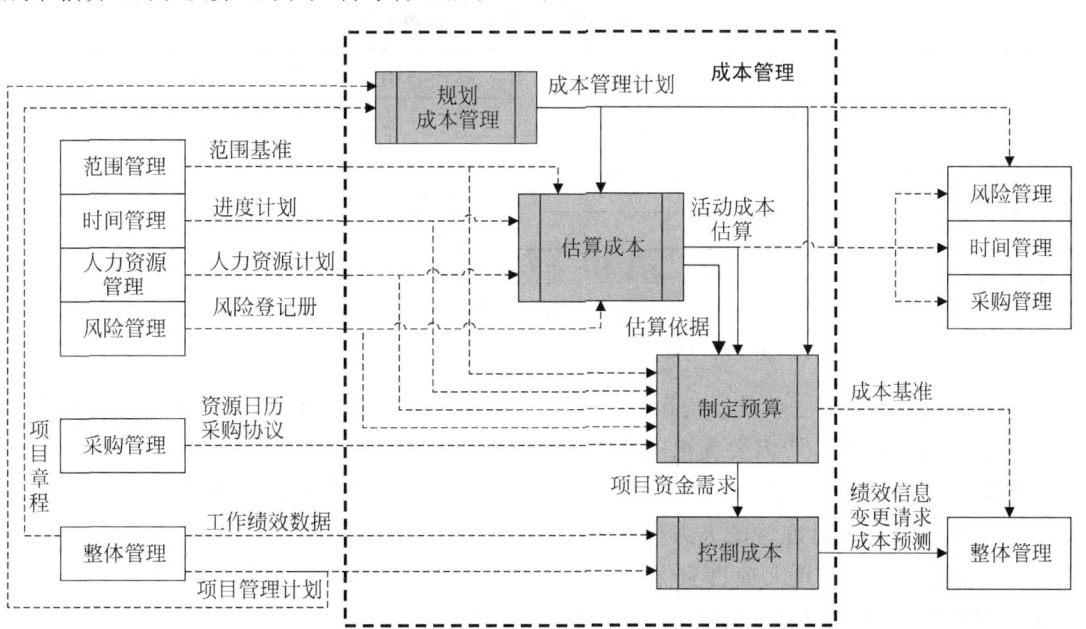

图 10-1　成本管理流程

成本规划:确定如何规划、安排和控制项目成本,制订相关政策、程序和文档。

成本估算:对完成项目各项活动所必须的各种资源成本的近似估计。

成本预算：将总的成本估算分配到项目的各项具体工作上，建立成本基准计划。

成本控制：监控预算完成情况，采取纠正行动，保证各项工作在各自预算范围内进行。

10.1 软件成本

成本管理的难点不在于成本本身，也不需要多少技巧，而在于对成本的认识！

有个牧羊人养了条牧羊犬看管羊群。有人不解地劝他，干嘛养食量这么大的狗，放羊养几条小狗就行了。牧羊人听信了这话，为了节省开支，就跟当地的财主交换了三条小狗。

随后，日常开销果然少了很多。但是，不久后的一天，羊群遭到了灭顶之灾。恶狼来袭时，三条胆小的小狗，转身开溜不敢与狼搏斗。等到牧羊人带着帮手赶来的时候，狼已经逃之夭夭，只看见遍地的血腥与三条发呆的小狗。

为了省些养狗的费用，结果失去了自己的羊。为了节省成本，团队组建凑人头、质量管控顾不上、进度压缩没底线，结果项目做不好、客户不满意、人也拢不住、公司做不大。奇怪的是，与在开发投入上的"精打细算"相比，其他方面却大手大脚。

10.1.1 投资方眼中的成本

站在投资方的角度，软件项目建设涉及咨询机构、开发商、评测机构及监理单位，全过程可划分为前期咨询、软件开发、软件测评、系统实施及运行维护等阶段。软件项目费用相应地由咨询费、建设费、服务费及附加费等构成，见表 10-1。

表 10-1 投资方角度的软件项目费用构成

	前期咨询	软件开发	软件测评	系统实施	运行维护
咨询机构	咨询费				
开发商		开发费		实施费	维护费
测评机构			测评费		
监理单位	监理费				

项目概算＝咨询费＋建设费＋服务费＋附加费

建设费＝开发费＋实施费＋维护费

服务费＝测评费＋监理费

（1）咨询费：包括立项阶段的可行性分析、方案论证、业务咨询、技术咨询、投资估价以及招投标等方面的工作所需要支出的费用。

（2）建设费：支付给软件开发商的进行软件开发、系统实施及运行维护等方面工作的费用。主要依据以人月度量的人力投入以及人月成本进行估算。

（3）服务费：一些重大项目为保证软件过程及产品的质量，会引入第三方测评机构进行独立的软件测试，引入监理单位进行项目建设全过程的监理。

（4）附加费：具有特殊要求的项目需要支付给软件开发商的额外补偿。例如，需要提交源代码情况下的知识产权费，涉密项目需要开发商做好保密工作的保密费等。

（5）软件开发：从项目启动到项目实施前的这一时间段工作。包括需求分析、概要设计、详细设计、代码实现、验证确认等开发活动。

（6）系统实施：从开发完毕到正式验收的这一时间段工作。包括系统安装、数据迁移、本地化配置、用户培训等方面的活动。

（7）运行维护：从正式验收到合同规定的维护期结束的这一时间段工作。包括运行管理、平台维护、数据维护、完善性修改，不包括新增需求和原功能的重大变更。

10.1.2 开发商眼中的成本

站在开发商的角度，软件项目成本是完成项目所需的全部费用总和，包括软件开发、系统实施及质保期运行维护等阶段所有技术活动及项目管理与支持活动的资金投入。

多数情况下，项目经理只对项目启动到项目验收之间的工作负责，验收后的运维工作一般移交给另行成立的运维小组。因此，项目经理通常只需要考虑软件开发成本与系统实施成本。一些多点实施的复杂项目，实施费用所占比例甚至超过开发费用。

SJ/T11463—2013《软件项目研发成本度量规范》及 DB11/T 1010—2013《信息化项目软件开发费用测算规范》中，将软件项目成本划分为直接成本、间接成本及合理的毛利润，其中直接成本与间接成本都可以按人力成本与非人力成本进行细分，见图 10-2。

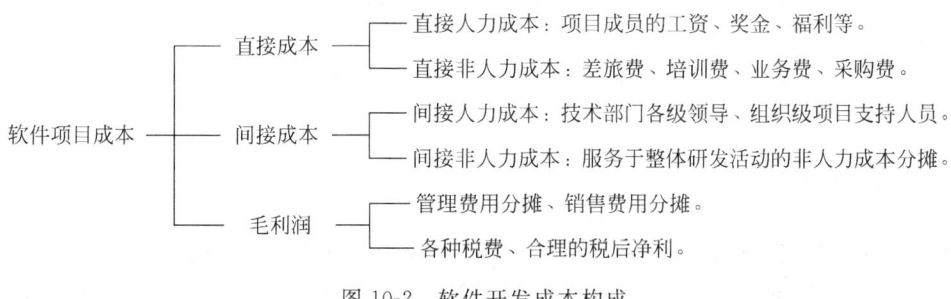

图 10-2 软件开发成本构成

1. 直接人力成本

包括软件开发、系统实施及运行维护中全职与非全职的所有项目成员的工资、奖金、福利等人力资源费用。项目成员包括：项目经理、分析人员、设计人员、开发人员、测试人员、质量保证人员、配置管理人员、实施人员、维护人员等。

2. 直接非人力成本

办公费：本项目中产生的特定行政办公费用，如封闭开发场地租用、办公用品、通信费用、邮寄、印刷、会议等。

差旅费：项目中产生的差旅费用，如交通、住宿、差旅补贴等。

培训费：项目建设所需特别培训所产生的费用。

业务费：项目建设辅助活动产生的费用，如招待费、评审费、验收费等。

采购费：项目专用资产或服务采购费，如专用设备、专用软件、技术协作、专利费。

其他：其他项目建设所需的花费。

3. 间接人力成本

包括研发部门经理、项目管理办公室人员、软件工程过程组人员、产品规划人员、组织级质量保证人员、组织级配置管理人员等的工资、奖金、福利的分摊。

4. 间接非人力成本

服务于整体研发活动的非人力成本分摊,包括开发方研发场地房租、水电、物业,研发人员日常办公费用分摊及各种研发办公设备的租赁、维修、折旧分摊等。

5. 毛利润

直接成本及间接成本之外的经营管理费用分摊、市场销售费用分摊、应承担的各种税费及合理的税后净利。

10.1.3 软件项目人月成本

软件项目工作量指在软件项目建设中要投入的人力和时间,一般用人月数进行度量。

人月成本是指软件企业一个月平均需要的所有成本开销(包括工资、福利、奖金、办公成本、税费利润、管理费用等)摊分到所有软件项目成员头上的金额。一般为软件项目人员平均工资的 3~4 倍(广东软协,2006)。

由于不同项目的直接非人力成本(含办公费、差旅费、业务费、培训费、项目采购等)可能相差较大,实践中人月成本一般只考虑直接人力成本、间接成本及毛利润的分摊。由此得出软件项目成本的测算公式:

$$项目成本 = 人月成本 \times 项目人月数 + 直接非人力成本 \tag{10-1}$$

10.2 成本估算

成本估算是对完成项目所需费用的估计和计划,是项目决策、投标报价、进度规划、资源调配、项目评估的依据。"项目三角形"中,范围越广,时间越紧,要求越高,项目成本耗费就越大。估算前应充分分析各类项目风险,综合考虑需求不确定性、进度质量要求、系统复杂性、技术难度、代码复用、可用资源、团队构成、软件过程能力以及外部协作等因素。

10.2.1 时机与流程

1. 估算时机

从开发商角度,可选的项目成本估算时间点有:项目投标、项目规划、需求完成、设计完成、测试完成、项目结束。

项目投标:售前部门根据招标书内容及要求,参考类似项目经验数据,粗略估算工作量,分析项目成本构成,考虑各种风险,确定合理利润,为投标决策及报价提供依据。

项目规划:在项目前期,根据投标时的评估及现有需求进行初步的成本估算;SOW 确认后再进行较准确估算,进行内部立项,签订项目任务书,将基准计划及成本纳入考核。

需求完成:在各方确认后的需求规格说明书之上进行更精细的成本估算,根据前期已经发生的成本,对设计、开发、测试等后续工作的成本估算进行调整。

设计完成:在完整的体系结构及模块设计之上,为后续在开发、测试等方面的大规模投入进行更为准确的估算,以合理调配资源,控制项目成本。

编码完成:在软件产品初始版本之上,估算系统测试、系统完善、用户培训、安装部署、系统割接、项目收尾等方面的项目投入。

项目结束：在所有不确定因素都已浮出水面的情况下，再次对项目成本进行估算。将各项任务实际耗费成本与估算值进行比较，为成本估算过程的改进提供依据。

项目成本估算是随项目进行而逐步求精的过程，估算误差与对项目的理解程度成反比。项目早期不确定因素较多，估算精度较低，但对项目计划与控制的指导作用更大。

2. 估算流程

项目成本估算一般需要经过规模估算、工作量估算、工期估算及成本估算几个环节，基本流程见图 10-3。软件规模及工作量的估算可以采取多种方法以相互印证。

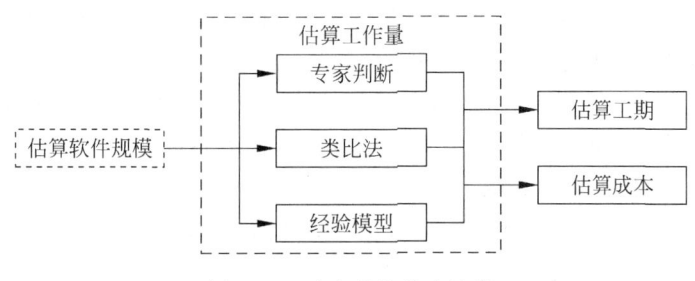

图 10-3　成本估算基本流程

1）估算规模

软件规模是影响项目工作量和成本的重要因素，与工作量及成本之间并非简单的线性关系。规模估算始自软件产品的分解，分解得越细，估算就越准确。常见的规模度量标准有代码行（Line of Code，LOC）和功能点（Function Point，FP），应根据项目特点和需求掌握情况选择合适的估算方法。

2）估算工作量

对需求高度不确定的项目，可采用专家判断法直接粗略估算；对与既往项目存在一定相似性的项目，可通过新旧项目的比较得到估算值；对已进行规模估算的项目，可采用经验模型进行估算，如 COCOMO（Constructive Cost Model）、COCOMOⅡ、Putnam 等。

3）估算工期

利用基准数据，应用参数模型或者通过专家判断测算合理的工期范围。工期是软件项目成本控制的一个关键性指标。一般地，工期越长意味着更多的人月投入。《人月神话》告诉我们，压缩工期会增加项目人月投入，导致生产率降低。

4）估算成本

直接人力成本以外的其他成本是否与人月投入相关取决于成本分摊的计算方式。一般地，可以根据估算的人月投入、直接非人力投入及软件组织的人月成本费率测算项目成本。成本估算过程中，可以采用不同的方法进行分别估算以交叉验证。

10.2.2　规模估算

软件规模估算的准确度取决于对软件需求的理解程度以及过往项目的历史数据。常用的估算方法有：从内部度量的代码行估算与从外部度量的功能点估算。

一般遵循以下流程：

① 根据已掌握的软件范围、需求说明及类似产品的经验，将软件分解成尽量小且可独

立估算的子功能。

② 估计底层每一子功能的代码行或功能点。

③ 全部累加得到总体规模。

④ 综合考虑相关影响因素进行结果调整。

1. 代码行估算

代码行估算从技术视角,以源代码(可执行、非注释性)的总行数来度量软件规模,可以提供软件规模的最直接提示。代码行估算侧重于"如何做",反映软件的物理规模,多用于开发方的内部核算,需要较为丰富的开发经验及历史数据的支撑,要求软件功能分解必须达到相当详细的程度,估算结果也与使用的开发语言紧密相关。

在项目早期,由于存在较多不确定因素,无法完全把握项目需求,规模低估的可能性较大。因此,可以基于历史数据,引入"放大因子",对软件规模进行调整。

实践中,可以采用"**三点估算法**",考虑针对每一分解的功能,给出一个有代表性的估值范围,乐观估计值(a_i)、最可能估计值(m_i)、悲观估计值(b_i)。

那么,该子功能规模的期望值 L_i 与标准差 σ_i 为:

$$L_i = (a_i + 4m_i + b_i)/6; \quad \sigma_i = (b_i - a_i)/6 \tag{10-2}$$

总的软件规模 L 和标准差 σ 为:

$$L = \sum_{i=1}^{n} L_i; \quad \sigma = \left(\sum_{i=1}^{n} \sigma_i^2 \right)^{1/2} \tag{10-3}$$

此外,代码行估算可以取多个评估专家结果的平均值,以确保评估的客观性和准确性。

2. 功能点估算

功能点估算从**业务视角/用户价值**出发,以功能点数间接度量软件规模,适用于度量以功能性需求为主的定制类软件项目。功能点估算侧重于"做什么",基于用户的逻辑功能需求(包括事务功能与数据功能),从业务视角反映软件的逻辑规模,对甲乙双方均适用。功能点估算独立于开发语言与技术,不考虑应用的物理实现。同时,可以根据行业经验数据,将估算得到的功能点转换为具体语言的代码行。

主要的功能点估算方法有 ISO/IEC 19761(COSMIC-FFP)、ISO/IEC 20926(IFPUG)、ISO/IEC 20968(MKⅡ)、ISO/IEC 24570(NESMA)、ISO/IEC 29881(FISMA)。

其中,IFPUG 是应用最为广泛的一种,其基本流程如图 10-4 所示。

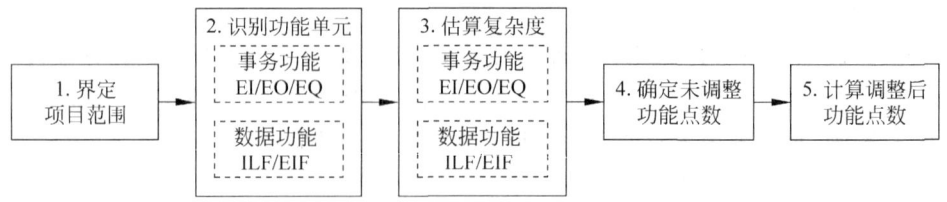

图 10-4　IFPUG 的基本流程

1) 界定项目范围

基于范围说明书划定的项目边界及范围,分析最基本的业务需求,进行初步的子系统划分与模块划分,对子系统或模块的基本需求进行描述和说明。

2）识别功能单元

将用户的业务功能需求分为数据功能需求和事务功能需求，从用户视角将信息系统抽象成外部输入、外部输出、外部查询、内部文件、外部接口等五个部分，见图10-5。

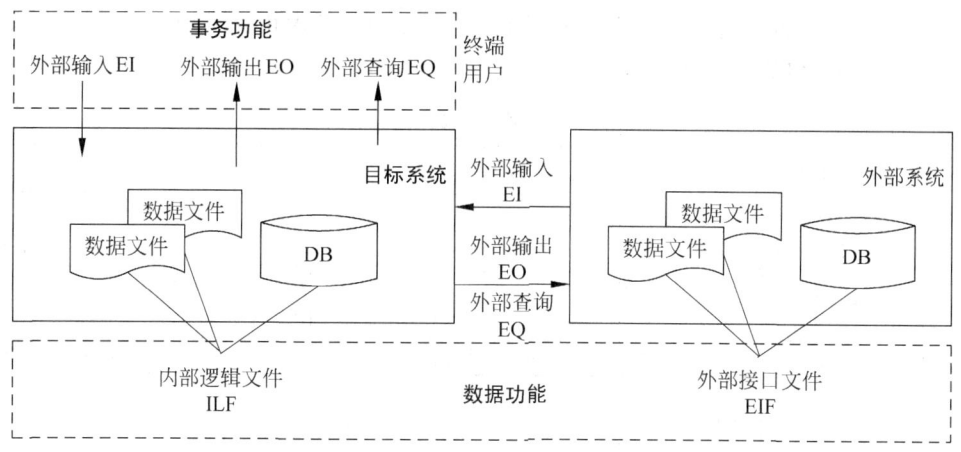

图 10-5　功能点估算法的系统抽象

（1）数据功能（Data Function，DF）：存储于系统内部及外部的信息项，反映存储中的静态数据，包括内部逻辑文件（ILF）、外部接口文件（EIF）。

（2）事务功能（Transaction Function，TF）：系统在增加、删除、修改、查询等事务处理中需要的信息项，反映运动中的数据，包括外部输入（EI）、外部输出（EO）、外部查询（EQ）。

（3）内部逻辑文件（Internal Logical File，ILF）：由目标系统负责维护并存储的逻辑主文件（数据的逻辑组合），可以是数据库的一部分，也可以是独立的数据文件。

（4）外部接口文件（External Interface File，EIF）：目标系统与外部系统为信息共享及数据交换而使用的接口文件，由外部系统负责维护及存储，目标系统作为使用方来引用。

（5）外部输入（External Input，EI）：对来自系统外部的输入进行相关处理，是获得数据的过程。输入信息包括事务处理用到的屏幕、表单、对话框、文件或来自其他系统数据。

（6）外部输出（External Output，EO）：从一个或多个ILF、EIF中检索到的数据经过一定的组合、计算、汇总等加工处理后，呈现或输出到外部，表现为屏幕、票据、报表等。

（7）外部查询（External Query，EQ）：响应终端用户查询请求，从一个或多个ILF、EIF中检索数据，直接呈现或输出。输入过程不更新任何ILF，输出过程不进行任何数据处理。

3）估算复杂度

每类功能计数项按其复杂度不同分为简单、中等、复杂三个级别，分别赋予不同的复杂度权重，见表10-2。

表 10-2　功能点复杂度权重

功　能　项	权　重		
	简　单	中　等	复　杂
EI	3	4	6
EO	4	5	7
EQ	3	4	6
ILF	7	10	15
EIF	5	7	10

例如,对于外部接口文件(EIF)而言,简单的计 5 个功能点,中等的计 7 个功能点,复杂的计 10 个功能点。

ILF/EIF 的复杂度由所包括的记录元素类型(Record Element Types,RET)和数据元素类型(Data Element Types,DET)决定,EI/EO/EQ 的复杂度由文件引用类型(File Types Referenced,FTR)和数据元素类型决定,见表 10-3。

表 10-3　五类功能计数项的复杂度

ILF 和 EIF				EO 和 EQ				EI			
RET	DET			FTR	DET			FTR	DET		
	1～19	20～50	51+		1～5	6～19	20+		1～4	5～15	16+
1	简单	简单	中等	0 或 1	简单	简单	中等	0 或 1	简单	简单	中等
2～5	简单	中等	复杂	2～3	简单	中等	复杂	2～3	简单	中等	复杂
6+	中等	复杂	复杂	4+	中等	复杂	复杂	4+	中等	复杂	复杂

- DET:用户可识别的唯一的、非递归的数据域,类似字段。
- RET:用户可识别的数据域子集,数据域的各种逻辑分组。
- FTR:事务处理中引用的内部逻辑文件与外部接口文件。

例如,对于有 2～5 个 RET 的外部接口文件(EIF),如果有 1～19 个 DET 视为简单,计 5 个功能点;20～50 个 DET 视为为中等,计 7 个功能点,51 个以上 DET 视为复杂,计 10 个功能点。

遵循以上规则,对所有的 EI/EO/EQ/ILF/EIF 进行复杂度估算,分别统计"简单""中等""复杂"的 EI/EO/EQ/ILF/EIF 数量,设定相应的复杂度权重。

4) 确定未调整功能点数

所有功能计数项的加权和,就是未调整功能点数(Unadjusted Function Points,UFP)。

5) 计算调整后功能点

软件规模受性能、易用性、软件复用等非功能技术因素的影响,可以通过评定 14 项技术因素(见表 10-4)的复杂度影响因子(见表 10-5),进而对功能点进行合理的调整。

表 10-4　影响软件规模的主要技术因素

#	技 术 因 素	#	技 术 因 素
F_1	数据通信	F_8	在线更新
F_2	分布式数据处理	F_9	复杂处理
F_3	性能响应	F_{10}	可重用性
F_4	高运行负荷	F_{11}	安装简易性
F_5	高事务吞吐	F_{12}	操作方便性
F_6	在线数据输入	F_{13}	多个站点
F_7	终端用户效率	F_{14}	易于修改

表 10-5　技术因素复杂度影响因子取值

影响因子取值	影 响 程 度	影响因子取值	影 响 程 度
0	无影响	3	平均的影响
1	影响很小	4	显著影响
2	有一定影响	5	强烈影响

综合考虑上述 14 项技术因素后，得出技术复杂度调整系数的计算公式：

$$VAF = 0.65 + 0.01 \times \sum F_i \tag{10-4}$$

其中：VAF 取值范围为 $0.65 \sim 1.35$，分别对应 F_i 全部取值 0 或 5。

由此得出，调整后的功能点数 FP 的计算公式为：

$$FP = UFP \times VAF = UFP \times \left(0.65 + 0.01 \times \sum F_i\right) \tag{10-5}$$

3. NESMA 简化功能点分析

实际上要找出所有的 ILF、EIF、EI、EO、EQ，并评估其复杂度，并不是一件轻松的事情。IFPUG 要求掌握较完整和准确的详细功能需求，对估算人员要求高，估算所需时间较长。由于门槛太高、成本太大，影响了功能点估算的推广使用。

于是，荷兰软件度量协会（Netherlands Software Metrics Association，NESMA）提出了两种简化的方法：Estimated 和 Indicative。既降低了使用门槛，又使得人们在早期需求不明确的情况下，能够快速且相对准确地估算软件规模。

1）Estimated 法

Estimated 法（粗略估计）将全部 ILF、EIF 的复杂度默认为"简单"，将 EI、EO、EQ 的复杂度默认为"中等"，其他步骤与 IFPUG 完全一样。软件功能点数仍为五类基本功能计数项的功能点数之和。

2）Indicative 法

Indicative 法（象征估计）估算更为粗略，只需识别出系统的 ILF 和 EIF，而后直接使用公式计算功能点数。

$$UFP = 35 \times ILF + 15 \times EIF \tag{10-6}$$

其基本假设如下：

- 每个 ILF 平均对应 3 个 EI、2 个 EO、1 个 EQ。
- 每个 EIF 平均对应 1 个 EO 和 1 个 EQ。
- EIF、ILF 复杂度默认为"简单"。
- EI、EO、EQ 的复杂度默认为"中"。
- 经综合考虑：每个 ILF 平均功能点数设为 35，每个 EIF 平均功能点数设为 15。

两种简化方法都是基于"默认值"来处理，这些"默认值"是在大量实验基础上得出的平均值，对个体项目不一定合适。统计表明，针对中小型软件的估算普遍比实际要高。

4. 中国行业标准

SJ/T11463—2013 及 DB11/T 1010—2013 推荐在需求不明确的预算阶段采用 NESMA 简化功能点分析，需求明确后采用 IFPUG。标准还考虑了代码复用及需求变更对规模的影响。

1）复用度调整

识别可复用的功能，根据复用程度对规模进行调整，公式如下：

$$US = RUF \times UFP \tag{10-7}$$

其中：US 为未调整的软件规模，单位为功能点；

RUF 为复用度调整因子，取 $0 \sim 1$ 任意实数；

UFP 为未调整的功能点数，单位功能点。

实践中,可根据软件整体复用程度进行调整,也可以针对每一个 ILF、EIF 逐一调整。

2)需求变更调整

在项目早期进行的估算,必须考虑隐含需求及将来需求变更对规模的影响。公式如下:

$$S = CF \times US \tag{10-8}$$

其中:S 为调整后的软件规模,单位为功能点;

CF 为规模变更调整因子,采用专家判断法根据预估的需求易变性确定,取 1~2 任意实数;

US 为未调整软件规模,单位为功能点。

课堂讨论 10-1 "网上书店应用系统"规模估算示例

假设某网上书店应用系统基本需求如下:

(1)访客可以逛书店,搜索图书,浏览图书,登记缺书,注册后可以成为会员。

(2)会员可以试读图书,关注图书,收藏图书,推荐图书,发表书评,在线留言,参加团购,管理购物车,下订单,挣取会员积分,修改个人信息。

(3)访客及会员的网上各类行为将被系统记录以便进行针对性营销。

(4)管理员负责图书进出库,维护出版社、图书分类、图书、作者、编辑以及会员的基本信息,可以管理电子书架,推荐图书,发布促销信息,审核会员书评,处理图书订单,办理退货,回复留言。

用简化功能点分析,粗略识别出上述需求(暂不考虑外部接口)包括 24 个 ILF:出版社、图书分类、电子书架、图书、会员、积分、搜索记录、关注记录、收藏记录、推荐记录、评论记录、促销方案、促销记录、团购方案、团购记录、购物车、订单信息、配送信息、支付信息、票据信息、在线留言、缺书记录、进库单、出库单。

(1)计算未调整功能点

$$UFP = 35 \times ILF = 35 \times 24 = 840(每个 ILF 计 35 个功能点)$$

(2)复用度规模调整

$$US = RUF \times UFP = 0.9 \times 840 = 756(设整体复用度 RUF 为 0.9)$$

(3)需求变更调整

$$S = CF \times US = 1.2 \times 756 = 907(设规模变更调整因子 CF 为 1.2)$$

10.2.3 工作量估算

工作量估算有两种基本策略:自顶向下估算与自底向上估算。

自顶向下:先整体评估,再逐级细化分摊,简单易行,耗时较少。由项目高层人员会同专家从项目整体出发,根据项目总体特性,参照以往类似项目经验数据,测算出总体工作量,再自上而下按比例分配到各个组成部分。整体工作量估算比较准确,可以避免工作上的厚此薄彼,也可能出现底层工作包估算不足但执行者却保持沉默的现象。

自底向上:先局部分析,再汇总调整,耗时较多。利用工作分解结构,估算每一底层工作包的工作量,自底向上逐级累加得到整体工作量。底层工作包的工作量估算一般由任务的直接承担者负责,因而相对比较准确,但也可能存在虚报现象。由于是从单独的小任务开始估算,因而任务协作、质量保证、配置管理等系统级的成本往往容易低估。

工作量估算的方法主要包括:专家判断、类比估算和经验模型等三种,实践中可以自顶向下地应用,也可以自底向上地应用。

1. 专家判断

专家判断是由多位专家根据自己的经验和对项目的理解进行估算,而后采用德尔菲(Delphi)法、取均值、小组会议等方法协调各个专家的意见,得出综合估算值。专家判断可以同其他方法相结合,应用在成本估算的各个环节。

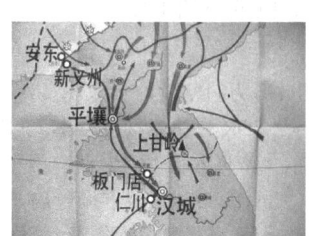

20世纪40年代,美国兰德公司首创Delphi法进行定性策划和预测,以避免集体讨论中的屈从权威或盲从多数。古希腊城市Delphi有座阿波罗神殿,传说中是一个预卜未来的神谕之地,Delphi法由此得名。

据说,20世纪50年代兰德公司借此方法,准确预测朝鲜战争局势,自此Delphi法得到世界范围的广泛认可。

Delphi法估算的基本步骤如下:

(1) 协调员向每位专家提供项目需求说明和估算表格。

(2) 协调员召集专家小组会议讨论与估算相关的问题。

(3) 每位专家匿名填写估算表格,可以采用前述提到的"三点估算法"。

(4) 协调员汇总结果后反馈给所有专家。

(5) 协调员召集专家小组会议讨论较大的估算差异。

(6) 专家复查后,重新匿名填写估算表格。

(7) 重复(4)～(6),直到各个专家的意见分歧在可接受范围内。

由于采用匿名估算与分歧讨论相结合的方式,既能集思广益、凝聚群体智慧,又能确保每位专家独立自主地判断,减少人际冲突。主要缺点是过程复杂,耗时较多。

2. 类比估算

通过新项目与历史项目特性因子的比较得到规模/工作量的估计,适合评估一些与历史项目在应用领域、运行环境、技术特点及复杂度上相似的项目。类比估算可以在项目级上进行,也可以在子系统或模块上进行。

类比估算的前提是基准数据库全面、可用、可信。一些软件过程成熟度较高的企业,已建立起较为完善的项目后评估机制及企业级基准数据库。由中国软件行业协会系统与软件过程改进分会(CSPI)及中国系统与软件度量用户组(CSSM-UG)承担建设的"行业级软件过程基准数据库",截至2014年已采集了国内外各行业将近5000套数据,为软件企业了解行业发展,改进软件过程,提供了有力支撑。

类比估算的基本步骤如下:

(1) 分析新项目特点,选取成本比较因子,确定一个或一组作为比较基准的类似项目。

(2) 获取类比项目的功能列表、技术要求以及实际的规模、工作量、进度等基本信息。

(3) 以类比项目的规模/工作量平均值作为新项目的初始估算。

(4) 比较新旧项目成本因子的相同点和不同点,依托专家判断调整估算值。

类比法的精确度主要取决于待估项目与类比项目在主要项目特征方面的可比性。

3. 经验模型

经验模型法基于行业/组织经验数据,采用回归分析方法,建立估算用的回归方程。以一个或多个成本影响因素为回归参数,计算出初步的估算结果,再根据其他调整因子,对结果进行调整。其优点是,可操作性强,在行业及组织的基准数据支持下,即使是非专家也可以程序化、相对客观地执行成本估算。常用的模型有 COCOMO、COCOMO Ⅱ、Putnam。

以往,国内企业主要采用专家判断法与类比估算法,鲜有采用经验模型法。主要原因在于,缺乏行业/组织基准数据的支持,回归方程中各项参数的确定没有依据。

以下介绍 DB11/T 1010—2013 中基于"行业级软件过程基准数据库"建立的方程法模型。

$$AE = (S \times PDR)/176 \times SWF \times RDF \qquad (10\text{-}9)$$

其中:S 为调整后的软件规模,单位是功能点。

PDR 为功能点耗时率,单位是人时/功能点,根据行业或组织的基准数据确定。

SWF 为软件因素调整因子,细分为规模因子 SF、应用类型因子 AT、质量特征因子 QR。

RDF 为开发因素调整因子,细分为开发语言调整因子和开发团队背景调整因子。

AE 为调整后工作量,单位是人月(每人月折合 176 人时);包括从立项到交付的所有工程活动(需求、设计、构建、测试、实施)及相关的项目管理与支持活动所耗费的工作量;不包括数据普查、数据补录、数据迁移、运行维护等工作量;对于实施难度大以及需要多点实施的项目,需要另行测算额外的实施工作量。

1）功能点耗时率基准数据 PDR

不同地区、不同组织以及不同项目的生产率基准数据有所差异。CSPI 定期统计、更新不同地区生产率基准数据分布情况。一般采用 P50 取值来估算最可能值,采用 P25 和 P75 取值分别测算上下限。表 10-6 列出 2014 年全国范围功能点耗时率基准数据。

表 10-6　2014 年功能点耗时率基准数据　　　　单位:人时/功能点

P10	P25	P50	P75	P90
2.07	3.71	7.31	12.97	18.63

2）规模调整因子 SF

基于当前行业经验数据,采用回归分析法,得出工作量与规模之间的拟合关系。不同的成本估算经验模型,所采用的拟合关系模型及参数有所不同。

$$SF = 269.6466/S + 0.7094（S \text{ 为调整后软件功能规模}） \qquad (10\text{-}10)$$

3）应用类型调整因子 AT

相同规模的不同类型应用,因开发难度的不同,工作量各不相同,见表 10-7。

表 10-7　应用类型调整因子

应用类型	范　　围	调整因子
业务处理	办公自动化系统;人事、会计、工资、销售等经营管理及业务处理用软件等	1.0
应用集成	企业服务总线、应用集成等	1.2
科技	科学计算、模拟、统计等	1.2
多媒体	图形、影像、声音等多媒体应用领域;地理信息系统;教育和娱乐应用等	1.3
智能信息	自然语言处理、人工智能、专家系统等	1.7
系统	操作系统、数据库系统、集成开发环境、自动化开发/设计工具等	1.7
通信控制	通信协议、仿真、交换机软件、全球定位系统等	1.9
流程控制	生产管理、仪器控制、机器人控制、实时控制、嵌入式软件等	2.0

4）质量特征调整因子（QR）

不同质量指标要求的软件项目，工作量可能有较大差别，见表 10-8。

表 10-8 质量特征调整因子

调 整 因 子		判 断 标 准	影 响 度
分布式处理	应用能够在各组成要素之间传输数据	没有明示对分布式处理的需求事项	−1
		通过网络进行客户端/服务器及网络基础应用分布处理和传输	0
		在多个服务器及处理器上同时相互执行应用中的处理功能	1
性能	用户对应答时间或处理率的需求水平	没有明示对性能的特别需求事项或活动，因此提供基本性能	−1
		性能对高峰时间或所有业务时间都很重要，对联动系统结束处理时间有限制	0
		要求设计阶段进行性能分析，或在设计、开发阶段使用性能分析工具	1
可靠性	发生故障的影响程度	没有明示对可靠性的特别需求事项或活动，因此提供基本的可靠性	−1
		发生故障时可轻易修复，带来一定不便或经济损失	0
		发生故障时很难修复，发生重大经济损失或有生命危害	1
多重站点	能支持不同硬件和软件环境	在相同用途的硬件或软件环境下运行	−1
		在用途类似的硬件或软件环境下运行	0
		在不同用途的硬件或软件环境下运行	1
质量特性调整因子＝（分布式处理因子＋性能因子＋可靠性因子＋多重站点因子）×0.025＋1			

5）开发语言调整因子（SL）

不同开发语言生产率有所差异，同样的功能要求付出的工作量差异较大，见表 10-9。

表 10-9 开发语言调整因子

语 言 分 类	调 整 因 子
C 及其他同级别语言/平台	1.5
Java、C＋＋、C# 及其他同级别语言/平台	1.0
PowerBuilder、ASP 及其他同级别语言/平台	0.6

6）开发团队背景调整因子（DT）

开发团队是否具备类似项目的经验，很大程度上将影响项目的工作量，见表 10-10。

表 10-10 开发团队背景调整因子

语 言 分 类	调 整 因 子
为本行业开发过类似的项目	0.8
为其他行业开发过类似的项目，或为本行业开发过不同但相关的项目	1.0
没有同类项目的背景	1.2

说明：以上 2～6 调整因子的数据是由 CSPI 对行业基准数据进行相关性分析后得出，取值随行业基准数据的变化而变化。行业基准数据由 CSPI 于每年 4 月发布。有能力的软件企业，可逐步建立组织级基准数据库，以使估算更符合组织自身状况，结果也会更精确。

接下来，根据 DB11/T 1010—2013 测算网上书店工作量。

课堂讨论 10-2 "网上书店应用系统"工作量估算示例

计 算 项		单 位	取 值
数据功能	ILF	个	24
未调整功能点	UFP	功能点	35×ILF＝35×24＝840
复用度调整因子	RUF		0.9
复用度调整后规模	US	功能点	RUF×UFP＝0.9×840＝756
需求变更调整因子	CF		1.2
需求变更调整后规模	S	功能点	CF×US＝1.2×756＝907
功能点耗时率	PDR乐观值	人时/功能点	3.71：P25 取值
	PDR中位数	人时/功能点	7.31：P50 取值
	PDR悲观值	人时/功能点	12.97：P75 取值
未调整工作量	$E_{乐观值}$	人月	S×PDR乐观值/176＝907×3.71/176＝19.1
	$E_{中位数}$	人月	S×PDR中位数/176＝907×7.31/176＝37.7
	$E_{悲观值}$	人月	S×PDR悲观值/176＝907×12.97/176＝66.8
软件因素调整因子	规模调整	SF		269.6466/S＋0.7094＝1.01
	应用类型	AT		1：业务处理
	质量特征	分布处理 DF		0：网络应用
		性能 PF		1：性能分析
		可靠性 RF		0：可修复
		多重站点 MF		0：类似环境
		QR		(DF＋PF＋RF＋MF)×0.025＋1＝1.025
	SWF			SF×AT×QR＝1.01×1×1.025＝1.035
开发因素调整因子	开发语言	SL		1.0：Java
	团队背景	DT		1.0：其他行业开发过类似项目
	RDF			SL×DT＝1.0×1.0＝1.0
调整后工作量	AE乐观值	人月	E乐观值×SWF×RDF＝19.1×1.035×1.0＝19.8
	AE中位数	人月	E中位数×SWF×RDF＝37.7×1.035×1.0＝39.0
	AE悲观值	人月	E悲观值×SWF×RDF＝66.8×1.035×1.0＝69.1

注：相同规模软件，不同生产率下，需要耗费的人月数不同。生产率既同团队成员的技能水平有关，也与项目环境因素有关，如客户配合度、软件过程成熟度、项目潜在风险等。因此，在不确定因素较多的前期，最好估算一个范围提交给领导。网上书店工作量的合理范围是 19.8～69.1 人月，最可能估计是 39.0 人月。

10.2.4 工期估算

根据 DB11/T 1010—2013 中的"工作量—工期模型"估算工期，公式如下：

$$D = 1.277 \times AE^{0.404} \tag{10-11}$$

其中：D 为工期，单位为月；AE 为调整后工作量，单位为人月。

- AE 取中位数，得到最可能的工期，正常资源配置，任务协调有序，进度控制合理。
- AE 取乐观值，得到工期的下限，配备较强资源，项目顺风顺水，任务衔接紧密。
- AE 取悲观值，得到工期的上限，资源配备一般，项目风险较大，进度控制欠缺。

如果客户/领导要求的工期处于估算下限与估算最可能值之间时，解决的办法就是申请加大项目投入，进行合理赶工。但是压缩工期会增加项目工作量并导致生产效率的降低。经验告诉我们，从最可能工期往下每压缩10％的工期，将导致 10％工作量增加。

如果客户/领导要求的工期短于估算工期的下限时，项目经理一定要与他们做深入的沟通，了解其硬性工期要求的背后初衷，积极疏通引导，争取理解并达成共识：

（1）软件开发是瓜熟蒂落的过程，为确保能够接受的质量水平，项目工期不可能无限制地随意压缩,加大项目投入只能在一定程度上缩短工期。

（2）世上"多、快、好、省"的事是绝对没有的,不顾软件项目自身规律强行压缩进度,超出组织/团队能力的情况下,必然是以牺牲项目质量为代价。

（3）如果必须实现要求的工期,而又希望能够达到可以接受的质量水平,那就必须缩小项目范围,或者采用分段上线的策略。

课堂讨论 10-3 "网上书店应用系统"工期估算示例

$$D_{下限值} = 1.277 \times AE_{乐观值}^{0.404} = 1.277 \times 19.8^{0.404} = 4.3 \text{ 月}$$

$$D_{最可能} = 1.277 \times AE_{中位数}^{0.404} = 1.277 \times 39.0^{0.404} = 5.6 \text{ 月}$$

$$D_{上限值} = 1.277 \times AE_{悲观值}^{0.404} = 1.277 \times 69.1^{0.404} = 7.1 \text{ 月}$$

计算表明网上书店工期的合理范围是 4.3 月～7.1 月之间,最可能工期 5.6 月。

$$开发人员数量_{平均投入} = AE_{最可能} / D_{最可能} = 39.0/5.6 = 6.96 \approx 7 \text{ 人}$$

思考：如果客户要求 5 个月内完成,将增加多少工作量? 需要配备多少开发人员?

10.2.5 费用估算

为估算方便,DB11/T 1010—2013 推荐采用以下公式：

$$P = AE \times F + DNC \tag{10-12}$$

其中：P 为估算费用,单位为元;

AE 为调整后工作量,单位为人月,要考虑因客户/领导要求赶工而多出的工作量;

F：人月成本费率,单位为元/人月,包括直接人力成本、间接成本分摊、毛利润分摊。也就是将软件企业平均一个月所有成本开销（扣除"项目直接非人力成本"后）摊到每位软件项目成员头上。SPI 每年会发布"人月成本费率"行业基准数据,企业也可以定期自行统计;

DNC：直接非人力成本,单位为元,不同项目差异较大。对于多点实施的项目,项目经理需要确定合理的实施策略,以减少差旅费和业务费的发生。对于工期非常紧迫的项目,封闭开发是个不错的选择,为此需要支付封闭场所的租金以及开发人员的额外补贴。一般情况下,这些额外支出,与封闭开发的高效率比起来是完全值得的。

课堂讨论 10-4 "网上书店应用系统"费用估算示例

计 算 项		取值（单位：万元）
人月成本费率	F	2
非直接人力成本	DNC	封闭开发房租 2＋差旅费 1＋培训费 1＋业务费 1＋采购费 2＝7
费用估算	乐观值	$AE_{乐观值} \times F + DNC = 19.8 \times 2 + 7 = 46.6$
	最可能	$AE_{最可能} \times F + DNC = 39.0 \times 2 + 7 = 85.0$
	悲观值	$AE_{悲观值} \times F + DNC = 69.1 \times 2 + 7 = 145.2$
	赶工值	$AE_{赶工值} \times F + DNC = 43.2 \times 2 + 7 = 93.4$

说明：（1）本项目合理成本范围为 46.6 万～145.2 万之间,最可能成本 85.0 万,考虑赶工后为 93.4 万。

（2）以上估算中,不同情况下的人月成本费率设置成一样,这是值得商榷的。

组织中开发人员技术水平参差不齐。相同规模软件,不同生产率下,要耗费的人月数不同。

精英团队工作量为 $AE_{乐观值}$,普通团队工作量为 $AE_{最可能}$,平庸团队工作量为 $AE_{悲观值}$。

一般而言,生产率高的人员,其人月成本通常也会比较高。

赶工情况下的人月成本费率也会比正常工作时要高不少。

至此,我们估算出项目的规模、工作量、建议的合理工期以及人员配备。接着与客户协商项目是整体上线还是分段上线以及具体的时间要求,再对估算结果进行相应的调整。管理层据此拍板确定项目的基本实施策略及总体成本投入,根据初步的资源需求计划及组织资源状况,决定是自主开发,或是部分采购或外包,还是需要招聘扩充人员。

最后要提醒的是:采用不同估算模型,估算结果会有一定的偏差;不同估算人或同一估算人,在不同时间对相同条件下的相同工作的估算很可能是不相同的。

10.3 成本预算

成本估算的目的是估计项目的总成本和误差范围,开发方一般据此进行投标报价、内部立项及进一步的预算编制。成本预算考虑风险应对成本的划分与使用规则,将总的成本估算分摊到项目的各项具体工作上,为项目成本控制建立成本基准计划。成本估算回答的是项目需要多少成本,成本预算回答的是如何分配这些成本。成本预算不仅给出各项开支数额,还指出了发生的时间。

实践中,估算和预算往往交叉进行,而不是截然分开,参考性过程如下:

(1) 采用功能点估算的方法,自底向上计算、汇总以功能点度量的软件规模。

(2) 根据对软件复用、需求易变性的判断,调整功能点估算值。

(3) 依据生产率基准数据,考虑软件因素与开发因素,估算以工时度量的工作量。

(4) 根据工作量-工期模型,计算合理的工期,估算资源需求(主要是人力资源)。

(5) 根据各方确认后的工期,调整工作量估算值及资源需求。

(6) 自顶向下将预算分解到每个工作包、每个活动。

(7) 根据活动顺序、活动工时、可用资源,计算活动历时,考虑应急储备后排定进度。

(8) 绘制甘特图(见第 11 章),将范围、时间、成本(工时)有效地结合在一个平面上。

10.3.1 成本预算构成

项目预算由成本基准与管理储备两部分构成。成本基准可划分为多个控制账户,每个控制账户预算由多个工作包的预算及应急储备组成;而每个工作包的预算又是由其包含的多个活动的预算及应急储备组成。项目预算的各个组成部分如表 10-11 所示。

表 10-11 项目预算构成示意

			管 理 储 备		
成本预算	成本基准	控制账户 1	应 急 储 备		
			工作包 1.1 成本预算	应急储备	
				活动 1.1.1 成本预算	
				活动 1.1.2 成本预算	
				⋮	
			工作包 1.2 成本预算	应急储备	
				活动 1.2.1 成本预算	
				⋮	
			⋮	⋮	
		控制账户 2	应 急 储 备		
			⋮	⋮	
		⋮			

1. 成本基准

成本基准是批准后的按时间分段分配的预算,用来测量和监控项目的成本绩效,是项目经理可以完全自主支配的预算,包括项目各类活动的费用以及应急储备金。成本基准只有通过正式的变更控制程序才能变更。如同打仗需要预备队一样,项目执行中也要为不可预见的风险留有一定的资源储备,以备不时之需。

2. 管理储备

管理储备是组织的管理层所掌握的战略预备队,是为无法预知的未知风险而预留的预算,需按组织的统一规定计提。管理储备是项目预算的一部分,但不是成本基准的一部分。项目经理要动用管理储备,必须向管理层申请。通过后,被批准的部分转为成本基准。

3. 应急储备

应急储备是项目经理掌握的战术预备队,是为可以预见但不完全掌握相关信息的风险而预留的预算,可按总成本的一定比例计提。应急储备是成本基准的一部分,由项目经理负责计划与管理,项目经理可以根据项目实际进展情况自行予以支配。

4. 控制账户

控制账户设置在工作分解结构中的特定管理节点上。每一个控制账户都可以包括一个或多个工作包,但是每一个工作包只能属于一个控制账户。在该控制点,可以通过挣值分析法,对相关工作包集合的范围、成本、进度进行综合管理。根据 WBS 划分的不同思路,控制账户可以是项目的阶段、子项目/子系统、工程活动/管理活动/支持活动。

管理储备与应急储备的设立对项目的成功至关重要,可以缓解那些不可预见的风险对项目基线的冲击。

10.3.2 成本预算方法

成本预算是在确定总体成本后的分解过程,一是按工作包分摊成本,形成与 WBS 相同的预算结构,据此可以检查每项工作的成本;二是按时段分摊成本,形成与进度表相关的预算结构,据此可以在任何时间检查偏差。

由于同人月数无关的非直接人力成本(含差旅费、业务费、培训费、项目采购等)相对容易计划与控制,所以软件项目预算的重点是对工时投入进行分配。

根据工作量估算方式的不同,工时预算有两种处理方式:

1. 自底向上汇总

基于 WBS 结构,综合采用类比估算、三点估算、Delphi 等方法,从最底层的工作包/活动开始(可以跳过规模估算,直接估算工作量),自底向上逐级汇总得出总体工作量。

这种方式在估算及逐级汇总的过程中,就已经得到各项活动、任务包及中间各层工作项的工时分配。接下来,只需要从中剥离出管理储备与应急储备。

1) 留出管理储备

首先按组织规定比例,留出用于管理储备的工时,以应对不可预见的工作,剩下的就是项目经理可以完全自由支配的工时。管理储备在组织层面的多项目间进行统筹分配,大大增强了组织的抗风险能力。实践中,有些项目可能无需动用,有些项目却可能超支不少。

2）留出应急储备

留出应急储备的目的是，应对影响程度不确定的已知风险，通过给团队造成适度紧迫感，以保持较高的生产率。应急储备的工时预算有两种处理办法：

（1）直接按比例留出整个项目的应急储备工时以及每个工作包的单独应急储备工时，最终将体现为进度表中各个工作包的一段缓冲时间。

（2）在制订进度计划时，采用关键链法（见第11章），将分散在各个工作包或活动中的安全裕量，聚合后再放在最能消除瓶颈的地方，形成项目缓冲。实践表明，这种做法更省时省力、更抗风险。

2. 自顶向下分解

对采用经验模型法，基于规模估计总体工作量的，可以按WBS结构，自顶向下将工时分配到各个工作包及各项活动中，见图10-6。这种方法需要行业/组织基准数据的支撑，适用于软件过程成熟度较高的组织。

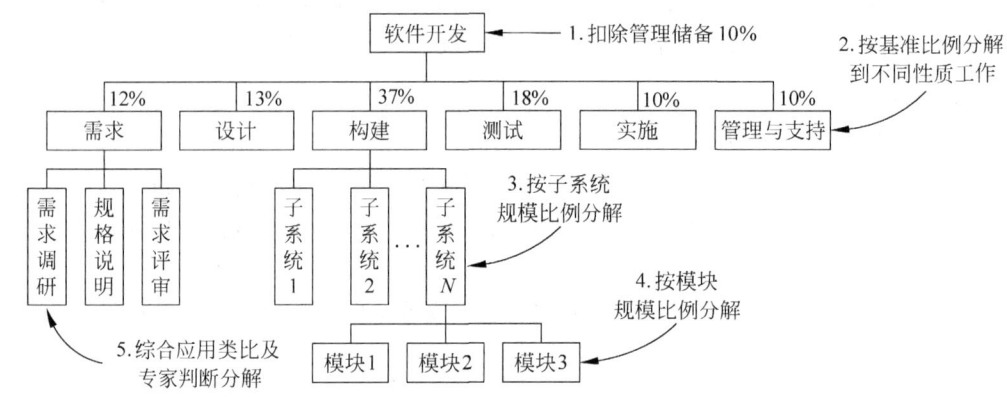

图10-6　工作量分解过程的说明

图10-6中比例仅为示意，组织需要根据项目特点及自身过程管理水平确定。

（1）总工时按一定比例扣除管理储备后，得到项目经理可以完全自主支配的工时。

（2）根据行业基准比例（见图10-7）基于过程分解，将工时在工程类（需求、设计、构建、测试、实施）、管理类（规划、监控、协调、交流等）及支持类（质量保证、配置管理、项目培训等）的工作间分摊。

（3）项目管理及支持的工作量，参照历史经验数据及本项目特殊要求逐级分解。也可采用Delphi法直接估计每项活动的工作量，汇总后要求不超出约定比例。

图10-7　工作量分布2014基准数据

（4）工程类工作（如"系统构建"），WBS中若有需要按"子系统/模块"进行工作细分，则基于功能分解，以"子系统/模块"的规模估算（功能点计数）为依据，按比例分配，得到工作包工时。

（5）其他无须按模块细分的工程类工作，参考（3）的方法分解。

（6）工作包以下的活动预算分配可以交由相关责任人分解，既可减轻项目经理的负担，又可以验证预算分配的合理性。"（2）—（6）"的过程一般要往复几次。

（7）应急储备的处理方式同前，不再赘述。

（8）最后通过进度计划将工时分配、资源投入与项目进度对应上，形成成本基准。

以下采用上述过程和方法，对网上书店应用系统的预算进行分解。

课堂讨论 10-5　"网上书店应用系统"成本预算分解示例

工时 功能 \ 任务	可自由支配工时（90%）						管理支持10%	管理储备10%
	工程类（90%）							
	需求 12%	设计 13%	构建 37%	测试 18%	实施 10%	小计		
首页框架	42	45	128	61	34	310		
图书搜索	28	30	85	41	23	207		
分类浏览	28	30	85	41	23	207	618	686
图书促销	28	30	85	41	23	207		
⋮	⋮	⋮	⋮	⋮	⋮	⋮		
合　计	741	803	2286	1112	618	5560	618	686

注：工时分解的具体过程取决于项目的 WBS 结构。对于迭代开发，先按每轮迭代的需求集规模比例分摊，再分摊到不同的工程活动中。

10.3.3　成本基准计划

对项目成本预算按时间进行分解和安排即形成成本基准计划。成本基准计划有两种图形表示方法：反映每个月成本投入的"时标网络图"（见图 10-8）、反映累计成本投入的"时间—成本累计曲线"（见图 10-9）。

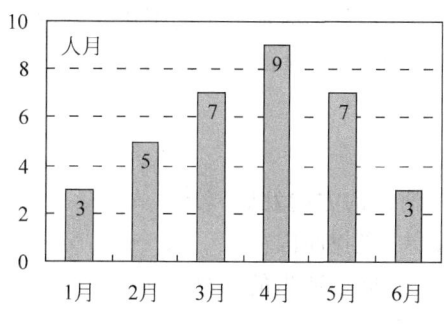

图 10-8　成本基准计划的时标网络图表示

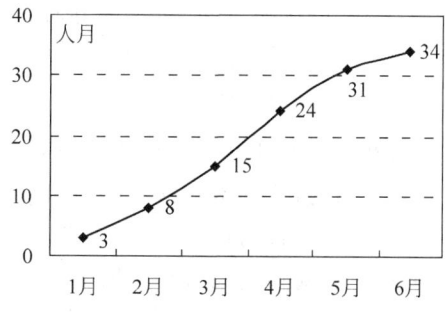

图 10-9　成本基准计划的 S 形曲线表示

10.4　成本控制

按事先拟订的成本基准计划，定期、经常性地收集各种实际成本数据，将成本实际值和计划值进行动态对比分析，识别造成成本偏差的因素，控制项目预算的变更。

在变化的项目环境下，根据项目实际发生的成本，修正成本估算和预算安排，预测最终成本，采取纠偏措施，将成本控制在预算计划内。

一旦成本失控,要在预算内完成项目是很困难的。项目成本控制基本流程见图 10-10。

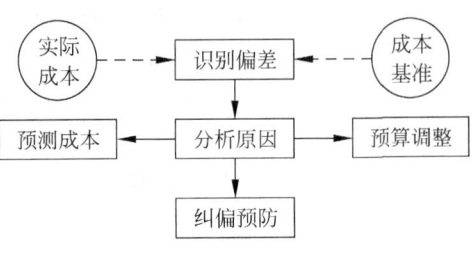

图 10-10　成本控制流程

成本控制的最难之处是容易得罪人,因为资源的分配与个人利益、本位利益息息相关。在"僧多粥少"的情况下,容易产生"会哭孩子有奶喝""领导厚此薄彼""既要马儿跑,又要马儿不吃草"等不和谐的声音,进而引发各类矛盾冲突,造成团队内耗、工作空转。因此,成本控制尤其需要借助制度化的手段。

10.4.1　成本控制内容

人力成本是软件项目成本的主要构成。从统计意义上,除直接非人力成本外的其他所有成本,都可以与人员投入挂钩。因此,软件项目成本控制主要就是控制工时投入以及直接非人力成本。而控制人月投入的关键在于项目范围控制、进度控制以及人力资源调配。

在很多组织中,预测和分析软件项目的财务收益通常是在项目之外进行的,如投资回报率分析、现金流贴现分析和投资回收期分析等。感兴趣的读者可以参阅李涛(2005)。

1. 成本变动因素

可能引起项目成本变动的因素主要有:

(1) 项目范围变更:范围发散、需求反复是造成工期拖延、成本超支的主要原因。

(2) 估计过于乐观:低估项目规模及难度,项目预算不足,造成前松后紧。

(3) 人员配置困扰:人员素质不够、数量短缺、关系紧张、士气低下、频繁流动。

(4) 风险估计不足:内部业务、技术、管理风险及外部客户、供货商、合作伙伴风险。

(5) 强制压缩工期:指令性进度压力下高负荷赶工的最大成本是员工的不满与抱怨。

(6) 质量问题返工:忽视软件过程规范,验证确认措施不力,看似取巧实则花费更多。

2. 成本控制内容

软件项目成本控制的内容主要有:

- 识别造成成本基准变更的因素,施加影响,使其朝好的方向发展。
- 以工作包为单位,监督实际发生的成本,发现偏差,查找原因。
- 有针对性地采取纠正措施,必要时对成本基准计划进行适当的调整。
- 及时处理各类变更请求,审核变更引发的成本变更。
- 确保未经批准的变更所产生的费用不被列入成本预算。
- 向相关干系人报告所有经批准的变更及其相关成本。
- 成本控制应该与范围控制、进度控制、质量控制等紧密协调。

3. 成本控制策略

项目成本控制重点关注完成项目活动所需资源的成本,同时要兼顾项目决策对使用成本、维护成本和支持成本的可能影响。

(1) 事前控制:是成本的前馈控制。识别可能引起项目成本基准计划发生变动的因素,并对这些因素施加影响,消除成本增加的诱因,放大成本节支的做法。

（2）事中控制：是成本的过程控制。经常及时分析成本绩效，尽早发现成本差异和低下的资源利用率，预测成本走势，在情况变得更糟糕之前及时采取纠正措施。

（3）事后控制：是成本的后馈控制。综合分析项目成本偏差，查明成本节约和超支的主客观原因，确定责任归属，进行适当的奖惩，为成本管理过程的完善提供意见和建议。

4. 成本控制制度

严格按制度办事是有效控制成本，减少不必要纷争与烦恼的最佳办法（房西苑，2010）。

（1）设定成本变动额度权限，把成本失控的风险分级限定在某个局部范围之内。

例如，应急储备由项目经理自由支配，管理储备则需管理层同意后才能动用。500元以下的项目费用，项目经理同意即可；500元以上的项目费用需分管领导审批方可。

（2）规定成本变动审批程序，限制成本计划的轻率变更。

例如，项目实施中追加购买重大设备，需依次通过"部门经理—分管领导—财务主管—采购主管—总经理"的审核与审批。

（3）设计成本变动自我约束机制，把组织的成本控制与个人的收益挂钩。

例如，在综合成本测算的基础上，根据地域及职级实行差旅费包干制度，节约部分奖励员工，超出部分不予报销。

5. 成本超支应对

如果没有额外的资金支持，成本超支的结果，就只能在推迟工期、降低质量、缩小范围之间作选择。对多数软件项目而言，工期通常是比较刚性的指标，赶前不赶后；进度赶工及成本压缩，是以可接受的最低质量为前提。项目范围相对而言是弹性较大的因素，有比较大的调整空间；范围变更对软件成本及进度的影响非常大，在无法达成预定计划时，通常是通过与客户协商缩小范围来达成项目总体目标。

10.4.2 挣值分析

挣值分析法（Earned Value Analysis）又称赢得值法或偏差分析法，1967年由美国国防部开发，并成功地应用于美国海军北极星导弹计划中。挣值法将进度转换为货币或人工时，对费用和进度的计划指标、完成状况进行综合监测，通过成本、预算和进度数据之间的比较，计算出以货币为单位的成本偏差和进度偏差；在保证质量目标不变的前提下，预测项目最终进度及成本，分析偏差产生原因，实施相应的纠正措施，从而降低项目风险。

1. 基本参数

挣值分析法基于如下假设：工作量与成本投入呈线性关系；在某一时点计划完成的累计投资额，反映了计划要完成的工作量。在某一时点已完成的所有工作的初始预算总额，反映了实际已完成的工作量。挣值分析有计划值、实际值及挣值等三个关键参数。

1）计划值（Plan Value，PV）

计划值是计划工作量的预算费用（Budgeted Cost for Work Scheduled，BCWS）。表示计划中某一时点前应完成的所有工作及其所需要的工时或费用，是与时间相关的预算成本累积值，间接反映了项目的计划进度。

$$PV = BCWS = 计划工作量 \times 预算定额 \tag{10-13}$$

2）实际值（Actual Cost，AC）

实际值是已完成工作量的实际费用（Actual Cost for Work Performed，ACWP）。表示截至某一时点已完成的所有工作及其实际耗费的工时或费用，是与时间相关的实际成本累积值，直接反映了项目执行的实际消耗指标。

3）挣值（Earned Value，EV）

挣值是已完成工作量的预算成本（Budgeted Cost for Work Performed，BCWP）。表示截至某一时点已完成的所有工作按预算定额计算的工时或费用，是与时间相关的已完成工作量的价值累积，间接反映了项目的实际进度。

$$EV = BCWP = 已完成工作量 \times 预算定额 \tag{10-14}$$

下面以基建项目中的土方工程为例，来说明挣值分析的基本参数。

课堂讨论 10-6　挣值参数计算示例

工程计划：10 天内每天开挖土方量 500 立方米，预算单价 40 元/立方米。

执行情况：5 天后，实际开挖 2000 立方米，实际耗费 90 000 元。

要求：计算第 5 天结束时，各个挣值参数 PV、AC、EV。

---

2. 评价指标

挣值分析有成本偏差、进度偏差、成本绩效指数及进度绩效指数等四个评价指标，用于分析项目执行过程中的成本使用情况与进度进展情况。

1）成本偏差（Cost Variance，CV）

已完成工作的预算成本与实际成本之间的差异，是度量成本绩效的指标，表示为挣值与实际值之差，反映给定时间点的预算亏空或盈余。

$$CV = EV - AC \tag{10-15}$$

- CV>0，表示已完成工作的实际成本低于预算成本，费用结余，成本绩效好。
- CV<0，表示已完成工作的实际成本高于预算成本，费用超支，成本绩效差。

2）进度偏差（Schedule Variance，SV）

已完成工作的预算成本与计划工作的预算费用间的差异，是度量进度绩效的指标，表示为挣值与计划值之差，反映给定时间点进度的提前或落后。

$$SV = EV - PV \tag{10-16}$$

- SV>0，表示项目进度提前，项目执行将花费更少的时间。
- SV<0，表示项目进度推迟，项目执行将花费更多的时间。

3）成本绩效指数（Cost Performed Index，CPI）

已完成工作的预算成本与实际成本的比值，是度量成本效率的指标，表现为挣值与实际值之比，反映成本投入的产出效率。

$$CPI = EV/AC \tag{10-17}$$

- CPI>1：表示已完成工作的实际成本低于预算成本，成本投入的产出效率高。
- CPI<1：表示已完成工作的实际成本高于预算成本，成本投入的产出效率低。

4）进度绩效指数（Schedule Performed Index，SPI）

已完成工作的预算成本与计划工作的预算费用的比值，是度量进度效率的指标，表现为挣值与计划值之比，反映时间的利用效率。可以针对关键路径上的任务进行单独的进度绩效分析，以判定项目进度是否出现偏差。

$$SPI = EV/PV \tag{10-18}$$

- SPI>1，表示项目工作提前，时间利用效率高。
- SPI<1：表示项目工作推迟，时间利用效率低。

课堂讨论 10-7　挣值指标计算示例

要求：计算前一工程项目第 5 天结束时，各个挣值评价指标 CV、SV、CPI、SPI。

3. 评价曲线

挣值评价曲线（见图 10-11）反映了计划成本 PV、实际成本 AC、工作进展 EV 随时间的变化值。典型地，PV（实线）、AC（虚线）、EV（点划线）都是时间的 S 形曲线。

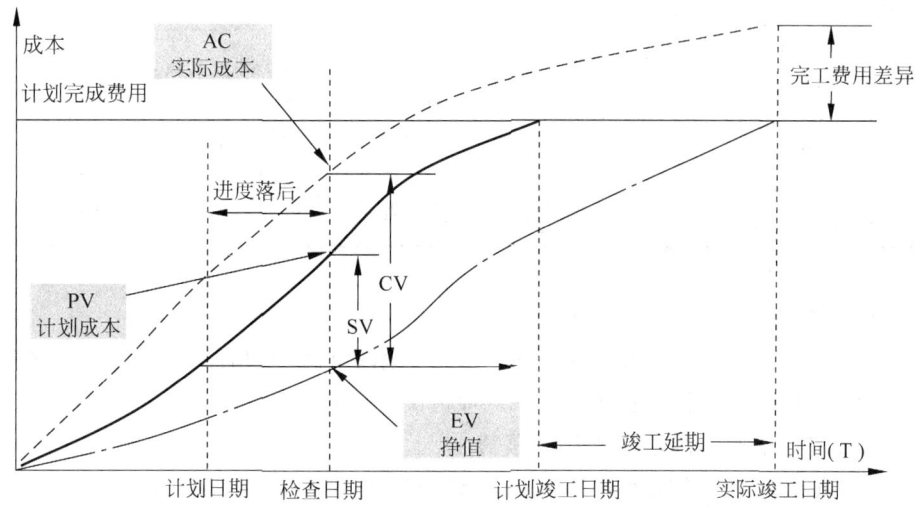

图 10-11　挣值评价曲线示意

图中：

（1）检查日期点处：

$$CV = EV - AC < 0（成本超支，CV 值反映已完成工作的成本超支额）$$
$$SV = EV - PV < 0（进度滞后；SV 反映未按计划完成的工作量）$$

横向

$$检查日期 - 计划日期 = 进度落后天数$$

（2）项目完工日期点处：

横向

$$完工日期 - 计划竣工日期 = 竣工延期天数$$

纵向

$$实际费用 - 计划费用 = 费用超支数$$

PV/AC 曲线在每个时间点的切线斜率，表示该时间点上的计划/实际资源投入强度；

项目早期资源投入强度小,而后逐步加大资源投入强度,项目后期资源投入强度逐渐减小。

EV 曲线展示项目计划投资额的完成情况,反映项目工作总体进展情况;每个时间点的切线斜率,表示该时间点上的工作进展速率。

项目实际执行过程,最理想的状态是三条曲线靠得很紧,平稳上升,表示项目计划合理,运作良好,进度及成本控制符合预期。如果三条曲线的偏离度不断增大,则表示项目实施存在重大的问题隐患或已经发生严重问题,需要对项目进行重新评估或计划调整。

一般地,项目实际执行中,挣值分析结果存在表 10-12 所示的六种偏差情况。

表 10-12 挣值分析与应对措施(王如龙,2008)

#	存在偏差	原因分析	应对措施
1	PV>AC>EV SV<0,CV<0	效率较低、进度较慢、投入延后	增加高效人员投入
2	PV>EV>AC SV<0,CV>0	效率较高、进度较慢、投入延后	迅速增加人员投入
3	AC>PV>EV SV<0,CV<0	效率低、进度较慢、投入超前	用高效人员替换低效人员
4	AC>EV>PV SV>0,CV<0	效率较低、进度较快、投入超前	抽出部分人员,增加少量精干人员
5	EV>PV>AC SV>0,CV>0	效率高、进度较快、投入延后	若偏离不大,维持现状
6	EV>AC>PV SV>0,CV>0	效率较高、进度较快、投入超前	可抽出部分人员,放慢速度

4. 成本预测

完工估算(Estimate At Completion,EAC)是根据项目绩效和风险量化,估计在目前状态下完成项目所需的总费用。主要有以下三种情况:

1)截至目前的所有实际成本+剩余预算

当前项目执行偏差是特殊个案,剩余工作将按原先预估的进度及成本开展。

$$EAC = AC + (总预算 - EV) \tag{10-19}$$

2)截至目前的所有实际成本+剩余预算的 CPI 修正值

当前项目执行偏差具有代表性,前期工作的产出效率适用于剩余工作。

$$EAC = AC + (总预算 - EV)/CPI = 总预算/CPI \tag{10-20}$$

3)截至目前的所有实际成本+对所有剩余工作的重新估计

原先的成本估算假定与项目当前实际情况不符,剩余工作需要采用新的估算方法。

$$EAC = AC + ETC \tag{10-21}$$

课堂讨论 10-8 完工估算计算示例

要求:基于项目执行情况,对前一工程项目的总成本进行估算。

---

5. 软件行业的特殊性

挣值分析综合度量"范围""成本""进度"三个项目目标的同时,也隐含了对"质量"目标的刚性要求。通过挣值反映项目已完成工作量、通过 SPI 反映项目完成百分比的重要假设是：已完成的工作是满足质量目标的。

新闻中，我们时不时会听到类似的报道，"×××重点建设工程，各项工作进展顺利。年度计划投资 5000 万元，1～6 月已完成总投资的 55％。"而在软件领域，几乎鲜有类似报道。工程项目与软件开发应用挣值分析的区别见表 10-13。

表 10-13 工程建设与软件开发应用挣值分析的区别

比较项	工程建设	软件开发
工作性质	劳动密集型	知识密集型
项目需求	几乎板上钉钉	需求理解是渐进明细的过程
产出物	相对简单、固化的物料加工品	相对复杂、逻辑性的知识加工品
劳动要素	个体生产率相差不大，置换成本低	个体生产率相差很大，置换成本高
生产过程	规范的施工规程，合理的施工定额	可以规范开发过程，但难以制订合理的定额
质量检测	量化的质量标准，可以在每个 WBS 工作包完成的时间节点上，立即对其质量做客观的结论性评价	度量标准是客户明确要求和隐含期望；在每个 WBS 工作包完成的时间节点上，不能对其质量做终结性评价；只有当相应功能完成组装，并经测试确认后，才能确定功能的可交付性
返工原因	多为可以杜绝的偷工减料，少有因为需求变更、项目理解偏差及能力不够等造成	多为难以避免的需求变更、项目理解偏差、能力不够及进度压力下的"无奈"
结论	计划投入可以与计划工作量挂钩，挣值可以反映项目的进展情况	只有按功能交付的开发模式，在各个交付点处的挣值分析才能反映项目的真实进展情况

软件未到最后交付验收时刻，中间阶段的各种确认与验证都无法确保最终产品符合客户期望。因此，挣值分析法并不适于按生命周期划分的开发模式。因需求及设计的问题而出现项目返工几乎是软件项目中的常态现象，设想一下这种情况下的挣值曲线是什么样？

由于范围变更、质量问题、人员动荡等原因，人月投入与进度通常并非线性关系。统计也表明 20％的功能实现，往往需要 80％的工作量。

10.4.3 降低成本措施

以下简要列出一些降低软件项目成本的原则性建议：

1. 控制需求范围

综合采用客户访谈、问卷调查、集中研讨、现场考察、原型互动等多种手段收集用户需求，想尽办法提升用户参与度，加快需求明晰的进程，增强需求稳定性。建立集中提出、集中分析、集中处理的需求管控机制，防止需求发散，减少需求反复。采用短周期、多次迭代的方式，实现尽快交付、尽快确认。

2. 提高代码复用

在组织层面构建稳定的开发框架，建立并逐步充实可复用的代码库、基础组件及业务组件，实现各个层次的代码复用。代码复用是避免重复劳动，提高开发效率，提升软件质量的捷径，同时也大大降低了对一般开发人员的技术要求。

3. 优化实施策略

合并任务执行，加强目标考核，优化跑点线路，减少跑点次数。多点实施项目，由于点多面广,往往需要吸纳大量新手参与实施工作。此时,可以在总结试点经验、教训的基础上,优化、固化实施方案,编制简易指导书,以老带新,考核上岗。实践证明,这些做法可以有效地避免盲目跑点,减少驻点时间,大幅度降低实施成本。

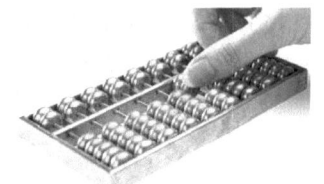

4. 守住里程碑

更长的工期几乎就是更多项目投入的代名词。进度拖延,尤其是关键路径上的工作延后,是成本超支的先兆,往往意味着要花费额外的代价赶工。里程碑节点的重大延后,标志着项目成本的失控,加之巨大的项目惯性,是项目经理不可承受之痛。很多时候,即使要付出一些高昂的赶工成本,项目经理也要守住里程碑。

5. 强化质量管理

树立开发人员是软件质量第一责任人的意识,养成一次就把事情做好的作风,提升个人工作素养,加强编码的规范性。严格基线文档的评审,坚持单元测试,提倡开展代码走查,推行测试驱动的开发方法,确保质量保证与软件测试的相对独立性,预防缺陷发生。有能力的项目组不妨可以尝试一下"日构建"的开发模式,以将进度、质量、成本的压力有效传递到每位开发人员的身上。

6. 优化资源配置

人员高低搭配合理,合适的人放在合适的岗位,各司其责,相得益彰,避免人员的"高消费"或"低凑数"。可能的话,在整个组织内实现大范围的动态资源调配,提高资源的利用效率。另外要注意保持相对平稳的工作强度,这样既可以避免忙闲不均,减少待工成本,又可以增强人员稳定性,避免人员流动带来的项目冲击。

金门大桥是"4+4"8车道模式,但由于上下班的车流在不同时段出现两个半边分布不均匀的现象,所以桥上经常发生堵车问题。为了解决这一问题,美国当地政府决定在金门大桥旁边再建造一座大桥。一位年轻人得知这个消息后,向当地政府建议,不再建大桥也能很好地解决桥上堵车问题。年轻人说,在桥面不增宽的情况下,可以在有限的8车道上做文章,完全可以让"8"大于"8"。

年轻人的妙计是:把原来的"4+4"车道模式,按上下班的车流不同,改为"6+2"模式或"2+6"模式,就是在上班或下班这个特殊时段,车流拥挤的一边,扩展为6车道,而另一边则缩减为2车道,但整个桥面的车道仍是8个车道。当地政府采纳了年轻人的建议,从此大桥堵车的问题很好地得到了解决。而就是这个金点子,为当地政府节约了再建大桥的上亿元资金。

原来,资源的优化配置也是可以产生出额外"预算"的。

7. 搞好团队建设

营造和谐、互助、进取的团队氛围,增强团队凝聚力,激发团队成员的使命感;建立公平、合理的激励机制,提高团队成员的工作成就感;主动关心、解决项目成员的实际困难,避免带病作业;适时开展团队活动,舒缓项目压力,化解消极情绪。

8. 加强沟通协调

保持与客户、领导、合作伙伴、下属成员间的良好沟通，建立信息共享与交换的常态化机制，避免各类误解造成的项目曲折。提倡多采用随时随地、小范围、非正式的沟通，尽量少开会，少开大会，减少沟通成本。

9. 规范开发过程

在组织层面持续推进软件过程改进，规范各类工程活动、管理活动及支持活动，完善各类文档规范及模板，为项目组提供软件过程指导。逐步建立组织级绩效基准数据，提高项目计划的科学性与软件估算的准确性。

10. 控制直接非人力成本

严格采购审批程序，充分利用已有或项目中为客户购置的各类设备，避免非必要采购及过早、过量采购。业务费花销要核定项目、核定标准，用在关键点位上，不撒胡椒面。严格出差审批，出差期间的住宿费、交通费、通信费，可以在成本核算基础上执行包干制。

课堂讨论提示

1. 课堂讨论 10-3 "网上书店应用系统"工期估算示例

计算依据："从最可能工期往下每压缩 10％的工期，将导致 10％工作量增加"。

进度压缩率：

$$(D_{最可能} - D_{要求})/D_{最可能} = (5.6 - 5)/5.6 = 10.7\%$$

增加工作量：

$AE_{最可能} \times$ 进度压缩率 $= 39.0 \times 10.7\% = 4.2$ 人月

开发人员数量 $=(AE_{最可能} + $ 增加工作量$)/D_{要求} = (39.0 + 4.2)/5 = 8.6 \approx 9$ 人

结果表明：为压缩 10.7％的进度，需要增加将近 30％的人手。

实际上，软件项目的人员投入并不是平均分配。软件工作量的分布类似于 Rayleigh 曲线，人员配备在项目早期缓慢上升，系统上线后急剧下降。

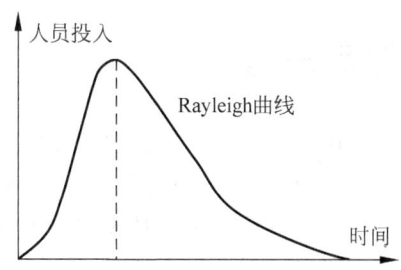

- 高水平的技术人员是公司的宝贵财富，很多情况下是在多个项目组中复用。
- 项目早期工作主要集中在界定范围与项目规划，只需短小精干的核心人员。
- 随后的需求调研，需要熟悉业务的有经验分析人员。
- 适时启动的设计需要少而精的高水平设计人员。

图 10-12　人员投入 Rayleigh 曲线

- 构建阶段需要投入大量的普通编码人员。
- 而后部分人员可以转入密集的测试与实施准备。
- 软件集成、系统测试以及上线方案制定等关键性工作则需要多方面的专家参与。

2. 课堂讨论 10-6 挣值参数计算示例

(1) 计划值：计划工作量的预算费用。

PV ＝计划土方量×单价＝500 立方米/天×5 天×40 元/立方米＝100 000 元

（2）实际费用：已完成工作量的实际费用。

$$AC = 90\,000\ 元$$

（3）挣值：已完成工作量的预算成本。

$$EV = 实际土方量 \times 单价 = 2000\ 立方米 \times 40\ 元/立方米 = 80\,000\ 元$$

3. 课堂讨论 10-7 挣值指标计算示例

（1）成本偏差：

$$CV = EV - AC = 80\,000 - 90\,000 = -10\,000\ 元$$

//已完成工作的费用超支 10 000 元

（2）进度偏差

$$SV = EV - PV = 80\,000 - 100\,000 = -20\,000\ 元$$

//项目拖延，还没有启动的计划内工作预算达 20 000 元

（3）成本绩效指数

$$CPI = EV/AC = 80\,000/90\,000 = 8/9$$

//项目超支，投入产出比为 88.9%

（4）进度绩效指数

$$SPI = EV/PV = 80\,000/100\,000 = 0.8$$

//项目进度拖延，只完成计划工作的 80%

4. 课堂讨论 10-8 完工估算计算示例

情况1：

//截至目前的所有实际成本＋剩余预算：

$$EAC = AC + (PV - EV) = 90\,000 + (200\,000 - 80\,000) = 210\,000\ 元$$

情况2：

//截至目前的所有实际成本＋剩余预算的 CPI 修正值：

$$EAC = 总预算/CPI = 200\,000/(8/9) = 225\,000\ 元$$

课后思考

10.1　项目成本管理由哪些基本过程组成？

10.2　软件项目成本有哪些构成项？软件项目最主要的成本是什么？

10.3　什么是人月成本？人月成本与软件项目成本有什么关系？

10.4　软件规模、工作量及工期三者之间是什么样的关系？

10.5　实践中，为什么功能点分析比代码行估算更受欢迎？

10.6　工作量估算有哪些主要的方法？各有什么特点？适用于什么情况？

10.7　成本估算与成本预算有什么区别和联系？

10.8　为什么要设立管理储备与应急储备？二者有什么不同？

10.9　挣值分析法应用于软件项目时有什么局限性？

10.10　降低软件项目成本可以从哪些方面入手？

第11章

项目进度管理

时间是不能停止、不能逆转、不能存储、不能再生的项目资源。时间也是项目目标中相对比较刚性的效率因素。信息系统的上线时间点,通常取决于客户方管理变革与业务推进的需要。对客户方而言,延期上线常给其业务运营造成重大甚至不可接受的损失;对开发方而言,更长的项目工期意味着更多的人月投入,意味着人员无法抽身投入到新的市场机会中。因此,确保如期上线很多时候成了必须完成的"政治任务"。

项目进度管理包括:规划进度管理、定义活动、排列活动顺序、估算活动资源、估算活动历时、制订进度计划、控制项目进度等管理活动。

11.1 进度计划过程

制订进度计划的目的是:在资源有限的情况下,区分活动的轻重缓急,统筹调配力量,将主要精力投放到主要方向,在正确的时机做正确的事情,在满足进度要求的前提下,促成资源利用最大化,项目成本最小化。

11.1.1 计划的基础

项目估算是进度计划的基础,软件项目估算有许多有别于工程项目估算的特点。

1. 工程项目估算

工程项目中,需求明确无误,规模板上钉钉,人员容易置换,施工相对固化。在资金充裕的情况下,可以依据普遍适用的行业施工定额,用精确、科学的方法,从工程规模导出工作量,从人员投入测算项目工期,或者从工期要求得出人员需求。进度吃紧时,可以通过持续追加人员投入,获得近于线性的进度提升。

$$工作量 = 任务规模 / 劳动生产率;任务工期 = 工作量 / 人员数量 \qquad (11-1)$$

2. 软件项目估算

软件项目的活动估算,则要综合考虑项目需求、资源可用性、工期要求及风险因素后,逐次试探,反复优化调整。规模、工作量、资源及历时之间存在着微妙的联动关系。

（1）由于需求渐进明细的特点，项目范围需要适时调整，软件规模难以精确估计。

（2）工作量不仅取决于软件规模，还与软件的复杂性、技术指标要求、代码复用、所采用的技术方案以及开发语言等紧密相关。

（3）由于个体生产率差异显著加之人员置换有一定门槛，在规模一定的情况下，工作量因人而异，工期不仅取决于人员数量，也取决于人员技能水平。熟练工可以一次就快速做好的工作，新手则要考虑学习成本以及重复返工的代价。

（4）软件规模越大，参与人员越多，沟通与协作的附加工作量就越大。

11.1.2 计划的过程

编制进度计划要遵循由粗到细，分级编制，滚动规划的原则。对于远期工作，由于不确定因素较多，无法准确对所有任务进行估计，只能制订框架性的粗略计划；对于近期工作，情况比较明朗，应该制订详细的计划。过细的远期计划，难以适应多变的项目环境，最终将成为无法施行的纸上计划；过粗的近期计划，将导致工作没有章法，责任无法落实到人，绩效难以监控。通常，在总体计划与详细计划之间还会插入承上启下的阶段计划，详细计划则采用双周滚动的方式编制。制订进度计划的基本流程见图11-1。

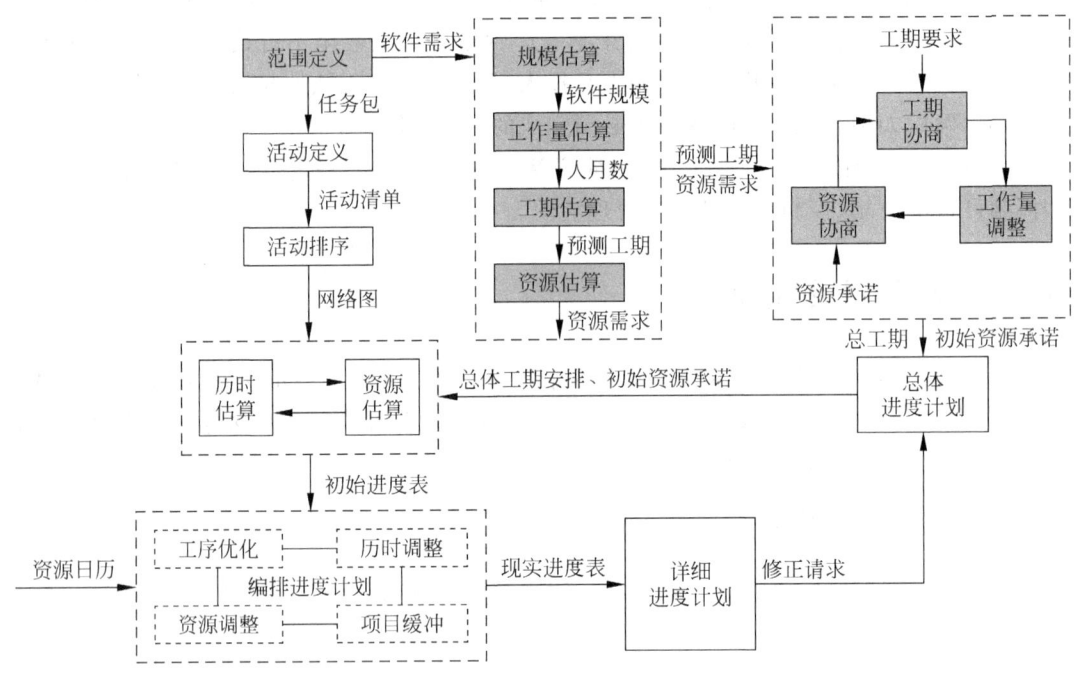

图 11-1　进度计划的开发流程示意

1. 制订总体进度计划

（1）明确项目目标，基于框架性需求和软件开发过程模型，定义项目范围，分解 WBS。

（2）估算项目整体规模、工作量及合理工期，提出以人员为主的资源需求。

（3）与客户展开工期协商，与公司展开资源投入协商，确定自主开发或是分包的策略。

（4）根据工期协商及资源协商结果，修正工作量，调整项目工期，获得初步资源承诺。

（5）根据项目总工期、初步的资源承诺及项目工作量的分解，划分项目阶段，确定项目里程碑，编排总体进度表，确定总体资源安排。

（6）项目早期，由于需求尚不十分明朗，各项估计不可能很精准。当需求逐渐明确、设计逐渐完善后，有可能需要对资源需求做出调整，而里程碑进度则相对比较刚性。

其中，（1）～（4）在范围管理、成本管理中已经做过详细介绍；（5）可参考详细进度计划的制订过程，区别在于总体计划只关注高层工作框架，无须深入到底层细节活动。

2．制订详细进度计划

（1）活动定义：确定为完成项目可交付物必须开展的具体行动，得到活动清单。

（2）活动排序：确定活动之间在时间上的先后逻辑关系，绘制项目网络图。

（3）初始进度表：估算每项活动的工作量，基于总体工期安排及初始资源承诺，测算、分配活动资源（暂不细致考虑资源冲突），估算活动历时，编排初始活动进度。

（4）现实进度表：考虑资源约束后，识别项目瓶颈，调整活动顺序，优化资源配置，重新估算活动历时，编排现实活动进度。必要时，可能还需要调整资源需求及总体计划。

（5）项目级计划由项目经理主导，小组长及核心成员参与，各方协商达成一致。

（6）小组级计划由小组长主导，小组成员参与，项目经理审核，各方协商并达成一致。

（7）个人计划由团队成员自拟，细化到具体的行动步骤，经小组长审核并报项目经理。

11.2 活动定义

将 WBS 最底层元素——工作包，进一步分解为更小、更易管理的单元，识别为完成相应的工作包必须执行的详细任务或行动步骤，生成活动清单，描述活动详细信息。

项目活动按其时间展开特性可以分为两种类型：

（1）不连续活动：有明确的开始时间和结束时间，构成项目工作的主体部分。

（2）投入活动：周期性反复执行，如每日站立会议、周例会等定期的管理性活动。

实践中，有时并不会严格区分范围定义和活动定义，在 WBS 分解及 WBS 字典定义的过程中，就直接细化到活动这一层级。

1．活动清单

图 11-2 是对需求调研 4 个工作包所展开的活动分解示例。表 11-1 所示的活动清单是对 WBS 的扩充，列出项目所需开展的全部活动，并对每个活动进行简要说明。

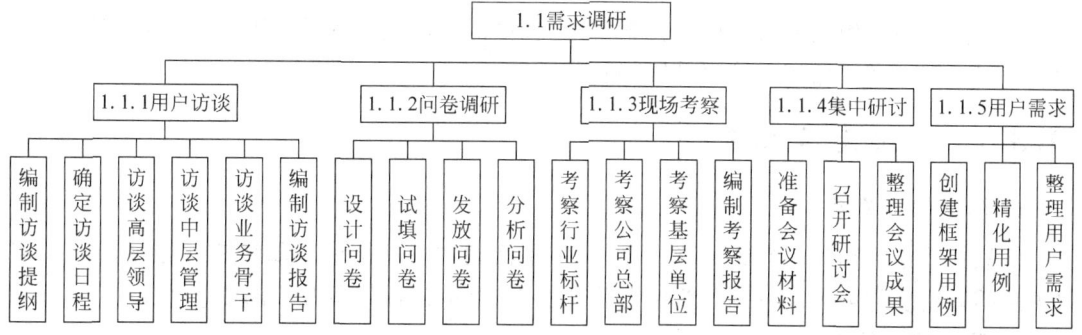

图 11-2　项目活动分解示例

说明：用户访谈与现场考察一般穿插进行，用户访谈的具体安排需要视访谈对象的日程表决定。对跨地域、多层级、集团化运作的客户，还要进一步细化分解需求的调研活动。

表 11-1　活动清单示例

活动 ID	活动名称	描　　　　述	责任人	成　　果
1.1.1	用户访谈			
1.1.1.1	编制访谈提纲	区分不同层级访谈对象分类编制访谈提纲	小张	访谈提纲
1.1.1.2	确定访谈日程	当面或电话与访谈对象预约访谈时间及地点	小张	访谈日程表
1.1.1.3	访谈高层领导	访谈部室主任及各业务分管副主任	小张	高层访谈记录
1.1.1.4	访谈中层管理	访谈各职能处室业务主管处长	小李	中层访谈记录
1.1.1.5	访谈业务骨干	访谈基层业务骨干	小王	骨干访谈记录
1.1.1.6	编制访谈报告	编制访谈报告,组织内部评审,提交客户确认	小张	访谈总结报告
⋮	⋮	⋮	⋮	⋮

　　除了以上活动清单中列出的主要信息外,活动的属性还有：制约因素和假设、紧前活动、紧后活动、逻辑关系、时间提前量或滞后量、强制性日期以及资源要求等。

2. 注意要点

　　(1)百分之百原则：工作包分解成一个个单独的具体活动时,同样要遵循"百分之百"原则,不多项不缺项,工作包下所有活动的工作之和应该等于该工作包的百分百工作。

　　(2)借鉴已有经验：参考组织过程资产库中以往类似项目的活动清单来定义项目活动,是最为快捷而有效的方法。

　　(3)滚动规划：活动的识别遵循滚动式规划的原则,对远期尚不十分明了的工作,只能先初略识别出框架性活动;对近期比较明确的工作,则可以细分到具体的详细活动。

　　(4)分级制订：规模较大的项目,项目一级计划任务分解到小组,着眼于框架性活动与里程碑节点;小组一级计划则需落实到个人,列出可操作的具体行动步骤。

　　(5)更新 WBS：活动定义的过程中,如果发现原有 WBS 存在的一些错误、缺失、重复或者多余,需要同时对 WBS 进行相应的调整。

11.3　活动排序

　　识别活动间的相互关联和依赖关系,排定各项活动的先后顺序,根据活动执行路径,构建项目网络图,回答"如何完成项目"的问题。

11.3.1　活动先后关系

1. 活动依赖关系

　　依赖关系指活动间的逻辑关联关系,决定了活动在时间上的逻辑顺序。根据活动间依赖关系的紧密度与可控性可划分为强制依赖关系、自由依赖关系及外部依赖关系。

1) 强制依赖关系

　　活动间客观存在着固有的依赖关系,先后顺序由客观规律决定,相对比较容易确定。如每个功能点的开发,必须依次经历需求→分析→设计→开发→测试等活动。打破固有的顺序,大多数情况下会对项目产品的质量带来风险。

2）自由依赖关系

活动之间没有固有的内在关联,先后顺序由管理决策决定,存在较大的随意性,排序难度相对较大。项目经理在特定的项目环境下,根据对项目的理解,参考行业最佳实践,综合考虑任务优先级与资源可用性后酌情自由调整。

3）外部依赖关系

项目活动与非项目活动间的依赖关系,往往身不由己不能控制,项目经理能做的就是提早打招呼,积极跟进协调。如硬件设备到货后才能安装系统,所以要盯紧采购部门;与银行间接口联调的日程安排只能是尽量协调。

2. 活动先后顺序

活动间的先后关系可分为结束—开始(Finish to Start,FS)、开始—开始(Start to Start,SS)、结束—结束(Finish to Finish,FF)、开始—结束(Start to Finish,SF)等四种,见表11-2,其中FS、SS用得较多。

表 11-2 活动的四种先后关系

依 赖 关 系	图　　示	说明/示例
结束—开始(FS)	A → FS → B	前导活动结束后,后续活动才能开始。例如,集成测试完成后,才能开展系统测试
开始—开始(SS)	SS → A → B	前导活动开始后,后续活动才能开始。例如,炮火覆盖开始后十分钟,步兵才能发起攻击
结束—结束(FF)	A → FF → B	前导活动结束后,后续活动才能结束。例如,马拉松比赛结束后,交通管制措施才能解除
开始—结束(SF)	A → SF → B	前导活动开始后,后续活动才能结束。例如,下一班工人开始接班,上一班工人才能下班

在先后关系中,有时还需要加入时间的提前量或滞后量以进行更精确的描述。

提前量:允许后续活动往前提前的时间量,表现为前后活动的重叠时间。如软件设计工作可以适当提前,无须所有需求都得到确认之后再启动。

滞后量:允许后续活动往后推迟的时间量,表现为后续活动的等待时间。如试点上线后1个月,全面铺开大规模实施工作。

11.3.2 项目网络图

项目网络图是项目活动及其逻辑关系的图解表示,表明活动的执行顺序,标示活动历时后,可用于推算整个项目的工期。项目网络图有两种编制方法:前导图法和箭线法。

1. 前导图法(Precedence Diagramming Method,PDM)

前导图法又称单代号网络图(Activity On Node,AON)。用节点表示活动,用箭线指明活动间的逻辑关系，赋予每个活动一个唯一代号，在节点上标示活动的工期。

图 11-3 是用前导图法表示的泡茶简单工序。

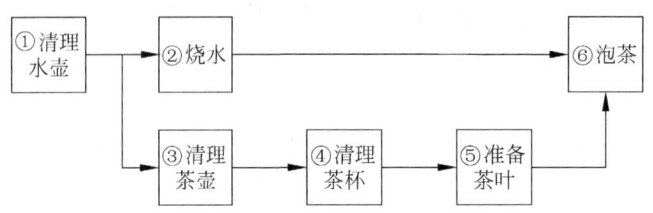

图 11-3　泡茶工序的前导图法表示

说明：①清理水壶；②水壶清理完毕，开始烧水；③烧水的同时清理茶壶、茶杯、准备茶叶，然后坐等水开；④水烧开后，泡茶享用。

2. 箭线法（Arrow Diagramming Method，ADM）

箭线法又称双代号网络图（Activity On Arrow，AOA）。用箭线表示活动，箭线上可以标注活动的工期；用圆圈节点代表事件，并赋予唯一代号，表示前一活动的结束、后一活动的开始；箭线始端对应的节点叫紧前事件，箭线末端（箭头）对应的节点叫紧后事件。

同样地，我们用箭线法来表示泡茶的简单工序，见图 11-4。

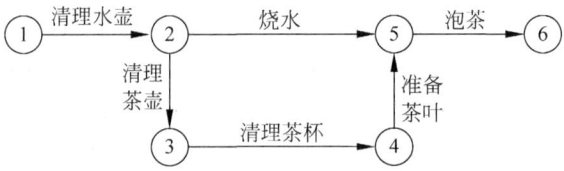

图 11-4　泡茶工序的箭线法表示

11.4　活动估算

明确完成活动所需资源（主要是人力资源）的种类、数量和特性，估算活动持续时间。资源估算、历时估算与成本估算紧密关联。建议先估算活动工作量，再综合考虑资源约束与工期要求，估算活动所需要资源及历时。

11.4.1　工作量估算

工作量估算在第 10 章中已有详细介绍，这里再强调几点。

1. 考虑不确定因素

只有在需求基本明确甚至概要设计完成之后，才能对规模做相对准确的估计。完成一个功能所需的工作量不仅取决于成员技能，还与客户配合度、软件过程成熟度以及其他不确定因素有关。因此如有必要，要给出工作量的乐观估计、悲观估计及中位数估计。

2. 缺乏行业基准情况下

可以综合采用类比估算、三点估算、Delphi 等方法，从最底层的工作包/活动开始（可以跳过规模估算，直接估算工作量），自底向上逐级汇总得出总体工作量。

3. 软件过程成熟度较高的组织

可以基于行业/组织基准数据,采用 SJ/T11463—2013 中基于规模的经验模型法估算。

估算出的总工作量已经考虑了过紧的工期要求而增加的工作量,也预留了管理储备与应急储备以应对项目的风险因素。它涵盖了工程活动、项目管理及支持活动的所有工作量,但不包括数据迁移及多点实施的工作量。

基于 WBS 结构,自顶向下将工时分摊到各层工作项、任务包及活动。分摊的依据与方法主要是:行业/组织基准数据、模块功能点计数以及 Delphi 法等。

4. 管理储备

总工时扣除管理储备后,才是项目经理可以自由分配给各项活动的工时。计提比例由组织的管理层,根据组织所有项目的总体风险情况确定。动用管理储备,必须征得管理层同意,并将导致成本基准的修订。

5. 应急储备

可以直接按比例留出整个项目的应急储备以及每个工作包的单独应急储备,这些应急储备将以单独的节点出现在网络图中;也可以留待制订进度计划时,采用关键链法,聚合所有活动的安全裕量,设置项目缓冲。

11.4.2 资源与历时

进度计划编排有两种考虑问题的方式:一是交付日期确定下,争取用最少的资源达成工期;二是资源确定下,争取用最短的时间完工。

什么样的工期比较合理,投入多少资源比较合适,在项目之初并不是一下子就能确定的。实践中一般会交替使用以上两种方式进行试探。以下是参考流程及注意要点。

1. 测算资源需求

用经验模型法估算项目总体工作量及合理的总工期,测算总体资源需求。

根据需求、分析、设计、测试及实施等各类工作的比重与大致工期,粗略测算各类资源的总量需求及时间投入要求。

2. 工期协商、资源协商

基于客户的业务运营要求与组织的现实可用资源,与客户及上级协商开发策略(如分次交付、部分外包等),在尽早完工与资源约束之间寻找一个各方都能接受的平衡点,确定相对合理的工期、关键里程碑节点以及组织可以承受的资源投入。

3. 估算活动工时

将调整后的工作量扣除管理储备后分解到工作包及各项已经识别并排序的活动上。

4. 编制项目日历

根据工期要求的松紧,定义项目的作息时间。一些工期较紧的项目,后期可能一周工作六天。但要记住:文武之道,一张一弛。人不是机器,需要必要的休整以利持久战。

5. 编制资源日历

根据组织的资源承诺，编制资源日历，定义各类资源可用性。包括类型、数量、来源地、经验/技能、到位时间、可用时间段等。通常，项目不是缺人，而是缺少顶用的人。

6. 分配资源

根据资源可用性，考虑任务匹配度，将各类活动大致均衡地分类分派给各类资源。在人员投入一定的情况下，人员素质高，工作配合好，可以缩短工期。简单地增加初级人员，工期不会等比例缩短，因为额外的沟通、培训和协调将导致生产率下降，而且有些工作是新手无法完成的。

7. 历时估计

根据活动工作量及资源投入水平（能力、数量等），测算活动历时。项目前期，需要考虑"菜鸟"们学习、犯错、磨合的时间；而中后期，则可将他们看作"熟练工"了。

熟悉新的业务/技术有个"学习曲线"，见图11-5。开发第一个模块总是要花更多时间，随着对业务及技术的深入理解与掌握，后续模块的开发会越来越轻车熟路。

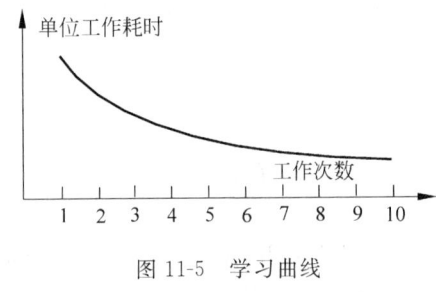

图 11-5　学习曲线

8. 优化调整

综合采用关键路径、计划评审、关键链等方法，检测资源冲突，识别项目瓶颈，调整活动顺序，寻求替代资源，消除资源瓶颈，设置项目缓冲，制定现实进度表，满足总体工期要求。

由于历时估算与资源估算相互影响，进度编排需要多次往复迭代，不是一蹴而就。

11.5 进度计划方法

进度计划一般会受限于硬性的里程碑时间节点要求，关键资源的短缺以及一些不确定的因素。所以，进度计划要综合考虑资源可用性及项目风险，平衡范围、时间、质量、成本等因素，经过多次反复调整才能最后完成，并在执行中动态调整。

11.5.1 关键路径法

关键路径法（Critical Path Method，CPM）是一种用于预测项目总体历时的网络图分析方法，由兰德公司和杜邦公司于1957年提出，用于对复杂的化工厂项目进行日程安排。

1. 相关概念

活动历时 DU：即活动工期，一项活动从开始到完成所需要的时间。

最早开始时间 ES：所有紧前活动全部完成后，本活动可以开始的最早时间，取决于所有紧前活动的最早完成时间。

$$ES = \max\{所有紧前活动的 EF\} \tag{11-2}$$

最早完成时间 EF：所有紧前活动全部完成后，本活动可以完成的最早时间。

$$EF = ES + DU \tag{11-3}$$

最晚完成时间 LF：在不拖延所有紧后活动进度的情况下，本活动必须完成的最晚时间，取决于所有紧后活动的最晚开始时间。

$$LF = \min\{\text{所有紧后活动的 LS}\} \qquad (11\text{-}4)$$

最晚开始时间 LS：在不拖延所有紧后活动进度的情况下，本活动必须开始的最晚时间。

$$LS = LF - DU \qquad (11\text{-}5)$$

总浮动时间 TF：在不影响项目总工期的情况下，本活动可以延迟的时间量或者说可以利用的机动时间。

$$TF = LS - ES \qquad (11\text{-}6)$$

自由浮动时间 FF：在不影响所有紧后活动最早开始时间的情况下，本活动可以延迟的时间量或者说可以利用的机动时间。

$$FF = \min\{\text{所有紧后活动的 ES}\} - EF \qquad (11\text{-}7)$$

2. 关键路径

关键路径是网络图中从项目开始到结束的所有路径中历时最长的路径，决定了项目完成的最短时间。关键路径上的任何活动延迟，都将导致整个项目延迟。

- 关键路径上的活动，TF＝0，表示既无法提前，也无法拖后。
- 将所有 TF 为 0 的活动相连，就可以得出关键路径。
- 关键路径上所有活动的持续时间总和就是项目的最短工期。
- 非关键路径上的时间缩减，不影响项目的完工时间。
- 有可能存在多条关键路径，持续时间总和都等于项目最短的工期。
- 关键路径是相对的，改变资源投入，关键路径可能会发生变化。

3. 应用步骤

下面用一个例子来说明关键路径法的应用步骤及注意事项。

课堂讨论 11-1 关键路径计算

(1) 某项目的活动清单示例如下表所示，求关键路径及项目最短工期。

活动代号	紧前活动	工期（天）	活动代号	紧前活动	工期（天）
A	—	3	D	B,C	5
B	A	12	E	C	6
C	A	9	F	D,E	3

① 采用前导图法，按先后顺序，从左到右、从上到下绘制网络图。参考 BS6046 标准，标示每项活动的唯一编号、工期、最早开始及完成时间、最晚开始及完成时间、总浮动时间。

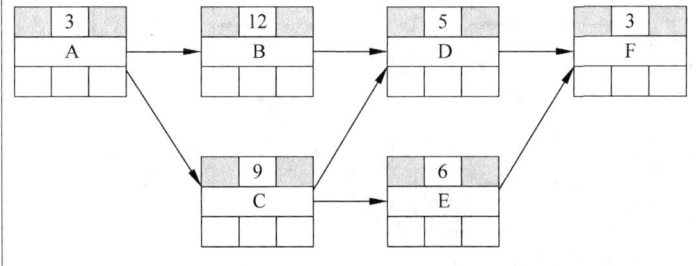

BS6046标准活动节点信息图例

ES最早 开始时间	DU 活动历时	EF最早 完成时间
	ID 活动编号	
LS最晚 开始时间	TF总 浮动时间	LF最晚 完成时间

② 由前及后，采用正推法计算每项活动的最早开始时间 ES、最早结束时间 EF。

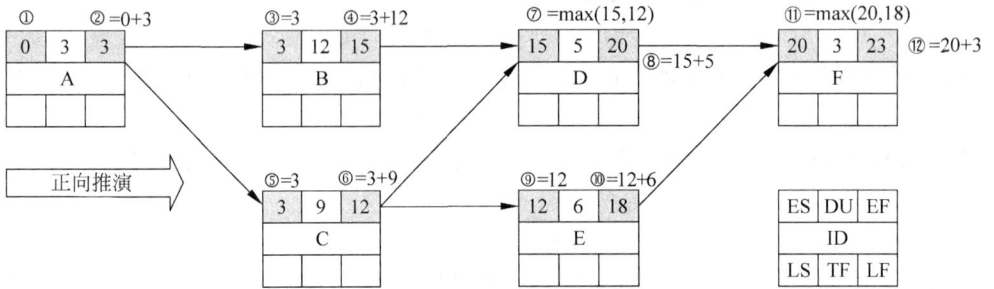

③ 所有计算都完成时，最后算出的时间就是整个项目的最短完工时间 23 天。

④ 由后及前，采用倒推法计算每项活动的最晚结束时间 LF、最晚开始时间 LS。

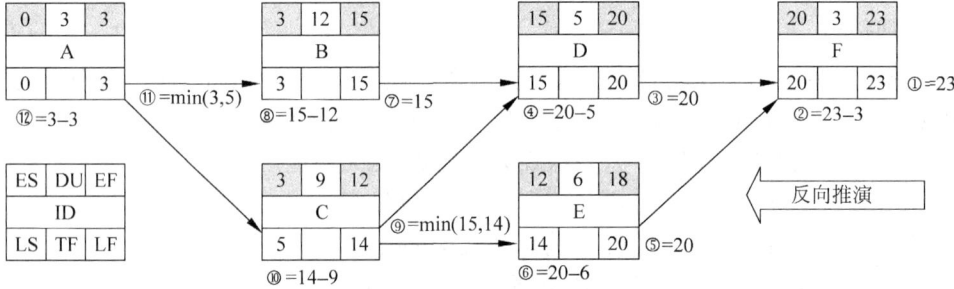

⑤ 计算每项活动的总浮动时间 TF，所有 TF 为 0 的活动构成项目的关键路径。

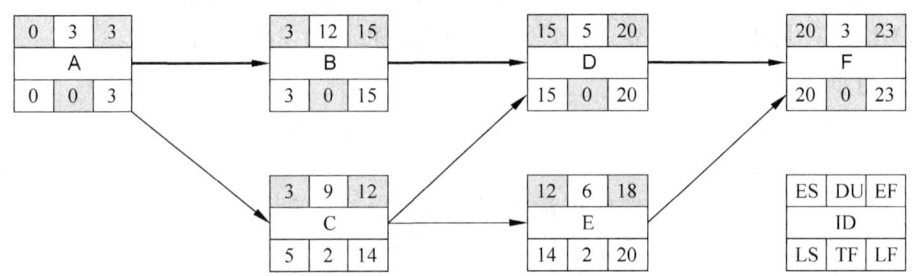

关键路径为：A—B—D—F。

C、E 的总浮动时间都是 2 天，但并不意味着 C、E 都有 2 天的浮动时间。

本例中是 C、E 加在一起可以机动 2 天时间，而不影响项目的总工期。

C 自由浮动时间：$FF_C = \min(ES_D, ES_E) - EF_C = 0$；C 的机动会拖延 E 的最早开始时间。

E 自由浮动时间：$FF_E = ES_F - EF_E = 2$；E 在 2 天以内的机动不会影响 F 的最早开始时间。

（2）如果 B 工期压缩为 9 天，求新的关键路径及最短工期。

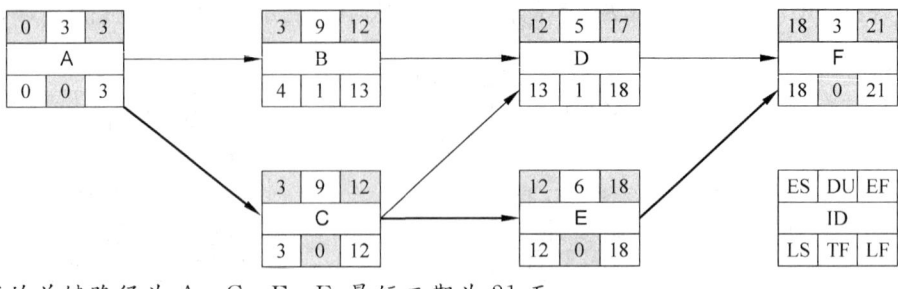

新的关键路径为 A—C—E—F，最短工期为 21 天。

11.5.2 甘特图

甘特图(Gantt Chart)又称横道图,由科学管理运动的先驱者之一亨利·L.甘特提出,并以其名字命名。甘特图简单、醒目、便于编制,反映了"范围、时间、成本"这三个重要的项目要素。

横轴表示时间日历,纵轴表示项目活动,左侧以表格形式列出活动清单及主要属性,右侧以横向条状图表示活动的计划或完成情况。横道的起点和终点代表活动的起止时间,横道的长度代表活动历时。

甘特图可以用 Project、Excel 等工具方便地绘制,示例见图 11-6。

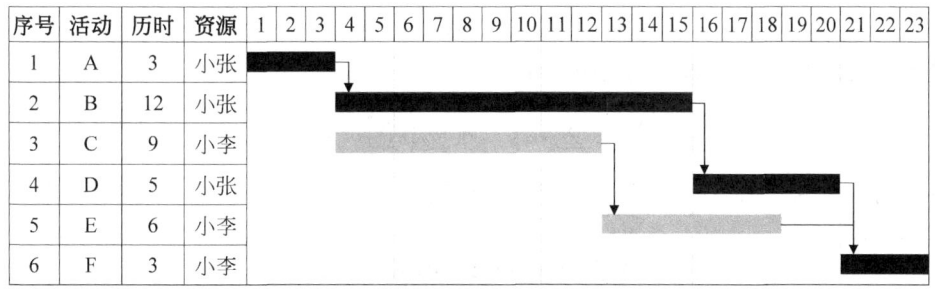

图 11-6 使用 Excel 绘制的甘特图示例

注:图中可用"◆"标记里程碑,用箭线表示活动间依赖关系,用不同颜色横道图对比实际与计划偏差。

11.5.3 计划评审技术

计划评审技术(Program Evaluation and Review Technique,PERT)是针对活动逻辑关系肯定而工作历时非肯定的网络计划技术。PERT 产生于美国海军北极星导弹的研发之中,使北极星潜艇的研制时间整整缩短了两年。

CPM 将关键路径上各项活动的历时相加,得出肯定的项目总工期。实际上,能够按照这个工期完成的项目不到50%。如同天气预报一样,进度计划是基于一定项目假设下对项目工期的一种推测。PERT 通过考虑估算中的不确定性和风险,提高了活动历时估算的准确性,指出了达成目标工期的成功概率。

PERT 两个重要的假设:

(1) 各项活动历时相互独立,服从 β 分布。

(2) 项目总工期等于关键路径上所有活动历时总和,并且概率上服从正态分布。

PERT 估计考虑可能的资源配置、生产率、资源日历、依赖性及各种可能的干扰,采用三点估计的方法,估计出乐观值、悲观值和最可能值,基于活动历时 β 分布的假设,加权计算出历时期望值,从而将非肯定型转化为肯定型,如图 11-7 所示。

乐观估计 t_O:最顺利的情况下,估计的活动最短历时。

最可能估计 t_M:正常情况下,估计的活动最可能历时。

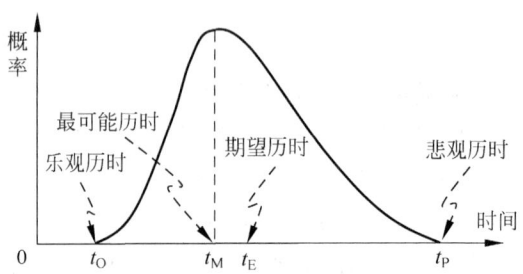

图 11-7　活动历时 PERT 估计

悲观估计 t_P：最糟糕的情况下，估计的活动最长历时。

根据 β 分布假设，活动历时的期望值 t_{Ei} 与标准差 σ_i 计算公式如下：

$$t_{Ei} = (t_{Oi} + 4t_{Mi} + t_{Pi})/6; \quad \sigma_i = (t_{Pi} - t_{Oi})/6 \tag{11-8}$$

整个项目的总工期 T 及标准差 σ 为：

$$T = \sum_{i=1}^{n} t_{Ei}; \quad \sigma = \left(\sum_{i=1}^{n} \sigma_i^2\right)^{1/2} \tag{11-9}$$

下面用一个例子来说明 PERT 的应用步骤及注意事项。

课堂讨论 11-2　PERT 计算

（1）某项目的活动清单示例如下表所示，求项目的期望关键路径、期望最短工期及标准差。

活动	紧前活动	乐观值	最可能	悲观值	活动	紧前活动	乐观值	最可能	悲观值
A	—	8	10	12	D	C	20	25	48
B	A	18	20	28	E	A	20	50	74
C	B	6	7	14	F	D、E	18	20	40

① 这次采用箭线法，按先后顺序，从左到右、从上到下绘制网络图。为所有的节点赋予唯一编号，在箭线上标记活动名称，根据三点估计值计算活动历时的期望值及方差。

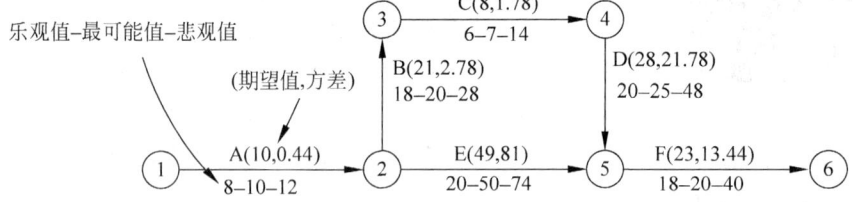

② 由前及后，采用正推法计算每个节点的最早开始时间。

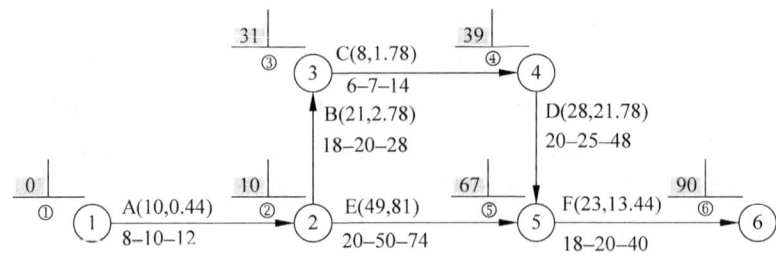

③ 所有计算都完成时,最后算出的时间就是项目总工期的期望值。

项目期望工期为 90 天。

④ 由后及前,采用倒推法计算每个节点的最晚开始时间。

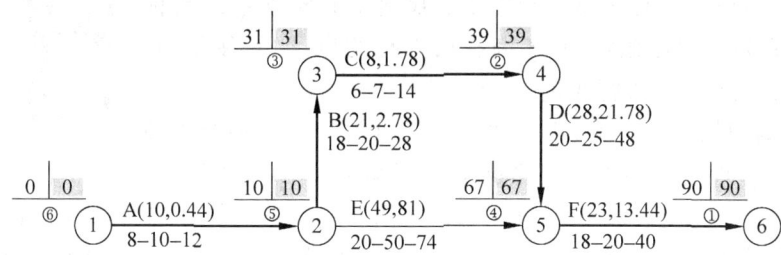

⑤ 识别关键路径,计算项目总工期的标准差。

期望关键路径为:A—B—C—D—F。

$$总工期标准差 = (0.44 + 2.78 + 1.78 + 21.78 + 13.44)^{1/2} = 6.34$$

如果存在多条期望工期相同的路径,那么方差最大的路径为期望关键路径。

(2) 计算项目工期控制在 95 天以内的可能性

本例中,项目总工期为正态分布,期望值 T 为 90,标准差 σ 为 6.34。

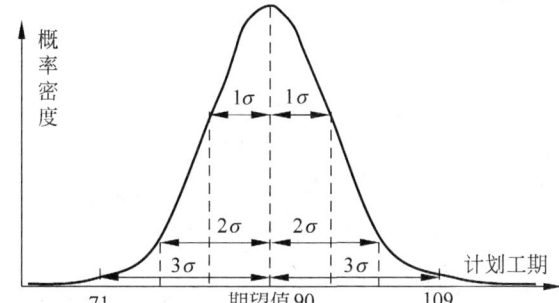

正态分布具有以下基本特性:

① 以期望值 T 为中心对称分布,实际工期早于或晚于期望工期的可能性都是 50%;

② 某一时间段内的累积概率密度(曲线下面积),即为在该时间段内完成的概率;

③ 工期落在期望值两侧 1σ 概率为 68.3%;2σ 概率为 95.4%;3σ 概率为 99.7%。

概率系数 $\lambda = (T_S - T_E)/\sigma$,服从标准正态分布,式中 T_S 为计划完工日期。

于是,项目在规定日期内完成的概率,可以通过计算概率系数后查标准正态分布表求得。

本例中 $\lambda = (95-90)/6.34 = 0.79$,查标准正态分布表得,95 天完成的可能性为 78.5%。

(3) 项目工期至少控制在多少天,可以使按期完工的可能性达到 95%?

查标准正态分布表,得 95% 的累积概率其对应的 $\lambda = 1.64$;

$$T_S = T_E + \lambda \times \sigma = 90 + 6.34 \times 1.64 \approx 100 \text{ 天}$$

11.5.4 关键链项目管理

关键路径法是传统进度计划的主要方法,由于在确定关键路径时,只考虑生产率及任务间的逻辑制约关系,而不考虑资源的可用性,加之任一关键活动的延迟就将导致整个工期的

延误，使其难以适用于普遍存在资源冲突和不确定性因素的项目环境。

以色列物理学家、管理大师艾利·高德拉特(Eliyahu M. Goldratt)，于 1984 年出版的企业管理小说《目标》中提出了约束理论(Theory of Constraints,TOC)。其核心要旨在于：找出妨碍实现系统目标的约束条件，充分利用瓶颈资源，不断突破系统约束，如此往复，有针对性、有重点地对系统进行改进。

1997 年，高德拉特出版了另一本管理小说《关键链》，将约束理论应用于项目管理领域，提出了关键链项目管理(Critical Chain Project Management,CCPM)。他认为人的因素对项目进度的计划及执行有非常重要的影响，规划进度时要充分考虑资源的约束，最大限度地利用瓶颈资源。高德拉特分析了管理实践中工期估计过长却又无法达成的现象，给出了解决之道(Goldratt,2009)。

1. 过高的估计

由于项目的独特性及大量不确定因素的存在，使得无法准确推算每一项目活动的工期。实践中，工期的估计值通常要比实际所需时间更长。

一般地，在项目不确定因素的作用下，活动工期近似服从偏态的 β 分布，见图 11-8。在确定的工期下，曲线与时间轴所围面积，代表在该工期内完成的可能性。活动在 $t_{中间值}$ 之前或之后完成的可能性是一样的。

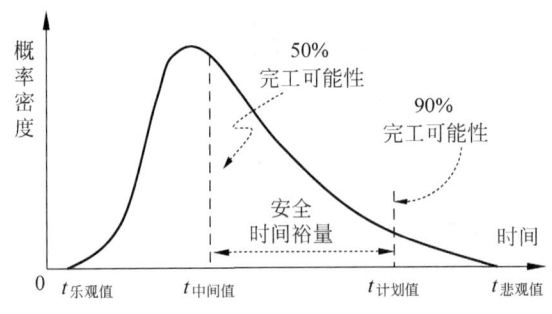

图 11-8　偏态分布的进度估计

当人们面对一个不确定因素时，确定最乐观情况相对容易，而估计最糟糕情况却有些费劲。经验告诉我们，事情变坏的可能性总是大于变好的可能性。

由于顾及无法兑现进度承诺时面临的窘境，在项目绩效压力下，基于维系个人面子及防患未然的保护心理，人们习惯于按照自己的安全底线做出比较保守的估计。因此，当一个人给出 $t_{计划值}$ 时，意味着他有 90%(具体值取决于他的风险承受程度)的把握达成这个进度。$t_{计划值}$ 与 $t_{中间值}$ 之间的差值就是计划者给自己留的安全裕量。安全裕量的确定因人而异，有时甚至可以达到 $t_{中间值}$ 的好几倍。

在任务分级规划的环境下，每个下级向上提交进度时，都会预留一定的安全裕量；当任务分包层级较多，活动路径较长时，在层层向上汇总的过程中，安全裕量会"滚雪球"式膨胀，使得项目总工期呈现指数式增长。

图 11-9 中，每个层级预留 20%安全裕量，经过三个层级的汇总传递，正常情况下的 20 天工作量就被注水成有些离谱的 34.8 天，安全余量将近 75%。

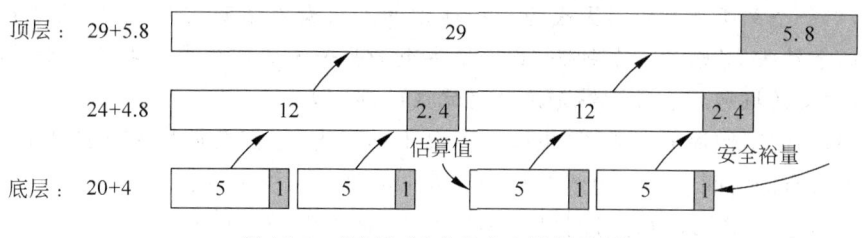

图 11-9 "滚雪球"式的安全裕量示例

既然计划注了这么多水,为什么还是频频发生进度延误、成本超支以及计划变更呢?

2. 学生综合症

校园里常会有这样的场景:老师课堂上布置了一项 5 天可以完成的作业,学生们纷纷反映时间太紧,要求最好能给 10 天时间,并且承诺一定交付更高质量的成果。"通情达理"的老师如果答应了学生们的请求,结果会是什么样呢?

如图 11-10 和图 11-11 所示,学生们的作业进度似乎并不是想象中的线性推进,而是起初磨磨蹭蹭,最后突击赶工。时间过去一半时,偶然间在他人提醒下才会想起还有这档子事;然后不紧不慢地东磨西蹭;还剩两天时,掰掰手指头,才开始有些着急;最后大限临近时,有些忙着熬夜赶任务,有些七拼八凑应付了事,有些则走歪门邪道。Deadline 之后,还不时会有作业断断续续补交上来,并且伴随着各种各样非常"合理"的理由。

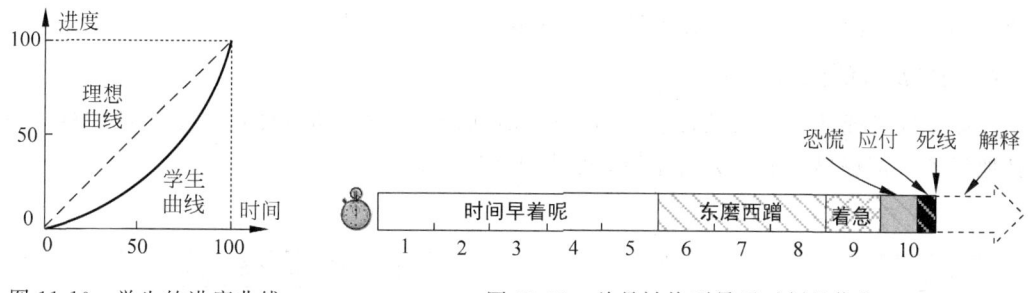

图 11-10 学生的进度曲线   图 11-11 总是被拖到最后时刻的作业

学生们在估算时间时会不出意外地加上隐藏的安全裕量,而在执行时,又会不自觉地将任务拖延到最后时刻。人们总是在感到工作必须开始的那一刻才行动,学生们也几乎总是把主要精力集中在那些马上要提交的作业,而忽视那些看上去还比较遥远的作业。

由于在初始估计中留有安全裕量,又进一步减小了尽早处理任务的动力,思想上比较放松,工作拖沓,导致将大量工作堆在后面。真正开始动工时,剩下的时间甚至不够完成最初约定的工作,后期出现的任何问题都将导致任务的延误。就这样,安全裕量麻痹了人们的进取意志,拖延的恶习将任务带到了 Deadline。

3. 帕金森定律(Parkinson's Law)

由英国历史学家、政治学家西里尔·诺斯古德·帕金森(Cyril Northcote Parkinson)于 1958 年提出,是对企业中的官僚主义与组织麻痹的别称,被称为 20 世纪西方文化三大发现之一。

帕金森发现一个人做一件事所耗费的时间相差巨大:一个大忙人 20 分钟可以寄出一

叠明信片，但一个无所事事的老太太为了给远方的外甥女寄张明信片，可以足足花一整天：找明信片一个钟头，寻眼镜一个钟头，查地址半个钟头……工作会自动占满一个人所有可用的时间，工作总是拖延到它所能够允许最迟完成的那一天。

项目中，即使工作提前完成了，也少有人会主动报告，他们会放慢节奏或者增加其他活动以便用掉所有的时间。这是由组织行为和人的心理因素决定的：

（1）"完美主义者"认为有时间可以再润润色，把工作做得更好一点。片面追求局部最优，却可能伤害了整体的利益。

（2）提前完工，上级可能会认为计划注水过多、有意欺瞒领导。今后安排工作时，就会有意识地压缩其进度，当其无法完成时，进一步加深不信任感，甚至会指责其不敬业。

（3）提前完工，由于时间充裕，可能遭到更加严格的质量检查。结果非但得不到奖励，反而会因被挑出的毛病而招致上级的批评，认为其工作不上心、马虎应付了事。

（4）提前完工，会给其他因难度较大或别的原因进展不顺的同事造成巨大的心理压力，引发同事间关系紧张，并因此而拒绝配合甚至设障阻挠。

（5）提前完工，其他人不会认为是其能力出众、工作努力使然，更多情况下会抱怨负责人任务分配不公。其他人给负责人的心理压力，最终一定会转移到当事人身上。

（6）提前完工，不是可以歇下来的理由。活总是干不完的，干了手头的活，负责人一定会分配新的任务。这种"鞭打快牛"的做法会使当事人转而退却消磨、随大流。

因此，即使工作会提前完成，他也会放慢速度，造成工期估算准确，并按时完成的假象；即使工作轻松，也会加班加点，以表明工作有多难，自己多敬业。

4. 任务汇合的偏差传递

在多个任务或任务链的汇合点，任意单一活动链的延迟，都将导致整个工期的延误，即使其他任务链都提早完成也无济于事，见图 11-12。

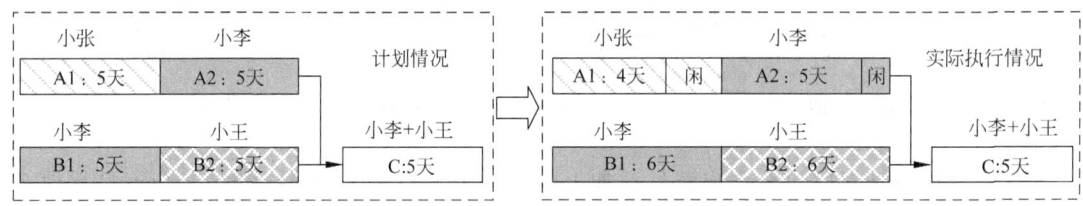

图 11-12　任务汇合的偏差传递示例

图中，活动 C 必须在"A1—A2""B1—B2"都完成时才能开始，如果两个任务链按时完成的可能性都是 90%，而 C 能够按时开工的可能性却只剩下 81% 了。

在学生综合症与帕金森定律的综合作用下，小张虽然提早 1 天完成任务 A1，但他既不会主动报告，也不会去帮助小李；而小李即使按时完成任务 A2 之后，也只能停下来等小王完成任务 B2 之后，再共同启动任务 C。

就这样，在任务汇合点处，延期完工线路的消极影响不折不扣地传递到后续工序，而提早完工线路的效益却被白白浪费掉。

5. 多任务交叉的弊端

实践中，常看到有些紧俏的稀缺高手或者多面手身兼多职，游刃于多个项目或多项工作之间。为了平衡各方的"强烈"要求,不得罪任何人,他们"被迫"在各项工作之间频繁切换,以响应"呼声最高"的工序。最后,本该在短时间内集中完成的工作全都被打散成断断续续、拖延很长时间的一个个小碎片。

工作过于碎片化的结果是,工作效率低下,大量时间耗费在工作间的切换上。前一工作要暂时收尾,后一工作要重拾思路,大大延长了完成每一单项任务所需要的时间。资源冲突下的并行工作实际上是欲速不达,希望不得罪人的结果却是所有人都不满意。多任务交叉的弊端及改进见图 11-13。

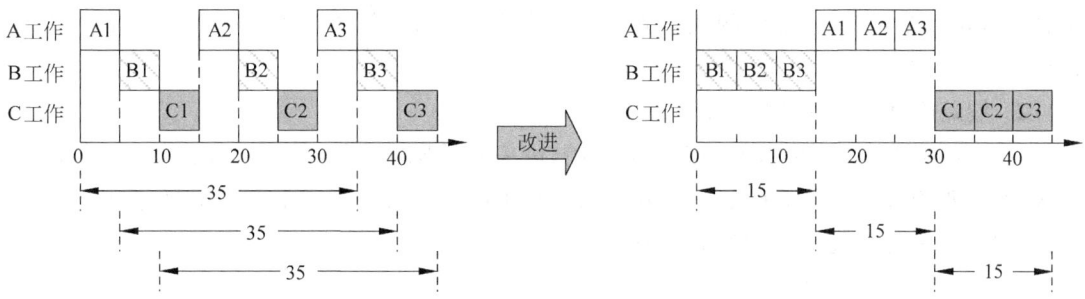

图 11-13　多任务交叉的弊端及改进示例

图 11-13 左侧,只从局部利益出发,依赖于同一资源的 A、B、C 三项工作交叉进行。其结果是:早早开工只是给人做样子,拖拖拉拉"情在不得以",迟迟完工早已注定;所有工作都需要 35 天时间才能完成,这还不包括任务间切换的时间耗费。

图 11-13 右侧,从提升全局绩效出发,按轻重缓急分配资源,优先保障重点工作,实现整体资源利用的最大化。其好处是:每一时段只需高效、集中地完成一项工作,所有工作都能确保在 15 天完成,重要工作早开工、早完成,一般工作的最后完工时间也可以接受。

6. 何谓关键链

所谓关键链就是同时考虑活动依赖性与资源约束下,项目中的最长路径。图 11-14 中,假定 3、7、9 依赖于相同资源,不考虑资源约束下的关键路径为"1—2—3—4—5"。

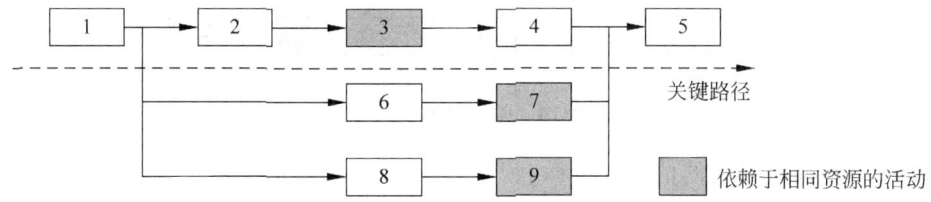

图 11-14　不考虑资源冲突的关键路径

由于 3、7、9 依赖于相同的资源,实际上三项活动只能串行执行。图 11-15 中,假定工时$_7$+工时$_9$>工时$_4$,考虑资源约束后的最长路径"1—2—3—7—9—5"就是关键链。

针对传统计划中,安全裕量分散在各个活动中,并且层层加码,却又无法有效利用的状况,关键链法提出,剔除活动安全裕量,在最能保护项目工期的地方,统一设置任务缓冲,以应对项目执行环境的不确定性。从成本管理角度来看,缓冲就是项目的应急储备金。

1) 剔除活动安全裕量

剔除人们按 90% 以上完成可能性进行估算时所隐藏的安全裕量,按 50% 完成可能性来

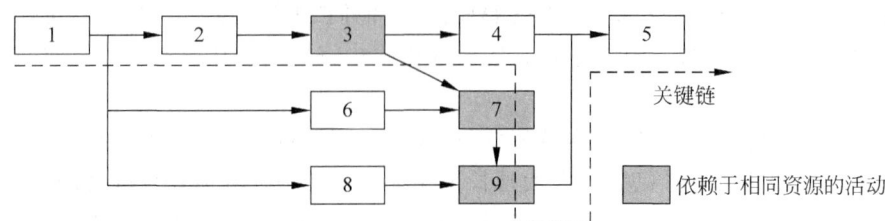

图 11-15　考虑资源冲突后的关键链

估计每项活动的耗时，从而大幅压缩活动历时估计值。可以简单地将原有估计值折半，也可以参考历史数据采用 Delphi 等专家判断法来确定。

2）按最晚开工时间安排日程

将工作推迟到退无可退的最后时刻开始，进一步消除"学生综合症"的温床。这样的进度表中，既没有安全裕量，又没有浮动时间，无形中给责任者施加了很大的压力，使其没有懈怠的余地，只有尽可能努力地按时完成既定任务。

3）统一设置任务缓冲

将从各层次活动中剥离出来的安全裕量，作为公共资源统一调度、统一使用，聚合后放在最能有效保护项目工期的地方。

7. 项目缓冲（Project Buffer，PB）

压缩关键链上各项活动的预估时间，将各项活动所包含的预留缓冲时间集中到关键链的最末端，作为项目的整体缓冲，见图 11-16。概率统计知识告诉我们，在完工概率相同的情况下，集中设置的项目缓冲区会大大地小于各项活动的安全裕量之和。

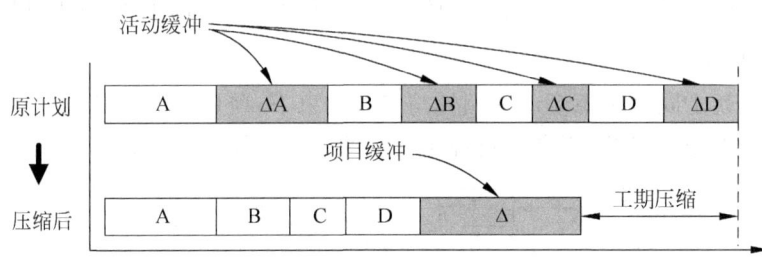

图 11-16　关键链的项目缓冲

项目缓冲有两种常用的估计方法：

方法一（剪贴法）项目缓冲等于关键链上各项活动的安全裕量之和折半，即：

$$\Delta = \left(\sum \Delta_i\right)/2 = (\Delta_A + \Delta_B + \Delta_C + \Delta_D)/2$$

方法二（根方差法）项目缓冲等于关键链上各项活动安全裕量平方和的平方根，即：

$$\Delta = \left(\sum \Delta_i^2\right)^{1/2} = (\Delta_A^2 + \Delta_B^2 + \Delta_C^2 + \Delta_D^2)^{1/2}$$

50％法简单明了，当路径上的活动少时容易低估缓冲，活动多时又容易高估缓冲。对于活动环节较多的大项目，根方差法相对更适合，但估计的缓冲可能偏小。

8. 接驳缓冲（Feeding Buffer，FB）

由于采用最晚开工原则编排活动进程，在非关键链与关键链汇合处，一旦汇入活动发生延误，必然会使关键链上活动的开工时间后延。所以，要在非关键链上的汇入任务链与关键链的汇入点之间加入接驳缓冲。

图 11-17 中，在"4—5""6—7""8—9"间加入接驳缓冲，在"5"之后加入项目缓冲。

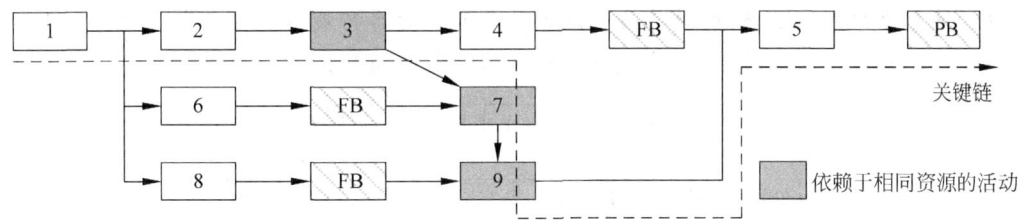

图 11-17　加入项目缓冲与接驳缓冲后的关键链

下面用一个例子来说明关键链进度计划的应用步骤及注意事项。

课堂讨论 11-3　关键链进度计划

某项目的活动清单示例如下表所示，应用关键链法编排进度计划。

活动代号	紧前活动	工期（天）	活动代号	紧前活动	工期（天）
A	—	6	C1	A	8
B1	A	10	C2	C1	10
B2	B1	8	C3	C2	12
B3	B2	8	D	B3、C3	6

说明：以上活动工期是按 90% 的完成可能性估计；B3、C3 依赖于同一资源。

① 绘制最早开工网络图，为便于更形象地说明问题，图中节点宽度设为与活动历时成正比。

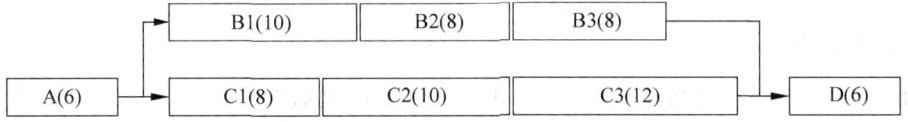

找出关键路径：A—C1—C2—C3—D，总工期 42 天。

由于 B3、C3 依赖于同一资源，不可能并行展开，关键路径 42 天工期是不可能达成的。

② 将所有活动工期按 50% 的完成可能性进行压缩，并转为最晚完工网络图，标记有资源冲突的活动。

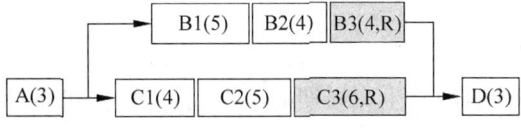

简单地设定：

$$压缩后工期 = 50\% 完工可能性的工期估计值 = 原工期估计值 /2；$$
$$工期安全裕量 = 原工期 - 压缩后工期 = 原工期估计值 /2$$

现在，图中每个节点上标示的是扣除安全裕量之后的工期估计值。

采用二元组(工期，资源)的形式表示资源冲突的活动，加灰底以更直观突出。

③ 将资源冲突的活动，由并行展开改为最早开工的串行展开；冲突资源的分配上，遵循关键路径优先的原则，非关键路径则从储备时间最少的任务链开始。

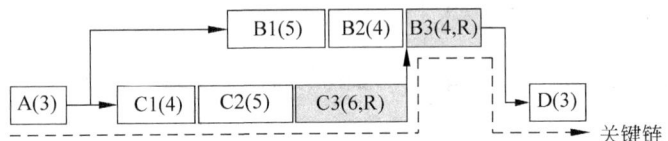

资源 R 优先分配给 C3，然后再分配给 B3，B3 紧跟 C3 串行执行。

其他节点依旧采用最晚完工原则，如任务链"B1—B2"紧前 B3 执行。

综合考虑活动关系和资源约束后，得到关键链：A—C1—C2—C3—B3—D。

④ 在关键链末端加上项目缓冲 PB，在每一个关键链与非关键链的交汇点加入接驳缓冲 FB。

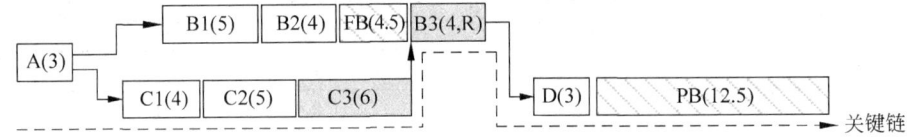

项目缓冲 PB = 关键链("A—C1—C2—C3—B3—D3")上所有扣除的安全裕量 /2
$$= (3+4+5+6+4+3)/2 = 12.5$$

接驳缓冲 FB = 非关键链("B1—B2")所有扣除的安全裕量 /2
$$= (5+4)/2 = 4.5$$

添加缓冲后的关键链进度 = 关键链长度 + 项目缓冲 PB = 25 + 12.5 = 37.5 天

9. 缓冲监控

关键链法不再管理网络路径的总浮动时间，而是通过监控缓冲区来确定项目进展顺利与否，在需要时采取必要的措施。图 11-18 中，横坐标为关键链任务进展，纵坐标为项目缓冲使用率，坐标点表示当关键链进度到达特定点时已被使用的项目缓冲。坐标点落在不同的区域，代表不同的进度风险。

绿色观察区：情况良好，无须采取行动，继续观察。

黄色准备区：项目有延期可能，调查任务延期原因，制订风险应对策略。

红色行动区：存在相当严重的进度风险，要立即采取纠正行动。

11.5.5 里程碑图

Visio 时间线是一条代表项目生命周期的水平线。通过在时间线上添加刻度标记，可以指出项目的重要阶段和里程碑，是一张简洁清晰的项目快照，见图 11-19。

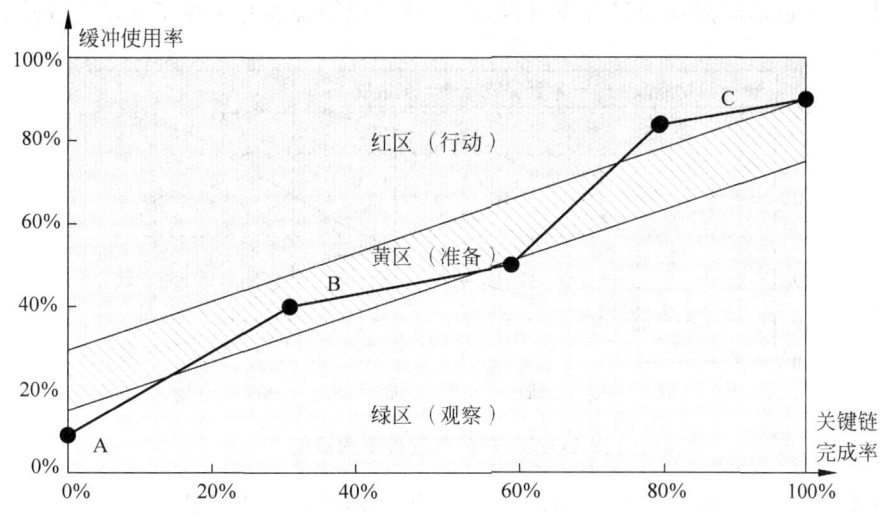

图 11-18　关键链项目缓冲区监控曲线示例

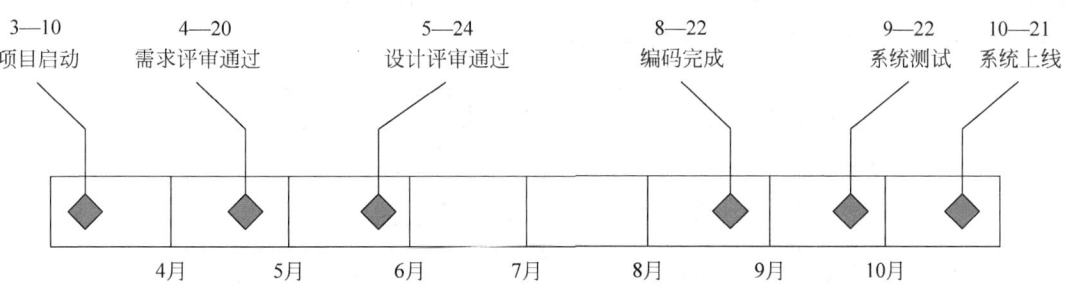

图 11-19　时间线形式的项目里程碑图

11.6　进度控制

11.6.1　进度监控

监督项目活动,获取项目进展信息,判断进度当前状态及趋势,分析进度偏离计划的原因,及时预防或纠正进度偏差,并对计划进行必要修正。进度监控过程参见图 11-20。

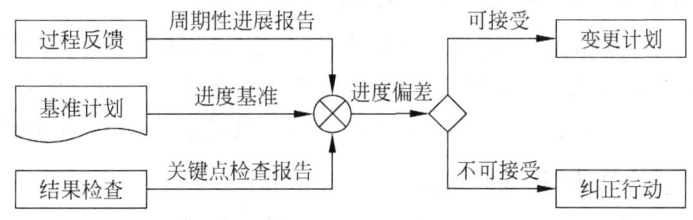

图 11-20　进度监控过程

项目组可以通过周例会、定期状态报告等形式,常态化地对进度进行跟踪及评估,分析进度走势,以尽早发现问题,消除进度延误风险,确保能够达成里程碑。

图 11-21 可以清晰展现项目开发进度，使项目经理知晓还有多少工作没有完成。

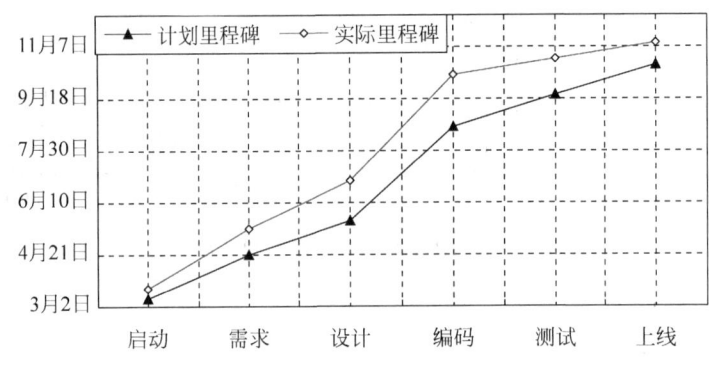

图 11-21　迭代开发进度图示例

图中软件开发生产率基本保持平稳，3、5、7 周新增部分功能需求，后期软件开发提速。

在里程碑节点，项目组对项目进展进行正式的评估，发现里程碑偏差，评判对整体进度的影响，参见图 11-22。对干系人可以接受的偏差，修订后续进度计划；对无法接受的偏差，采取纠正措施，避免或减缓对下一里程碑的冲击。

图 11-22　项目里程碑偏差示例

图中项目延期启动，执行中里程碑偏差逐渐拉大，后期靠压缩测试时间追回部分进度。

11.6.2　进度压缩

1. 向非关键路径要资源，向关键路径要时间

关键路径是整个项目网络图历时最长的路径，只有关键路径上的活动历时被压缩，整个项目工期才能提前。而非关键路径活动的适当延期不会影响整个项目的进度。在资源有限的情况下，可以从非关键活动中抽出资源，加强到关键路径活动上，从而缩减项目工期。

2. 管道管理，排定优先级，确保重点

先做好开门七件事：柴、米、油、盐、酱、醋、茶。影响开门营业、影响客户服务、影响企业经营的基本功能先完成；方便操作、提升绩效、促进管理的稍微押后。如花样繁多的报表，由于领导思路经常变化，上线时一般先实现最关键的几张，其他慢慢来。

3. 技术开发与产品开发分离

工作流引擎、报表打印等系统支撑模块的开发与具体业务没有太多直接关联。如果这些支撑模块出问题,将导致系统开发大幅延后,甚至失败。

解决技术问题与业务问题对人员的要求不一样。业务系统的分析设计需要对业务领域的行业经验。技术攻关需要的是扎实的技术功底,很强的技术解决能力。

因此,可以提前进行技术开发,尽早解决纯技术问题,消除技术风险。

4. 平行作业,快速跟进

改变关键活动间先后逻辑关系,对任务进行合理拆分,适当提前后续工作,尽量提高活动的并行性,以压缩总工期。一般优先调整自由依赖关系的活动,谨慎调整强制依赖关系的活动。

如图 11-23 所示,最初计划需求 10 天、设计 10 天,两项活动串行,一共需要 15 天时间;调整后,在资源许可下,需求开始 5 天后,对已完成的相对独立需求即可展开设计。由于全部需求完成后,可能需要对设计做调整,所以设计工作量会有所增加,但总工期则可大幅压缩。

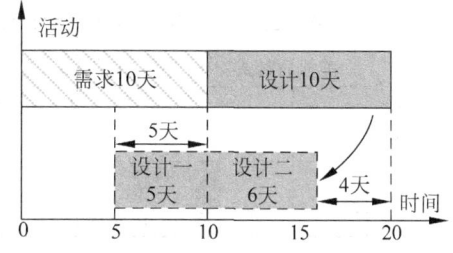

图 11-23　快速跟进法压缩时间示例

5. 合理赶工

不缩减项目范围,不降低质量要求的情况下,软件项目存在最短的进度点,无论组织如何加班,如何加大资源投入,都将由于相互协作成本加大、个体生产率下降以及软件开发的固有周期等原因而难以突破。

Mark Ⅱ 功能点分析法的提出者 Charles Symons,1991 年提出了一个在"正常"范围内,估算进度压缩对工作量影响的公式。

$$进度压缩因子 = 期望进度 / 估算进度 \tag{11-10}$$
$$压缩进度后的工作量 = 估算工作量 / 进度压缩因子 \tag{11-11}$$

例如,初始估算的工作量为 33.3 人月,工期 5.3 月。如果期望压缩到 4.5 月,则进度压缩因子 = 4.5/5.3 = 0.85,压缩进度后的工作量 = 33.3/0.85 = 39 人月即工期压缩 15%,工作量增加 18%。

研究表明:进度压缩一般不应超过 25%,否则工作量将会急剧增加。

11.6.3　资源平衡

企业间存在人力资源争夺战,项目组间同样存在人力资源的竞争,项目经理一定要紧绷这根弦。关键资源的短缺,将严重影响项目进展,甚至导致项目下马。

资源规划时一般要遵循以下原则:

1. 资源负荷平稳连续

忙闲不均的资源负荷是项目管理大忌,加大项目成本,影响团队稳定。前期任务宽松,资源闲置;后期任务吃紧,加班、外包、招人;项目结束,扩招的人员却可能成为包袱。

课堂讨论 11-4　资源调整尝试

右图是由三个小任务 A、B、C 构成的网络图。

任务 A：要 2 个人 2 天完成。

任务 B：要 2 个人 5 天完成。

任务 C：要 2 个人 3 天完成。

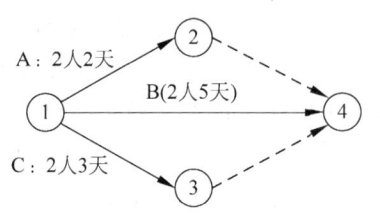

① **改进前**：三个任务采用最晚开工的方式，资源渐次投入。前两天 2 个人，中间一天 4 个人，后面两天 6 个人。高峰期用人需求，很可能超出组织的可用资源。

② **改进后**：如果没有特殊的要求，A、C 两个任务串行开展，五天时间里，始终都只需要 4 个人。组织可以保持稳健的人力资源规模，降低运营成本。

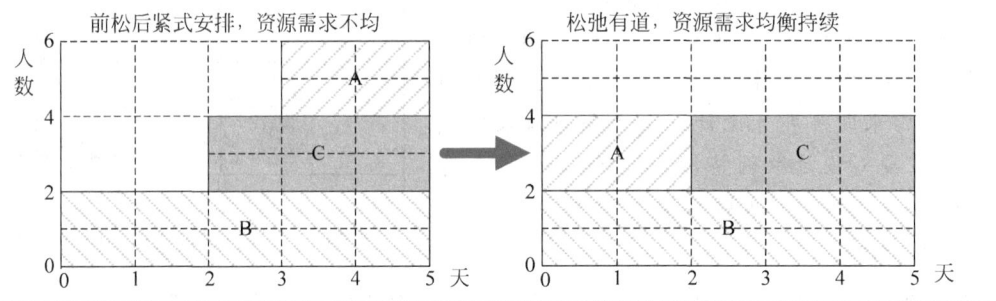

前松后紧式安排，资源需求不均　　　　　　松弛有道，资源需求均衡持续

---

2. 资源闲置时间最小化

资源闲置，是软件企业最大的浪费。团队出问题往往不是在最忙之时，因为注意力都被集中到如何解决项目中的问题；反倒是闲下来的时候容易因人浮于事而无事生非。

3. 尽量避免超出资源能力

资源潜力可以挖掘，但要有度。太难目标或过大压力，团队成员要么干不了走人，要么心里盘算，"能力就这样，做到哪算哪"。最后受损的还是项目的进度和质量。

4. 合适的人做合适的事

管理者很重要的一个任务就是把合适的人放在合适的位置，高价值的人做高价值的事。"张飞中军摇羽扇，诸葛阵前执刀矛"，现实中一点都不可笑，这样的错误还经常发生。

5. 跳出局部，着眼全局

就像田忌赛马一样，"今以君之下驷与彼上驷，取君上驷与彼中驷，取君中驷与彼下驷。"现实即是如此，追求整体最优、全局胜利，有人做红花，有人做绿叶，各司其责。

6. 有些活不是人堆出来的

20 世纪初，美国福特公司正处于高速发展时期。一天，一台大型电机趴窝，整个生产线被迫停止，大量订单积压。大批检修工反复检修，许多专家现场查看，都找不出问题所在。后来，请来了德国著名的电机专家斯坦门茨，他东看看、西摸摸、侧听听，然后用粉笔在某个位置画了个圈，问题迎刃而解。

斯坦门茨开价 1 万美元，大家都很不理解，因为这相当于普通职员 100 年的薪水。他解释说："画一条线价值 1 美元,知道在哪儿画线价值 9999 美元。"福特老总不仅照价付酬,还重金聘用了斯坦门茨。

优秀资源如此稀缺,一分钱怎么掰成两半用呢?一些公司成立了专门的救火队、专家组,为所有项目提供支持。强化分工协作,专业的人做专业的事,提高生产率,实现大范围资源共享。项目组对这些资源的使用要提前申请,由公司统一协调。

课后思考

11.1 软件项目估算相较于一般工程项目估算有哪些特殊性?

11.2 为什么进度计划需要由远及近地分级制定、滚动规划?

11.3 项目活动之间有哪几种依赖关系?

11.4 进度计划编排中,如何确定工作量、资源及历时之间的量值关系?

11.5 什么是关键路径? 关键路径对项目工期有什么影响?

11.6 如何从网络图中计算关键路径?

11.7 PERT 针对 CPM 的主要改进点是什么?

11.8 关键链的提出主要是为了解决哪些问题?

11.9 为什么很多人任务即使提前完成了,也不向上汇报?

11.10 关键链中的项目缓冲、接驳缓冲的作用分别是什么?

11.11 面对客户/领导不尽合理的工期要求应该如何应对?

11.12 资源平衡需要注意哪些事项?

## 第12章

质 量 管 理

项目质量管理通过质量规划、质量保证、质量控制程序和过程以及连续的过程改进活动,执行组织确定的质量方针、目标和职责,以确保达到项目质量要求,见图12-1。

质量规划:确定适合于项目的质量标准并决定如何满足这些标准。

质量保证:监督、审计项目执行过程,确保质量计划的各项标准及活动落实到位。

质量控制:检查项目结果是否符合质量标准,识别质量问题的原因,消除质量缺陷。

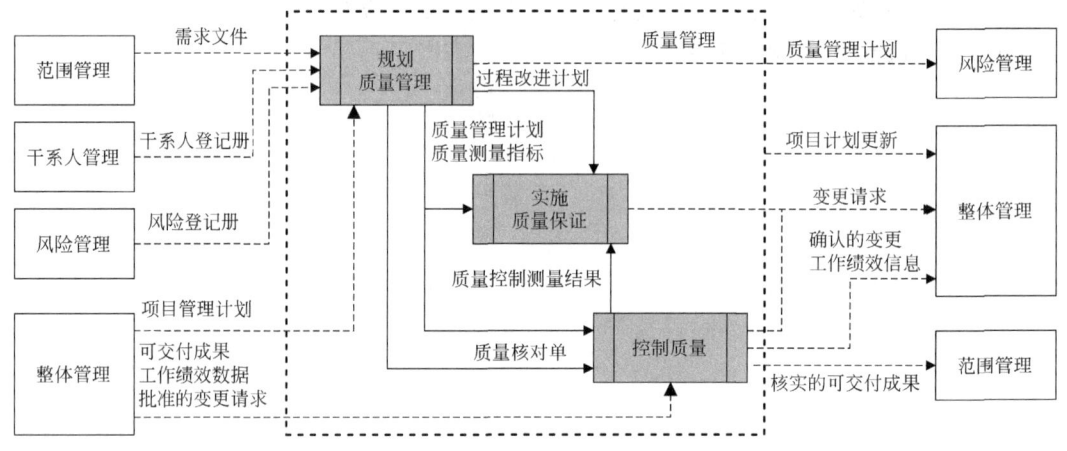

图 12-1　项目质量管理过程

12.1　质量管理概述

12.1.1　质量概念的发展

质量是相对客户存在,富有内涵而多面的概念。人们对质量概念的认识是一个发展变化的过程,对质量的追求也有一个从低层次到高层次逐步提高的过程,见图12-2。

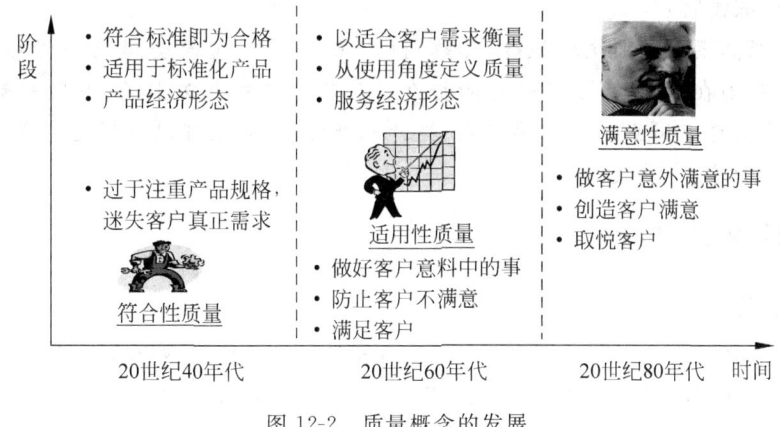

图 12-2　质量概念的发展

1. 符合性质量

以符合现行标准的程度作为衡量依据,符合标准就是合格,符合的程度反映产品质量的水平。这是处于产品经济阶段的商业社会质量观念,更适合于标准化的产品,客户的需要可以用明确的产品规格显式定义出来,可以对照规格标准进行检查。

汽车大规模的流水线生产,靠的是什么? 靠的就是产品规格标准化、作业工序标准化、质量检测标准化,才能实现批量复制。由于标准化,企业负责整车设计与组装,零配件(如轮胎、汽车玻璃等)外包采购才成了可能。

要注意的是:过于注重产品规格,有时反而会迷失客户的真正需求。如前些年,有地方部门出台了让人忍俊不禁的馒头标准——合格的馒头必须是圆形的。

图/郭娟 重庆晚报 2008-1-4

2. 适用性质量

以适合客户需求的程度作为衡量依据,从产品使用角度定义产品质量,是产品在使用时能成功满足顾客需求的程度。客户的使用需求往往并不能被完全地转换为规格定义,质量标准还要包括客户隐含的"期望"。这是商业社会进入服务经济形态后产生的质量观念。其出发点是做好客户意料中的事,防止客户不满意,满足客户的期望。

制冷温度虽是冰箱最重要的技术规格,但客户购买冰箱的目的是保鲜食品而不是冰箱多制冷。早先的冰箱上面冷藏、下面冷冻,仅此而已。一些制造商敏锐地注意到,短期置于冷冻区存放的肉类,营养成分流失较多,解冻麻烦;于是推出了 0 度保鲜冰箱的概念及产品,迎合了大众的需求,获得了成功。

3. 满意性质量

以"全面质量管理"理念为核心,以服务客户、使客户满意的程度作为衡量依据。广义的质量,其质量属性的载体从单一的有形产品,延展至服务、过程、体系;质量的要求包括明示的(如合同约定、规格定义)、隐含的(如社会习俗、行为惯例)或必须履行(如法律法规、行业规定)的需要和期望。其出发点是想在客户前面,超出客户的希望,做客户满意之外的事,以创造客户满意,取悦客户。

不少地产商热衷于搞业主联谊会,热热闹闹,场面很大,甚至会邀请一些知名演艺人士来助兴。究其原因在于,评价房子好坏的标准早已不是传统意义上的"遮风挡雨"了。通过这些活动,地产商可以树立地产品牌形象、提升地产价值,业主可以找到大家庭的感觉、获得身份认同、抬高身价、感觉良好。

12.1.2 什么是质量

1. 质量定义

美国质量管理协会定义:质量是过程、产品或服务满足明确或隐含的需求能力的特征。
ISO9000(2008 版)定义:质量是一组固有特性满足要求的程度。

质量主体泛指一切可以单独研究的事物,既可以是产品、体系或过程,也可以是组织、活动或人以及上述各项的任何组合,可以存在于不同领域或任何事物中。

质量的内涵由一组固有特性组成,涵盖对社会性、经济性和系统性三方面的认识:

- 内在质量特性:持续使用中体现出来的特性,如特性、性能、强度、精度等。
- 外在质量特性:外在表现方面的属性和特性,如外形、包装、色泽、味道等。
- 经济质量特性:与购买和使用成本有关的特性,如寿命、成本、价格、运营费等。
- 商业质量特性:与商业责任有关的特性,如保质期、保修期、售后服务水平等。
- 环保质量特性:与对环境影响有关的特性。

质量反映为"满足要求的程度",满足要求的程度体现了质量的好坏。要求可以是多方面的,可以由不同的相关方提出,不同的相关方对同一产品的要求可能不尽相同,需要统筹兼顾。如对汽车而言,客户关注外观、性能及舒适度,社会则关注环保与安全生产。

2. 狭义质量/广义质量

家里介绍了个女朋友,初次见面你会选哪里,是大排档还是西餐厅?

相信大部分人,会毫不犹豫地选择西餐厅。因为西餐厅请客体面,干净卫生,泡泡茶、轻音乐、水果沙拉等营造良好约会氛围;而大排档环境吵,没说几句,那边有人划拳、耍酒疯,搞得意兴全无。但要说到好吃实惠,西餐厅一般是赶不上大排档的。

最好吃的牛排一定是在大排档中,可是为什么西餐厅的牛排比大排档的牛排身价要高呢?因为西餐厅的价格不仅仅只考虑口味,还包括了就餐环境与周到的服务。你是从广义质量的角度选择西餐厅,愿意为优质、时尚和体面的服务额外买单。

3. 质量/等级

宝马与 QQ 哪个好?哪个质量好?好在哪里,说说你的理由?这两个问题一样吗?

衡量质量的标准来自于对客户需求的满足,质量和技术等级没有直接的关系。

我们通常说的"宝马比 QQ 好",指的是 50 万元宝马车的技术等级远高于 5 万元 QQ 车,如操控性、舒适性以及安全性等。而"宝马与 QQ 哪个质量好",则要依据其是否实现各自的技术指标来评判。一辆 QQ 车,从 0 公里加速到 100 公里用时 8 秒,会被认为质量很好,物有超值;而实测性能相同的宝马车,则会被认为质量不达标,性价不符。

4. 质量目标的取舍

M16 是"二战"后美国换装的第二代步枪,使用精细的铸造件,外观更精致、时尚,射程远、射速快、精度高、稳定性好,容易控制;但是环境适应性差,比较娇气,容易卡壳。

AK47 是苏联传奇枪械设计师卡拉什尼科夫的成名之作,较多地使用冲压成型件,后坐力大,连续射击精度差;但是结构简单、坚实耐用、故障率低、环境适应性好。

卡拉什尼科夫曾非常自信地说:"我的枪可靠、耐用、很轻,不论谁都会使,因为它构造简单。你可以把它放入水中几个星期,然后把它从水中拿出来,给它上膛,就能嗒嗒嗒地射击。给你一支 M16,你就不可能这样。"据说越战时,美国士兵往往会丢掉手中的 M16 而拾起缴获的 AK47。

在精度与可靠性两者之间,M16 选择前者,AK47 选择后者。最后 AK47 因其不可思议的可靠性,成为全世界使用范围最广,产量最大的突击步枪,生产超过 1 亿支。

12.1.3 质量管理的发展

质量管理的发展阶段按照所依赖的手段和方式,大致划分为三个阶段:

1. 质量检验阶段

(1) 操作者的质量管理:20 世纪前,产品质量主要依靠操作者本人的技艺水平和经验来保证,靠手摸、眼看等感官估计和简单的度量衡器测量而定。工人既是操作者又是质量检验、质量管理者,经验就是"标准"。

(2) 工长的质量管理:20 世纪初,美国出现以弗雷德里克·温斯洛·泰勒(Frederick Winslow Taylor)为代表的"科学管理运动",促使产品的质量检验从加工制造中分离出来,强调工长在保证质量方面的作用,质量管理的职能由操作者转移给工长。

(3) 检验员的质量管理:随着生产规模的扩大,产品复杂程度的提高,质量管理的责任由工长转移到专职检验人员。使用各种检测设备和仪表,严格把关,进行百分之百的检验,以控制和保证出厂或转入下道工序的产品质量。

此时,人们对质量管理的理解还只限于"事后质量检验",不能预防废品的产生;同时百分百检验会增加检验费用,在大批量生产的情况下弊端更为明显。

2. 统计质量控制阶段

采用数理统计原理,预防废品的产生并检验产品的质量,质量管理职责由专职检验人员转移给专业的质量管理工程师,将"事后检验"转变为"事前预防"。

1925 年,沃特·阿曼德·休哈特(Walter A. Shewhart)提出了统计过程控制的概念与实施方法,他提出在生产过程中控制产品质量的 6σ 法,绘制出第一张控制图并建立了一套统计卡片。随后,休哈特的美国贝尔研究所同事提出关于抽样检验的概念及其实施方案。

休哈特认为,产品质量不是检验出来的,而是生产出来的,质量的控制重点应放在制造阶段,从而将质量管理从事后把关提前到事前控制。

二战开始后,美国军方先后公布了一批战时质量管理标准,将数理统计方法应用于质量管理,在军火商中强制推行,收到了显著效果。

由于过分强调质量控制的统计方法,使人们误以为"质量管理就是统计方法",是"统计专家的事",限制了质量管理统计方法的推广应用。

3. 全面质量管理阶段

美国通用公司的阿曼德·费根堡姆(Armand Vallin Feigenbaum)是全面质量控制之父。他在 1961 年出版的《全面质量管理》中指出,质量管理是全体人员的责任,应该使全体人员都具有质量意识和承担质量的责任;质量并非意味着最佳,而是使用和售价的最佳。

TQM(全面质量管理)用数据说话,以客户为关注焦点,追求客户满意,实施全面、全员、全过程、全企业的管理。TQM 突出"预防为主""改进为主"的指导思想,由管理结果转为管理因素,强调对产品全过程的管理。TQM 要求承认管理层对质量的责任,调动全体人员的积极性,由专职管理转为全员管理。

20 世纪 70 年代,日本企业开始实践全面质量管理,促进了经济的极大发展。石川馨总结发明了质量管理的 7 种工具:因果图、流程图、直方图、检查单、散点图、排列图、控制图。

戴明博士的 PDCA 循环以及全面质量管理"14 要点"成为 TQM 的重要理论基础,见表 12-1。1980 年 6 月,《日本能,为什么我们不能?》一文在美国引起轰动。

表 12-1 戴明质量管理十四法

＃	原　　则	说　　明
1	要有改善产品和服务的长期目标	注重产品质量与客户口碑,塑造品牌形象,实现永续经营
2	采纳新的哲学	绝对不容忍粗劣的原料,不良的操作,有瑕疵的产品和松散的服务;如南京冠生园因"陈馅事件",品牌一夜崩塌
3	停止依靠大批量检验来达到质量标准	产品检验出质量问题,已经太迟,由于返工而浪费时间及资源;必须做到"事前预防、事中控制、事后补救"
4	不要纯粹按照价格因素选择供应商	没有质量的价格毫无意义,减少供应商数目,与供应商建立相互信赖的长期合作关系
5	持续不断地改进生产及服务系统	应用统计方法持久改进过程是推动质量不断提升的保证
6	建立现代的岗位培训方法	培训必须有目的、有计划、有标准、有效果、有考核
7	建立现代的督导方法	向上汇报的管道要畅通,领导要重视、要行动
8	驱走恐惧心理	消除员工不敢提问题、提建议的恐惧心理,集思广益
9	打破部门之间的藩篱	跨部门的质量圈活动有助于改善设计、服务、质量及成本
10	取消对员工发出计量化的目标	过度的标语告诫会产生压力、怨气、恐惧、不信任和谎言
11	取消工作标准及数量化的定额	定额把焦点放在数量上,计件鼓励制造次品,基于质量上的定额及计件才有意义;定额及计件不适用于软件开发
12	消除妨碍基层员工工作畅顺的因素	如:不得法的管理者,不适当的设备,有缺陷的材料
13	建立严谨的教育及培训计划	通过不断接受培训和再培训,使员工能够跟上原材料、产品设计、加工工艺和机器设备的变化
14	创造每天都推动以上 13 项的管理结构	推动全体员工都来参加经营管理的改革

1979年,菲利浦·克劳士比(Philip Crosby)在《质量免费》一书中用医生的眼光,率先提出"第一次就把事情做对"理念,掀起了一个时代自上而下的零缺陷运动。他主张对品质的完整关注,认为企业管理的目标是创建可信赖的组织,"质量是组织的骨骼、财务是组织的血液、关系是组织的灵魂";零缺陷管理最重要的是自上而下的推动,高层领导负有不可推卸的责任;高质量不但不会导致高成本,反而会降低成本。

12.1.4　质量成本

ISO8402-1994定义:质量成本(Cost of Quality,COQ)是为确保和保证满意的质量而发生的费用以及没有达到满意的质量所造成损失的总和,包括保证费用和损失费用。

PMI定义:质量成本包括在产品生命周期中为预防不符合要求,为评价产品或服务是否符合要求,以及因未达到要求(返工),而发生的所有成本。

质量成本可以分为一致性成本和不一致性成本,细化分类及示例如表12-2所示。

表 12-2　质量成本构成

成本类别			说明/示例
一致性成本	预防成本	培训	提升专业技能、树立质量意识
		计划	凡事预则立,不预则废;规划质量目标,规划质量控制过程
		过程改进	过程决定质量;好的过程导致好的产品
		咨询	借助外脑发现过程短板,发现造成质量问题的原因
		获取资格	如获取ISO认证、CMMI认证,促进过程规范化
		调查	收集质量数据,了解质量现状
	评价成本	审查	需求审查、设计审查、代码走查等
		测试	单元测试、集成测试、系统测试、确认测试等
		度量	程序规模、里程碑达成、资源投入、需求变更数、缺陷密度等
		验证	验证是否在正确地制造产品
		确认	确认是否在制造正确的产品
不一致性成本	内部失效成本	缺陷修复	修改、调试存在缺陷的相关代码
		返工	需求或设计的错误,导致之前的努力付之东流
		回归测试	确认已成功修复缺陷,与之关联的功能一切正常
	外部失效成本	废品	系统无法上线,项目宣告失败;系统割接失败,业主遭受重大损失
		现场支持	系统出现故障,需要技术人员现场解决
		投诉处理	数据经常丢失,系统经常没响应,高层出面扑火并承诺定期解决
		产品保修	免费运维期问题太多,需要大量蹲点的运维支持人员

一致性成本:为保证满意的质量而发生的成本,包括预防成本与评价成本。

不一致性成本:没有达到满意的质量所造成的损失,包括内部及外部的失效成本。

PAF成本模型建立在预防(Prevention)、评价(Appraisal)和失效(Failure)模型上。

$$COQ = Prevention + Appraisal + Failure \tag{12-1}$$

预防成本:预防产品缺陷方面的投入,质量控制的事前措施,避免生产不合格的产品。

评价成本:产品生产中的检测费用,质量控制的事后措施,避免不合格产品流入市场。

失效成本：包括产品发布前的内部失效成本以及产品发布后的外部失效成本。

质量管理同所有的项目管理活动一样要讲求投入产出比，要使预防成本、评价成本、失效成本的总和最小，使质量成本各要素间保持合理的最佳结构。

质量上的投入是有产出、有收益的一种投资，不能把它看作是一种负担，产品质量问题最终要由企业自己买单。质量的收益就是避免了损失，最终质量收益大于质量投入时，我们认为获取质量是没有代价的，即"质量无价"。

2010 年 1 月 21 日丰田公司宣布，因油门踏板有发生故障的可能性，对在美国销售的约 230 万辆乘用车实施召回，由此打开了汽车发展史上最大规模的召回事件序幕。全球范围内，由于质量问题召回的汽车高达 910 万辆。

一周之内公司股价下跌超过 15%，市值蒸发 250 亿美元，直接损失 20 亿美元，全球市场业绩重挫；公司的品质声誉遭受损毁，"日本制造"信赖度急剧下降。

图/林靖凯 今晨 6 点 2010-2-8

2014 年，丰田公司以 12 亿美元和解金与美国司法部达成和解，但仍面临着 400 多起诉讼。

丰田公司为自己对全球采购零部件的质量把关不力，付出了惨重的代价。20 亿美元召回费，12 亿美元和解金，丰田品牌的损毁，这些原本都是可以避免的。

12.1.5 软件质量

IEEE 定义：软件产品满足规定的和隐含的与需求能力有关的全部特征和特性。

这个定义我们可以从以下 4 个方面进行理解：

(1) 软件产品质量满足用户要求的程度：用户的要求是软件质量的终极标准，鞋子穿在用户脚上，合不合脚用户自己最清楚。

(2) 软件各种属性的组合程度：质量关注点是多方面的。

如智能手机，你会关注这些质量指标：功能（可以上网）、性能（开机速度快）、可靠（不掉线）、易用（操作简便）、界面（靓丽友好）、维护（系统升级方便）等。

(3) 用户对软件产品的综合反映程度：不是个别指标而是各种因素的综合性评价。

(4) 软件在使用过程中满足用户要求的程度：不少的企业应用软件由于质量问题或其他原因，验收完却没有投运，这对项目组是再严厉不过的工作否定了。

1977 年 McCall 提出了软件质量因素的经典模型，它由三大类、11 个因素构成软件质量因素模型树。

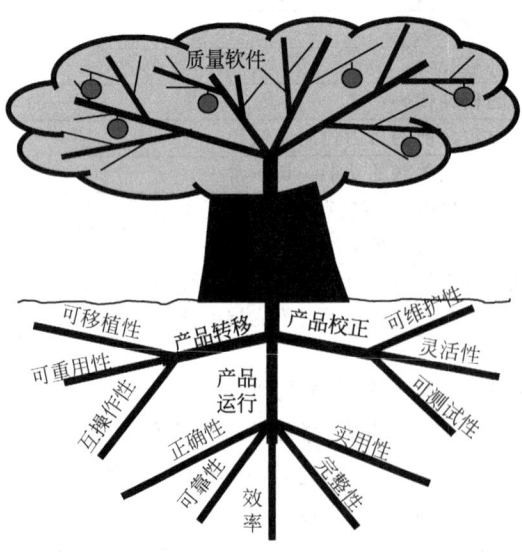

图 12-3 McCall 质量因素模型树

图 12-3 模型中,软件好比一棵大树,三个主根之下又各有若干细根,相互盘根错节。根系发达,水分营养吸收好,植株自然长得好。

产品运行因素:表现软件运行特征的要素,包括正确性、可靠性、效率、完整性、实用性。

产品校正因素:表现软件承受被修改的能力方面的要素,包括可维护性、灵活性、可测试性。

产品转移因素:表现软件对新环境的适应程度方面的要素,包括可移植性、可重用性、互操作性。

表 12-3 解释了 McCall 提出的 11 个软件质量特性的关注点,并附以实例说明。

表 12-3 McCall 提出的软件质量特性

#	质量因素		可回答的问题	实 例 说 明
1	产品运行	正确性	它做了该做的事吗	病人血压超过或低于阈值时,要报警提示护士
2		可靠性	它总能健壮准确地工作吗	心脏监控部件的失效频度要求少于 20 年一次
3		有效性	它需要的计算资源多吗	系统查询的响应时间平均少于 2 秒
4		完整性	它是安全的吗	客户只能通过账号/密码查询自己的消费记录
5		实用性	它易学易用吗	新员工培训 2 天后即可熟练操作系统
6	产品矫正	可维护性	我能排查错误并修复它吗	代码遵循编程规范,结构性好,可读性好
7		灵活性	我能修改它吗	利率调整通过参数配置实现
8		可测试性	我能测试它吗	系统提供错误跟踪日志以便于缺陷定位
9	产品转移	可移植性	可以在不同环境下运行吗	数据库可从 SQL Server 迁移到 Oracle
10		可重用性	可以重复使用某些部分吗	基于工作流引擎、报表引擎等基础服务组件编程
11		互操作性	它能与其他系统联接吗	物资管理系统与财务管理系统间实现流程集成

类似地,GB/T 1620.1-2006 规定了 6 个特性来评价软件质量,见图 12-4。

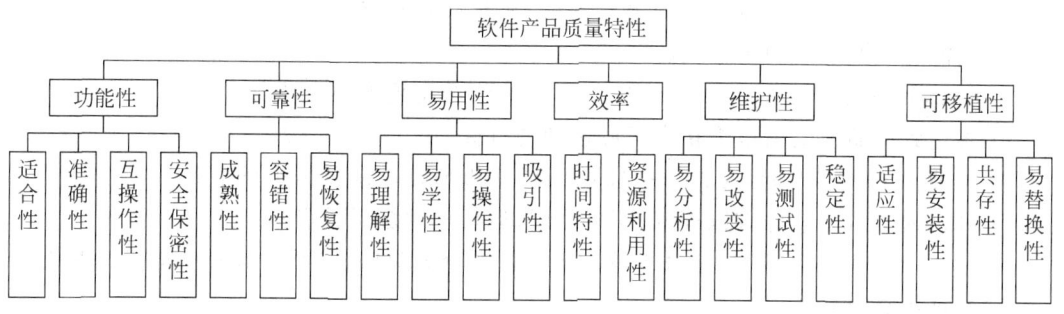

图 12-4 软件质量特性

不同类型软件对质量的关注点不同:消费类软件可能更偏重外观时尚、功能新奇;计费类软件更注重精确无误;控制类软件则要确保系统安全可靠……

不同角色对质量的关注点不同:用户一般更关注以产品运行因素为主的外在质量要求,而开发人员更注重产品矫正、产品转移为主的内在质量要求。

不同质量要素间的关系不是独立的:有些是相关的,甚至是矛盾的。例如,为提高软件有效性,可能使得软件结构变得复杂,降低可维护性。

12.1.6 软件缺陷

1. Bug 的由来

1945 年 9 月 9 日下午三点,哈珀中尉正领着她的小组构造一个称为"马克二型"的计算机,它使用了大量的继电器——一种电子机械装置。机房是一间一次世界大战时建造的老建筑。那是一个炎热的夏天,房间没有空调,所有窗户都敞开散热。

突然,马克二型死机了。技术人员试了很多办法,最后定位到第 70 号继电器出错。哈珀观察这个出错的继电器,发现一只飞蛾躺在中间,已经被继电器打死。她小心地用镊子将蛾子夹出来,用透明胶布贴到"事件记录本"中,并注明"第一个发现 Bug 的实例"。

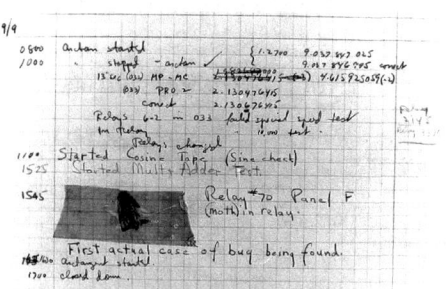

此后,人们将计算机错误戏称为臭虫(Bug),而把找寻错误的工作称为"找臭虫"(Debug)。哈珀的事件记录本,连同那只飞蛾,现在陈列在美国历史博物馆中。

2. 缺陷定义及表现形式

软件缺陷是指存在于软件(文档、数据、程序)之中的那些不希望或不可接受的偏差。有错是软件的属性,而且是无法改变的。关键在于如何避免错误的产生和消除已经产生的错误,使程序中的错误密度达到尽可能低的程度。软件缺陷的表现形式主要有(Patton,2002):

1) 未达到产品说明书标明的功能

例如,没有实现拨打电话、接听电话或收发短信功能的智能手机是绝对不能上市的。

2) 出现产品说明书指明不会出现的错误

例如,不断地快速按键导致手机系统崩溃、死机或自动重启。

3) 功能超出产品说明书指明的范围

例如,画蛇添足的功能既增加测试工作,又可能引发更多的缺陷。

4) 未达到产品说明书虽未指出但应达到的目标

例如,电池电量不足时,存储在手机或 SIM 卡上的通信录数据出现紊乱。

5) 测试人员认为软件难以理解、不易使用、运行速度缓慢或者最终用户不满意。

例如,对于老人手机而言,手机音量过小将是致命的缺陷,将严重影响手机的正常使用。

3. 软件失效机制

软件失效的机制见图 12-5,错误产生缺陷,缺陷引发故障,故障导致失效。

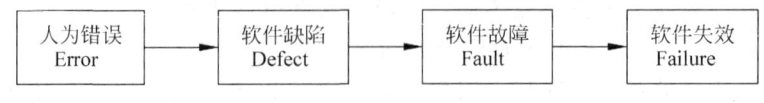

图 12-5　软件失效机制

错误(Error):软件生命周期内所有可能导致软件缺陷的不希望或不可接受的人为错误,如输入错误、需求错误等。软件是人编写的,所有缺陷的根源都是人为的错误。

缺陷(Defect):存在于软件之中的不希望或不可接受的偏差。一个错误可能会产生一个或多个软件缺陷。缺陷是静态的,如不将其消除,将永远存在。没有 Bug 的软件不等于没有缺陷。

故障(Fault):软件运行时出现的不希望或不可接受的内部状态。缺陷在一定条件下被激活时就成为程序 Bug,产生软件故障;同一缺陷在不同条件下被激活,可能产生不同的软件故障。

失效(Failure):软件运行时偏离用户要求而呈现的不希望或不可接受的外部行为。故障不一定导致软件失效;没有容错的软件,故障即失效;同一故障在不同条件下可能产生不同的软件失效。

我们举个生活中的例子来说明软件的失效机制。

(1) 错误:毛头小伙,踢完球满头大汗直接洗头冲凉,身子没擦干直接对着风扇吹。

(2) 缺陷:踢球—冲凉—未擦干—吹风扇,久而久之,关节软组织出现病变,得了关节炎。

(3) 故障:平时没事,遇到下雨天,关节酸痛,但其他人不一定看得出来。

(4) 失效:症状稍轻的还可以带病工作,症状严重的可能要躺床上,甚至住院。

12.2 质量规划

12.2.1 质量是策划出来的

约瑟夫·莫西·朱兰(Joseph M. Juran),是世界质量界的泰斗。他的很多观点,奠定了TQM 的理论基础,概括如下:

- 管理就是不断地改进工作。
- 质量是一种适用性,即产品在使用期间能满足使用者的要求。
- 质量不是偶然产生的,它的产生必然是有策划的。
- 质量管理是一个社会系统的工程,应该以人为主体。
- 20%的质量问题来自基层人员,80%的质量问题由领导责任引起。
- 质量策划、测量控制、质量改进是质量管理的三部曲,见图 12-6。

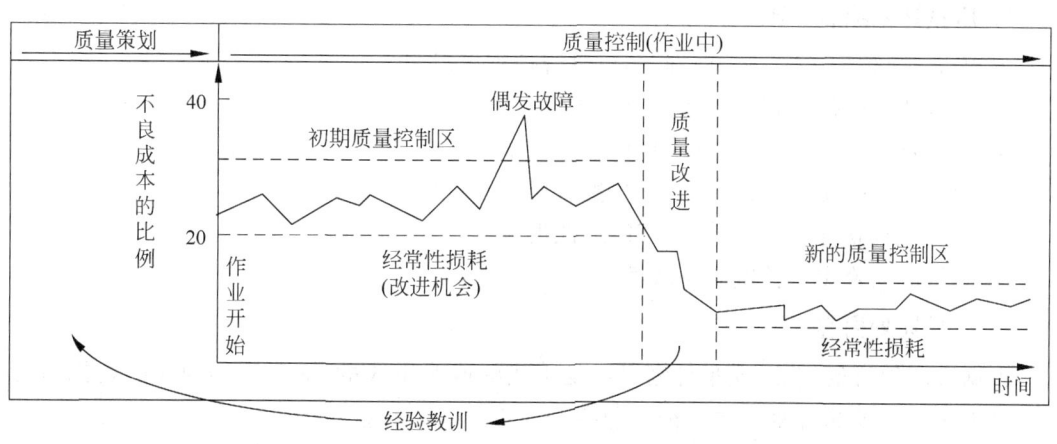

图 12-6　朱兰质量三元论

- 产品质量的形成贯穿整个产品生命周期，是由 13 个环节组成的螺旋式上升曲线。

朱兰博士在其著名的"质量三部曲"中提出了质量策划的概念，认为质量是策划出来的。图 12-6 横轴是时间，纵轴是不良质量成本的比例，即由于质量问题而付出的代价。

1. 质量策划

质量是策划出来的，不是生产出来的。质量策划就是明确质量所要达到的指标，设定质量控制区，规划为达到质量要求所应采取的措施，建立有能力满足质量标准的工作程序。

质量策划从认识质量差距开始，看不到差距就无法确定目标。现实中存在的质量差距包括：理解差距（对客户需要缺乏理解）、设计差距（设计不符合客户需要）、过程差距（采用的过程不能支持设计的正确实现）及运作差距（预定的过程不能得到贯彻执行）。

2. 质量控制

质量控制是对质量计划的严格执行，对超出质量控制区域的偶发性的"尖峰毛刺"进行干预，消除偶发性问题，使产品质量保持在规定的水平。

初期，由于质量管理水平偏低，因而设定的质量目标也比较低。一方面质量控制区的中心线位置较高，经常性损耗处于较高水平，允许较大的不良质量平均成本；另一方面质量控制区上下范围较广，允许的质量波动范围比较宽，"尖峰毛刺"明显。

3. 质量改进

质量改进是指管理者通过打破旧的平稳状态而达到新的管理水平。质量改进是对计划的优化，是消除系统性的问题，使现有的质量水平在控制的基础上加以提高。

实施质量改进后，进入新的质量控制区。一方面质量控制区的中心线下移，经常性损耗大幅下降，允许的不良质量平均成本下降；另一方面质量控制区上下范围变窄，允许的质量波动范围变小，锯齿毛刺没那么明显了。

12.2.2 质量管理计划

质量管理计划是为项目应达到的质量标准而制订的计划安排和方法，规划在软件开发全过程开展的质量管理活动，规定与项目相关的质量标准以及如何满足这些标准，由谁及何时应使用哪些程序和相关资源。

1. 质量计划编制原则

- 确立"预防为主""一次做好"的质量管理指导思想。
- 质量计划应得到管理层的认可和承诺。
- 考虑效益与成本平衡，寻求最佳质量成本。
- 设定适中的质量目标，持续稳步推进质量改进。
- 控制所有软件过程的质量，不能顾此失彼。
- 质量活动聚焦于关键质量属性。

2. 质量计划内容

根据实际项目的需要，质量计划可以是正式的或非正式的，非常详细的或简要概括的，示例见表 12-4。质量计划的主要内容包括：

- 项目和产品要达到的质量目标。

- 实施项目质量管理的各项资源分配,人员的职责和权限。
- 质量风险和质量成本的分析。
- 为达到质量目标,项目所应遵循的过程和规范。
- 在相应的阶段对产品所实施的质量控制活动。
- 确保过程和规范被遵循的质量审计活动。
- 在项目的进程中所实施的质量改进活动和机制。
- 质量检查单及质量度量指标。
- 为达到质量目标必须采取的其他措施。

表 12-4 质量计划模板示例

1 引言	3.3 代码实现	6 复审与审计	12.1 记录收集
1.1 目的	3.4 软件测试	6.1 技术评审	12.2 记录维护
1.2 范围	3.5 工程实施	6.2 管理评审	12.3 记录保存
1.3 术语定义	3.6 质量保证	6.3 过程审计	13 培训
1.4 参考资料	4 文档	6.4 配置审计	14 风险管理
1.5 内容组织	4.1 技术文档	6.5 项目后评估	15 日程表
2 管理	4.2 管理文档	7 测试	16 附表
2.1 组织结构	5 标准、规程和约定	8 配置管理	16.1 质量检查单
2.2 资源配置	5.1 需求分析	9 问题报告和纠正	16.2 评审意见反馈表
2.3 质量活动	5.2 软件设计	9.1 过程审计报告	16.3 评审会议记录
2.4 职责分工	5.3 代码实现	9.2 问题/变更报告	16.4 评审总结报告
3 质量度量及目标	5.4 软件测试	10 工具、技术和方法	……
3.1 需求分析	5.5 工程实施	11 供应商分包商控制	
3.2 软件设计	5.6 项目度量	12 质量记录	

12.2.3 质量的组织保障

约翰·伊万切维奇指出:"产品不合格率居高不下,根源在于组织系统,而非员工能力。"质量管理机构的建立,应在组织的过程成熟度水平下"量体裁衣"而不是简单的"削足适履"。图 12-7 是典型的质量管理相关组织结构示例。

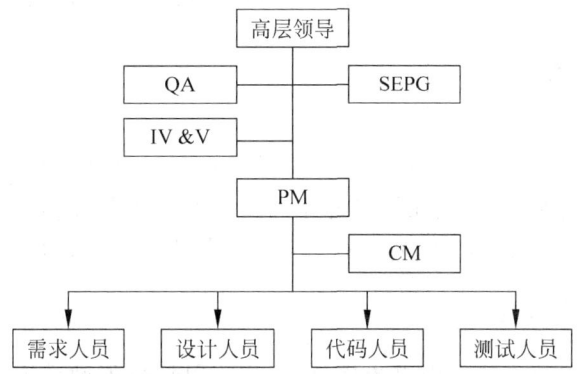

图 12-7 质量管理组织结构示例

1. 高层领导

制定正确的质量策略和方针,营造良好的质量文化;对质量工作给予明确的承诺和坚定的支持;确保质量工作的相对独立性;审核批准质量计划,跟踪、解决重大质量问题。

2. SEPG(软件工程过程组)

作为组织的"立法"机构,定义、维护和改进软件过程;建立、维护软件过程资产库;为具体项目的软件过程实施提供培训与指导;为各方在过程理解上的争执提供仲裁。

3. QA(质量保证)

作为组织的"监督"机构,制订并落实质量保证计划,检查开发和管理活动是否与既定的过程策略、工作流程以及工作标准相一致;检查工作产品是否遵循模板规定。

4. IV&V(独立的验证确认)

遵循"项目定义的过程",相对独立地执行软件评审、软件测试,验证、确认产品的质量,保证产品符合客户的需求;解决 QA 提出的与验证及确认相关的质量问题。

5. PM(项目经理)

在 SEPG 指导下,制定、执行"项目定义的过程";审核批准质量计划,调配质量活动所需资源,保证 QA、QC 的相对独立性;监控项目绩效,跟踪、解决 QA、QC 提出的任何质量问题,确保项目各个质量目标的达成。

6. CM(配置管理)

监督在配置管理工作中工程规范的执行;跟踪、解决 QA 提出的与配置管理相关的质量问题;检查在配置更改时的质量保证措施;确保达成与配置管理相关的质量目标。

7. 软件开发人员

树立自己是质量第一责任人的意识,遵循"项目定义的过程",遵循设计规范与编程约定,坚持单元测试,以开放心态接受同行评审,及时解决 QA、QC 发现的问题。

8. 测试人员

遵循"项目定义的过程",制订测试计划,实施对系统的全面测试,检查产品质量,分析测试结果,提出纠正措施建议;解决 QA 提出的与测试相关的质量问题。

12.3 质量保证

质量保证(Quality Assurance,QA)对项目过程及产出物进行监督与审计,确保质量计划的各项标准及活动落实到位,确保严格遵守被确认的规范和过程以实现质量目标。其依据是:糟糕的过程必然导致糟糕的质量,过程是质量被保证的关键性因素。

12.3.1 QA 工作内容

优秀的 QA 在项目中扮演多面手的角色,是位可以提供保健咨询、身体检查、疾病诊治等多种服务的全科医生。其工作内容及工作流程如图 12-8 所示。

(1) QA 是保健医生:提供强身健体的建议,使人少生病。协助项目经理进行项目过程

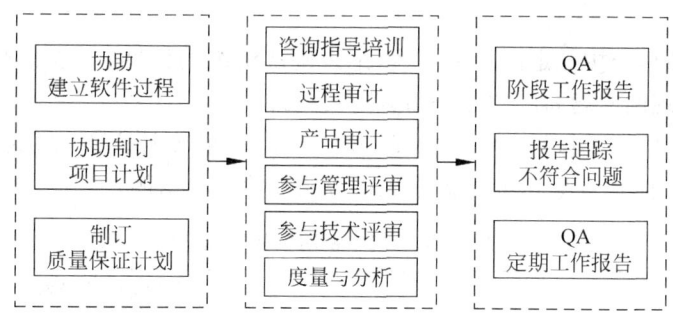

图 12-8　QA 工作流程示意

定义,为项目成员提供过程培训及实施指导,协助组织评审活动, 进行组间协调。

(2) QA 是体检医生:出具客观的健康体检报告,有病早发现。实施过程审计与产品审计,编制质量审计报告,采集、分析、报告项目度量数据,必要时可直接上报高层领导。

(3) QA 是主治医生:诊断病因开立处方,促成尽早康复。分析度量数据,帮助项目组定位问题症结所在,协助找到标本兼治的解决方法。

以下对 QA 所承担或参与的过程审计、产品审计、项目评审及度量与分析做简要说明。

1. 过程审计

审查软件过程是否遵从既定的计划与方针,是否符合所使用的标准、规范或规程。

- 检查是否满足进入准则。
- 检查输入的工作制品是否正确。
- 确认执行活动的人员是否受到必需的培训,具备执行活动的能力。
- 验证开展的工作与计划及规程的符合性。
- 检查活动是否满足完成准则。
- 审计输出产品与前阶段工作产品之间的一致性。
- 检查活动是否进行了度量,数据是否进入过程数据库。

QA 可以根据组织的过程成熟度水平,以检查单为依托,有重点地对主要过程进行监测与审计。表 12-5 是需求管理过程检查项的示例。

表 12-5　需求管理过程检查项示例

1. 客户和项目组成员就客户需求达成共识了吗?	7. 是否建立了需求基线,并将需求置于配置管理之下?
2. 是否所有受客户需求影响的相关组都参与了需求定义?	8. 需求变更是否按变更管理的要求进行变更和管理?
3. 是否举行评审会,保证所有相关组对需求的理解一致?	9. 项目计划、工作产品和活动与给定需求是否保持一致?
4. 需求中是否包括了非功能性需求?	10. 是否及时维护需求跟踪矩阵?
5. 是否将客户需求内容文档化?并经过评审?	11. 是否及时维护和统计需求状态?
6. 最终的需求规格是否得到相关人员认可?是否经过批准?	

2. 产品审计

审查工作产品是否按既定的计划产生，是否遵从组织的标准、规范和模板，内容是否符合质量要求，已发现的问题与缺陷是否得到解决处理。

产品审计的对象主要包括：项目管理文档、需求文档、设计文档、测试文档、软件代码、交付程序及用户手册等。表 12-6 是需求规格说明书检查项示例。

表 12-6　需求规格说明书检查项示例

一、清晰性	6. 是否有的需求应该描述得更简略？
1. 对需求的描述是否易于理解？	7. 是否包含了所有的功能需求？
2. 是否存在有二义性的需求？	8. 是否合理地确定了所有性能需求？
3. 是否定义了术语表，对特定含义的术语给予了定义？	9. 是否定义了主要的数据？
4. 最终产品的每个特征是用唯一的术语描述的吗？	10. 需求是否能为设计提供足够的基础？
二、完整性	11. 是否识别了设计约束？
1. 所有的图表是否都定义标签？	12. 是否对假设条件进行了说明？
2. 所有的图表是否都前后对应？	13. 是否定义了可维护性需求？
3. 是否有被遗漏的信息？	14. 是否定义了安全保密性需求？
4. 是否每个需求都在项目的范围内？	15. 是否定义了安装需求？
5. 是否有的需求应该描述得更详细些？	……

产品审计要求 QA 是个通才，对软件开发及管理的各环节都有足够的了解。现实中的 QA 往往并不具备这样的经验与能力，实践中可以采用以下几种方式实现产品审计：

- 通过审计相关技术人员对工作产品的评审记录达到间接产品审计的目的。
- 通过参与技术评审会，借助技术专家的能力间接完成产品审计。
- 将产品审计的工作交给全职或兼职的专业级 QA 直接完成。

3. 参与管理评审

按照质量计划或事件驱动地参加项目的管理评审，如项目例会与阶段总结会。

- 了解项目现状和问题，提交独立评价报告。
- 监督管理评审活动是否依照计划进行，评审过程遵从规定的程序。
- 确保管理评审能解决 QA 评价报告中所反映的实际问题。
- 跟踪评审结果和过程审计报告中反映的问题。

4. 参与技术评审

检查项目计划中要求的技术评审活动，有选择地参加评审。

- 检查技术评审活动是否依照计划进行，评审过程遵从规定的程序。
- 审计接受评审的评审项的完整性以及规范标准的遵从性。
- 检查评审中发现的问题是否有人记录、有人跟踪、有人解决并全部解决。
- 采集有助于测定评审过程有效性的各项数据。

5. 执行度量及报告

软件度量是对软件开发项目、过程及其产品进行数据定义、收集以及分析的持续性定量化过程，是评估、预测和改进项目、过程及其产品的基础。

目标问题度量法(Goals-Questions-Metrics,GQM)是确定度量目标、选择适当度量元的通行做法,由马里兰大学巴士利博士(Victor Basili)及其助手提出。

SEI 予以扩充后,形成 GQIM 模型,如图 12-9 所示,自上而下划分为四个层次:

(1)目标层:描述通过度量期望达到的目标,包括关注点、对象、视角、目的。

(2)问题层:用一组问题从各个角度刻画度量目标,定义目标所关注的对象。

(3)指示器层:对每个问题定义一组与之相关的度量指标,以图表等可视化的形式对问题进行量化回答。

(4)度量层:针对所有量化指标,确定需要度量的数据。同一个数据可用于呈现不同的度量指标。

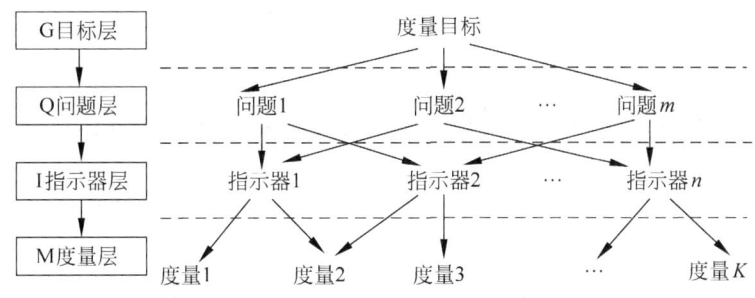

图 12-9 GQIM 模型层次

软件度量的目标分为七大类:监控产品规模,控制项目进度、成本、质量,提高软件过程效能,加强技术有效性以及了解和提高客户满意度。

表 12-7 给出了如何应用 GQIM 模型,"确定软件度量目标→设定刻画度量目标的问题→构造指示器→选择度量元"的示例。

表 12-7 GQIM 确定度量目标、选择度量元的示例

目标:改进项目计划	目标:减少发布后的缺陷
问题:项目进度的实际估算精度是多少?	问题:产品发布前,目前缺陷发现过程的效果如何?
指示器:进度估算精度(SEA)	指示器:总体缺陷发现效果
=项目实际历时/项目估计历时	=发布前缺陷数/(发布前缺陷数+发布后缺陷数)
度量元:项目估计历时、项目实际历时	度量元:发布前缺陷数、发布后缺陷数

SEI 建议使用的度量元如下:

(1)进度性能:里程碑性能,工作单元进展。

(2)成本性能:实际与计划的对照,不一致情况。

(3)工作量性能:实际与计划的对照,不一致情况。

(4)需求管理:增加、删除及修改的需求数量,衡量需求易变性。

(5)程序规模:源码行数、页数,实际与计划的对照。

(6)测试性能:需要的测试,通过的测试。

(7)缺陷数据状态:未解决问题,已解决问题,缺陷密度,缺陷来源。

(8)过程性能:完成的任务,行动项数。

(9)计算机资源利用率:内存占有量,CPU 占有量。

（10）管理计划项目过程的性能：对照实际进展做估计，重排计划，项目总结数据。

6. QA 工作的侧重点

CMMI 不同成熟度级别下，QA 职责的侧重点有所不同，见图 12-10。

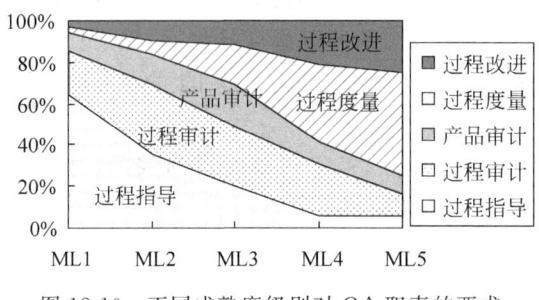

图 12-10　不同成熟度级别对 QA 职责的要求

成熟度级别较低时，QA 工作主要集中在收集最佳实践、定义过程体系和培养员工建立过程意识方面。

当组织范围内标准一致的软件过程建立以后，QA 的工作重点转移到过程审计和产品审计。

当过程的执行高度制度化，成为员工工作习惯时，度量和过程能力的优化成为 QA 的重点。

12.3.2　QA 工作机制

从前，有一条山路，路上遗留了许多陷阱。

第一个管路人隔几天巡视一遍，总能救出误入陷阱的人，人们感激他，偶尔还能得点感激的银子。第二个管路人仔细地把路查一遍，在有陷阱的地方都立了标志，所以，人们都记住了他。第三个管路人花了好长时间把所有的陷阱都填平了，从此以后再也没有人知道陷阱的事了。

最终，人们感激第一个人，记住了第二个人，忘记了第三个人。

现实中，有不少 QA 类似于尴尬的第三个"管路人"，成为"被遗忘者"甚至是"被厌烦者"。QA 发现并纠正项目、过程及产品中不符合标准、规范、规程的地方，通过保证软件过程的质量来保证软件产品的质量。QA 的工作是为了减少人们犯错的可能，尽早发现项目的偏差，避免或减少可能的损失。由于 QA 工作是预防性的，成果是隐性或"看不到"的，使得 QA 价值在没有良好质量文化的组织内难以得到广泛认可。

在高层领导努力营造良好质量文化的同时，QA 也要努力提升工作的专业性，将自身工作成果显性化，获得项目干系人认可。在日常沟通和汇报中，以软件度量为基础，用数据与事实说话，全方位专业化地展现 QA 工作的专业性与价值所在，做高层领导的耳目，项目经理的助手，项目成员的伙伴。

QA 使用的工具主要是各类过程检查单与产品检查单，工作成果主要是《过程审计报告》《产品审计报告》《不符合问题处理单》《不符合问题跟踪表》《QA 工作双周报》《QA 工作阶段报告》等。

为保障 QA 的独立性和评估的客观性，QA 在职能与行政上应独立于受监督人员，享有"越级上报"的特权。在设置独立 QA 小组或部门的组织内，QA 工作采取双线汇报的方式，一方面对项目经理负责,另一方面向 QA 负责人报告工作。

QA 发现不符合问题时,应首先与责任人沟通,对问题进行确认,获得责任人对问题解决的承诺。对有疑义、有分歧的问题,应予以解释和沟通;对无法解决的问题,可依循"责任人主管→项目经理→高级经理→高层领导"的轨线逐级上报,直至问题解决,见图 12-11。在将问题上报给更高一级管理人员前,应与相关人员充分交换意见。

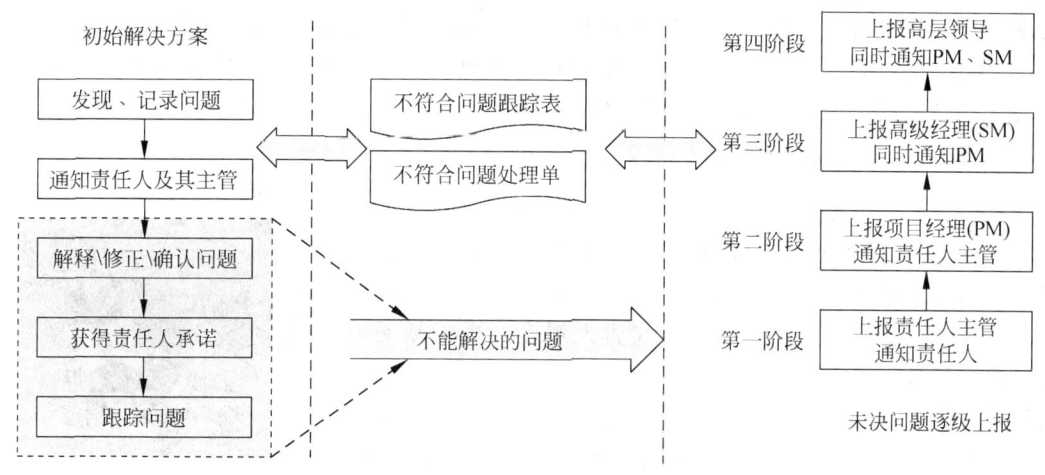

图 12-11　不符合问题处理过程

12.3.3　QA 工作误区

1. 误区一:QA 是"背锅者"

项目出现质量问题,QA 应该承担多大的责任,这个问题如果没有处理好,QA 工作没人愿意干。团队中每个人都应当对质量负责,每项活动的承担者是质量的第一责任人。作为保健医生指导及时到位,作为体检医生检查全面深入,作为主治医生建议中肯有效,作为护理医师持续追踪问题,就是一名合格尽责的 QA。每个人都是自身健康的第一责任人,没有哪个医生能够保证你不得病,同样地质量保证只能减少犯错,不能杜绝犯错。

2. 误区二:QA 是"挑刺者"

QA 不是简单找错,不是为了批评而批评,QA 是团队成员的伙伴,对团队成员的工作绩效起建设性的推动作用。QA 应本着帮助伙伴进步,对项目质量负责的初衷,如实反映项目中存在的问题。QA 应学会换位思考,站在项目经理与开发人员的角度思考在特定的项目环境下怎么做才是最好的。QA 是在组织中强调并传播经验与教训,促成伙伴规范开发行为,规避项目风险,避免重走弯路,减少返工现象。

图/潇木 讽刺与幽默 2007-8-31

3. 误区三:QA 是"告密者"

团队成员与 QA 势成水火,时时提防 QA"打小报告",以致 QA 难以掌握真实情况,各项 QA 举措难以施行。造成这种窘境的主要原因是 QA 没有遵循合理的报告机制,在没有与责任人及其主管进行充分的协商沟通下,直接"越级上报",甚至捅到高层领导,引发团队成员的反感与抵触。QA 应是领导的公开"耳目"而不是秘密的"眼线"。对未决问题,应在充分沟通基础上逐步升级解决,QA 报告应完全公开地发送给项目相关人员。

4. 误区四:QA 是"摆设"

这种说法很大程度上源于不少 QA"不干正事"。QA 岗位为"资质认证"而产生,工作重点不是放在过程指导与监控上,而是为了应付认证与检查不断地做表面文章。软件开发的标准、规范及规程脱离组织现实,华而不实、操作性不强、培训不够,在进度压力之下难以施行。高层领导应下决心让 QA 职责回归过程保证与事前预防;QA 应借鉴木桶原理,将精力投放到过程短板之处,由简入繁,多做实事。

5. 误区五:QA 是"打杂者"

不少人甚至有些领导,认为 QA 工作专业性不强,不需要太懂技术,不过是做些程序性保障工作,盯盯人、整理些材料,只要不嫌烦谁都能干。错误的认识导致错误的资源配置,QA 岗位要求低、薪水低,以新人、闲人或庸人居多。由于缺乏开发经验与管理经验,难以胜任"保健医生—体检医生—主治医生"这样多面手的角色;由于地位低,说话分量不够,工作难以开展;由于对项目少有建设性的作用,又加剧了其他人对 QA 的偏见。

图/林洋 故事林 2008 年 07 期

12.4 质量控制

质量控制(Quality control,QC)监控项目执行结果,确定可交付成果以及项目执行过程是否符合相关质量标准,识别导致过程低效或产品低劣的原因,制定有效措施消除产生质量问题的根源,改进项目质量。质量控制是贯穿项目生命周期的系统过程,关键在于做到事前规划与预防,事中监督与控制,事后总结与改进。

12.4.1 验证与确认

质量控制包括验证(Verification)与确认(Validation)这两类相互独立却又相辅相成的基本活动。验证与确认的联系及不同如表 12-8 所示。

表 12-8　验证与确认

	验　证	确　认
回答的问题	我们是否在正确地制造产品?强调对于过程的检验	我们是否在制造正确的产品?强调对于结果的检验
参照基准	产品规格说明	客户的显式要求或隐含期望
目的	在软件生存周期各个阶段,证实软件产品或中间产品是否符合相应的规格说明	保证软件产品符合客户的期望,包括需求规格说明的确认及程序的确认
实质	"符合性"质量	"适应性"质量
方法	单元测试、集成测试、系统测试、需求评审、设计评审以及代码走查等	原型确认、联合评审、联合测试、验收测试、试运行以及用户反馈等
指导原则	项目团队自行开展,早做验证,常做验证	必须有客户参与,想办法帮客户早做确认

验证与确认贯穿软件生命周期,在软件开发的各个阶段同步展开,同样遵循 PDCA 的过程,见图 12-12。验证与确认的方法分为静态审查与动态测试两大类。

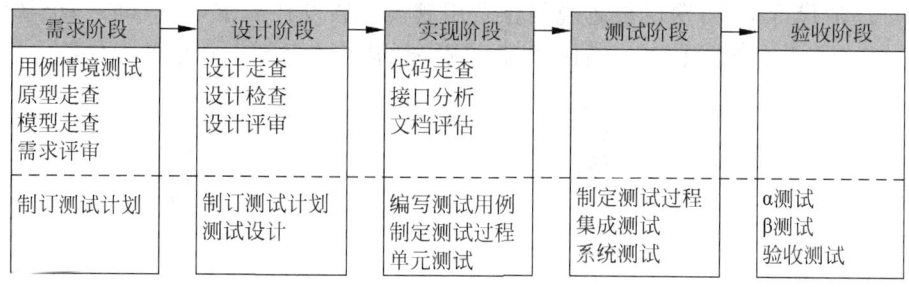

图 12-12 验证与确认的活动模型

虚线以上是静态方法,静态检查程序代码、界面或文档中可能存在的错误,通过人工分析或程序正确性证明的方式来验证、确认程序的正确性,主要是文档及代码的各种审查(包括走查、检查、评审),在需求阶段就启动。

虚线以下是动态方法,通过动态分析和程序测试来检查程序执行状态,以验证、确认程序是否有问题。在需求阶段、设计阶段,主要展开测试的准备工作,如制订测试计划、测试方案、设计测试用例;从实现阶段开始,依次开展细化测试用例、单元测试、集成测试、系统测试、α 测试、β 测试及验收测试。

软件开发的需求、设计、编码、测试等活动前后紧密衔接,前一阶段的成果是后一阶段工作的基础。各阶段工作由于各种错误而引入缺陷;缺陷没有及时发现或解决,就会带入到下一阶段;错误会逐渐累积,越来越多,一个需求缺陷将导致多个设计缺陷,一个设计缺陷将导致多个编码缺陷,这就是缺陷的放大效应,见图 12-13。

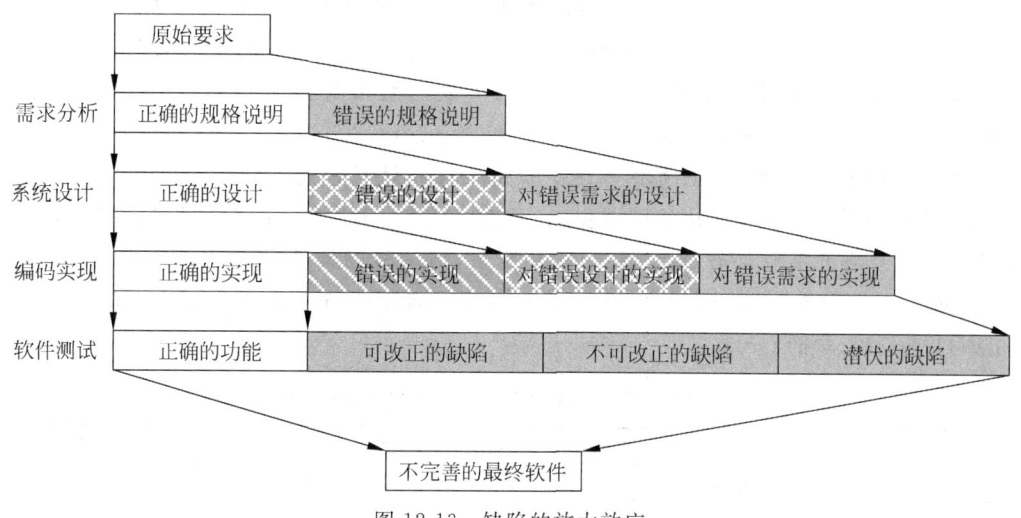

图 12-13 缺陷的放大效应

输出产品的质量不会高于输入产品的质量。需求规格错误,后续的设计与编码是不可能正确的;基于错误需求规格的设计与编码是在浪费时间、浪费资源,会重挫团队士气。

错误需求、错误设计或错误编码最终都体现为软件缺陷。有些隐含缺陷,如果测试无法发现,就会遗留到最终交付产品中;有些缺陷发现后稍微费点事可以解决;而有些缺陷等到发现时,已经很难改正,如一些底层模块引发的错误,牵一发动全身。

图 12-14 给出了软件缺陷排除的平均相对成本。软件开发中的缺陷,好比利滚利的高利贷,越早还清代价越小,发现得越晚纠正费用越高。假设在需求阶段排除一个缺陷需要 1 个人天,这个缺陷如果遗留到运行阶段排除则要耗费数十乃至上百倍的工作量。

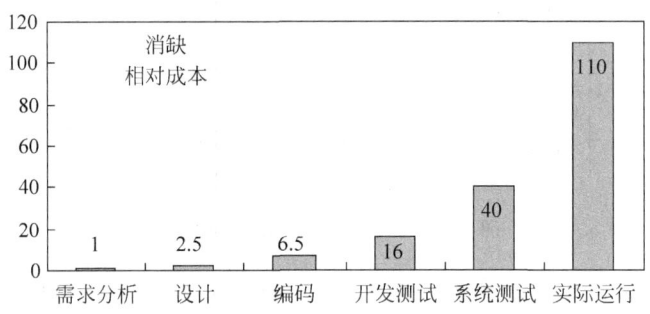

图 12-14　软件缺陷排除的平均相对成本(Galin,2007)

动态的软件测试只能在程序写出来后才能进行,所以早期缺陷的发现,主要靠静态的软件评审。软件评审迫使每个人在一种开放式的环境中工作,可以使每个阶段出现的错误减少 90%,使测试成本下降 50%~80%,同时使开发人员及时得到专家的帮助和指导。软件评审可以尽早发现产品中的缺陷,减少大量的后期返工。

12.4.2　软件评审

评审是对软件元素或者项目状态的一种评估手段,以确定其是否与计划的结果保持一致,并使其得到改进。评审的作用和目的主要是尽早发现潜在的问题,尽早纠正缺陷,控制纠正成本的滚雪球效应,提高产品质量和软件生产率,强化开发人员的责任感。

如果你没有时间采用同行评审来提高产品质量,则将需要更多的时间去纠正测试人员或客户发现的缺陷……评审的最主要障碍来自开发人员没有意识到他们已经犯了多少错误,因此他们也看不到查找或减少错误的必要性(Wiegers,2003)。

从 1977 年到 1981 年,富士通公司逐年加大在软件评审和代码审查方面的投入,测试方面的投入逐年下降,软件质量持续得到提高,见表 12-9。1977 年,测试活动在缺陷检测总投入中占 85%,没有开展软件评审工作;到 1982 年,测试活动比重已经大幅下降到 30%,而"设计评审+代码审查"跃升到 70%,与此同时交付产品的每千行代码缺陷数,从 1977 年的 0.19 降到了 1981 年的 0.04。

表 12-9　富士通公司代码审查有效性(Cusmano,1991)

年度	各类缺陷检测方法所占比例			千行代码残留缺陷数
	测试	设计评审	代码审查	
1977	85%	—	15%	0.19
1978	80%	5%	15%	0.13
1979	70%	10%	20%	0.06
1980	60%	15%	25%	0.05
1981	40%	30%	30%	0.04
1982	30%	40%	30%	0.02

1. 软件评审的分类

根据评审内容的不同,软件评审可以分为以下几类:

(1)体系评审:由最高管理者就质量方针和目标,对质量体系的现状和适应性进行的正式评价,以确保质量体系的适宜性、有效性和充分性。

(2)技术评审:检查工作产品(文档/代码)是否符合需求,发现存在缺陷。包括格式评审(检查格式是否符合标准)与内容评审(检查正确性、完整性、一致性、清晰性等)。

(3)状态评审:向项目各方提供项目状态信息,如里程碑进度、识别的风险、遇到的问题等,为调整项目资源、发布产品、继续或取消项目等项目决策提供支持。

(4)过程评审:监控质量保证流程,总结、共享好的经验,指出不足之处,保证组织定义的软件过程在项目中得到遵循,确保质量保证方针得到更快更好的执行。

根据评审人的不同,软件评审又可分为:同行评审、独立评审、组内评审、组外评审、专家评审、用户评审及第三方评审。其中同行评审是由开发者同事遵循已定义的规程进行的技术评审,双方地位平等,气氛轻松,被评审人员没什么压力。

2. 同行评审的方法

同行评审有正式的、非正式的。非正式评审主要是为了收集意见和建议,不做是否批准通过的结论;正式评审将得出是否批准通过的正式结论。同行评审的主要方法有:

(1)临时评审(Ad Hoc Review):最不正式的一种评审。只要开发人员觉得有拿不准的地方,可以随时请求同事帮助查找问题,唯一的前提是同事有空闲、有心情。

(2)轮查(Pass-round):作者将评审的内容发给评审者,收集反馈意见,必要时可做简要介绍;评审者独立进行评审,记录发现结果。轮查的缺点是反馈往往不太及时。

(3)同行桌查(Peer Desk Check):作者请求另外一个人检查其可能存在的缺陷,属于非正式的同行评审。评审者可以与作者坐在一起讨论,共同编制错误表。

(4)结对编程(Pair Programming):两个开发者合用一台计算机合作编写同一个程序/文档,进行实时、持续、非正式的评审。一人担任驾驶员负责设计编程,一人担任领航员负责审核测试,不时交换角色。

(5)走查(Walkthrough):由作者启动和主持评审,作者向评审者展示文档、代码,描述产品的功能、结构及任务完成情况等;评审者可以随时对发现的问题提出质疑,作者必须回答每个质疑。走查时,很多错误实际上是由作者自己在讲解过程中发现的。

(6)小组评审(Group Review):通过正式的小组会议完成评审工作,是有计划的和结构化的评审形式。评审定义了评审会议中的各种角色和相应的责任,所有参与者在评审会议的前几天就拿到了评审材料,并对该材料进行了独立研究。

(7)审查(Inspection):有严格定义的审查过程与明确的分工,由专业人员根据评估标准,按规定程序和时间计划,对产品或中间制品进行深入的检查。审查过程包括:制订计划、准备会议、组织会议、分析结果、修正错误及问题跟踪等环节。

3. 同行评审的角色

通常,概要性的文档需要较多评审人员,涉及详细技术的评审只需要较少的评审人员。审查(Inspection)作为最正式的同行评审,一般涉及以下几种角色:

（1）主持人（Moderator）：计划、安排和组织评审活动，检查评审入口条件与出口条件，确保评审按既定流程进行。会前检查各项准备工作是否充分；会中把握会议方向，引导成员发言，推动达成评审结论；会后安排人员对问题整改情况进行跟踪，提交评审总结报告。

（2）作者（Author）：准备评审材料，回答评审员提出的问题，修正相应问题及相关文档，报告各类缺陷修复情况及返工工作量。

（3）宣读员（Reader）：一般由作者或后续开发阶段的人员担任，通过朗读或讲解等方式引导评审小组遍历被审材料，提出问题或疑问，使评审焦点放在有争议的问题方面。

（4）评审员（Reviewer、Inspector）：在会前准备阶段和会上检查被评审材料，找出其中缺陷。人选可包括被审材料在生命周期中的前一阶段、本阶段和下一阶段的相关开发人员。

（5）记录员（Recorder）：完整、如实地记录并分类评审会上发现的问题及行动决议。在评审会上提出的但尚未解决的任何问题以及前序工作产品的任何错误都应加以记录。

4. 同行评审的流程

各类同行评审的步骤和内容大体一致，只是正式程度有所不同。主要体现在：是否需要制订计划、是否需要事先准备、是否需要开会、是否需要对发现的问题进行跟踪等。

（1）制订计划：指定评审主持人，检查评审材料是否齐全、是否满足评审条件，确定评审小组成员及职责，确定评审的方法及准则，初步确定评审会的时间和地点。

（2）先期预备：如果评审小组不熟悉要评审的内容，主持人可以决定是否召开预备会。会上，作者简要介绍相关背景、实现细节及检查要点等；会后分发评审材料。

（3）个人预审：评审员根据检查要点详细审查被审材料，争取发现大部分问题，并做好分类记录工作。主持人了解预审情况，掌握普遍问题和需要重点讨论的问题。

（4）会议评审：主持人主持评审，宣读员介绍被审材料，评审员提出疑问，作者澄清解释，必要时可展开简短讨论，记录员记录所有问题及行动决议，最后小组做出评审结论。如果问题较多、较复杂，主持人可以决定在作者修正问题后再次举行评审会。

（5）会后返工：作者对评审会上提出的所有缺陷和问题进行修正。

（6）跟进总结：跟踪问题修正工作的进展，确保每个问题都能得到圆满解决。分析错误原因，分析评审过程，补充完善检查单，提交评审总结报告，归档相关材料。

5. 同行评审方法的选择

软件质量之父——汉佛莱指出：同行评审工作量应占设计阶段总工作量 1/3 以上，代码评审工作量应占实现阶段总工作量 1/3 以上。

软件开发中，各种评审方法是交替使用的。在不同的开发阶段和不同场合要选择适宜的评审方法。例如，对需求和设计初稿可采用轮查和走查，而定稿前则必须采用最正式的审查；提交代码之前，可请经验丰富的同事进行桌查。最有效选择标准是："对于最可能产生风险的工作成果，要采用最正式的评审方法。"

6. 同行评审注意事项

图 12-15 以因果图形式列出同行评审中的常见问题。同行评审应遵循以下基本原则：

- 评审需要管理层的支持,如提供资源、时间、培训、激励等。
- 评审专家结构互补,以从不同的技术角度发现缺陷。
- 为每种不同的审查物,制订通用的检查表及相应标准,必要时进行剪裁。
- 正式评审前,评审人应事先准备好自己所关注和将要提出的问题。
- 评审的重点在于发现问题,而非解决问题。
- 技术评审应由技术人员主导,管理人员不应参与评审。
- 评审过程应对事不对人,不能异化为对个人的评价。
- 一次审查内容不要涵盖太多,不要超过两小时。
- 收集评审绩效数据,监测每次评审的有效性,并采取纠正和预防措施。

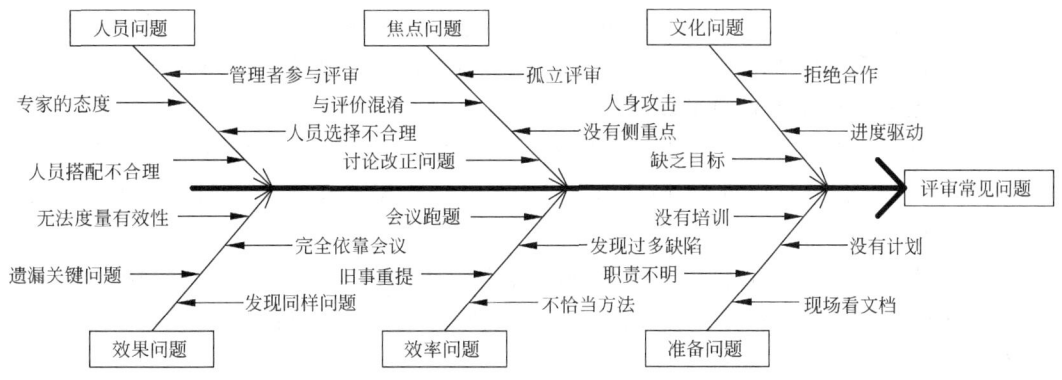

图 12-15　同行评审常见问题(于波,2008)

课堂讨论 12-1　同行评审中的问题(自改于波,2008)

　　知明科技 CRM 项目组计划周五下午 2：00～4：00 进行产品需求的同行评审。评审专家包括两位技术负责人及一些管理人员,事先以邮件形式通知参会人员,未将评审材料发给大家。

　　会议当天,参会人员三三两两到会,会议被迫推迟十五分钟。主持人宣布了会议主题,但没有安排专人做记录。先由作者介绍产品需求,接着大家你一言我一语地提出自己的意见。

　　会上,多数管理人员按个人喜好与想法评价软件,并对开发人员进行评论,提出了跑题的各种意见。

　　两位技术负责人,则把焦点集中在业务流程的图形化配置功能上,他们认为:"现在的业务流程是在数据库中直接设置,既麻烦又容易出错。"

　　作者小林解释说:"那需要公司的基础平台组对工作流平台进行进一步的完善。"

　　主持人马上将基础平台组负责人小陈请到会场。小陈开始分析技术难点,提出自己的设想,所有技术人员都饶有兴趣地加入热烈的讨论之中,而管理人员则开始闲聊或者忙自己的事。

　　1 小时后,大家终于就这个技术难点的解决方案达成初步共识。2 小时过去,需求评审只进行了一半。因为不少人还有其他安排,所以会议只能宣告结束,何时继续另行通知。

　　主持人感到非常懊恼,因为整个会议既没有评审结果,也没有任何记录。

　　问:请你分析下本次评审中存在哪些主要问题?

12.4.3 软件测试

软件测试是使用人工和自动手段来运行或检测某个系统的过程,目的在于以最少的人力、物力和时间,检验系统是否满足规定的需求,系统地找出软件中潜在的各种错误和缺陷,避免向客户交付质量低下的软件产品。

测试是为了证明程序有错,而不是证明程序没有错误;一个好的测试用例在于能够发现至今未发现的错误;一个成功的测试是发现了至今未发现的错误的测试。

1. 软件测试原则

1)尽早测试、充分测试、持续测试

基于缺陷的放大效应,要摒弃软件开发完成后进行软件测试的错误观念,建立贯穿软件生命周期始终的质量测试计划,建立各阶段明确的检查点,以尽早发现并预防错误。

2)程序员应避免测试自己的程序

主要原因在于多数人缺乏否定自己工作的心理准备,并且难以克服在需求及设计上错误理解的巨大惯性。条件许可时,最好由第三方展开独立测试,以确保测试过程不受干扰。

3)Good-Enough 原则

不充分的测试是不负责任的,而过分的测试是一种资源的浪费,同样也是一种不负责任的表现。所以要具体问题具体分析,制定合理的最低测试通过标准和测试内容。

4)注意测试中的群集现象

再简单的程序,要穷尽测试都不是容易的事。统计表明:80%缺陷是由 20%构件引起的,80%软件废品和返工是由 20%缺陷引起的,测试后程序残存的错误数目与该程序中已发现的错误数目或检错率成正比。所以应该对错误群集的程序段进行重点测试。

5)先证实、再证伪

先保证软件的总体流程可以完整顺畅地流转下来,保证按照标准的操作步骤不出错;再进行各类边界和破坏性检查,尽量发现错误。设计测试用例时,应考虑合理的输入和不合理的输入,以及各种边界条件,特殊情况下要制造极端状态和意外状态。

6)自测试是开发人员的天职

测试人员是软件质量的最后把关者,但不是终极责任者。开发人员要对自己的代码质量负最终责任,不能依赖测试人员找缺陷,否则不如把测试责任直接下达给开发人员。开发人员最基本的自测试,往往能够排除大多数的低级错误,大大提高后续测试工作的效率。

7)尽量避免测试的随意性

尽早制订合理的测试计划,确定测试的范围、方式、资源及进度安排,识别各类风险,制订因应办法。不要因为开发进度的延期而简单地压缩测试投入,缩短测试时间。

8)分析测试结果,保存测试文档

对每个测试结果进行全面检查,发现可能被遗漏的错误征兆。妥善归档保存测试计划、测试用例及缺陷报告等文档,测试重现往往要靠测试文档。

2. 软件测试过程

所有测试过程都应采用综合测试策略,事先制订测试计划,先作静态分析,再作动态测试。测试过程通常按图 12-16 所示的 5 步进行。

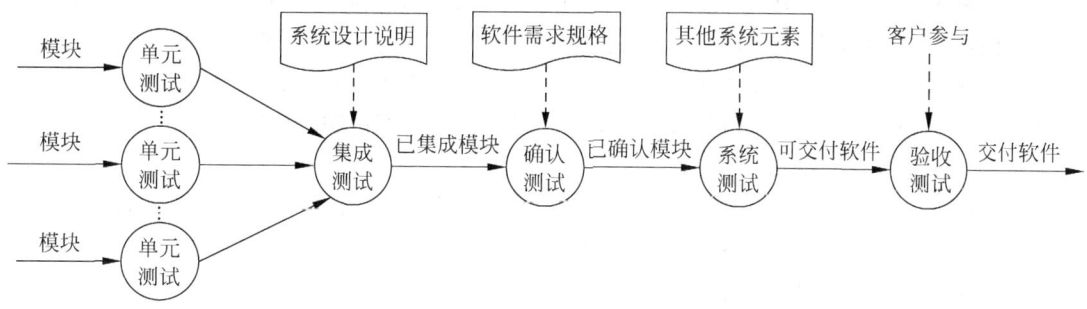

图 12-16　软件测试的过程

1）单元测试（Unit Testing）

对软件基本组成单元进行测试,一般由编写该单元代码的开发人员执行,目的在于:检查模块内部的错误,验证代码与设计相符,发现设计和需求中存在的错误。

2）集成测试（Integration Testing）

将所有模块按照总体设计的要求组装成为子系统或系统进行测试,集成测试的对象是模块间的接口,目的在于:找出在模块接口上,包括系统体系结构上的问题。

3）确认测试（Validation Testing）

验证系统的功能、性能等特性是否符合需求规格说明,是否满足用户最终需求,确保软件配置齐全、分类有序。包括在开发现场执行的 α 测试,以及在用户现场执行的 β 测试。

4）系统测试（System Testing）

将已经集成好的软件系统作为一个元素,与计算机硬件、外设、某些支持软件、数据和人员等其他元素结合在一起,在实际运行环境下进行一系列测试。

3. 软件测试分类

根据测试所要验证的软件质量特性的不同,可以将软件测试划分为:

（1）功能测试:基于功能规格说明,从用户角度对产品特定的功能和特性进行验证。

（2）性能测试:检测在一定条件下系统行为表现是否在设计的性能指标范围内。

（3）压力测试:检测极端条件下是否正常工作,或加载到系统崩溃找出性能的瓶颈。

（4）可靠性测试:检测系统能否长期地保持稳定运行,确认平均无故障时间。

（5）安全性测试:检测系统应对内、外部非授权访问以及故意损坏的系统防护能力。

（6）容错性测试:检测异常条件下是否具有防护性的措施或者灾难恢复的手段。

（7）兼容性测试:检测在不同的网络环境,不同的软、硬件平台下的实际表现。

4. 软件测试方法

软件测试的方法,可以从不同的角度加以分类。

1）静态测试/动态测试

静态测试:采用人工审查和计算机辅助静态分析的手段对程序进行检测。静态测试可以尽早发现需求、设计及代码中的问题,实现早期缺陷检测与缺陷预防。

动态测试：观察程序运行时所表现的状态行为发现软件缺陷。动态测试是事后检查，无法发现文档问题，无法完全覆盖所有测试路径，发现问题相对延迟，消除缺陷的成本较高。

2）黑盒测试/白盒测试

黑盒测试：从用户使用角度出发，将测试对象看作一个黑盒子，不考虑程序逻辑结构和内部特性，依据需求规格说明，针对程序接口、用户界面以及软件功能进行测试。

白盒测试：将测试对象看作一个透明的盒子，根据程序内部的逻辑结构和相关信息，对程序所有逻辑路径进行测试，检测程序内部动作是否按照设计规格正常运行。

3）手工测试/自动测试

手工测试：测试人员手工操作系统进行验证与确认，统计表明 70%～85% 的缺陷是通过手工测试发现的。手工测试适用于新功能测试，而在多次重复执行的测试中，要特别注意由于工作单调性可能带来的负面影响。

自动测试：运行测试工具和测试脚本自动进行测试，统计表明自动测试一般只能发现 15%～30% 的缺陷。自动测试不适合新功能测试，特别适用于回归测试、性能测试。

4）计划测试/随机测试

计划测试：拟定测试计划，编制测试方案，设计、执行测试用例。计划测试针对性强，效率高，可以很好达成测试目标；但测试用例难以覆盖各种情况，对实际情况应变不足。

随机测试：充分发挥测试人员的灵活性与创造性，凭感觉与猜测，自由灵活地测试。作为计划测试的有效补充，随机测试可以发现一些隐藏较深或偏僻的软件缺陷，也可以帮助测试人员尽快熟悉产品、改进测试用例。

12.4.4 质量控制工具

质量控制常用工具有：检查表、直方图、趋势图、因果分析、帕累托分析、控制图等。主要目的是了解当前状态，判别偏差；定位问题，查找根源；帮助产生解决方法。

1. 检查表

检查表又称调查表、核对表、统计分析表，用来系统地收集和积累数据，确认事实并对数据进行粗略整理和分析。软件开发各阶段的评审中，广泛地应用到各类检查表，如表 12-6 所示。

2. 趋势图

按照数据发生的先后顺序将数据以圆点形式绘制成图形，可反映一个过程在一定时间段的趋势与偏差情况，以及过程的改进或恶化。图 12-17 示例中，"每日新增软件缺陷数"由最早的 65 个逐渐降到不到 10 个，说明软件缺陷数量开始逐渐收敛。

3. 直方图

直方图是频数直方图的简称，用一系列宽度相等、高度不等的长方形来显示质量波动的状态，长方形的宽度表示数据范围的间隔，高度表示在给定间隔内的频数。在图 12-18 示例中，需要 15 天以上时间才能解决的缺陷仍不在少数。

4. 帕累托图

帕累托图又称主次因素排列图，是针对质量问题产生的原因，将其按影响大小进行排列而编制成的累积频数分布条形图，以帮助人们识别影响产品质量的少数关键性要素。

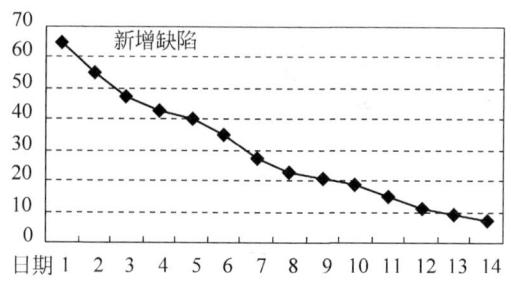

图 12-17　趋势图示例：每日新增软件缺陷数

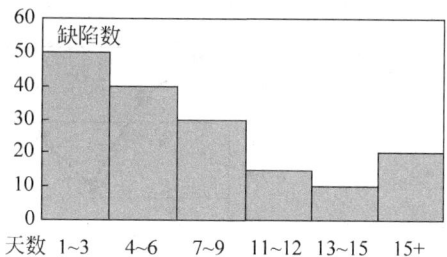

图 12-18　直方图示例：按消缺耗时统计的缺陷分布

它在形式上是由两张图表组合而成的，一个是标记每个项目发生频数的柱状图，另一个是标记项目累计百分比的折线图。通常累计百分比将影响因素分为三类：

- 0%～80% 为 A 类因素，是主要因素。
- 80%～90% 为 B 类因素，是次要因素。
- 90%～100% 为 C 类因素，即一般因素。

20% 的主要原因造成 80% 的问题，A 类因素解决了，质量问题的大部分就得到了解决。因此，项目组要将有限的人力和时间聚焦于 A 类因素的解决。

图 12-19 示例中，"配送超时"与"技术原因"合计占投诉量的 78.4%，是该电子商务网站客户投诉的主要因素，"配送人员"与"配送错误"为次要因素。

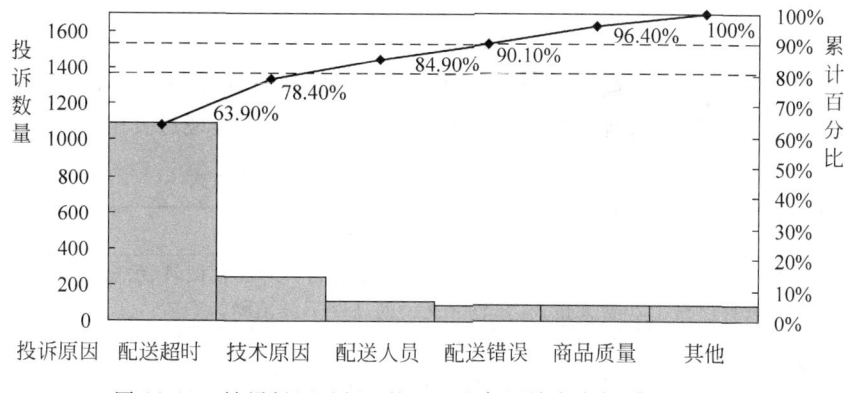

图 12-19　帕累托图示例：某电子商务网站客户投诉原因分析

5. 因果分析图

由日本管理大师石川馨发明，是一种发现问题"根本原因"的分析方法，用以揭示质量特性波动与潜在原因的关系。因果分析图又名鱼骨图，问题或缺陷标在"鱼头"外，在鱼骨上长出鱼刺，上面按出现机会多寡列出产生生产问题的可能原因，有助于说明各个原因之间如何相互影响。图 12-24 即因果分析图在软件缺陷根源分析方面的应用示例。

6. 控制图

分析质量波动是正常原因引起，还是异常原因引起，用以判定项目过程是否处于受控状态。中线代表平均质量水平，上下控制限一般设定在 $\pm 3\sigma$ 的位置。示例见图 12-20。

控制图可用于分析软件过程度量数据，评估软件过程的稳定性和过程能力。若控制图

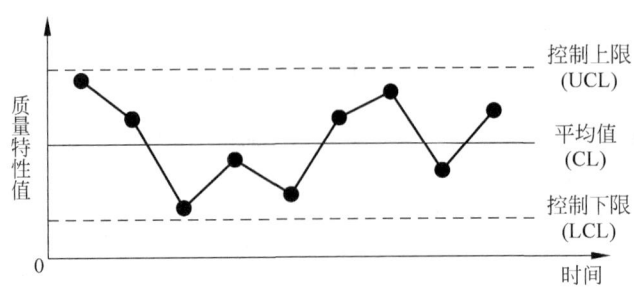

图 12-20　质量控制图示例

中的描点落在 UCL、LCL 之外或描点在 UCL 和 LCL 之间的排列不随机(如连续 7 个点出现在中心线一侧,连续 7 个点上升或下降),则表明过程异常。

12.5　缺陷管理

软件缺陷管理是指对缺陷进行预防、发现、识别、修复、确认及关闭等跟踪管理的过程。目的在于:确保每个被发现的缺陷都能够被解决;确保对缺陷的处理方式在开发组织中达成一致;收集、分析缺陷数据,纳入组织过程资产库,评判测试过程是否可以结束。

12.5.1　缺陷管理方式

不同成熟度的软件组织采用不同方式管理缺陷,见表 12-10。低成熟度的组织会记录缺陷,并跟踪缺陷修复过程。高成熟度的组织,还会充分利用缺陷提供的信息,建立组织过程能力基线,实现量化过程管理,并以此为基础,通过缺陷预防实现过程的持续性优化。

表 12-10　不同软件能力成熟度的缺陷管理方式

CMM	管理级别	行 为 特 征
1级	个体行为	缺陷管理无章可循,取决于开发人员的个体意识;没有记录、没有跟踪、没有验证,在软件测试上花费大量人力,软件交付期高度不可预测
2级	项目行为	从项目自身的需要出发,制订本项目的缺陷管理过程,记录开发过程中的缺陷,分析定位缺陷原因,监控缺陷的修改过程,验证修改缺陷的结果
3级	组织行为	软件组织汇集组织内部以往项目的经验教训,制订组织级的缺陷管理过程。组织内的所有项目根据组织级的缺陷管理过程制订适用于本项目的缺陷管理过程
4级	量化缺陷	收集已有的缺陷数据,建立缺陷管理过程能力基线,有助于在项目之初设立量化的质量目标,在项目进行中理解和控制项目的质量绩效
5级	缺陷预防	找寻、分析和处理缺陷的共性原因,持续改进组织级的开发过程与缺陷发现过程,从需求开发和管理、配置管理、变更管理等关键过程入手进行缺陷的预防和控制

12.5.2　缺陷发现及跟踪

缺陷发现的手段主要有:技术评审、状态评审、软件测试、QA 评价、项目组内部发现以及客户反馈等。项目所有相关人员都有发现缺陷、报告缺陷的责任。

基于成本的考虑,尚未纳入基线的文档或代码不需要进行跟踪。缺陷跟踪既要在单个缺陷水平上进行,也要在统计水平上进行。

1. 缺陷基本信息

为了便于缺陷的定位、跟踪、修改和分析,需要尽可能详细地记录缺陷的基本信息。示例见表12-11,包括缺陷发生时的上下文场景、责任人、缺陷分类以及处理情况等。

表 12-11　缺陷基本信息示例

上下文场景	责任人	处理情况	缺陷分类
• 缺陷标识	• 发现人	• 缺陷状态	• 缺陷类型
• 缺陷描述	• 处理人	• 分派时间	• 严重程度
• 相关文件	• 验证人	• 计划修复时间	• 优先级
• 发现时间		• 修复时间	• 缺陷起源
• 发生条件		• 关闭时间	• 缺陷来源
• 所属模块		⋮	• 缺陷根源

2. 缺陷状态(Status)

根据缺陷状态可以跟踪缺陷处理情况。

软件缺陷的生命周期历经缺陷注入、缺陷发现、缺陷识别、缺陷消除、缺陷遗留等阶段。缺陷的生命周期与缺陷的状态紧密关联,缺陷状态迁移的示例见图12-21。

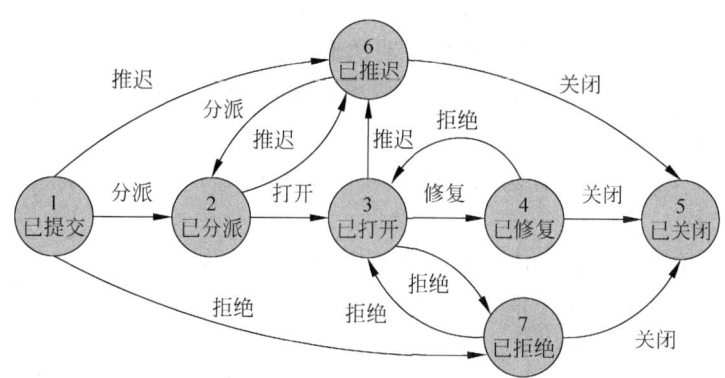

图 12-21　缺陷状态迁移示例

(1) 各类人员发现缺陷后提交报告,进入"**已提交**"。

(2) 由专人初步分析后,根据缺陷类型分派缺陷修复责任人,进入"**已分派**";
如果不是缺陷或者不需要修复,则予以拒绝,进入"**已拒绝**"。

(3) 责任人接受任务,着手处理缺陷,进入"**已打开**"。

(4) 问题解决完毕,责任人报告缺陷已被修复,进入"**已修复**"。

(5) 缺陷修复完毕并经确认后,进入"**已关闭**",否则将再次被打开,进行再次修复。

(6) 所有的缺陷,都可以根据需要延期解决,进入"**已推迟**",但要确定修复的日期。

(7) 已打开的缺陷,如果认定不是缺陷或者不需要修复,进入"**已拒绝**"。

实际项目中,可以根据软件组织的过程管理成熟度水平对缺陷状态进行简化或细化。

3．缺陷起源（Origin）

缺陷起源指缺陷引起的故障第一次被检测到的阶段。

统计发现：软件过程成熟度较高的组织中，70％～90％的缺陷，是在测试前通过各类静态审查手段发现的，需求评审、设计评审、代码审查是发现缺陷最多的时候，见图12-22。

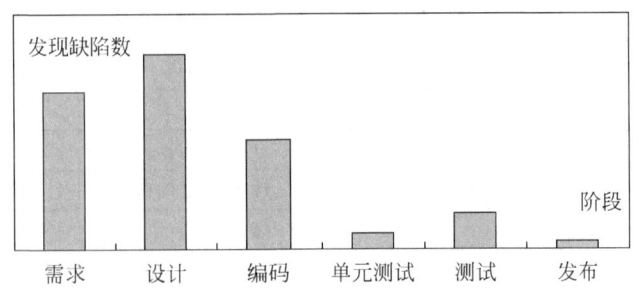

图 12-22　不同阶段发现的缺陷示例（朱少民，2006）

缺陷发现得越晚纠正费用越高；测出 Bug 其实为时已晚，前面的工作都已成了无用功。

4．缺陷来源（Source）

缺陷来源是指引起缺陷的起因，缺陷所在的地方。

如图 12-23 所示，统计发现：

（1）需求定义偏离用户期望是困扰开发团队的最主要问题，一半以上的软件缺陷可归为需求规格说明的瑕疵。

（2）排在第二位的是设计缺陷，因设计偏离需求而产生的缺陷占总量的 25％。

（3）因对需求及设计理解有误或编程方面的疏忽导致的代码错误仅占 15％。

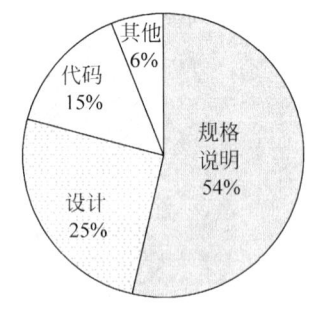

图 12-23　软件缺陷构成示例
（朱少民，2006）

需求阶段注入的问题，主要依靠需求评审解决；设计阶段注入的问题，主要依靠设计评审解决；编码阶段注入的问题，主要靠代码审查及测试解决。

如果试图主要依赖测试来解决占总量近 80％的需求及设计缺陷，消除缺陷的成本将是项目组无法承受的。

5．缺陷根源

产生缺陷的根本原因称为缺陷根源。

如图 12-24 所示，软件缺陷主要源自人为因素、产品复杂性、评审因素以及项目环境因素。

对缺陷根源的事后分析有助于软件组织从根本上改进软件过程，提高软件质量。

6．缺陷类型

可以根据缺陷的自然属性划分缺陷类型。

一般可以综合考虑软件的质量要求以及缺陷发生的位置来设定，示例见表 12-12。

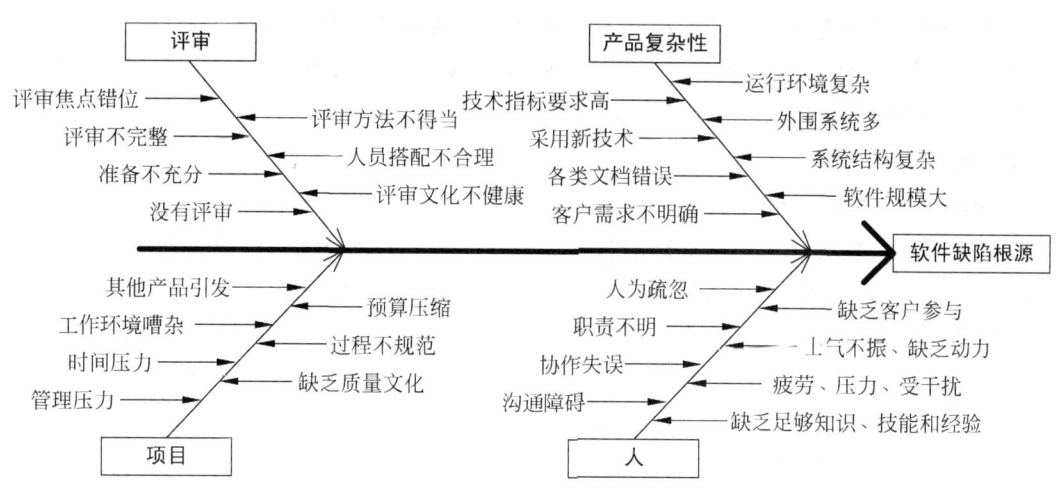

图 12-24　鱼骨图示例：软件缺陷根源分析（刘海，2009）

表 12-12　软件缺陷类型示例

#	缺 陷 类 型	说　明
1	功能缺陷	程序功能没有实现或实现错误
2	界面缺陷	影响用户界面、人机交互体验
3	接口缺陷	与其他系统、模块、组件间的软硬件接口错误
4	数据缺陷	数据计算错误、数据校验错误、输入输出错误等
5	数据库缺陷	库表结构缺陷、索引约束缺陷、SQL语句低效等
6	性能缺陷	各类性能指标没有达到预期目标
7	软件包	由软件配置库、变更管理或版本控制引起的错误
8	文档缺陷	影响设计、编码、发布和维护，如需求文档、设计文档、操作手册、维护手册

7. 严重程度

软件缺陷对软件质量的破坏程度称为严重程度。

软件缺陷的严重程度一般可划分为 4～5 个级别，示例见表 12-13。

表 12-13　缺陷严重程度示例

NO	严重程度	说　明
1	致命	造成用户主要业务停摆或危及人身安全的任何问题
2	严重	严重影响系统要求或基本功能的实现
3	一般	次要功能或性能没有完全实现，但不影响用户的正常使用
4	轻微	用户在使用上的不便或麻烦，但不影响功能正常的操作和执行

注意：严重程度是从软件最终用户的视角出发，判定软件缺陷对最终用户的影响。缺陷类型与严重程度没有直接的必然关系。功能缺陷、界面缺陷、数据缺陷、手册缺陷等，在不同应用场景下，都可能成为致命的缺陷。

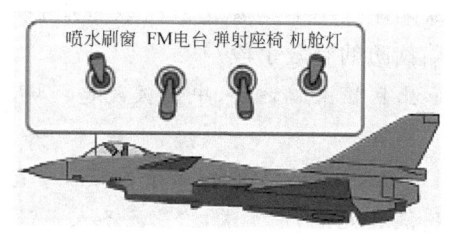

西方曾有一款战机，将"弹射座椅"的按钮紧

挨着"机舱灯",这一看似微不足道的界面问题最后竟然成了飞行员的终结者。

设想一下:飞机尚在跑道上滑行,飞行员原本只想打开座舱灯,结果却不小心触发了"弹射座椅"……

8. 优先级

优先级表示处理和修正软件缺陷的先后顺序。

一般情况下,后果严重性高的缺陷将优先修正,严重性低的缺陷可以稍后处理,示例见表 12-14。以"二八法则、要事为先"为指导,决定先修复哪些、后修复哪些、不修复哪些,并不是纯粹的技术问题,要综合考虑进度压力、资源配置、质量风险、牵连影响、修复成本等因素。在版本发布日期迫近时,那些牵一发动全身,修复成本及风险较大的缺陷往往会被暂时搁置。

表 12-14 缺陷优先级示例

NO	优先级	说　明
1	立即解决	缺陷导致系统几乎不能使用或测试不能继续,需立即修复
2	高优先级	缺陷严重,影响测试,需要优先考虑在近期予以解决
3	正常排队	缺陷需要正常排队等待在后续的某个版本中予以修复
4	低优先级	缺陷可以在开发人员有时间的时候被纠正

12.5.3　缺陷预防

缺陷预防的目的是识别产生缺陷的原因预防再次发生,确保不犯同样的错误。缺陷预防同时也是不同项目间相互交流经验教训的有效机制。

缺陷预防包括:

① 分析过去遇到的缺陷,确定产生缺陷的根本原因,认清缺陷发生前的征兆。

② 跟踪已遇到的各类缺陷,分析缺陷的发展趋势,推断未来活动的缺陷。

③ 规范、优化软件开发过程,采取具体措施防止将来再次发生同类缺陷。

1. 缺陷预防指导思想

基本思想与目标就是确保不犯同样的错误,核心要旨在于"不贰过",如图 12-25 所示。

第一层次:重复的错误不犯。原因总结后,充分吸取教训,不再发生相同的错误。

第二层次:可以预见的低级错误不犯。至少控制在虚惊阶段,不能让危机演变成灾难。

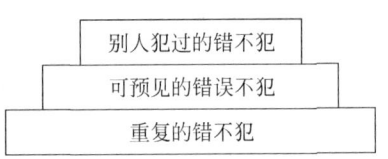

图 12-25　"不贰过"的三个层次

第三层次:别人犯过的错误,看到了也别再犯。牢记别人失败的教训,避免重蹈覆辙。

统计表明个人行为的规范化(如遵循文档模板、遵循编程规定、坚持单元测试等)可以减少缺陷注入率 75% 以上。所以提升个人经验技能,在组织范围内共享知识、经验及教训,是缺陷预防的有效手段。

上医医未病之病,中医医欲起之病,下医医已病之病。

——孙思邈

"治未病"思想源自《黄帝内经》,一直被国际上评为"最先进最超前的预防医学"。《素问·四气调神大论》中写道:"是故圣人不治已病治未病,不治已乱治未乱,此之谓也。"历代医家

均对"治未病"的思想和内容进行了继承和发扬。

对于疾病的治疗,药王孙思邈认为应:未病养生、防病于先;欲病施治、防微杜渐;已病早治、防止传变。

质量管理人员某种意义上好比是项目组的医生,其任务就是要确保项目的健康运作。

上医:在质量问题产生前先预防,减少或避免缺陷的发生。为项目成员提供"预防养生"指导,持续改进软件过程,规范团队行为,增强团队技术能力与过程能力,减少人为失误,规避项目风险,尽力消除产生质量问题的根本原因。

中医:无明显质量问题症状前采取措施,治病于初始。通过"望闻问切"各种手段,全面监测项目进展;根据团队既往"病史",及时发现项目偏差的早期征兆,以便在项目组刚打第一个"喷嚏"时,就将质量问题消灭在萌芽之中。

下医:虽然没有能力在早期发现质量问题征兆,但仍应努力避免沦为庸医,要争取在缺陷注入阶段发现问题、识别问题,不将缺陷遗留到后续阶段,以便对症下药尽早解决问题,防止小问题变成大问题,防止积重难返、无力回天。

世界卫生组织 1996 年在《迎接 21 世纪的挑战》中明确:西医学正从"疾病医学"向"健康医学"发展;从重治疗向重预防发展;从针对病源的对抗治疗向整体治疗发展;从重视对病灶的改善向重视人体生态环境的改善发展;从群体治疗向个体治疗发展;从生物治疗向身心综合治疗发展;从强调医生作用向重视病人的自我保健作用发展;医疗服务方面则是从以疾病为中心向以病人为中心发展。

世界卫生组织的这段话,值得每一位项目管理人员与质量管理人员反复玩味。

类似地,质量管理也要从事后的"疾病管理"朝着事前的"健康管理"发展;从重视缺陷检测转向重视缺陷预防;从修复具体缺陷转向消除根本原因;从单纯的技术消缺转向技术、管理相结合的综合消缺;从强调 QA、QC 的作用转向引入全员质量管理;从以质量问题为中心转向帮助团队成员追求卓越。

2. 缺陷预防一般过程

CMM 中建议的缺陷管理基本过程见图 12-26。

（1）根据类似项目的经验与教训,制订缺陷预防计划,明确缺陷预防活动的职责分工、资源配置及进度计划。

（2）及时发现缺陷症状,形成缺陷报告,推断缺陷位置,确定缺陷修复方法,修复缺陷并予以验证。

（3）定期召开会议,分析缺陷根本原因,针对关键问题,制订改进和预防措施,避免类似缺陷再次发生。

（4）落实各项缺陷预防措施,定期召开会议,跟踪、审查各项措施的落实情况。

（5）有效度量缺陷预防活动,归档缺陷预防数据。

（6）执行由缺陷预防措施引起的组织标准软件过程的修改,以及项目定义的软件过程的修改。

（7）定期将缺陷预防活动相关情况反馈给项目相关方。

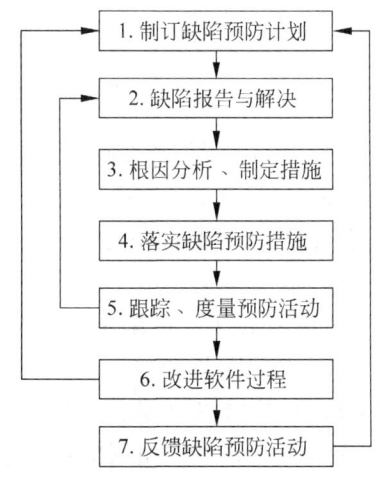

图 12-26　缺陷预防一般过程

3. 基于 FRACAS 的缺陷预防

FRACAS(Failure Report，Analysis and Corrective Action System，故障报告、分析和纠正措施系统)，源于 20 世纪中期美国武器装备故障信息的管理和控制。

FRACAS 利用"信息反馈、闭环控制"的原理，见图 12-27，将已有的故障分析管理方法、缺陷预防方法、质量改进方法和知识管理方法整合起来，对故障进行严格的"清零"管理，做到及时报告、查清原因、正确纠正与防止再现。

我国于 1990 颁布了 GJB-841《故障报告、分析和纠正措施系统》，从此，FRACAS 在军用产品的研制、生产和使用中得到全面推广。

基于 FRACAS 的缺陷预防过程见图 12-28，有以下主要环节(赵耀，2009)：

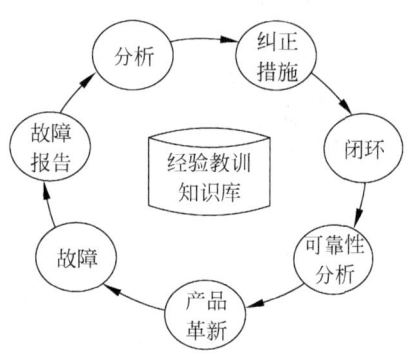

图 12-27　FRACAS 基本原理

(1) 发现故障、报告问题：详细记录问题的现象，发生的场景，产生的影响等。

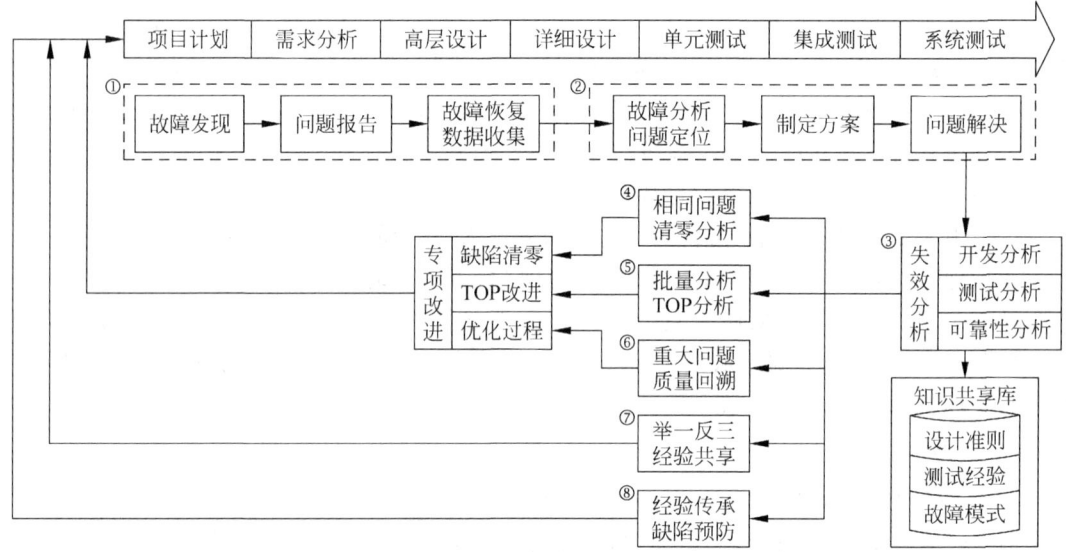

图 12-28　基于 FRACAS 的缺陷预防(赵耀，2009)

(2) 定位问题、解决问题：分析问题产生的原因，制订解决方案，执行修改与验证。

(3) 失效分析：从软件设计、测试和可靠性等方面确定缺陷产生的根本原因，提取设计准则、测试经验和故障模式，放入知识经验库。

(4) 类似问题清零：检查在其他项目或其他领域是否存在相同或类似的问题，在软件组织范围内及时采取措施，对缺陷进行全面清理，避免问题的大范围爆发。

(5) 批量分析、TOP 分析：将缺陷按各种维度进行统计分析，找出优先级最高的、产生多数缺陷的少数关键原因，进行专项改进。

(6) 重大问题质量回溯：针对需要从组织层面解决的重大问题，找出问题产生的管理原因，修改完善组织的流程制度，改进组织的软件开发过程，避免再次发生此类问题。

（7）举一反三、经验共享：建立问题通报的渠道机制和平台，将典型、普遍的问题制作成案例，在组织内部共享经验教训，举一反三，避免在其他项目或后续项目中再次发生。

（8）经验传承、缺陷预防：根据知识经验库中的设计准则、测试经验和故障模式，制订缺陷预防计划，降低同类问题在新项目中再次出现的可能。

课堂讨论提示

1. 课堂讨论 12-1 同行评审中的问题改自（于波，2008）

问题 1：采用邮件方式通知，没有专门通知到人，参会人员很可能到不齐、不准点。

问题 2：没有把评审材料发给大家，容易将评审会开成产品说明会。会上现看材料，没有充分时间对问题进行深入思考，难以提出建设性意见。评审人员事前应认真审查材料，准备问题清单，会上有的放矢，提高会议效率。

问题 3：管理人员参与技术评审，对开发人员进行评论。管理人员在场，会给开发人员造成压力，容易掩盖问题，做过多辩解，产生抵触情绪。技术评审会是给产品找缺陷，寻找改进机会，不是给人挑毛病，做绩效评价。

问题 4：会议焦点转移到如何解决问题。评审会不是技术方案讨论会，会议焦点应是确定问题而不是解决问题；如何解决问题，可以在评审会后相关人员继续讨论。

问题 5：会议跑题，主持人没有有效控制局面将焦点转回主题，使得会议拖沓冗长，陷入低效的疲劳战中。

问题 6：没有安排专门的人员做会议记录。评审会是为了发现问题，而不是东拉西扯的联谊会。因此评审中的问题一定要记录，要分类；同时记录评审的工作量，以利于项目的成本管控。

课后思考

12.1 项目质量管理由哪些基本过程组成？

12.2 符合性质量、适用性质量及满意性质量在质量理念上有什么区别？

12.3 软件质量成本有哪些构成项？

12.4 理解克劳斯比所说的"质量免费"。

12.5 理解戴明"质量管理十四法"的主要思想。

12.6 理解朱兰"质量三元论"的主要思想。

12.7 理解 McCall 质量因素模型树。

12.8 软件组织中哪些部门/岗位与质量管理相关，分别承担什么样的职责？

12.9 QA 在项目中应该扮演什么样的角色？如何走出 QA 工作的一些误区？

12.10 验证与确认有什么联系与不同？

12.11 静态审查与动态测试各有什么作用？

12.12 开展同行评审时需要注意哪些问题？

12.13 软件测试应遵循哪些基本原则？

12.14 质量控制常用的工具有哪些？

12.15 理解缺陷的放大效应、缺陷产生的根源及缺陷预防的指导思想。

第13章

项目风险管理

"不确定性"是软件项目有别于一般项目的一个显著特点：动态调整的项目目标、捉摸不定的客户心思、渐进明细的软件需求、充满神秘的人月神话、差异巨大的个体生产率、始终不够用的人手、难以穷尽的测试路径……这些可能引发潜在危险的不确定性，多数只能通过主观努力来降低而无法彻底消除。

项目经理要树立风险意识，掌握风险识别方法，重视风险综合分析，加强风险全程监控，提高风险应对能力，做到事前未雨绸缪、事中防微杜渐、事后亡羊补牢，提前预见、规避前进中的障碍，防止小问题演变成大问题，从容应对意外状况，缓解风险带来的损失，将项目风险控制在可以接受的范围。

13.1 敬畏风险

13.1.1 风险就在身边

任何事物都具有其两面性，不确定性所带来的变化中，既昭示着潜在危险，又蕴含着新的机会。新技术的应用，可能产生奇效，也可能一败涂地。广义的风险是指任何可能产生积极或消极影响的事件或条件，而我们更多时候谈论的风险则指狭义的风险，强调由不确定性所带来的负面影响，如范围失控、进度超期、成本超支以及质量瑕疵等。

很久以前，一个小和尚跟师傅学剃头。师傅让小和尚先在冬瓜上练习，等熟练之后再给人剃头。小和尚很机灵，学得也快，可有个坏毛病，每次练习途中停下或练习完时，都顺手将剃刀插在冬瓜上。虽然师傅多次提醒，可他依旧我行我素。

一天师傅不在，有个师兄弟要剃头，小和尚自告奋勇。活做得很漂亮，可剃完头，小和尚依旧是随手一甩，结果……

故事中的小和尚没养成好习惯，而老师傅虽有提醒却未强力纠正，这是引发风险的根源。风险意识的淡薄，最终引发了本可避免的悲剧。

风险发生的基本过程，参见图 13-1：风险因素的存在→引发风险事件的发生→造成不同程度正面或负面的影响。

图 13-1　风险发生的过程

风险因素是风险产生的根源和诱因,包括内在原因和外在原因。外部环境的不确定性,人们认识的局限,工作的疏失,协作的障碍以及所获信息的滞后与不完备等都会引发风险。

风险事件的发生有其不确定性,不在人们的规划之中,不以人们的意志为转移。不管你是否意识到风险的存在,在一定的条件下,风险事件就可能成为现实。

风险影响是风险造成的后果,可能是项目目标的威胁,也可能是促进项目目标的机会。现实中往往是先考虑项目目标面临什么样的威胁,然后再考虑其发生的可能性。

人们对风险的应对能力很大程度上取决于对风险信息的掌握程度,风险信息掌握得越多,处理起来就越能得心应手。根据对风险信息的掌握程度,风险划分为以下三类:

(1)不可预测风险:不知道什么时候会发生,也不知道后果多严重。

例如,没有哪个项目经理会预见到非典的爆发,也没有谁会预见到非典的影响会这么大——所有跟北京客户相关的项目,竟会基本陷于停顿。

(2)可预测风险:根据以往经验可以推测出来,但可能性或危害程度无法全面获知。

例如,我们知道需求会有变更,但变多少,变什么,影响有多大,无法事先完全估计到。

(3)已知风险:了解风险发生的根源,掌握风险发生的可能性和危害等所有信息。项目执行中相当多的商业风险、技术风险、软件过程风险可以归为此类。

例如,不合理的工期、蹩脚的 SQL 语句、粗糙的需求文档、恶劣的开发环境等。

主动地把项目的"不确定性因素"转变成"相对确定性"的因素是风险管理很重要的一个策略。识别风险,将未知根源风险转化为已知根源风险;获取信息,将未知特征风险转化为已知特征风险;然后再针对具体风险制订相应的应对措施。

表 13-1 给出了针对不同类别风险的预算安排策略。

表 13-1　不同风险的因应之道

风 险 类 别	风险根源	风险特征	预算安排策略
已知风险	已知	全部已知	将风险应对活动安排在项目正常预算中进行实施
可预测风险	已知	部分已知	由预先规划的项目应急储备金支持风险应对活动
不可预测风险	未知	全部未知	由组织预留的管理储备金保障风险应对活动

13.1.2　风险源于自身

挑战者号航天飞机,1986 年 1 月 28 日,飞机升空后 73 秒发生爆炸。事故原因:右侧固态火箭推进器上面的一个用以密封接缝的"O 形环"失效,导致一连串的连锁反应。令人震惊的是,早在 6 个月前,就有专家质疑这种"O 形环"存在严重设计缺陷,在低温下会失去密封功效。挑战者号升空之前,一位技术负责人拒绝签字,理由是气温过低。由于现场直播消息早已公布,管理人员为了迎合美国宇航局(NASA),置技术要求不顾,强行同意发射,导致

悲剧发生。

哥伦比亚号航天飞机,2003 年 2 月 1 日重返地球时,在得州北部上空解体坠毁。事故原因:NASA 对"机体老化"问题重视不够。飞机起飞一分钟后,遭遇接近允许极限的大风吹袭;20 秒后,从机身下部主燃料箱上脱落的泡沫绝缘材料击中左侧机翼前端。这些打击对服役 21 年,机体严重老化的"哥伦比亚"号是致命的。当它返回地球,经过大气层时,产生剧烈摩擦使高达摄氏 1400 度的空气冲入左机翼后融化了内部结构,导致悲剧发生。

如果能够重视专家的质疑,能够遵从既定的决策程序,如果能够重视机体老化的问题,能够将宇航员的安全置于最高优先级,如果不是那么急功近利,在未知的宇宙面前能时刻保持谦卑的心,那么航天飞机就不会成为人类尘封的历史。

无数惨痛的教训告诉我们,真正的风险源自人们失去对风险应有的敬畏之心。在功利诱惑下躁动激进,要么看不到原本可以看到的风险,要么对风险视而不见、心怀侥幸。

爱德华·墨菲(Edward A. Murphy)告诫我们:"If there are two or more ways to do something, and one of those ways can result in a catastrophe, then someone will do it."这就是被称为 20 世纪西方三大文化发现之一的墨菲定律——如果有两种或两种以上的方式去做某件事情,而其中一种选择方式将导致灾难,则必定有人会做出这种选择。

菲纳格将其简化为:"If anything can go wrong, it will."——凡事只要可能出错,它就一定会出错。看似一件事好与坏的几率相同的时候,事情总会朝着糟糕的方向发生。

容易犯错误是人类与生俱来的弱点,不论技术多先进,意外总会发生。而且我们解决问题的手段越高明,面临的麻烦就越大。自行车相撞,医院里躺几天;火车相撞,则是一场悲剧。因此,我们要总结经验教训,引以为鉴以少犯错误,相同错误不犯第二次。

13.1.3 风险可以管理

1. 风险管理过程

风险并不可怕,可怕的是事前不知不觉或是无知无畏,事中怨天尤人或是仓皇无措,事后不长记性或是矫枉过正。如图 13-2 所示,项目风险管理是一个持续展开的闭环处理过程,包括风险规划、风险识别、风险分析、风险应对和风险监督等环节。

1)规划风险管理

编制项目风险管理计划,定义风险管理过程,约定项目如何实施风险管理活动,明确人员角色分工,为风险管理各项活动分配相应资源。

2)风险识别

排查可能引发项目风险的隐患或不确定性因素,寻找项目潜在的风险,识别风险可能引发的后果,罗列风险清单,描述风险特征。

3)风险分析

对已识别的项目风险进行定量及定性分析,考察风险发生概率及后果严重性,综合评估其对项目目标的影响,对风险进行优先级排序。

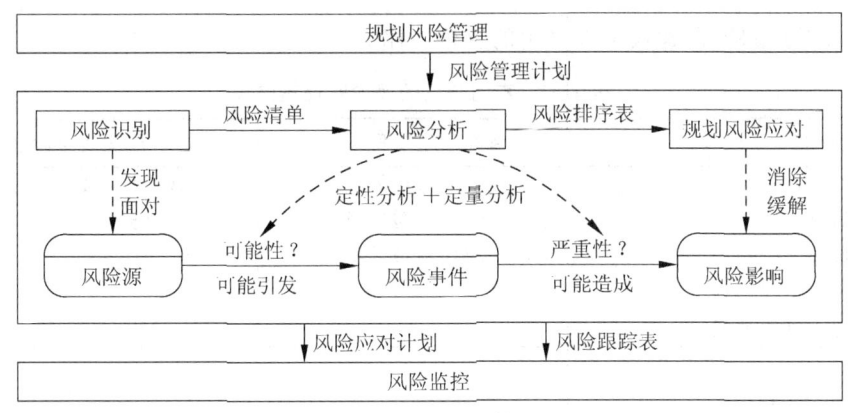

图 13-2 风险管理的过程

4）规划风险应对

根据项目目标，编排风险应对计划，确定风险应对策略，明确风险责任人，分配各项风险应对任务，配置相应资源，并促成各方对计划达成共识。

5）风险监控

在整个项目生命周期内，跟踪已识别的风险，发现风险的变化及新的风险，报告风险度量结果，执行风险应对措施，控制项目风险。

2. 风险管理模式

1）临渴掘井，危机管理

《黄帝内经·素问》："夫病已成而后药之，乱已成而后治之，譬犹渴而穿井，斗而铸锥，不亦晚乎！"意思是说：口渴了，才想挖井取水，已经来不及了。比喻平时没有准备，事到临头才想办法。

临渴掘井，四处忙救火，在风险危机大爆发后才疲于应付处理，这是最糟糕的方式。

2）不虑胜先虑败，缓解风险

《三国演义》中，曹操要攻打徐州陶谦为父报仇，谋士荀彧提醒他，"不虑胜先虑败"，要提防吕布攻其后方兖州。结果不幸被言中，吕布抄了曹操后路，曹操差点丢掉老巢，被迫退兵。

不虑胜先虑败，事先制定好风险发生后的补救措施，做最坏打算，才能免于一败涂地。

3）未雨绸缪，着力预防

《诗经·豳风·鸱鸮》："迨天之未阴雨，彻彼桑土，绸缪牖户。"意思是说：趁着天没下雨，先修缮房屋门窗。比喻事先做好准备工作，预防不必要的事发生。

未雨绸缪，识别潜在风险，事先采取防范措施，减少或避免风险发生时造成的损失。

4）曲突徙薪，消灭根源

《汉书·霍光传》：有户人家，厨房堆着大量柴禾。有人指出这样很危险，建议将烟道改成弯曲的，同时移走柴禾，但主人不听。后来果真着火，房屋被焚，损失惨重。

曲突徙薪，识别和消灭可能产生风险的根源，才是釜底抽薪的解决之道。

3. 风险管理策略

在风险生命周期的不同阶段，应该采取不同管理策略。表 13-2 列出了在风险潜伏阶段、发生阶段及后果阶段建议可以采用的管理策略。

表 13-2　不同阶段的风险管理策略

风险潜伏阶段	风险发生阶段	风险后果阶段
识别潜在风险 规避风险 转移风险 制订风险应对计划 制订应急处置预案	执行风险应对计划 采取权宜措施缓解风险 采取补救措施抵消损失	执行应急处置预案 总结经验教训

4. 风险管理计划

风险管理计划是指导项目团队进行风险管理的纲领性文件,用于明确风险管理目标,界定风险管理职责,阐明风险识别、风险分析、风险应对和风险监控的程序方法,编排风险管理工作计划,规划资源分配。表 13-3 是一个风险管理计划的参考模板。

表 13-3　风险管理计划模板示例

1　引言	3.　组织和职责	5.　流程方法
1.1　编写目的	3.1　组织角色	5.1　风险识别
1.2　预期读者	3.2　职责划分	5.2　风险分析
1.3　术语定义	3.3　协调机制	5.3　分析应对
1.4　内容组织	**4.　工作计划**	5.4　风险跟踪
2.　概述	4.1　风险管理任务	**6.　附表**
2.1　风险管理目标	4.2　进度安排	6.1　风险检查表
2.2　项目风险概要	4.3　预算安排	6.2　风险跟踪表
		6.3　风险报告

13.1.4　风险不断演化

古人云:"祸兮福所倚,福兮祸所伏。"意思是福与祸相互依存、相互转化,比喻坏事可以引出好的结果,好事也可以引出坏的结果。《淮南子·人间训》中的"塞翁失马"故事,就很好地诠释了这个道理。任何事情都可以在一定条件下向自己的反面转化。无论遇到福还是祸,要调整自己的心态,超越时间和空间去观察问题。

图/张炳坤 新浪博客

同样地,项目中的风险也会随着项目时空条件的变化而不断演化。图 13-3 左边这个圈是我们事先预测可能会发生的项目风险;右边这个圈是项目进展中实际发生的风险;中间交叠处是被提前预测并且实际发生的风险。

(1)预测的风险没有发生。随项目时空的转换,一些风险因素逐渐消退,无法再诱发风险;或是由于风险预防措施得当,风险根源被彻底清除,警报得以解除。

(2)冒出预料之外的风险。人的预见能力总是有限的,总有疏漏之处;总有一些原先认为十拿九稳的事,最后跑偏竟成了问题;一些风险应对的行动中,也会隐藏着新的风险。

(3)外部环境的变化往往不是项目经理所能预见或掌控的。客户内部的人事变动,公

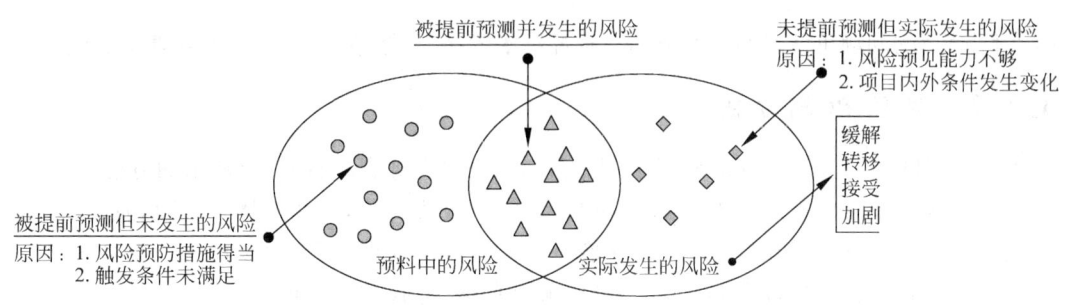

图 13-3　项目风险的演化改自(李涛,2005)

司经营战略的调整,合作单位的项目变故,都会带来新的不确定性。

（4）风险应对及时得当,将有效缓解风险,减少相应损失,如严格需求管控、优化人员配置、增强责任感等；而**缺位不当的风险应对措施**,却可能适得其反进一步加剧风险。

（5）阶段关注重点不同。需求阶段,对需求的理解放在第一位；开发阶段,进度压力是每个人的最大感受；临到割接,软件质量则是不可逾越的问题。

（6）风险优先级顺序不是一成不变。一些原来高优先级的风险,随着新矛盾的出现而退居其次；一些原本低优先级的问题,却可能随着工期的临近变得越来越突出。

因此,成功的风险管理应该：

（1）尽力发现风险源头,对风险产生因素施加影响,尽可能降低风险发生的可能,没有成为现实的风险 ◎ 比例越多越好；

（2）增强风险预见能力,尽可能把项目的不确定性因素转变成相对确定因素,使得新冒出的风险 ◇ 比例越少越好；

（3）对那些无法阻止其发生的风险 △,尽可能采取主动积极的应对策略予以转移或缓解,而不是消极被动地接受。

13.2　风险识别

13.2.1　风险识别概念

风险识别过程采用系统化的方法,明确对项目的范围、进度、成本、质量等目标构成威胁的因素,识别项目中已知的和可预测的内部风险及外部风险。

内部风险是由于自身原因(如经验不足、技术不成熟等)而造成,有可能主动预防和控制。外部风险是外部因素(如客户、社会环境等)而引发,一般无法回避,无法控制,只能积极应对。通常,内部风险的可控性要高于外部风险,使得一些人对内部风险丧失了应有的警惕,这也是"祸起萧墙"情况时有发生的主要原因。

风险识别是风险管理的第一步,也是最重要、最困难的一步。迄今为止,并没有哪种方法可以完整、确定地识别出所有"有意义"的风险。

风险管理自身也是讲求投入产出比的一项活动。既要"不放过"看似"不起眼"的隐患,又要"过滤掉"不必要的担心。"盲目乐观"与"怀疑一切"都是不可取的做法。前者掉以轻心,

图/秦迎　新华社 2005-3-17

一个"不起眼"的问题可能颠覆整个项目;后者草木皆兵,分散精力,反而看不到真正的风险。

13.2.2　风险识别方法

风险识别总体上采用"发散性思维"与"经验性思维"相结合的方式,常用的方法有:

(1) 头脑风暴法:大家聚在一起七嘴八舌,你一言我一语,互相碰撞,互相启发。

(2) 专家调查法:采用"收集意见→整理反馈→再次征询"多次反复的方式整合意见。

(3) 访谈法:访谈资深项目经理或相关领域专家,寻找被遗漏的重要风险。

(4) SWOT 分析:对项目的内部优势与弱势以及外部的机会与威胁进行综合分析。

(5) 图解法:以因果图、流程图、影响图等直观显示风险因素与问题关联,追溯根源。

风险检查表:对照有助于风险识别的一组提问,逐项判断,逐个检查。

前面五种方法,高度依赖于专家或个人的思维灵感与经验技能;风险检查表则是将经验在组织范围内进行高效"传递"的方法,简单、快速、容易理解、结果稳定。

项目实践中,要综合应用各种方法,以风险检查表为参照,识别一般性风险,避免重蹈覆辙;以领域专家为依托,集思广益,识别项目特定风险,避免未知陷阱。

风险检查表来自组织过程资源库中以往类似项目的经验教训,最初由组织内最有经验的专家创建,并在实际应用中逐步扩充完善。风险检查表可以有多种组织形式:

1. 基于生存周期

如针对 RUP 过程模型的初始、精化、构造、移交四个阶段(也可以进一步细分),分别列出每一阶段在产品开发及项目管理方面的主要潜在风险点。

2. 三层风险检查表

由 CMM 的制订者——软件工程研究所(SEI)起草的三层风险检查表,将风险按通用的种类和具体属性组织起来,分为三大类、十三元素、64 个属性,具体分类如表 13-4 所示。针对每一风险属性,又设计了一组风险提问。

表 13-4　SEI 风险检查表

1 产品工程				2 开发环境				3 项目约束	
1.1 需求	稳定性	1.3 编码和单元测试	可行性	2.1 开发过程	正规性	2.3 管理过程	计划	3.1 资源	进度
	完整性		单元测试		适合性		项目组织		人员
	清晰性		编码实现		过程控制		管理经验		预算
	有效性				熟悉程度		管理接口		设备
	可行性	1.4 集成和测试	环境		产品控制	2.4 管理方法	监控	3.2 合同	合同类型
	有无先例		产品	2.2 开发环境	能力		人员管理		约束条件
	规模大小		系统		适宜性		质量保证		依赖关系
1.2 设计	功能性				可用性		配置管理	3.3 项目接口	客户
	难度	1.5 工程特性	可维护性		了解程度	2.5 工作环境	质量态度		联合承包商
	接口		可靠性		可靠性		合作性		分包商
	性能		安全性		支持性		团队沟通		总包商
	易测性		保密性		交付能力		团队士气		管理机构
	硬件限制		人为因素						供货商
	非开发软件		规格说明						合同条款

3. 基于关键域

一般涉及产品规模、客户特性、商业影响、软件过程、开发技术、开发环境、开发人员等方面。以下给出示例并做简要说明。

1）产品规模风险

与要开发或要修改的软件的总体规模相关的风险，见表 13-5。一般情况下，产品规模越大，项目就越复杂（技术要求越高、涉及的人越多），项目风险也就越大。

表 13-5　产品规模风险示例

#	风 险 条 目
1	是否以 LOC 或 FP 估算产品的规模
2	对于估算出的产品规模的信任程度如何
3	是否以程序、文件或事务处理的数目来估算产品规模
4	产品规模与以前产品的规模平均值的偏差百分比是多少
5	产品创建或使用的数据库大小如何
6	产品的用户数有多少
7	产品的需求改变多少？交付之前有多少？交付之后有多少
8	复用的软件有多少

产品规模是项目预算与项目计划的基础。产品规模估计过于乐观的结果，往往是项目报价偏低，前期投入少，后期拼命堆人、拼命赶工。由此，经常造成项目亏损，迟迟无法上线，失去客户信任。产品规模估计偏差越大，项目实施困难越大。

在线并发访问用户数是度量产品规模的重要指标。教学管理系统与几亿人同时在线的 QQ，两者的系统承载能力不可同日而语。用户规模的线性增长将急剧增加系统的技术复杂性，要求优化系统架构，增强抗压能力，提高可靠性和容错性。

数据库大小一是直接反映业务量大小，反映系统各类交易处理的规模；二是与业务的复杂度、覆盖面及精细化有直接关系。业务越复杂、管理越精细、交易量越大，逻辑处理越复杂，对数据库处理能力要求以及开发人员技术能力要求也就越高。而关系数据库服务器的交易处理能力，无法做到像应用服务器一样，通过软硬件的集群技术实现平滑扩展。大数据量下，不合理的索引，蹩脚的 SQL，都可能轻易地瘫痪整个系统。

需求变更的直接影响是设计返工、代码重写甚至是推倒重来、项目延期乃至失败。需求变更越多，返工的工作量就越大，甲乙双方的关系就越紧张，对团队士气的打击也越大。变更提出的时间点越迟，对项目的影响越大，为此付出的代价越大。

软件复用可以显著提高软件开发生产率与软件质量。这些可复用的代码（基础技术框架甚至是比较成熟的业务组件），经过之前多个项目的持续检验与优化而日趋完善与稳定。可以复用的代码越多，项目开发越省时，越省力，风险也越小。

2）客户相关风险

与客户的素质以及开发者和客户定期通信的能力相关的风险，见表 13-6。"不成熟"的客户或是不和谐的客户关系会给项目的实施带来巨大的风险。

表 13-6 客户相关风险示例

#	风险条目
1	以前是否曾与这个客户合作过
2	客户是否很清楚需要什么？能否花时间把需求写出来
3	客户是否同意花时间召开正式的需求收集会议，以确定项目范围
4	客户是否愿意建立与开发者之间的快速通信渠道
5	客户是否愿意参加复审工作
6	客户是否具有该产品领域的技术素养
7	客户是否愿意开发人员参与他们的工作
8	客户是否了解软件过程

既往合作经验

信息系统招投标是双向选择的过程，客户喜欢与知根知底的软件公司合作，软件公司也乐于为长期合作的老客户服务。合作双方相互间越了解，配合协作就越顺畅。建立长期合作、共同成长的关系，对客户与软件公司而言都是长期利好的举措。

成熟客户

他们了解信息化建设规律，是项目经理的贵人，他们有自己的独立意志。

① 他们知道项目成败是甲、乙方双方的共同责任，项目成败对甲方的影响远远超出对乙方的影响，甲方项目经理要承担更大的项目责任。

② 他们知道高层领导的关注与支持是项目成功的决定性因素，能够组建由各个层级的业务人员、信息化人员组成的专业化项目实施团队。

③ 他们将承建方视为实现项目建设目标的共同体，成立联合项目组，将甲方团队、乙方团队纳入统一管理，建立高效的沟通渠道与项目监控机制。

④ 他们知道自己需要什么，能够组织内部业务人员进行系统化的需求收集、整理与分析工作，能够清晰地表达、描述自己的需求。

⑤ 他们了解信息化与管理的关系，知道信息化是业务的支撑，业务是信息化的源头，知道哪些事计算机能做，哪些事计算机做不到。

⑥ 他们能够有计划地推进同信息化建设相配套的组织变革与流程重组，制定、落实各项管理制度、作业规范及考核标准。

⑦ 他们能够在承建方的支持下，主导推进项目实施的各项工作。如组织需求收集与研讨、组织各级人员培训、组织系统上线测试、组织档案普查与补录、组织系统割接的各项准备工作、建立问题报告与运行维护机制等。

不成熟客户

他们不了解信息化建设规律，他们对软件公司依赖性太大；他们可能认为甲方就是花钱买套软件，项目做不好就是软件公司水平不行；他们可能说不清自己想要什么，甚至也不想说清楚；他们的上下各级对项目的认识相差迥异……

帮助客户成长是项目组的重要任务。客户的成熟，将是项目建设的最佳推进剂。项目建设中，可以为客户提供有针对性的分层次各类培训，对客户善加引

图/孟浩强 北京晨报 2011-9-15

导,帮助他们逐步提高信息化素养,形成项目建设的责任主体意识。项目组要用极大的热情帮助客户规划、推动各项配合工作,告诉他们要做什么、怎么做、怎么落实、怎么检查、怎么改进。

可能的话,组织核心骨干到标杆单位考察取经,学习同类项目建设的经验教训,尤其是去充分感受甲方在成功项目建设中的重要作用。

3)商业影响风险

与管理者或市场及社会环境所加诸的约束相关的风险,制约了项目的资源投入以及可能的技术实现,见表 13-7。项目活动本质上是商业驱动,因为项目要盈利,公司要生存。

表 13-7　商业影响风险示例

#	风险条目
1	本项目对公司的收入有何影响
2	本项目是否得到公司高级管理层的重视
3	交付期限的合理性如何
4	可能使用本系统的用户数有多少?本系统是否与用户的需要相符合
5	本系统必须与多少个其他系统互操作
6	最终用户的水平如何
7	政府对本项目开发有何约束
8	延迟交付所造成的成本消耗是多少
9	系统缺陷所造成的成本消耗是多少

项目效益

公司的经营活动就是为获取利润,没有盈利的项目是无法持久的,公司可以做一时的投入,但无法做始终看不到"钱途"的投入。能不能赚钱?能赚多少钱?对公司业绩的贡献度如何?是赚眼前的钱还是为了赚以后更多的钱?

高层领导支持

项目资源调配、与客户高层间互动以及工作环境改善都需要高层领导的鼎力支持,缺乏高层领导支持的项目经理寸步难行。那要怎么样获取领导的支持呢?

① 常汇报:让领导及时全面掌控项目进展情况,反映问题更要反映问题的解决情况。

② 多请示:关键节点上带着方案,带着自己的建议,由领导拍板决定。

③ 多派工:尽可能让领导在项目上"陷"得深一些,跟客户高层互动,给项目成员打气,出席关键场合活动;领导"陷"得越深,你就越能得到领导的支持,因为这时项目的成败就不仅只是项目经理的事情,也事关领导的权威与面子了。

软件交付要求

据统计,进度冲突是排在第一位的项目冲突。在软件需求一定的情况下,工作量、人员投入、项目工期、软件质量之间是非线性的关系。工期要求越短,折合的工作量越大,要求投入的资源越多,人员的工作强度越大,质量保证的压力也越大。软件项目有其特殊性,存在不可压缩的最短工期,"早产儿夭折的可能性很大"。

软件延期交付或者交付后问题不断迟迟无法验收,都将显著增加项目成本。一些开发合同中,客户甚至会要求明确列出相关违约行为的赔偿条款。

其他相关约束

① 与之互操作的关联系统数量越多,涉及厂商越广泛,数据交换越频繁,流程集成越紧

密,交互方式越多样,项目风险就越大。

② 法律法规、社会道德及行业规范对项目的约束及要求不容忽视。如不能泄露或侵犯个人隐私;不能留有恶意的逻辑炸弹或用以窃取客户机密信息的后门……

③ 要考虑最终用户的应用水平与使用习惯,满足他们的各类合理需求,解决实际业务问题。应用水平与使用习惯差异越大,软件开发面临的困难越大。

4)软件过程风险

与软件过程被定义的程度以及它们被开发组织所遵守的程度相关的风险。

过程决定质量:不好的软件过程,很难产出高质量的软件;由于要走很多弯路,为达成同等项目目标,往往要付出更多的代价,事倍功半。

认证不是目的:CMMI 为改进组织的各种过程提供了一个单一的集成化框架,CMMI 成熟度级别标示了过程能力的水平,描述了组织通过遵循软件过程可能达到的期望结果的范围。遗憾的是,一些企业引入 CMMI,却只是为了认证而认证,将 CMMI 作为撑门面的企业资质;认证中弄虚作假,堆砌材料,实际工作中只重形式不重效果,甚至自由放任。

青岛晚报 2012-2-21

过程问题

侧重于未遵循规范程序而引致的风险,见表 13-8。要求软件开发的过程要有规范,有标准,有文档,有审查,有计划,有指导,有跟踪,有度量,有改进,有确认。

表 13-8 过程问题示例

#	风 险 条 目
1	高层领导是否正式行文认可软件开发标准过程的重要性
2	组织是否已经建立了成文的、用于本项目的软件过程说明
3	开发人员是否"签约"自觉遵循组织的软件过程进行开发工作
4	该软件过程是否可以用于其他项目
5	管理者和开发人员是否接受过一系列软件工程培训课程
6	是否为所有交付物建立了文档说明及示例
7	是否定期对需求规约、设计和编码进行正式的技术复审
8	是否定期对测试过程和测试情况进行复审
9	是否对每一次正式技术复审的结果都建立文档
10	保证按照软件工程标准来指导工作的机制是什么
11	是否使用配置管理来维护需求、设计、编码及测试间一致性
12	是否使用一个机制来控制用户需求的变化及其对软件的影响
13	对每个分包合同,是否有文档化的工作说明、需求规约及开发计划
14	是否有跟踪、复审分包商工作的流程

软件过程管理强调高层领导重视,但我们要的是"法治"而不是"人治"。领导的重视不应停留在口头上,也不应只是突出个案。"某某领导亲自批示,某某事情几天内立马解决",这不是好现象。我们更乐意见到一切有章可循、有章必循、违章必究,少一点亲自批示。要做到无为而治,必须:

① 建立起正式的软件过程,领导签字正式行文下发。

② 建立起完整的配套考核管理措施,加强对项目实施过程的跟踪监控,严格落实各项考核管理措施。

③ 确保有关规定宣贯到组织的每位成员,确认每位成员承诺自觉遵循相关过程规定。

图/田成有 法治日报 2010-10-20

技术问题

侧重于软件开发过程中未运用合适方法及工具引致的风险,见表 13-9。包括规范与模板的遵循、开发及管理工具的采用、规范开发方法的应用。

表 13-9　技术问题示例

#	风 险 条 目
1	是否使用方便易用的规格说明来辅助客户与开发者间的交流
2	是否使用特定的方法进行软件分析
3	是否使用特定的方法进行数据和体系结构的设计
4	是否百分之 90 以上的代码都是采用高级语言编写的
5	是否定义及使用特定的规则进行代码编写
6	是否使用特定的方法进行测试用例设计
7	是否使用软件工具来支持计划和跟踪活动
8	是否使用配置管理工具来控制和跟踪软件过程中的变化活动
9	是否使用软件工具来支持软件分析和设计过程
10	是否使用工具来创建软件原型
11	是否使用软件工具来支持测试过程
12	是否使用软件工具来支持文档的生成和管理
13	是否收集所有软件项目的质量度量值
14	是否收集所有软件项目的生产率度量值

5）开发技术风险

与待开发软件的复杂性以及所包含技术的"新奇性"相关的风险,见表 13-10。表中的风险条目,如果有一个是肯定的,就需要进一步分析以规避或化解刚性的技术风险。

表 13-10　开发技术风险示例

#	风 险 条 目
1	该技术对于你的组织而言是新的吗
2	客户的需求是否需要创建新的算法或输入、输出技术
3	软件是否需要使用新的或未经证实的硬件接口
4	待开发软件是否需要与开发商提供的未经证实的软件产品接口
5	产品的需求中是否要求采用特定的用户界面
6	产品需求中要求开发的一些程序构件,它们与之前开发的构件完全不同
7	需求中是否要求使用新的分析、设计或测试方法
8	需求中是否要求使用非传统的软件开发方法
9	需求中是否有过份的对产品的性能约束
10	客户能确定所要求的功能是"可行的"吗

技术风险一般发生在：

① 采用新的技术、平台或产品。如从. NET 迁移到 J2EE，PC 应用改造为移动 APP。有时，过于陈旧、濒临淘汰的技术也会引发风险。

② 应对新的技术问题，开发技术含量较高的底层服务组件。如大用户并发访问，工作流协同平台，SOA 应用集成，大数据分析处理等。

③ 系统架构搭建不合理。业务扩展性差，无法适应业务的调整变化；系统扩展性差，用户增加性能直线下降，无法通过硬件扩容与集群技术实现无缝扩展。

④ 不切实际的功能要求。如大数据量下无限制地要求支持模糊查询；将只能由管理做的工作强加给系统。

⑤ 需要与未经验证或不熟悉的软硬件进行接口，安全性、稳定性、可靠性都要打问号。

⑥ 要求过高的性能指标。有些超出业务实际需要（如各种查询统计都必须在 2 秒内完成）；有些实现代价太大；有些超出系统投资及软硬件平台的承受能力。

⑦ 采用新的开发方法及工具。如从面向过程转向面向对象，从 RUP 转向敏捷开发。

规避与解决办法：

① 尽量采用有成功经验可循的成熟技术，"招数不在新，管用就行。"

② 小范围的技术原型验证是降低引入新技术风险的有效方式。

③ 公司范围内组建相对稳定的基础技术研发攻关小组，为所有项目组提供一致的基础编程框架，并在各项目的应用过程中持续予以完善。

④ 与关联系统的接口定义方面，界面要清晰，内容要限制，权限要控制；接口实现方面，方案要可靠，交易要记录，系统要审计。

⑤ 部分非公司核心业务的难点技术可以考虑外部采购或外包，公司将主要精力集中于核心业务的研发投入。

⑥ 保证技术人员的技术决策话语权，积极跟踪新技术，增强技术储备，加强人员培训。

6）开发环境风险

与用以建造产品的工具的可用性及质量相关的风险，见表 13-11。这些支持软件开发与过程管理的工具主要有：

① 项目管理工具，如 Project、项目管理系统。

② 分析设计工具，如 ROSE、PowerDesigner。

③ 测试工具，如 Junit、QC。

④ 配置管理工具，如 VSS、SVN。

⑤ 集成开发环境，如 Eclipse、Visual Studio。

⑥ 编程框架，如 Struts、Spring 等开源框架或公司内部框架。

⑦ 项目应用的特定工具，如数据仓库项目需要的 ETL 工具、OLAP 工具。

对开发环境的要求简单地说就是要好用、够用，能够为技术工作与管理工作提供足够的必要支撑。如功能完备、效率高、可靠稳定、操作方便、易学易用、资料齐全、技术支持有力、使用人群广泛、符合业内主流等。

表 13-11　开发环境风险示例

#	风 险 条 目
1	是否有可用的软件项目管理工具
2	是否有可用的软件过程管理工具
3	是否有可用的分析及设计工具
4	分析及设计工具是否支持适用于待建造产品的方法
5	是否有可用的编译器或代码生成器,且适用于待建造产品
6	是否有可用的测试工具,且适用于待建造产品
7	是否有可用的软件配置管理工具
8	环境是否利用了数据库或仓库
9	是否所有软件工具都是彼此集成的
10	项目组的成员是否已经接受过关于每个工具的培训
11	是否有相关的专家能够回答关于工具的问题
12	工具的联机帮助及文档是否适当

7）开发人员风险

与开发人员的总体技术水平及项目经验相关的风险,见表 13-12。所谓"巧妇难为无米之炊","缺人"是项目经理普遍感到头疼的问题。"缺人"在多数情况下,不是简单的人数不够,而是合适的人不够。

表 13-12　开发人员风险示例

#	风 险 条 目
1	是否有最优秀的人员可用
2	人员在技术上是否配套
3	是否有足够的人员可用
4	开发人员是否能够自始至终地参加整个项目的工作
5	项目中是否有一些人员只能部分时间工作
6	开发人员对自己的工作是否有正确的期望
7	开发人员是否接受过必要的培训
8	开发人员的流动是否仍能保证工作的连续性

开发人员的流动性

IT 公司人员的流动性要大大高于一般行业。非正常的人员流动对项目工作的影响非常大。将要走的人,无心工作,他所负责任务的进度与质量可想而知;接手离职人员工作的人,很多时候相当于把所有工作重做一遍,尤其是当开发过程管理不规范的时候。

项目质量不是由质量最高的模块决定,而是由质量最差的模块决定。一个关键模块的进度延误或质量问题,将会使整个系统的可用性大打折扣,甚至造成系统瘫痪。

人员流动频繁的模块,其软件质量难以得到保证。因此项目经理要想办法保持人员稳定,尽量为项目组成员创造良好的工作环境(领导的重视、团结协作的关

系、持续的项目成功、公平合理的考核等），工作安排上要有一定的交叉备份，注意人员的情绪波动与工作绩效的异动，在员工还没有提出离职前做工作予以疏通挽留。

新手的培养

有经验的开发人员是公司的稀缺资源，当然是各个项目竞相争夺的对象。在到处都缺人的情况下，公司不可能把鸡蛋都放在一个篮子里，不可能完全满足某个项目的所有资源请求。你需要五个有经验的开发人员，可能最多配给你 2 个老的、4 个新的，这也许已经是公司尽了很大努力才调剂来的。

此时，与其抱怨人手不足，不如沉下心来，想些办法，怎么样让新手快速成长为熟练工。这种机制或办法一旦趟出一条路后，将是解决人员紧缺的长效之法与根本之道，项目经理今后的工作也将会得心应手，因为他始终会面对人员紧缺的问题。

13.2.3 风险识别结果

风险识别的结果是一张风险清单，罗列已识别的风险，说明引起风险的主要因素与不确定的项目假设。如果一个项目遇到表 13-13 所列风险中的一个，就要引起高度重视。

表 13-13 风险清单示例（keil,1998）

#	风险类别	风 险 点
1	商业影响	客户管理者和软件组织高层管理者没有正式承诺支持该项目
2	客户特性	最终用户对项目的支持不热心
3	软件规模	项目团队及其客户没有充分理解需求
4	客户特性	客户没有完全地参与到需求定义中
5	客户特性	最终用户的期望不现实
6	软件规模	项目范围不稳定
7	开发人员	项目团队的技能搭配不合理
8	软件规模	项目需求不稳定
9	开发人员	项目团队不熟悉项目所需的技术
10	开发人员	项目团队人员数量不足项目需要
11	客户特性	客户和用户对项目的重要性和待开发系统的需求没有达成共识

13.3 风险分析

13.3.1 定性风险分析

定性风险分析通过对风险的发生概率及影响程度进行主观的综合评估，以确定风险优先级。组织可以重点关注高优先级别的风险，决定下一步应对措施。

1. 风险概率

风险概率指风险发生的可能性。风险概率的定性分析，是用数字等级或自然语言级别对风险概率大小做定性的分类，明确到底什么是"非常可能""很可能""可能""不大可能"与"极不可能"，参见表 13-14。

表 13-14 风险概率的定性等级示意

等级	风险可能	概率范围
1	极低	10%以下
2	低	11%～20%
3	中等	21%～50%
4	高	51%～80%
5	极高	80%以上

进行定性分级划分后，便于对不同风险事件发生的可能性进行定性比较。对不同风险偏好的组织或个人而言，同一级别对应的概率范围可能相差较大。

2. 风险影响

风险影响指风险发生时对项目目标影响的严重程度。风险影响的定性分析，是用数字等级或自然语言级别对风险影响程度做定性的分类。可以参考表 13-15，将项目风险后果描述与风险影响数值建立关联关系。

表 13-15 风险影响的定性等级示例

等级\目标	1 可忽略 0.05	2 轻微 0.10	3 中等 0.20	4 严重 0.40	5 灾难 0.80
成本目标	成本增加不显著	成本增加小于10%	成本增加10%～20%	成本增加20%～40%	成本增加超过40%
进度目标	进度拖延不显著	进度拖延小于5%	进度拖延5%～10%	进度拖延10%～20%	进度拖延大于20%
范围目标	范围变更不显著	小面积的范围变更	较大面积的范围变更	大面积的范围变更	无法承受的范围变更
质量目标	质量下降不显著	仅影响到需求高的应用	质量下降需要发起人审批	质量下降到发起人不能接受	项目最终结果无法使用

表中反映的是范围、时间、成本、质量 4 个项目目标发生不同程度偏移时的风险影响，是将 4 种不同类型的风险所引发的后果按照统一的等级设定进行无量纲化的划分处理。实践中应根据具体项目以及组织的风险承受水平，对这些比例进行调整。

同时，还可以将目标进行进一步细化。如将质量目标分解为：功能目标、性能目标。

3. 风险评估指数矩阵

将风险概率和风险影响等级编制成矩阵，分别给予定性的加权指数。风险评估指数根据风险事件可能性和后果严重性综合确定，具有一定的主观性，但要便于区分各种风险的档次。表 13-16 中简单地以风险值(概率×影响)作为风险评估指数。

每个组织可以根据自己的偏好，将概率和影响的各种组合划分为不同的风险级别。风险级别没有统一的规定，可以简单划分为"高、中、低"，也可以进一步细化为"红、橙、黄、蓝、绿"五级。各级别包括哪些概率和影响的组合同样也没有统一的规定。

(1) 高风险(深灰区域)：后果严重，不可接受，需要项目组持续优先重视，积极应对。

(2) 中等风险(浅灰区域)：风险值较高，需要项目组重视，由管理者评审后方可接受。

（3）低风险（无色区域）：列入跟踪清单，适时保持关注，特别是可能的风险升级。

表 13-16　风险评估指数矩阵示例

概率	影响	可忽略 0.05	轻微 0.10	中等 0.20	严重 0.40	灾难 0.80
极低	0.10	0.01	0.01	0.02	0.04	0.08
低	0.30	0.02	0.03	0.06	0.12	0.24
中等	0.50	0.03	0.05	0.10	0.20	0.40
高	0.70	0.04	0.07	0.14	0.28	0.56
极高	0.90	0.05	0.09	0.18	0.36	0.72

　　每个组织，每个项目都可以根据自身的实际情况，对以上的风险评级规则进行调整。获得每个风险的定性概率值和定性影响值之后，对照"风险评估指数矩阵"及风险级别划分标准，就可以评估每个风险的重要性和所需要的关注优先级。

　　除了风险的概率和影响两个因素之外，必要时还应该考虑风险的紧迫性，以综合得出最终的风险处理优先级别。风险征兆越明显，风险应对所需时间越长，需要越早发出预警信号或做出响应的风险具有越高的紧迫性。

4. 风险排序表

　　风险排序表按风险值从高到低列出识别出的项目风险信息，示例如表 13-17 所示。项目过程中，需要动态维护风险排序表，以适应各种风险的动态变化。

表 13-17　风险排序表示例

优先级	风险描述	类别	概率	影响	风险值	风险级别
1	用户需求重大变更过多	产品规模	0.5	0.8	0.4	高
2	交付期限提前	商业影响	0.7	0.4	0.28	高
3	高层领导对项目支持不够	商业影响	0.3	0.8	0.24	高
4	软件规模估算偏低	产品规模	0.3	0.8	0.24	高
5	技术人员流动性偏高	开发人员	0.5	0.4	0.20	中等
6	客户内部项目意见不一致	客户特性	0.3	0.4	0.12	中等
7	技术人员经验技能不足	开发人员	0.3	0.4	0.12	中等
8	用户数大大超出原先项目规划	产品规模	0.3	0.4	0.12	中等
9	未使用测试工具进行测试及测试管理	软件过程	0.3	0.2	0.06	低
10	缺少新工具的培训	开发环境	0.9	0.05	0.05	低

13.3.2　定量风险分析

　　定量风险分析是在不确定情况下提供风险决策依据的一种量化方法，其目标是量化分析每一风险的概率及其对项目目标造成的后果，分析各项风险对项目总体风险的影响，进而得出项目总体风险的量化水平，确定切实可行的范围、进度和成本目标。

　　定量风险分析一般在定性风险分析完成之后进行，也可以在风险识别之后直接进行。由于过程较为复杂、管理要求高、代价较大，因而不少项目只进行定性风险分析。

1. 数据收集和表示技术

1）访谈法

典型地,可以通过访谈来收集专家对风险发生概率及风险影响大小的估计。所需要采集的信息取决于拟采用的风险变量概率分布模型。三角形分布、β分布等非对称性分布要求采集乐观值、悲观值、最可能值,正态分布要求采集平均值与标准差。访谈记录中,要载明如此设定风险值域的理由,以帮助判定风险分析结果的可信度。

以下是软件项目成本估算的一个示例。

设定成本的概率分布模型为三角形分布。访谈中,如表13-18所示,由专家针对每项任务成本给出三个估计值——乐观值、悲观值、最可能值,采用 Delphi 法来统一各个专家的意见。

表 13-18 访谈法三点数据采集示例（单位：万元）

任务项	乐观估计	最可能值	悲观估计
设计	4	6	10
开发	16	20	35
实施	11	15	23
总计	**31**	**41**	**68**

我们可以从各分项任务的经验估计值,简单累加后推导出整个项目的经验估计值。

总成本$_{乐观估计}$ ＝ 设计成本$_{乐观估计}$ ＋ 开发成本$_{乐观估计}$ ＋ 实施成本$_{乐观估计}$ ＝ 31 万

总成本$_{悲观估计}$ ＝ 设计成本$_{悲观估计}$ ＋ 开发成本$_{悲观估计}$ ＋ 实施成本$_{悲观估计}$ ＝ 68 万

总成本$_{最可能值}$ ＝ 设计成本$_{最可能值}$ ＋ 开发成本$_{最可能值}$ ＋ 实施成本$_{最可能值}$ ＝ 41 万

如果就此将项目预算设定为总成本$_{最可能值}$,那么实际上项目超出预算的可能性将非常大。所以我们不能停步,必须做进一步分析。

2）概率分析法

一般地,连续概率分布用于表示数值的不确定性,如活动历时、成本花费,常用的有三角形分布与β分布。不连续概率分布则用于表示事件的不确定性,如决策树中各分支选项的可能性。具体选用哪种概率分布模型,可以根据经验数据结合专家的判断来决定。

实际上,前述例子中,面对的是这样一个问题:已知三个三角形分布的随机变量 $X_{设计成本}$、$Y_{开发成本}$、$Z_{实施成本}$的参数,求"$T_{总成本}＝X_{设计成本}＋Y_{开发成本}＋Z_{实施成本}$"的各种估计值。

首先,观察三角形分布概率密度函数(见图13-4)与累积分布函数(见图13-5)的特点。

然后,根据三角形分布的特点,对"设计任务"的成本,可以得出:

① 设计成本$_{期望值}$＝(设计成本$_{乐观估计}$＋设计成本$_{悲观估计}$＋设计成本$_{最可能值}$)/3
＝(4＋6＋10)/3＝6.7 万

② 根据三角形分布的累积分布函数 $F(x)$,"设计成本"控制在期望值6.7万以内的概率为 53.7%。

如果要使"设计成本"落在预算内的概率＞75%,那么"设计预算"至少为 7.6 万。

类似地,如表13-19可以计算出"开发任务"与"实施任务"的相关数据。

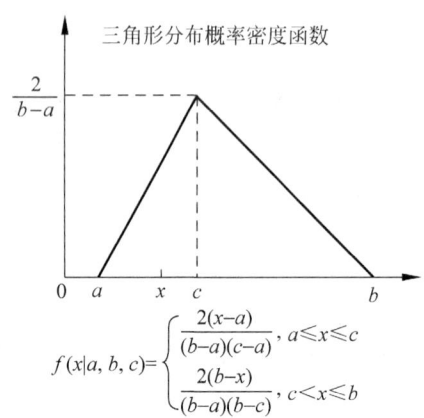

$$f(x|a, b, c)=\begin{cases} \dfrac{2(x-a)}{(b-a)(c-a)}, & a\leqslant x\leqslant c \\[2ex] \dfrac{2(b-x)}{(b-a)(b-c)}, & c<x\leqslant b \end{cases}$$

图 13-4 三角形分布概率密度函数

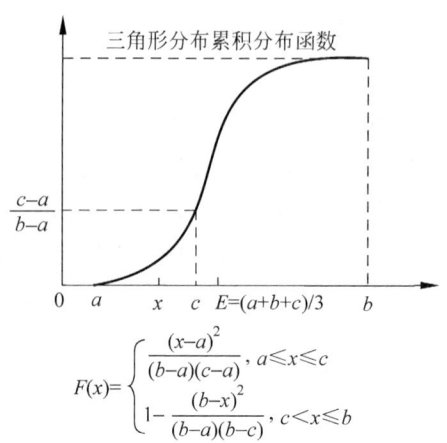

$$F(x)=\begin{cases} \dfrac{(x-a)^2}{(b-a)(c-a)}, & a\leqslant x\leqslant c \\[2ex] 1-\dfrac{(b-x)^2}{(b-a)(b-c)}, & c<x\leqslant b \end{cases}$$

图 13-5 三角形分布累积分布函数

图中：a 为乐观估计，b 为悲观估计，c 为最可能值。

期望值＝(乐观估计＋悲观估计＋最可能值)/3

表 13-19 概率分析法示例(单位：万元)

任务项	乐观估计 a	最可能值 c	悲观估计 b	期望值 E	落在最可能 值内概率	成本落在期 望值内概率	75％概率不超支的 成本取值
设计	4	6	10	6.7	33.3％	53.7％	7.6
开发	16	20	35	23.7	21.1％	54.9％	26.6
实施	11	15	23	16.3	33.3％	53.7％	18.1
总计	**31**	**41**	**68**	**46.7**	?	?	?

随后，得出总成本的期望值：

$$E_{总成本} = E_{设计成本} + E_{开发成本} + E_{实施成本} = 6.7 + 23.7 + 16.3 = 46.7 \text{ 万}$$

2．定量风险分析方法

1）模拟法

模拟法利用基于概率论和数理统计的系统模型，将对项目目标潜在影响的不确定性因素具体化和定量化，研究和预测各种不确定性因素对项目的影响，分析系统的预期行为。

蒙特卡罗法是一种常用的模拟法，以下说明在定量风险分析中的应用步骤。

（1）识别项目风险因子。

运用风险识别方法，从影响项目目标的众多不确定因素中，找出关键的风险因素。再将不确定性的影响因素细化为对项目产生影响的具体因子。

（2）构造系统模型。

根据经验数据及专家意见，确定每个风险因子的概率分布模型；通过访谈或专家调查等方法获取概率分布模型的参数；构造以风险因子为输入，以项目目标或其偏差为输出的系统模型，用以模拟风险因子如何影响项目目标的概率过程。

（3）随机模拟实验。

应用仿真模拟系统，依照风险因子的概率分布模型，为每个风险因子随机产生样本，而后输入到已构造好的系统模型进行仿真运算。按置信度要求，重复进行足够多次，以模拟各种风险因子的各种组合,获得各种不确定性组合下的结果。

（4）结果分析。

对模拟实验结果进行统计分析,找出项目目标受各种风险因素综合影响下的变化规律,为项目决策提供定量依据。

针对前述例子,在仿真模拟系统中,构建模型:

$$T_{总成本} = X_{设计成本} + Y_{开发成本} + Z_{实施成本}$$

按访谈时确定的三个估计参数（悲观值、乐观值、最可能值）,构造三个相互独立、满足三角形分布的随机数序列,分别代表 $X_{设计成本}$、$Y_{开发成本}$ 及 $Z_{实施成本}$。

根据置信度要求,确定需要模拟的次数。

每次模拟时,三个序列各取一个样本,计算

$$t_{总成本i} = x_{设计成本i} + y_{开发成本i} + z_{实施成本i}$$

达到次数后,将所有结果值进行排序,统计各值出现的次数,绘制总成本累积分布曲线,如图 13-6 所示。

成本控制在总成本$_{最可能值}$以内的概率只有12%。

总成本$_{期望值}$ = 46.57 万元

成本控制在期望值以内的概率为 54%。

若要使总成本落在预算内的概率大于 75%,总成本预算至少要达到 53 万。

相关模拟结果值见表 13-20。

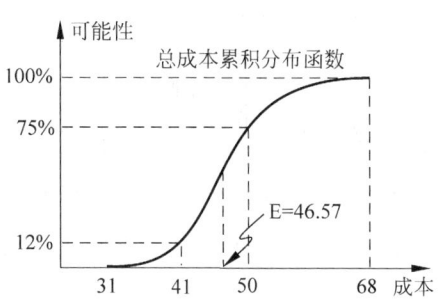

图 13-6 总成本累积分布函数

表 13-20 模拟法示例（单位:万元）

任务项	乐观估计 a	最可能值 c	悲观估计 b	期望值 E	落在最可能值内概率	成本落在期望值内概率	75%概率不超支的成本取值
设计	4	6	10	6.7	33.3%	53.7%	7.6
开发	16	20	35	23.7	21.1%	54.9%	26.6
实施	11	15	23	16.3	33.3%	53.7%	18.1
总计	**31**	**41**	**68**	**46.57**	**12%**	**54%**	**53**

2）决策树分析

决策树分析采用图表分析的方法,帮助在多种可能的方案组合中,选择最佳行动路径。决策树模拟树木生长的过程,从出发点开始不断分支来表示所分析问题的各种可能性,根据每个分支方案的损益期望值（Expected Monetary Value,EMV）做出选择。

$$EMV = \sum_{i=1}^{n} P_i V_i \qquad (13\text{-}1)$$

其中,P_i 表示此分支方案下第 i 种情况发生的概率;V_i 表示对应情况下的损益。

决策树绘制方法：

① 先画一个□作为出发点,称为**决策节点**。决策节点上可以标明要决策的事项。

② 从出发点向右引出若干分支线,称为**方案分支**。在分支上标明方案名称,有几条分支就有几个可选方案。

③ 方案分支末端画个○,称为概率分叉点或**状态节点**。

④ 状态节点引出的分支称为**概率分支**,在分支上标明该种情况出现的概率值。

⑤ 概率分支末端画个△表示**终点**,在△边上标明这种情况的损益。然后计算此概率分支的损益期望值,标注在概率分支靠近对应状态节点的一侧。

⑥ 从各终点△开始,依次向上回溯,计算所有概率分支与方案分支的损益期望值。

⑦ 在每个决策节点处,保留损益期望值最大的分支,其余分支修剪掉(分支上画"//")。

课堂讨论 13-1　决策树绘制

知明科技准备开发一款 APP 软件,有两种可选方案,产品生命期内的收益分析如下:

方案	畅销		一般		滞销	
	可能性	损益	可能性	损益	可能性	损益
A 成熟方案	45%	1000	40%	300	15%	−300
B 前卫方案	45%	2000	15%	100	40%	−600

问 1:请按照决策树分析法,选择最佳方案。

$$V_{成熟方案} = P_{畅销} \times V_{畅销} + P_{一般} \times V_{一般} + P_{滞销} \times V_{滞销}$$
$$= 45\% \times 1000 + 40\% \times 300 - 15\% \times 300$$
$$= 525 \text{ 万元}$$

$$V_{前卫方案} = P_{畅销} \times V_{畅销} + P_{一般} \times V_{一般} + P_{滞销} \times V_{滞销}$$
$$= 45\% \times 2000 + 15\% \times 100 - 40\% \times 600$$
$$= 675 \text{ 万元}$$

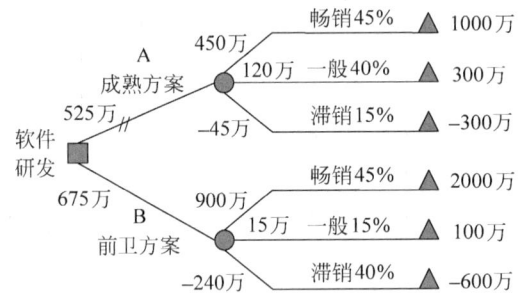

由于 $\text{EMV}_{前卫方案} > \text{EMV}_{成熟方案}$,按照损益期望值最大的原则,所以选择前卫方案。

问 2:如果你是知明科技的老总,你会选择 EMV 值较大的"前卫方案"吗?为什么?

EMV 给出的是平均意义上的收益,很多情况下,有必要关注下方案的风险性。

$$V_i = \sum_{j=1}^{n} P_{ij} V_{ij}, \quad \sigma_i = \sqrt{\sum_{j=1}^{n} P_{ij}(V_{ij} - V_i)^2}, \quad \gamma_i = \sigma_i / V_i$$

V_i 为第 i 个方案的损益期望值;σ_i 为方案均方差,是风险测度;γ_i 为方差系数,风险系数。

成熟方案:$\sigma_A = 473$,$\gamma_A = 0.901$。前卫方案:$\sigma_B = 1220$,$\gamma_B = 1.808$。

从结果来看,两个方案的风险都挺大的。所以,不少人可能哪个都不选,继续等待机会;非选不可的话,则会抱着宁可少赚点也不赔大钱的观念,坚持选用"成熟方案"。因为"前卫方案"风险太大了,滞销的可能性高达40%,同时一旦滞销亏损将高达600万。

为此,冯·纽曼(Von Neumann)和摩根斯坦(Morgenstern)提出了期望效用理论,用货币的主观价值——"效用值"来衡量人们对货币的主观认识,用期望效用值替换期望损益值作为决策的依据。它解释了"理性人"在风险条件下的决策行为:

① 同样货币在不同的风险场合,其价值对同一个人的感觉会不一样。

② 同样货币,在不同的人来看,有不同的价值。

13.4 规划风险应对

13.4.1 风险决策因素

项目风险决策受决策者风险偏好以及组织、项目和个人的风险承受能力所影响。

风险偏好是个体对风险的好恶,对不确定性事件的态度。风险喜好者,更多地关注不确定性所带来的机会,低估风险,假设最好的情境,强调收益的可能性。风险厌恶者,更多地会对不确定性感到不安,高估风险,假设最差的情境,强调损失的可能性。

1. "收益-风险"的不同倾向

马克思说过:"资本如果有50%的利润,它就会铤而走险;如果有100%的利润,它就敢践踏人间一切法律;如果有300%的利润,它就敢犯下任何罪行,甚至被绞死的危险。"

图13-7反映了不同风险偏好者,对"收益-风险"的取向。一般而言,可能的收益越大,人们愿意承担的风险越大;相同收益下,不同风险偏好者愿意承担的风险不同。

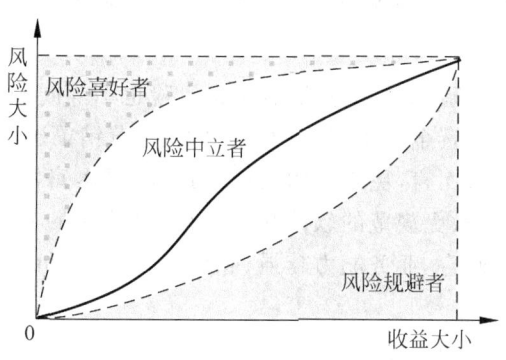

图13-7 不同风险偏好的"收益-风险"取向

风险规避者:希望能获得较确定的回报;宁可少赚一点,也要稳一点;只有当预期收益很大时,才愿意承担较大的风险。

风险喜好者:希望能把握住高回报的机会;宁可冒点风险,也不放弃多赚钱的机会;即使收益不太高,也愿意冒一些风险。

风险中庸者:既不想放弃多赚钱的机会,也不想冒太大的风险;在多赚钱跟稳一点之间寻找某种平衡。

相同风险下：风险规避者希望能获取更多的收益,风险喜好者收益小些也能接受。

相同收益下：风险规避者只愿意承担较小风险,而风险喜好者愿意承担更大风险。

2."投入-风险"的不同倾向

图 13-8 反映了不同风险偏好者,对"投入-风险"的取向。投入越多,人们对成功的渴求越热切,愿意冒的风险越小。因为投入越大,失败后要承受的代价越大。

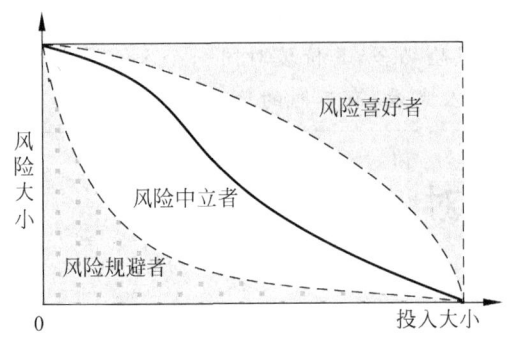

图 13-8　不同风险偏好的"投入-风险"取向

风险规避者：行动保守,担心竹篮打水一场空;只有预见到项目有很高成功率时,才会做出更多投入;即使投入较少,也倾向采取保守方案,不愿意承受太大失败风险。

风险喜好者：行动大胆,信奉高风险高产出;只要看到项目有成功的可能,就会有尝试意愿;即使投入较大,也乐于采取高风险的方案,能坦然承受失败的风险。

风险中庸者：行动中庸,既不太保守也不太偏激;看到项目成功的可能在一般人可以接受的水平时,就会决定尝试;先少量投入,随着项目前景逐步明朗而逐步加大投入。

相同风险下：风险规避者愿意做出的投入更少些,风险喜好者则愿意做出更多的投入。

相同投入下：风险规避者行动更谨慎,风险喜好者会采取更大胆的行动。

3.风险承受能力

风险偏好并不等同于风险承受能力,愿意承担风险也不等同于能够承受风险。

对组织而言,规模更大、资金更雄厚、研发能力更强、营销渠道更广、产品线更齐全的,风险承受能力更强。对项目组而言,更充裕的工期与预算、更丰富的行业经验与领域知识、更强大的人员配备与资源保障、更规范的软件开发过程、更严密的质量保证体系,意味着更强的风险承受能力。对个人而言,业务能力越强、职级越高、可调配的资源越多,其风险承受的能力也就越强。

4.坏事不会落到自己头上

假设你时空穿越到千年前的部落时代。这个部落的人平时非常友善,只是每年都要用抽签方式,每千人中选出七个人,砍下头颅祭奉神灵。你是愿意留下来过朴素的原始人生活,还是赶紧逃命?

问题的答案似乎是没有悬念的。可是你知道吗,"全国每年因为各种意外而死亡的人数将近 100 万,正好是千分之七。"

从统计意义上看,在假想部落中生活的危险性并不高于我们的日常生活。相同风险下,不同的风险情境,会影响到人们的决策。部落里的抽签,让人有无法掌控自己命运的恐惧。日常生活中,多数人觉得,只要多留意些,那些意外事件不会光顾到自己头上。

13.4.2　前景理论与决策

前景理论由美国心理学家普林斯顿大学教授丹尼尔·卡尼曼(Daniel Kahneman)与行为学家斯坦佛大学教授阿莫斯·特沃斯基(Amos Tversky)共同提出。其核心观点如下:

① 大多数人在面临获得时倾向规避风险。

② 大多数人在面临损失时却偏爱风险。

③ 人们对损失比对获得更敏感。

2002年,瑞典皇家科学院将诺贝尔经济学奖,颁发给卡尼曼,以表彰其"将来自心理研究领域的综合洞察力应用在了经济学当中,尤其是在不确定情况下的人为判断和决策方面做出了突出贡献"。

"前景理论"有三大定律:

第一定律,幸福是主观感受,人们的幸福程度与比较的参照有关。

第二定律,人们失去利益的痛苦,远远大于得到同等利益的快乐。

第三定律,面对损失人们偏好风险,而面对收益则会规避风险。

以下简要介绍卡尼曼、特沃斯基以及芝加哥大学商学院教授奚恺元、金融和行为经济学家理查德·萨勒(Richard Thaler)等的观点。

1. 确定效应(Certainty Effect)

> **课堂讨论 13-2　"二鸟在林"还是"一鸟在手"**
>
> 第一组,你做何选择:
>
> A. 25%的机会赢得30元;B. 20%的机会赢得45元。
>
> 第二组,你又做何选择:
>
> C. 100%机会赢得30元;D. 80%的机会赢得45元。

2. 反射效应(Reflection Effect)

> **课堂讨论 13-3　"认输"还是"赌一把"**
>
> 第一组,你做何选择:
>
> A. 有80%的机会赢得4000元;
>
> B. 有100%的机会赢得3000元。
>
> 第二组,你又做何选择:
>
> C. 有80%的机会输掉4000元;
>
> D. 有100%的机会输掉3000元。

3. 损失规避（Loss Aversion）

课堂讨论 13-4　公平的赌局，你愿意吗？

抛硬币的赌局，正面可以赢取 3000 元，反面要输掉 3000 元。请问你是否愿意赌一把？

A. 愿意　　　　B. 不愿意

萨勒的问题：假设你得了一种怪病，有万分之一可能会发病猝死，有种特效药吃了能够根治，你愿意花多少钱买？再假设，医药公司找你测试新药，有万分之一可能会死亡，医药公司出多少钱，你才会参加测试呢？万分之一与出车祸的概率大致相近。实验中，多数人只愿意花几百元购买特效药，他们认为自己没那么倒霉，怪病发作应该不会发生在自己身上，根治怪病是种不敏感的收获；而医药公司即使出几万元高价寻找试药者，也少人问津，因为在自身健康状况下，增加死亡概率对人们而言是不可承受的损失。

4. 参照依赖

多数人对得失的判断是根据参照点决定。

课堂讨论 13-5　相对薪水与绝对薪水

在所有人的工作付出不变的情况下，你愿意接受哪个薪资方案：

A. 其他人年收入 6 万元，而你一年 7 万元；

B. 其他人年收入 9 万元，而你一年 8 万元。

改变人们在评价事物时所使用的参照点，可以改变人们对风险的态度。

课堂讨论 13-6　"救活"还是"死亡"

假定美国正在为预防一种罕见疾病的爆发做准备，预计这种疾病会使 600 人死亡。

第一种描述：有两种方案，采用 X 方案，可以救 200 人；采用 Y 方案，有 1/3 的可能救 600 人，2/3 的可能一个也救不了。你会选择哪个方案？

换一种描述：有两种方案，X 方案会使 400 人死亡，而 Y 方案有 1/3 的可能无人死亡，2/3 的可能 600 人全部死亡。你又会选择哪个方案？

---

5. 人的理性是有限的

奚恺元的冰淇淋实验：两杯哈根达斯冰淇淋，一杯有 7 盎司，装在 5 盎司杯子里，看上去快要溢出来了；另一杯是 8 盎司，但装在 10 盎司杯子里，看上去还没装满。你愿意为哪份冰淇淋付更多的钱呢？

实验结果表明：在分别判断的情况下，人们反而愿意为分量少的冰淇淋付更多的钱；平均而言，人们愿意花 2.26 美元买 7 盎司的冰淇淋，却只愿意用 1.66 美元买 8 盎司的冰淇淋。

卡尼曼等心理学家认为，人的理性是有限的。由于人们日常生活中决策所依据的信息往往不够充分，无法计算其真正价值，往往转而采用某种比较容易评价的线索来判断。这个实验中,人们实际上是根据冰淇淋装得满不满来决定要支付多少钱。

人是有限理性的还表现在萨勒教授所提出的"心理账户"——钱跟钱是不一样的。

假设你今晚打算去看球赛,票价 200 元。出发时,发现丢了张 200 元电话卡。你是否还会去买票看球赛?调查表明,多数人行程照旧。现在换个场景,如果出发时,发现昨天买的门票丢了,大部分人却会回答不想再花 200 元补一张门票了。

从理性的角度看,前后做出两种自相矛盾的选择是没有道理的。都是丢掉 200 元,为什么前者继续看球,后者就不去了?原来在人们的心理中,电话卡的钱跟门票的钱是放在不同"账户"管理的。丢了电话卡,不会影响门票账户的预算开支;重买门票,则相当于花 400 元看场球赛。

6. 小概率事件的偏好逆转

人人都怕风险,人人又都是冒险家。人们在面临收益时规避风险,在面临损失时偏爱风险。可是,在很少发生的小概率事件面前,人们的风险偏好会发生逆转。面对小概率的赢利,多数人是风险喜好者;面对小概率的损失,多数人是风险厌恶者。一个人可以既是风险的喜好者,隔三岔五买几张彩票,赌赌自己的运气,尽管买彩票中大奖的机会微乎其微;又会同时是风险的厌恶者,因担心自己出意外而购买各种保险。

13.4.3　风险应对策略

经过风险评估之后,根据项目风险水平的高低,可以将项目风险划分为两大类——项目风险在心理预期内或是超出可接受范围,再对症下药采取因应之策,如图 13-9 所示。

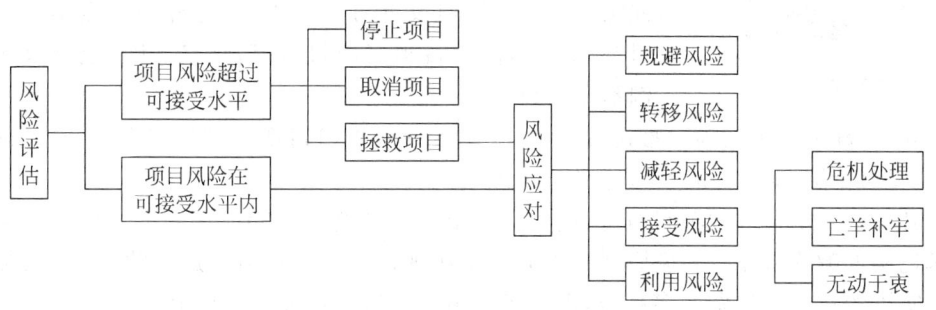

图 13-9　项目风险应对措施

项目风险超出可接受水平时,根据不同情况可以全力拯救项目,或者停止项目甚至取消项目;项目风险在可接受风险内,则可采取规避风险、转移风险、减轻风险、接受风险以及利用风险等措施。规避风险、转移风险都是主动的避险措施,防患于未然;减轻风险属风险发生后的积极应对;接受风险则是积极或消极地接受风险结果。

1. 风险超过可接受水平

(1)停止项目:等条件许可时再启动。

三峡工程是中华民族历史上,继万里长城之后最大的一个工程。1917 年,孙中山建国方略中提出设想,到 1992 年全国人大七届五次会议通过三峡工程建设决议,经历了四上四下,多次反复的过程。三峡工程规模巨大、技术复杂、耗资惊人、移民范围广,难度之高前所未有,环境、生态及人文的影响巨大且深远。仅建国后就论证了四十年,争论了三十年。

(2) 取消项目：解散项目组，宣告项目失败。

运 10 项目是中国航空工业永远的心痛（李平，2013）。20 世纪 70 年代初，当欧洲空客公司第一款客机 A300 还在襁褓之中时，运 10 飞机项目就已经上马。1980 年生产出两架飞机并试飞成功，还进入地形气候最复杂的西藏执行救灾任务 6 次。但是，仅仅因为差 3000 万元资金没有落实，中国航空工业历史上最令人惋惜的好牌就被搁置下来，运 10 飞机就此夭折。

(3) 拯救项目：无法承受损失，必须全力挽回。

1950 年 6 月 25 日，朝鲜战争爆发后不久，朝鲜人民军一路势如破竹；美韩联军节节败退，困守最后的据点釜山，面临被赶入大海的被动局面，退无可退。为了挽救局势，美军统帅麦克阿瑟将军力排众议，决定冒险在朝鲜的仁川港登陆。仁川登陆成功后，朝鲜军队被拦腰砍成两截，遭受毁灭性的打击，战场格局彻底扭转，美韩联军由被动防御转为战略反攻。

2. 风险在可接受水平

(1) 规避风险：采取措施根除风险发生的根源，使风险不再发生。

图/齐鲁晚报中文点评网

所谓"扬汤止沸，不如釜底抽薪"。百病不侵，延年益寿的诀窍无非是：强身健体、修身养性以提高机体自身免疫机能，健康饮食、养成良好卫生习惯以切断疾病来源。

消除风险的第一步是要量力而为。联想总裁柳传志说过，"没钱赚的事我们不干！有钱赚但投不起钱的事不干！有钱赚也投得起钱但没有可靠的人选，这样的事也不干！"不顾组织自身条件，盲目承接项目，最后项目失败，拖垮公司的案例不在少数。

另外，在渐进明细的项目推进过程中，要使各方逐步回归现实，摒弃"多快好省"的错误想法，建立对范围/时间/质量/成本的合理期望。

尤其是要划定合理的项目范围，避免贪大求全。杜绝做出超越客户业务管理水平与行业技术现实的噱头式承诺；说服客户放弃技术实现代价高或者风险过大的内容；说服客户不在不实用的功能上浪费太多精力，以便集中精力于核心业务的实现上。

- 计划编排，切忌不分轻重缓急，造成人员忙闲不均，重点工作没保证。
- 避免用人不当，没有把合适的人用在合适的岗位上。
- 软件过程不走样，项目变更不随意，质量保证不走形式，软件测试不应付。
- 消除沟通障碍，避免闭门造车，避免项目开发成为软件公司的独角戏。
- 避免设计过于复杂方案，因为复杂所以容易出错。
- 慎重采用未经验证的新技术、新方法或者不熟悉的非主流技术。
- 慎重采购本地化技术支持不健全的产品或服务。
- 避免和不熟悉的分包商合作，核心工作尽量不要外包。

(2) 转移风险：将风险转移给第三方，从而降低风险对项目的影响。

转移风险不是简单地推卸或转嫁风险，不是将风险移出项目组的视线。转移风险的前提是：要么第三方有能力规避风险，使风险不再发生；要么风险发生时，可以将风险后果转嫁到第三方，使自身损失控制在可以接受的范围内。

航天发射是高风险的活动,一家保险公司总承保后,会做二次投保,将风险进行分摊转移。

社会医疗保险,就是把个体身上的由疾病风险所致的经济损失分摊给所有受同样风险威胁的成员,用集中起来的医疗保险基金来补偿由疾病所带来的经济损失,减轻个人负担。

有所不为才能有所为。任何组织都有其擅长的方面,也有其薄弱的方面。将自己不擅长的风险部分转移给精于此道的第三方,可以有效规避风险,而自己将主要精力集中于最擅长的核心领域,可以获得更快、更稳健的发展。

软件项目转移风险的常见形式有:

① 外购组件

西方有句谚语:"不要重复发明轮子。"数据库、中间件、工具软件等可以采购主流成熟的商业软件,除技术指标外,还应关注售后技术服务保障,必要时购买技术服务。

② 合作攻关

学会借外脑找帮手。遇到依靠自身力量难以解决或代价太大的技术问题时,可以联手研发能力较强的单位完成,做好技术消化、产权保护与项目监控。

③ 项目外包

巧用外力做大事。一些非核心模块,在人手不够、进度紧张情况下,可以外包给有长期合作的有资质公司,卡好需求及验收两端,加强过程管控。

④ 免责约定

丑话说在前。一些项目组无法掌控、但严重影响项目整体进展的因素,可以在合同约定中,以免责条款方式明确说明,避免后期的责任纠纷。

(3)减轻风险:采取措施降低风险发生的可能,减轻风险发生时的危害。

风险缓解关注预防和风险最小化。对于已知风险,项目团队可以在很大程度上加以控制,使风险减小;对于可预测风险,可以采取迂回策略,将风险减小到可以接受的水平上;对于不可预测风险,要尽量使之转化为可预测风险或已知风险。

《韩非子·喻老》中有载,扁鹊曾多次提醒蔡桓公要尽早就医,但蔡桓公讳疾忌医。最后一次,扁鹊告诉蔡桓公:"疾在腠理,汤熨之所及也;在肌肤,针石之所及也;在肠胃,火齐之所及也;在骨髓,司命之所属,无奈何也。今在骨髓,臣是以无请也。"五天后,蔡桓公即病发身亡。

注意饮食起居与冷暖变化,定期体检,防微杜渐,有病及时就医,这些都是减少疾病发生、防止小病变大病的有效方法。

图/庞生健 上海教育出版社 2009

降低项目风险发生可能性的方法示例如下:

- 组建完整的联合项目团队,客户参与全过程,及时沟通软件开发中的重大问题。
- 推行短周期快速迭代,持续集成,快速交付,以控制范围、进度、成本、质量。
- 遵循规范、一致的开发过程,丰富组织知识库,共享项目经验教训。
- 进行更深入的静态审查,建立早期缺陷发现及解决机制,责任落实到人。
- 展开更彻底的系统测试,保障人员投入与时间投入,保证测试工作的独立性。
- 加强人才梯队建设,关注员工职业成长,工作相互备份,以减少人员流动冲击。

- 采用更简单、更可靠的方案,应用更成熟、更稳定、更熟悉的技术。
- 重视系统优化,考虑更周全的冗余设计和容灾设计。

航天飞机飞行软件负责在飞船中各飞行阶段的制导、导航和飞行控制。软件支持飞船与地面操作之间的所有接口,监控与管理所有机载系统,进行故障检测与报警,以及实施飞船安全检查过程(CMU SEI,2001)。

在飞船飞行的关键阶段(如上升和返回),飞船软件以冗余方式在五个机载计算机中的四个上运行,并建立起非同寻常的实时同步。如果基本的飞行软件严重失效,可以使用由另一个开发商独立开发的备份飞行系统。由于基本系统可靠,这个备用系统在飞行中从来没有使用过。

(4) 接受风险:接受既成事实,承担风险所导致的所有后果。

人吃五谷杂粮,难免一病。在重大疾病面前,有人是理性看待,勇敢面对,坦然乐观,积极治疗,健康生活;有人则是失去信心,慌乱忧虑,情绪低落,抗拒治疗,消极生活。

项目中总有一些无法预知或者无法完全防范的风险是项目团队要不得不面对和接受的。此时,可以不采取任何措施,只是被动地接受一个风险损失最小的方案。更积极的做法是,事先制订风险应急计划,以便特定事件发生时,可以根据已经拟定好的处理流程,有条不紊地展开应急处置,最大限度降低风险危害,减少应对风险的费用。

关键业务系统的割接,因其牵涉范围广,关乎企业核心业务运营,因而正式割接前必须针对各风险点制订周密的应急预案,各项措施落实到人,甚至要进行割接演练。应急措施一般要考虑以下方面:硬件网络问题(主机、存储、网络)、系统软件问题(数据库、服务软件)、数据迁移问题、业务迁移问题、应用软件问题(部署、功能、性能)、业务拥堵问题、割接失败时的回退方案以及覆盖"现场—后台—开发中心"的问题分级响应处理机制等。

(5) 利用风险:风险中往往蕴藏着机遇,峰回路转又是一片天。

机会留给有准备的人,对一般人而言是危险重重的境况,对有心人来说也许就是天赐良机。军事史上兵走险道、出奇制胜的经典案例不一而举:项羽破釜沉舟,韩信背水一战,刘秀大战昆阳,曹操夜袭乌巢,邓艾偷渡阴平……

牛顿的"非典"时期:1665年的夏天,英国伦敦鼠疫横行,剑桥大学开始放长假。二十三岁的牛顿回到了故乡伍尔斯托帕,在那里安静地度过了1665年和1666年,这使他有足够的时间进行独立思考。牛顿开始了数学、力学和光学上的一系列伟大发现,他获得了解决微积分问题的一般方法,观察到太阳光的光谱分解,并提出了力学上的重要定律。

可以说没有那场瘟疫,就没有今天我们所认识的经典力学理论创立者——牛顿。

13.5 风险监控

项目风险监控是对风险规划、风险识别、风险分析、风险应对的全过程进行监视和控制,持续评价项目所处的风险状况,及早识别和度量项目风险,避免项目风险事件的发生,及时调整风险应对措施,消除风险事件的消极后果,吸取经验与教训。

Boehm 提出的"十大风险表"是用于风险跟踪的实用工具,在此基础上可以综合采用风险再评估、风险审计、状态审查会、差异和趋势分析、储备金分析等方法进行风险监控。

(1)利用风险检查表等方法,识别项目风险,对风险事件的概率、影响进行定性分析与定量分析,表 13-21 按顺序列出风险值最高的十大风险。

表 13-21 十大风险表示例

风险优先级		上榜周数	风险等级	项目风险说明	风险应对说明
本周	上周				
1	1	3	高	项目进度非常吃紧	• 与客户协商先上核心功能,稳定后再上其他功能 • 适当加班、请求增加一些人手
2	3	2	高	项目需求变动泛滥	• 让用户明白后期需求泛滥的危害 • 争取客户理解,严格执行需求管控程序 • 引入快速原型、短周期迭代、客户参与等方式
3	2	3	高	关键模块性能响应未达标	• 请组织内的技术专家参与会诊,提出解决办法 • 向系统软件源厂商征询意见
4	6	2	高	团队军心不稳,关键项目成员流失	• 与员工交流谈心,通报项目情况,说明机会与挑战 • 征求员工意见,改善工作条件,解决后顾之忧虑 • 改进管理方式,调节团队气氛,建立工作备份机制
5	4	3	高	软件测试不够充分	• 技术人员结对展开交叉测试,绩效相互绑定 • 业务人员在测试环境中基于真实数据展开持续测试
6	7	2	中	合作方分包模块进度滞后影响联调	• 从商务方面对分包商施加压力,要求确保进度 • 从管理及技术方面了解进度滞后原因,指导督促解决
7		1	中	服务器到货时间推迟	• 要求供货商想办法从其他地方调货
8		1	中	不同厂家的外接设备接口不兼容	• 收集各厂家外接设备型号及接口驱动,分类进行处理
9	8	2	中	基层用户因不习惯新系统而抵触	• 编制培训材料,对各级用户展开针对性的培训 • 总结操作使用经验,让用户感受新系统的方便之处
10	9	2	中	开发环境人员混杂,喧嚣嘈杂	• 可能的话,申请调换独立、封闭的办公场所 • 请综合部要求其他人员不要高声喧哗

(2)制订责任落实到人的风险应对计划,包括事前规避风险、转移风险的预防措施,事中缓解风险、减少损失的努力以及事后应急处置、总结教训的方案。

（3）监视项目风险因素，采集风险征兆信息，分析项目绩效偏差，对照设定的风险阈值，判断风险是否发生，决定是否发出风险预警，是否激活风险应对计划。

（4）掌握风险发生的时间、形式及影响，跟踪风险应对执行过程，检查风险应对计划落实情况，评估应对措施是否达到既定目标，决定解除、挂起或调整风险应对计划。

（5）在定期的项目状态审查会或重大阶段节点进行风险审计与风险再评估，检查风险监控机制是否得到执行，审视项目环境和假设条件是否发生变化，检视风险储备金是否充足，识别新风险，追踪风险特征值的变化趋势，更新十大风险表。

"十大风险表"中可以扩充一些内容，如风险概率、风险影响、紧迫程度、风险值、风险阈值、责任人。针对每个主要风险，可以制作一张如表 13-22 所示的风险信息卡片，描述风险基本信息，说明风险应对措施，记录风险跟踪过程。

表 13-22　风险信息卡片示例

风险编号	P01-01-05	风险名称	项目需求变动泛滥	识别日期	3 月 1 日
风险描述	1. 需求变动比率过大。 2. 需求的提出及处理都比较草率，出现多次反复，甚至引发对立情绪。 3. 客户持续提出新的需求，超出项目能够承受的范围。 4. 部分业务人员直接向程序员提出需求变更请求。				
可能性	高	严重性	高	风险级别	高
风险分类	需求风险	责任人	小周	当前状态	处理中
风险应对措施	1. 与甲方项目经理沟通，共同说服业务人员，让他们明白需求泛滥的危害。 2. 明确甲方有权提出变更申请的人员，乙方有权接受变更申请的人员。 3. 严格执行需求管控程序，只有通过双方联合评审后，方能纳入开发计划，力求杜绝需求反复现象。 4. 确定项目工作重点，对现有的变更要求进行全面梳理，区分轻重缓急，避免镀金行为，确保核心功能。 5. 采用界面原型确认需求，加大客户参与深度，缩短需求迭代周期，尽早获取反馈。 6. 对多次违反变更控制程序的开发人员予以通报处理。				
风险跟踪	1. 4 月 15 日启动风险应对措施，举行需求管控讨论会，明确需求管控机制。 2. 4 月 18 日由甲方项目经理牵头，召集业务人员，对现有变更请求进行梳理。 ……				

对于影响重大的风险，如系统割接过程中的风险，还需要制订详细的应急处置预案。

课堂讨论提示

1. 课堂讨论 13-2 "二鸟在林"还是"一鸟在手"

卡尼曼和特沃斯基的实验调查数据：

① 第一组：

42% 的参与者选择 A（25% 赢得 30 元），58% 选择 B（20% 赢得 45 元）。

方案 B 预期收益（45×20%＝9 元）>方案 A 预期收益（30×25%＝7.5 元）。

② 第二组：

78% 的参与者选择 C（100% 赢得 30 元），只有 22% 的人选择 D（80% 赢得 45 元）。

按传统经济学的看法,两利相比取其重,这种选择是错误的。

因为方案 D 的预期收益(45×80％＝36 元)要大于方案 C(30 元)的预期收益。

实际上,第一组只是将第二组两个选项的概率同时乘以 0.25。实验表明,**即刻和确定获得的收益对人们具有特别的吸引力**。处于收益状态时,大部分人都是风险厌恶者,"见好就收,落袋为安",这种由于偏爱确定选项而出现的偏好反转,就是确定效应。

2. 课堂讨论 13-3 "认输"还是"赌一把"

卡尼曼和特沃斯基的实验调查数据:

① 第一组:

有 80％参与者选择 B(100％机会赢得 3000 元),而不选择 A(80％机会赢得 4000 元)。

尽管方案 B 的预期收益(3000 元)<方案 A 的预期收益(4000×80％＝3200 元),但正如前述的确定效应,多数人面临收益时,厌恶风险,见好就收,喜欢确定可得的收获。

② 第二组:

92％参与者选择 C(80％机会输掉 4000 元),只有 8％参与者选择 D(100％输掉 3000 元)。

按传统经济学的看法,两害相权取其轻,这种选择是错误的。

因为方案 C 的预期损失(−4000×80％＝−3200 元)要大于方案 D 的期望损失(−3000 元)。

多数人赌博时采用赢缩输谷的策略,赢钱时,注码越下越小;输钱后,却越赌越大。这是因为,人们在面对损失时,会很不甘心,表现出偏好风险的倾向,宁愿承受更大风险来赌一把,这就是反射效应。

3. 课堂讨论 13-4 公平的赌局,你愿意吗

从统计意义上看,这是个绝对公平的赌局,输赢各半,预期收益为 0(−3000×50％＋3000×50％)。

但是大量实验结果表明,**多数人不愿意赌一把**。人们对损失的痛苦要远远大于获得的**快乐**,对可能输掉 3000 元的担心要大大超出可能赢得 3000 元的期待。人们失去利益的痛苦,远远大于得到同等利益的快乐。如果你在路上捡到 100 元钱,坐公交时又丢了,大部分人会觉得"我怎么这么倒霉",把捡到的 100 认为是应得的,而丢掉的 100 则让他懊恼不已。

4. 课堂讨论 13-5 相对薪水与绝对薪水

卡尼曼的调查表明,大部分人选择了前者。大家会认为:A 方案中,自己薪水高,是个优秀者,受器重;B 方案中,自己薪水低,是个失败者,遭到不公平待遇。**人们对得与失的判断**,来自于比较。薪资高低的感觉也更多地来自相互间的比较。大部分人关心别人的薪水远甚于关心自己的薪水。

5. 课堂讨论 13-6 "救活"还是"死亡"

事实上,**两种描述的实质是完全一样的**。"救活 200 人"等于"死亡 400 人";"1/3 可能救活 600 人"等于"1/3 可能一个也没有死亡"。第一种描述下,救人是一种获得,所以人们不愿冒风险,更愿意选择 X 方案;第二种描述下,死亡是一种失去,因此人们更倾向于冒风险,选择 Y 方案。不同的表述方式改变的仅仅是参照点——死亡还是救活,结果就完全不一样了。

课后思考

13.1 项目风险管理由哪些基本过程组成?

13.2 根据对风险信息的掌握程度,风险可以划分为哪几类?

13.3 在风险的潜伏、发生及后果阶段分别应该采取什么样的管理策略?

13.4 风险识别的主要方法有哪些?

13.5 软件项目风险的来源主要有哪些?应该如何针对性地防范各类风险?

13.6 定性风险分析中如何确定风险级别的高、中、低?

13.7 定量风险分析主要有哪些方法?

13.8 前景理论对风险决策有哪些影响效应?

13.9 如何应用十大风险表进行风险监控?

13.10 针对可接受风险与不可接受风险分别有什么应对策略?

项目沉浮录

A.1 不进则退

北京的十月,秋高气爽,色彩斑斓,正是一年最宜人的收获时节。小周心事重重,漫无目的地穿行在老北京的小胡同中。小周任职于大型央企新动力集团滨海公司下属的多种经营公司——知明科技,专业从事公共服务行业的信息化建设工作。

七年前,新动力集团滨海公司举公司之力,由业务运营部牵头,在集团范围内率先开发成全省版本统一的"业务运营支撑系统"(以下简称运营系统)。系统建成后,以"运营系统"的七八位核心开发团队为架子,成立了知明科技。七年间,知明科技业务快速发展,逐渐拓展到物流管理、人资管理、安全生产、数据中心等领域,成为拥有独立开发园区与上百名研发人员,在业内具有一定竞争力的公司。

一直以来,软件研发部主要负责"运营系统"这一拳头产品的运行维护与升级完善,为公司贡献了持续稳定的利润。小周是这个核心业务部门的第三任掌门人,执掌部门工作一年之后,温水煮青蛙的效应悄然显现。眸回首,才发现除核心的"运营系统"把持在手,业务运营部信息化建设拼图已经被他人蚕食殆尽,见图 A-1。

2000 年,完成全省推广的"运营系统"采用当时主流的 C/S 架构,功能完善、实用性强,在规范、统一全省各地业务方面发挥了重要作用,总体水平集团内领先。其他省公司同期的信息化建设还处于缺乏规划,下属单位各自为政的状态。

2002 年,为提高客户服务质量,业务运营部决定采用新兴的 B/S 架构,以两级部署的模式建设呼叫中心。笃行科技承担了市公司"客户服务管理系统"与省公司"客户服务监管系统"的开发。知明科技以 Socket 方式开发其与运营系统之间的接口。

2002 年,知明科技承接"银行联网收费系统",与银行之间的交易采用 Socket 方式。

2003 年,为响应社会要求外部工程透明化的呼声,业务运营部委托致广科技以 B/S 架构建设"外部工程管理系统",知明科技负责其与运营系统之间的接口开发。

2004 年,商业智能开始大行其道。业务运营部认为经过几年的信息化建设,积累了一定数据,有必要将分布在不同系统中的数据进行有效整合,建立数据集市,实现主题分析,挖

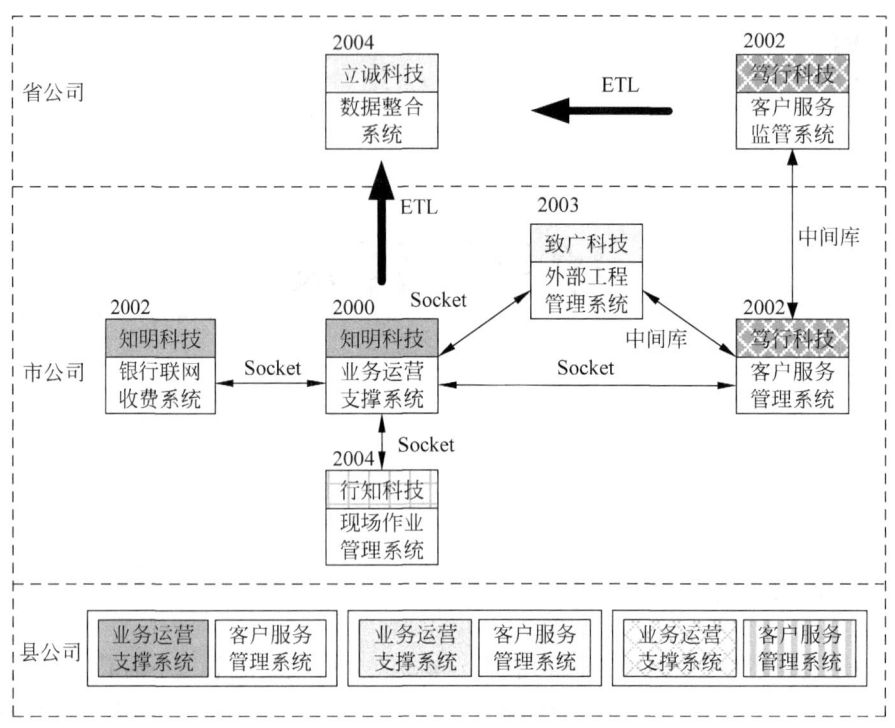

图 A-1　滨海公司业务运营部信息化建设拼图

掘数据价值。业务运营部选中立诚科技主导"数据整合系统"开发，知明科技又一次与新增长点失之交臂，只是承担了运营系统相关数据的"抽取-转换"工作。

2004 年，由行知科技负责的"现场作业管理系统"也如火如荼地全面铺开，知明科技依旧扮演项目配合方的角色，负责系统间的接口开发。

县公司一级的信息化建设可用一个"乱"字来形容，被一众小公司五花八门的产品所分割，市到县之间甚至没有专用的网络通道，更遑论信息共享与业务监管。

知明科技在这一系列的项目中，虽然盈利不少，但错过了 B/S 开发，错过了商业智能，错过了实时系统，错失了应用新技术开拓新业务的市场机会。由于缺乏新增长点的有力支撑，研发部人员规模长期保持不变，员工知识结构老化严重，整体研发能力越来越受到业务运营部的怀疑。

究其原因，或许是由于客户认为外来和尚会念经，或许更多的是因为知明科技自身前进的动力不够。

此时，整个集团的业务运营信息化市场呈现出两强争霸的端倪，见图 A-2。致广科技如日中天，占据整个集团 30％ 的市场；笃行科技紧随其后；知明科技等系统内公司只是守着各自所在的省；其他"36％"信息化建设相对滞后的省份，被形形色色的小公司所瓜分。

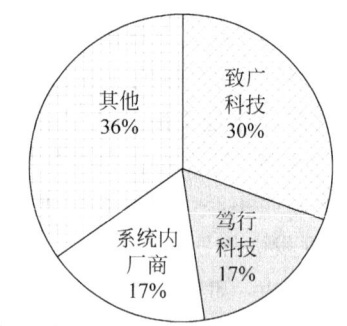

图 A-2　业务运营信息化市场格局

A.2 跌落谷底

业务运营部郑主任是位想法超前、雷厉风行、凡事争先的主管,管理风格柔中带刚。与其业务交往中,小周一方面受益匪浅,另一方面有苦难言。郑主任早在三年前即在构思运营系统全面升级路线图,见图 A-3。

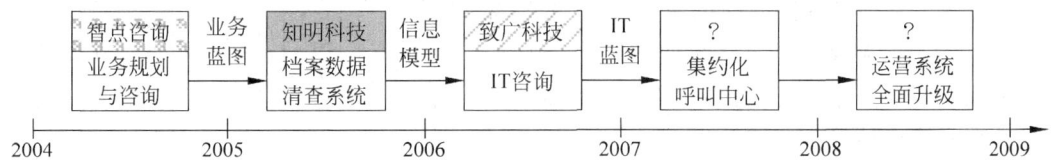

图 A-3 滨海公司业务运营部信息化建设路线图

2004 年,业务运营部委托国际知名咨询机构——智点咨询进行未来 5 年的业务规划与IT 规划。智点咨询在业务诊断与 IT 诊断基础之上,比照国际标杆企业的最佳实践,设计了业务蓝图、IT 蓝图以及建设路线图,建议基于全新理念与架构对运营系统进行全面升级。

2005 年,知明科技承接了"档案数据清查系统",在全面梳理运营系统数据模型的基础上,对多年累积的运行数据进行彻底的清查与矫正,为运营系统的全面升级奠定基础。

2006 年,业务运营部立项请 IT 公司对"集约化呼叫中心"进行管理与技术的论证。这是运营系统全面升级前的前哨战与风向标,各家公司都很重视。知明科技虽志在必得,结果却花落别家。不做则已,要做就要做最好,就要成为行业标杆,这是郑主任的工作信条。因此,行业龙头致广科技的中标亦在意料之中。

指针性项目的旁失,使得研发部在公司的日子更难过了。研发部的人开始一个个被抽调到其他重点项目中,小周逐渐地开始人单影只。最艰难的日子终于到来,公司决定派小周到北京参与集团总部信息化建设咨询项目,整个研发部只留下维护小组。无可奈何花落去,小周带着无限的失落加入北漂一族。

A.3 好消息

在京期间,小周逐渐找回了"忙碌"的感觉,在与集团总部客户以及国内外大公司业界同仁合作共事中,开阔了眼界,增长了见识。只是眼看着公司的主打产品将要断送在自己手中,只要一闲下来心中就难以释怀。

"我终于看到所有梦想都开花,追逐的年轻歌声多嘹亮……"手机铃声响起。正信马由缰闲逛的小周心想:"这时候谁会打电话,不理它。"

三遍铃声响过短暂间歇之后,再次飘出"追逐的年轻歌声多嘹亮"。

小周这才不紧不慢地翻出手机,一看是公司马总来电,赶紧接下电话:"马总,不好意思,刚才没听到铃声……"

电话中的马总语气和蔼，充满期待："滨海公司马上要启动'集约化呼叫中心建设项目'，你要随时准备撤回滨海，详细情况你找下林副总。另外，业务运营部郑主任一行明天到北京，到时你们一起去拜会下。"

马总直管综合部、财务部、市场部及子公司星光科技。林副总分管软件开发、系统集成、运维支持等技术口工作，见图 A-4。

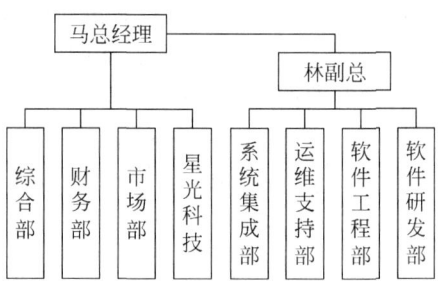

图 A-4　知明科技组织架构

小周赶紧返回公司驻京办，林副总与市场部小王正兴冲冲地聊着。"这是我们的一次绝好机会"，林副总掩饰不住自己的高兴劲，随后简要介绍了几个月来的情势变化。

致广科技已经完成"集约化呼叫中心咨询项目"，针对组织重构、流程优化、系统建设等方面提出完整的解决方案。省公司新办公大楼即将竣工，业务运营部决定启动"集约化呼叫中心"的建设，建设内容包括：

(1) 省客户服务中心系统建设；　　(2) 市客户服务中心系统扩容及功能
　　　　　　　　　　　　　　　　　　　扩展改造；
(3) 省市呼叫中心语音组网和数据虚拟网组网；(4) 市县呼叫中心 IP 语音组网；
(5) 全省服务质量视频监控系统建设；　　(6) 县公司远端座席建设。

由于项目**牵涉面广**（覆盖省、市、县三个层级全部单位，关联到知明科技、笃行科技、致广科技、八方通信等多家公司）、**工作繁杂**（包括通道建设、专网建设、语音扩容、远端座席、软件开发、接口改造、功能扩展）、**技术复杂**（涉及语音接入、信息交换、流程集成、视频监控）、工期紧张（新办公大楼将在几个月后竣工，实际建设期不到 3 个月），内部评估没有哪家公司能在短时间内独立承担这么庞大而复杂的项目。滨海的 IT 基础设施多由知明科技建设和运维，因此知明科技大有可为。

第二天，由林副总在前门烤鸭店做东，约请郑主任一行茶叙，小周、小王作陪。席间宾主

相谈甚欢，大家回顾了这些年风风雨雨、一路走来的历程。林副总首先感谢郑主任对知明科技的厚爱与宽容，检讨了自身做不到位的地方，表达了愿意为新项目尽全力的意愿。郑主任则对知明科技几年来始终如一支持业务运营部的工作表示感谢，肯定了知明科技的成长与进步，鼓励知明科技勇于承担更大的责任。

A.4　合纵连横

前门茶叙之后，知明科技上下信心大增，由小周牵头开始应标的前期准备工作。小周对集约化呼叫中心项目的关键点进行了认真分析，见表 A-1。

表 A-1 集约化呼叫中心项目的关键点分析

建 设 内 容	关键点分析
省客服系统建设	致广科技是业务模式的建议者,在其他省有成功的案例,有能力完成 笃行科技是旧版客服监管系统的开发者,开发风险相对最小 知明科技缺乏呼叫中心开发经验,开发风险相对最大
市客服系统扩容及改造	短时间内无法全盘推翻重来,只能由源厂商笃行科技承担
省市语音组网和数据组网	广域网通道建设只能由八方通信承担,知明科技与其合作关系良好
市县呼叫中心 IP 语音组网	全省网络规划与运维都掌握在知明科技手中,其他公司无力承担
视频监控系统建设	不是项目的主要制约因素,风险不大
县公司远端座席建设	地域广阔,情况复杂,只有属地化公司知明科技才有能力实施

小周注意到省客服系统要与运营系统(知明科技开发)、数据中心(知明科技开发)、市客服系统(笃行科技开发)、市外部工程管理系统(致广科技开发)以及几十个县公司的运营系统(知明科技下属公司星光科技正在进行县公司统一运营系统的全省推广工作)进行信息交换。市县两级的运营系统是知明科技手中最大的筹码。

综上分析,基本确定集约化呼叫中心建设只能采用"总包—分包"方式。从总体项目风险控制出发,知明科技成为项目总包方的可能性最大。

问题最后聚焦在省客服系统如何建设上,要端出一个让业务运营部放心的方案。从知明科技自身发展的角度,当然首选自主开发。小周开始马不停蹄地走访一些 CTI(Computer Telecommunication Integration)厂商寻求合作,很快得出结论:由于没有呼叫中心相关的业务储备与技术储备,三个月无法独立完成项目,只能寻求合作。

小周认为:

① 致广科技综合实力太强,如果让其楔入此项目,将拱手让出滨海的运营信息化市场。

② 与笃行科技合作是唯一可行之路,也是确保项目整体风险最小,最能为客户接受的方案。

③ 传统的呼叫业务短时间难以切入,宜采用跟进策略。

④ 新业务对各方都是新课题,也是未来运营系统全面升级的重点,知明科技有能力自行开发。

小周据此勾勒出整个项目的整体应用架构(见图 A-5)。小周建议:知明科技一方面要积极参与到省市客服系统业务功能及语音功能的开发,掌握系统源代码,培养拥有自主开发能力的队伍;另一方面要将整个项目的枢纽——信息交换平台,牢牢掌握在手上,以在日后运营系统全面升级中占据较为主动的位置。

小周的提议得到了领导的认可,领导授权小周与笃行科技商洽合作事项。在笃行科技北京研发基地,小周与公共服务事业部技术总监小何进行了一次深入会谈。双方一拍即合,都表达了愿意合作的意向,并展现了很大的诚意。

随后,双方高层领导展开密切互动,很快敲定了合作框架。双方各自单独投标,不论哪家中标,双方将在省、市客服管理系统开发以及县远端接入方面展开全方位合作。

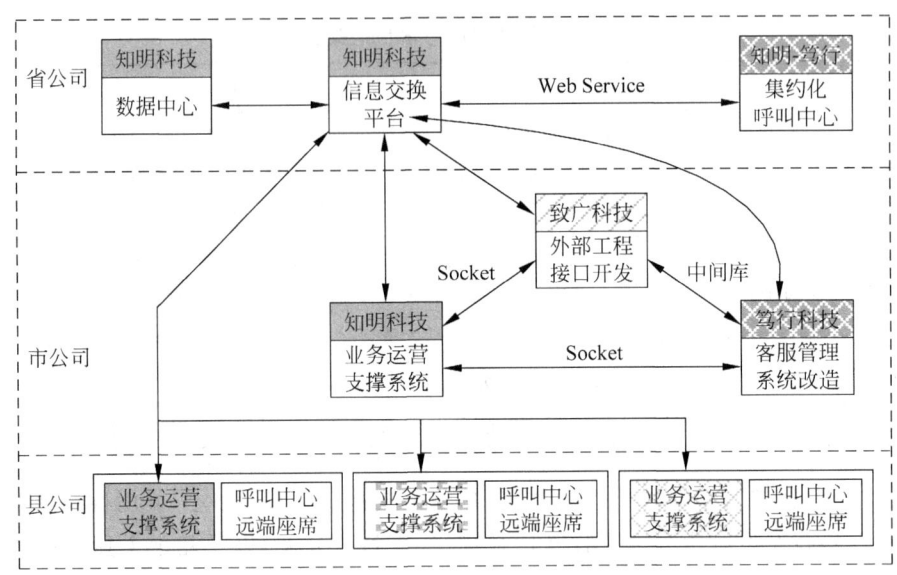

图 A-5　集约化呼叫中心整体应用架构

说明：省客服系统通过信息交换平台，采用统一一致的 Web Service 方式，透明地访问省公司数据中心，市公司运营系统、客服系统、外部工程系统以及县公司运营系统。

A.5　不眠夜

吹响集结号的时候到了，带着对未来的憧憬，兴奋无比的小周回到滨海。研发部的旗帜又立起来了，他要把那些分散在各个项目组的兄弟们重新聚拢起来，他要大规模招兵买马，给这支稍显暮气的团队带来些新气息。年前离队的成员重新聚在一起，公司特别抽调小钱作为小周副手，兵强马壮的研发部焕发出前所未有的生气。

不久之后，招标书正式发出，接下来 20 天的工作重点是全力以赴地应标。应标书由公司内、外责任单位分头撰写，研发部最后统稿。研发部上下齐心，加班加点地努力着：分析招标书要求→收集相关素材→讨论应标书框架→确定总体方案→协商任务分工→撰写审核修订→推敲报价策略。

知明科技的应标方案中确定知明科技为总包方，八方通信负责省、市、县通道建设，笃行科技负责省客服系统开发与市客服系统扩容及功能改造，致广科技负责外部工程系统接口，鹰眼科技负责视频监控系统建设，其余工作由知明科技自行负责。

应标期间，小周带着得力干将小孙飞赴笃行科技总部，与之讨论应标策略及技术方案。三天之后，以事业部技术总监小何为首的专家团队随小周返回滨海。

投标前夜，知明科技市场部小王与笃行科技片区经理小黄就商务细节进行最后协商，小周与小何就技术合作协议进行字斟句酌的推敲。技术合作协议要点如下：

（1）双方成立联合开发团队，地点设在滨海知明科技园区。
（2）系统设计以笃行科技为主，知明科技协助完成。
（3）笃行科技提供基础开发平台，并为知明科技提供开发培训与技术支持。
（4）基于运营系统的新业务开发以知明科技为主，传统呼叫业务开发以笃行科技为主。
（5）笃行科技协助知明科技完善信息交换平台。

经过三个多小时的谈判,双方最终签订合作协议书,明确规定项目责任分工、工作投入比重以及源代码产权共有等权利义务关系。送走笃行科技一行人后,已是晚上10点。

由于担心出纰漏,林副总当夜亲自坐镇公司,协调研发部、市场部、系统集成部、综合部相关人员做最后的冲刺。晚10点以后,林副总就一直在提醒大家要赶紧统稿、赶紧收手、赶紧打印一份出来检查,不然时间到可能交不了卷。

晚11点,高速打印机开足马力输出着一张张应标书,大家满怀期待地守在一旁。突然,林副总呃了一声:“页眉怎么会是别的公司?这样交出去就是废标了!”小周仔细一看,发现出问题的是系统集成部的“数据组网”方案。系统集成部方案写作工作启动得比较迟,研发部之前已经发现了不少疏漏,并认为系统集成部不上心,双方为此闹得有些不开心。

手忙脚乱四个小时之后,应标书终于修订完毕。再次打印,逐一检查无误之后已是凌晨4点,赶紧派人送到复印店打印装订成一正三副。小憩两个小时后,装订好的应标书送回公司。接着又是1个多小时的签字、盖章、封条、刻录光盘,尤其是应标书正本的每页签字,小王签字签到手软。早7点,领导拍板定下最终报价,小王忙不迭地打印报价文件,刻录报价文件。7点20,大家赶紧上车,带上公章胶水,车上继续签字、盖章、封条。终于赶在截止时间5分钟前抵达开标现场,大家这才长出一口气。

A.6　应标书

知明科技的应标书技术部分洋洋洒洒一千多页,由六个分册构成:

(1) 项目总体方案设计与点对点应答,篇章结构参见表A-2;
(2) 省客户服务中心系统建设方案与点对点应答;
(3) 市客户服务中心系统建设方案与点对点应答;
(4) 语音组网工程建设方案与点对点应答;
(5) 数据虚拟网组网工程建设方案与点对点应答;
(6) 服务质量视频监控工程建设方案与点对点应答。

表 A-2　总体方案设计篇章结构示意

1 项目概述	**4 软件架构设计**	5.6 视频监控设计
1.1 项目背景	4.1 功能架构设计	5.7 安全设计
1.2 现状分析	4.2 应用架构设计	**6 项目管理**
1.3 项目目标	4.3 数据架构设计	6.1 项目总体计划
1.4 建设范围	4.4 技术架构设计	6.2 项目组织结构
2 总体设计思路	4.5 应用集成设计	6.3 质量保证体系
2.1 设计原则	**5 物理架构设计**	6.4 重点问题说明
2.2 项目方法论	5.1 语音交换平台	6.5 项目交付项
2.3 项目关键点分析	5.2 语音组网设计	6.6 项目风险管理
3 业务架构设计	5.3 数据组网设计	6.7 项目分包管理
3.1 省客户服务中心	5.4 服务器设计	**7 工程联络会和培训**
3.2 市客户服务中心	5.5 存储设计	**8 技术支持和售后服务**

省客户服务中心通过语音、传真、邮件、互联网等多种接入渠道，完成服务接入、业务处理、管理监控、统计分析，以及各自下辖单位的话务分流工作，是全省投诉举报受理中心、服务质量监管中心与高水平服务展示中心，功能架构见图 A-6。

图 A-6　省客服系统功能架构示意

在笃行科技协助下，小周从客户要求的系统交付时间倒推，制订了一份"漂亮"的项目总体计划（见表 A-3），13 周内完成除县公司远端座席接入外的所有工作。小周自己对这份计划的评价是有点赶上"大跃进"了。但此时的他，只是觉得 13 周内要完成省、市客服系统的软件开发有点困难，其他工作应该没太多问题。

表 A-3　集约化呼叫中心总体计划表——应标方案

序号	阶段	进度名称	时间范围（周）	进度(时间单位：周)												
				1	2	3	4	5	6	7	8	9	10	11	12	13
110	启动	商务手续	01	▪												
120		启动会议	01	▪												
210		项目启动	01	▪												
220		需求调研	01～03	▬▬▬												
230		系统设计	02～06		▬▬▬▬▬											
240	省客服系统	编码实现	05～07					▬▬▬							
250		系统测试	05～09					▬▬▬▬▬						
260		数据环境	05～09					▬▬▬▬▬						
270		系统环境	01～08	▬▬▬▬▬▬▬▬											
280		系统试点运行	09～10									▬▬			
290		系统全面运行	11～13											▬▬▬	

续表

序号	阶段	进度名称	时间范围（周）	进度(时间单位：周)												
				1	2	3	4	5	6	7	8	9	10	11	12	13
310	市客服系统	项目启动	01	█												
320		需求调研	01～03	███											
330		系统设计	02～06		████										
340		编码实现	05～07					███						
350		系统测试	05～09					█████						
360		数据环境	05～09					█████						
370		系统环境	01～08	████████										
380		系统试点运行	09～10									██		
390		系统全面运行	11～13											███
410	语音组网	项目启动	01	█											
420		环境调查及方案设计	01～03	███										
430		环境准备	01～04	████										
440		现场安装调试培训	05～09					█████						
510	数据组网	项目启动	01	█											
520		环境调查及方案设计	01～03	███										
530		环境准备	01～04	████										
540		现场安装调试培训	05～09					█████						
610	视频监控	项目启动	01	█											
620		环境调查及方案设计	01～03	███										
630		环境准备	01～04	████										
640		现场安装调试培训	05～09					█████						
710	竣工验收	部署上线、竣工验收	13											█
720		运行维护保障	14-											

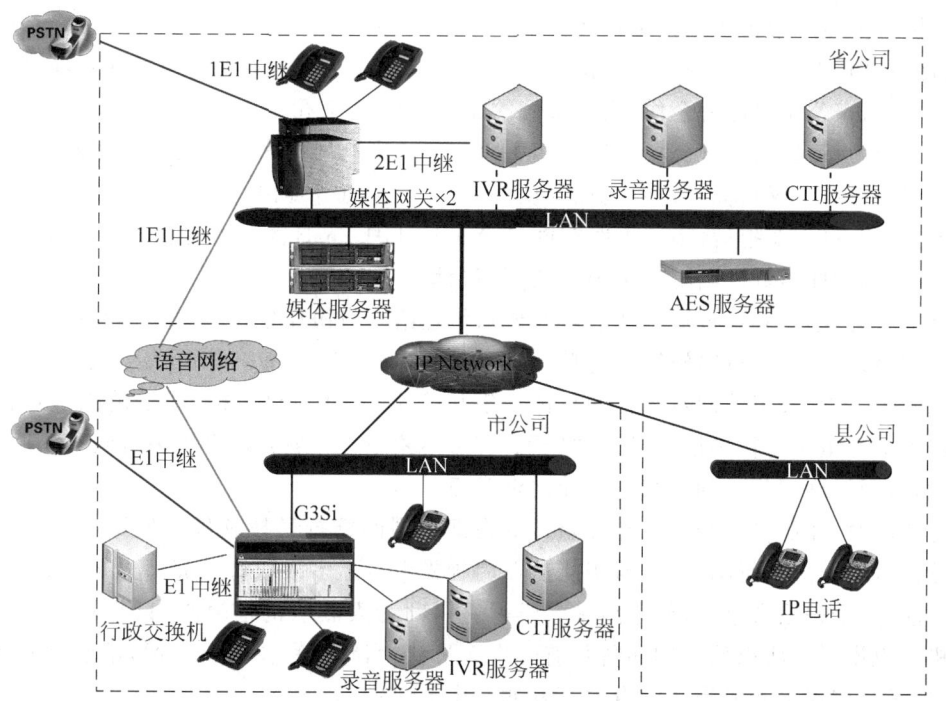

图 A-7 语音交换平台

应标书中当然少不了知明科技最陌生的语音交换平台（见图 A-7），包括省公司语音平台建设、录音系统集成、地市语音交换平台扩容、话务分流和县公司远端座席。

省公司语音交换平台包括数字语音交换机、录音系统、自动语音应答系统、自动传真系统、CTI 系统。主要完成语音和多媒体的接入、话务和传真的自动应答、接入信息的排队和自动分配到人工座席以及对人工话务服务的录音功能。

知明科技对语音交换平台方案提不出想法，只能完全依托笃行科技。

A.7　好的开始

10 天等待之后，中标通知书如约而至。隔天，笃行科技项目组核心成员抵达知明科技园区。项目经理小杨，一个看上去儒雅、谦恭、精干的小伙子。"现在开始，咱们就站同一条战壕了"，"有什么需要的尽管提，不要见外"，宾主一路寒暄着。

见过领导之后，小周带小杨一行熟悉环境。知明科技早已腾出一间 200 平方米的大会议室作为开发现场，服务器、网络、打印机、工作位、小会议室一应俱全。食宿方面，在附近的家园小区租了几套房子，笃行科技人员拎包入住即可，午、晚餐可以凭餐卡到知明科技食堂免费就餐。面对这样周到的安排，小杨一个劲地说谢谢。

第二天正好是周末，为了加快两个团队间的磨合，小杨建议组织一场篮球友谊赛。这个提议获得了大家的一致赞同。第二天，大家一身运动装出现在省体育中心篮球馆。先是短暂的热身，会打不会打的都上去摸摸球，投投篮；然后是知明科技与笃行科技的对抗；接着是投篮比赛与三步上篮比赛；最后是双方打乱混编对抗。来自天南地北的两支团队在肢体间的轻微对抗碰撞中很快拉近了距离。

新的一周，小周、小杨一起去拜访郑主任。郑主任首先转达了省公司领导对项目的高度期许，勉励两家公司要通力合作，为新大楼竣工送上完美献礼。接着指出，一星期后要隆重召开正式的项目启动会，省公司领导及相关单位负责人都要出席，请两位项目经理认真做好准备。郑主任对会议目标、参会人员、会议议程、会议重点等提出了指导性要求。最后提到，由于新大楼建设工期拖后，系统上线时间延至来年 4 月 25 日。这真是天大的好消息，多了两个月的开发时间，资源调配有了很大的回旋余地。

事不宜迟，小周立刻将郑主任的最新要求传达给所有协作单位，并决定周五召开第一次项目工作会议，讨论项目实施策略与总体进度计划。接着，小周、小杨开始密集地拜访运营部主要业务主管，收集他们对项目的总体期望与建议，并就项目目标、项目范围进行初步确认。需求组在组长笃行科技小吴的领导下，有条不紊地工作着：收集相关资料、确认访谈对象、编制访谈提纲、起草调研问卷、设计需求模板。

与此同时，知明科技开发人员开始接受为期一周的笃行科技软件开发平台培训。大家都很珍惜这个开阔视野的机会，希望能从业内领先者身上多汲取些营养。上午讲解示范，下午操作演练，全程录音录屏，便于后来者学习。讲师为人热情也很耐心，只是对开发平台的内在机理也说不出所以然。知明科技有开发人员认为，笃行科技有所保留，不愿意分享核心技术，提醒小周这可能成为今后自主开发的一个障碍。

周五早上，研发部、系统集成部、笃行科技、八方通信、鹰眼科技、星光科技主要负责人齐集一堂。大家一致认为：市公司数据组网、语音组网、客服系统扩容与改造、视频监控现场施工等相对独立,可以先期开展;项目主要难点集中在省客服系统建设上,牵涉面太多,软件开发工期吃紧,平台建设可能存在前期干着急动不了,后期忙不过来的情况。

经过一番讨论,大家对项目主要里程碑达成共识:

- 2月12日:完成市公司语音组网、数据组网以及客服系统扩容。
- 3月26日:完成试点县公司远端接入。
- 4月9日:完成省市客服系统联调,具备单点切换条件。
- 4月25日:省客服系统上线,各市公司开始逐一接入。

会后小周、小杨再次拜访郑主任,详细汇报总体工作计划。郑主任特别提醒要注意风险管控,加强各方沟通协调,建立高效的多方联合工作机制。

周末注定又是个不眠夜,小周、小杨在滨海公司边上的宾馆开了间房,两人分工协作,全力以赴准备着启动会相关材料。周一10点,两人赶到运营部向郑主任做汇报。郑主任对工作成果表示认可,同时指出领导重点关注事项要再突出一些。

A.8 启动会

中午1点半,小周、小杨提前抵达会场。会务人员正紧张地做着最后准备,摆放姓名牌,分发会议材料。八方通信、系统集成部正在为省、市、县三级视频会议进行着紧张的设备调试。

八方通信小郭招呼着小周:"赶紧接上投影,试下效果。"

工作报告PPT打在巨幅白屏上,看上去效果挺不错的。

"我们下面看不清主会场投影",三江分会场会务人员着急地打来电话。

"这怎么回事",小周有些不知所措。

小郭以前遇见过类似问题,提醒道:"分会场中看到是远程传输过去的主会场摄像。PPT不能用宋体,改成黑体试下。"

小周改了其中一页,一试之下,效果好了很多,将就着能用。小周手忙脚乱地开始一页页刷格式,15分钟后,终于大功告成。突然,系统集成部小邓想到了一个办法,用NetMeeting将计算机桌面分发到分会场,分会场投影信号源可以在现场摄像与计算机桌面间切换。这个办法果然好,小周心里的一块石头总算落下。

一抬头,才发现会场已经坐满人,大家都在静候领导到场,主会场座位安排见图A-8。

正前方挂着两块投影屏,一块显示主会场画面/发言计算机桌面,一块巡回播放各分会场画面。

右侧是业务运营部、信息中心、农村工作部、调

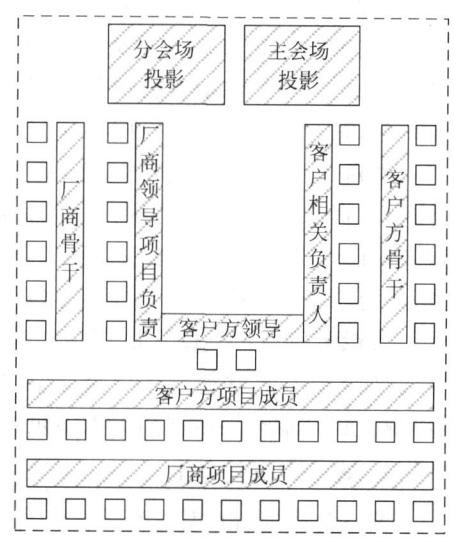

图 A-8 项目启动会主会场

通中心、监察部、大楼筹建处等相关负责人。

左侧是总包方知明科技马总、林副总，以及笃行科技项目总监谢总等分包商领导，两位主要项目负责人小周和小杨相邻而坐。

中间是滨海公司分管领导，业务运营部郑主任，信息中心高主任。

后面端端正正坐满客户方、总包方以及各分包商的主要项目成员。

马总、林副总忙着同滨海公司的相关负责人打招呼，已就座人员认真翻阅着会议材料。

"三江、三沙、三山……"各分会场的电子签到有序进行着。

"领导来了"，滨海公司刘总在郑主任陪同下步入会场，大家纷纷起身致意。

2：30 郑主任宣布会议正式开始，介绍与会各方领导，说明会议议程。

2：33 郑主任介绍项目背景、目标范围，通报前期主要工作成果。

2：40 小周介绍项目目标、建设内容、技术方案、实施策略、总体计划、组织结构、沟通机制、质量保证、风险防范以及分项目计划。

3：05 总包商及各分包商领导逐一表态发言。

3：10 客户相关单位逐一表态发言。

3：15 郑主任说明下阶段重点工作安排。

3：25 刘总做总结发言，进行项目动员。

会后，项目建设总体部署与刘总的重要指示以滨海公司内部发文形式正式下达。

A.9 小周的报告

1. 项目组织结构

确定项目组织结构，明确汇报关系，建立工作机制是首要的任务。联合项目组由滨海公司相关单位，总包方及分包方共同组成，组织结构见图 A-9。

项目领导组：项目最高决策机构，负责项目方向把握、重大问题协调与重大事件决策。滨海公司刘总任组长，成员包括省公司相关配合部门一把手、各市公司一把手以及知明科技一把手马总。

项目工作组：项目日常管理机构，负责项目整体规划、资源调配、工作协调与风险控制。业务运营部郑主任任组长，成员包括业务运营部相关处室负责人、知明科技林副总、总包方及各分包方项目经理。

质量管理组：项目质量把关机构，负责项目整体进度监控与质量控制。业务运营部蔡处长任组

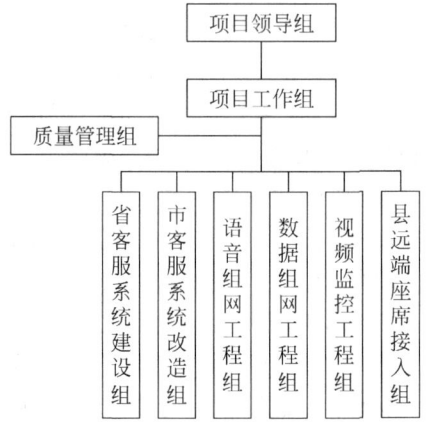

图 A-9 项目组织结构图

长，成员包括业务运营部相关处室负责人、总包方及各分包方质量管理负责人。

2. 客户方责任分工

滨海公司省、市、县三级将近 100 个单位/部门参与其中（见图 A-10），工作协调难度极大。确定分工界面、明确职责任务，下达考核指标是确保项目顺利推进的前提。

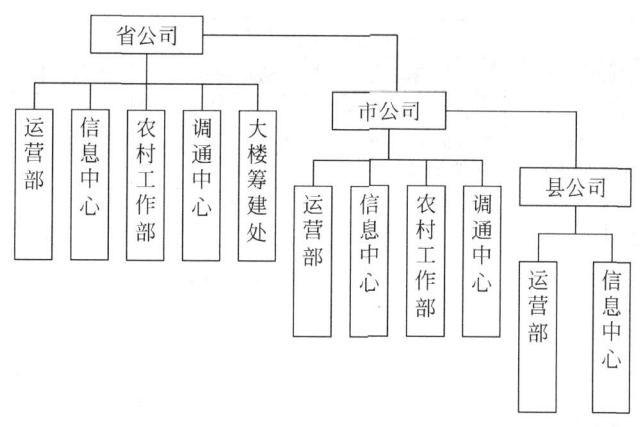

图 A-10 客户方项目建设相关单位

其中,省公司五个项目建设责任部门的分工界面如表 A-4 所示。

表 A-4 客户方主要单位/部门职责分工

责任部门	项目职责
运营部	• 提出项目整体目标要求,监督项目进展情况,进行相关市公司的工作协调 • 确定应用软件、传输通道及数据通信网需求 • 确定各市公司系统割接时间,提出系统切换的可靠性要求 • 确定省公司客服中心办公环境规划,如座席安排、信息点布置、电源接入、摄像头位置等
信息中心	• 规划并完成 IP 地址的申请审批 • 确定信息设备安装位置,机柜安放位置 • 新大楼信息机房环境准备:包括温度、湿度、电源、机架位置等达到标准 • 指导市公司信息中心完成相应的机房环境完善及配合项目实施组工作
农村工作部	• 县公司呼叫大厅和机房的环境准备 • 明确县公司远端座席接入建设计划 • 协调县公司与知明科技签订项目合同 • 组织县公司远端座席接入项目验收
调通中心	• 新大楼有关通信机房环境准备:包括温度、湿度、电源、机架位置等达到标准 • 提供市、县网络通道现状以及建设计划 • 负责审批本项目有关的通信通道需求
大楼筹建处	• 确保如期交付装修完整的办公场所 • 定期提供大楼装修的进展情况 • 市电电源拉到设备安放位置、通信线缆准备到位

3. 承建方责任分工

这是小周从业以来所经历的最复杂项目,不仅要应对客户方众多单位/部门,还要协调好内部相关部门、各分包商、系统软件源厂商、硬件源厂商以及通信运营商,见图 A-11。不少项目协调工作,如机房环境准备、网络通道建设、语音接入设计等,对程序员出身的小周而言都是陌生而又要快速熟悉的课题。

4. 项目总体工作计划安排

小周采用上线时间倒推法,由后往前确定各个里程碑节点,编排总体工作计划表,见

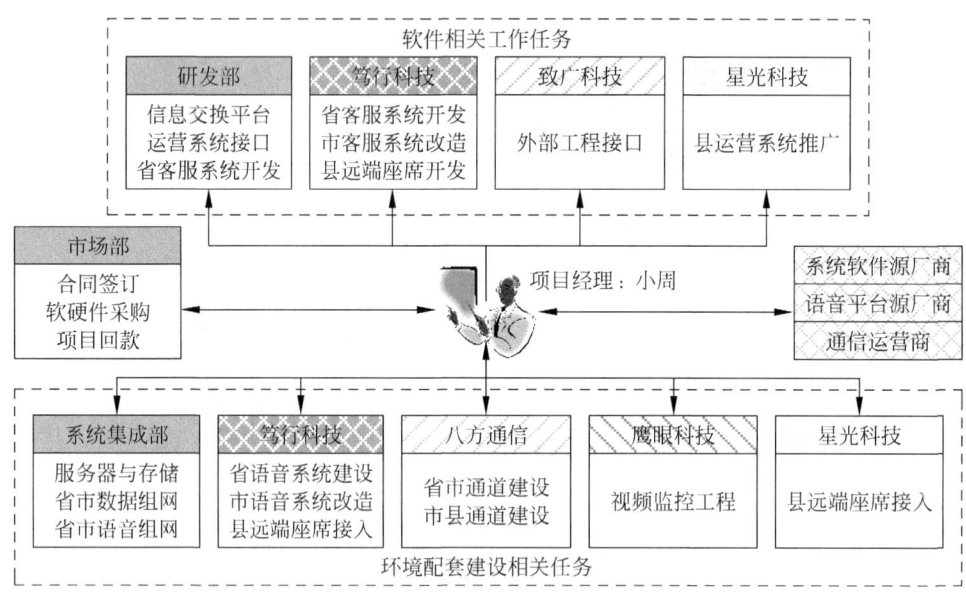

图 A-11　承建方分工协作界面

表 A-5。春节前后两周的空档期，使得原本紧张的进度更加吃紧。

表 A-5　集约化呼叫中心总体计划表——启动会

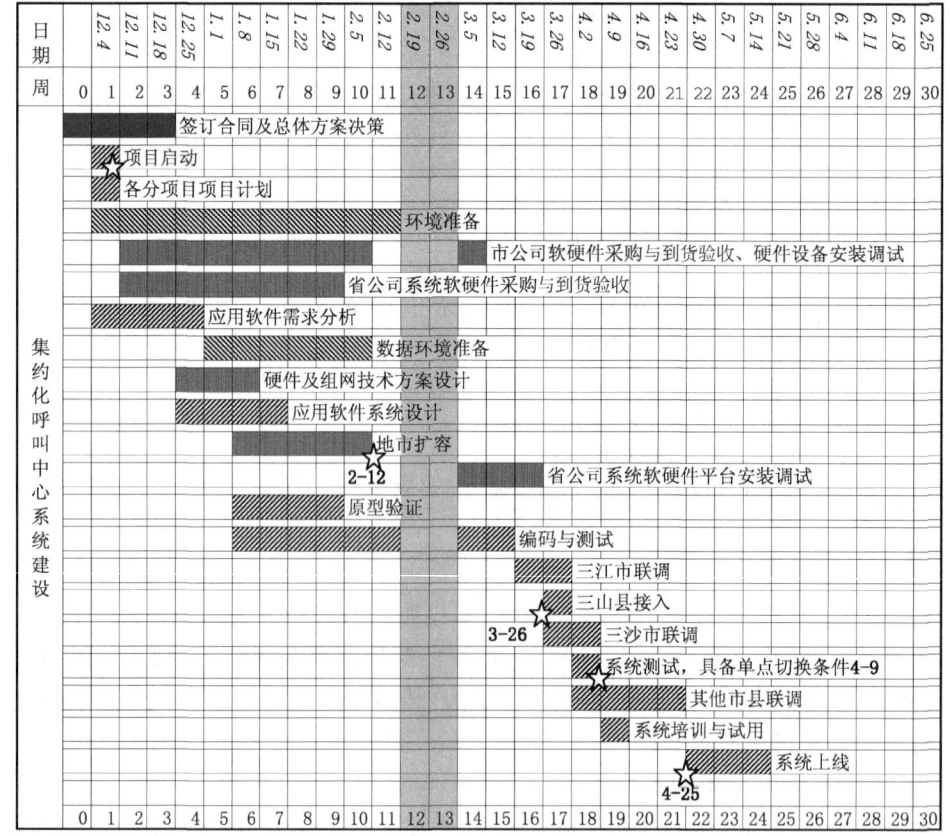

A.10 奖励申请

启动会后,马总、林副总、谢总来到联合开发现场视察工作,勉励大家努力同心,克服困难,圆满完成任务。

看到项目工作逐渐步入正轨,小周向林副总提出希望给予团队成员一些奖励。林副总认为还不到时候,而且公司之前没有因为中标而发放奖励的先例。

小周心里却想:虽然公司经常投标,但没有哪次会这么累、这么难。投标奖励虽无先例,但不久前公共开发平台的研发却是有加班费的。公司如果厚此薄彼,恐怕会挫伤研发部的积极性。他一定要为夜以继日工作的兄弟们去尽力争取。

小周拟了份奖励申请,找到了马总。马总批准了小周的提议,认为非常时期可以有非常做法。原来的名单中只有研发部人员,马总让小周加上其他部门相关人员。

小周不情愿地加入了两位系统集成部人员,小周认为他们投入得并不多,而且犯了不少错误。名单中没有市场部人员,因为小周觉得他们应该会有抽成等其他奖励机制。

A.11 需求风暴

启动会后的两个星期里,笃行科技紧锣密鼓地展开需求调研。一系列的用户访谈与问卷调研之后,以临江公司需求为蓝本,考虑滨海公司建设要求,提出了需求框架。知明科技人员业务不熟,只能打打下手整理些资料,小周要求大家抓紧时间恶补业务知识。

需求框架形成后,郑主任提出到远离市区的梅园,展开为期三天的封闭式需求集中研讨,省、市、县各级业务骨干代表都会参加,要求全力做好会务准备工作。会务联系由知明科技市场部小王、笃行科技片区经理小黄负责。小杨非常认同郑主任的做法,认为各方可以在最短时间内,就争议性问题达成一致意见。客户如此深度地参与项目,对知明科技小周而言是一次新奇的体验。

风和日丽、晴空万里的一天,大巴车满载着滨海公司、知明科技、笃行科技一行人驶往梅园。大家简装出行,一路有说有笑,轻松欢快。

小王并没有随车前往,小周觉得有点纳闷。整个研讨会期间,小王始终没有露过面,只是电话中授权小周处理会务事宜。笃行科技片区经理小黄则时不时来看望下大家。小周以后很长的时间里对小王这一做法都不得其解。

梅园背山临水,江风徐徐,红梅满园,果然是个好去处。稍事安顿之后,全体人员集中进行情况介绍。

先是郑主任介绍工作目标、作息安排、工作纪律,要求大家既来之则安之,特别强调没有特殊情况不能离开梅园。

接着小杨介绍人员分组(分成新业务、呼叫业务、综合管

作息时间表
9:00～10:20 需求讨论
10:20～10:40 工间休息
10:40～12:00 需求讨论
12:00～14:30 午餐、午休
14:30～15:50 需求讨论
15:50～16:10 工间休息
16:10～17:30 需求讨论
17:30～19:30 晚饭
19:30～21:00 需求小结

理三个组）、责任分工、工作方法以及工作要求。

最后需求组长笃行科技小吴系统地介绍前期工作成果以及本次需求研讨要重点解决的问题。

当天下午，需求研讨分小组全面铺开。需求初稿投影到屏幕上，需求作者大声诵读需求，阐述对需求的理解，抛出自己的疑问，回应各方提出的疑义。业务人员站在各自角度，提出修改、补充或反对意见。大家在唇枪舌剑与观念碰撞中澄清模糊认识，消除意见分歧，创新管理办法。小组长负责把握讨论进程，避免议题失偏或者陷入无意义的争论，适时总结各方观点。所有结论性意见与未决事项，均要求专人记录在案。

小周认为新业务是今后运营系统全面升级的重点和亮点，因此将主要力量投入到新业务的讨论中。大客户管理与VIP客户管理等新业务与运营系统关系紧密，因此讨论中知明科技表现得中规中矩。

笃行科技人员与呼叫业务人员原本就熟悉，在呼叫业务组讨论中，双方完全打成一片，大家只是想着如何使需求更明确、流程更优化、工作更高效。此时，知明科技人员的呼叫业务短板完全凸显，尤其是对争议性问题基本插不上话，只好默默地旁听记录。这也是日后呼叫业务人员撇开知明科技，直接与笃行科技进行业务交流的主要原因。

上下午中间都安排了工间休息，打几杆台球，挥几拍乒乓球，园子里走一走，聊聊天。郑主任高兴了也会与民同乐，上阵扣杀几板。每天的就餐时间，是大家放松心情，沟通交流的好时机。头天晚上，会务组安排了烧烤。冬季寒风中，大家几个人一组就着炭火，喝着啤酒，海天海地聊着，完全不分彼此。

白天的讨论主要是思维发散的过程，晚上的小结则是意见集中的过程。一些需要跨小组讨论或者需要领导拍板定调的问题被集中提出来。晚9点，一天的工作结束，大家自由放松。笃行科技人员的工作却才刚刚开始，他们需要汇集白天的各方意见，评估需求合理性，对需求稿进行修订完善。第二天的讨论，从复审前一天的修订稿开始。

三天时间一晃而过，集中式研讨效果显著，团队士气高昂，大家都对后续工作充满信心和憧憬。需求稿实现华丽大变样，除个别遗留问题外，各方对需求基本达成一致意见。散会之前，小杨拿出一张《需求确认书》，请相关业务负责人签字。小杨解释说："签字只是对需求分析工作的阶段性确认，并不是说签了字以后需求就不能变。"稍微迟疑后，包括小周在内，相关责任人都在确认书上签了字。

A.12 横生枝节

梅园归来，项目组的工作重心转到了软件设计上。仍然沉浸在梅园友好协作氛围之中的小周，兴冲冲地将双方核心骨干召集在一起，讨论后续的工作安排。大家满怀期待地望着小杨，巴望着小杨能给习惯于"家庭作坊生产"的知明科技带来"现代软件工厂"的先进理念和实用做法。

"明天，我们中的大部分人就要撤回公司本部，展开20天的软件设计工作。这边会留下几个人……"小杨说得很慢，但是很坚决。

小杨话没说完，就被小周打断了："为什么要回去？这里的办公场地、开发环境不行吗？"真是太意外了，完全出乎小周的意料。

小杨显然是有备而来，言之凿凿地解释道："这个项目涉及面广，技术非常复杂，设计工作仅靠项目组甚至事业部本身的力量难以完成，必须借助集团总部的各类专家资源。"

"不能把这些专家请到滨海来吗？"小周觉得小杨的解释难以令人信服。

"小周，你不要着急，这个真不是我们有什么特别的想法。事业部对每个项目的成本及绩效都是有考核的。我也想着最好能把专家请过来，省得整个项目组一大帮人飞来飞去的，光机票就要花不老少钱。"小杨说得很无奈。

"是啊，那为什么还要这样折腾呢？"小周不解地问。

改自/冯印澄 新华社 2012-5-10

小杨平心静气地开始分析："咱们这个项目是有相当技术难度的，需要业务专家、架构专家、语音技术专家、数据库专家、平台专家的支持，而且这些人必须坐在一起进行反复的讨论协商。总部的专家作为集团的稀缺资源，需要同时为集团所有项目提供支持，所以没办法跑现场。一些核心技术资料，集团也特别规定不能带出总部。"

看着小周皱眉不大相信的表情，小杨继续不紧不慢地解释着："像我们用的软件开发平台，是由集团研究院提供的，对我们就是个黑盒子。因应本次项目的要求必须进行设计的调整与功能的拓展。研究院跟我们事业部是同级单位，开发平台的研发队伍有上百号人。我们有求于人，只能是上门去找人家，而且怎么可能把这么多人拉到滨海来呢？"

小周沉吟半晌，突然想到一点，于是抬高了声调，底气十足地诘问："话虽如此，咱们不是事先约定好在滨海进行联合开发吗？白纸黑字的东西，你们不能不认账吧？"

"我们当然是说到做到了，设计完成之后，我们会按约定返回滨海进行联合开发。这个你们放心，绝对不会绕过你们的。"小杨一本正经地保证着。

"你这不是前后矛盾吗？一方面说遵守约定，一方面又要回总部做设计？你让我跟领导怎么交代？"小周因为找到了对方理亏之处摆出了无辜状。

"协议中的'开发'单指'程序开发'，并不包含'软件设计'。你也知道我们的研发过程比较规范，过程划分与责任分工都很细致。不像一些小公司，需求、设计、开发、测试全都搅成一锅粥。"小杨摆出一副很专业的样子，同时又带着一丝不屑。

改自/张旺 新浪博客

小周一时语塞，不知道说啥好，只觉得对方怎么会这么"赖"。好半天后，反复地争辩着："怎么能这样理解呢？联合开发当然包括软件全过程了，怎么会仅限于程序开发呢？而且你们怎么不提前跟我们沟通这件事，明天要走了今天才说？"

看着脸红脖子粗的小周，小杨很诚恳地说："计划赶不上变化，我也是刚得知这些专家得空，就想着赶紧回去开工，晚一点说不定又找不着人了。小周，我们也是情不得已，请你体谅一下我们的难处。要不这样，你们可以派些人到我们总部，跟我们一起做设计。"

事已至此，小周只好赶紧向领导汇报，对方故意设置障碍，排斥己方参与设计工作，以控制项目的主导权。为掌握项目核心技术，培养自己的队伍，小周建议由小孙带队到对方总部参与软件设计工作。领导同意了小周的建议，强调以后跟对方打交道要多几个心眼，并且要求务必提醒小孙遇事多动脑，要参与并掌握核心的设计。

A.13   内部分工

小周将研发团队划分为 4 个小组，信息交换平台（由沉稳低调的小赵负责，小赵手中项目未了暂时无法到岗）、省客服系统（由冲劲十足的副手小钱负责）、市客服系统（由敬业肯干的小孙负责）、县远端座席（由星光科技小李负责），见图 A-12。

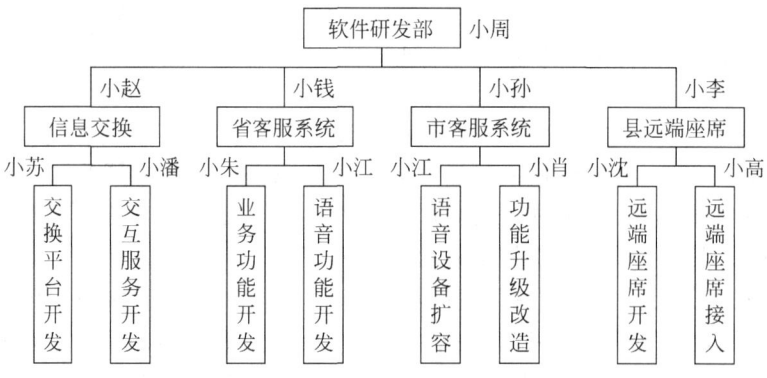

图 A-12   知明科技研发部内部分工

A.14   开发平台

尽快吃透笃行科技呼叫中心技术难点，争取早日具备独立研发能力，是项目组当前的首要任务。这关系到付出的高额学费能否物有所值，公司上下对此抱有很高期许。

敢想敢干、冲劲十足的小钱眉头不皱地接下这块硬骨头，带着几位开发人员，基于笃行科技开发平台，着手开发原型验证系统。希望借此熟悉开发平台，攻克技术上壁垒，后续能够承担起核心业务系统的开发，增强项目话语权，逐步摆脱对笃行科技的依赖。

起初，大家的工作热情非常高涨，对笃行科技开发平台抱有很大的期待。不久之后就发现，虽然平台的开发界面比较简单，新手经过简单培训即能照猫画虎地完成一些基本业务功能开发，但遇到稍微复杂些的业务就显得有些束手束脚。

工作流平台是流程驱动软件开发的基础，通过图形化工具配置业务流程，业务应用在工作流引擎的驱动下，实现业务的智能流转，见图 A-13。可加入分支判断条件后的业务流程，却折腾得大家一点脾气都没有。主要原因在于工作流平台被封装成一个黑盒子，搞不清内部的机制，编程方面受到很大限制，远不如基于开源框架下的得心应手。加上技术资料相对匮乏，程序出现 Bug 后问题的定位与分析比较困难。此外，开发平台也并非尽善尽美，还存在不少功能上的缺陷与缺失。

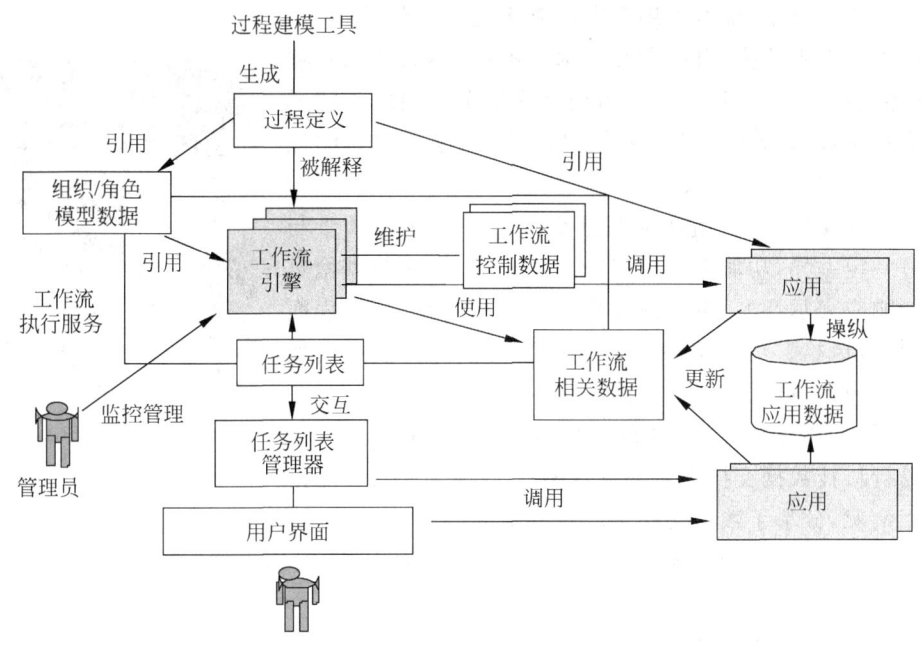

图 A-13 工作流平台参考模型

面对难以下口的骨头,新奇感消失后,技术小组成员逐渐失去了兴趣与耐心,最终艰难地得出结论:除非采用自己的软件开发平台,知明科技无法摆脱对笃行科技的依赖,无法进行独立的业务系统开发。最大隐患是,出现问题时很难区分是业务代码问题,还是平台自身问题;如果是平台缺陷造成的问题,知明科技根本无法解决。

简单的C—R—U—D(创建—查询—修改—删除)没意思,复杂问题发现了又解决不了,技术小组成员开始懈怠,开始摆弄各自感兴趣的东西。小周看在眼里,心里很着急,却又想不出好办法。如果就此放弃,等于宣告白交学费,一是怎么跟领导交代,二是于心不甘,三是好容易凑齐的团队不能轻易散了。小周只能给技术小组成员打气,希望大家继续努力,争取掌握核心代码,能够独立承担开发任务。

A.15 另起炉灶

省公司呼叫中心与市公司的呼叫中心、运营系统、外部工程系统以及县公司的运营系统之间需要进行频繁的数据交换与流程集成。这些相关系统地域分散,点多面广,技术路线各异。因此,需要一个一致、开放、稳固的技术平台作为相互间信息交换的支撑。

软件工程部负责的数据中心项目中研发过功能类似的数据交换平台,但一直没有机会在业务系统中投入使用。公司领导认为可以借助呼叫中心项目,推进数据交换平台的实用化。为此,领导要求项目组与相关研发人员进行深度技术交流,拿出解决方案。

研发部长期专注于运营系统的开发与维护,软件工程部以数据中心为重点的同时还承接了大量繁杂的业务。由于历史的原因,两个部门的文化差异较大,相互间都有些看法。

研发部技术上有种优越感,认为自己业务精纯、项目务实,软件工程部的项目多是华而实的"假大空"。研发部一位元老曾说,"他们做的系统,整个数据库的大小就几百兆,全部加载到内存都绰绰有余，根本不用考虑性能优化的问题。"

软件工程部则认为，自己走在技术的前沿，不断开拓新项目，研发部是在吃老本，运营系统当初可是集全公司之力完成的；系统实用性与否不是开发者能决定的，而是由项目的性质以及终端用户的特点所决定。

图/余德水 新浪博客

经过多次交流，项目组认为数据交换平台的应用场景与本项目有一定差异，功能上无法完全满足要求，同时对其稳定性与性能响应表示怀疑，主要依据是软件工程部惯常"做表面文章"的行事风格。项目组决定另起炉灶全新开发信息交换平台，软件工程部也乐得一身清闲，闪在一旁看热闹。

不久，笃行科技软件架构师小唐如约而止。小唐系统地介绍了笃行科技数据交换平台的整体架构、基本功能、性能指标及应用情况，分享了数据交换平台研发中的心得体会。最后对本项目中信息交换平台的典型应用场景、具体功能要求与性能要求进行了探讨分析，给出了相应的建议。

A.16　拉风的马六

小苏原是一家小公司的技术负责人，技术功底扎实，曾主持过商业智能分析工具的开发。小公司由于业务不是很稳定，近来效益不是很好，小苏产生了换个环境的想法。

在项目组大规模招兵买马之时，有内部员工向小周推荐了小苏。于是小周约小苏来公司进行一次面谈，顺带征求了他对信息交换平台的基本想法。小苏技术方面很自信，对信息交换平台的技术关键点颇有见地。一番交谈之后，小周对小苏的技术能力非常认可，认为小苏的技术水平在公司范围内无出其右，提请公司打破常规、以比较优厚的待遇将其延揽至麾下。领导同意了这一要求，并提醒要加强考核看是否有真才实学。

小周希望小苏能够尽快到岗，小苏表示自己手头还有些事情没处理好，没办法完全坐班。迫于项目进度的压力，小周答应小苏一个月的时间内可以实行弹性工作制。

小苏到岗之后，果然不负众望，信息交换平台的研发搞得有声有色。小苏也以研发部技术专家的身份参加了公司各类技术方案论证、新员工招聘面试等活动。

上下班时间，一阵风来、一阵风去的红色马六，彰显着这位主任工程师级新员工的与众不同。即便上班中间，也常见一个电话之后，一朵红云鸣得一声远去。一次闲聊中，小周从小钱口中第一次听到了"拉风"这个词，"小苏很拉风哦"，小周对此不以为然。

A.17　来了个老江湖

小潘是业务运营信息化领域的老江湖，曾是行业龙头——致广科技最早的一批员工，后随一个老总从致广科技分了出去。一个月前，当海天科技的小潘找上门来，要求加盟知明科技时，小周如获至宝，在分管领导面前强力推荐业务上可以独当一面的小潘。分管领导觉得人才难得,答应了小潘的所有要求。

小潘能加盟知明科技,也是机缘凑巧。一是原先所在公司业务拓展受阻,二是家里脱不开身无法长期出差。知明科技不仅业务稳定而且多是本地项目,工作家庭可以两不误。后来,小潘选择离去的时候,小周才明白知明科技一开始就只是他职场道路上小憩的一站。

小潘理所当然地被赋予重任,负责定义呼叫中心与运营系统以及外部工程系统之间信息交换的内容。小潘业务上当然不存在任何问题,只是需要尽快熟悉知明科技的现有系统。因此,小周安排小辉协助小潘工作,同时要求小辉多向小潘学习。

小潘对知明科技的企业文化并不感冒,似乎也没有把自己当作知明科技的一员。不管在组内或是组外的技术讨论中,时不时会蹦出"你们知明科技怎样怎样"刺眼的话语。刚开始,大家觉得是小潘可能还没适应身份的转变,后来发现好像不是那么回事。

小潘行业经验丰富,对整个产品线都很熟悉。日常工作中,小潘除了津津乐道其行走江湖的轶事,还会不时指出知明科技的林林总总问题,话里话外流露出某种不屑。小辉是小潘忠实的听众与拥趸,耳濡目染中对小潘越来越钦佩,一言一行受其影响也越来越大。

时间一天天过去,小潘除提交了一份原先公司业务系统的表结构之外,期待中的系统间接口定义文档仍然只是寥寥几笔。每天一下班,小潘雷打不动地急匆匆赶回家。

小周几次询问进展情况,都被告知,"正在熟悉旧系统,正在分析信息交互的需求"。小周有心催一下,又担心小潘有想法撂挑子,一次次话到嘴边又咽下去。自从跟着小潘干事之后,小辉的眼界似乎也越来越高,对公司产生了很多的看法……

A.18　小赵归来

正当小周左右犯难之时,其最倚重的左膀右臂——小赵终于结束手头项目归队了。运营系统与客服系统及外部工程系统间的现有接口,之前都是由小赵负责开发的。

小周让小赵全面接管信息交换平台小组的工作,平台研发仍由拉风的小苏负责,小赵的重点放在系统间信息交换内容的定义上。

图/吕耀炜 新浪博客

小赵根据之前的经验,基于运营系统现有数据模型,驾轻就熟地提出了一套成熟的解决方案。"见多识广"的小潘对小赵的方案不以为然,认为现有运营系统数据模型比较简陋,无法适应今后业务的拓展需要,应在海天科技数据模型基础上进行修改完善。

小赵认为这种做法不切实际,一是海天科技模型是否先进实用尚在两可之间;二是知明科技数据模型符合滨海公司业务人员工作习惯;三是在没有全面升级运营系统情况下,采用差异较大的海天科技模型,徒增开发难度与工作量。

小潘则调侃说外面的天地很大,业务运营信息化的大环境已经发生了很大变化，建议小赵到外面多走走，不要仅仅局限于滨海公司，陶醉在自己的系统中。

对小潘佩服得五体投地的小辉，在一旁连连附和。

一向脾气很好的小赵也着急了，强调项目开发不是不计成本的闭门研究，提醒小潘要把自己当作知明科技的一员。小赵反问小潘："采用你的方案能否按期完成开发？工作了将近 20 天，看不到任何东西，难道不是已经能够说明问题？"

眼看着两人间技术上的争议掺入越来越多情绪化的东西，小周觉得必须有所决断。对小周而言，怎么样用好小潘成了个头痛的问题。恰好新动力集团"运营辅助决策系统"招投标工作在即，以知明科技的实力是不可能中标的，小周决定把这个"陪太子读书"的任务交给小潘全权负责。小潘虽然有些不情愿，但还是接受了这个任务。

A.19　无功而返

20 天的约定期眨眼就过去了，小孙先期从笃行科技总部回来。小周迫不及待地向小孙了解详细设计的进展情况，期盼着他能带回些好消息。

没想到，最担心的事情还是发生了。小孙一开口就大倒苦水："在临江的十几天时间，对方只是给一些资料，让我们自己在那边看，平时也没人搭理。"

"设计工作你们都没有参与吗？这趟不是白去了？"小周几乎要跳起来了。

小孙略带委屈地嘟囔着："人家讨论或者开会的时候，都不叫上我们。讨论之后，他们就各忙各的。过去找他们，他们就说现在很忙……"

"他们不叫你们，你们自己就不能主动往前凑吗？大老远花这么多费用去一趟，只是去旅游、去学习？"小周满带责怪地打断了小孙。

"人家说这是他们内部会议，外人参加不方便。你说，我们能怎么办？"小孙无奈地辩解说，"有我们在的会，又只说些不痛不痒的事务性话题……"

从这一刻起，小周感到项目开始偏离自己原先预想的轨迹。满想着小孙一行人能够深度参与软件的详细设计工作，能够在设计中融入一些知明科技的想法，在后续开发中能够占据较为有利的位置，结果成了一行人的公费旅游。设计没掌握的情况下，以后的开发就要完全被人牵着鼻子走了。

"几个大活人，去了 20 天，不知道软件设计成啥样？"小周一时间不知道该如何向领导汇报。小周是个喜怒于色的性情中人，数据中心组的小宋看出他心中有事。小周将遇到的困境和盘托出，小宋建议说，"教会徒弟饿死师傅，不要指望人家会拱手交出核心技术。呼叫中心软件开发干脆完全交给笃行科技。咱们自己集中精力为后续运营系统的全面升级做准备。"

图/尤先瑞　山东美术出版社

"掌握核心技术，具备独立研发能力"，向领导做出的这些承诺言犹在耳，小周怎么能轻易放弃呢？"如果在呼叫中心项目上知明科技无所建树，运营部会放心将更重要的运营系统交给知明科技吗？"小周思前想后，觉得后续如果严格按协议执行，应该还是可以从整体上把控项目。

　　小周惴惴不安地向林副总汇报相关情况。林副总表示会与笃行科技领导沟通此事,同时指出,"管理不能'放羊',如果对小孙临江之行能多些关注,事情可能不会演变至此。"

A.20　联合开发

　　小杨带着详细设计成果,带着庞大的开发团队浩浩荡荡地回来了。小杨说话还是那么客套与谦恭,可小周现在却再感觉不到当初的诚意了。

　　在联合开发团队的组成上,小周提议采用混合编成的方式,知明科技的人参与到所有模块的开发中。小杨同意这种做法,但强调不能影响项目的正常开发。"多个人手,多份力量,怎么可能拖后腿呢?"小周心想,"小杨怎么会有这种古怪的想法?"

　　小钱带着技术小组加入了联合开发团队。可没几天,各种抱怨就出现了:"他们尽让我们干些打杂的事,自己忙着新系统的开发,却把旧系统的维护工作推给我们。不少开发人员只是软件学院的学生,技术能力还赶不上我们的人,却让我们给他们打下手。问些跟开发平台相关的问题,他们推说自己也不知道。问些业务上的问题,他们让我们自己看文档,可文档里又没说清楚。我们是一拳打在棉花上,有力用不上! 他们就是诚心不让我们参与呼叫业务系统的开发。"

图/丁圆 南国早报 2010-1-25

　　面对项目成员的抱怨,小周坐不住了,找到小杨跟他郑重地进行了一次交涉:"咱们当初说好是共同开发,现在你们怎么一而再、再而三地消极应对。先说联合开发不包括设计,设计工作要在你们本部进行;再说我们可以派人到你们本部参加设计,结果我们的人去了 20 天,看了 20 天不着边的文档,两手空空地回来;好不容易凑到一起共同开发了,结果我们这十几号人要么打杂、要么无事可做。"

　　小杨非常肯定地说:"我们绝对不是有意回避你们,绝对不是有意制造障碍。"

　　小杨接着"耐心"地解释着:"你们的人业务上比较薄弱,这只能靠你们自己去弥补。你想,时间这么紧,完成开发都来不及,怎么可能腾出时间来教你们,带你们? 等教会你们,你们的人上手了,这进度早耽误了。再说旧系统总是要有人维护,如果我们的人陷在旧系统中,那新系统的开发谁来做?"

　　小周无计可施,只好同小钱一起商量对策,"与其干耗下去,不如集中力量搞好可以自己掌控的新业务开发。至于呼叫业务,掌握语音功能开发,掌握业务功能源代码即可。"

A.21　绿色通道

　　知明科技与滨海公司间的合同谈判抓紧时间进行着,双方就项目范围、设备配置、价格清单、技术协议进行最后的协商。本次项目建设设备采购额度巨大,相关厂家没有能力垫款,必须见合同才能下单。一些关键设备,国内没有现货,需要从国外进货,采购周期较长且不确定,这对本已吃紧的进度无疑是雪上加霜。郑主任深知其中利害所在,在刘总的支持下,协调相关部门大开绿灯,一个月内敲定了项目合同。

随后，知明科技与各分包商开始商洽项目分包合同。二十天后，顺利签下与各分包商的硬件集成分包合同。与笃行科技的软件开发分包合同则进入漫长的协商中，双方在技术协议与付款条件方面相持不下。

A.22　数据组网

系统集成部负责语音组网与数据组网，这是知明科技最擅长的领域。小蒋作为任务负责人，早已制订好详细的技术方案与实施方案。为降低实施成本，小蒋提出一个制胜之招，所有设备在公司本部调试通过后，再分发到现场。这种实施策略可以最大限度地减少现场蹲点时间，同时降低对实施人员的要求。

知明科技每年系统集成业务量很大，与相关设备厂商及渠道商建立了良好的合作关系。路由器、交换机、服务器、防火墙等成百台设备按约定时间到货，堆满了公司的库房。

设备到货后，根据规划的网络拓扑，小蒋首先搭建典型市、县公司的模拟组网环境，安装系统软件与平台软件，划分子网，配置 IP 地址，设置路由策略与防火墙策略，设置系统调优参数，逐一检测各项配置的正确性。典型市、县公司的组网方案测试通过后，将方案固化再批量复制到其他市、县公司设备上。而后逐一搭建每个市、县公司的模拟组网环境，调整参数配置，按程式化的检测方案进行全面的测试。测试通过后，打包装箱，按实施计划表提前发往各个市、县公司。

一切准备就绪之后，项目组兵分两路，一路顺东南沿海跑点，一路沿西北山区实施。现场实施工作主要集中在设备上架、网络布线以及联调测试上。

A.23　地市扩容

地市扩容由笃行科技主导，知明科技研发部小孙和小江全程跟进，系统集成部配合实施。主要任务包括：应用服务器改双机集群，新购 IVR（Interactive Voice Response）服务器、语音板卡，增加 CTI 与 TTS（Text To Speech）软件许可。

由笃行科技采购的设备，因为各种原因下单时间偏迟，到货时间一再推后，导致实施工作被迫推迟。笃行科技片区经理小黄为此向郑主任及小周一再致歉。

基于项目建设技术上的要求，系统集成部承担的系统组网需要同笃行科技主导的地市扩容同步推进。地市扩容涉及软硬件迁移与平台软件集群配置，过程相对复杂，进展相对较慢。一个点上的实施，小蒋等人一般是早早完成自己工作，一两天无聊等待之后，才能进行双方的联调。加之前期笃行科技人员投入不够，小蒋等人好几次被"放鸽子"，人为加大了实施成本。系统集成部主管对此颇有微词，要求小周加大与笃行科技的协调力度，避免资源空耗。在小周多次交涉之后，情况才有所改观。

小周给小孙、小江下达的任务是参与试点地市扩容，独立承担其他地市扩容工作。试点完成之后，两人汇报说："正常情况下，我们可以按部就班地实施。如果出现一些问题，还是要求助于笃行科技解决。"小周对这样的回复显然很不满意："这不等于啥也没掌握？"两人的解释是:"试点实施的时候只是在边上看,生产环境的设备不敢随便动,尤其是有些年头的旧语音板卡,接触不好很容易出问题。"小周难以掩饰自己的不满:"原来你们把自己定位成手插口袋不干活的监工了,有笃行科技兜底你们怕什么呢⋯⋯"

知明科技最终也没能独立完成一个市公司的扩容工作。通过参与地市扩容,为省公司语音平台建设积累经验的想法更是成为泡影。

A.24 远端接入

县公司远端座席接入遇到的困难大大超出预计,成了"吃人的无底洞"。子公司星光科技不断加大人员投入,却始终捉襟见肘,责任人小李一筹莫展。

1. 主要拦路虎

1)建设意愿不强

一些管理滞后县公司对引入精细化管理后直接置于省公司监督之下有畏难或抵触情绪;一些县公司对上收系统建设主导权有不同想法;一些已自行建成客服系统的县公司,以在运系统更符合本地情况为由不愿意更换系统。

2)市县通道不畅

大部分市县之间内部 2MB/s 专用电路尚未建成开通,或者带宽不够影响 IP 通话质量,需要租用电信专用网络,线路租用费由县公司自行负责。由于年初并没有安排相应预算,资金申请与审批都需要走流程。

3)组织配套空白

对大部分县公司而言,客服业务是全新事物。确定组织结构、编制管理规范、规定业务流程、明确考核标准、招聘并培训座席人员、培训系统管理员等一系列配套建设事关项目的成败,需要上级单位及项目组的手把手指导。

4)座席区建设费时

座席区办公场地的选址与装修、座席区设备购置、座席区与机房间网络建设等配套工作既有资金方面的需求又有时间方面的要求。

5)运营系统滞后

对统一运营系统尚未推广到位的县公司,座席人员需要配置两台计算机,一台远程连接市客服系统处理呼叫业务,一台连接本地运营系统查询基础业务数据。座席操作麻烦,严重影响客户服务质量,各方意见很大。

6)合同签订烦琐

县公司是独立核算单位,在省公司统一建设资金之外需要自筹配套资金,知明科技需要与几十个县公司逐一签订商务合同。每家县公司都有自己的独特要求,合同谈判与签订过程异常烦琐、费时费力,日后的项目验收也是跑断腿的苦差。

7)实施成本压力

县公司点多面广,理想情况是按片区统一实施以节约成本。现状却是由于建设意愿、网络通道、组织配套、座席区配套等各不相同,同一片区不同县公司项目进度参差不齐,造成多次往返,显著加大实施成本。

8）语音接入复杂

由于历史原因，在一些县域内可能存在多个营业区，多个独立运行的运营系统。如何由呼入电话自动识别客户归属营业区，自动接入所在县公司的远端座席，并连接到不同的运营系统中检索客户档案成了棘手的问题。

2．解决办法

经过各方多次讨论，在运营部郑主任支持下，项目组决定采取以下策略。

1）省公司指导

正式发文强调全省统一客户服务规范、统一信息系统建设对提升管理水平、树立良好社会形象的重要作用。对县公司合同签订、通道建设、资金安排、机构设立、人员招聘、规章制订、场地装修、项目验收等配套工作做出统一指导和规定。

2）市公司牵头

将县公司项目建设情况纳入省公司对市公司的绩效考核进行全省通报。由市公司统筹推进所辖县公司统一运营系统推广及远端座席接入建设，组织所辖县公司，进行合同集中签订、需求集中审查、方案集中确认、人员集中培训、实施统一步调、项目统一验收。

3）县公司落实

由县公司运营业务分管领导主抓，在所属市公司的统一安排下，展开各项实施工作。责任落实到人，进度落实到天，每周上报进展情况，纠正项目偏差。选择建设意愿高，条件较为成熟的三山县作为试点，集中力量进行攻关，成功后总结经验教训进行全面推广。

A.25 周会周报

项目启动之初，郑主任即要求每周一下午，在运营部雷打不动地召开项目周例会。运营部核心骨干、信息中心专责、各承建方项目负责人列席会议，郑主任亲自听取各方项目汇报，拍板定调疑难事项。

为此，小周拟定了一份规整的项目周报模板（见表 A-6），要求项目各方每周末按时提交，由小周汇总后在会上进行统一汇报。

表 A-6 项目周报模板示例

项目名称				
一、总体评价				
□超前进度　□符合进度　□略微滞后　□严重滞后				
二、项目总体进展情况摘要说明				
完成的主要工作、工作成果、里程碑情况				
三、本周按计划完成的重点工作				
No	工作项目	责任人	完成情况	计划情况
说明：				

续表

四、本周新增的重点工作

No	工作项目	责任人	完成情况	计划情况

说明：

五、本周未完成的工作

No	工作项目	责任人	未完成原因	计划情况

说明：

六、领导交办事项

七、存在问题及解决措施

八、风险回顾和分析

九、意见和建议

十、需要协调的问题

十一、后续两周计划重点工作（概括汇总）

No	工作项目	责任人	工作计划	

十二、下周详细工作计划

No	工作项目	责任人	工作计划	

说明：

十三、其他

　　系统集成部、八方通信、鹰眼科技、星光科技基本按要求做到，笃行科技却坚持以自己的格式提交周报，理由是其公司内部已有一套成熟的周报机制，再写一份华而不实的周报浪费时间。一次偶然机会，小周发现小杨提交给自己领导的周报写得非常详尽。删节版的简陋周报使得小周无法完整获悉笃行科技软件开发计划及进展情况，只得任由小杨就着一些没有提交给小周的文档直接在会上向郑主任做汇报。

　　不久之后，郑主任也察觉到小周对笃行科技的掌控出现了问题，几次将小周、小杨叫到一起，要求双方以项目为重，多沟通，相互体谅，加强合作。小周心里认为："总包方对项目的失控，郑主任也有责任。如果郑主任不接受绕越总包方的汇报……"

多少年后,小周才明白,客户关心的是谁能替他解决问题。

A.26　年终总结

磕磕碰碰中数据组网、语音组网总算赶在春节前完工,地市扩容由于设备到货原因留下一个小尾巴。笃行科技主导的呼叫业务开发按既定时间表推进,知明科技主导的新业务开发与信息交换平台开发也进展顺利,星光科技负责的县公司远端座席试点县成功接入。

此时,大楼筹建处却再次传来进度延宕的消息。小周第一反应是"怎么又延迟了",而不是像上次那样感到庆幸。各方经过协商,决定省客服系统整体上线时间再次后推一个月延至 5 月 28 日。郑主任对大楼进度一再推迟感到忧心忡忡,决定派小孔参加大楼基建项目组的周例会,以及时了解大楼进展状况,提出运营部的配套建设要求。

由于多了一个月的缓冲时间,小周与小杨商量后,决定春节项目组正常放假。

年度各类先进的评选结果已经出来,包括小周在内的项目组成员斩获颇丰——优秀项目经理、十佳员工、老黄牛奖……再过几天,就要召开公司的年终总结大会了。小周盘算着在这次会上,向领导和全体员工做一次别出心裁的展示汇报,以鼓舞团队士气。项目组成员对小周新奇的安排全都兴致盎然,大家纷纷献计献策并认真做着各项准备。

在"众人划桨开大船"的音乐声中,小周充满感性地回顾了研发部过去一年的起起落落,如数家珍地介绍了每位项目成员对团队的贡献,激情展望了来年的工作安排,大屏幕上同步播放着项目组两个多月日夜奋战的一张张定格照。小周的兄弟姐妹们逐一登上主席台,相互击掌鼓励后,站在小周的身后。对公司领导的信任与支持,兄弟部门的理解与配合,小周表达了诚挚的谢意。"一支竹篙耶,难渡汪洋海。众人划桨哟,开动大帆船……"众人齐唱中,会场气氛达到了高潮,公司领导脸上乐开了花。

伴着慷慨激昂的歌声,小周脑海中放电影式地闪现着过去一年的酸甜苦辣。虽然启动会上定的时间表基本都达成了,但小周最关注的目标——掌握呼叫中心核心技术,却似乎越来越远了。

每天的午餐会,是公司领导与部门经理们近距离交流的时候。大家围坐一桌,就重点工作以及跨部门协调事项边吃边聊。第二天的午餐会上,研发部的年终秀成了饭桌的话题。财务部经理开玩笑说:"研发部感谢了所有人,却把管账的给漏了。"系统集成部经理则不无遗憾地说:"本以为自己精心准备的报告能够力压全场,没想到研发部有这一手……"

说者无意,听者有心,小周隐隐觉得自己的年终秀似乎有些过于张扬。

A.27　合同拉锯

十天假期一晃而过,笃行科技片区经理小黄再次登门商洽软件开发合同的细节。

小黄一再请小周体谅她的难处,"几十号人干了两三个月,合同还没见影。集团对事业部的考核压力非常大。再这样下去,我们没办法保证项目的投入了。"

小周则端出投标前夜签订的合作协议,一条条地数落笃行科技爽约之处,"作为总包方,到现在都没看到呼叫业务的源代码,换成你们会接受吗?"

小黄略显尴尬地表示歉意,"我是技术门外汉,你说的这些情况我不大懂。我觉得应该是双方沟通之间的误会。我会跟技术人员做下核实,尽力做些沟通协调,消除双方的分歧。但是,软件开发合同实在是不能再拖了⋯⋯"

改自/肖乾旭 安全管理网 2011-04-05

随后的一个多月,不管小黄如何磨破嘴皮,小周毫不松动自己的立场,只要不提交源代码一切免谈。几番拉锯之后,笃行科技提交了一份源代码,双方终于再次坐下协商。

小周总结以往教训,开出了缜密的清单:

> 1. 乙方应在统一搭建的配置管理服务器上实时归集包括程序代码与各类文档的所有中间成果。
>
> 2. 乙方必须保证所提交设计文档的内容及质量,要求达到完全指导开发的目的。
>
> 3. 乙方从业主直接获取的相关资料和信息必须第一时间转给甲方,并纳入统一的版本管理。
>
> 4. 乙方提供的技术评审材料必须提前三天发给甲方,经甲方审核后由甲方统一提交给业主。
>
> 5. 乙方保证本项目中所有系统间信息交换基于甲方信息交换平台完成。
>
> 6. 乙方现场施工前必须提交详尽的现场实施技术方案及工作计划。
>
> 7. 乙方现场实施中发现的各类问题,必须在第一时间通知甲方。
>
> 8. 乙方对甲方提出的各种要求,必须给出实质性明确答复,不得以任何理由推诿。
>
> ⋯⋯

小周认为通过严格付款条件、明确违约责任,应该可以有效约束笃行科技团队。而日后情势的发展,却无情地表明小周的想法太天真了。

A.28　源代码在哪

软件开发合同签订之后,知明科技按约定支付了合同额 10% 作为预付款,小周满想着一切将会慢慢步入正轨。

一星期过去,两星期过去,周报依然是寥寥数语,项目文件依旧直接呈送运营部,配置服务器上的程序与文档始终未见更新。

小周坐不住了,把小杨叫到小间会议室,几乎是带着质问的语气问:"你们的设计文档、程序代码怎么没有按约定实时更新到统一的配置环境中?"

小杨可是一点没觉得自己理亏:"我们的 SVN 是直接连接到公司本部,因为涉及公司的一些核心东西,所以没办法开放给你们。我们确实没办法做到实时同步,只能定期同步到统一的配置环境中。"

"可这都多少天了,啥也没更新,你们不能这么忽悠人吧。"小周有些恼怒了。

"公司本部 SVN 上的信息，跟这个项目直接相关、不涉及公司自主知识产权的部分我们一定会开放出来的，只是信息的开放有个审批过程，这是集团的规定，我们事业部老总说了都不算。"小杨显得既无奈又没得商量。

"虚伪、欺骗、无赖"小周满脑子就是这些词，会谈就这样不欢而散，小周对项目的后续发展感到忧心忡忡。随后的时间里，在项目正式验收之前，笃行科技没有向统一的配置环境更新过一行源代码。知明科技希望通过项目合作，培养自己队伍，达到自主研发呼叫中心系统的目标越来越渺茫了。

图/冯印澄 新华社 2007-12-1

A.29 信息模型

呼叫中心与运营系统间的信息交互，是本次项目建设的一个关键环节。采用什么样的信息模型是问题的焦点所在。

小杨坚持，从系统整体性考虑，应该基于笃行科技的数据模型来设计。小周毫不迟疑地否决了这个方案："信息交换必须基于现有运营系统的数据模型"。

双方都明白，呼叫中心的建设，只是业务运营信息化建设的序曲；谁掌握了信息模型的标准，谁就能在后续运营系统的升级建设中占据比较主动的位置。因此，对这一问题，双方针锋相对，互不退让，好几次几乎是剑拔弩张。

双方的碰撞逐渐升级，事业部技术总监小何专程到滨海进行技术交流。小周强调基于知明科技的数据模型开发速度快，符合客户习惯；小何则坚称笃行科技数据模型开放性好，体现了以客户为中心的服务理念。双方僵持不下，谁都不愿意让步。

协商未果的情况下，小何在一次三方会议中，直接向客户介绍他们的数据模型，宣称参考了国际最权威的信息模型标准，并且展示了花里胡哨的原型系统。客户对此表现出浓厚的兴趣，似乎有被他们说动的迹象。

小周对对方绕过总包方的做法非常恼怒，决定对笃行科技的方案进行强力反击。他举了一个典型例子："现在市一级的呼叫中心系统，虽然也有查询用户档案及费用信息的界面，但所有座席人员都是通过知明科技的运营系统来查数据。主要是因为呼叫中心系统中的客户档案模型与运营系统有很大差异，信息呈现方式不符合业务人员的使用习惯。难道这样的一幕，大家希望在新系统中重现吗？"

小周的策略成功了，客户接受了小周的提议。究其原因，一是小周说得不无道理；二是要在两家之间寻找一个平衡点；三是这么短时间内采取全新的数据模型，存在较大的风险，尤其是如果知明科技配合比较消极。

虽然小周赢得了这个回合的胜利，但他开始认为所谓全方位的深度合作不过是痴人说梦，在自身实力不济的情况下，双方的竞争大于合作，不会有真正意义上的合作共赢。对方并不希望自己的竞争对手通过这个项目强大起来，对方的目的不仅是拿下这个项目，还要进一步切入运营支撑核心业务，挤压知明科技的业务空间。

A.30　不辞而别

笃行科技开发团队一张饭卡,除了饭菜之外,还能再取一罐饮料。对这种特殊待遇,知明科技员工都有微词,"干嘛要当爷一样供着这些人,管吃管喝还管住,还要受气?"

终于有一天,综合部主任问小周,"笃行科技这样对我们,我们还要给他们管饭吗?"小周想都没想地回答:"那就别管他们了,让他们自己充值。"

没有了单独的饭桌,没有了饭后的饮料,自己掏钱买单,笃行科技人员自掏腰包只吃了两天,就跑到大老远外边学校的食堂去吃了。问其原因,说知明科技食堂的饭菜太贵。但是,大家心里都清楚,不是饭菜价格的问题,而是尴尬的就餐气氛。

尽管还在同一间大的办公室里办公,原先有说有笑的双方技术人员,不知从什么时候开始,逐渐变得形同路人,各干各的,互相不搭理。

"省客服系统怎么可以绕过信息交换平台直接与市客服系统进行信息交互。"小周对笃行科技违反总体设计的做法非常不满。

小杨的理由则是担心平台不稳定,影响呼叫业务的实时处理。

双方的争执又闹到郑主任处,郑主任已经有点不胜其扰,"我们只关心系统运行稳定可靠,哪个方案成熟就用哪个方案。不要把你们开发商间的矛盾摆到我这来。"

郑主任随后告知两人,新大楼建设进展迟缓,整体上线时间推迟到 6 月 26 日。这个消息让小周感到无比得惆怅,"如果一开始就确定可以有 7 个月的开发时间,知明科技坚持自主开发,就不会像现在这样处处受制于人了。"

3 月底开始,办公室里的笃行科技人员越来越少,小杨解释说,"正在开展大规模用户测试,我们的人都跑现场了,跟客户面对面地一对一交流。有问题当场改,这样效率更高。有事你可以到旧大楼 405 来找我,这是运营部帮我们准备的工作室。我们已经搬到省公司附近住,家园小区租的房子,你们可以退掉了。"

"你怎么不跟我商量一下呢?"小周对笃行科技直接与客户打交道的做法非常生气。

"上周跟客户交流的时候,他们反映问题响应太慢,因此临时做出决定,来不及通知你。"小杨说话一如既往地客气。

小周很清楚小杨的用意——抓住客户就抓住一切。小周不是没想过请客户"不要直接跟笃行科技打交道",可是以运营部的工作风格,这显然是不可能的。

A.31　来了新领导

4 月底,有内部消息传来,分管运营业务的刘总要调离滨海。小周风闻消息后有些忐忑,不知道会有什么变数。

几天后,来自镇海的新领导吕总走马上任。吕总上任伊始即对省、市、县三级展开密集调研。他十分关注正在推进中的"集约化呼叫中心"项目,认真听取运营部内部专项汇报之后,要求对省、市、县三级客服中心的功能定位、业务流程、管理办法进行适当的优化调整。他认为镇海的一些做法值得滨海借鉴，目前开展新业务的条件还不成熟，各项管理配套有困难，应该先全力保障呼叫业务上线。

尽管郑主任并不完全认同吕总的看法，但领导已经做出决定，他立马雷厉风行地落实执行。大动作调整呼叫业务流程，分流新业务相关的业务人员，冻结新业务相关的软件开发。这意味着，知明科技之前的努力大多付诸东流。呼叫业务插不进手，寄予厚望的新业务无限期搁置，小周的心情坏到了极点。笃行科技人员也焦头烂额地加班加点修改程序。

A.32 上线争议

5月底，大楼筹建处通知运营处，新大楼的全面竣工最快要到9月份。郑主任当机立断："不能再等了！还是6月26日，先在旧机房部署上线，新大楼竣工时再搬迁。"

"上线之前，客户是上帝；上线之后，开发商是上帝。""先上线，再迁移"，虽然会增加不少工作量，但早日上线，摆脱变来变去的需求，对开发团队而言不啻为解脱，小周并不是不懂这个道理。可如果在上线之前，还是掌握不了程序源码，知明科技将彻底失去对项目的掌控。既让出市场利润，又得不到应有的技术，内部定下的目标将彻底泡汤。

小周找到质量管理组蔡处长，向其晓以利害，"系统上线前，需要对所有代码进行彻底的静态审查与动态测试。上线之后，需要建立一套严格的版本更新发布机制。"

小周认为只要卡住"程序发布"环节（见图A-14），就能真正掌控生产系统源代码，逐渐消化掌握整套系统。每次新程序发布，笃行科技要提交完整的需求文档、设计

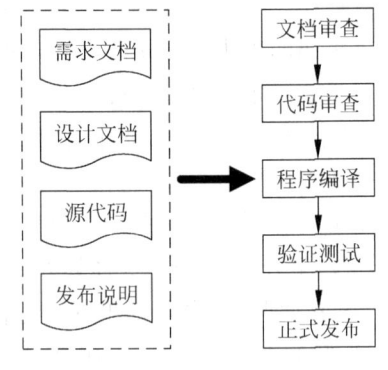

图 A-14　生产环境程序发布流程

文档、源代码及发布说明，知明科技执行文档审查、代码审查、程序编译及验证测试之后再正式发布到生产环境。

蔡处长对小周的建议表示理解和支持，认为这种做法可以加强生产环境的安全性和稳定性，表示将尽量要求小杨予以配合。

小杨则强调笃行科技内部已有严密的上线管控流程，对生产环境会负全部责任。由对系统不熟悉的知明科技执行程序发布，既会引入新的风险，又将影响业务响应及时性。

蔡处长左右为难中，时间一天天过去，6月26日越来越近。小杨的拖字诀成功了，郑主任最后拍板："6月26日必须上线，业务人员测试通过就可以上线。"

知明科技的最后一道防线彻底崩溃，大局已定，所有其他努力都已是徒劳。与此同时，新动力集团按照统一规划、统一设计、统一组织、统一实施的策略，开始全面启动新一代运营系统的建设。根据公司的总体部署，系统集成部经理接手后续工作，小周和主要核心骨干带着遗憾退出项目组，投入到更加艰巨的运营信息化市场争夺中。

A.33　大事记

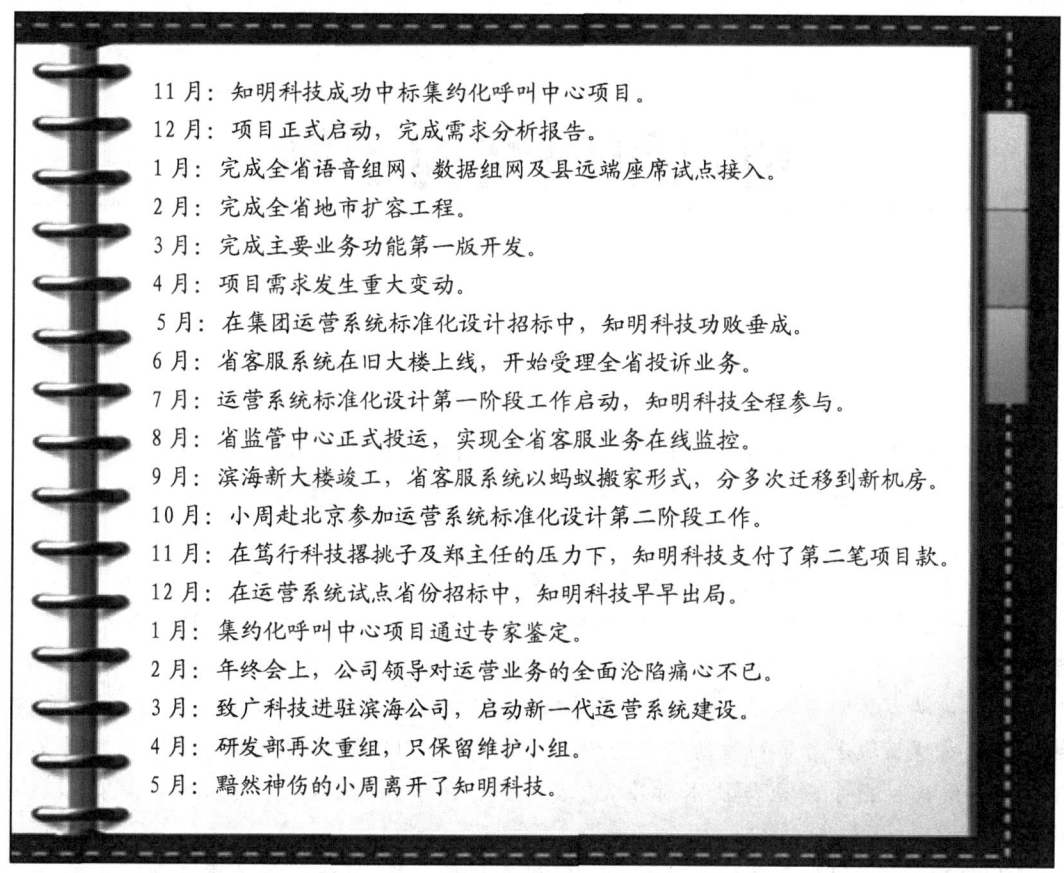

11 月：知明科技成功中标集约化呼叫中心项目。

12 月：项目正式启动，完成需求分析报告。

1 月：完成全省语音组网、数据组网及县远端座席试点接入。

2 月：完成全省地市扩容工程。

3 月：完成主要业务功能第一版开发。

4 月：项目需求发生重大变动。

5 月：在集团运营系统标准化设计招标中，知明科技功败垂成。

6 月：省客服系统在旧大楼上线，开始受理全省投诉业务。

7 月：运营系统标准化设计第一阶段工作启动，知明科技全程参与。

8 月：省监管中心正式投运，实现全省客服业务在线监控。

9 月：滨海新大楼竣工，省客服系统以蚂蚁搬家形式，分多次迁移到新机房。

10 月：小周赴北京参加运营系统标准化设计第二阶段工作。

11 月：在笃行科技撂挑子及郑主任的压力下，知明科技支付了第二笔项目款。

12 月：在运营系统试点省份招标中，知明科技早早出局。

1 月：集约化呼叫中心项目通过专家鉴定。

2 月：年终会上，公司领导对运营业务的全面沦陷痛心不已。

3 月：致广科技进驻滨海公司，启动新一代运营系统建设。

4 月：研发部再次重组，只保留维护小组。

5 月：黯然神伤的小周离开了知明科技。

A.34　延伸思考

1. 简要分析小周的秉性特质、处事方式，他的身上有哪些优点与缺点？

2. 每个小节中，小周及其团队都面临哪些问题？他们应对得当吗？应该如何改进？

3. 项目折戟沉沙的主要原因是什么？

附录B

项目组织结构示例

致广科技是专业从事业务运营支撑系统开发的国内龙头公司,十几年间业务遍及全国。由于早前各地业务管理不统一,因此各省市的软件版本五花八门,开发与实施队伍各自管理。

近年来,新动力集团自上而下大力推进规范化建设与集约化管理,提出三年内以统一规划、统一设计、统一标准、统一建设的模式,在各省公司全面建成全新的业务运营支撑系统。

为此新动力集团总部,发起标准化设计项目,组织了国内几家领先的行业软件厂商,对业务运营支撑领域进行了初步的梳理与规范,出台了全国范围的业务指导规范;同时制订了信息系统建设指导意见与技术标准,内容覆盖:需求模型、设计模型、数据模型、IT架构等。

随后新动力集团展开大规模的开发与实施项目招投标,将蛋糕切给参与标准制订的三家行业软件公司。致广科技有幸承接了其中10个省的建设任务。由于中国地域广阔,各地业务发展不均衡,或多或少存在一些历史做法与特殊情况,因此新的软件在满足总部统一设计要求的前提下,也要适当考虑各省少量、合理的本地化个性开发。此外新动力集团总部要求各省系统建设同时推进,致广科技面临人员紧缺、协调难度大的问题。如何整合各方资源,高效推进项目建设,成了摆在致广科技面前的一道难题。

问:请您设计致广科技业务运营支撑系统建设的项目组织结构。

B.1 大型项目建设原则

大型信息化项目建设存在着一些小项目建设不具有的特殊性与困难:

- 项目规模大、业务牵涉广、利益牵扯复杂、流程整合难、技术要求多、难度高。
- 由于实施点多、覆盖面广、进度紧迫、多点同时铺开,人员捉襟见肘实属难免。
- 对于多点建设的项目,需求失控、版本混乱是最大的项目风险。
- 队伍建设、资源共享以及保障协调是项目成功的基石。

如图 B-1 所示,大型信息化项目可以采用专业化分工、强矩阵管理、综合性协调及过程性监控来确保项目的成功。

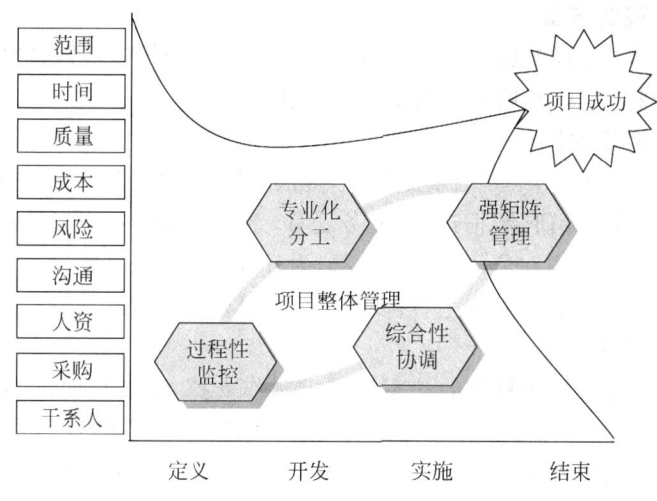

图 B-1　大型项目建设原则

1. 专业化分工

本项目是在新动力集团统一规划、统一设计基础上展开,涉及多个省同步建设,致广科技必须采用专业化的分工,将需求管理、系统开发、系统测试、系统部署、系统迁移、系统培训等工作内容分解到各个专职单元,充分发挥各单元的技术、业务、管理等优势或经验,同步有序开展工作,才能保证项目的进度和质量要求。

要大力提升项目成员的专业能力,专业的人做专业的事,才会有专业的效率。需求、设计、开发、测试、迁移、培训,不同的专业人员,需要的专业技能是不一样的,所需要的专业水准也是不一样的。做软件开发的需要对编程工具很熟,能静下心写程序;在现场做需求管理的,需要对业务很熟悉,需要有很强的与客户打交道的能力。

在短时间内,我们**没办法要求所有的项目人员都是通才**,掌握所有的领域知识与技能,只能走专业化分工的道路。公司内部已有的老员工对业务很熟悉,可以负责相对重要的需求分析与系统设计;从社会上新招聘的员工以及通过劳务外包形式引进的人员,对工具及语言比较熟悉,可以从事专职的编码工作。

专业化分工**可以降低对人员的要求**,社会招聘人员经过短期有针对性的培训,即可迅速补充到各个岗位,并能在 10 个省实现大范围的资源调配。当临江项目进度吃紧时,所有进度相对宽松的省份都可以抽调部分人员,短期驰援临江项目组;临江项目组渡过难关之后,也可以回援其他省份。离开专业化的分工,这是绝对做不到的。

专业化分工带来的挑战是对于项目工作的组织协调要求非常高,要求 10 个省项目经理要相互沟通,要在总部项目管理部门统一协调下,服从大局,步调一致,才能够进行大范围的资源调配。

2. 强矩阵管理

各省现场实施项目组采用项目型组织结构,将现场项目实施划分为若干专业职能小组。

总体项目采用强矩阵式管理，要求公司各职能部门从各自专业的角度，实现对现场项目的专业支持，强化总项目经理对各省项目的总体协调。

1）实行项目经理负责制

每个省份都有一名现场实施项目经理，由这个项目经理对这一省份的实施工作负总责。总的项目经理对软件开发以及所有省份的实施工作负总责。

2）前后台实行对口支持

后台主要做开发、产品测试，出台实施规范，提供实施方法的指导，解决一些疑难问题；前台主要负责个性化的需求调研，数据迁移，业务迁移，系统培训以及现场问题解决。可以将有经验的人员集中到后台，集中在公司或各省总部，为分散在省、市、县客户现场的实施人员提供技术与业务支持。在必要的时候，这些后台的专家，也可以短期赶赴现场解决一些重大问题。

3）动态绩效考核做支持

大范围资源优化配置需要科学的动态考核机制作支撑，需要随时随地可以访问的项目管理平台做支持，管理好那些工作地点不固定，任务不固定，项目领导不固定，全国各地跑的可复用资源。资源使用纳入成本核算，在哪干活归哪管理，为谁干活由谁考核。

3. 综合性协调

从项目总体角度实现对各个工作领域、各省项目的综合协调，以确保各省项目建设的思路、组织、方法、步骤以及计划基本一致，使得项目阶段目标明确，阶段人力资源调配有序，总体各项工作稳步开展。

因为这个项目是统一开发、多点同时实施，所以各个省份的项目相互协调、步调一致地往前推进非常重要。如：同步推进需求调研，推动业务流程改造，安排数据档案的清查、补录，进行系统部署与切换等。

以需求调研为例，保持各省项目建设步调一致的好处在于：可尽早识别各省差异性需求，消除大的需求冲突，给出各省都能接受的需求方案，减少后期需求反复及开发工作量。此外，只有把各个省份的进度掌握住，才能知道：哪个省什么时候需要多少人，需要什么样的人；哪个省什么时候工作比较宽松，可以把资源抽调出来支援其他的省份。

这样一种综合性协调工作，必须架构在公司总部统一的项目管理部门之下。综合性协调工作的侧重点，也会由于工作性质的不同而有所不同。

1）合作开发部分

一些模块由于同外部系统有密切的信息交互及流程集成，需要与相关合作单位相互协作，确定信息交互与流程集成的内容及方式，约定开发进度和联调时间。

2）开发外包部分

把其中一部分的非核心模块，外包给其他公司。外包公司的技术能力、需求理解、开发过程、开发进度及开发质量，都需要项目经理不时关注。

3）推广外包部分

在统一的推广实施计划下，将部分实施工作外包给其他公司。对外包公司进行实施培训，提供实施指导，要求其按统一的实施策略、实施方案展开实施，跟踪、监督实施的进展情况。

4）劳务人员管理

从合作单位临时借用的劳务人员，一般承担非核心业务的开发或实施，参照公司正式项目人员的管理方式来管理。一方面要卡好进人关，避免滥竽充数；另一方面要加强考核，及时清退不合格人员。此外,细节方面不应有太多内、外有别的做法。

5)内部工作协调

内部工作协调包括总部专家对各省现场实施人员的远程支持与现场支持,开发人员对实施人员的远程支持与现场支持,以及不同省份各类实施人员之间的动态支援调配。

4. 过程性监控

由于项目建设涉及多个省以及公司内部的多个职能部门,在有限的时间内为了达到项目的建设目标,必须对项目的建设过程环节进行严密监控,以及时纠正可能存在的偏差,确保项目的各项工作基本沿着预定的轨道前进。

1)滚动式制订计划

所有计划不可能一次性制订完,计划也不是一成不变的。随着项目的推进,必然会有各种不确定的因素浮现,需要对项目计划进行调整。通常项目计划,不管是开发还是实施,都会有月计划,然后是双周滚动计划。

2)下达成员任务书

任务书明确了每项具体工作的内容、开始时间、截止时间、交付物及质量标准。任务书通常是由项目组成员根据项目经理的总体计划,跟小组长协商后自行制订。任务进行中及完成后,项目组需要根据原先任务书的要求进行跟踪、比对和检查。

3)加强项目的审查

包括正式与非正式的各种审查,如需求审查、设计审查、代码走查等。对于大型项目而言,里程碑客户确认非常关键。里程碑确认往往要求以某种正式的形式进行,如评审会、技术联络会,评审结果必须得到有关各方的签字认可。

B.2　大型项目应对策略

1. 统一项目管理

如图 B-2 所示,致广科技技术部门行政组织架构包括公司研发中心、公共行业事业部(内设:产品规划部、应用平台部、基础业务研发部、高端业务研发部、工程中心)。

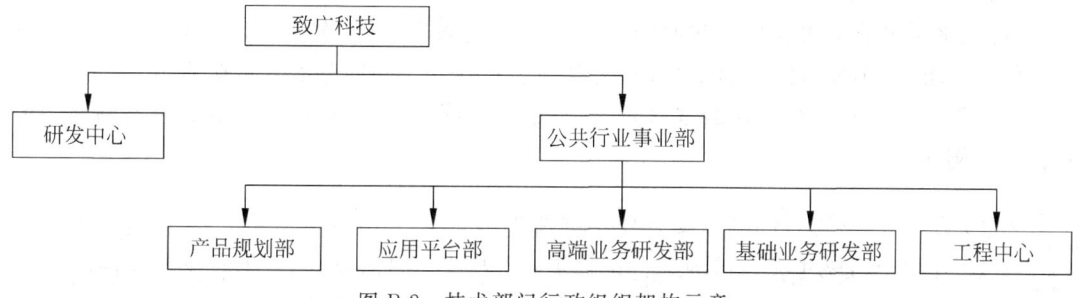

图 B-2　技术部门行政组织架构示意

公司高度重视本项目的开发与实施,分别从各技术部门抽调核心人员组建成项目团队,并由资深的项目专业管理人员进行统一管理、协调。如图 B-3 所示,致广科技将 10 个省的开发与实施项目作为一个总体项目,并在公司层面成立项目管理委员会,对总体项目建设的范围、进度、质量进行全面的管理。

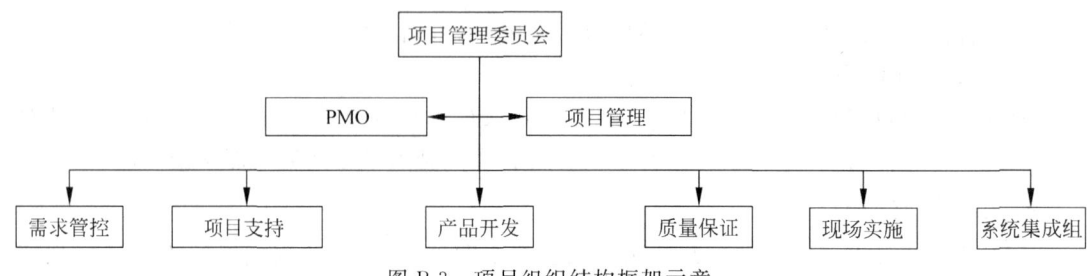

图 B-3　项目组织结构框架示意

1）项目管理委员会

公司项目管理的最高决策与管理机构。下设项目管理办公室（PMO）和项目管理组，负责所有项目工作的协调、监控、管理，保证项目的整体进度与质量。

2）PMO 与项目管理组之下

根据本项目的建设特点，按职能分为六个项目小组：需求管理组、项目支持组、产品开发组、质量保证组、现场实施组以及系统集成组。

3）公司向每个省派驻项目经理

对现场实施工作负总责，并接受总部项目管理组的领导和监督。现场项目经理必须按照总部的统一规划、统一管理、步调一致地有序推进现场实施工作。现场项目经理必须及时向 PMO 汇报项目进展与存在问题，总部将密切跟踪指导现场实施工作，并适时安排专家现场予以支持。

2. 统一开发、统一测试、统一发布

由于新的软件要符合新动力集团统一设计要求，并且同时要在 10 个省实施，因此统一产品开发、统一软件测试、统一版本发布，对按时高质量完成项目有决定性的影响。

同样一个功能的新增或修改，有几个软件版本就要写几套代码并测几套代码，相关的文档与培训也需要做调整，这样多个版本就需要多个开发队伍与多个测试队伍。重复工作还不是最可怕的，最可怕的是版本间有冲突。版本统一的口子一松，各省的程序必然渐行渐远，最后截然迥异而无法融合。

在一个版本中调试通过的代码，想当然直接移植到另一版本中，如果测试关没把好，也许就会给客户运营带来重大的损失。10 个省的软件版本一旦失控，对公司将是灾难性打击，项目几乎不可能取得成功。我们宁愿在一个源代码里，增加分支判断条件，来处理所有个性化的要求，也不要贪图一时的方便，为某一客户建立单独完整的程序版本分支。

各个省的二进制运行程序版本必须一致，最多只能有小版本差异，后续版本必须兼容前面版本。例如：

- 10 月 1 日，滨海与临江的运行版本都是 1.1.0。
- 10 月 10 日，临江提出增加一个小需求，10 月 20 日新程序 1.1.1 发布到临江。
- 滨海因为不需要这个新需求，可以不升级运行程序，继续保留 1.1.0 版本。
- 如果滨海也选择升级到 1.1.1 版本，可以决定不用新的功能，因此必须确保新功能的增加不会影响原有功能的正常运行。
- 10 月 25 日，滨海提出增加一个小需求。这时开发组必须在 1.1.1 版本的程序上进行修改，形成 1.1.2 版本，发布到滨海；同样临江也可以选择继续保留 1.1.1 版本。

对于多点同时实施项目,有经验的设计人员、开发人员、测试人员是公司最紧缺的资源,任何一家公司都找不出那么多合适的人来同时维护 10 个版本的软件系统。

3. 统一需求管理

统一需求管理是为统一产品开发服务的。需求如果过于发散,统一产品开发将是非常困难甚至是不可行。需求管理的重点就是在统一需求基础上,如何处理各省的个性化需求。

- 现场收集需求,进行初步筛选,客户理解偏差的(如可以通过管理解决)可直接回复,通过现有功能可以替代解决的进行解释说明。
- 总部汇总各省上报的需求,进行分类分析:包括需求的合理性、重要性、紧迫性、影响面、实现难度及工作量等。
- 对多数省份反映的共性或类似需求,打包一并解决。
- 对各省相互冲突矛盾的需求,请各省代表共同协商,找出最佳折中解决方案。
- 对个别省份的独特需求,能够通过管理解决的,尽量通过管理解决;不同于常规的落后做法,尽量说服往其他省规范化管理靠拢;能延后解决的,尽量延后解决。
- 对不合理的要求,如不符合规范化管理要求、明显偏离项目范围、技术实现代价太大等,要尽量疏通引导客户。
- 现场人员要将需求处理的情况及时向客户反馈,双方对需求变动的范围、工期、影响面等达成一致共识后,再实施变更。

4. 规范现场实施、强大后台支持

目的是:共享成功的经验,降低成功的门槛,重复以往的成功;将好钢用在刀刃上,将稀缺资源用在关键地方,发挥更大作用;推行标准化的作业流程、标准化的检测要求,提高项目质量,做到地球离开谁都能转。

现场实施主要包括如下工作。

1)现状调研

了解组织结构、岗位责任、汇报关系,把握业务架构、业务流程、业务短板,摸清原系统运行环境、基本功能、存在问题、运行数据、关联系统……

2)需求调研

开展统一业务需求的宣贯与研讨,收集整理各省个性化需求,进行需求过滤,提出初步处理建议。

3)大面积培训

每个终端用户能熟练操作系统,是确保系统顺利上线的一个重要因素。每个省几千人的培训量,需要一套严密的培训策略、合适的培训教材与培训队伍。

4)现场开发配置

基于工作流的系统实现,通过本地化流程配置,为各省业务流程的调整提供了可能。同时各省报表及单据的差异是比较大的,而且数量也多,因此在统一的报表管理平台支持下,将这部分的开发配置权限下放到现场。

5)现场上线测试

开发中心通过测试、程序没有 Bug,不等于系统就能运转正常。开发中心发布的程序,必须经过现场人员的安装部署、本地化流程配置、参数设置以及其他必要的个性化定制才能运转,其工作量与压力都是非常巨大的。

6) 数据清查与补录

旧系统里的脏数据必须在迁移前清洗干净,不能把旧系统的错误继续带到新系统中。此外,新系统的运行一般都要一些基础数据的支持,这些数据很可能在旧系统中没有,这就需要现场人员与客户配合进行补录。数据清查与补录是比较费时的基础性工作,必须提早部署。

7) 数据转换

旧系统最有价值的是多年累积下来的运行数据,必须准确迁移到新系统,否则系统无法正常运转。主要工作包括:研究旧系统数据库结构,分析旧系统数据完整性与一致性,制订数据清洗及转换规则,编制数据转换程序或脚本,根据数据库部署方式及数据量大小,确定数据转换策略。

8) 现场运行支持

上线后一个月是问题集中暴露的时候,需要建立一套问题上报处理机制及补丁程序发布机制;营业厅等一线对外窗口服务部门总是最手忙脚乱的地方,实施人员需要进驻大的网点提供现场支持。

B.3　职责分工

图 B-4 是致广科技为因应这一统一规划、统一设计、统一实施的多点项目,集全公司力量,组建的强矩阵结构的项目组织。

1. 项目管理组

由公司业务规划总监、产品中心总监、工程中心总监、工程中心项目总监及专业项目管理人员组成。项目管理组负责项目的总体协调,包括:

- 范围控制、进度监督、质量保证、资源调配、风险管理等。
- 与新动力集团标准化管控组保持紧密的沟通,确保新动力集团标准化设计成果能够贯彻执行,相关变更工作能被及时准确地执行。
- 根据 PMO 提交的项目状态报告就项目存在的问题情况进行跟踪落实。

2. 项目管理办公室(PMO)

由公司总部 PMO、事业部产品中心各产品线项目办公人员(PO)及工程中心项目办公人员(PO)组成。主要负责:

- 对涉及项目的需求管理、产品开发、质量保证、现场实施等状态进行跟踪。
- 根据事先确定的各类项目基线进行对比分析。
- 向项目管理组报告发现的偏差或存在的问题。
- 协助项目管理组对问题发生的根本原因进行分析。
- 改进相关工作流程、步骤、方法,防止同样问题的再次发生。

3. 需求管理组

由参加过新动力集团标准化设计项目的成员组成。主要负责:

- 指导各省需求调研小组进行业务调研,收集并分析各省的所有需求,对相关需求文档的质量进行审查。

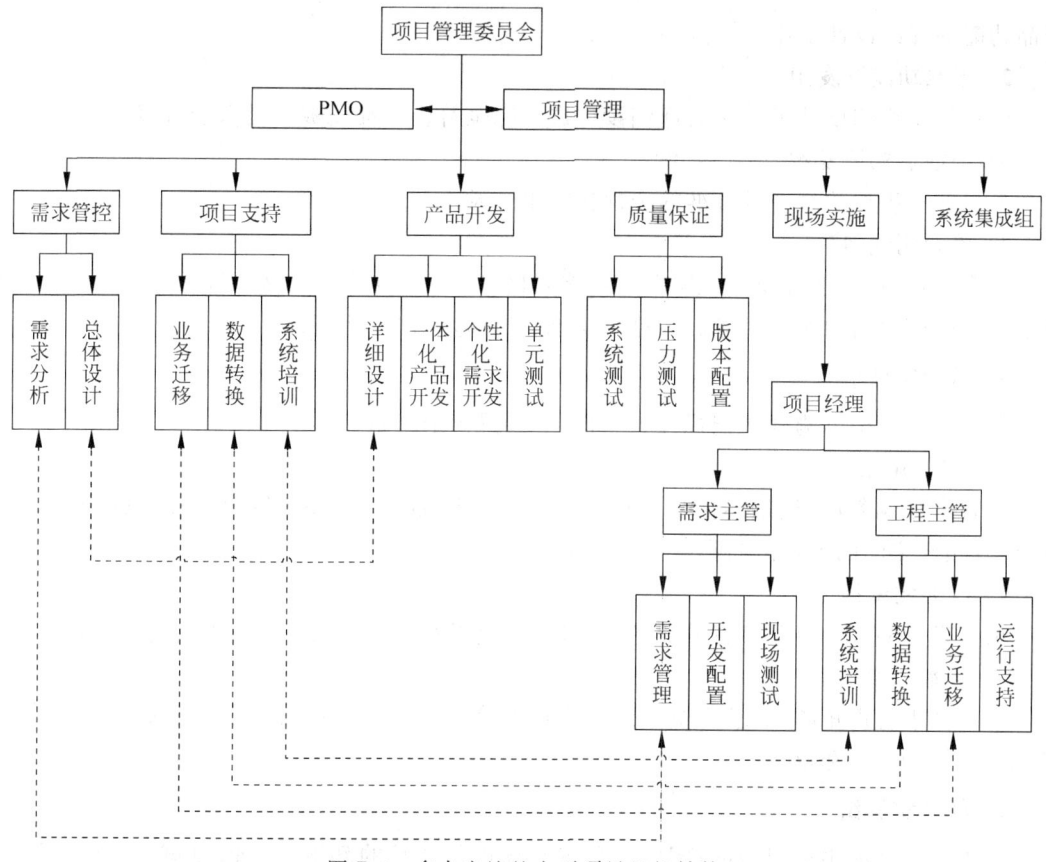

图 B-4　多点实施的大型项目组织结构

- 对符合标准化设计的需求进行总体设计。
- 对偏离标准化设计成果的需协同各省的业务专家分析解决方案,将差异的需求及相应的解决方案提交给集团相关组织进行确认,并对确认的结果进行及时的分析和设计,同时指导产品开发小组进行详细设计,对详细设计结果进行审查。

4. 项目支持组

由项目支持部的资深项目实施人员组成,有多年的现场实践经验。主要负责:

- 就业务迁移、数据迁移制订规范的工作内容、工作流程、工作方法及验证脚本。
- 就系统培训区分培训对象,制订培训方案,设计培训课程,编制培训材料。
- 监控各省现场实施涉及上述工作的工作质量并提供支持。

目的是:将专家的宝贵实践经验在整个大项目范围内进行快速广泛的传播;降低对现场实施人员的技能经验要求,缩短培训上手时间,便于快速扩充现场实施队伍,加快项目进度;规范化、标准化的作业内容与作业流程,使得大面积实施工作的完整性、准确性、有效性以及可控性都能得以保证。

5. 产品中心

负责产品的详细设计、开发以及单元测试工作。下设 4 个小组:

1) 详细设计组

根据客户集团总部的标准化设计成果和需求管控组提交的已批准需求的总体设计进行

产品功能的详细设计工作。

2）标准功能开发组

负责依据详细设计组提交的详细设计进行完全符合标准化成果的系统开发。

3）个性需求开发组

负责各省提出的且经过批准的个性化需求开发。

4）单元测试组

负责根据各省《业务模型说明书》《需求规格说明书》，制订测试规则，开发测试用例，对系统的功能模块内的所有功能点的进行功能测试（包含白盒测试）。

6. 质量保证组

负责产品的整体测试和配置发布工作，下设置 3 个小组：

1）系统测试组

负责产品业务功能需求的测试，重点在于测试产品各子系统、各功能模块的功能完整性，以及相互之间的数据流向和数据的准确性。

2）压力测试组

根据设计的容量以及各省的业务运行周期，负责对于系统处理能力的进行测试。

3）版本配置组

根据需求管理矩阵、需求变更以及缺陷管理等流程，负责系统的版本控制、产品发布以及相关文档的编制和更新。

7. 现场实施组

负责根据产品中心提交的产品，在各省现场进行产品的部署、配置、测试、培训及发布；并进行需求、变更、缺陷的收集与反馈以及个性化需求配置开发；负责系统试点运行后的推广实施，并在系统上线后进行现场的维护支持工作。

除设置项目经理外，同时设置需求主管和工程主管各 1 名。需求主管主抓需求管理与开发配置，工程主管主抓现场测试、系统培训、数据转换、业务迁移以及运行支持。

1）需求管理组

负责项目的前期调研、实施期间的需求、变更、缺陷的收集以及反馈等工作，现场需求管理组在公司需求管理组指导下进行工作。

2）开发配置组

负责接收公司产品开发组提交的涉及产品的相关配置项，依据现场需求管理组提交的经过审批确认的个性化需求进行配置开发工作。

3）现场测试组

负责对产品开发组提交的产品进行测试工作，并在测试通过后配合各省公司相关人员进行验收测试以及程序的发布。

4）系统培训组

负责根据项目支持组确定的培训工作流程及培训材料，制订现场培训计划，开展相关培训工作。调查各类人员现有技能水平，分析其与角色要求的差距，按部门、岗位及角色分类制订培训课程、确定培训路径与培训方式，并对培训结果进行考核。

5）数据转换组

负责根据项目支持组确定的规范的工作内容、工作流程、工作方法,结合原系统的实际情况进行细化,确定数据迁移范围及数据迁移策略,制订数据迁移计划,开发数据抽取、加载、测试、转换、清洗工具,利用数据验证脚本对数据进行测试。

6）业务迁移组

负责根据项目支持组确定的业务迁移流程,结合省公司的实际情况进行细化,制订符合本地的切换过程与计划,承担系统切换及上线后一段时间的运行支持工作。系统上线并稳定运行一段时间后,由运行支持组接手产品的运行支持工作。

7）运行支持组

负责系统试运行和直属单位的推广工作,确保应用系统在直属单位上线运行,达到功能验收要求,完成省实施范围内所有单位的推广,负责系统运行维护工作。

8. 系统支持组

1）系统上线前

负责根据系统运行所需要的硬件、系统软件等相关环境提出要求,配合相关硬件厂商进行系统集成的工作。

2）系统运行期间

负责对主机、前置机、操作系统、数据库系统、备份系统、应用软件等相关软硬件系统进行日常检查,保证系统的稳定运行;配合相关厂商(小型机维保厂商、磁盘阵列维保厂商、磁带库维保厂商等)进行软硬件升级、更换、问题处理。

几则小书评

　　花了几天时间只能说大概地读了书，感觉还是受益匪浅。我不能从专业的角度来评判这本书的好坏，至少我觉得这本书给人带来希望，告诉人们如何在这个忙碌的社会里安静下来，在失败的时候重新再来，怎么去定位处于这个社会中的自己。

　　由浅及深的写法让人比较容易读懂，我还看到微博上许多热门的小故事，十分接地气。书里用了许多的案例，引经据典地阐述项目管理，并配以图画，给人风趣幽默不死板的感觉。总的来说本书很棒，适合于刚刚接触项目管理或者接触了一段时间却不知什么是项目管理的人。

——首都经济贸易大学国际贸易专业　　陈晓昱

　　当学生从第一页开始阅读这本书时，内心包含着十足的亲切感。每看到书中老师带我们做过的素质拓展练习，就仿佛回到了课堂，仿佛再次看到老师用心教授大家知识的每一幅画面，更仿佛听到了最后一堂课上"想飞上天和太阳肩并肩，世界等着我去改变，想做的梦从不怕别人看见，在这里我都能实现……"的歌声。

　　不知不觉中，离开母校师大将近三年了。管理的精髓，其实就是沟通。基层工作中，学生秉承老师教诲，脚踏实地，充分运用项目管理学知识，勇于在工作中创新实践并承担责任，注重团队沟通协作，用心完成好上级指派的每一项工作，得到了领导和同事的认可。

　　在学生看来，老师您是一位探索者，结合实践经验，提醒年轻学子们少走弯路，引领大家一同探索，发现一条属于自己的成功之路。

——福建师范大学软件工程专业　　郭哲恺

　　许多软件项目深陷焦油坑中，原因往往不止一方面，不管什么原因，归结到根本原因都是管理失当。失败一定有原因，但成功一定有方法。本书以非常巧妙的结构，把做好软件工程项目的种种成功方法娓娓道来，涵盖的项目管理知识点很全面。本书最难能可贵的是克服了填鸭式知识灌输的教材通病，书中穿插许多生动精彩的小故事和轻松活泼的启发式问题，引导读者主动去思考，活用死知识。这本书无法保证能让你成为一名优秀的软件项目经理，但无论你有没有项目管理经验，读完此书一定会让你受益匪浅！

——朗新科技创新中心　　林华晶

参 考 文 献

[1] Angelis B P. 活在当下. 黎雅丽译. 北京：华文出版社，2010.

[2] APOSDLE Report. Use Cases & Application Requriements 1(First Prototype). http://www. aposdle. tugraz. at/content/download/373/1868/file/APOSDLE-UseCases1. pdf,2006.

[3] Boehm B W. 软件工程经济学. 李思贤等译. 北京：机械工业出版社，2004.

[4] Bono A D. 六顶思考帽. 冯杨译. 北京：北京科学技术出版社，2004.

[5] Buzan T. 思维导图. 叶刚译. 北京：中信出版社，2009.

[6] CMU SEI. CMMI 开发模型(版本 1.3). 赵悦等译. http://www. sei. cmu. edu/library.

[7] CMU SEI. 能力成熟度模型(CMM)：软件过程改进指南. 刘孟仁等译. 北京：电子工业出版社，2001.

[8] Cusmano M A. 1991. Japan's Software Factories-A challenge to U S Management. Oxford University Press，New York.

[9] Fowler M. 持续集成. 雷镇译. http://www. cnblogs. com/itech/archive/2010/07/12/1775785. html.

[10] Fuller M A,Valacich J S,George J F. IT 项目管理. 杨眉译. 北京：人民邮电出版社，2009.

[11] Galin D. 软件质量保证. 王振宇等译. 北京：机械工业出版社，2007.

[12] Goldratt E. 关键链(修订本). 罗嘉颖译. 北京：电子工业出版社，2009.

[13] Hattersley M E. 管理沟通：原理与实践. 李布等译. 北京：机械工业出版社，2005.

[14] Haugan G T. 有效的工作分解结构. 北京：机械工业出版社，2005.

[15] Hiranabe K. 将看板应用于软件开发：从敏捷到精益. 苑永凯译. http://www. infoq. com/cn/articles/hiranabe-lean-agile-kanban

[16] Hiranabe K. 用"看板图"实现敏捷项目的可视化. 郭晓刚译. http://www. infoq. com/cn/articles/agile-kanban-boards.

[17] Keil M. A Framework for Identifyjing Software Project Risks. CACM,1998,41(11)：76-83.

[18] Kerzner H. 项目管理：计划、进度和控制的系统方法. 7 版. 杨爱华等译. 北京：电子工业出版社，2002.

[19] Kniberg H. 精益开发实战：用看板管理大型项目. 李祥青译. 北京：人民邮电出版社，2012.

[20] Kniberg H. 硝烟中的 Scrum 和 XP. 李剑译. 北京：清华大学出版社，2011.

[21] Magsaysay J. 创新团队的四个面孔. 世界经理人，http://www. ceconline. com/operation/ma/8800050559/01.

[22] Munter M. 管理沟通指南：有效商务写作与交谈. 6 版. 钱小军等译. 北京：清华大学出版社，2003.

[23] Palmer S R. Practical Guide to Feature-Driven Development. Prentice Hall,2002.

[24] Patton R. 软件测试. 周予滨，姚静译. 北京：机械工业出版社，2002.

[25] Peston M. 针对持续交付管理构建作业. 夏雪译. http://www. infoq. com/cn/articles/Build-Jobs-Continuous-Delivery.

[26] Pinto J K. 项目管理(原书第 2 版). 鲁耀斌译. 北京：机械工业出版社，2010.

[27] IPMIA. 工作分解结构的实践标准. 强茂山等译. 北京：电子工业出版社，2008.

[28] IPMIA. 项目管理知识体系指南. 许江林译. 5 版. 北京：电子工业出版社，2013.

[29] IPMIA. 项目经理能力发展框架. 2 版. 许江林译. 北京：电子工业出版社，2011.

[30] Pressman R S. 软件工程——实践者的研究方法. 郑人杰，马素霞等译. 7 版. 北京：机械工业出版社，2011.

[31] Projectcartoon. 2006 How Projects Really Work. http://projectcartoon. com/cartoon/3.

[32] Rothman J. 项目管理修炼之道. 郑柯译. 北京：人民邮电出版社，2010.

[33] Sakata A. Niko-niko calendar. http://www.geocities.jp/nikonikocalendar/index_en.html.

[34] Schwaber K. Agile Software Development with SCRUM. Prentice Hall，2001.

[35] Wiegers K E. 软件同级评审. 沈备俊，宿为民译. 北京：机械工业出版社，2003.

[36] 阿浓. 人生曲线. 意林，2007，(17)：31.

[37] 白思俊. 现代项目管理. 北京：机械工业出版社，2010.

[38] 包利民. 外圆内方. 广州日报，2007-10-28(B12).

[39] 鲍鹏山. 性格即智慧　适度的弹性有助于成功. 光明日报，2011-3-25.

[40] 北京市技术监督局. DB11/T 1010-2013，信息化项目软件开发费用测算规范.

[41] 贝尔宾. 管理团队成败启示录. 郑海涛译. 北京：机械工业出版社，2001.

[42] 别黎. 关键链项目管理中缓冲估计与监控方法研究. 武汉：华中科技大学，2012.

[43] 布朗，基利. 学会提问——批判性思维指南. 赵玉芳等译. 北京：中国轻工业出版社，2006.

[44] 布鲁克斯. 人月神话. 汪颖译. 北京：清华大学出版社，2007.

[45] 布衣公子. 激励方法集萃. 网易博客 http://teliss.blog.163.com/.

[46] 曹济，温丽. 软件项目功能点度量方法与应用. 北京：清华大学出版社，2012.

[47] 曹玉峰. 论九型人格在企业人才招聘中的应用. 人力资源管理，2012，(11)：54-56.

[48] 陈碧. 周易"谦"卦的哲学内涵. 求索，2004，(1)：153.

[49] 陈刚. 陈三点变成陈十条. 香港：凤凰卫视，http://v.ifeng.com/news/opinion/2014003/0108b673-387a-4e00-9fbc-486f4ec13c49.shtml.

[50] 陈建. 浅谈软件开发项目的 WBS 编制. 神华科技，2013，11(1)：9-11.

[51] 陈勇. 火星人敏捷开发手册. http://download.csdn.net/detail/cheny_com/4945867.

[52] 程婷婷. 基于关键链技术的项目进度和风险管理研究. 武汉：武汉工程大学，2006.

[53] 褚春超. 工程项目进度管理方法与应用研究. 天津：天津大学，2006.

[54] 崔仁浩. 商道. 王宜胜等译. 北京：世界知识出版社，2007.

[55] 戴明. 戴明论质量管理. 钟汉清等译. 海南：海南出版社，2003.

[56] 邓海平. 求职，四大"心理效应"不可忽视. 中国教育报，2008-9-2(11).

[57] 杜慕群. 管理沟通. 北京：清华大学出版社，2009.

[58] 房西苑，周蓉翌. 项目管理融会贯通. 北京：机械工业出版，2010.

[59] 福斯伯格，穆兹，科特曼. 可视化项目管理. 许江林等译. 北京：电子工业出版社，2006.

[60] 傅小松. 围棋：一部隐喻宇宙的天书. 中国审计报，2001-5-9.

[61] 冈本宪宏. 史上最强的 24 个管理法则. 师瑞德译. 北京：中国华侨出版社，2011.

[62] 高力. 公共伦理学. 3 版. 北京：高等教育出版社，2012.

[63] 广东软件行业协会. 软件开发项目概算指南. http://www.gdsia.org.cn.

[64] 韩万江，姜立新. 软件项目管理案例教程. 北京：机械工业出版社，2005.

[65] 侯红，丁剑洁. 软件度量与软件过程管理. 北京：清华大学出版社，2009.

[66] 侯书森，马露霞. 节约＝创造利润. 北京：中国商业出版社，2007.

[67] 胡剑锋. 大学生职业指导：精彩人生从此开始. 北京：北京大学出版社，2006.

[68] 黄小平. 土拨鼠哪去了. 广州：羊城晚报，2003-9-16.

[69] 姜汝祥. 请给我结果. 北京：中信出版社，2006.

[70] 柯维. 高效能人士的七个习惯. 高新勇等译. 北京：中国青年出版社，2010.

[71] 克瑙斯. 终结拖延症. 陶婧等译. 北京：机械工业出版社，2011.

[72] 郎咸平. 韩国汽车从笑话到神话. 北京：中央电视台郎咸平说 69 期，2009.

[73] 李开复. 给未来的你. 新浪博客，http://blog.sina.com.cn/s/blog_475b3d560102dt81.html？tj=1.

[74] 李平，仇方迎，吴献. 运 10 飞机项目为何夭折. 中国航空报，2013-7-18(7).

[75] 李涛，张莉. 项目管理. 北京：中国人民大学出版社，2005.

[76] 李宇. 被管理力. 北京：人民邮电出版社，2013.

[77] 梁小民. 制度比人性和政府更重要. 万象，2002，4(5).

[78] 廖华清. 三只老鼠的"偷油"项目失败折射出的企业绩效管理问题. 项目管理者联盟，http://www.mypm.net/articles/show_article_content.asp? articleID=11399.

[79] 林清玄. 红尘菩提. 北京：国际文化出版公司，2012.

[80] 林染. 执行力高于一切. 北京：海潮出版社，2010.

[81] 林锐，彭国明. CMMI 和集成化软件研发管理. 北京：电子工业出版社，2008.

[82] 林锐，王慧文，董军. CMMI3 级软件过程改进方法与规范. 北京：电子工业出版社，2003.

[83] 林锐. 软件工程思想. 非正式出版，2000. http://down.51cto.com/data/228510.

[84] 刘春海. 沟通其实很简单——三易沟通助你职场更成功. 广东：广东经济出版社，2013.

[85] 刘海，郝克刚. 软件缺陷原因分析方法. 计算机科学，2009，36(1)：242-243.

[86] 刘澜. 管理十律：商学院不教的管理法则. 中信出版社，2011.

[87] 刘易斯. 项目计划、进度与控制(原书第 5 版). 石泉等译. 北京：机械工业出版社，2012.

[88] 刘哲. 白领学习余则成. 华商报，http://hsb.hsw.cn/2009-04/14/content_7292788.htm.

[89] 柳纯录，刘明亮等. 信息系统项目管理师教程. 2 版. 北京：清华大学出版社，2007.

[90] 卢琳生. 软件项目计划如何编写. 希赛网，http://www.educity.cn/pm/16334.html.

[91] 鲁保才. 浅析富士康现行管理模式及其利弊. 百度文库，http://wenku.baidu.com/view/521536260722192e4536f601.html.

[92] 鲁先圣. 制度是决定性的. 公关世界，2002，(9)：45.

[93] 吕军，韩彪. 另类幽默. 北京：台海出版社，2002.

[94] 吕谋笃. 象思维的东方管理模式. 北京：世界经理人网站. http://www.ceconline.com/strategy/ma/8800059024/01/.

[95] 罗宾斯 S P. 组织行为学. 七版. 孙建敏，李原译. 北京：中国人民大学出版社，1997.

[96] 罗莎莎. 张艺谋的 2008. 北京：中央电视台，2008.

[97] 罗哲，范逢春，徐恩元. 管理学. 北京：电子工业出版社，2010.

[98] 骆斌，丁二玉. 需求工程——软件建模与分析. 北京：高等教育出版社，2009.

[99] 南怀瑾. 易经杂说. 上海复旦大学出版社，2002.

[100] 宁财神. 武林外传. 辽宁：万卷出版公司，2009.

[101] 帕尔默. 九型人格. 徐扬译. 北京：华夏出版社，2006.

[102] 彭移风. 心理投射法在人事谈话中的应用. 中国人力资源开发，2006，(5)：68-70.

[103] 齐治昌，谭庆平，宁洪. 软件工程. 3 版. 北京：高等教育出版社，2012.

[104] 祁明泉. 关于魏延悲剧的历史真相研究. 北京中国科技博览，2009，(29)：47.

[105] 钱学森. 马克思主义哲学的结构和中医理论的现代阐述. 大自然探索，1983，(3)：9-14.

[106] 任正非. 管理进步三步曲——僵化、优化、固化. 华为人报，2001.

[107] 瑞芬博瑞. 没有任何借口. 任月园译. 北京：中国青年出版社，2009.

[108] 宋伟. 项目管理学. 北京：人民邮电出版社，2008.

[109] 孙家广，刘强. 软件工程——理论、方法与实践. 北京：高等教育出版社，2005.

[110] 孙惟微. 赌客信条. 北京：电子工业出版社，2010.

[111] 孙晓刚. 百分百责任. 新浪博客，http://blog.sina.com.cn/s/blog_6117f63a0100ejzp.html.

[112] 覃征，徐文华，韩毅，唐晶. 软件项目管理. 2 版. 北京：清华大学出版社，2009.

[113] 图春友. 现代领导心理学. 北京：中共中央党校出版社，2001.

[114] 汪颖. 人月神话：国内实战体验精华册. 北京：清华大学出版社，2007.

[115] 汪中求. 细节决定成败. 北京：新华出版社，2008.

[116] 王爱军. 取象于钱外圆内方. 思维与智慧，2007，(01)：52-53.

[117] 王昌国. 高效人士的七个习惯. http://wenku.baidu.com/view/a01c0e29ed630b1c59eeb5fe.html.

[118] 王海青.《信息化项目软件开发费用测算规范》深入解读及应用案例分享. http://www.ssm-ug. org/系统与软件度量.

[119] 王进华. 流程与执行力、制度的关系. http://blog.sina.com.cn/s/blog_66fe810d0100j9d9.html.

[120] 王凌,林芬,黄婷等. 以省为实体的集约化客户服务中心建设. 华东电力,2008,36(12):113-118.

[121] 王如龙,邓子云,罗铁清. IT项目管理——从理论到实践. 北京:清华大学出版社,2008.

[122] 王威. 如何实施软件质量保证的过程和产品审计. 软件导刊,2011,10(3):10-11.

[123] 王卫宾. 从终点出发:7天学会时间管理. 深圳:海天出版社,2005.

[124] 王先琳. 四种领导型态推动优秀员工快速成长. 武汉:湖北日报,2008-05-06(11).

[125] 王晓程等. 一种针对中小型软件的简化功能点分析方法. 计算机工程,2008,34(9):103-105.

[126] 维基百科. 中医学. 维基百科. http://zh.wikipedia.org/wiki/中医.

[127] 魏江. 管理沟通——成功管理的基石. 北京:机械工业出版社,2010.

[128] 魏林禅. 开会要计算成本的企业——记日本太阳工业公司. 国际经贸信息报,1984-1-5.

[129] 吴亚峰. Java程序员职场全攻略——从小工到专家. 北京:电子工业出版社,2011.

[130] 肖建中. 管理人员的十项修炼 II. 北京:北京大学出版社,2006.

[131] 肖来元,吴涛,陆永忠. 软件项目管理与案例分析. 北京:清华大学出版社,2009.

[132] 肖鹏. 持续集成理论和实践的新进展. http://www.infoq.com/cn/articles/ci-theory-practice.

[133] 肖卫. 女人的资本 II. 北京:中国华侨出版社,2007.

[134] 辛海. 把工作做到位. 北京:中华工商联合出版社,2007.

[135] 新闻晚报. 专家点评:从《潜伏》中领悟职场技巧. 新浪网,http://edu.sina.com.cn/j/2009-04-21/ 1417169612.shtml.

[136] 行云流水.《潜伏》:余则成是怎样当上副站长的. 新浪博客,http://blog.sina.com.cn/s/blog_ 493c01da0100d9yr.html.

[137] 许芳、胡圣浩、秦峰. 组织行为学原理与实务. 北京:清华大学出版社,2012.

[138] 杨帆. 台湾首富王雪红谦虚执着成就未来. 法制晚报,http://www.fawan.com/Article/fw3czk/ 2011/03/31/090928110543.html.

[139] 杨柯. 朱兰三部曲. 管理学家,2008,(7):78-80.

[140] 杨律青. 软件项目管理. 北京:电子工业出版社,2012.

[141] 杨一平等. 软件能力成熟度模型. 北京:人民邮电出版社,2001.

[142] 殷人昆,郑人杰,马素霞等. 实用软件工程. 3版. 北京:清华大学出版社,2010.

[143] 殷祥. 团队建设必知:认真认识团队建设的五个阶段. 新浪博客,http://blog.sina.com.cn/s/blog_ 6097eb490100tysf.html.

[144] 永新人. 学会弹钢琴. 新浪博客,http://blog.sina.com.cn/s/blog_76fba8de0100tau8.html.

[145] 于波,姜艳. 软件质量管理实践. 北京:电子工业出版社. 2008.

[146] 于红梅. 九型人格与职场高效沟通. 北京:中信出版社,2009.

[147] 余世维. 赢在执行. 香港:国际文化出版公司,2004.

[148] 曾仕强. 人生只做三件事. 北京:中国科学文化音像出版社,2005.

[149] 曾仕强. 中国式管理领导的沟通艺术. 北京:中国科学文化音像出版社,2006.

[150] 翟鸿燊. 大智慧. 北京东方音像电子出版社,2009.

[151] 张放. 一个德国人图解中西文化巨大差异. 新浪博客,http://blog.sina.com.cn/s/blog_ 4c1c196201000c2g.html.

[152] 张俊伟. 极简管理:中国式管理操作系统. 北京:机械工业出版社,2013.

[153] 张松. 精益软件度量——实践者的观察与思考. 北京:人民邮电出版社,2013.

[154] 张友生,刘现军. 信息系统项目管理师案例分析指南. 北京:清华大学出版社,2009.

[155] 张志等. 超越对手:大项目售前售后的30种实战技巧. 北京:机械工业出版社,2010.

[156] 赵启光. 大学新生如何管理时间. 北京:中央电视台,http://tv.cntv.cn/video/C10581/

88bcca1208bf4cbced6d5aa3684ed02e.

[157] 赵日磊.绩效管理中的五个经典故事.世界经理人,http://blog.ceconlinebbs.com/BLOG_ARTICLE_24781.HTM.

[158] 赵耀.基于 FRACAS 的软件缺陷预防与质量改进的实施.北京:北京邮电大学,2009.

[159] 赵月华.左手曾国藩右手胡雪岩.北京:石油工业出版社,2008.

[160] 郑人杰.软件工程(高级).北京:清华大学出版社,1999.

[161] 郑文斌.沟通的七大噪音分析.致信网,http://www.mie168.com/CEO/2003-08/65544.htm.

[162] 中华人民共和国工业和信息化部.SJ/T11463-2013,软件项目研发成本度量规范.

[163] 钟和.生活中的心理效应.医疗保健杂志,2007,(16):28.

[164] 周国平.把心安顿好.湖南:湖南人民出版社,2011.

[165] 周南.麦当劳胜经:三流员工,二流管理者,一流流程.中国市场,2008,(1):53.

[166] 朱少民.软件测试方法和技术.2 版.北京:清华大学出版社,2010.

[167] 朱少民.软件质量保证和管理.北京:清华大学出版社,2006.

[168] 祝九堂.职业长青:优秀员工的七个职业习惯训练.西安:陕西师范大学出版社,2005.

[169] 庄锦英.决策心理学.上海:上海教育出版社,2006.

[170] 邹家峰.九型人格学习者必知的三个法门.搜狐博客,http://91career.blog.sohu.com.

[171] 邹欣.构建之法:现代软件工程.北京:人民邮电出版社,2014.

[172] 邹欣.现代软件工程教学博客.北京:博客园,http://www.cnblogs.com/xinz/.

[173] 邹欣.移山之道:VSTS 软件开发指南.北京:电子工业出版社,2007.

图书资源支持

感谢您一直以来对清华版图书的支持和爱护。为了配合本书的使用,本书提供配套的资源,有需求的读者请扫描下方的"书圈"微信公众号二维码,在图书专区下载,也可以拨打电话或发送电子邮件咨询。

如果您在使用本书的过程中遇到了什么问题,或者有相关图书出版计划,也请您发邮件告诉我们,以便我们更好地为您服务。

我们的联系方式:

地　　址:北京海淀区双清路学研大厦 A 座 707

邮　　编:100084

电　　话:010－62770175－4604

资源下载:http://www.tup.com.cn

电子邮件:weijj@tup.tsinghua.edu.cn

QQ:883604(请写明您的单位和姓名)

用微信扫一扫右边的二维码,即可关注清华大学出版社公众号"书圈"。

资源下载、样书申请

书圈